高 分 子 材 料
Polymer Materials

窦 强 主 编
陆瞿亮 副主编

科 学 出 版 社
北 京

内 容 简 介

本书介绍了常用聚合物及其助剂的相关知识，突出了高分子材料结构-性能-应用之间的关系，强调了高分子材料与环境保护之间的联系，以促进培养社会与经济可持续发展的理念。全书分为 6 章：绪论、塑料、橡胶、纤维、功能高分子材料、高分子材料与环境保护。每章均附有思考题，便于读者复习与掌握相关知识。

本书既可作为高等院校高分子材料相关专业的教材，也可作为材料学相关专业技术人员的参考书。

图书在版编目（CIP）数据

高分子材料 / 窦强主编. —北京：科学出版社，2021.3

ISBN 978-7-03-067515-6

Ⅰ. ①高…　Ⅱ. ①窦…　Ⅲ. ①高分子材料　Ⅳ. ①TB324

中国版本图书馆 CIP 数据核字（2021）第 001069 号

责任编辑：李涪汁　曾佳佳　孙　曼 / 责任校对：杨　赛

责任印制：张　伟 / 封面设计：许　瑞

科 学 出 版 社 出版

北京东黄城根北街 16 号

邮政编码：100717

http://www.sciencep.com

天津市新科印刷有限公司印刷

科学出版社发行　各地新华书店经销

*

2021 年 3 月第　一　版　开本：787 × 1092　1/16

2023 年 6 月第三次印刷　印张：24

字数：570 000

定价：129.00 元

（如有印装质量问题，我社负责调换）

《高分子材料》编辑委员会

前　言

自20世纪初建立现代合成高分子工业以来，高分子材料的发展日新月异，其品种繁多，性能各异，在现代社会的生产生活中具有不可替代的重要作用。

为了适应工程教育的发展，进一步提高工程教育质量，促进工程教育与企业界的联系，增强工程教育人才培养对产业发展的适应性，提升国际竞争力，以及为培养具有国际化视野、深厚专业知识、较强创新能力和创业精神的毕业生，特编写此教材，以期高分子材料相关专业的初学者、相关行业从业人员以及感兴趣的读者对高分子材料的相关知识有较为深入的掌握，对高分子材料的发展历史与未来有较好的了解。

本书的编者均为长期从事高分子材料专业教学和科研工作的中青年骨干教师，具有深厚的理论知识和丰富的教学及科研实践经验。本书对现代高分子材料专业知识的介绍，既考虑了本领域的广度，也考虑了一定的深度。介绍目前常用聚合物及其助剂的特点，突出高分子材料结构-性能-应用之间的关系，强调高分子材料与环境保护之间的联系，从而使学习者掌握目前常用聚合物及其助剂的知识，对可持续发展与高分子材料的未来有清晰的了解。

本书突出了系统性与实用性，既为高分子材料专业学生的学习和科研工作提供有益的参考，也为生产实践提供相关的线索与帮助。

本书共有6章，第一章、第二章由窦强编写，第三章由项尚林编写，第四章由方显力编写，第五章由陆瞿亮编写，第六章由窦强、沈育才、张云灿编写。衷心感谢南京工业大学材料科学与工程学院及高分子系诸位领导和同事对本书出版的支持与帮助。

考虑到当今高分子材料及其交叉学科的迅猛发展，应用领域不断扩展，囿于编者的学识，本书难免存在不足之处，敬请读者批评指正。

编　者

2020年2月

于南京工业大学

目　　录

第一章 绪 论

材料是人类生产和生活的基础，是一个国家科技、经济发展和人民生活水平的重要标志，是现代科学的三大支柱（材料、能源和信息）之一。通常将材料分为金属材料、无机非金属材料和高分子材料三大类。目前，就发展速度及应用的广泛性而言，高分子材料大大超过了传统的水泥、玻璃、钢铁等材料，已经成为工农业、国防和科技等诸多领域的重要材料，在国民经济各个领域和日常生活中发挥着巨大的作用。若以代表性材料的应用来表征人类的发展历史，有人称自 20 世纪中叶开始，人类进入了“塑料时代”，即以塑料为代表的各种各样的高分子材料制品已经深入人类生产生活的方方面面，成为一种必需品。

本章主要介绍与高分子材料相关的一些概念、命名方法、分类方法和发展历程。

第一节 基 本 概 念

一、高分子化合物与聚合物的定义

高分子化合物（macromolecular compound）常简称为高分子或大分子（macromolecule），由分子量很大的长链分子所组成，高分子化合物的分子量可以从几千到几十万甚至几百万。而每个分子链都是由共价键结合的成百上千的一种或多种小分子构造而成。

聚合物（polymer）是由许多相同的简单结构单元通过共价键重复连接而成的。

高分子化合物常称为聚合物，但严格来说，二者并不等同，因为有些高分子化合物并非由简单的重复单元连接而成，仅仅是分子量很高的物质。

如果构成聚合物的高分子的重复单元数很多，增减几个单元并不影响其物理、化学等性能，其可称为高聚物（high polymer）；如果聚合物的重复单元数较少，增减几个单元影响其物理、化学等性能，则称为低聚物（oligomer）。

二、聚合物结构相关的定义

单体（monomer）：用来合成聚合物的小分子物质。

聚合反应（polymerization）：由单体变成聚合物的反应过程，即

$$\text{单体} \xrightarrow{\text{聚合反应}} \text{聚合物}$$

结构单元：构成高分子链并与单体相关的最大结构。

重复（结构）单元：构成高分子链的最小重复结构。

单体单元：与单体分子组成相同的结构单元。

由一种单体合成的聚合物，结构单元数=重复单元数=单体单元数。例如，由乙烯合成聚乙烯：

$$n\,CH_2{=\!=}CH_2 \longrightarrow \text{-}[CH_2CH_2]_n\text{-}$$

由两种单体合成的聚合物，重复单元数 = 结构单元数/2。例如，由己二酸和己二胺合成聚己二酰己二胺（尼龙 66）：

$$n\,HOOC(CH_2)_4COOH + n\,H_2N(CH_2)_6NH_2 \longrightarrow \text{-}[OC(CH_2)_4COHN(CH_2)_6NH]_n\text{-} + 2n\,H_2O$$

聚合度（degree of polymerization，DP）：重复单元数 n。

三、聚合物的分子量

聚合物的性能与其分子量密切相关。小分子化合物通常有固定的分子量，而聚合物却是分子量不同的同系物的混合物，聚合物的分子量是一个平均值，这种分子量的不均一性称为分子量的多分散性。聚合物分子量的表征方法有很多种，常用的有数均分子量（$\bar{M}_\text{n}$）、重均分子量（$\bar{M}_\text{w}$）、Z 均分子量（$\bar{M}_Z$）、黏均分子量（$\bar{M}_\eta$）等。而聚合物分子量的多分散性可用分布曲线或分布函数表示，也可以简单地用 $\bar{M}_\text{w}/\bar{M}_\text{n}$ 或 $\bar{M}_Z/\bar{M}_\text{w}$ 来表示分子量分布（MWD）。

假定某一聚合物试样中含有若干种分子量不同的分子，该试样的总质量为 w，总物质的量为 n，种类数用 i 表示，第 i 种分子的分子量为 M_i，物质的量为 n_i，质量为 w_i，在整个试样中的质量分数为 W_i，摩尔分数为 N_i。

根据聚合物溶液的依数性（如渗透压与大分子数目相关）测得的平均分子量称为数均分子量，它实际上是一种加权算术平均值。

$$\bar{M}_\text{n} = \frac{w}{n} = \frac{\sum_i n_i M_i}{\sum_i n_i} = \sum_i N_i M_i \tag{1-1}$$

根据聚合物溶液的光散射、扩散性质等（与高分子数目和尺寸相关）测得的平均分子量称为重均分子量。

$$\bar{M}_\text{w} = \frac{\sum_i n_i M_i^2}{\sum_i n_i M_i} = \frac{\sum_i w_i M_i}{\sum_i w_i} = \sum_i W_i M_i \tag{1-2}$$

根据聚合物溶液的沉降性质可测得 Z 均分子量（$Z_i = w_i M_i$）：

$$\bar{M}_Z = \frac{\sum_i Z_i M_i}{\sum_i Z_i} = \frac{\sum_i w_i M_i^2}{\sum_i w_i M_i} = \frac{\sum_i n_i M_i^3}{\sum_i n_i M_i^2} \tag{1-3}$$

由聚合物溶液的黏度性质可测得黏均分子量：

$$\bar{M}_\eta = (\sum_i W_i M_i^\alpha)^{1/\alpha} \tag{1-4}$$

式中：α 为参数，在 0.5～1.0 之间。

四种平均分子量的大小关系如下：$\bar{M}_Z \geqslant \bar{M}_w \geqslant \bar{M}_\eta \geqslant \bar{M}_n$。

四、聚合物的种类

聚合物的种类繁多，常见的有均聚物与共聚物，以及加聚物与缩聚物。

由一种单体聚合而得的聚合物称为均聚物，如聚苯乙烯、聚乙烯。

由两种或两种以上单体共聚而成的聚合物称为共聚物，如乙烯-乙酸乙烯酯共聚物。

$$n\,CH_2{=}CH_2 + m\,CH_2{=}\underset{\displaystyle OOCH_3}{\underset{|}{CH}} \longrightarrow -\!\!\left[CH_2-CH_2\right]_n\!\left[CH_2-\underset{\displaystyle OOCH_3}{\underset{|}{CH}}\right]_m\!\!-$$

式中：n 和 m 为分子链中两种单体单元的数量，但并不代表 n 个乙烯单元后面连接 m 个乙酸乙烯酯单元，两种单体单元实际上在分子链上是无规分布的。

共聚物又分为无规共聚物、交替共聚物、嵌段共聚物和接枝共聚物。其示意图如下（—— 和 ∽∽ 分别代表两种不同的单体单元）：

无规共聚物：——∽∽————∽∽∽——∽∽—————∽∽——

交替共聚物：——∽∽——∽∽——∽∽——∽∽——∽∽——∽∽——∽∽——∽∽

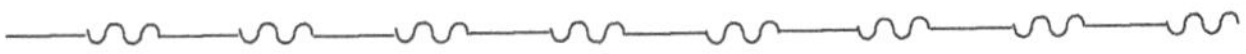

嵌段共聚物：————∽∽∽∽————∽∽∽∽————∽∽∽∽————∽∽∽∽

接枝共聚物：————————————————————（侧链 ∽ 接枝）

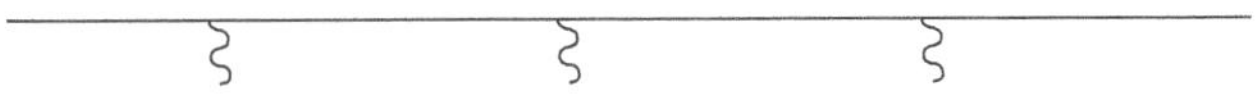

上述乙烯-乙酸乙烯酯共聚物的聚合反应中并无原子数的变化，其反应称为加成聚合，所得的聚合物称为加聚物。而尼龙 66（聚己二酰己二胺）的聚合反应中产物的结构比原料（己二酸和己二胺）要少一些原子，这是由于反应过程中失去了水分子，这类反应称为缩聚反应，所得的聚合物称为缩聚物。

五、高分子材料的组成

高分子材料也称聚合物材料，除基本组分聚合物之外，一般还有各种添加剂。

不同类型的高分子材料需要不同类型的添加成分，举例如下：

塑料：增塑剂、稳定剂、填料、增强剂、颜料、润滑剂、增韧剂等。

橡胶：硫化剂、促进剂、防老剂、补强剂、填料、软化剂等。

涂料：颜料、催干剂、增塑剂、润湿剂、悬浮剂、稳定剂等。

第二节　高分子材料的命名

1. 化学名称

化学名称是根据高分子链的化学结构来命名聚合物。国际纯粹与应用化学联合会（IUPAC）提出了以结构为基础的系统命名法，但极为烦琐，实际很少采用。目前普遍采用以单体或假想单体名称为基础，前面冠以“聚”字，就成为聚合物的名称。聚合物的命名举例见表1-1。

表1-1　聚合物的命名举例

聚合物	单体或假想单体	IUPAC命名
聚乙烯	乙烯	聚亚乙基
聚丙烯	丙烯	聚亚丙基
聚苯乙烯	苯乙烯	聚（1-苯基乙烯）
聚甲基丙烯酸甲酯	甲基丙烯酸甲酯	聚（1-甲氧基羰基-1-甲基乙烯）
聚氯乙烯	氯乙烯	聚（1-氯代乙烯）
聚乙烯醇	乙烯醇（假想单体）	聚（1-羟基乙烯）
聚己二酰己二胺	己二酸，己二胺	聚（亚氨基六亚甲基氨基己二酰）
聚对苯二甲酸乙二酯	对苯二甲酸，乙二醇	聚（氧二亚乙基对苯二酰）

2. 化学分类名称

对杂链聚合物常用化学分类名称，以该类材料中所有品种共有的特征化学单元为基础。例如，环氧树脂、聚酯、聚酰胺、聚氨酯的特征化学单元分别是环氧基、酯基、酰胺基和氨基甲酸酯基。而每类聚合物又有很多品种，如聚酰胺类有聚酰胺6、聚酰胺66、聚酰胺1010等数十种聚合物。聚酯类有饱和聚酯和不饱和聚酯，饱和聚酯又包括聚对苯二甲酸乙二酯、聚对苯二甲酸丁二酯、聚碳酸酯等。

3. 原料的简称

苯酚和甲醛、尿素和甲醛的反应产物分别称为酚醛树脂、脲醛树脂，即取其原料简称，后附“树脂”二字。甘油（丙三醇）和邻苯二甲酸酐的反应产物称为醇酸树脂。

也有在单体名称后附“树脂”二字，如氯乙烯树脂、丙烯酸树脂。由苯乙烯和丙烯酸酯共聚而成的共聚物，简称为“苯丙树脂”。三聚氰胺（密胺）和甲醛的反应产物称为“密胺树脂”。

4. 合成橡胶的命名

许多合成橡胶是共聚物，常从共聚单体中各取一字，后附“橡胶”二字，如丁（二烯）苯（乙烯）橡胶、乙（烯）丙（烯）橡胶。由乙烯、丙烯和二烯烃共聚而成的橡胶，称为三元乙丙橡胶；由丁二烯聚合而成的顺式聚丁二烯橡胶，称为顺丁橡胶；由氯丁二烯聚合而成的橡胶称为氯丁橡胶。

5. 化学纤维的命名

常在简名后加“纶”字。例如，聚丙烯腈纤维称为腈纶，聚氨酯纤维称为氨纶，聚氯乙烯纤维称为氯纶，聚丙烯纤维称为丙纶，聚酰胺纤维称为锦纶，聚乙烯醇缩甲醛纤维称为维纶。

6. 商品或商标名称

常由材料的生产厂家来命名，例如，“尼龙”（nylon）是杜邦公司的注册商标，现已成为聚酰胺的常用名称；“涤纶”（的确良，dacron）是英威达公司的注册商标，现已成为聚对苯二甲酸乙二酯纤维制品的常用名称。

7. 习惯名称或俗称

因材料的长期使用而获得的约定俗成的名称，如聚酰胺纤维的习惯名称是“尼龙”，聚对苯二甲酸乙二酯纤维称为“涤纶”，酚醛塑料称为“电木”，聚甲基丙烯酸甲酯称为“有机玻璃”。玻璃纤维增强的不饱和聚酯，俗称“玻璃钢”。

8. 英文缩写

很多聚合物的化学名称较长，书写不便，故常采用聚合物的英文缩写，其因简便而得到广泛的使用。常见塑料的分类、中英文名称和英文缩写见表 1-2。

表 1-2 常用塑料的分类、中英文名称与英文缩写

<table>
<tr><th colspan="3">塑料类型</th><th rowspan="2">中文名称</th><th rowspan="2">英文名称</th><th rowspan="2">英文缩写</th></tr>
<tr><th>按受热后性能分类</th><th>按用途分类</th><th>按主链结构分类</th></tr>
<tr><td rowspan="13">热塑性塑料</td><td rowspan="5">通用塑料</td><td rowspan="5">碳链高分子</td><td>聚乙烯</td><td>polyethylene</td><td>PE</td></tr>
<tr><td>聚丙烯</td><td>polypropylene</td><td>PP</td></tr>
<tr><td>聚苯乙烯</td><td>polystyrene</td><td>PS</td></tr>
<tr><td>聚氯乙烯</td><td>polyvinylchloride</td><td>PVC</td></tr>
<tr><td>聚甲基丙烯酸甲酯</td><td>polymethylmethacrylate</td><td>PMMA</td></tr>
<tr><td rowspan="8">通用工程塑料</td><td rowspan="8">杂链高分子</td><td>聚酰胺-6</td><td>polyamide-6</td><td>PA-6</td></tr>
<tr><td>聚酰胺-66</td><td>polyamide-66</td><td>PA-66</td></tr>
<tr><td>聚碳酸酯</td><td>polycarbonate</td><td>PC</td></tr>
<tr><td>聚甲醛</td><td>polyoxymethylene</td><td>POM</td></tr>
<tr><td>聚对苯二甲酸丁二酯</td><td>poly（butylene terephthalate）</td><td>PBT</td></tr>
<tr><td>聚对苯二甲酸乙二酯</td><td>poly（ethylene terephthalate）</td><td>PET</td></tr>
<tr><td>聚对苯二甲酸丙二酯</td><td>poly（trimethylene terephthalate）</td><td>PTT</td></tr>
<tr><td>聚苯醚</td><td>poly（phenylene oxide）</td><td>PPO</td></tr>
</table>

续表

塑料类型			中文名称	英文名称	英文缩写
按受热后性能分类	按用途分类	按主链结构分类			
热塑性塑料	特种工程塑料	碳链高分子	聚四氟乙烯	polytetrafluoroethylene	PTFE
		杂链高分子	聚苯硫醚	poly（phenylene sulfide）	PPS
			聚砜	polysulfone	PSU
			聚芳酯	polyarylate	PAR
			聚醚醚酮	polyetheretherketone	PEEK
热塑性或热固性塑料			聚酰亚胺	polyimide	PI
热固性塑料	通用塑料		酚醛树脂	phenol-formaldehyde resin	PF
			脲醛树脂	urea-formaldehyde resin	UF
			三聚氰胺-甲醛树脂	melamine-formaldehyde resin	MF
	通用工程塑料		环氧树脂	epoxy resin	EP
			不饱和聚酯	unsaturated polyester	UP
			聚氨酯	polyurethane	PU

第三节 高分子材料的分类

高分子材料也称聚合物材料，可根据来源、性能、结构、应用功能等不同角度进行分类。

一、按照来源分类

按照其来源可分为天然高分子材料与合成高分子材料。天然高分子材料有天然橡胶、纤维素、淀粉、甲壳素、蛋白质等；合成高分子材料种类繁多，也是目前应用最为广泛的高分子材料。

二、按照性能和用途分类

塑料：在一定条件下具有流动性、可塑性，并能成型加工，当恢复平常条件时（如除去压力和降温），则仍保持加工时的形状的高分子材料，即在一定温度和压力下可塑制成型的高分子材料的通称。

橡胶：在室温下具有高弹性的高分子材料。在外力作用下能产生很大形变，外力除去后又能迅速恢复原状。橡胶分为天然橡胶和合成橡胶。

纤维：具备或保持其本身长度大于直径一千倍以上而又具有一定强度的线条或丝状高分子材料。纤维分天然纤维和化学纤维。

高分子材料通常是指以上三大类，它们三者之间并无严格的界限，例如，有些高分子材料既可以做塑料，也可以做纤维，如 PA、PP、PET 等。另外，涂料、胶黏剂、离子交换树脂以及其他液态高分子化合物（如硅油、液态氟碳化合物）也是高分子材料。

涂料：又称漆，是涂布在物体表面而形成的具有保护和装饰作用的膜层材料。可分为天然漆和人造漆（合成涂料）。

胶黏剂：又称黏合剂，能使两个物件牢固地粘贴在一起。也分成天然与合成胶黏剂两大类。

三、按照高分子主链结构分类

根据高分子主链结构分类，包括以下四类。

碳链高分子：主链上全由碳原子组成的高分子，如 PE、PP、PVC、PS 等，见表 1-2。

杂链高分子：主链上除碳原子外，还有 O、S、N 等其他元素的高分子，如聚酰胺（—CONH—）、聚酯（—OCO—）、聚砜（$—SO_2—$）、聚氨酯（—NHOCO—）等，见表 1-2。

元素有机高分子：主链上没有碳原子，而由 Si、O、N、Al、Ti、B 等元素所组成，侧基为有机基团，如甲基、乙基、乙烯基、苯基等。常见的有机硅高分子，如聚二甲基硅氧烷：$\left[\mathrm{Si}(\mathrm{CH_3})_2—\mathrm{O}\right]_n$。

无机高分子：如果主链和侧基均无碳原子，则为无机高分子，如聚二氯磷腈：$\left[\mathrm{P}(\mathrm{Cl})_2=\mathrm{N}\right]_n$。

四、按照应用功能分类

通用高分子：常用的塑料、橡胶与纤维。

特殊高分子：特殊用途的高分子材料，如耐高温的聚芳酰胺、聚苯并咪唑等。

功能高分子：根据组成和结构分为结构型和复合型两类。结构型功能高分子指在分子链中具有可起特定作用的官能团的高分子材料，其表现的特定功能是由高分子结构本身所决定的；复合型功能高分子指以普通高分子材料为基体或载体，与具有某些特定功能（如导电、导磁）的原材料进行复合而制得的功能材料。

第四节　高分子材料的发展概况

一、高分子材料发展的几个阶段

（一）天然高分子的利用与改性

人类从远古时期就已经开始使用天然高分子材料，如动物皮毛、植物纤维、虫胶、蚕丝、木材、天然橡胶等。

早在 11 世纪，美洲人就已发现与利用天然橡胶了。在 1823 年英国人用天然橡胶制作防水胶布，但当时橡胶制品的性能较差，会遇冷变硬、受热发黏。1839 年，美国人查尔斯·固特异发现橡胶与硫磺一起加热，可以得到性能极佳的橡胶产品，从此“硫化橡胶”被发明了，这才出现了现代社会最重要的产业之一——橡胶制品工业。随着社会经济的发展、科技的进步，对天然高分子材料进行改性，得到了新的材料。例如，19 世纪中叶，采用硝酸处理纤维素得到了硝酸纤维素，加入樟脑作为增塑剂，做成了称为“赛璐珞”的材料，可以制造台球、乒乓球、梳子、镜框、笔帽等产品。

（二）合成高分子的工业生产

在 20 世纪初期，Baekeland 研究了苯酚与甲醛的反应，获得了酚醛树脂，这是历史上第一个完全人工合成的树脂。从此以后，合成树脂的品种层出不穷，发展迅速，特别是两次世界大战期间，由于物资封锁，天然高分子产物（如皮革、蚕丝、天然橡胶等）急需人工替代品，促进了合成高分子的研究与发展，应运而生的典型产品有丁苯橡胶、顺丁橡胶等合成橡胶，尼龙、聚氯乙烯等合成塑料与合成纤维。

自 20 世纪 50 年代中期，随着世界能源由煤炭转向石油化工，聚合物材料领域获得了另一次重大的技术进展，即可以较低的成本制造以乙烯等石化原料为基础的热塑性聚合物。

到 20 世纪 60 年代末，各种合成塑料，如聚乙烯、聚丙烯、聚苯乙烯、聚甲醛、聚碳酸酯、聚砜、聚酰亚胺、聚苯硫醚等均已实现工业化生产，也有了热塑性弹性体、特种有机纤维、特种涂料与黏合剂等产品，合成高分子材料成为国民经济和日常生活中不可缺少的材料。

目前，高分子材料正向功能化、智能化、精细化方向发展，使其由结构材料向具有光、电、声、磁、生物医学、仿生、催化、物质分离、能量转换等效应的功能材料发展。进入 21 世纪，高分子材料已经成为现代工程材料的主要支柱，与信息技术、生物技术一起，推动着社会的技术进步。

二、高分子材料发展的方向

高分子材料的快速发展和广泛应用也对高分子材料本身提出了更高的要求，要求高分子材料在基本性能和功能上更加完善，在绿色合成化学、环境友好材料开发上做出更大的进步，以适应和改善由于工业快速发展而带来的环境污染、能源紧缺及人类生存空间缩小等社会和经济问题。例如在以下方面的发展方向：

1. 高分子合成化学

与无机化学、配位化学、有机化学等的融合与渗透；开发设计合成多种拓扑结构的聚合物链；新的与绿色的合成方法的开发。

2. 高分子科学与生命科学的交叉研究

生物大分子合成、性能的研究；小尺度药物传输系统、生物传感器、环境响应体系的研究；组织工程材料、人工器官的研究。

3. 光电磁活性功能高分子

研究具有特殊光子性能的软物质；研究具有特殊光电效应和能量转化特性的聚合物材料；以聚合物作为激光和光学放大器介质的开发。

4. 超分子自组装

借鉴自然界分子自组装与分子自组织的原理和思想，利用各种分子间相互作用，如静电作用、氢键、配位键、疏水效应及其协同作用，组装具有特殊物理和化学性质及多功能集成的组装体。合成或筛选具有自组织能力的构筑基元，发展各种界面分子组装的方法，构建界面清晰、结构稳定的三维层状组装体及进行分子组装体的二维形态控制等。

5. 高分子物理与聚合物加工

定量描述聚合物的复杂结构与性能；结晶、流变学、溶液行为、多相体系；新型加工方法与设备；高分子材料反应性加工；加工外场的影响。

思　考　题

（1）掌握以下定义及它们之间的区别：高分子化合物、聚合物和高分子材料；加聚物和缩聚物、均聚物和共聚物；分子量的定义与类型。

（2）高分子材料命名方法有几种？分别举出相应的例子。

（3）高分子材料如何分类？依据是什么？分别举出相应的例子。

第二章　塑　　料

第一节　概　　述

塑料是以聚合物为主要成分，在一定条件（温度、压力等）下可塑制成一定形状并且在常温下保持其形状不变的材料，习惯上也包括塑料的半成品，如压塑粉等。

塑料通常由两种基本材料组成：一种是基体材料——聚合物，另一种是辅助材料——助剂。塑料的结构与成分决定了它的性质和性能。在一定的温度和压力作用下塑料可熔融塑化，通过塑模制成一定的形状，冷却后在常温下保持其形状而成为塑料制品。

一、塑料的分类

塑料种类繁多，性能各异，常用的分类方法如下。

（一）根据受热后的性能分类

1. 热塑性塑料

受热时软化，受压时流动，可塑制成一定的形状，冷却后变硬，再加热仍可软化，冷却后又变硬，可以反复多次加工成型，这类塑料属于线型或支链型分子结构的高聚物。目前绝大多数的塑料品种都是热塑性塑料，如 PE、PP、PVC、PS、PC、PA、PET、PPO 等。

2. 热固性塑料

在初受热时变软，可以塑制成一定形状，但加热到一定时间或加入固化剂后，就硬化定型，再加热也不会软化，放在溶剂里也不会溶解，形成体型网状结构的高聚物。常见的有 PF、UP、EP、PU 等。

常见热塑性和热固性塑料品种见表 1-2。

（二）按用途和性能分类

1. 通用塑料

是指应用范围广、产量大、性能一般、价格较低廉的一些塑料品种，如 PVC、PS、PE、PP、PF 等。

2. 工程塑料

通常指综合性能（力学性能、耐高低温性能等）好，可以作为工程材料和代替金属用的塑料，如 PC、PA、PBT 等。

3. 功能（特种）塑料

导电塑料、导磁塑料、感光塑料等。

（三）根据组分数目分类

1. 单一组分塑料

不添加任何助剂而可以单独使用的塑料品种极少，典型的品种是聚四氟乙烯。绝大多数用于生产的塑料中，或多或少都添加有各种各样的塑料助剂。

2. 多组分塑料

大多数塑料品种是一个多组分体系，由树脂和助剂两部分组成。作为塑料的主体，树脂决定了材料的基本性能，而加入助剂的目的主要是改善成型加工性能和制品的使用性能，延长使用寿命，降低生产成本。常见的塑料助剂有抗氧剂、光稳定剂、热稳定剂、增塑剂、阻燃剂、偶联剂、润滑剂、抗静电剂、着色剂、填充剂等数十种。

二、塑料的特性

塑料品种繁多，性能千差万别，其共同特性可归纳为以下几个方面。

（一）质轻

常用塑料的密度为 0.9～2.2 $g\cdot cm^{-3}$，仅是钢铁的 1/6～1/4，因而塑料制品以轻巧著称。

（二）电绝缘性好

绝大多数塑料是电绝缘体，故电线、电缆及各类电气设备均采用塑料等高分子材料作为绝缘材料。

（三）耐化学腐蚀性好

许多塑料品种具有极佳的耐化学品性能，也是常用的酸、碱、盐、各类溶剂等的包装材料和防腐蚀材料。

（四）容易成型加工

常用塑料的加工温度在 100～300℃之间，远远低于金属和无机非金属等材料，易于成型加工，故采用塑料制品，利于节能降耗。

（五）塑料性能可调范围宽，具有广阔的应用领域

对塑料进行填充、增强、阻燃等改性，可以得到性能优异的改性塑料，广泛应用于国民经济的各个领域。

（六）突出缺点

力学性能比金属差，表面硬度低，大多数品种易燃，耐热性也差。这些也是改性塑

料的研究方向和重点。

第二节 热塑性通用塑料

本节介绍工业化大规模生产的热塑性通用塑料（general purpose thermoplastics），包括聚乙烯、聚丙烯、聚苯乙烯及 ABS、聚氯乙烯、聚甲基丙烯酸甲酯等。

一、聚乙烯

（一）简介

聚乙烯（polyethylene，PE）是世界塑料品种中产量最大的通用塑料。早在 1933 年，英国 ICI 公司的 Fawcett 和 Gibson 发现了乙烯在高压高温下可以聚合得到 PE，在 1939 年开始了低密度聚乙烯（LDPE）的生产；1953 年，德国人 Ziegler 以四氯化钛作为催化剂，在低压下合成了高密度聚乙烯（HDPE）；同期投产的还有美国菲利普斯石油公司发明的中压法 HDPE。线型低密度聚乙烯（LLDPE）是 20 世纪 70 年代出现的，是乙烯与少量 α-烯烃的共聚物。20 世纪 80 年代，又出现了采用茂金属催化剂合成的茂金属 PE（m-PE）。

聚乙烯产品可以是均聚物也可以是共聚物，分子结构上可以是支链型也可以是线型的。均聚聚乙烯的单体是乙烯，而乙烯共聚物由乙烯与 α-烯烃或与具有极性基团的单体共聚得到。PE 的品种繁多，性能各异，其分类方法如下。

1. 按聚合方法分类

（1）乙烯聚合按压力分为低压法、中压法、高压法；

（2）按生产过程分为本体（气相）聚合、溶液聚合、辐射聚合；

（3）按聚合机理分为自由基型（高压法）聚合和离子型（低压法或中压法）聚合。

2. 按分子量不同分类

1000～1 万，低分子量 PE；1 万～11 万，中等分子量 PE；11 万～25 万，高分子量 PE；25 万～100 万，特高分子量 PE；＞100 万，超高分子量 PE。

3. 按发展顺序分类

第一代产品 LDPE，第二代产品 HDPE，第三代产品 LLDPE，第四代产品 m-PE。

4. 按密度不同分类

ULDPE（超低密度聚乙烯，＜0.890 $g \cdot cm^{-3}$）、VLDPE（极低密度聚乙烯，0.890～0.915 $g \cdot cm^{-3}$）、LDPE（0.915～0.930 $g \cdot cm^{-3}$）、LLDPE（0.915～0.940 $g \cdot cm^{-3}$）、MDPE（0.926～0.940 $g \cdot cm^{-3}$）、HDPE（＞0.940 $g \cdot cm^{-3}$）。

（二）共同的结构与性能

由于 PE 种类众多，性能也有差异，但其共同具有的结构与性能如下：

（1）结构式为$\text{-}[CH_2CH_2]_n\text{-}$，具有与烷烃相似的结构，分子链有良好的柔顺性与规整性，所以易于结晶，分子间作用力小，分子对称无极性，为惰性聚合物。

（2）PE 原料无臭、无味、无毒，外观呈半透明或乳白色的蜡状固体颗粒，密度一般在 0.91～0.97 $g\cdot cm^{-3}$之间。

（3）力学性能一般，拉伸强度较低，表面硬度不高，抗蠕变性差，抗冲击性能较好。其力学性能受密度、结晶度和分子量影响较大，例如，HDPE 由于分子链支化程度小，结晶度高，密度大，强度、硬度、刚性较好，但韧性略差；而 LDPE 正好相反。PE 分子量增大，各项力学性能均有明显的提高。

（4）PE 的耐热性不好，LDPE 的长期使用温度在 80℃以下，而 HDPE 在无载荷下的使用温度不超过 110℃，但是很小的载荷也会使其变形温度显著降低。PE 的耐低温性很好，脆化温度在−50℃以下，随分子量增大，脆化温度最低可达−140℃。

PE 的热导率在塑料中属于较高的，HDPE > LLDPE > LDPE，不宜作为良好的绝热材料。其线膨胀系数较大，最高可达（20～30）$\times10^{-5}\,K^{-1}$，LDPE > LLDPE > HDPE，其制品尺寸会随温度而变化较大。

（5）具有良好的化学稳定性，在常温下无良溶剂可以溶解 PE。常温下不受一般酸、碱的影响，但不耐强氧化剂，如发烟硫酸、铬酸等。PE 在 60℃以下不溶于一般溶剂，但与脂肪烃、芳香烃、卤代烃长期接触会溶胀或龟裂；温度超过 60℃，可少量溶解于甲苯、乙酸戊酯、三氯乙烯、矿物油及石蜡中；温度超过 100℃，可溶于四氢化萘和十氢化萘。

（6）PE 具有惰性的低能表面，黏附性差，自身及与其他材料之间胶接困难。

（7）因 PE 无极性，吸水率很低（ < 0.01%），电性能十分优异，绝缘电阻高，介电损耗小，耐电晕，可作为高压高频绝缘材料。

（8）耐候性不佳，日光照射会造成光老化，使性能显著下降。PE 在多种活性物质（酯类、醇类、表面活性剂等）作用下会发生应力开裂现象，称为环境应力开裂。

（9）PE 易燃，氧指数 17%，燃烧时有熔融滴落物，低烟，有石蜡气味。

（三）常见品种

1. 低密度聚乙烯（low density polyethylene，LDPE）

1）合成方法

乙烯经高压气相本体聚合而成，聚合压力为 100～350 MPa，温度为 150～260℃，用偶氮化合物或有机过氧化物或氧作引发剂，采用本体自由基聚合工艺。低密度聚乙烯也称为高压聚乙烯。

2）结构与性能

分子结构缺乏规整性，存在大量支链结构，其结晶度较小，为 40%～55%，密度较低，为 0.91～0.93 $g\cdot cm^{-3}$，分子量一般为 2.5 万左右，熔点为 100～115℃。耐冲击性、耐低温性极好，但表面硬度、刚性小，蠕变大，耐热性差；电绝缘性优异，黏附性、印刷性差；不吸水，化学稳定性优异，但易产生环境应力开裂现象；易燃，易老化。

3）成型加工方法

挤出吹塑薄膜，挤出板、管，电线电缆包覆，中空吹塑容器，还有注塑、涂覆、滚塑、发泡等。

4）用途

用于生产农膜、地膜、包装膜、编织内衬、涂层、管材、电线绝缘层等，还可作为各种专用料如耐候母料、色母料、抗静电母料等的载体。

2. 高密度聚乙烯（high density polyethylene，HDPE）

1）合成方法

其合成方法有液相法和气相法两种，液相法又分为溶液法和浆液法。浆液法是在0.1～0.5 MPa 压力下，采用齐格勒-纳塔（Ziegler-Natta）催化剂（Ti/Al 化合物），溶剂用汽油，温度为 60～80℃，将乙烯溶液聚合而成。高密度聚乙烯也称为低压聚乙烯。

2）结构与性能

平均分子量较高，支链短且少，密度较高，为 0.94～0.97 $g \cdot cm^{-3}$，结晶度较大，为80%～95%，熔点为 125～135℃。刚度、拉伸强度、抗蠕变性皆优于 LDPE，电绝缘性、韧性、抗冲击性、耐寒性都很好，但不如 LDPE；不吸水，无毒，化学性质稳定，耐环境应力开裂（ESCR）性差。LDPE 和 HDPE 性能比较见表 2-1。

表 2-1　LDPE 和 HDPE 性能比较

性能参数	LDPE	HDPE
制造工艺	高压法	低压法
密度/（$g \cdot cm^{-3}$）	0.91～0.93	0.94～0.97
结晶度/%	40～55	80～95
相对硬度	1～2	3～4
熔点/℃	100～115	125～135
拉伸强度/MPa	10～25	20～40
断裂伸长率/%	100～600	20～100
缺口冲击强度/（$kJ \cdot m^{-2}$）	20～50	10～30
平均分子量	2.5 万	5 万～35 万
线膨胀系数/（$\times 10^{-3}℃^{-1}$）	20～24	12～13
介电常数	2.28～2.32	2.34～2.36
击穿电压/（$kV \cdot mm^{-1}$）	>20	>20

3）成型加工性能

PE 的熔体属于非牛顿型熔体，熔体黏度与温度关系不大，而与剪切速率有关，即需增大压力才能降低黏度。熔体冷却后收缩率较大，可达 1.5%～3.6%。可采用注射、挤出、吹塑、真空成型等加工方法。

4）用途

HDPE 可用于管材、化工设备衬里和涂层、合成木材、绳索、渔网、窗纱、织物用纤维、周转箱、瓦楞箱、各种容器、储槽、薄膜和包装等。

5）高分子量 HDPE（HMWHDPE）

其重均分子量为 20 万～50 万，密度为 0.944～0.954 g·cm^{-3}。具有极佳的耐环境应力开裂性能、冲击强度和拉伸强度，良好的刚性、湿气阻隔性、耐磨性和耐化学品性，长寿命。但熔体黏度高，难加工。近年来随着聚合技术的进步，可生产出分子量双峰分布、宽分子量分布的树脂，从而提供了加工的灵活性和最佳的使用性能。

应用领域：吹塑薄膜、压力管、大型中空容器和片材等，如物品袋、容器内衬、工业和矿用管、输气管、汽车油箱、大型托盘、水库内衬等。

3. 线型低密度聚乙烯（linear low density polyethylene，LLDPE）

1）合成方法

在以二氧化硅或钛、钒为载体的铬化合物催化体系下，使乙烯与少量（7%～9%）的 α-烯烃（丁烯、己烯或辛烯）低压气相共聚而成。

2）结构与性能

分子结构与 HDPE 相似，分支少，支链短，在线型乙烯主链上带有非常短小的共聚单体支链；但其密度与 LDPE 相似，为 0.92～0.94 g·cm^{-3}，熔点为 115～125℃。刚性、强度、耐撕裂性、耐刺穿性均优于 LDPE，耐低温性优异，耐环境应力开裂性较好，透明性稍差于 LDPE，但熔体黏度较高，加工性劣于 LDPE。LLDPE 和 LDPE 性能比较见表 2-2。

表 2-2　LLDPE 和 LDPE 性能比较

性能参数	LLDPE	LDPE
分子量分布	窄	宽
熔点/℃	115～125	100～115
相对抗张力	1.5～1.75	1
相对伸长率	1.4～1.8	1
耐环境应力开裂性	好	差
耐热性	好	稍差
耐油性	好	稍差

3）成型加工性能

熔体弹性小，黏度高，挤出时扭矩大，应改变挤出机的螺杆、口模和冷却风环设计，或掺入 LDPE、加工母料等降低其黏度。可采用注塑、挤塑、吹塑、滚塑、涂覆等加工方法。

4）用途

吹塑膜耐撕裂、耐针刺，用于重包装袋、农膜、收缩膜等；容器、管材、扁带、涂层、注塑制品等。

LDPE、LLDPE 和 HDPE 性能比较和分子结构分别见表 2-3 和图 2-1。

表 2-3 三种 PE 性能比较

性能参数	LDPE	LLDPE	HDPE
支化度（每 1000 个碳原子）	高，20～40 个长短支链	中等，15～30 个短支链，支链可达 6 个碳原子	低，1～10 个短支链，支链含 1～2 个碳原子
结晶度/%	40～55	55～75	80～95
熔点/℃	100～115	115～125	125～135
结晶温度/℃	80～95	105～115	115～120
密度/（$g·cm^{-3}$）	0.91～0.93	0.92～0.94	0.94～0.97
相对强度	低	中等	高
相对伸长率	高	中等	低
最高使用温度（短期）/℃	90	95	100

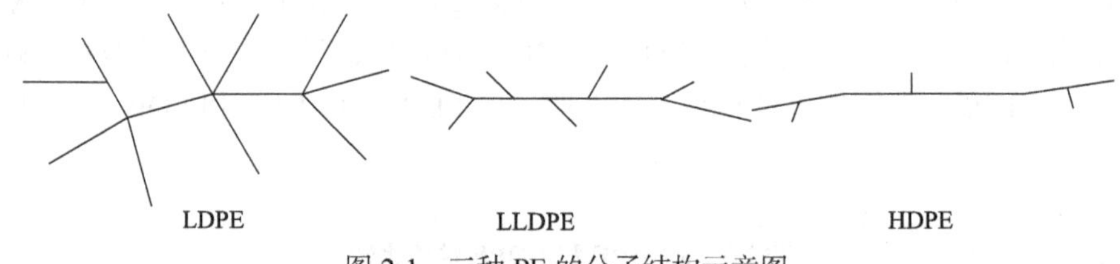

图 2-1 三种 PE 的分子结构示意图

合成方法的不同，造成三种 PE 的分子结构存在明显的差异，即 LDPE 支化度高，支链长且多，HDPE 的支链短且少，而 LLDPE 介于二者之间，主链上带有共聚物的短支链。因而它们的熔融结晶性能也相差较大，影响到它们的物理、力学等性能，如 LDPE 较软而韧，HDPE 较硬而刚，LLDPE 介于二者之间。不同的性能最终也决定了它们的用途，例如，LDPE 可用于软质薄膜、软管、电线涂层等，LLDPE 可用于重包装袋、电线电缆包皮等半硬制品，HDPE 可用于挺度好的薄膜和纤维，硬管和桶、盆、杯等日用品。

总之，三种 PE 的分子结构、性能与用途的差异较为典型地反映了学习高分子材料过程中需要强调的内容：合成方法→聚合物的分子结构→微观结构（形貌、结晶等）→宏观性能（物理、力学、化学、加工性能等）→用途。后面的相关聚合物的学习过程中将不断强调这些内容。

4. 茂金属聚乙烯（metallocene polyethylene，m-PE）

1）合成方法

茂金属催化剂是由茂金属（Zr、Ti、Fe、Co、Ni）化合物与茂环（环戊二烯基）配位形成的过渡金属有机化合物。聚合时只允许聚合单体进入催化剂的单一活性点上，因而能精确地控制聚合物分子量及其分布、共聚单体含量及在主链上的分布以及结晶结构等。采用茂金属催化剂制得的 m-PE 具有以下特点：分子量分布窄，多分散系数为 2.0～

2.5；主链上共聚单体均匀分布；大分子的组成和结构非常均匀。

2）结构与性能

常见的 m-PE 为聚烯烃弹性体（polyolefin elastomer，POE），是美国 Dow 化学公司采用茂金属催化剂生产的具有窄分子量分布和均匀的短支链分布的热塑性弹性体。

其典型产品乙烯-1-辛烯共聚物的结构式如下：

$$-[CH_2CH_2]_x[CH_2\underset{\displaystyle CH_2(CH_2)_4CH_3}{\underset{|}{CH}}]_y-$$

美国 Dow 化学公司按照共聚单体含量将 POE 进行分类，将辛烯含量小于 20%，密度为 0.895～0.915 $g \cdot cm^{-3}$ 的弹性体称为聚烯烃塑性体（polyolefin plastomer，POP）；辛烯在共聚单体中含量在 20%～30%之间，密度为 0.865～0.895 $g \cdot cm^{-3}$ 的则称为聚烯烃弹性体（POE）。

POE 分子链中的树脂相（聚乙烯链）结晶区起到了物理交联点的作用，一定量辛烯的引入削弱了聚乙烯链结晶区，形成了具有橡胶弹性的非晶区，使得 POE 成为一种性能优异的热塑性弹性体。微观结构决定聚合物的宏观性能，与传统聚合方法制备的聚合物相比，POE 具有很窄的分子量分布和短支链结构，因而具有高弹性、高强度、高伸长率等优异的物理机械性能和优异的耐低温性能。窄的分子量分布使材料在注射和挤出加工过程中不宜产生挠曲，因而 POE 材料的加工性能优异。

又由于 POE 大分子链的饱和结构，分子结构中所含叔碳原子相对较少，因而具有优异的耐热老化、抗紫外线、耐臭氧、耐化学介质等优异性能。通过对 POE 进行交联，材料的耐热温度被提高，永久变形减小，拉伸强度、撕裂强度等主要力学性能都有很大程度的提高。

3）用途

POE 性能优于软质 PVC、乙烯-乙酸乙烯酯共聚物（EVA）、乙烯-丙烯酸甲酯共聚物（EMA）、丁苯橡胶（SBR）和三元乙丙橡胶（EPDM），可以取代许多传统的塑料和橡胶。由于 POE 的优异性能，其在汽车行业、电线电缆护套、塑料增韧剂等方面都获得了广泛应用。

5. 超高分子量聚乙烯（ultra high molecular weight polyethylene，UHMWPE）

1）合成方法

采用倍半铝或二乙基氯化铝及 $TiCl_4$ 为引发剂，在 50～65℃，0.7 MPa 下，乙烯经阴离子聚合而成。

2）结构与性能

分子量大于 100 万，分子结构与 HDPE 基本相同，因分子链太长而难以整齐排列，分子链有许多短支链，故结晶度低，拉伸强度、刚性等不如 HDPE；耐磨性在所有塑料品种中居于第一位，耐环境应力开裂性、抗低温冲击性、化学稳定性极好，无毒、不吸水、无表面吸附力，电绝缘性优异，自润滑性优良。

UHMWPE 和 HDPE 性能比较见表 2-4。

表 2-4　UHMWPE 和 HDPE 性能比较

性能参数	UHMWPE	HDPE
密度/（$g \cdot cm^{-3}$）	0.94	0.94～0.97
熔融指数/（$g \cdot min^{-1}$）	0	0.05～10
平均分子量	200 万	5 万～35 万
熔点/℃	130～135	125～135
洛氏硬度（R）	38	35
负荷下变形率/%	6	9
热变形温度/℃	79～83	63～71
维卡软化点/℃	133	122
缺口冲击强度/（$kJ \cdot m^{-2}$）	82（23℃）	27（23℃）
	10（-40℃）	5（-40℃）
耐环境应力开裂时间/h	＞4000	＞2000

3）成型加工性能

熔体黏度极高，对热剪切极不敏感，使其熔合在一起需很高的压力。成型加工方法限于模压烧结、挤出、注射、吹塑、喷涂等。

4）用途

用于机械、汽车、煤矿、纺织、化工、食品等工业作不粘、耐磨、低噪声、自润滑部件，如导轨、轴套、人体关节等。其纤维可制成绳索、缆绳、织物（防弹衣、防割手套）。

6. 低分子量聚乙烯（low molecular weight polyethylene，LMWPE）

1）合成方法

PE 生产中产生的分子量小于 1 万的副产物，又称聚乙烯蜡。也可以各种 PE 为原料，经裂解、氧化而成。

2）结构与性能

白色或微黄色粉末或颗粒，常温下不溶于大多数溶剂，加热可溶于苯等烃类和氯代烃类溶剂。主要有均聚物、氧化均聚物、乙烯-丙烯酸共聚物、EVA、低分子量离子聚合物五大类，分子量为 500～5000，熔点为 60～120℃。

3）用途

用于塑料颜料分散剂、润滑剂，印刷油墨耐磨改性剂，铸造砂型黏合剂等。

7. 交联聚乙烯（crosslinked polyethylene，CLPE）

1）生产方法

用高能射线（γ 射线、电子射线或紫外线等）辐照，或用过氧化物分解产生的游离基与线型结构聚乙烯反应，均可使之交联成体型结构。

（1）辐射交联：将未交联聚乙烯成型为一定形状制品后，用高能射线辐照，转变为交联结构。

（2）化学交联：将聚乙烯与适当有机过氧化物（和助交联剂，如不饱和硅烷等）一起混炼，过氧化物受热分解产生自由基，夺取聚乙烯的氢原子，使其产生新的自由基，两个大分子的自由基相互结合起来发生交联。工业生产中分为混炼、成型、交联三个步骤。交联后的制品具有坚硬、光滑的表面，耐热性、耐环境应力开裂性提高，同时具有一定的柔韧性。

例如，两步法制备硅烷交联聚乙烯的步骤为：首先采用过氧化物作为引发剂，其受热分解产生的自由基夺取 PE 分子链上的氢原子，所产生的大分子自由基与不饱和硅烷分子中的双键发生接枝反应，接枝后的硅烷可通过热水或水蒸气水解而交联成网状结构。反应方程式如下：

$$\text{PE}\!\sim\!\xrightarrow{\text{过氧化物}}\ \sim\!\cdot + CH_2{=}CH{-}\underset{OR}{\overset{OR}{Si}}{-}OR \xrightarrow{\text{接枝}} \sim\!CH_2{-}CH_2{-}\underset{OR}{\overset{OR}{Si}}{-}OR$$

$$\sim\!CH_2{-}CH_2{-}\underset{OR}{\overset{OR}{Si}}{-}OR + RO{-}\underset{OR}{\overset{OR}{Si}}{-}CH_2{-}CH_2{-}\!\sim\ \xrightarrow[\text{交联}]{\text{催化剂}}$$

$$\sim\!CH_2{-}CH_2{-}\underset{|}{\overset{|}{Si}}{-}O{-}\underset{|}{\overset{|}{Si}}{-}CH_2{-}CH_2{-}\!\sim + 2\,ROH$$

2）性能与应用

其耐热性、耐环境应力开裂性大大提升，而电性能不变，拉伸强度和硬度略有提高，透明性增加，结晶度、断裂伸长率下降，可作电绝缘材料和包装薄膜等。

8. 氯化聚乙烯（chlorinated polyethylene，CPE）

1）合成与性能

CPE 是聚乙烯分子结构中仲碳原子上的氢原子经氯取代得到，可看成是乙烯、氯乙烯和二氯乙烯的共聚物。合成方法有溶液法、悬浮法和固相法三种。其结构式如下：

$$-\!\!\left[CH_2CH_2\right]_x\!\!\left[CH_2\underset{Cl}{\underset{|}{CH}}\right]_y\!\!\left[\underset{Cl}{\underset{|}{CH}}\underset{Cl}{\underset{|}{CH}}\right]_z\!\!-$$

CPE 分子链上含有侧氯原子，破坏了原 PE 分子链的对称性，使其结晶能力降低，从而变得柔软，被赋予类似于橡胶的弹性。但随着氯原子含量增大，其弹性减小，刚性增大，见表 2-5。

表 2-5　CPE 中氯含量与性能的关系

氯含量/%	0	30	40	50	55	60	70
T_g/℃	−79	−20	10	20	35	75	150
形态	塑料	橡胶状		皮革状	塑料		
趋向	接近聚乙烯				接近聚氯乙烯		

2）用途

含氯量 35%左右的 CPE 主要用作 PVC 的增韧改性剂，也可以制造电线电缆包皮和阻燃薄膜等。

9. 乙烯-极性单体共聚物

1）乙烯-乙酸乙烯酯共聚物（ethylene-vinyl acetate copolymer，EVA）

（1）合成方法：在一定条件下，乙烯与乙酸乙烯酯经自由基聚合而得。

（2）性能特点：其性能与乙酸乙烯酯（VA）含量（5%～50%）有很大关系，VA 越少越接近 LDPE，VA 越多越接近橡胶。当熔融指数一定时，VA 含量降低时，其刚性、耐磨性、电绝缘性提高；VA 含量增加时，其弹性、柔软性、黏合性提高。

结晶度比 PE 低，弹性大；耐低温性突出；优良的抗冲击性能和耐环境应力开裂性；耐老化性优于 PE；良好的热黏合性，加工中热稳定性好，可作热熔黏合剂；耐热性、阻气性低于 PE；虽然气密性差，但优于 PE；耐候性优于 PE。

（3）成型加工：成型加工温度比 LDPE 低 20～30℃，可采用挤出、注射、中空吹塑成型。

（4）用途：生产热熔胶、包装薄膜及中空吹塑容器等。

2）乙烯-丙烯酸类共聚物

（1）乙烯-丙烯酸共聚物（ethylene-acrylic acid copolymer，EAA）和乙烯-甲基丙烯酸共聚物（ethylene-methacrylic acid copolymer，EMAA），共聚单体含量为 3%～20%。随着羧基含量的增加，聚合物的结晶度降低，光学透明性提高，熔体强度和密度增加，热封合温度降低，有利于与极性基材的粘接。

EAA 和 EMAA 具有耐化学品性和阻隔性能，用于包装材料的表面层和粘接层，也可用于涂覆材料。

（2）乙烯-丙烯酸甲酯共聚物（ethylene-methyl acrylate copolymer，EMA）。丙烯酸甲酯（MA）含量为 18%～24%，与 LDPE 相比，EMA 的软化点降低，弯曲模量降低，耐环境应力开裂性明显改善，有良好的耐化学品性。

EMA 为无毒材料，可热封合，常用于制造薄膜、软管、片材，用于包装食品、肉类等。

（3）乙烯-丙烯酸乙酯共聚物（ethylene-ethyl acrylate copolymer，EEA）。丙烯酸乙酯（EA）含量为 20%～30%，随 EA 含量增大，柔软性和回弹性提高，极性有所增强，可印刷性和黏合性也会增强。

EEA 弹性大，压缩永久变形小，具有优良的耐低温冲击性、耐环境应力开裂性和耐弯曲疲劳性，较高的热稳定性、较低的熔点和较大的填料包容性。

EEA 用于制造软管、玩具、低温密封圈、电缆套管、手术用袋、包装薄膜、容器等，也可用作其他材料的低温冲击改性剂。

3）离子聚合物（ionomer）

（1）合成方法：乙烯和不饱和羧酸的共聚物用钠、镁、钾、锌等金属的氢氧化物或其醇盐等处理，中和羧基，形成离子型交联键。离子聚合物的分子结构如下：

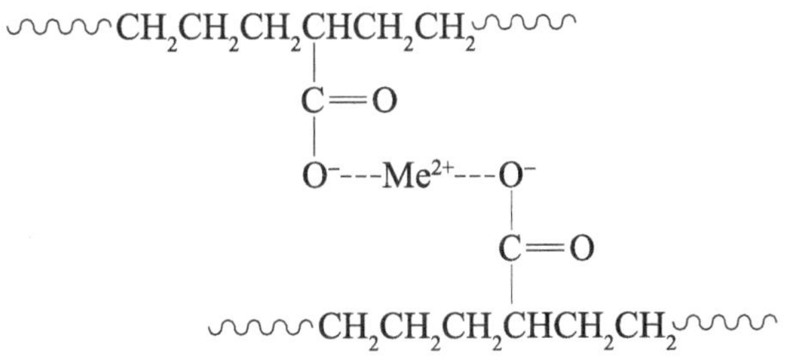

$$
\begin{array}{l}
\sim\sim CH_2CH_2CH_2\underset{|}{C}HCH_2CH_2\sim\sim \\
\qquad\qquad C{=}O \\
\qquad\qquad O^{-}\text{---}Me^{2+}\text{---}O^{-} \\
\qquad\qquad\qquad\qquad C{=}O \\
\qquad \sim\sim CH_2CH_2CH_2CHCH_2CH_2\sim\sim
\end{array}
$$

（2）结构与性能：这种离子型的交联键无规分布在分子链中，常温下稳定，因交联密度小，呈现出热塑性弹性体的性能，加热时离子键可解离，可采用热塑性塑料的加工方法加工制品。交联的离子键抑制了结晶，赋予聚合物透明性，离子聚合物的透光率为 80%～92%，密度为 0.93～0.97 $g\cdot cm^{-3}$。

离子聚合物有良好的耐化学品性、耐油性、耐环境应力开裂性，表面黏附性提高，兼具良好的韧性、耐寒性、耐弯折性和耐磨性。

（3）用途：用于制造食品包装薄膜，耐油耐腐蚀，易热封，也可用于冷冻食品、药品及电子产品的包装。汽车零部件，如气阀、外饰件、方向盘等。其他应用有安全帽、减震板、滑雪鞋、运动鞋、冰鞋等。

4）乙烯-乙烯醇共聚物（ethylene-vinyl alcohol copolymer，EVOH）

（1）结构与性能：分子结构式为

$$
\text{-}\!\!\left[CH_2CH_2\right]_x\!\!\left[CH_2\underset{\substack{|\\ OH}}{CH}\right]_y\!\!\text{-}
$$

乙烯含量为 29%～48%，随着乙烯含量增加，阻气性降低，阻水性提高，加工更容易。

具有卓越的阻气性、优良的耐溶剂性，光泽度高，光学性能优良，容易印刷，具有高的力学强度、弹性、表面硬度、耐磨性和耐候性，良好的抗静电性，热稳定性好。

（2）用途：常用于多层包装材料中的阻隔层，用于包装油类食品、食用油、矿物油、农用化学品、有机溶剂等，以及电子产品等包装，也可采用喷涂、蘸涂或辊涂技术制成阻隔性优良的容器。

10. 生物基 PE（bio-polyethylene）

巴西 Braskem 公司于 2010 年开发了一种以可再生植物资源（巴西产甘蔗）为起始原料的聚乙烯，即由甘蔗制得乙醇，乙醇转化为乙烯，乙烯再聚合得到 PE。目前产量达到 20 万 t/a，产品包含 HDPE、LLDPE 和 LDPE。这是一种可持续发展的绿色塑料，因此可替代石油资源，减少温室气体的排放。

其性能与石化 PE 完全相同，具有的优点如下：

（1）减少了温室气体排放，因为原料甘蔗从空气中吸收并固定了 CO_2。

（2）采用了可再生资源，原料为巴西产甘蔗。

（3）可回收，可采用传统石化 PE 产品的回收产业链。

（4）广泛的应用：其技术性能、外观、产品应用与传统石化 PE 产品完全相同，不需要额外的设备投资。

二、聚丙烯

自 1955 年，意大利科学家 Natta 教授发明了改进的 Ziegler 催化剂，成功地合成了等规聚丙烯（isotactic polypropylene，iPP），并于 1957 年由 Montecatini 公司实现了工业化生产。因为原料价格低廉、合成工艺简单、产品综合性能好，目前已成为发展最为迅速的塑料品种之一，位居全球合成树脂产量的第二位。与 HDPE 相比，聚丙烯（PP）不仅有较高的强度、刚性、硬度、耐环境应力开裂性、耐热性和耐弯曲疲劳性，成型加工性能也极为优良。而且通过低成本的改性后可以作为工程塑料应用，显示了极大的发展潜力。

（一）合成方法

采用齐格勒-纳塔催化剂（四氯化钛/烷基铝），使丙烯低压定向配位聚合而得。工艺路线有溶液法、浆液法、气相本体法和液相本体法四种，目前工业化生产都是采用气相本体法。PP 也可使用茂金属催化剂聚合得到茂金属 PP（m-PP），也可在聚合中引入不同单体进行共聚，得到 PP 共聚物。

（二）结构与性能

根据大分子链上甲基的空间排列方式的不同，PP 可分为等规聚丙烯（iPP）、间规聚丙烯（sPP）和无规聚丙烯（aPP）三种立体结构，见图 2-2。

$\sim\sim CH_2CHCH_2CHCH_2CHCH_2CHCH_2CH \sim\sim$　iPP
（各 CH 下方连接 CH_3：CH_3　CH_3　CH_3　CH_3　CH_3）

CH_3　CH_3（上方）
$\sim\sim CH_2CHCH_2CHCH_2CHCH_2CHCH_2CH \sim\sim$　sPP
CH_3　CH_3　CH_3（下方）

CH_3　CH_3（上方）
$\sim\sim CH_2CHCH_2CHCH_2CHCH_2CHCH_2CH \sim\sim$　aPP
CH_3　CH_3　CH_3（下方）

图 2-2　三种不同构型的聚丙烯

三种不同构型聚丙烯的性能差别见表 2-6。

表 2-6　三种不同构型聚丙烯的性能

性能参数	iPP	sPP	aPP
等规度/%	95	5	5
密度/（$g\cdot cm^{-3}$）	0.89～0.91	0.90	0.85

续表

性能参数	iPP	sPP	aPP
结晶度/%	40～60	50～70	无定形
熔点/℃	165～175	148～150	75
正庚烷溶解情况	不溶	微溶	溶解

对于常见的 iPP，其是线型碳氢聚合物，溶胀、溶解和电性能与 PE 相似，但主链碳原子上交替存在侧甲基基团，主链稍有僵硬，熔点上升，侧甲基基团的存在使叔氢原子活化，对氧敏感，易降解，链柔曲性差，耐寒性低。

1. 基本性质

iPP 外观为半透明蜡状固体，密度为 0.89～0.91 $g·cm^{-3}$，是常用树脂中密度最低的一种。熔点为 165～175℃，T_g 约为–10℃，结晶度可达 40%～60%，不吸水。

2. 力学性能

与 PE 相比，iPP 的强度、刚性、硬度较高，冲击强度低，特别是低温冲击强度低。耐磨耗性好，耐弯曲疲劳性能极好，可用于制作塑料铰链。

3. 电性能

iPP 为非极性聚合物，具有优异的电绝缘性能，其电性能不受环境湿度和电场频率改变的影响，耐电弧性很好。

4. 热性能

iPP 耐热性好，长期使用温度达 110～120℃，短期使用温度达 150℃。耐沸水，适用于高压消毒制品。热导率为 0.15～0.24 $W·m^{-1}·K^{-1}$，小于 PE。

5. 耐化学品性能

iPP 室温下不溶于任何溶剂，可耐除强氧化剂、浓硫酸和浓硝酸等以外的酸、碱、盐及大多数有机溶剂。具有很好的耐环境应力开裂性。但芳香烃、氯代烃会使 iPP 溶胀，高温下可溶于四氢化萘、十氢化萘和 1,2,4-三氯代苯等。

6. 其他性能

iPP 耐候性差，易老化降解。易燃，氧指数为 17%。表面极性低，印刷性、黏合性差。

iPP 与 HDPE 的性能比较见表 2-7。

表 2-7 iPP 与 HDPE 的性能比较

性能参数	iPP	HDPE
密度/（$g·cm^{-3}$）	0.89～0.91	0.94～0.97
吸水率/%	0.01～0.04	< 0.01
拉伸屈服强度/MPa	30～39	21～28

续表

性能参数	iPP	HDPE
拉伸模量/MPa	1100～1600	400～1100
断裂伸长率/%	＞200	20～100
压缩强度/MPa	39～56	22.5
弯曲强度/MPa	42～56	17
缺口冲击强度（相对值）	0.5	1.3
邵氏硬度（D）	95	60～70
刚性（相对值）	7～11	3～5
维卡软化点/℃	150	122
脆化温度/℃	–30～–10	–78
线膨胀系数/（$\times10^{-5}$ K^{-1}）	6～10	11～13
成型收缩率/%	1.0～2.5	2.0～5.0

（二）改性 PP

1. 化学改性

1）共聚改性

改性 PP 采用乙烯、丁二烯等单体和丙烯进行共聚，例如，在 PP 主链上嵌段共聚 2%～3%的乙烯单体，可制得乙丙嵌段共聚物，其同时具有 PE 和 PP 的优点，可耐–30℃低温冲击。

PP 无规共聚物（PPR）是在 PP 主链上无规则地插入乙烯单体，乙烯含量为 1%～7%，与 PP 均聚物比较，PPR 具有较好的透明性、耐冲击性和低温韧性，熔融温度降低，便于热封合。但刚性、硬度有所降低。PPR 常用于热水管材、薄膜、中空制品、注塑制品等。

抗冲击 PP 共聚物（impact PP copolymer，IPC）中乙烯单体含量可高达 20%，它是一种共混物，主要由 PP、乙丙嵌段共聚物、PE 等构成，IPC 中含有乙丙橡胶相，具有较高的低温抗冲击性能，克服了 PP 均聚物韧性不足的缺点，保留了易加工和其他优良的性能，因而大量应用于汽车、家用工具、容器、热成型片材等诸多领域。

2）交联改性

其目的是调节熔融黏弹性，适应发泡的要求，提高耐蠕变、耐气候、耐腐蚀、耐环境应力开裂等性能。常采用过氧化物交联、辐照交联、硅烷-水交联等。

3）接枝改性

PP 中加入接枝单体，在引发剂作用下，加热熔融混炼进行改性。改善 PP 的非极性、亲水性、染色性等。

2. 物理改性

1）填充改性

在 PP 中加入一定量的无机填料（如碳酸钙、云母、滑石粉、硅灰石等）、有机填料（如木粉、稻壳粉、花生壳粉等）来提高性能，降低成本。

2）增强改性

增强改性 PP 可以取代工程塑料，常用的增强材料有玻璃纤维、碳纤维、芳纶纤维等。

3）共混改性

用其他塑料、橡胶与 PP 共混，以此改善低温脆性。为此可加入玻璃化转变温度相对 PP 较低的 LDPE、HDPE，这样 PP 相和 PE 组成两相连续贯穿结构，作为韧性网络传递和分散冲击能量。加入橡胶和弹性体是增韧改性的主要途径，如顺丁橡胶、乙丙橡胶、苯乙烯-丁二烯-苯乙烯嵌段共聚物（SBS）、POE 等。

4）成核改性

PP 是结晶性聚合物，在成型加工中，PP 的结晶度和结晶形态取决于熔体的冷却情况，冷却速率慢，晶体可以充分生长，易于形成大球晶，相反易于形成小球晶或不完善的晶体。大球晶使制品的刚性和耐热性提高，但冲击强度降低；小球晶使制品具有较好的透明性和柔韧性。而加入成核剂可以加快结晶速率，减小球晶尺寸，改善 PP 性能，常用的 PP 成核剂有滑石粉（提高刚性、耐热性）、山梨醇缩醛类（提高透明性）、庚二酸盐（提高韧性）等。

（三）成型加工性能

非牛顿型熔体，对压力敏感。对氧敏感，易老化，在设备中停留时间应尽可能短。熔体冷却后收缩率较大，达 1.6%～2.0%，易产生内应力，引起翘曲、尺寸变化。对缺口非常敏感，应避免尖角、缺口等应力集中部位。成型时易发生分子取向。铜会加速其老化，应避免接触。可注塑、挤塑、中空吹塑、热成型、电镀、发泡成型等。

（四）用途

常用于医疗器械、机械零件、化工设备、电子电气、日用品、包装袋等。

PP 的熔体流动速率（MFR）标志着其成型流动性的好坏，也间接表示了分子量的大小，是 PP 选用时的依据。不同 MFR 下的 PP 的成型方法和用途见表 2-8。

表 2-8 不同 MFR 下的 PP 的成型方法和用途

成型方法	MFR/[g·(10 min)$^{-1}$]	用途
挤出成型	0.5～2	管材、板材、片材、棒材
挤出成型	0.5～8	单丝、编织袋、捆扎绳、打包带
挤出成型	1～4	双向拉伸薄膜
挤出成型	6～12	吹塑薄膜

续表

成型方法	MFR/[g·(10 min)$^{-1}$]	用途
注塑成型	1～30	汽车配件、家电配件、医疗器械
中空成型	0.5～1.5	瓶、容器
熔体纺丝	10～20	纤维、地毯、织物、一次性卫生用品

三、苯乙烯类树脂

（一）聚苯乙烯

1930 年德国 BASF 公司首先生产聚苯乙烯（polystyrene，PS），目前是应用广泛的热塑性塑料之一。

1. 合成方法

PS 由苯乙烯单体经自由基聚合而得，反应方程式如下：

$$n\,CH_2{=}CH(C_6H_5) \xrightarrow[\text{加热}]{\text{引发剂}} -\!\!\![CH_2CH(C_6H_5)]_n\!\!\!-$$

可采用本体、悬浮、乳液、溶液聚合四种方法聚合而得 PS，工业上本体法和悬浮法产品较常见。

2. 结构与性能

大分子链上的苯环的空间位阻效应使 PS 分子链较为僵硬，玻璃化转变温度（T_g）为 80～105℃，宏观上表现刚而脆的性质，其产品易产生内应力，造成制品产生银纹，甚至开裂现象。分子内旋受阻，不易结晶，为非晶聚合物，有良好的透明性，透光率达 90%，折光率为 1.60。

1）基本性质

PS 原料外观为无色透明颗粒，密度为 1.05 g·cm^{-3}，吸水率为 0.05%，脆化温度约 −30℃，表面光泽度高。

2）力学性能

属于硬而脆的材料，拉伸、弯曲强度等力学性能在通用塑料中是较高的，但冲击强度很低。

3）热性能

耐热性差，使用温度不超过 80℃。热导率为 0.04～0.15 W·m^{-1}·K^{-1}，有良好的隔热性。线膨胀系数大，为（6～8）×10^{-5} K^{-1}，与金属相差悬殊，制品不宜带有金属嵌件。

4）电性能

非极性惰性大分子，吸水率很低，电绝缘性优良，不受环境湿度的影响，但易产生静电。

5）耐化学品性能

耐一般酸、碱、盐腐蚀，但不耐氧化性酸如硝酸和氧化剂的侵蚀；还会受到许多烃类、酮类和高级脂肪酸的侵蚀；能溶于苯、甲苯、氯仿、四氯化碳、酮类、酯类等。

6）其他性能

易燃，燃烧冒浓黑烟，有苯乙烯气味；耐候性差；耐辐射性优良。

3. 成型加工性能

熔体为假塑性，比热容小，塑化效率高，冷却固化快，模塑周期短。成型收缩率低，为 0.4%～0.7%。极易着色，可制成色泽鲜艳的制品。制品易产生内应力，易开裂，可在 60～80℃热水浴中或烘箱中退火处理 1～ 3 h 消除。可采用注射、挤出、吹塑、发泡成型。

4. 改性 PS

1）化学改性

（1）高抗冲 PS（high impact polystyrene，HIPS）：目前采用接枝共聚法（本体聚合或本体-悬浮聚合法）生产，即将顺丁橡胶或丁苯橡胶溶于苯乙烯中进行接枝共聚。苯乙烯含量为 45%～70%，称为高苯乙烯橡胶，苯乙烯含量大于 70%，称为高苯乙烯塑料。

HIPS 具备 PS 的大多数特点，如刚性、易加工性、易染色性等，但拉伸强度有所下降，不透明，抗冲击性大大提高。

HIPS 主要用于生产电视机、电话机、吸尘器等电器和各种仪器仪表的机壳和部件，也可用于生产板材、冰箱内衬、容器、家具、玩具等日用品。

（2）丙烯腈-苯乙烯共聚物（acrylonitrile-styrene copolymer，SAN 或 AS）。

结构式为

$$-\!\!\!-\!\![CH_2CH(C_6H_5)]_x[CH_2CH(CN)]_y\!\!-\!\!\!-$$

大分子链引入强极性的侧基—CN，提高了分子间作用力，内聚能增大。SAN 中 AN 含量为 20%～35%，提高了软化点、抗冲击性、耐化学品性和耐环境应力开裂性，但保持了透明性。最高长期使用温度为 75～90℃。

SAN 可代替 PS 用于力学性能、耐热性和耐溶剂性要求较高的场合，如餐具、渔具、灯具、包装容器、面罩、面板、仪表壳、机械零件、文教用品等。

（3）丙烯腈-苯乙烯-丙烯酸酯共聚物（ASA）：以聚丙烯酸酯为主链，与丙烯腈、苯乙烯进行接枝共聚而得。以丙烯酸酯代替了丁二烯，消除了双键对材料老化性能的影响，耐候性提高了 10 倍。优异的耐紫外线和耐热老化性是 ASA 重要的性能特征。

ASA 不仅适宜于用作室外使用的材料，如天线罩；还适于室内有强光的汞灯和荧光灯照射下的器械和部件，如灯罩。

（4）甲基丙烯酸甲酯-丁二烯-苯乙烯共聚物（MBS）：冲击强度高，耐热和耐寒性改善，具有高度透明性，被称为透明 MBS。

MBS 主要用于制造透明、耐光和装饰性产品，如电视机前屏、外壳、仪表罩、包装材料、汽车零件、装饰品等。也常作硬质透明 PVC 的增韧剂。

（5）苯乙烯类热塑性弹性体：常见的有 SBS（苯乙烯-丁二烯-苯乙烯嵌段共聚物）和 SIS（苯乙烯-异戊二烯-苯乙烯嵌段共聚物），有星型和线型两种结构，是一种热塑性弹性体，不需硫化即具有高弹性和高强度。可用于制造管材、鞋底、运动器材、医疗器械、汽车零件、电线包覆层等。也可作为塑料增韧改性剂；或用于黏合剂、密封材料及涂覆材料。

2）物理改性

有填充（添加碳酸钙、滑石粉等填料）、增强（采用玻璃纤维）、增韧[加入丁苯橡胶（SBR）、SBS 等弹性体]、阻燃（添加阻燃剂）、共混改性等方法。其中，发泡 PS 制品是一种常见的包装材料。

可发性 PS（EPS）：含有发泡剂的 PS 珠粒状树脂（0.1～3 mm）。通过加热使 EPS 珠粒发泡成为预胀物，经熟化后，通过模压或挤出成型制得 PS 泡沫塑料制品。

PS 泡沫塑料质轻、热导率低、吸水性差、电性能好，具有绝热、减震、隔声、价廉等优点，广泛用作建筑、冷藏、化工的保温隔热材料，运输、家电、仪器仪表的缓冲包装材料。但此类材料易燃，有明显的火灾隐患。

5. 用途

可用于轻工、电子电气、仪器仪表、机械化工、日常用品、包装材料等。例如，透明的、色泽艳丽的各种生活日用品，如盆、盘、灯具、学生文具、屋内各种装饰品；工业配件，如仪表壳、车灯、光学用零件和电气、通信零件等；吹塑薄膜可作高频电容器、高频绝缘材料；发泡塑料制品用于绝热、隔声和包装防震等。

（二）丙烯腈-丁二烯-苯乙烯三元共聚物

1. 合成方法

丙烯腈-丁二烯-苯乙烯三元共聚物（acrylonitrile-butadiene-styrene terpolymer，ABS）的生产方法分为混炼法和接枝共聚法两大类。

1）混炼法

此方法是将苯乙烯-丙烯腈共聚物（AS）树脂与橡胶及其他添加剂一起进行熔融混炼掺和。其中 AS 树脂是通过悬浮聚合或乳液聚合而制得的含 20%～30%丙烯腈的共聚物；而所用的橡胶是低温乳液聚合得到的丁苯橡胶、顺丁橡胶、丁腈橡胶和异二烯橡胶等。使用最多的是含 20%～40%丙烯腈的丁腈橡胶。

掺和有以下两种方法：

一种是两种乳液及其他添加剂掺和，再加入电解质破乳、沉淀、分离、干燥，在螺杆挤出机中熔融混炼、造粒而得。

另一种方法是将固体树脂、橡胶及添加剂，在混炼机上熔融混炼掺和而得。例如，将 65～70 质量份 AS 树脂在混炼机上加热到 150～200℃，直至树脂完全熔融，再加入 30～35 质量份含丙烯腈 35%的丁腈橡胶和适当的硫化剂、添加剂，在 150～180℃混炼

20 min，得到均匀的混合物。其可直接在 150～170℃，1.37～13.7 MPa 压力下压延成表面光滑的 ABS 板材。也可改用顺丁橡胶代替部分丁腈橡胶，例如，将 62～80 质量份 AS 树脂，8～26 质量份丁腈橡胶，8～26 质量份顺丁橡胶进行混炼，得到弹性模量、硬度、低温下耐冲击性更好的 ABS 塑料。

混炼法得到的 ABS 只是一种简单的物理共混物，各组分间不是通过化学键连接为一体，微观相畴粗大且不均匀，造成宏观性能不太理想，目前已经不采用此种方法。

2）接枝共聚法

包括乳液接枝掺混法、连续本体法等生产方法。连续本体法是将橡胶（如顺丁橡胶、丁苯橡胶）溶于丙烯腈和苯乙烯单体及少量溶剂中进行接枝聚合，体系中形成以接枝橡胶为分散相、以 AS 为连续相，橡胶相中还包裹有 AS 的复相结构。接枝共聚法得到 ABS 的各组分间通过化学键连接为一体，性能优异，目前工业上主要采用这种生产方法。

2. 结构与性能

ABS 结构式为

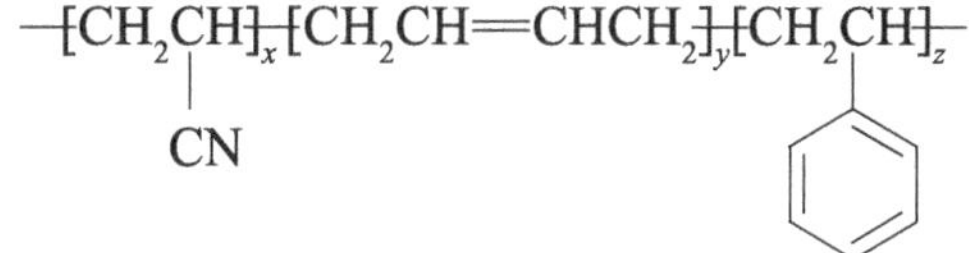

ABS 结构中有以弹性体为主链的接枝共聚物和以坚硬的 AS 树脂为主链的接枝共聚物，或橡胶弹性体和坚硬的 AS 树脂的混合物，这样不同结构显示出不同性能，弹性体显示出橡胶的韧性，坚硬的树脂显示出刚性。ABS 具有 PS 的良好成型加工性、聚丁二烯（PB）的韧性、聚丙烯腈（PAN）的化学稳定性和表面硬度。ABS 显示了良好的综合性能，被广泛用作通用工程塑料。

1）基本性质

ABS 外观呈浅象牙黄色，不透明，相对密度为 1.05，吸水率为 0.2%～0.7%，制品表面光泽度高，电性能良好。

2）热性能

ABS 使用温度范围为−40～85℃，热导率为 0.16～0.29 $W \cdot m^{-1} \cdot K^{-1}$，线膨胀系数为（6.2～9.5）$\times 10^{-5} K^{-1}$。

3）耐化学品性能

ABS 能耐水、无机盐、碱及弱酸和稀酸，但不耐氧化性酸，如浓硫酸和浓硝酸；大多数烃类、醇类、矿物油、植物油等化学介质与 ABS 长期接触会引起应力开裂；酮、醛、酯、氯代烃会使 ABS 溶解或溶胀。

4）其他性能

由于结构中含有双键，耐候性差。ABS 易燃烧，火焰呈黄色，有黑烟，无熔融滴落现象。

ABS 品种繁多，有通用型、挤出型、高流动型、耐热型、耐寒型、阻燃型、电镀型等，常见品种的性能见表 2-9。

表 2-9　ABS 常见品种的性能

性能参数	耐热型 ABS	高抗冲型 ABS
拉伸强度/MPa	45～57	35～44
断裂伸长率/%	3～20	5～60
拉伸模量/MPa	2300～3300	1600～3000
弯曲强度/MPa	70～85	52～81
弯曲模量/MPa	2100～3000	1600～2500
压缩强度/MPa	65～71	49～64
压缩弹性模量/MPa	1700	1200～1400
洛氏硬度（R）	105～115	65～109
悬臂梁缺口冲击强度/（$kJ \cdot m^{-2}$）	11～25	16～44
介电常数（10^6 Hz）	2.4～3.8	2.4～3.8
体积电阻率/（Ω·cm）	1×10^{16}～5×10^{16}	2.7×10^{16}
介电损耗角正切（60～10^6 Hz）	0.003～0.015	0.003～0.015
介电强度/（$kV \cdot mm^{-1}$）	13～20	13～20

3. 改性 ABS

填充改性：超细碳酸钙等填充改性，提高硬度、降低成本。

增强改性：玻璃纤维增强，拉伸、弯曲强度提高 2～3 倍，热变形温度（HDT）上升 10～15℃，性能接近金属，表面可电镀各种金属。

共混改性：与 PVC 共混，提高阻燃性，降低成本；与 PBT 共混，可提高尺寸稳定性、耐化学品性、成型加工性；与尼龙共混，冲击强度显著提高；与 PC 共混，各项性能均有所改善，用途广泛；与热塑性聚氨酯（TPU）共混，提高耐磨性、韧性；与 PSU 共混，提高流动性、冲击强度，并有自熄性。

阻燃抗静电改性：加入十溴联苯醚、三氧化二锑、抗静电剂等。

4. 成型加工性能

熔体为非牛顿型，易加工，成型收缩率为 0.4%～0.5%，易制得尺寸精度较高的制品。有一定吸湿性，含水 0.3%～0.8%，成型加工前必须干燥，需在 80～100℃下干燥 2 h 以上。可采用注射、挤出、吹塑、真空成型，且易于电镀和冷成型。

5. 用途

用于汽车、摩托车、飞机零部件，电冰箱、冷库部件，机电仪表，纺织器材，文教用品，轻工产品等。例如，汽车领域的使用包括汽车仪表板、车身外板、内装饰板、方向盘、隔音板、门锁、保险杠、通风管等很多部件。在电器方面则广泛应用于电冰箱、电视机、洗衣机、空调器、计算机、复印机等中。ABS 管材、ABS 洁具、ABS 装饰板广泛应用于建材工业。此外，ABS 还广泛应用于包装、家具、体育和娱乐用品、机械和仪表工业中。

四、聚氯乙烯

1912 年，德国人 Klatte 发现了氯乙烯自聚得到聚氯乙烯（polyvinylchloride，PVC）。1926 年美国人 Semon 再次合成了 PVC，随后 Goodrich 公司开始了 PVC 的商业化生产。

（一）合成方法

使用过氧化物和偶氮化合物作引发剂，在热、光或辐射能作用下，氯乙烯单体能进行自由基型聚合反应，得到 PVC 树脂，其反应式如下：

$$n\,CH_2{=}\underset{\displaystyle Cl}{\underset{|}{CH}} \xrightarrow[\text{加热}]{\text{引发剂}} \left[CH_2\underset{\displaystyle Cl}{\underset{|}{CH}}\right]_n$$

工业上采用的聚合方法有悬浮聚合法、乳液聚合法、本体聚合法和溶液聚合法。一般常采用悬浮聚合法和乳液聚合法，由悬浮聚合法生产 PVC 树脂，其产物较纯，吸水性差，电性能好；乳液聚合法生产的 PVC 分子量高，制品强度高，产物颗粒细，易成糊，易加工，但产物纯度差、电性能差、热稳定性差。

（二）结构与性能

1. 分子结构及特性

PVC 分子链中链节基本上是按“头-尾”方式连接的，其结构如下：

$$\sim\sim CH_2\underset{\displaystyle Cl}{\underset{|}{CH}}CH_2\underset{\displaystyle Cl}{\underset{|}{CH}}CH_2\underset{\displaystyle Cl}{\underset{|}{CH}}\sim\sim$$

但也存在少量“头-头”或“尾-尾”连接方式，以及少量的支链结构：

$$\sim\sim CH_2\underset{\displaystyle Cl}{\underset{|}{CH}}CH_2\underset{\displaystyle Cl}{\underset{|}{CH}}\underset{\displaystyle Cl}{\underset{|}{CH}}CH_2CH_2\underset{\displaystyle CH_2\underset{\displaystyle Cl}{\underset{|}{CH}}\sim\sim}{\underset{|}{CH}}\sim\sim$$

PVC 分子链上带有负电性强的氯原子，因而分子极性大，分子链间相互作用力大，阻碍了分子链间的相对滑移，因此宏观上表现出较高的硬度和刚性（大于 PE），电性能比 PE 差。T_g 在 80～85℃（远高于 PE）。PVC 分子链中含有短程的间规立构，具有 5% 结晶度，其仍以无规立构为主，属于非晶聚合物，成型收缩率小，为 0.1%～0.4%，可制得透明制品。

2. 燃烧性能

PVC 树脂含氯量大于 55%，具有阻燃性和自熄性。燃烧时冒黑烟，有刺激性气味。

3. 耐化学品性能

PVC 具有良好的化学稳定性，耐大多数油类、醇类和脂肪类的侵蚀，但不耐芳香烃、氯代烃、酮类、酯类、环醚等有机溶剂；环己酮、四氢呋喃、二氯乙烷、硝基苯等是 PVC 的良溶剂。除浓硫酸（90%以上浓度）和浓硝酸（50%以上浓度）外，无增塑的 PVC 塑料耐大多数无机酸、碱和盐溶液。

4. 电性能

PVC 的电性能良好，是常用低频电绝缘材料之一，因其热稳定性差、分子链具有极性，故随环境温度和电流频率的升高，电绝缘性下降。

5. 热性能

PVC 的耐寒性较差，脆化温度为−50℃，低温下，即使是软质 PVC，也易于变硬、变脆。

PVC 树脂的热稳定性较差，无论是受热还是阳光照射都能引起变色，从黄、橙、棕色直到黑色，伴随着力学性能和物理化学性能的降低。PVC 热稳定性差的原因是其分子链中含有的“头-头”结构、支链以及某些端基结构（如烯丙基氯原子、仲氯原子）。它们在大分子链中起到“活化基团”的作用，在光、热作用下成为脱除氯化氢的起点。

$$\sim\sim CH{=}CH\underset{\underset{Cl}{|}}{C}HCH_2\sim\sim \xrightarrow{\triangle} \sim\sim CH{=}CHCH{=}CH\sim\sim + HCl$$

上述反应一经发生，即形成连锁反应，在大分子链上形成共轭双键结构，这是 PVC 老化时显色的原因。脱除的 HCl 具有加速降解的作用。

除 PVC 分子结构因素外，环境因素对降解速率也有较大影响，在氧、臭氧、力、重金属离子（如铁、铜）的存在下，降解会大大加速。

有鉴于此，PVC 的稳定化具有重要的实用意义，而加入热稳定剂是一种最常用的方法。

（三）PVC 树脂的型号与用途

PVC 树脂的粉末是由微区粒子、初级粒子、聚集体粒子堆砌构成的颗粒，粒径为 50～250 μm。颗粒的形态、内部孔隙率、表面皮膜、颗粒大小及其分布对其性能有较大的影响，故有疏松型和紧密型树脂之分。工业上以生产疏松型树脂为主，其颗粒较大、粒径分布均匀、内部孔隙率高、外层皮膜薄，具有吸收增塑剂快、塑化温度低、熔体均匀性好的特点；反之，称为紧密型树脂。悬浮法生产通用型 PVC 树脂的型号与用途见表 2-10。

表 2-10 悬浮法生产通用型 PVC 树脂的型号与用途

型号	特性黏度/(dL/g)*	平均聚合度	用途
SG-1	144～154	1650～1800	高级电绝缘材料
SG-2	136～143	1500～1650	电绝缘材料、薄膜、一般软材料

续表

型号	特性黏度/(dL/g)*	平均聚合度	用途
SG-3	127～135	1350～1500	电绝缘材料、农用薄膜、人造革、全塑凉鞋
SG-4	118～126	1200～1350	工业和农用薄膜、人造革、高强度管材
SG-5	107～117	1000～1150	透明制品、硬管、硬片、单丝、型材、套管
SG-6	96～106	850～950	唱片、透明制品、硬板、焊条、纤维
SG-7	85～95	750～850	瓶子、透明片、硬质注塑管件、过氯乙烯树脂

* 0.5 g PVC 树脂溶解于 100 mL 环己酮中，在 25℃时的测定值。

（四）改性 PVC

1. 化学改性

1）高聚合度 PVC

高聚合度 PVC 是指聚合度在 1700 以上，一般在 2000～3000 的 PVC，有的在 4000 以上，又称为超高聚合度 PVC。其可吸收大量增塑剂，比普通 PVC 制品的力学强度、耐磨性、耐高低温性能更好，压缩永久变形小、回弹性大，加工简单、成本低，可作为热塑性弹性体，代替硫化橡胶。

应用在汽车方向盘、顶盖板、缓冲垫；建筑防水材料、填缝材料；耐热电线、焊接气体用管、玩具等方面。

2）共聚

氯乙烯单体与乙酸乙烯酯、偏氯乙烯、丙烯酸酯等共聚，提高了成型加工性能，使成型温度降低。

对于聚偏氯乙烯（PVDC），工业上常见的是偏氯乙烯（75%～85%）与氯乙烯（25%～15%）的共聚物，结构式为

$$-\!\!\left[CH_2\underset{\underset{Cl}{|}}{CH}\right]_x\!\!\left[CH_2\overset{\overset{Cl}{|}}{\underset{\underset{Cl}{|}}{C}}\right]_y\!\!-$$

PVDC 的密度大、透明、易印刷、对液体和气体的透过率低，制品的韧性和冲击强度高于 PVC。不足之处是耐光性、热稳定性差。

PVDC 薄膜具有高阻隔性，是最常用的高阻隔性塑料包装材料之一，广泛应用于食品（如肉类）、药品、香料的包装。

3）接枝

在 PVC 侧链上引入其他基团，或另一种聚合物，进行接枝反应。例如，乙酸乙烯酯与 PVC 接枝，可改善冲击性能、低温脆性等。

4）氯化

将 PVC 用水相悬浮法（或气相法）氯化，使氯含量从 57%提高到 65%，T_g 达 115～135℃，热变形温度为 82～104℃（PVC 为 70℃），氯化聚氯乙烯（CPVC）阻燃性好、

抑烟性好、强度高、耐化学腐蚀、电性能好。但成型加工困难。

应用于热-冷水管线、化工管道、泵体、冷却塔填料、汽车内饰及通信设备等。

5）交联

用过氧化二异丙苯（DCP）进行交联改性，可提高强度。

2. 物理改性

1）填充

通过加入无机填料或有机填料来改善性能。例如，加入木粉，降低密度；加入碳酸钙，提高硬度，降低成本；加入赤泥，改善耐热、光老化性能。

2）共混

通过加入其他高聚物，得到高分子合金，改善流动性或冲击韧性，如加入 ABS、MBS、CPE、EVA、丁腈橡胶（NBR）等。

3）增强

用玻璃纤维、纵横比大的云母粉等进行增强。

4）添加助剂

例如，添加丙烯酸酯类共聚物（ACR）来改善成型加工性能；添加聚乙烯蜡等润滑剂来改善黏度、流动性；添加热稳定剂，提高加工时的稳定性；添加增塑剂，提高塑化性能，增加制品柔软性。

（五）PVC 塑料的成型加工

1. 配方组成

1）树脂

（1）分子量：分子量增大，材料强度大，但流动性降低，成型困难。要根据用途和加工方法适当选择，例如，分子量高的 SG-1～SG-3 型树脂，多用在加有大量增塑剂的软质品中，而分子量低的 SG-4～SG-7 型树脂，多用在少加或不加增塑剂的硬质品中。

（2）分子量分布：分子量分布增宽，力学、热性能降低，加工性差，因为高分子量级分难以塑化，会使产品中带有生料，影响产品质量。要求分子量分布要小于 5。

（3）颗粒结构：表面粗糙、不规则、断面结构疏松的粒子（XS 型），如棉花球，易于吸收增塑剂，利于成型加工。表面光滑、断面结构规则、实心无孔的粒子（XJ 型），如乒乓球，不易吸收增塑剂，难以加工。

（4）粒径：粒径增大，颗粒数和总表面积减小，配料时易与其他添加剂混合不均；且颗粒大的不易塑化，造成“鱼眼”；但过细的粒子易造成粉尘飞扬。一般加工前会过筛处理。

（5）水分和挥发物：水分和挥发物含量高，影响加工，造成产品中有气泡，对产品外观和性能有很大影响。其含量一般应低于 0.3%。

2）增塑剂

制备软质 PVC 制品必加的助剂，提高制品柔软性和伸长率，降低刚性和硬度，提高加工性能，降低熔融温度，包括邻苯二甲酸酯类、磷酸酯类等。

3）稳定剂

PVC 制品中必加的助剂，提高热分解温度，改善加工时的稳定性，包括铅盐、有机锡、金属皂类和稀土类等。

4）润滑剂

防止黏附加工设备，提高熔体流动性。常用的有石蜡、低分子量聚乙烯、硬脂酸、金属皂类等。

5）冲击改性剂

提高硬质品的冲击强度。常用的有 MBS（可制透明品）、ABS、CPE、EVA 等。

6）加工改性剂

加快塑化过程中的凝胶速度，提高流动性，减少熔体破裂，改进产品质量。常用的有丙烯酸酯类共聚物（ACR）、聚 α-甲基苯乙烯（M80）等。

7）其他添加剂

填料、着色剂、发泡剂、阻燃剂、抗静电剂、防霉剂等。

2. PVC 塑料的典型配方与性能

以 PVC 树脂为基体，添加有各种助剂的材料，称为 PVC 塑料。常根据加入增塑剂量的多少，把 PVC 塑料分为硬质 PVC（UPVC）和软质 PVC（SPVC）。一般来说，100 质量份 PVC 树脂中，增塑剂用量为 0～5 份，称为 UPVC；SPVC 中增塑剂用量大于 25 份，介于二者之间为半硬质 PVC。

1）硬质品例子：PVC 波纹管配方（质量份）

PVC（SG-5）100，三碱式硫酸铅 2，二碱式亚磷酸铅 1.5，硬脂酸铅 1，硬脂酸钡 0.8，氯化聚乙烯 7，聚 α-甲基苯乙烯 3，碳酸钙 10，石蜡 0.5。

2）软质品例子：民用透明薄膜配方（质量份）

PVC（SG-3）100，邻苯二甲酸二辛酯（DOP）20，邻苯二甲酸二丁酯（DBP）15，癸二酸二辛酯（DOS）5，烷基磺酸苯酯（M-50）8，钡、镉液体稳定剂 2.5，硬脂酸（HSt）0.2。

硬质 PVC 和软质 PVC 的性能比较见表 2-11。

表 2-11 不同类型的 PVC 塑料的性能

性能参数	UPVC	SPVC
相对密度	1.35～1.46	1.16～1.35
吸水率/%	0.07～0.5	0.15～0.8
拉伸强度/MPa	35～52	10～24
断裂伸长率/%	<40	100～500
弯曲强度/MPa	70～112	
压缩强度/MPa	55～85	8.8
悬臂梁冲击强度/（$kJ\cdot m^{-2}$）	2.2～10.6	不断
邵氏硬度	75～85（D）	50～95（A）

续表

性能参数	UPVC	SPVC
最高工作温度/℃	70	50～100
热导率/（$W\cdot m^{-1}\cdot K^{-1}$）	0.126～0.293	0.126～0.167
线膨胀系数/（$\times 10^{-5} K^{-1}$）	5～18	7～25
体积电阻率/（$\Omega\cdot cm$）	10^{12}～10^{16}	10^{11}～10^{14}
介电损耗角正切（10^6 Hz）	0.0579	0.0579
介电常数（60～10^6 Hz）	2～3.6	4～9
介电强度/（$kV\cdot mm^{-1}$）	≥18	≥14

3. 成型方法

挤出成型可制备管材、板材、型材等制品；压延成型用于生产软、硬片材和薄膜以及人造革等制品；压制成型可生产板材；也有采用粉末成型的方法。

（六）用途

硬质 PVC 可制成板、管、棒材，化工设备和零件及机械零件，如门窗异型材、下水管道、电线套管、护墙板、耐化学腐蚀的储槽、风道及容器，薄壁透明容器或用于真空吸塑包装。

软质 PVC 可制成薄膜、电缆料、软管、带状物等，如包装袋、雨衣、桌布、窗帘、充气玩具、塑料凉鞋、鞋底、拖鞋、玩具、汽车配件；也可制成泡沫塑料，用于泡沫拖鞋、凉鞋、鞋垫及防震缓冲包装材料。

PVC 糊可制成人造革、玩具、中空制品、泡沫塑料等。例如，人造革可以用来制作皮箱、皮包、书的封面、沙发及汽车的坐垫等，还有地板革，用作建筑物的铺地材料。

（七）PVC 塑料存在的环境问题

从 PVC 塑料的原料、生产、使用、废物处理等方面看，在它的整个生命周期中都存在着潜在的环境污染。

PVC 塑料存在的环境问题主要有以下三个方面：一是树脂中残留的氯乙烯单体（VCM）对人体有害；二是添加的多种助剂，可能会有不同程度的毒性，如铅盐类稳定剂（铅中毒）、邻苯二甲酸酯类增塑剂（环境激素）等；三是 PVC 传统处理方法包括填埋和焚烧，但这些方法对环境带来严重污染。例如，VCM 和有毒废物的产生，特别是二氯乙烯（EDC）焦油，焦油废料包含大量的二噁英，如其被废弃、倾倒，会将二噁英散布到环境中。

因此从安全性角度考虑，许多国家在食品、医药领域，甚至与人体接触的日用品等场合都禁用 PVC 类制品，而采用 PE、PP、PET 等代替传统的 PVC 制品，也导致 PVC 树脂的产量和其应用领域的萎缩。

五、聚甲基丙烯酸甲酯

早在 20 世纪 20 年代，美国罗门哈斯公司最早发明了用甲基丙烯酸甲酯（MMA）聚合成聚甲基丙烯酸甲酯（polymethylmethacrylate，PMMA）板的方法，这种板材被称作“oroglas/plexiglas”。1931 年英国 ICI 公司降低了生产成本，使 PMMA 得以普及化。

（一）合成方法

按自由基聚合机理，甲基丙烯酸甲酯聚合得到 PMMA，反应方程式如下：

$$n\,CH_2{=}\underset{\underset{CH_3OC{=}O}{|}}{\overset{\overset{CH_3}{|}}{C}}\ \xrightarrow[\text{加热}]{\text{引发剂}}\ \left[CH_2\underset{\underset{CH_3OC{=}O}{|}}{\overset{\overset{CH_3}{|}}{C}}\right]_n$$

可采用本体、悬浮、溶液、乳液聚合四种方法，前两种用得更多。例如，本体聚合法合成步骤如下：首先在单体中加入引发剂（如偶氮二异丁腈）、增塑剂（如邻苯二甲酸二丁酯）、脱模剂（如硬脂酸）等在反应釜中进行预聚合，反应温度为 90～95℃，待转化率达到约 10%后，浇注到模具内于 40～50℃聚合一定时间（数十至数百小时），当转化率达 90%～95%后，再于 100～120℃进行高温处理，使单体反应完全。本体聚合产物的分子量高，可达 10 万左右，杂质少，有高度透明性。聚合反应主要在模具内完成，可获得与模具空间形状相同的产品，如板、棒、管等。

（二）结构与性能

α 碳原子上的甲基和甲酯基破坏了分子链的空间规整性，妨碍了大分子内旋转，大分子链柔性下降，刚性增加，T_g 高达 105℃；为非晶聚合物，质硬而透明。极性酯基造成分子间作用力大，分子易缠结，熔体黏度大，难加工。

1. 基本性质

外观为有光泽的无色透明固体，密度为 1.17～1.19 $g\cdot cm^{-3}$。

2. 光学性能

透光率达 92%，折光率为 1.49，俗称“有机玻璃”，也称为“亚克力”或“压克力”（acrylic）。可透过大部分紫外线和红外线，对光线的吸收率极小，可用作光线的全反射装置。

3. 力学性能

PMMA 具有较高的拉伸强度和弹性模量、弯曲和压缩强度，冲击强度是无机玻璃的 7～18 倍，韧性高于 PS，但比 ABS 低得多，具有一定的脆性。其表面硬度不足，耐磨性差，易被擦伤磨毛。

4. 电性能

为极性聚合物，电性能比 PE 差，但仍有良好的介电性能和电绝缘性能。

5. 热性能

耐热性不高，最高使用温度为60～80℃，短时使用温度不超过105℃。

6. 耐化学品性能

PMMA 耐水溶性盐、弱碱和某些稀酸，但不耐氧化性酸和强碱。PMMA 对长链烷烃、简单的醚类、油脂较为稳定，不耐短链的烷烃、醇、酮等。溶于芳香烃、氯代烃等有机溶剂，如四氯化碳、二氯乙烷、甲酸、苯、丙酮等。

7. 其他性能

易燃烧，氧指数为17%。具有优良的耐候性。

（三）改性PMMA

1. 共聚改性

与甲基丙烯酸（MAA）共聚，HDT可达120～140℃；与丙烯酸甲酯（MA）、丙烯酸乙酯（EA）共聚，流动性好；与α-甲基苯乙烯（α-MeSt）共聚，使用温度可比PMMA高11～22℃，折光率大；与丁二烯共聚，产物半透明，表面硬度较高，吸水性低，冲击强度比PMMA高5倍。

2. 共混改性

与PC共混，具有珠光色泽，无毒，可用于食品或化妆品容器。

3. 表面涂覆

用聚硅氧烷预聚物喷涂，大大提高表面抗擦刮性。

（四）成型加工性能

非牛顿型熔体，但熔体黏度对温度敏感性也较高，空气中易吸湿，吸水率可达0.3%，成型前必须干燥。成型收缩率小，为0.5%～0.8%；熔体黏度高，流动性差，冷却快，制品易产生内应力，易出现银纹，造成破坏，应严格控制成型工艺条件。可采取浇注、注射、挤出、真空成型。

（五）主要用途

航空、汽车、轮船制造工业中的窗玻璃、灯罩壳、仪表玻璃等；光学工业中的透镜、光导纤维等，建材、医疗器具和文具用品等。具体的例子如下：

灯具、照明器材，如各种家用灯具、荧光灯罩、汽车尾灯、信号灯、路标。

日用透明制品，如有机玻璃展示架、胸牌、礼品盒、指示牌、标示架、压克力钥匙扣、首饰盒、珠宝盒、多彩机箱、透明机箱、压克力灯箱。

光学玻璃，如制造各种透镜、反射镜、棱镜、电视机荧屏、菲涅耳透镜、相机透光镜片。

制备各种仪器仪表表盘、罩壳、刻度盘。

制备光导纤维。

商品广告橱窗、广告牌。

飞机座舱玻璃、飞机和汽车的防弹玻璃（需带有中间夹层材料）。

各种医用、建筑用玻璃，如储存柜、压克力鱼缸、浴缸等。

第三节 热塑性工程塑料

与通用塑料相比，工程塑料具有更高的力学强度，能经受较宽的温度变化范围和较苛刻的环境条件，具有较高的尺寸稳定性，可在工程中作为结构材料，广泛应用于机械、电子、汽车及航天航空等领域。按工程塑料的性能与应用范围，可分为通用工程塑料和特种工程塑料两大类。通用工程塑料的使用量较大，长期使用温度为100～150℃，如聚碳酸酯、聚酰胺等，可作为结构材料使用；特种工程塑料的使用量较小，价格高，长期使用温度在150℃以上，如聚酰亚胺、聚砜、聚苯硫醚等。

一、通用工程塑料

随着社会经济的发展和科技的进步，对高性能材料的需求日益增长，工程塑料得到了快速发展，显示了较大的增长潜力。本小节主要介绍五大通用工程塑料品种：聚酰胺、聚碳酸酯、聚甲醛、热塑性聚酯和聚苯醚。

（一）聚酰胺

聚酰胺（polyamide，PA）是一类主链上含有许多重复的酰胺基（—NHCO—）的聚合物的总称，俗称“尼龙”（nylon）。早在1935年杜邦公司的Carothers等就发明了PA-510和PA-66，1939年实现了尼龙的工业化生产。

1. PA 的合成与命名

按其主链结构可分为脂肪族PA、半芳香族PA、全芳香族PA、含杂环芳香族PA等。PA的品种很多，但合成原理十分相似，下面介绍一些常见PA品种的合成方法。

1）由氨基酸或相应的内酰胺合成PA

这类PA的结构通式为$-\!\!\!\left[NH(CH_2)_{x-1}CO\right]_n\!\!-$，$x$为碳原子数，称为PA-$x$。常见的PA-6是由己内酰胺开环聚合而得，基本反应式如下：

（1）水解成氨基酸：

$$\underbrace{NH(CH_2)_5C}=O + H_2O \rightleftharpoons H_2N(CH_2)_5COOH$$

（2）缩聚：

$$H\!-\!\!\left[NH(CH_2)_5CO\right]_m\!\!-\!OH + H\!-\!\!\left[NH(CH_2)_5CO\right]_n\!\!-\!OH \rightleftharpoons H\!-\!\!\left[NH(CH_2)_5CO\right]_{m+n}\!\!-\!OH$$

（3）加成：

$$\underbrace{NH(CH_2)_5C}=O + H\!-\!\!\left[NH(CH_2)_5CO\right]_n\!\!-\!OH \rightleftharpoons H\!-\!\!\left[NH(CH_2)_5CO\right]_{n+1}\!\!-\!OH$$

2）由二元胺和二元酸缩聚成 PA

这类 PA 的结构通式为$\text{+}NH(CH_2)_xNHCO(CH_2)_{y-2}CO\text{+}_n$，$x$ 为二元胺中的碳原子数，y 为二元酸中的碳原子数，称为 PA-xy。常见的有 PA-66（聚己二酰己二胺）、PA-1010（聚癸二酰癸二胺）和 PA-610（聚癸二酰己二胺）。生产 PA-66 的反应方程式如下：

（1）生成 PA-66 盐：

$$HOOC(CH_2)_4COOH + H_2N(CH_2)_6NH_2 \longrightarrow {}^{-}OOC(CH_2)_4COO^{-}H_3^{+}N(CH_2)_6NH_3^{+}$$

（2）PA-66 盐缩聚：

$$n\ {}^{-}OOC(CH_2)_4COO^{-}H_3^{+}N(CH_2)_6NH_3^{+} \longrightarrow \text{+}NH(CH_2)_6NHCO(CH_2)_4CO\text{+}_n + 2n\ H_2O$$

3）半芳香族尼龙的命名

芳香族单体用英文缩写表示，脂肪族单体用数字表示。

间二甲苯二胺（meta-xylylene diamine, MXDA）与己二酸（adipic acid）的缩聚物写为 PA-MXD6；己二胺（hexamethylene diamine）与对苯二甲酸（terephthalic acid）的缩聚物写为 PA-6T。

4）全芳香族尼龙的命名

用英文缩写表示。例如，聚对苯二甲酰对苯二胺[poly（*p*-phenylene terephthalamide）]写为 PPTA。

5）由多种二元胺、二元酸或内酰胺进行共缩聚制得 PA

在内酰胺或氨基酸进行的均缩聚中加入第二种单体，或在由二元胺和二元酸进行的混缩聚中加入第三种单体的聚合反应。例如，PA-66/PA-6（60∶40，质量比）表示由 60%的 PA-66 盐和 40%的己内酰胺制得的共聚物。

2. 结构与性能

PA 主链上重复出现的酰胺基是一个极性基团，这个基团上的氢能与另一个酰胺基上的给电子基（羰基）形成强氢键，使其易于结晶。氢键导致分子内旋受阻，内聚能增大，熔点升高，使制品有良好的韧性、耐油耐溶剂性，优异的机械性能，一定的吸水性和耐温性。随链段中碳原子数（亚甲基）增多，对酰胺基带来的特征作用的削弱增强，如柔性提高、吸湿性下降、熔点下降等。

PA 中形成的氢键见图 2-3。

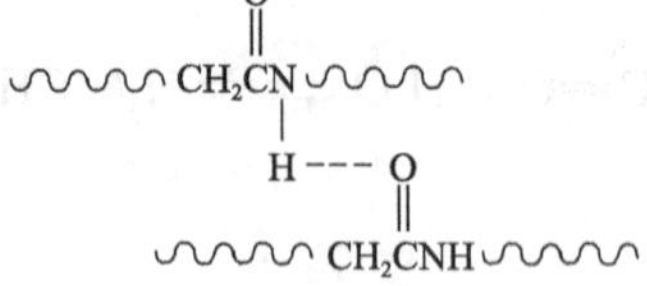

```
                 O
                 ‖
∿∿∿∿ CH₂CN ∿∿∿∿
                 |
                 H--- O
                      ‖
         ∿∿∿∿ CH₂CNH ∿∿∿∿
```

图 2-3　PA 中形成的氢键

氢键的形成与尼龙的化学结构密切相关，并非每个羰基都能形成氢键。对于 PA-x 型尼龙，凡单体中有奇数个碳原子时，酰胺基可形成 100%氢键，而有偶数个碳原子时，可形成 50%氢键。对于 PA-xy 型尼龙，两种单体均含有偶数个碳原子时，可形成 100%

氢键，而两种单体只有一种或两种含有奇数个碳原子时，最多可形成 50%氢键。无论 PA-*x* 型还是 PA-*xy* 型尼龙，凡单体中含有偶数个亚甲基，可形成 100%氢键；凡单体中全部或一种含有奇数个亚甲基，最多形成 50%氢键。尼龙种类与性能的关系见表 2-12。

表 2-12　尼龙种类与性能的关系

性能参数	PA-6	PA-66	PA-69	PA-610	PA-612	PA-1010	PA-12
酰胺键含量/%	38	38	32	30.7	28	25.4	22
24 h 吸水率/%	1.3～1.9	1.0～1.3	0.5	0.4	0.4	0.39	0.25～0.3
熔点/℃	220	260	226	213	212	200	180
氢键含量/%	50	100	50	100	100	100	50

1）基本性质

PA 为透明或不透明的乳白或淡黄色颗粒，表观角质化、坚硬、有光泽。

PA 吸水率较大，酰胺键的比例越大（亚甲基数目越少），吸水率越高。PA-*x* 型尼龙的性能见表 2-13。

表 2-13　PA-*x* 型尼龙的性能

性能参数	PA-3	PA-4	PA-6	PA-7	PA-11	PA-12	PA-13
熔点/℃	340	260	220	230	185	180	180
24 h 吸水率/%	9	7	1.3～1.9	1.7	1	0.25～0.3	0.4

吸水造成 PA 尺寸稳定性、电绝缘性、拉伸强度和模量下降，但使冲击强度和断裂伸长率提高（相当于增塑作用）。

PA 在空气中具有缓燃性，燃烧时有烧焦羊毛等蛋白质的味道，可自熄。

PA 耐光性不好，在阳光下拉伸强度迅速下降并变脆。

PA 有中等阻隔性，并随酰胺/亚甲基比例增大而提高，以 PA-6 阻隔效果最好。

2）力学性能

PA 在室温下的拉伸和冲击强度均较好，随温度和湿度的提高，拉伸强度急剧下降而冲击强度明显提高。玻璃纤维增强后，受温度和湿度的影响小。PA 耐疲劳性较好，仅次于 POM。PA 抗蠕变性较差，不适于制造精密的受力制品，玻璃纤维增强后可改善。PA 的耐摩擦性和耐磨损性优良，是一种常用的耐磨性塑料。

3）热性能

PA 的热变形温度不高，一般为 50～75℃，玻璃纤维增强后可大幅度提高，热变形温度高达 200℃以上。PA 的热导率小，线膨胀系数较大。

4）电性能

PA 在低温和低湿下为极好的绝缘材料，但绝缘性能随温度和湿度的升高而急剧恶化，PA 中酰胺基越多对温湿度越敏感，PA-6 最敏感，PA-12 敏感性最低。

5）耐化学品性能

PA 耐化学品性优良，可耐大部分有机溶剂（醇、芳香烃、酯、酮等），耐油性突出，但 PA 耐酸、碱、盐性能都不好，可导致溶胀，其中危害性最大的无机盐是氯化锌。PA 可溶于甲酸和酚类化合物。

常见 PA 的主要性能见表 2-14。

表 2-14　常见 PA 的主要性能

性能	PA-6	PA-66	PA-1010	PA-610	PA-11	PA-12
相对密度	1.14	1.14	1.05	1.07	1.05	1.02
饱和吸水率/%	3.0～4.2	3.4～3.6	1.5	1.8～2.0	1.05	0.65
成型收缩率/%	0.6～1.6	0.8～1.5	1.0～1.5	1.2	1.2	0.3～1.5
拉伸强度/MPa	74	80	55	60	55～62	55～64
断裂伸长率/%	200	60	250	200	300	250～300
洛氏硬度（M）	114	118	116	95	108	106
缺口冲击强度/（$kJ \cdot m^{-2}$）	5.6	4.0	4.5	5.6	3.8	5.2～11.6
长期使用温度/℃	105	105	—	80	60	55
热变形温度（1.8 MPa）/℃	70	75	—	57	52	—
热导率/（$W \cdot m^{-1} \cdot K^{-1}$）	0.28	0.24	0.16～0.4	0.22	0.29	—
线膨胀系数/（$10^{-5} K^{-1}$）	6.5	7	—	8	11	—
介电常数（10^3 Hz）	3.8	3.9	3.6	3.6	3.7	4.5
体积电阻率/（$\Omega \cdot cm$）	5×10^{13}	7×10^{14}	4×10^{14}	4×10^{14}	4×10^{14}	8×10^{14}
介电强度/（$kV \cdot mm^{-1}$）	18	15	10～15	18	17	15
介电损耗角正切（10^6 Hz）	0.02	0.02	0.02	0.02	—	0.03

3. 特种尼龙

1）单体浇注聚酰胺（monomer cast PA，MCPA）

将己内酰胺单体、催化剂（氢氧化钠）、助催化剂（*N*-乙酰基己内酰胺或异氰酸苯酯）等高温混合均匀后，直接浇注到模具内并制成制品的一种方法。分子量高达 3.5 万～7 万，是一般 PA-6 的 2 倍，各项物理力学性能比一般 PA-6 高。其拉伸强度达 90 MPa，弯曲模量为 4200 MPa，无缺口冲击强度在 200 $kJ \cdot m^{-2}$ 以上，1.81 MPa 下的热变形温度为 94℃，吸水率为 0.9%。

其制造的各类机械零件等在造船、冶金、机械、汽车、造纸等方面得到了广泛的应用。

2）芳香族聚酰胺

20 世纪 60 年代美国杜邦公司开发的芳香族聚酰胺，是分子主链上含有芳香环的一类耐高温、耐辐射、耐腐蚀的 PA。

（1）聚间苯二甲酰间苯二胺[poly（*m*-phenylene isophthalamide），PMIA]，结构式为

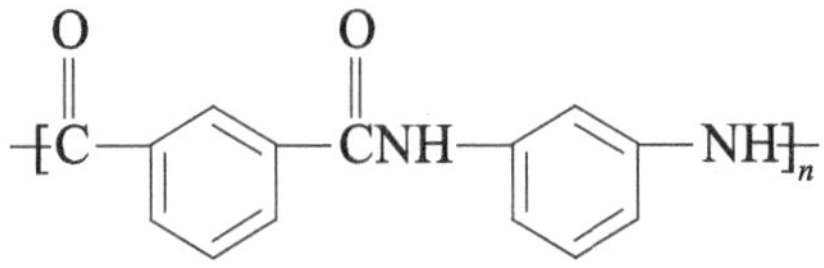

$$\left[\overset{\displaystyle O}{\overset{\|}{C}}-\text{(}m\text{-}C_6H_4\text{)}-\overset{\displaystyle O}{\overset{\|}{C}}NH-\text{(}m\text{-}C_6H_4\text{)}-NH\right]_n$$

聚间苯二甲酰间苯二胺（美国杜邦公司注册商标为 Nomex）熔点为 410℃，分解温度为 450℃，脆化温度为−70℃。在高低温下都有良好的力学性能，例如，在 250℃下，拉伸强度为 63 MPa，是常温下的 60%，长期使用温度可达 200℃。具有优异的电绝缘性，且受温、湿度的影响很小；耐酸、碱，耐氧化、不易燃烧，有自熄性。

主要用途是制备绝缘材料，如耐高温薄膜、绝缘层压板、耐辐射材料等。

（2）聚对苯二甲酰对苯二胺（PPTA），结构式为

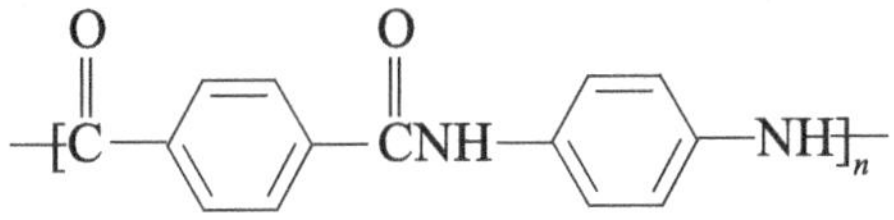

$$\left[\overset{\displaystyle O}{\overset{\|}{C}}-\text{(}p\text{-}C_6H_4\text{)}-\overset{\displaystyle O}{\overset{\|}{C}}NH-\text{(}p\text{-}C_6H_4\text{)}-NH\right]_n$$

聚对苯二甲酰对苯二胺纤维（美国杜邦公司注册商标为 Kevlar）具有超高强度、超高模量、耐高温、耐腐蚀、耐疲劳、阻燃、线膨胀系数小、尺寸稳定性好等优点。用于制造防弹衣、缆绳、轮胎帘子线、复合材料增强剂、摩擦与密封件、防护服等。

4. 改性尼龙

1）化学改性

（1）透明尼龙：由三甲基己二胺和对苯二甲酸缩聚而成，透光率达 90%～92%，HDT 为 125～160℃。

（2）尼龙弹性体：以 PA-12 为硬链段、聚醚为软链段的嵌段共聚物。

（3）反应注射尼龙：PA-6 为硬链段，聚醚为软链段，单体瞬间混合反应而成。

2）物理改性

（1）阻燃尼龙：加入含卤素、磷酸酯、含氮环状化合物等阻燃剂。

（2）增韧尼龙：加入改性聚烯烃（PO）、热塑性弹性体、橡胶等增韧材料。

（3）增强填充尼龙：加入玻璃纤维、碳纤维、晶须、云母、滑石粉、硅灰石等。例如，用 30%玻璃纤维增强的 PA-66，拉伸强度从未增强的 80 MPa 提高到 189 MPa，弯曲模量从 3000 MPa 提高到 9100 MPa，HDT 从 75℃提高到 148℃。

（4）尼龙合金：PA/PPO、PA/ABS、PA/苯乙烯-马来酸酐共聚物（SMA）、PA/PP 等。

5. 生物基 PA

在众多的尼龙品种中，目前属于生物尼龙的品种有 PA-410、PA-610、PA-1010、PA-1012、PA-10T、PA-11。它们的共同特点都是用到癸二酸，它是由生物质原料蓖麻油裂解制成的，因而属于含有生物质的材料。蓖麻有良好的抗旱性，它的种植区域对于大多数植物来说是不适宜的，不占用宝贵的可耕地资源。以蓖麻油作为生物质原料资源，不会破坏生态平衡，减少了 CO_2 排放量和对化石基资源的依存度，符合当今环境、经济

和社会可持续发展的根本要求。

1）PA-610

由 1,6-己二胺与 1,10-癸二酸缩合而得，癸二酸来源于自然的不可食用的可再生植物资源。PA-610 含有 63%的癸二酸，属于半生物基聚合物，每吨所消耗的矿物燃料比同等性能的石化基 PA 少 20%，对环境所造成的影响明显降低，其温室气体排放量减少了 50%，因此 PA-610 被称为生物基聚酰胺。PA-610 为半透明或乳白色颗粒，性能介于 PA-6 和 PA-66 之间，相对密度和吸水性较小，力学性能和韧性较好，尺寸稳定性好，耐强碱、耐弱酸性好于 PA-6 和 PA-66，溶于酚类和甲酸。

2）PA-1010

由 1,10-癸二胺与 1,10-癸二酸缩合而得，两种单体都来源于蓖麻油，所以是 100%生物质材料。PA-1010 为半透明、轻而硬、表面有光泽的白色或微黄色颗粒，无毒无味，相对密度和吸水性比 PA-6 和 PA-66 低，耐磨性和自润滑性与 PA-6 相当，耐寒性优于 PA-6。其电绝缘性和化学稳定性较好，耐霉菌、细菌和虫蛀。具有较高的机械强度和尺寸稳定性。

3）PA-11

聚十一酰胺（PA-11）是以蓖麻油为原料制备的长链柔软尼龙，也是 100%生物质材料。PA-11 具有耐油性好、耐低温、易加工和尺寸稳定性好等优点，主要用于汽车输油管及刹车管等部件。

4）PA-10T

由对苯二甲酸和癸二胺缩合而得，属于半芳香族尼龙，其中癸二胺来自蓖麻油，约占 PA-10T 的 51%，因此 PA-10T 属于部分生物基塑料。PA-10T 的熔点高达 316℃，玻璃化转变温度为 135℃，加玻璃纤维后的热变形温度高达 295℃，结晶速率快，吸水率低，有出色的抗水解和耐化学品性能，可以多次回收再利用。

5）PA-1012

是由癸二胺和十二碳二酸（DDDA）缩聚而得，癸二胺来自生物质材料，十二碳二酸既可由化学法合成，也可采用微生物发酵法。微生物发酵法是在常温常压下进行，收率高、成本低、无污染，是名副其实的绿色化学工业。PA-1012 具有吸水率低、耐油性好、耐低温及易加工等优点。

6）PA-410

由 1,4-丁二胺与癸二酸缩合而得，其中癸二酸来自蓖麻油，约占 PA-410 的 70%。PA-410 的熔点高达 250℃，具有卓越的力学性能，结晶速率较快，吸水率低，有出色的抗水解和耐化学品性能。

6. 成型加工性能

属于牛顿型熔体，熔体黏度对剪切速率（压力）不敏感，主要与温度有关。吸水率大，成型前必须干燥，熔体黏度低，易加工成薄壁件，冷却硬化快，可快速成型。但注射时易“流涎”和产生飞边，熔体稳定性差，成型收缩率大，达 2%～3%。制品常进行吸湿处理以提高韧性。常采用注射、挤出、模压、烧结、单体浇注方法成型。

7. 主要用途

机械、化学、电气零件，医疗、家庭日用品，单丝、薄膜、电线包覆物等。例如：

汽车工业：发动机部件、电子配件、车体部件和输油件等，如输油管、空调管、喷油嘴、油箱、燃油过滤器、齿轮、接线柱、车轮盖及外饰板。

机械工业：齿轮、涡轮、垫片、螺栓、螺母、轴承等。

电子电气工业：电饭锅、吸尘器、微波炉部件，电器的接线柱、接插件、开关和电阻器等。

包装材料：薄膜用于肉、火腿等冷冻食品包装，吹塑瓶用于牛奶等保鲜包装。

日用品：拉链、一次性打火机壳体、碱性干电池衬垫、锤柄、锤头、管钳、扳手及办公机器外壳等。

体育用品：滑雪板、球拍线和框、冲浪板、冰鞋、钓鱼竿和鱼线、渔网等。

（二）聚碳酸酯

聚碳酸酯（polycarbonate，PC）是分子主链中含有（—OROCO—）基团的线型聚合物。根据 R 基种类的不同，可分为脂肪族、芳香族及脂肪族-芳香族聚碳酸酯等多种类型。虽然品种很多，但从原料价格、制品的物性及加工性看，主要是双酚 A 型的芳香族聚碳酸酯获得了工业生产和广泛应用。

PC 于 1953 年由德国拜耳公司和美国通用电气公司先后研究成功，1958 年由德国拜耳公司首先实现了工业化生产 。

1. 合成方法

1）光气法

（1）界面缩聚（碱水溶液）法：以溶有双酚 A 的 NaOH 水溶液为一相，以有机溶剂如二氯甲烷为另一相，将光气导入体系，在常温常压下，双酚 A 钠盐与光气进行界面缩聚，得到 PC。反应方程式如下：

$$n\,\mathrm{NaO{-}C_6H_4{-}C(CH_3)_2{-}C_6H_4{-}ONa} + n\,\mathrm{ClC({=}O)Cl} \longrightarrow$$

$$\mathrm{{+}\!\!\!\![O{-}C_6H_4{-}C(CH_3)_2{-}C_6H_4{-}OC({=}O)]_n} + 2n\,\mathrm{NaCl}$$

（2）吡啶（溶液缩聚）法：双酚 A 在吡啶（或吡啶和二氯甲烷的混合液）中进行光气化和缩聚反应，得到 PC 吡啶溶液，然后经酸洗、水洗，加入沉淀剂使 PC 离析、过滤、干燥、挤出造粒。

2）酯交换（熔融缩聚）法

双酚 A 和碳酸二苯酯在高温、高真空下，经催化剂（碱金属和碱土金属盐类）的作用，进行酯交换和缩聚反应，并于熔融状态下挤出造粒得到 PC。反应方程式如下：

$$n\,HO-C_6H_4-C(CH_3)_2-C_6H_4-OH + n\,C_6H_5-O-\overset{O}{\overset{\|}{C}}-O-C_6H_5 \longrightarrow$$

$$+\!\!\left[O-C_6H_4-C(CH_3)_2-C_6H_4-O\overset{O}{\overset{\|}{C}}\right]_n + n\,C_6H_5-OH$$

光气法工艺所得产品分子量较高（6 万～10 万），性能优异，反应条件温和，设备简单，目前是 PC 生产工艺的主流。但是光气有剧毒，副产物对环境也有害。酯交换法工艺所得产品的分子量稍低（2 万～5 万），光学性能等受到影响。目前正着力开发非光气法生产工艺。

2. 结构与性能

化学结构对聚合物性能的影响，可以从以下两个方面说明。

1）链上基团的影响

（1）苯撑基（$-C_6H_4-$）阻碍分子内旋转，是分子主链上不能弯曲的刚性部分，它减小分子链的柔曲性，又减小聚合物在某些溶剂中的溶解性和吸水性。

（2）醚基（—O—）可增大链的柔曲性，使链段容易绕醚基的两端单键发生内旋转，并增大聚合物的韧性和在某些溶剂中的溶解性。

（3）异丙撑基（$-C(CH_3)_2-$）空间位阻大，可增大分子链刚性，减小聚合物在某些溶剂中的溶解性和吸水性。

（4）酯基（$-O\overset{O}{\overset{\|}{C}}-$）是极性基团，增加分子间作用力，使分子结合紧密，加大分子链刚性，是 PC 易溶于极性有机溶剂和易于水解的重要原因，也是 PC 电性能不及聚乙烯、聚苯乙烯的根本原因。

总之，PC 分子链的刚性很大，致使 T_g 较高（150℃）；较大的分子间作用力和刚性分子链彼此缠结、不易相对滑移，使熔融温度较高（220～230℃），熔体黏度很大。链的刚性大，聚合物在外力作用下不易变形，尺寸稳定性好，然而却阻碍了大分子取向和结晶；而当受外力强迫取向后，又不易松弛，易使制品中残留内应力难以自行减弱，这样虽然机械强度高，但易发生应力开裂。

2）超分子结构

PC 中易形成稳定的超分子结构，即呈不对称、长而硬的原纤维结构。原纤维和未进入原纤维的分子共同组成高聚物。经研究知道，在一般双酚 A 型 PC（分子量 4 万）中，原纤维的直径约为 500 Å，最大长度为 2 μm。它们松散混乱交错组成疏松的网格，使聚合物中存在大量微孔隙。原纤维内部分子敛集程度和分子间作用力较大，因此在外力作用下，聚合物以原纤维为单位开始移动。由于原纤维骨架的增强作用和大量微孔隙的存在，纤维骨架在受到冲击时，纤维能迅速位移，微孔隙也吸收冲击能，这就赋予 PC 很高的冲击强度。

3）PC 的主要性能

（1）基本性质：无色或微黄色透明固体，密度为 1.2 $g \cdot cm^{-3}$，透光率接近 90%，折光率为 1.598，吸水率为 0.35%。

（2）耐化学品性能：对有机酸、稀的无机酸、盐类、油、脂肪烃、醇都较稳定，但不耐氯烃、浓酸、稀碱。胺、酮、酯、芳香烃能使之溶胀。能溶于二氯甲烷、氯苯、二氧六环中。在某些化学试剂（如四氯化碳）中，会发生应力开裂的现象。

（3）力学性能：拉伸强度、弯曲强度均较高，刚性好，耐冲击性能是热塑性塑料中最好的品种之一。抗蠕变性能优于尼龙和聚甲醛。耐疲劳性差，不耐磨损，表面易划伤。

（4）热性能：耐热和耐寒性都很好，使用温度范围较宽（−100～130℃）。

（5）电性能：虽然低于聚乙烯等非极性聚合物，但在较宽的温度范围内保持较好的电性能。频率对介电常数影响很小，可制作电容器。

（6）其他性能：有一定的阻燃性，是自熄性聚合物。耐候性优良，适于户外使用。

3. 改性 PC

为了提高成型加工性，降低应力开裂性，进一步提高强度和阻燃性等，常对 PC 进行改性。常见品种有：

（1）用玻璃纤维或碳纤维进行增强改性，提高机械强度。

（2）加入溴、锑类阻燃剂，制成阻燃 PC。

（3）制品表面涂覆丙烯酸树脂或硅树脂，提高耐刮痕和耐候性。

（4）聚合物合金。

PC/ABS 合金，具有良好成型性、耐热性、抗冲击性，可电镀；PC/PBT 合金，具有良好成型性、耐化学品性；PC/HDPE 合金，具有良好成型性、耐沸水性、耐老化性。

4. 成型加工性能

（1）成型加工前必须烘干，使原料含水量降至 0.02%，否则高温成型加工时引起酯基水解，在制品中出现银纹、气泡、裂缝等缺陷。一般在 110℃下干燥 8～24 h。

（2）PC 熔体属于牛顿型流体，熔体黏度主要与温度有关，熔体黏度大，加工温度在 280～310℃。温度超过 320℃，会造成分解。

（3）为防止制品中产生较大内应力，模具温度控制在 80～120℃。制品必须在 110℃下退火处理几小时，改善耐环境应力开裂性。制品设计避免尖角、缺口，厚薄应均一。

（4）非晶聚合物，成型收缩率小，为 0.7%，制品尺寸稳定性好。

（5）PC 的成型加工方法有：注射成型，应用最为广泛；挤出成型，膜、片、板、棒、管、异型材；吹塑成型，中空容器；流延和涂层成型，薄膜、保护膜。

5. 主要用途

应用于机械、电子电器、航空用品、光学、照明、建筑、纺织、医疗器械等领域。例如：

（1）光学应用：利用 PC 相对于玻璃的低密度和高韧性，常用于计算机用光盘、CD 盘、VCD 盘、DVD 盘的基材，光学透镜，大型灯罩等。

（2）汽车：利用 PC 优良的抗冲击性、耐热变形性、高强度、高刚性，常用于制造汽车挡风屏、仪表板、前灯灯罩和外壳、工具箱、外装件、保险杠、车窗等。

（3）建筑：PC 玻璃和片材已经应用于门窗玻璃、天棚、标识、广告牌、展示牌、温室。

（4）办公设施和家用电器：PC 及其合金广泛用于办公设备、远程通信设施、电子设备和家用电器的外壳，如计算机、打印机、复印机、手机、吸尘器等，以及开关盒、插座、连接器、终端接线柱、调压器外壳等。

（5）安全防护用品：防护帽和防护头盔、透明安全镜、滑雪护目镜、工业气体防护罩和保护面具、防弹玻璃等。

（6）包装容器：纯净水水桶、牛奶瓶、饮水杯等。

（7）医疗设备：血液采集器、高压注射器、手术器材、离心器皿等。

（8）薄膜：印刷装饰膜、薄膜开关、绝缘材料、电子元件包装等。

（三）聚甲醛（polyoxymethylene，POM）

1956 年，美国杜邦公司由甲醛聚合得到甲醛均聚物，即均聚 POM，商品名为 Delrin。1962 年，美国塞拉尼斯公司由三聚甲醛出发，制得其与少量二氧五环或环氧乙烷的共聚物，即共聚 POM，商品名为 Celcon。

1. 合成方法

均聚 POM 以精制三聚甲醛或甲醛为原料制得，共聚 POM 以三聚甲醛与少量二氧五环共聚而得，工业生产以共聚 POM 为主。两者的结构式分别为

均聚POM：$\text{+}[CH_2O]_n\text{+}$

共聚POM：$\text{+}[CH_2O]_x[CH_2OCH_2OCH_2]_y\text{+}$

2. 结构与性能

POM 化学结构既规整又对称，分子间作用力大，易结晶，使分子运动和链的内旋困难，故为一种无侧链、堆砌紧密、高密度、高结晶的聚合物。

1）基本性质

外观为白色有光泽、硬而致密、表面光滑的固体颗粒，密度为 1.41～1.43 $g \cdot cm^{-3}$，是塑料中密度较高的一种。吸水率小，为 0.2%～0.25%，透气性差。

2）力学性能

具有优良的机械性能，高硬度、高刚性，优良的耐冲击性，尤其是优良的耐反复冲击性且冲击性能对温度不敏感，良好的耐疲劳性和耐蠕变性。摩擦系数和磨耗量都很小，动、静摩擦系数几乎相同，具有优良的减摩耐磨性能。

3）热性能

在不受力时，POM 短期使用温度达 140℃，长期使用温度不超过 100℃。成型时热稳定性差，易分解产生刺激性的甲醛气体。

4）电性能

电绝缘性优良，介电损耗和介电常数在很宽的频率和温度范围内变化很小。电性能不随温度而变化，即使在高湿度下，仍保持良好的耐电弧性能。

5）耐化学品性能

室温下，能耐醛、酯、醚、烃、弱酸、弱碱等，高温下不耐强酸和氧化剂。

6）其他性能

耐候性差；黏合性差；易燃烧，难以阻燃改性。

3. 改性 POM

耐磨 POM：加入二硫化钼、PTFE、石墨、液体润滑剂等。

阻燃 POM：加入磷酸酯、卤化物等。

增强 POM：加入玻璃纤维和玻璃微珠等。

增韧 POM：加入 TPU、丙烯酸酯共聚物、NBR 等。

均聚和共聚 POM 性能比较见表 2-15。

表 2-15　均聚和共聚 POM 的性能比较

性能参数	均聚 POM	共聚 POM
密度/（$g\cdot cm^{-3}$）	1.43	1.41
拉伸强度/MPa	70	60～62
断裂伸长率/%	15～20	60
弹性模量/MPa	3600	2900
弯曲强度/MPa	99	91
缺口冲击强度/（$kJ\cdot m^{-2}$）	7.7	8～9
无缺口冲击强度/（$kJ\cdot m^{-2}$）	75～90	150
熔点/℃	175	165
热变形温度/℃	165～170	158
分解温度/℃	>260	>250
连续使用温度/℃	85～90	100～104
成型收缩率/%	2.2	2
吸水率/%	0.25	0.22
结晶度/%	72～85	62～75
加工温度范围	较窄，约 10℃	较宽，约 50℃
体积电阻率/（$\Omega\cdot cm$）	10^{15}	10^{14}

4. 成型加工性能

非牛顿型熔体，熔程窄，熔融和冷凝速率快，成型收缩率为 2%～2.2%，随时间延长会进一步收缩。热稳定性差，加工范围窄，能快速脱模。为减少制品内应力，提高尺寸稳定性，需在 130℃处理 4～9 h，再缓慢冷却至室温。可采用注射、挤出、吹塑、模压方法成型。

5. 主要用途

POM 的比强度和比刚度与金属十分接近，其制品 80%以上用于代替铜、锌、铝等有色金属制造各种零部件，如轴承、齿轮、辊轴，广泛应用于汽车工业、机械制造、精密仪器、电子电气、农业和日用品等方面。具体的应用领域如下。

1）电气行业

由于聚甲醛的介电强度和绝缘电阻较高，具有耐电弧性等性能，被广泛应用于电子电气领域。聚甲醛在办公设备中用于制备电话、无线电设备、录音机、录像机、电视机、计算机和传真机的零部件、计时器零件和录音机磁带座。在家用电器行业用来制造电源插头、电源开关、按钮、继电器、洗衣机滑轮、空调曲柄轴、微波炉门摇杆、电饭锅开关安装板、电冰箱、电扳手外壳、电动羊毛剪外壳、煤钻外壳和开关手柄等。

2）汽车行业

聚甲醛在汽车工业中的应用量较大，用来制造汽车泵、汽化器、输油管、动力阀、万向节轴承、刹车衬套、车窗升降器、安全带扣、门把手、门锁、滑块、负荷指示器外齿轮、钢板弹簧减震衬套、推力杆球座、散热器水管阀门、散热器箱盖、冷却液的备用箱、水阀体、燃料油箱盖、水泵叶轮、油门踏板等零件。

3）国防军工

自行式迫击炮、坦克装甲车辆中，聚甲醛用于制造水散热器、排水管、散热风扇、坦克操纵转动开关、转动轴轴套等。

4）建材和日用行业

用于水龙头、窗框、洗漱盆、水箱、门帘滑轮、水表壳体和水管接头等，还可用于滑雪板、溜旱冰鞋、渔具滑轮、木梳、衣服拉链、密封圈等。

（四）热塑性聚酯

聚酯是大分子链中含有酯基（—OCO—）的一类聚合物，可分为饱和聚酯和不饱和聚酯两大类。饱和聚酯又称热塑性聚酯或线型聚酯，主要品种有聚对苯二甲酸丁二酯、聚对苯二甲酸乙二酯和聚对苯二甲酸丙二酯。不饱和聚酯是重要的热固性树脂，常用于制造玻璃钢。

1. 聚对苯二甲酸乙二酯（PET）

英国化学家 Whinfield 和 Dickson 在汲取 Carothers 等研究成果的基础上，用芳香族羧酸（对苯二甲酸）与二元醇进行缩聚反应，于 1940 年合成了 PET 纤维。英国 ICI 公司于 1946 年生产了涤纶纤维“Teleron”。

1）合成方法

由对苯二甲酸与过量乙二醇在 220～250℃有催化剂存在下，通过直接酯化法制得对苯二甲酸二-β-羟乙酯，升温至 260～280℃缩聚而成，俗称“涤纶树脂”。

$$n\,\text{HOOC}-\text{C}_6\text{H}_4-\text{COOH} + n\,\text{HOCH}_2\text{CH}_2\text{OH} \longrightarrow \left[\overset{\text{O}}{\overset{\|}{\text{C}}}-\text{C}_6\text{H}_4-\overset{\text{O}}{\overset{\|}{\text{C}}}\text{OCH}_2\text{CH}_2\text{O}\right]_n + 2n\,\text{H}_2\text{O}$$

2）结构与性能

大分子中含有柔性基团——烷基、活动困难的苯环以及极性酯基。酯基与苯环形成一个共轭体系，增大链的刚性，抵消烷基的影响，所以 PET 分子链刚性大，韧性差，具有较高的 T_g（80℃）和 T_m（265℃）。大分子链上苯环处于同一平面上，相邻大分子上凹凸部分可以彼此镶嵌，具有紧密敛集能力，利于结晶，同时分子链化学规整性高，大分子链的不卷曲性也使其易结晶，但结晶速率低。因为结晶过程中改变了 PET 大分子链的立体化学结构，即从无定形大分子的顺式构型变为结晶后的反式构型很困难，所以结晶速率低。

（1）基本性质：PET 外观为无色透明（非晶态）或乳白色（结晶态）固体颗粒。非晶态密度为 1.37 g·cm^{-3}，折光率为 1.655，透光率为 90%；结晶态的密度为 1.45 g·cm^{-3}。

PET 阻隔性能较好，对 O_2、H_2、CO_2 等都有较高的阻隔性。吸水率较低，并能保持良好的尺寸稳定性。

（2）力学性能：有较高的拉伸强度、刚度和硬度，良好的耐磨性和耐蠕变性。PET 薄膜的拉伸强度与铝膜接近，是 PE 薄膜的 9 倍，是 PC 薄膜和 PA 薄膜的 3 倍。玻璃纤维增强后力学性能极佳。

（3）热性能：长期使用温度为 120℃，短期使用温度为 150℃，热变形温度（1.81 MPa）为 65℃，用玻璃纤维增强后可达 220～240℃。

（4）电性能：有良好的电绝缘性，随温度升高、湿度增大，电绝缘性有所降低。

（5）耐化学品性能：不耐强酸强碱，在高温下强碱使其表面水解，氨水的作用更强烈；在水蒸气作用下也会发生水解。但在高温下可耐高浓度的氢氟酸、磷酸、甲酸、乙酸。在室温下对溶剂（如氯仿、丙酮、甲醇、乙酸乙酯、汽油、烃类、煤油）较稳定。

（6）其他性能：优良的耐候性，室外暴露 6 年，力学性能仍可保持初始值的 80%。

3）成型加工性能

属于非牛顿型熔体，有一定吸水性，吸水率为 0.13%，成型前应该在 135～140℃干燥 12 h，结晶速率慢，模塑周期长，成型收缩率在玻璃纤维增强后为 0.2%～1.0%，高模温制品收缩率大，低模温制品收缩率小。制品应在 130～140℃下处理 1～2 h。可采用注射、挤出、中空吹塑、双轴拉伸加工。

4）改性 PET

（1）共聚改性：提高结晶速率，改善加工性能。用聚氧化乙烯和聚壬二酸乙二酯作为第三组分共聚，或羟基苯磺酸二钠盐作为第三组分等。

（2）填充与增强改性：采用云母、高岭土、滑石粉、玻璃纤维、碳纤维等。

（3）共混改性：PET/丙烯酸类树脂、PET/PA66、PET/PO、PET/PC/EVA 共混物等。

（4）成核改性：提高结晶速率，缩短生产周期。加入滑石粉、二氧化硅、苯甲酸钠、乙酰乙酸钠等成核剂。

（5）阻燃改性：加入溴、锑化合物，红磷，磷、氮化合物等。

5）用途

（1）合成纤维：世界上产量最大的合成纤维，生产各种工业和民用长丝、短纤维等，应用于服装面料、轮胎帘子布、输送带、三角带等，以及高压水管、安全带、绳索、网具等。

（2）薄膜和片材：PET 双轴拉伸薄膜和片材无色透明、高光泽，力学性能好，有优良的电气和耐热性能，常用于绝缘胶带、感光胶片、电工膜、包装材料、保护材料等方面。

（3）饮料瓶等中空制品：PET 瓶强度高、韧性好、透明、卫生无毒、阻隔性好、便于回收利用。不但用于饮料包装，而且用于食用油、调味品、日化品等商品包装。

（4）工程制件：PET 经过增强、填充等改性后，具有优异的强度、刚性、耐热性和尺寸稳定性，可作为工程塑料，应用于电子电气、汽车工业等领域。

2. 聚对苯二甲酸丁二酯（PBT）

1）合成方法

对苯二甲酸与过量 1,4-丁二醇，在 150～170℃、有催化剂存在下，通过直接酯化法或酯交换法制得对苯二甲酸二 β-羟丁酯，升温至 250℃缩聚而成。

2）结构与性能

其结构式为

$$-\!\!\left[\overset{\displaystyle O}{\overset{\|}{C}}-\bigcirc\!\!\!\!\!\!\!\bigcirc-\overset{\displaystyle O}{\overset{\|}{C}}O(CH_2)_4O\right]_n\!\!-$$

分子中的苯环减小了分子链的柔曲性、溶解性和吸水性；醚基增大链的柔曲性、溶解性；四个亚甲基增大链的柔曲性；羰基增大刚性；酯基增大刚性，易水解发生断链。总的结果是柔性大，分子相对滑动容易，大分子易取向、结晶，强迫取向易松弛，制品内应力易自行减小，制品不需后处理。

（1）基本性质：PBT 外观为乳白色有光泽固体颗粒，无味、无臭、无毒，密度为 $1.34\ g\cdot cm^{-3}$，吸水率为 0.07%。

（2）力学性能：PBT 的力学性能一般，玻璃纤维增强后力学性能大幅度提升。

（3）热性能：T_g 为 52℃，T_m 为 228℃，热变形温度（1.81 MPa）为 54℃，用玻璃纤维增强后可达 207℃。并且玻璃纤维增强 PBT 的线膨胀系数是热塑性工程塑料中最小的。易于阻燃，只需百分之几（质量分数）的阻燃剂即可。

（4）电性能：优良的电绝缘性，即使在高频、潮湿的环境中，仍有很好的电绝缘性。

（5）耐化学品性能：耐弱酸、弱碱、醇类、脂肪烃类、酯类和盐类，但不耐强酸、强碱、苯酚类试剂。在芳香烃、二氯乙烷、乙酸乙酯中会溶胀；在热水中会引起水解；对有机溶剂有很好的耐环境应力开裂性。

3）改性 PBT

（1）增强和填充改性：加入玻璃纤维、碳纤维、云母、玻璃微珠、滑石粉、玻璃片等。

（2）共混改性：PBT/PET、PBT/PC、PBT/PE、PBT/ABS、PBT/PC/TPU 共混物等。

（3）阻燃改性：溴、锑化合物并用。

（4）耐磨改性：加入 PO、二硫化钼或石墨。

4）成型加工性能

属于非牛顿型熔体，加工前粒料应在 120～130℃下干燥 3～5 h。成型收缩率在玻璃纤维增强后为 0.5%～0.8%，流动性好，模塑周期短，可成型薄壁件，注射时应防止“流涎”。可采用注射、挤出、压制方法成型。

5）主要用途

电子电气工业：制造连接器、线圈架、电机零件、开关、插座、变压器骨架、电风扇、电冰箱、洗衣机电机端盖、轴套等。

汽车工业：汽车保险杠、手柄、底座、分配器、车体部件、点火器线圈骨架、绝缘盖、排气系统零部件、摩托车点火器。

另外，还有运输机械零件、缝纫机和纺织机械零件、钟表外壳、镜筒、电熨斗罩、水银灯罩、烘烤炉部件、电动工具零件、屏蔽套等。

3. 聚对苯二甲酸丙二酯（PTT）

1）合成方法

由对苯二甲酸（PTA）和 1,3-丙二醇（PDO）缩聚而成。

2）结构与性能

分子结构式为

$$\left[\overset{\overset{\displaystyle O}{\|}}{C}-\bigcirc\!\!\!\!\!\!\;\,\text{—}\overset{\overset{\displaystyle O}{\|}}{C}O(CH_2)_3O\right]_n$$

其分子结构介于 PET 和 PBT 之间，综合了二者的优点。PTT 与其他工程塑料的性能比较见表 2-16，玻璃纤维增强工程塑料性能比较见表 2-17。

表 2-16 工程塑料的性能比较

性能参数	PET	PTT	PBT	PA66	PC
相对密度	1.40	1.35	1.34	1.14	1.20
成型收缩率/%	3.0	2.0	2.0	0.8～1.5	0.7
拉伸强度/MPa	72.5	67.5	56.5	80	65.0
弯曲模量/GPa	3.11	2.76	2.34	2.83	2.35

续表

性能参数	PET	PTT	PBT	PA66	PC
缺口冲击强度/（$kJ·m^{-2}$）	3.7	4.8	5.3	4.0	64
热变形温度（1.8 MPa）/℃	65	59	54	75	129
熔点/℃	265	225	228	265	—
玻璃化转变温度/℃	80	45～75	52	50～90	150
介电强度/（$kV·mm^{-1}$）	22	21	16	15	15
介电常数（1 MHz）	3.0	3.0	3.1	3.9	3.0
介电损耗角正切（1 MHz）	0.02	0.015	0.02	0.02	0.01
体积电阻率/（Ω·cm）	10^{15}	10^{15}	10^{15}	$7×10^{14}$	$8.2×10^{15}$

表 2-17　玻璃纤维增强工程塑料性能比较

性能参数	28% GF-PET	30% GF-PTT	30% GF-PBT	30% GF-PA66	30% GF-PC
相对密度	1.56	1.55	1.53	1.39	1.43
成型收缩率/%	0.20	0.20	0.20	0.20	0.25
拉伸强度/MPa	159	159	115	172	131
弯曲模量/GPa	8.97	10.35	7.60	9.00	7.59
缺口冲击强度/（$kJ·m^{-2}$）	10.1	10.7	8.5	10.7	10.7
热变形温度（1.8 MPa）/℃	224	216	207	252	146

3）应用

与 PBT 及其他工程塑料比较，PTT 在性能和价格上的优势都很明显，可完全替代 PBT 用于工程塑料领域，也可部分替代 PET、PA66 等。

PTT 可用于电子电气、汽车等领域，具体如接插件、线圈骨架、插头、插座、灯座和开关、电线扎带、传感器、汽车顶棚、刮水器、行李架和格栅、电动工具零件、办公设施及装备。

从表 2-16 和表 2-17 可见，无论纯树脂还是增强树脂，PTT 综合性能优于 PBT；而对于增强树脂，PTT 也优于 PET 和其他工程塑料。

（五）聚苯醚

1957 年，聚苯醚（polyphenylene oxide，PPO 或 polyphenylene ether，PPE）由美国通用电气公司采用氧化偶合方法合成，1964 年实现工业化生产。1966 年，美国通用电气公司又生产了改性聚苯醚（MPPO）。

1. 合成方法

以氯化亚铜和二甲胺制得的铜-胺络合物为催化剂，苯-醇体系为反应介质，对 2,6-

二甲基酚通氧，进行氧化偶合反应缩聚而成。

$$n\ \text{(2,6-二甲基苯酚: }C_6H_3(CH_3)_2\text{—OH)} + n/2\,O_2 \xrightarrow[(CH_3)_2NH]{CuCl} \left[\ C_6H_2(CH_3)_2\text{—O}\ \right]_n + nH_2O$$

2. 结构与性能

主链上有醚基，本应增大链柔曲性，但连接有大量次苯基芳香环，使链段内旋转困难，主链僵硬，刚性增大，T_g、T_m高，耐热性好，机械强度高，熔融黏度大，流动性差，制品中残余内应力大。

1）基本性质

密度为 1.06 g·cm^{-3}，T_g为 210℃，T_m为 257℃。由于无极性和水解基团，故吸湿性小，制品尺寸稳定性好，成型收缩率小，一般为 0.02%～0.04%，

2）力学性能

很高的强度、刚性和硬度，力学性能优于其他工程塑料。耐磨性好，摩擦系数较低，但耐疲劳性和耐环境应力开裂性不好。

3）热性能

脆化温度为−170℃，热变形温度（1.81 MPa）为 190℃，分解温度为 350℃，长期使用温度为−125～120℃，短期使用温度为 205℃。线膨胀系数是塑料中最低的，与金属接近，适于设置金属嵌件。

4）电性能

体积电阻率 10^{16} Ω·cm，工程塑料中最高；介电常数（2.6～2.8）和介电损耗角正切（0.0004～0.0008）是工程塑料中最低的，且在较宽范围内不受温度、湿度和频率的影响。

5）耐化学品性能

优良的耐化学品性能，在高、低温下对稀酸、稀碱、盐、洗涤剂等稳定；受力状态下，酮、酯及矿物油会导致应力开裂；在卤代脂肪烃和芳香烃中会溶胀，在氯化烃中会溶解；耐沸水性很突出。

6）其他性能

难燃（OI：29%），不熔滴。成型收缩率小，尺寸稳定性好，但耐光性差。

3. 改性 PPO（MPPO）

目前 PPO 的最广泛应用形式，由 PPO 和 PS 或 HIPS 共混改性而成，改善了成型加工性，降低了成本，耐热性稍有下降。MPPO 品种有普通、阻燃、增强、高抗冲、高耐热型等。PPO 和 MPPO 的性能比较见表 2-18。

表 2-18 PPO 和 MPPO 的性能比较

性能参数	PPO	MPPO
密度/（g·cm^{-3}）	1.06	1.10
吸水率/%	0.03	0.07

续表

性能参数	PPO	MPPO
拉伸强度/MPa	87	62
弯曲强度/MPa	116	86
弯曲模量/GPa	2.55	2.45
缺口冲击强度/（$kJ \cdot m^{-2}$）	12.7	17.6
线膨胀系数/（$\times 10^{-5} K^{-1}$）	4	6
热变形温度（1.81 MPa）/℃	190	128
体积电阻率/（$\Omega \cdot cm$）	7.9×10^{17}	10^{16}
介电损耗角正切（60 Hz）	0.00035	0.0004

其他的共混物有：PPO/PA 合金、PPO/PPS 合金、PPO/PBT 合金、PPO/ABS 合金等。

4. 成型加工性能

未改性 PPO 流动性太差，加工温度太高（＞300℃），极难加工。注射成型时，粒料需在 130℃干燥 3～4 h，成型温度为 280～340℃，模温为 110～150℃，制品需在较高温度下进行后处理。而 MPPO 较易成型加工，可以采用注塑、挤出、吹塑、模压等方法。

5. 主要用途

电子电气工业，最宜用于潮湿而有载荷及需要优良电绝缘性的场合，如电视机偏转系统元件、调谐片；机械工业中代替有色金属和不锈钢，如无声齿轮、凸轮轴承等；化工行业中泵叶、管道等。具体的应用领域如下：

（1）MPPO 密度小，尺寸稳定性好，易加工，热变形温度为 90～175℃，适于制造办公设备，家用电器，计算机箱体、底盘及精密部件等。

（2）MPPO 的介电常数及介电损耗角正切在五大通用工程塑料中最低，绝缘性最好，且耐热性好，电性能不受温度及频率的影响，适用于电气工业。宜于制作用在潮湿而有载荷条件下的电绝缘部件，如线圈骨架、管座、控制轴、变压器屏蔽套、继电器盒、绝缘支柱等。

（3）MPPO 的耐水及耐热水性好，适用于制造水表、水泵。纺织厂用的纱管需耐蒸煮，用 MPPO 制造的纱管使用寿命长。

（4）锂离子电池市场大有发展前景，最近国外开发出的 MPPO 锂离子电池用有机电解液的包装材料性能优于过去用的 ABS 或 PC。

（5）MPPO 制作汽车仪表盘、防护杠等，PPO/PA 合金，尤其是高耐冲击性能的规格品种用于外装部件发展比较快。

（6）MPPO 可用来制造耐腐蚀设备，其耐水解性尤其好，还耐酸、碱；耐芳香烃、卤代烃、油类等性能差，易溶胀或应力开裂。

（7）用于医疗器械，可在热水储槽和排风机混合填料阀中代替不锈钢和其他金属。

二、特种工程塑料

特种工程塑料主要是20世纪60年代以后，随着航天航空等高科技领域的快速发展，相继出现的高耐热、高强度工程塑料的新品种，其主要特点是具有较高的热变形温度（150～300℃）和较高的力学强度。典型的品种有氟塑料、聚苯硫醚、聚砜、聚芳酯、聚芳醚酮、聚酰亚胺、液晶聚合物等。

（一）聚四氟乙烯

氟塑料是含有氟原子的各种塑料的总称。主要品种包括聚四氟乙烯（polytetrafluoroethylene，PTFE，F4）、聚三氟氯乙烯（PCTFE，F3）、聚全氟乙丙烯（FEP，F46）、聚偏氟乙烯（PVDF）、聚氟乙烯（PVF）等。产量最大的是PTFE，俗称“铁弗龙”或“特氟龙”。

1936年美国杜邦公司的研究人员Plunkett发明了PTFE，第二次世界大战中作为重要的密封材料在军事工业上得到应用。第二次世界大战后，其因优异的性能在许多领域得到迅速推广与应用。

1. 合成方法

四氟乙烯单体在自由基型引发剂存在下，采用悬浮或分散聚合方法制得。反应方程式如下：

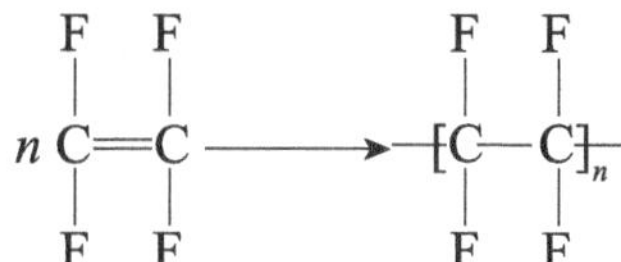

2. 结构和性能

分子链规整对称，结晶度高，可达57%～97%；C—F键极稳定，呈螺旋链，耐热耐寒性高；氟原子把主链上碳原子屏蔽起来，化学稳定性好，电性能优异。分子链上氟原子完全对称，属于非极性聚合物，表面自由能低，具有高度的不粘性和极低的摩擦系数。

1）基本性质

外观是白色蜡状粉末，密度为2.14～2.20 $g·cm^{-3}$，是密度最大的塑料品种。

2）力学性能

最突出之处是在塑料中摩擦系数最低，且动、静摩擦系数相等，对钢为0.04，自身为0.01～0.02，具有极好的自润滑性，但耐磨损性不好。其分子链僵硬又易滑移，拉伸、弯曲等力学性能差，易蠕变，具有冷流性。

3）热性能

优良的耐高低温性能，T_m为324℃，分解温度为415℃，长期使用温度为−190～250℃。线膨胀系数较大，导热性差。

4）电性能

电性能十分优异，其介电性能和电绝缘性能不受温度、湿度和频率的影响。在所有塑料品种中，体积电阻率最大（$>10^{18}$ Ω·cm），介电常数最小（1.8～2.2），但其耐电晕性不好，不能用于高压绝缘材料。

5）耐化学品性能

是所有塑料中最好的，可耐浓酸、浓碱、强氧化剂和沸腾的王水，俗称“塑料王”。只有氟元素或高温熔融的碱金属对其有侵蚀；除了卤代胺类和芳香烃对其有轻微溶胀外，其他有机溶剂都无作用。

6）其他性能

具有自熄性，不能燃烧，氧指数为 95%；耐气候性优异，户外使用数十年而无显著变化。具有不粘性，几乎和所有材料都无法黏附。但耐辐射性差。

3. 改性 PTFE

可熔性 PTFE（PFA）：四氟乙烯和全氟烷基乙烯基醚共聚物，可注射成型。

填充改性：加入 GF、矿物、青铜粉、石墨、MoS_2 等。

共混改性：加入聚苯、聚酰亚胺、聚对羟基苯甲酸酯等。

PTFE 和改性 PTFE 的性能比较见表 2-19。

表 2-19　PTFE 和改性 PTFE 的性能比较

性能参数	PTFE	20% GF-PTFE	20% GF+5%石墨-PTFE
密度/（$g·cm^{-3}$）	2.14～2.20	2.26	2.24
吸水率/%	0.01	0.01	0.01
拉伸强度/MPa	27.6	17.5	15.2
断裂伸长率/%	233	207	193
压缩强度/MPa	13	17	16
弯曲强度/MPa	21	21	32.5
缺口冲击强度/（$kJ·m^{-2}$）	2.4～3.1	1.8	1.6
布氏硬度（HB）	456	546	554
最高使用温度/℃	288	—	—
最低脆化温度/℃	−150	—	—
线膨胀系数/（$×10^{-5} K^{-1}$）	10～15	7.1	12
热导率/（$W·m^{-1}·K^{-1}$）	0.24	0.41	0.36
氧指数/%	95	—	—
摩擦系数	0.04～0.13	0.2～0.4	0.18～0.20
磨痕宽度/mm	14.5	5.5～6.0	5.5～6.0
极限 PV 值（$0.5 m·s^{-1}$）	—	5.5	4.5
体积电阻率/（Ω·cm）	$>10^{18}$	—	—
介电强度/（$kV·mm^{-1}$）	60～100	—	—
介电常数	1.8～2.2	—	—
介电损耗角正切	$2×10^{-4}$	—	—
耐电弧时间/s	360	—	—

4. 成型加工性能

非牛顿型熔体，熔体黏度极高，常采用冷压烧结法成型，烧结温度应大于熔融温度324℃，小于分解温度 415℃，线膨胀系数大。可采用冷压烧结、挤压成型、液压成型等。

5. 应用

防腐蚀材料，如化工设备的阀门、阀座、管道、衬里，过滤材料、电池隔膜等；电子电气工业，如用于高温高频或潮湿环境中的电线电缆等绝缘材料；减摩耐磨材料，如活塞环、轴承、轴瓦、滑块、垫圈等；防粘材料，如作为润滑剂、防粘剂，食品工业的防粘涂层；医药材料，如人工心脏、人工血管、人工食管、插管、导液管等。

（二）聚苯硫醚

聚苯硫醚（polyphenylene sulfide，PPS）是美国菲利普斯石油公司于 1971 年首先实现工业化生产的，全称为聚苯撑硫醚，又称聚次苯基硫醚。

1. 合成方法

常压下以对二氯苯和硫化钠在强极性有机溶剂[如六甲基磷酸三酰胺（HPT）或 *N*-甲基吡咯烷酮（NMP）]中进行溶液缩聚而得，反应式如下：

$$n\,\mathrm{Cl}-\mathrm{C_6H_4}-\mathrm{Cl} + n\,\mathrm{Na_2S} \xrightarrow[175\sim350℃]{\mathrm{HPT}} -\!\!\left[\mathrm{C_6H_4}-\mathrm{S}\right]_n\!- + 2n\,\mathrm{NaCl}$$

2. 结构与性能

分子主链由苯环和硫原子交替排列构成，具有很高的稳定性；苯环使分子链呈刚性，硫醚键又使其有一定柔顺性；分子链简单、规整，具有结晶能力，结晶度可达 80%。PPS的主要性能如下：

1）基本性质

外观上是白色粉末，密度为 1.3 g·cm^{-3}，吸水率小于 0.02%。

2）力学性能

PPS 具有较高的刚性和抗蠕变性，其弯曲模量达 3.87 GPa，而碳纤维增强后的高达22 GPa；经增强改性的 PPS 能在长期负荷和热作用下保持高的力学性能、尺寸稳定性和耐蠕变性。但其脆性较大，缺口冲击强度较低。

3）热性能

T_g 为 110℃，T_m 为 286℃；在 1.81 MPa 应力下热变形温度为 260℃，因此短期使用温度为 260℃，可在 200～240℃长期使用。PPS 具有优异热稳定性，350℃以下空气中长期稳定，400℃空气中短期稳定，可耐 500℃高温而不分解。

4）电性能

有优异的电气性能，能在高温、高湿、高频率条件下使用，耐电弧性也很好。

5）耐化学品性能

具有突出的耐化学腐蚀性，与 PTFE 接近，除了受强氧化性酸（浓硫酸、硝酸、王水等）侵蚀外，对其他化学品都较稳定。在 205℃以下，任何已知溶剂均不能将其溶解。

6）其他性能

分子结构中 70%为芳香环，30%为硫，阻燃性能优异，氧指数在 40%以上。材料反复加工也不丧失阻燃性。有良好的耐候性和耐辐射性。对玻璃、陶瓷、钢、铝等有很好的黏合性。

3. 改性 PPS

由于 PPS 冲击韧性差，断裂伸长率低，成型加工较困难，常与 PA、PTFE、PSU 等共混改性，或用云母、碳酸钙、玻璃纤维等填充增强，也可与其他单体共聚。PPS 和玻璃纤维增强 PPS 的性能见表 2-20。

表 2-20 PPS 和玻璃纤维增强 PPS 的性能

性能参数	PPS	40% GF-PPS
密度/（$g\cdot cm^{-3}$）	1.3	1.6
吸水率/%	< 0.02	< 0.05
拉伸强度/MPa	67	137
弯曲强度/MPa	98	204
弯曲模量/GPa	3.87	11.95
缺口冲击强度/（$kJ\cdot m^{-2}$）	2.7	7.6
洛氏硬度（R）	123	123
线膨胀系数/（$\times 10^{-5} K^{-1}$）	2.5	2.0
热变形温度（1.81 MPa）/℃	260	280
介电常数（10^6 Hz）	3.1	3.8
介电损耗角正切（10^6 Hz）	0.00038	0.0013
介电强度/（$kV\cdot mm^{-1}$）	15	17.7
体积电阻率/（$\Omega\cdot cm$）	4.5×10^{16}	4.5×10^{16}

4. 应用

（1）电子电气工业，如接插件、变压器、继电器的骨架、开关，磁性记录材料底膜、电动机转筒、感应头、接触断路器、印刷基板等。

（2）汽车工业，如引擎盖、排气装置、汽油泵、汽化器、点火零件、散热器、离合器零件等。

（3）机械及精密零件，如叶轮、风机、齿轮、泵壳、泵轮、阀、流量计、压缩机零件、复印机零件等。

（4）航空航天等，如玻璃纤维、碳纤维增强的 PPS 应用于飞机、火箭、人造卫星、军舰、装甲车、武器等的零部件。

（5）轻工产品等，如造纸设备、纺织设备、包装材料、鱼竿、网球拍等。

（三）聚砜

聚砜（polysulfone，PSU）是主链结构中含有二苯砜基的工程塑料的总称，主要品种有双酚 A 型聚砜、聚芳砜、聚醚砜三种。

1. 双酚 A 型聚砜（bisphenol A polysulfone，PSU）

1）合成方法

先由双酚 A 和氢氧化钠（或氢氧化钾）在二甲基亚砜中反应生成双酚 A 钠（钾）盐，再与 4,4′-二氯二苯酚进行溶液缩聚而得。

2）结构与性能

分子结构式为

$$\left[-C_6H_4-C(CH_3)_2-C_6H_4-O-C_6H_4-SO_2-C_6H_4-O-\right]_n$$

PSU 分子结构是由异丙撑基、醚基、砜基和亚苯基连接而成的线型大分子。异丙撑基因其结构对称且无极性，可减少分子间作用力；醚基赋予分子一定的韧性和熔融加工特性；砜基和亚苯基则使大分子链显示出较大的刚性，导致 PSU 难以结晶；二亚苯基砜基上氧原子对称，主链上硫原子处于最高氧化状态，使其具有优良的抗氧化能力；并且砜基与相邻两个苯环组成高度共轭的二苯砜结构，使聚合物具有刚硬、热稳定性高[分解温度（T_d）>426℃]、抗辐射等特性。

具有优良的力学性能，最高短期使用温度范围为 150～165℃，长期使用温度范围为 −100～150℃。主要缺点：耐疲劳强度较低。聚砜的综合性能见表 2-21。

表 2-21　聚砜的综合性能

性能参数	PSU	PAS	PES
相对密度	1.24	1.37	1.14
玻璃化转变温度/℃	196	288	225
吸水率/%	0.22	0.18	0.25
成型收缩率/%	0.7	0.8	0.6
拉伸强度/MPa	75	91	85
拉伸模量/MPa	2530	2600	2500
断裂伸长率/%	50～100	13	80
弯曲强度/MPa	108	121	89
弯曲模量/MPa	2740	2780	2650
压缩强度/MPa	97.7	126	110
缺口冲击强度/（$kJ\cdot m^{-2}$）	14.2	8.7	12.1
无缺口冲击强度/（$kJ\cdot m^{-2}$）	310	243	296

续表

性能参数	PSU	PAS	PES
长期使用温度/℃	150	260	180
体积电阻率/（Ω·cm）	5×10^{16}	3.2×10^{16}	5×10^{17}
介电常数（60 Hz）	3.07	3.94	3.5

3）应用

（1）电子电气工业：如集成电路板、电器外壳、电镀槽、电线电缆包覆层等；

（2）机械工业：如钟表壳体及零件、复印机、照相机零件、微波烤箱设备、吹风机等；

（3）医药、食品工业：如人工心脏瓣膜、假牙、内视镜零件、消毒器皿等；

（4）航空航天：如薄膜及中空纤维制造宇航服等。

2. 聚芳砜（polyarylsulfone，PAS）

1）合成方法

PAS 是由 4,4′-二苯醚二磺酰氯与联苯进行缩聚而成。

2）结构与性能

分子结构式为

$$-\!\!\left[\!\!-C_6H_4-O-C_6H_4-\overset{O}{\underset{O}{\overset{\|}{\underset{\|}{S}}}}-C_6H_4-C_6H_4-\overset{O}{\underset{O}{\overset{\|}{\underset{\|}{S}}}}-\right]_n$$

分子结构中含有大量联苯和二苯酚基，可看作是高度共轭体系，使聚合物的耐热性和耐氧化能力大大提高；醚基使大分子链具有一定柔顺性，可以熔融加工，但其流动性差，成型加工困难，加工温度大于 400℃。

PAS 突出的特性是耐高温和热老化稳定性，T_g 为 288℃，在 1.81 MPa 应力下热变形温度高达 280℃，可在 260℃下长期使用，在 310℃下短期使用。

3）应用

常作为耐高温的结构材料，如在高速喷气机上用于制作接触燃料和润滑油的机械零件；用于耐高温的电绝缘材料，如线圈芯子、开关、印制电路板等。

3. 聚醚砜（polyethersulfone，PES）

1）合成方法

4,4′-双磺酰氯二苯醚在无水氯化铁催化下，与二苯醚缩合制得。

2）结构与性能

分子结构式为

$$-\!\!\left[\!\!-C_6H_4-\overset{O}{\underset{O}{\overset{\|}{\underset{\|}{S}}}}-C_6H_4-O-\right]_n$$

砜基和苯基赋予分子耐热性和优良的力学性能，醚基使其具有熔融流动性。

PES 兼备了 PSU 和 PAS 的优点，被称为综合了高热变形温度、高冲击强度和高流动性的工程塑料，其透光率也高达 88%，外观为透明琥珀色。T_g 为 225℃，短期使用温度高达 200℃。耐蠕变性能极为突出，在高温下长期使用仍能保持良好的力学性能。其综合性能见表 2-21。

3）应用

应用于飞机、宇航、运输车辆等领域，也可代替金属和玻璃等工业配件，如管材、流量计和窥视镜等。

（四）聚芳酯

聚芳酯（polyarylester，PAR）又称芳香族聚酯或聚酚酯，是分子主链中带有芳香环的聚酯树脂，比 PET、PBT 具有更高的耐热性和其他综合性能。

1. 合成方法

主要是由双酚 A 与对苯二甲酸或间苯二甲酸进行界面缩聚而得。

2. 结构与性能

其分子结构式为

对苯二甲酸型：$\left[\overset{O}{\overset{\|}{C}} - C_6H_4 - \overset{O}{\overset{\|}{C}}O - C_6H_4 - \underset{CH_3}{\overset{CH_3}{C}} - C_6H_4 - O \right]_n$

间苯二甲酸型：$\left[\overset{O}{\overset{\|}{C}} - C_6H_4 - \overset{O}{\overset{\|}{C}}O - C_6H_4 - \underset{CH_3}{\overset{CH_3}{C}} - C_6H_4 - O \right]_n$

由于单独采用对苯二甲酸或间苯二甲酸所得的 PAR 的 T_g 和 T_m 过高，性脆，所以常用二者的混合物与双酚 A 混缩聚制备综合性能优良的 PAR。

PAR 是一种非晶性的透明热塑性塑料，具有优良的耐蠕变性、耐磨性、抗冲击性和应变回复性；T_g 为 193℃，热变形温度为 175℃，能经受 160℃的连续高温，线膨胀系数小，热收缩率低，尺寸稳定性好；综合电性能与 PA、PC、POM 相近；具有阻燃性及良好的耐候性，耐化学品性与 PC 类似。

3. 应用

用于电子电气、汽车、机械、医疗器械等方面，如电位器轴、开关、继电器、汽车灯座、塑料泵、机械罩壳、接头、齿轮等。

（五）聚醚醚酮

聚芳醚酮（polyaryletherketone，PAEK）是分子主链由亚芳基、醚基、酮基组成的一类线型结晶聚合物，品种有聚醚酮（PEK）、聚醚醚酮（polyetheretherketone，PEEK）、聚醚酮酮（PEKK）、聚醚酮醚酮酮（PEKEKK）等。其研发始于 20 世纪 60 年代，1962 年美国杜邦公司和 1964 年英国 ICI 公司分别报道了在 Friedel-Crafts 催化剂存在下，通过亲电取代可以合成聚芳醚酮。1979 年，英国 ICI 公司制得了高分子量的 PEK，奠定了合成聚芳醚酮的基础。下面介绍常见的 PEEK。

1. 合成方法

由 4,4′-二氟二苯甲酮与对苯二酚在二苯砜溶剂中，在碱金属碳酸盐作用下进行缩聚反应制得。

2. 结构与性能

其分子结构式为

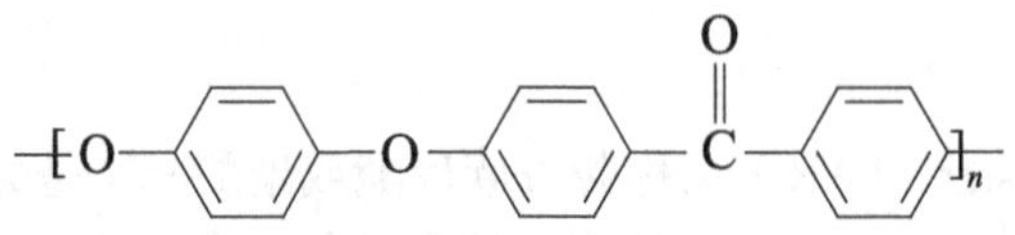

$$\left[O-\langle C_6H_4\rangle-O-\langle C_6H_4\rangle-\overset{O}{\overset{\|}{C}}-\langle C_6H_4\rangle \right]_n$$

分子结构中含有大量苯环、酮基、醚基，分子链呈现刚柔兼备的特点，具有结晶能力，结晶度可达 48%。

1）力学性能

具有高强度、高模量、高断裂韧性，刚性接近铝，抗蠕变、耐疲劳，对交变应力的耐疲劳性是塑料中最好的；耐滑动磨损和微动磨损性能优异，能在 250℃下保持高的耐磨性和低的摩擦系数；具有优良的尺寸稳定性。

2）热性能

具有优异的耐热性，T_m为 334℃，长期使用温度为 240℃，经玻璃纤维增强的品种，其长期使用温度可达 300℃。

3）电性能

电气绝缘性能优异，在高频电场中能保持较小的介电常数和介电损耗。

4）耐化学品性能

除浓硫酸外，几乎能耐任何化学品，耐腐蚀性接近镍钢；在所有工程塑料中，具有最好的耐热水和耐蒸汽性，可在 200℃蒸汽中长期使用，在 300℃高压蒸汽中短期使用。

5）其他性能

阻燃性优良；耐辐射性好，对 α、β、γ 射线的抵抗能力是聚合物中最好的。

3. 应用

PEEK 具有优异的综合性能，其虽价格昂贵，但在电子电气、机械仪表、宇航等领域得到了应用。例如：

（1）航空航天：替代铝和其他金属材料制造飞机零部件。

（2）电子电气：可经受热焊处理的高温环境，制造电子绝缘膜片、连接器、印制电路板、超大规模集成电路材料。

（3）医疗卫生器械：灭菌要求高、需反复使用的手术和牙科设备、人造骨。

（4）汽车和机械工业：代替不锈钢和钛，制造发动机内罩、轴承、垫片、密封件、离合器齿环等。

（六）聚酰亚胺

聚酰亚胺（polyimide，PI）是大分子主链结构中含有酰亚胺基团（$-\overset{\overset{\displaystyle O}{\|}}{C}-\overset{|}{N}-\overset{\overset{\displaystyle O}{\|}}{C}-$）的芳杂环聚合物。最早由美国杜邦公司于 20 世纪 60 年代开发成功。

1. 合成方法

一般由芳香族二元酸酐和芳香族二元胺缩聚成聚酰胺酸，然后经热或化学转化脱水形成 PI。例如，聚均苯四酰二苯醚亚胺的合成反应式如下：

$$n\,\text{(均苯四甲酸二酐)} + n\,H_2N-C_6H_4-O-C_6H_4-NH_2 \xrightarrow[25℃]{\text{极性溶剂}}$$

$$\left[-NHC(=O)-C_6H_2(COOH)_2-C(=O)HN-C_6H_4-O-C_6H_4-\right]_n \xrightarrow[-2nH_2O]{350℃}$$

$$\left[-N(CO)_2C_6H_2(CO)_2N-C_6H_4-O-C_6H_4-\right]_n$$

2. 结构与性能

不同品种的 PI 具有不同的结构特征，其共性是大分子主链均含有大量含氮五元杂环和芳香环以及醚基，总体上表现结构稳定、刚性大、耐热性好的特点，但熔点高、熔体黏度大，加工困难。主要性能特点如下：

1）力学性能

拉伸强度在 100 MPa 以上，拉伸模量高达 3～4 GPa，纤维增强后高达 200 GPa，优于其他工程塑料。还具有优良的耐蠕变性和耐磨性。

2）热性能

突出的耐高低温性能，热变形温度（1.81 MPa）高达 360℃，在−269～400℃保持较高的力学强度，长期使用温度为−240～260℃。

3）电性能

体积电阻率为 $10^{17}\ \Omega\cdot cm$，介电损耗角正切为 10^{-3}，能在较宽的温度范围和高低频电场下保持稳定。

4）阻燃性

难燃自熄性聚合物，发烟度低。

5）卫生性

无毒，用来制造餐具和医用器具，经得起数千次消毒，有些品种有很好的生物相容性。

6）耐化学品性

有优良的耐油、耐溶剂性，耐稀酸，但耐碱性不佳。在浓硫酸和发烟硝酸等强氧化剂作用下会氧化降解。一般品种的耐水性差。

7）耐辐射性

大量芳香环结构使其具有很高的耐辐射性。

3. 主要品种和用途

主要品种有热塑性 PI、热固性 PI 和改性 PI。

1）热塑性 PI

代表品种是聚联苯甲酰二苯醚酰胺，具有优异的电性能、耐热性和韧性。T_g高（270～370℃），成型加工温度高，熔体黏度高，不能像聚烯烃等热塑性塑料那样反复熔融成型，所以称之为“假热塑性聚合物”。产品主要用作耐磨材料、介电材料、宇航材料和耐高温保护材料等。

2）热固性 PI

代表品种是聚均苯甲酰二苯醚酰胺，具有突出的耐高温性，在空气中长期使用温度为 260℃，抗蠕变、耐磨性好。由于不溶不熔，通常只能用浸渍法和流延法成型薄膜，也可模压成型生产模压制品。产品有薄膜、增强塑料、泡沫塑料、涂料、漆包线、耐高温的轴承、电气设备等。

3）改性 PI

主要品种包括聚醚酰亚胺（PEI）、聚酰胺-酰亚胺（PAI）和聚双马来酰亚胺（PBMI）等。

（1）PEI：外观是琥珀色透明的非晶热塑性塑料，易成型加工。具有突出的化学稳定性和耐水性，耐辐射，阻燃性好，氧指数为 47%。主要用于航天航空，如舷窗、机头部件、座椅、内壁板等，在交通运输、医疗器械、电气、包装、运动器具等方面也有应用。

（2）PAI：具有优异的耐热性和综合力学性能，常温下的拉伸强度约为 200 MPa，并可经纤维增强使力学强度更高，能成型复杂而精密的注塑件。用于飞机、汽车及重工业领域的结构件，如罩壳、箱体、齿轮、轴承、叶片等。

（3）PBMI：热固性塑料，既有类似于环氧树脂的良好加工性，又有 PI 的耐高温、耐湿热和耐辐射等特性，且可与多种化合物反应改性。主要用于航空航天工业，作为高性能结构复合材料、高温管、高温涂层等。

（七）热致性液晶聚合物

液晶聚合物（LCP）是一种由刚性分子链构成的，在一定物理条件下能出现既有液体的流动性又有晶体的物理性能各向异性状态（此状态称为液晶态）的高分子物质。液晶聚合物有溶致性液晶聚合物（lyotropic liquid crystal polymer，LLCP）、热致性液晶聚合物（thermotropic liquid crystal polymer，TLCP）和压致性液晶聚合物三大类。顾名思义，LLCP 的液晶态是在溶液中形成的；压致性液晶聚合物的液晶态是在压力下形成的（此类液晶高分子品种极少）。

TLCP 是指在一临界温度区间，即在 $T_i \sim T_m$ 温度区间（T_m 为固态转变为液晶态的温度，T_i 为液晶态转变为普通液体的温度，即清亮点）形成液晶态的聚合物。在液晶态温度范围（$T_i \sim T_m$），TLCP 熔体在成型加工的流动过程中，由刚性伸展链分子有序地排列组成的液晶畴，将在外力场作用下高度取向。若随即将其冷却到 T_m 以下，那么这种有序的液晶态就会被冻结在高分子本体中，从而形成实用的高强度、高模量、高热变形温度和低线膨胀系数的工程塑料制件。LLCP 用来生产纤维，如美国杜邦公司的芳香族聚酰胺纤维——Kevlar。TLCP 是 1974 年美国 Eastman Kodak 公司首次发现对羟基苯甲酸改性 PET（PHB/PET）显示热致性液晶之后才开始研究开发的，1984 年美国 Dartco 公司首先将商品名为“Xydar”的 TLCP 投放市场，之后美国、日本等数家公司也相继开发出 TLCP。由于 TLCP 在热、电、机械、化学方面的优良综合性能越来越受到各国的重视，其产品被引入各个高技术领域的应用中，被誉为超级工程塑料。

1. 结构与性能

根据其耐热性的高低，TLCP 可以分成三类，见表 2-22。

表 2-22　三类 TLCP 性能比较

性能参数	I 类	II 类	III 类
热变形温度/℃	250～350	180～250	100～200
拉伸强度	高	高	低
拉伸模量	高	高	低
抗冲强度	低	中	高
加工性	可加工	优	优

常见的三类 TLCP 的分子结构式见图 2-4。

$$\text{I}: \;\; \left[O-C_6H_4-\overset{O}{\overset{\|}{C}}\right]_x\left[O-C_6H_4-C_6H_4-O\right]_y\left[\overset{O}{\overset{\|}{C}}-C_6H_4-\overset{O}{\overset{\|}{C}}\right]_z$$

$$\text{II}: \;\; \left[O-C_6H_4-\overset{O}{\overset{\|}{C}}\right]_x\left[O-C_{10}H_6-\overset{O}{\overset{\|}{C}}\right]_y$$

$$\text{III}: \;\; \left[O-C_6H_4-\overset{O}{\overset{\|}{C}}\right]_x\left[O-C_6H_4-\overset{O}{\overset{\|}{C}}OCH_2CH_2\right]_y$$

图 2-4　三类 TLCP 的分子结构式

目前，日本住友化学公司生产的“Sumikasuper”和比利时 Solvay/日本石油化学公司生产的“Xydar”属于第 I 类，美国 Ticona/日本宝理塑料公司生产的“Vectra”属于第 II 类，日本三菱公司生产的“Novaccurate”属于第 III 类。

TLCP 产品因化学结构和改性方法不同，性能差异甚大，但仍有许多如下共同的优异特性。

1）高强度、高模量及其他优良机械性能

由于 TLCP 具有自增强特性，未经增强即可达到甚至超过普通工程塑料用百分之几十玻璃纤维增强后的机械强度和弹性模量水平，而玻璃纤维或碳纤维增强后更超过后者，达到异常高的水平。LCP 还有优良的耐摩擦、耐磨耗性能，蠕变性可忽略不计。

2）突出的耐热性

例如，Xydar 的熔点为 421℃，在空气中 560℃、在氮气中 567℃才开始分解，其热变形温度高达 350℃，可在−50～240℃连续使用，仍有优良的冲击韧性和尺寸稳定性，Xydar 不受锡焊合金熔化的影响。Sumikasuper 热变形温度为 293℃，耐 320℃焊锡浸渍 5 min。玻璃纤维增强级 Vectra 也可耐 260～280℃焊锡完全浸渍 10 s。

3）极佳的阻燃性

在不添加阻燃剂的情况下，TLCP 材料对火焰具有自熄性，可达 UL94 V-0 级的阻燃性，在火焰中不滴落，不产生有毒烟雾，是防火安全性最好的塑料之一。

4）极小的线膨胀系数，很高的尺寸稳定性和尺寸精度

TLCP 流动方向的线膨胀系数可与金属匹敌，比一般塑料小一个数量级。由于 TLCP 在熔融状态下已有结晶性，不像普通结晶性塑料那样加工成制品后冷却时发生体积收缩，故制品尺寸精度高。

5）耐候性和耐辐射性好，对微波透明

TLCP 的耐候性优于多数塑料，Xydar 加速气候老化 4000 h 仍保持优良性能。Vectra 气候老化照射 2000 h，性能指标保持 90%～100%，高温（200℃）老化 180 d，拉伸强度和断裂伸长率仍保持 50%以上。TLCP 经碳弧加速紫外线照射 6700 h，或 ^{60}Co 核辐射 10 Mrad（1 rad=10^{-2} Gy），性能不显著下降。对微波辐射透明，不易发热。

6）优良的电性能

TLCP 有较高的电性能指标，介电强度比一般工程塑料高得多。

7）突出的耐化学腐蚀性

TLCP 在很宽的温度范围内不受工业溶剂、燃料油、洗涤剂、漂白剂、热水和浓度为 90%的酸、50%的碱液腐蚀或影响，在溶剂作用下也不发生应力开裂。例如，Xydar 浸于 50℃的 20%硫酸中 11 d，拉伸强度保持 98%，在 82℃热水中浸 4000 h，性能不变。

8）优良的成型加工性能

TLCP 熔体黏度低，流动性好，故成型压力低，周期短，可加工成壁薄、细长和形状复杂的制品；加工 TLCP 时也不需脱模剂和后处理，且由于 TLCP 材料的分子在与金属模具相接触的表面形成了坚固的定向层，因此加工工件的表面非常平整光滑。

但 TLCP 材料也存在以下一些不足之处：

（1）由于 TLCP 材料取向在流向上强而在垂直方向上弱，因此工件的表面强烈地表现出各向异性。

（2）在模腔内两股物料汇聚处，由于结晶的形成是依熔接线取向，故其强度降低，因此设计模具时对此点要加以充分考虑。

（3）薄型成型品存在脆性。

（4）由于 TLCP 材料本身不透明，所以对其进行着色加工的可能性有限。

（5）售价较昂贵，使用它会增加成本。

2. TLCP 的成型加工

TLCP 的成型温度高，因其品种不同，熔融温度在 300～425℃范围内。TLCP 熔体黏度低，流动性好，与聚烯烃塑料近似。TLCP 具有极小的线膨胀系数，尺寸稳定性好。成型加工条件参考为：成型温度 300～390℃，模具温度 100～260℃，成型压力 7～100 MPa，压缩比 2.5～4，成型收缩率 0.1%～0.6%。

TLCP 加工成型可通过熔纺、注射、挤出、模压、涂覆等工艺。虽然加工方法各异，但有一共同点是均利用在液晶态时分子链高度取向进行成型再冷却固定取向态，从而获得高机械性能，所以除分子结构和组成因素外，材料性能与受热和机械加工的历程史、加工设备及工艺过程密切相关。

3. TLCP 的应用

TLCP 是 20 世纪 80 年代初问世的高性能特种工程塑料，由于具有优异的综合性能，被迅速广泛用于化学工业、电子通信、军工机械、航空航天、汽车制造等领域中。例如：

（1）消费材料：微波炉灶容器、食品容器、包装材料；

（2）化学装置：精馏塔填料、阀门、泵、油井设备、计量仪器零部件、密封件、轴承；

（3）光纤通信：光纤二次被覆、抗拉构件、耦合器、连接器、加强筋；

（4）电子电气：高密度连接器、线圈架、线轴、基片载体、电容器外壳、插座、表面贴装的电子元件、电子封装材料、印制电路板、制动器材、照明器材；

（5）汽车工业：汽车燃烧系统元件、燃烧泵、隔热部件、精密元件、电子元件；

（6）航空航天：雷达天线屏蔽罩、耐高温耐辐射壳体、电子元件；

（7）办公设备：软盘、硬盘驱动器、复印机、打印机、传真机零部件；

（8）视听设备：扬声器振动板、耳机开关；

（9）体育器材：网球拍、滑雪器材、游艇器材；

（10）医疗器材：外科设备、插管、刀具、消毒托盘、腹腔镜及齿科材料。

另外，TLCP 具备的许多独特的性能，使其在塑料加工助剂行业中的应用日益广泛。利用它的液晶性，可以将其作为 PET 的结晶成核剂，改善 PET 工程塑料加工性；利用它的高强度、高模量的特性，将其制作成纤维，替代玻璃纤维、矿物填料，达到减轻对设备的磨耗及降低材料密度的目的；或者直接将 TLCP 与其他树脂形成原位复合材料，TLCP 可与高分子材料实现分子水平的复合，所制备的分子复合材料具有更优异的综合性能，可以实现许多通用塑料的高性能化。利用它的高流动性的特点，可将其作为难于加工成型的塑料的流动改性剂，扩大某些因流动性差而很难热塑成型的塑料或根本无法热塑成型的塑料的应用范围。

第四节　热固性塑料

热固性树脂的原料通常是液体或可溶可熔的固态，在成型加工时，通过加热加压或其他方法（紫外线、X 射线等）发生化学反应而交联成不溶不熔的三维网状结构。在热固性树脂中常添加填料等各种助剂，制得热固性塑料，其具有硬度和刚性大、尺寸稳定性好、耐热、耐燃、价格低廉等特性。热固性树脂的主要品种有酚醛树脂、氨基树脂、环氧树脂、不饱和聚酯、聚氨酯等。

一、酚醛树脂

酚醛树脂（phenol-formaldehyde resin 或 phenolic resin，PF）是第一种合成树脂，在 1907 年由 Baekeland 发明，迅速获得了巨大的商业成功，以商标 Bakelite 而知名。

（一）合成方法

常用单体是苯酚和甲醛，其次是甲酚、糠醛等。根据催化剂酸碱性不同，苯酚/甲醛比例不同，可生成热塑性或热固性树脂。

1. 热塑性 PF（酸法 PF）

以酸类（盐酸或草酸）为催化剂，苯酚/甲醛大于 1（如摩尔比为 1∶0.8）下生成，为松香状、性脆，可溶于乙醇、丙酮和碱的水溶液，加热可熔融。其反应过程为：首先苯酚与甲醛通过加成反应生成羟甲基酚，再与苯酚反应，生成二羟基二苯基甲烷，其再与甲醛反应，使缩聚产物分子链进一步增长，最终得到线型 PF 树脂（$n=4\sim12$）。反应过程示意如下：

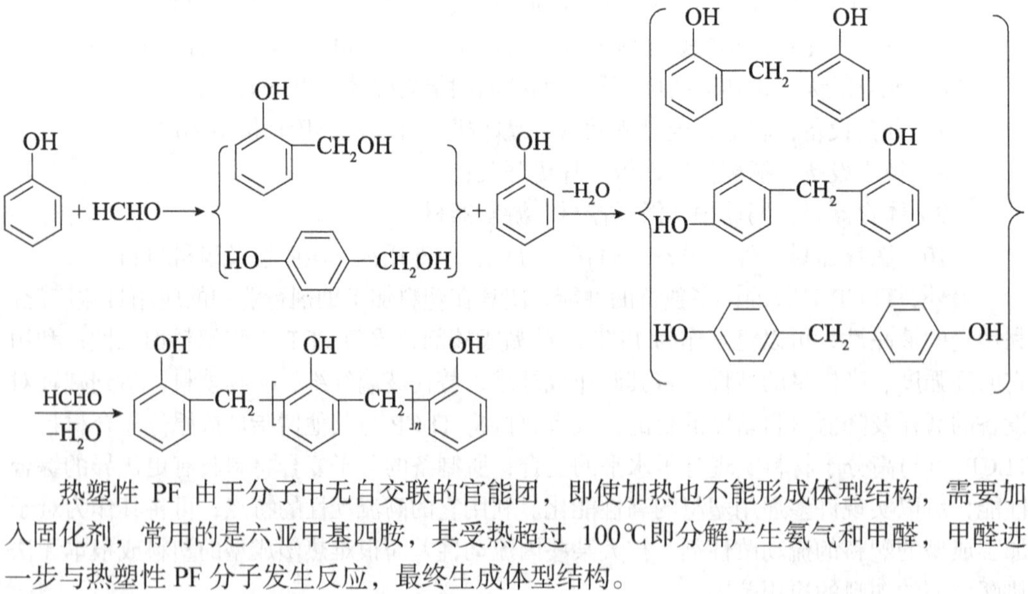

热塑性 PF 由于分子中无自交联的官能团，即使加热也不能形成体型结构，需要加入固化剂，常用的是六亚甲基四胺，其受热超过 100℃即分解产生氨气和甲醛，甲醛进一步与热塑性 PF 分子发生反应，最终生成体型结构。

2. 热固性 PF

若甲醛过量 [甲醛/苯酚 = 1.1～1.5（摩尔比）]，以酸或碱（氨或氢氧化钠）为催化剂，或甲醛虽不过量，但以碱为催化剂（如 NaOH）时生成热固性 PF（碱法 PF）。其反应过程：首先苯酚与甲醛通过加成反应，生成多种羟甲基酚，这些产物再缩聚，最终生成带有游离羟甲基（可自交联的官能团）的 PF（$m = 2 \sim 5$，$m+n = 4 \sim 10$）。反应过程示意如下：

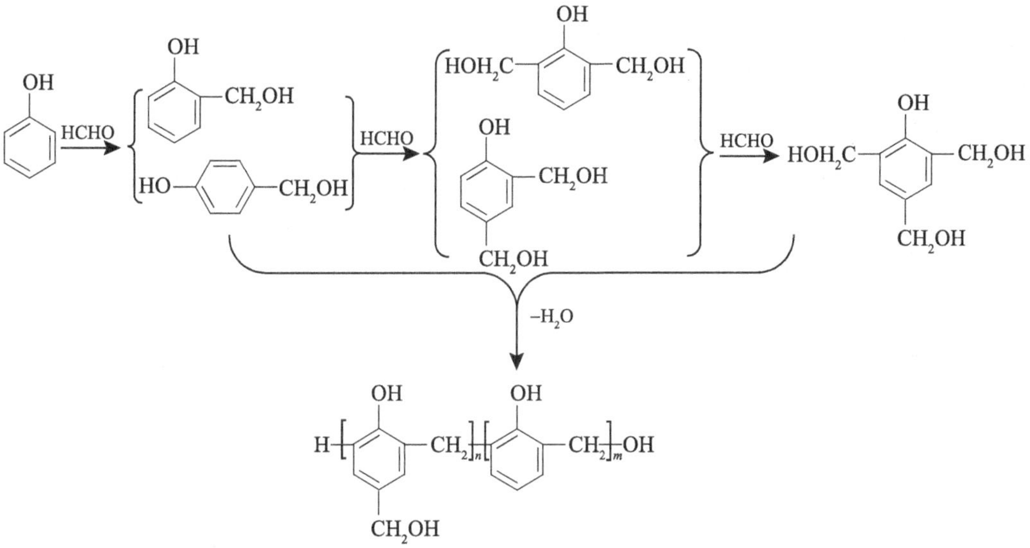

上述树脂称为甲阶树脂，能溶于乙醇、丙酮和碱的水溶液中。其加热逐步转变为乙阶树脂，乙阶树脂不溶于碱液，但可全部或部分地溶于乙醇和丙酮中，加热后可转变为丙阶树脂（图 2-5），即不溶不熔的体型聚合物。

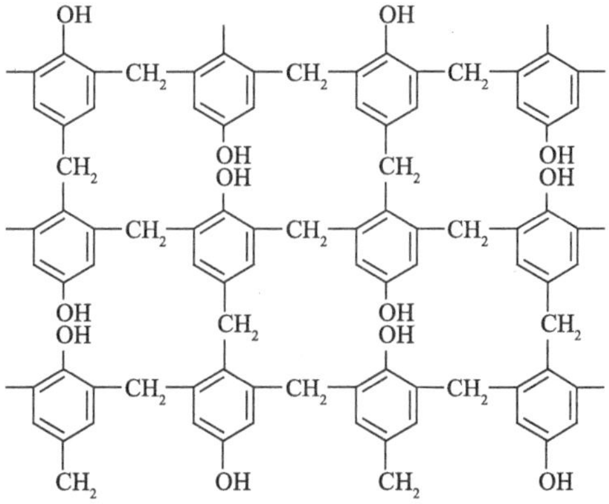

图 2-5 丙阶树脂（PF 体型聚合物）

热塑性 PF 和热固性 PF（甲阶）能相互转化，热塑性 PF 用甲醛处理可转变成热固性 PF（甲阶），热固性 PF（甲阶）在酸性介质中用苯酚处理可转变成热塑性 PF。

（二）主要性能

1. 力学性能

强度和弹性模量较高，长期受高温后的强度保持率高，质脆，抗冲击性能差。蠕变小，尺寸稳定性好。

2. 黏合性能

酚醛树脂一个重要的应用就是作为黏合剂。酚醛树脂是一种多功能、与各种各样的有机和无机填料都能相容的物质。润湿速度特别快，并且在交联后可以为磨具、耐火材料、摩擦材料以及电木粉提供所需要的机械强度、耐热性能和电性能。

3. 耐热性能

加入有机填料的使用温度为 140℃，加入无机填料的使用温度为 160℃，玻璃纤维增强后的最高使用温度达 180℃。在温度约为 1000℃ 的惰性气体条件下，酚醛树脂会产生很高的残碳量，这有利于维持酚醛树脂的结构稳定性，也是它能用于耐火材料领域的一个重要原因。

4. 耐化学品性能

交联后的酚醛树脂可以抵制大多数化学物质的分解，如汽油、石油、醇和各种碳氢化合物，可耐有机溶剂和弱酸弱碱，不耐浓硫酸、硝酸、强碱和强氧化剂的腐蚀。

5. 电性能

有较高的绝缘电阻和介电强度，是一种优良的工频绝缘材料，但介电常数和介电损耗较大。电性能会受温度和湿度的影响，当材料中含水量大于 5%时，电性能迅速下降。

6. 燃烧性能

阻燃性好，发烟量低。与其他树脂相比，酚醛树脂具有低烟低毒的优势。在燃烧的情况下酚醛树脂体系将会缓慢分解产生氢气、碳氢化合物、水蒸气和碳氧化物，分解过程中所产生的烟相对少，毒性也相对低。

7. 其他性能

吸水率大，吸湿后强度下降，制品会膨胀翘曲。

（三）改性 PF

改进目的主要包括改善脆性或其他物理性能，提高其对纤维增强材料的黏合性能，并改善复合材料的成型工艺条件等。

1. 聚乙烯醇缩醛改性酚醛树脂

聚乙烯醇缩醛可提高树脂对玻璃纤维的黏合力，改善酚醛树脂的脆性，增加材料的力学强度，降低固化速率，从而有利于降低成型压力。

2. 聚酰胺改性酚醛树脂

经聚酰胺改性的酚醛树脂，提高了冲击韧性和黏合性，并改善了树脂的流动性，仍保持酚醛树脂的优点。

3. 环氧改性酚醛树脂

这种混合物具有环氧树脂优良的黏合性，改进了酚醛树脂的脆性，同时具有酚醛树脂优良的耐热性，改进了环氧树脂耐热性较差的缺点。

4. 有机硅改性酚醛树脂

可在200～260℃下工作应用相当长时间，并可作为瞬时耐高温材料，用于火箭、导弹等的耐烧蚀材料。

5. 硼改性酚醛树脂

在酚醛树脂的分子结构中引入了无机硼元素，硼改性酚醛树脂比酚醛树脂的耐热性、瞬时耐高温性能和力学性能更为优良，它们多用于火箭、导弹和空间飞行器等空间技术领域，作为优良的耐烧蚀材料。

6. 二甲苯改性酚醛树脂

是在酚醛树脂的分子结构中，引入疏水性结构的二甲苯环，由此改性后的酚醛树脂的耐水性、耐碱性、耐热及电绝缘性能得到改善。

7. 二苯醚甲醛树脂

是用二苯醚代替苯酚和甲醛缩聚而成的，二苯醚甲醛树脂的玻璃纤维增强复合材料具有优良的耐热性能，可用作H级绝缘材料，它还具有良好的耐辐射性能，吸湿性也很低。

（四）成型加工方法

1. PF模塑粉

PF模塑粉（又称压塑粉）是以PF（常用酸法PF树脂）为基础，加入粉末填料（木粉、云母粉、棉绒等）、固化剂（六亚甲基四胺）、促进剂（氧化镁、氧化钙等）、润滑剂（硬脂酸、硬脂酸镁等）等添加剂，经一定工艺制成的粉状物料。

PF模塑粉制成的制品的刚度和表面硬度高，使用温度范围宽，具有良好的电性能、化学稳定性和阻燃性。主要用于电气绝缘件、日用品和机械零件等。

2. 层压塑料及制品

由碱法PF浸渍过的片状填料（纸张、棉布、玻璃纤维及织物等）经干燥、叠合、加热加压固化可制成板、管、棒等层压塑料制品。

PF层压板的密度小、力学强度高、电性能好、热导率低、摩擦系数小，易于机械加工。例如，牛皮纸和玻璃布层压板是电气工业的重要绝缘材料；以玻璃纤维织物为基材的层压板具有较高的力学性能和耐热性，可作为结构材料使用，用于飞机、汽车、船舶、电气等方面。

3. 泡沫塑料

是以PF为主要原料，在发泡剂、表面活性剂、固化剂和其他助剂作用下，采用一定的工艺而制得。

PF 泡沫塑料的耐热性、尺寸稳定性、电绝缘性良好；阻燃性优异，氧指数在 30%以上，无熔滴物及有毒气体产生；开孔结构具有良好的缓冲、减震性能，但热导率和吸水率较高。

最先应用于飞机机翼、军用船舶的隔热舱板，后作为保温防火建材用于屋顶、隔断、墙体、天花板等，也可作为包装衬里材料和农作物、鲜花、蔬菜等的根基保存材料。

PF 与脲醛树脂（UF）塑料的性能比较见表 2-23。

表 2-23　PF 和 UF 塑料的性能比较

性能参数	木粉填充 PF	纸基 PF 层压制品	木粉填充 UF
相对密度	1.35～1.40	1.24～1.38	1.48～1.60
拉伸强度/MPa	35～56	40～140	52～80
弯曲强度/MPa	56～84	70～210	76～114
剪切强度/MPa	56～70	35～84	—
压缩强度/MPa	105～245	140～280	—
缺口冲击强度/（$kJ·m^{-2}$）	0.54～2.7	1.66～8.15	1.0～1.4
无缺口冲击强度/（$kJ·m^{-2}$）	—	—	7～10
线膨胀系数/（$×10^{-5}K^{-1}$）	3～6	2～3	—
介电常数（10^6 Hz）	5～15	4～8	6～7
介电强度/（$kV·mm^{-1}$）	4～12	10～30	6～14
体积电阻率/（Ω·cm）	10^9～10^{12}	10^{10}～10^{12}	10^{13}～10^{15}

（五）主要用途

热塑性酚醛树脂主要用于制造模塑粉，也用于制造层压塑料、铸造造型材料、清漆和胶黏剂等。通常热固性酚醛树脂主要用于制造层压塑料、浸渍成型材料、涂料、各类用途黏合剂等，少量用于模塑粉。高性能酚醛树脂除在上述领域中提升各种材料或制品的性能外，还开辟或扩大了许多新的应用领域，主要是用于钢铁及有色金属冶炼的耐火材料、航天工业的耐烧蚀材料、高速交通工具的摩擦制动材料、电子工业的电子封装材料、建筑及交通工具的耐燃保温泡沫材料等领域。具体的领域如下：

（1）电绝缘材料：早期的电工绝缘材料，如灯头、开关，可像木材一样进行二次加工，故有“电木”之称；

（2）日常用品：如瓶盖、纽扣等；

（3）各种管材和机械零件；

（4）用于隔热和耐高温材料，如刹车片，含玻璃布的模压料可在 200℃长期使用；

（5）发泡蜂窝材料，用于飞机、轮船和建筑中；

（6）木材加工、砂轮等用的胶黏剂；

（7）宇航火箭的耐烧蚀材料。

二、氨基树脂

氨基树脂（amino resin，AR）由含氨基的化合物如脲或三聚氰胺与醛类经缩聚而成。主要品种有脲醛树脂（UF）、三聚氰胺-甲醛树脂（密胺树脂，MF）、苯胺-甲醛树脂（AF）等。

（一）脲醛树脂

1924 年英国氰氨公司研制出脲醛树脂，1928 年开始出售产品。

1. 合成方法

脲和甲醛在水溶液中，用弱碱（氨水或吡啶）催化缩合成线型树脂，其在固化剂（如草酸、邻苯二甲酸）作用下，于 100℃左右交联固化成体型结构。反应方程式如下：

$$H_2N\overset{\overset{\displaystyle O}{\|}}{C}NH_2 \xrightarrow{HCHO} HOCH_2NH\overset{\overset{\displaystyle O}{\|}}{C}NH_2 \xrightarrow[-H_2O]{HCHO} \left[CH_2NH\overset{\overset{\displaystyle O}{\|}}{C}NH_2\right]_n \xrightarrow[100^\circ C]{\text{催化剂}}$$

$$\begin{array}{ccccccccc}
 & & & | & & | & & & \\
 & & & C{=}O & & C{=}O & & & \\
 & & & | & & | & & & \\
—CH_2N & CH_2 & N & CH_2 & N & CH_2 & N— & & \\
 | & & | & & & & & & \\
 C{=}O & & C{=}O & & & & & & \\
 | & & | & & & & & & \\
—CH_2N & CH_2 & N & CH_2 & N & CH_2 & N— & & \\
 & & & | & & | & & & \\
 & & & C{=}O & & C{=}O & & & \\
 & & & | & & | & & & \\
—CH_2N & CH_2 & N & CH_2 & N & CH_2 & N— & & \\
 | & & | & & & & & & \\
 C{=}O & & C{=}O & & & & & & \\
 | & & | & & & & & &
\end{array}$$

2. 结构与性能

UF 固化产物中含有较多的氮原子，也存在少量未交联的羟甲基，一方面使其具有难燃、耐电弧、易着色和表面硬度高的优点；另一方面也有耐湿性差、易受潮气和水的影响而发生变形或裂纹的缺点；同时耐热性较差，长期使用温度在 70℃以下。

UF 固化后有良好的耐溶剂性，不受弱酸、弱碱的影响，但强酸、强碱对其有侵蚀作用。

3. 成型加工方法

1）UF 模塑粉

以液态 UF 为基体树脂，加入固化剂（常用草酸、邻苯二甲酸、酒石酸等，也常加入六亚甲基四胺来中和固化反应放出的酸性物质）、填料（纸浆、木粉和无机填料）、润滑剂（硬脂酸和硬脂酸盐）、着色剂，混合、干燥、粉碎、过筛、并批后得到粉状模塑料，可用于模压成型或注射成型。木粉填充 UF 塑料的性能见表 2-23。

2）木材工业的主要黏合剂

因其胶合强度高、固化快、操作性好、生产成本低、原料丰富易得等一系列优点而得到广泛应用。但是脲醛树脂所含的游离甲醛具有毒性，树脂中的游离甲醛含量越低，其毒性就越小。

4. 主要用途

UF 无毒、无臭、无味、透明，加入纤维素填料后呈乳白色半透明状，加入钛白粉则呈不透明的纯白色，加入其他着色剂可制成表面光洁、色彩鲜明的玉状制品，俗称“电玉粉”，因而多用于餐具、纽扣、把手、壳体、装饰品，也用于电气、仪表等工业配件，以及粘接板材用胶黏剂等。

（二）三聚氰胺-甲醛树脂（MF）

1. 合成方法

在碱性条件下，首先三聚氰胺与甲醛发生加成反应生成各种羟甲基三聚氰胺，然后在酸性条件下加热，羟甲基三聚氰胺中的羟甲基（—CH_2OH）进一步与氨基（—NH_2、—NH—）、羟基（—OH）发生缩合反应，生成线型或支链结构的低级 MF。

在酸性催化剂存在下，低级 MF 的各羟甲基之间或羟甲基与其他氨基上的氢原子之间可进一步发生缩合反应，在各分子链内或链间有次甲基键或部分醚键放出小分子水或甲醛，最终形成体型交联网络。

其反应过程如下：

NH_2, H_2N, NH_2 —HCHO→ $NHCH_2OH$, HOH_2CHN, $NHCH_2OH$ —HCHO→ $N(CH_2OH)_2$, $(HOH_2C)_2N$, $N(CH_2OH)_2$

催化剂　$-H_2O$

$NHCH_2$～～～

～～～H_2CHN　$NHCH_2CH_2HN$　$NHCH_2CH_2HN$　$NHCH_2$～～～

$NHCH_2$～～～　$NHCH_2$～～～

2. 结构与性能

分子结构中含有三氮杂环结构，交联固化产物的耐热性、耐湿性和力学强度优异；

表面硬度高，耐污染。

密胺树脂具有较高的化学活性、很高的胶接强度，耐水能力强，能经历 3 h 以上的沸水煮，热稳定性高、耐磨性好、固化快。

密胺树脂成品比脲醛树脂成品的硬度和耐磨性好，对化学药物的抵抗能力、电绝缘性能等均较好。但是固化后胶层容易破裂，不宜单独使用。

储存期短，易变质，制成粉状可延长储存期限。

3. 成型加工方法

以密胺树脂为基材，加入固化剂、填料、着色剂、润滑剂等可制得密胺塑料，其吸水率低，耐热、耐湿，可在沸水下长期使用，短期使用温度可达 150～200℃。

4. 主要用途

广泛用于餐具、医疗器具、耐电弧制品，以及粘接板材用胶黏剂等。

密胺树脂加无机填料后制成模塑制品，色彩丰富，大多用于装饰板、餐具、日用品。餐具外观酷似瓷器或象牙，不易脆裂又适宜机械洗涤。

密胺树脂与脲醛树脂混合可配制成胶黏剂，用于制造层压材料。用丁醇改性的密胺树脂可用于制作涂料和热固性漆。

三、环氧树脂

环氧树脂（epoxy resin，EP）是分子结构中含有环氧基团的能交联的一类树脂。根据分子结构，EP 可分为五大类：

缩水甘油醚类：$R—OCH_2\underset{\diagdown O \diagup}{CHCH_2}$，由环氧氯丙烷与酚类、醇类缩聚而成。

缩水甘油酯类：$R—\underset{\underset{O}{\|}}{C}OCH_2\underset{\diagdown O \diagup}{CHCH_2}$，由环氧氯丙烷与羧酸类缩聚而成。

缩水甘油胺类：$R—\underset{\underset{R'}{|}}{N}CH_2\underset{\diagdown O \diagup}{CHCH_2}$，由环氧氯丙烷与胺类缩聚而成。

线型脂肪族类：$R—\underset{\diagdown O \diagup}{CHCH}—R'—\underset{\diagdown O \diagup}{CHCH}—R''$，烯烃用过氧酸进行环氧化而成。

脂环族类：O◁⬠—R—⬠▷O，带双键的烯烃用过氧酸或过氧化氢进行环氧化而成。

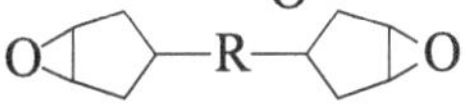

目前工业上产量最大的是缩水甘油醚类 EP，最常用的是双酚 A 型 EP。

（一）合成方法

双酚 A 型 EP 是由双酚 A 和环氧氯丙烷在碱性条件下缩合，经水洗、脱溶剂精制而成的高分子化合物。

液态双酚 A 型 EP 的合成方法归纳起来大致有两种：一步法和二步法。一步法又可分为一次加碱法和二次加碱法；二步法又可分为间歇法和连续法。

固态双酚 A 型 EP 的合成方法大体上也可分为两种：一步法和二步法。一步法又可分为水洗法、溶剂萃取法和溶剂法；二步法又可分为本体聚合法和催化聚合法。

（二）结构与性能

双酚 A 型 EP 的分子结构式为

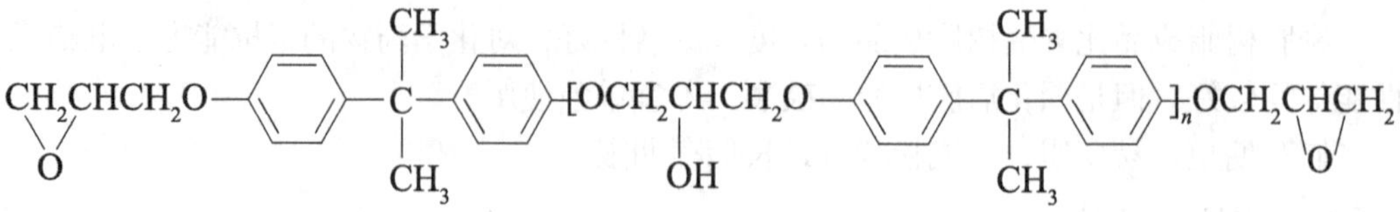

$$\underset{\diagdown O \diagup}{CH_2CHCH_2O}-\langle\bigcirc\rangle-\overset{CH_3}{\underset{CH_3}{\overset{|}{\underset{|}{C}}}}-\langle\bigcirc\rangle-[OCH_2\underset{OH}{\underset{|}{CH}}CH_2O-\langle\bigcirc\rangle-\overset{CH_3}{\underset{CH_3}{\overset{|}{\underset{|}{C}}}}-\langle\bigcirc\rangle-]_nOCH_2\underset{\diagdown O \diagup}{CHCH_2}$$

式中：n = 0～19，平均分子量为 300～7000。分子量在 300～700，软化点小于 50℃的称为低分子量树脂（软树脂）；而分子量在 1000 以上，软化点大于 60℃的称为高分子量树脂（硬树脂）。

大分子链上的苯环使刚性和黏度增加，醚基、异丙撑基增加韧性、抗弯强度，醚基的静电吸引力和羟基极性使黏合力更好，大分子中活性环氧基、羟基可与胺、酸、酸酐反应，使分子变为体型结构，羟基也可酯化改性。

EP 分子中含有较多的极性基团，固化后分子结构较为紧密，具有良好的力学性能。

EP 易于成型，其固化是加成反应，无副产物生成，因而制品成型收缩率低，纯树脂的成型收缩率为 2%～3%，加入填料后仅为 0.25%～1.25%。EP 体系具有突出的尺寸稳定性和耐久性。

固化后的 EP 具有优良的化学稳定性，耐酸、耐碱、耐溶剂，防水、防潮、防霉。并且在较宽的频率和温度范围内有良好的电性能，是一种具有高介电强度和耐电弧性的优良绝缘材料。

（三）EP 塑料的组成

1. EP 树脂

EP 分子大多数是含有两个环氧端基的线型结构。常根据环氧值给 EP 分类和命名。环氧值是指每 100 g 树脂中所含环氧基的物质的量。由环氧值可以大致估计出该树脂的分子量。例如，分子量为 340，每个分子含有两个环氧基的 EP，它的环氧值为：$(2/340) \times 100 = 0.59$。

由环氧值可以求出所需的固化剂的用量。

2. 固化剂

线型结构的 EP，必须加入固化剂进行交联反应，形成体型网状结构才能使用。这种加有固化剂等添加剂而形成的热固性材料称为环氧塑料。

1）固化剂的分类

（1）按固化反应的类型分：反应型，固化剂分子直接与 EP 官能团反应，反应后成为交联 EP 的一部分；催化型，促进 EP 固化，但不参与到交联 EP 中，如三乙胺；潜伏型，室温下不与 EP 反应，但温度升高后迅速与 EP 反应，如双氰胺。

（2）按固化温度分：高温型，100℃以上；中温型，60～100℃；室温型，约 20℃；低温型，低于 5℃。

（3）按固化剂化学结构分：胺类、酸酐类、树脂类等。

2）常用固化剂品种

（1）胺类：脂肪胺（固化速度快，但刺激性较大，固化产物较脆且耐热性差）、脂环胺、芳香胺（反应活性差，需加热固化，但耐热性好），如乙二胺、间苯二胺等。

EP 与多元胺的交联反应方程式示意如下：

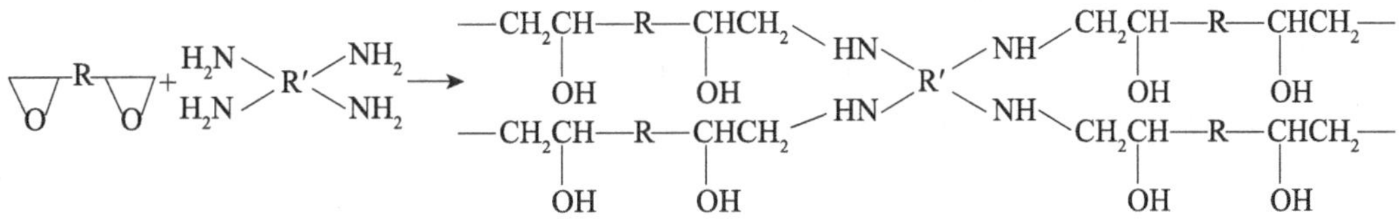

每 100 g EP 树脂所需要胺类固化剂的质量计算公式如下：

$$胺类质量(g) = (有机胺的分子量/有机胺的活泼氢数) \times 环氧值$$

（2）多元酸酐：酸酐固化 EP 的热变形温度高，耐辐射和耐酸性均优于胺类固化 EP，但固化时间长，固化温度一般高于 100℃，如马来酸酐、均苯四酸酐等。

每 100 g EP 所需要酸酐类固化剂的质量计算公式如下：

$$酸酐质量(g) = K \times 环氧值 \times (酸酐的分子量/酸酐的基数)$$

式中：K 为常数。一般酸酐，$K = 0.8 \sim 0.9$；卤代酸酐，$K = 0.6$。

EP 与马来酸酐和苯乙烯的交联反应方程式示意如下：

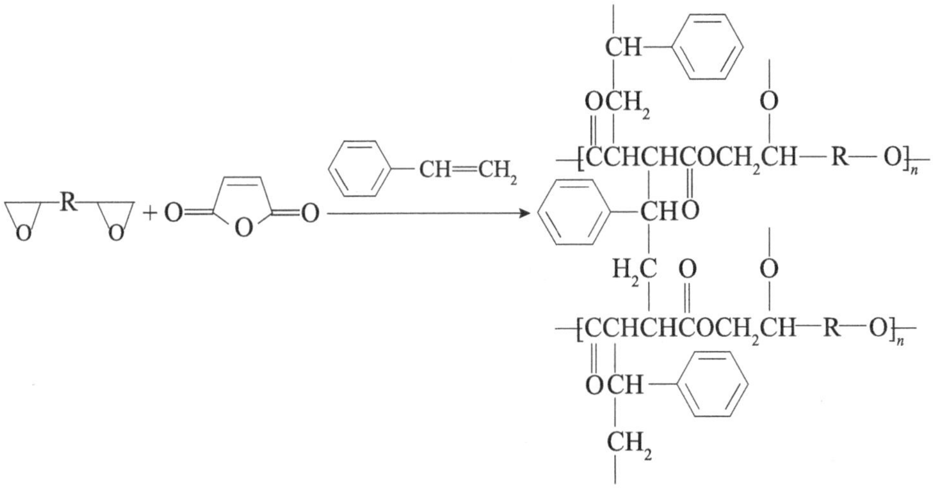

（3）高分子类：低分子量聚酰胺、酚醛树脂、密胺树脂等。

（4）其他：咪唑类、三氟化硼络合物、酮亚胺类等。

3. 稀释剂

其作用是降低树脂黏度，更好地浸润填料，便于成型操作。分为惰性（一般的有机溶剂，如丙酮、甲苯）与活性（含环氧基团化合物）稀释剂两种。

1）惰性（非活性）稀释剂

只起降低树脂黏度的作用，不参与固化反应的稀释剂。树脂固化时部分逸出，部分残留在制品内。常用的惰性稀释剂有：丙酮、甲乙酮、苯乙烯、环己酮、苯、甲苯、二甲苯等。惰性稀释剂的使用，可使制品成型收缩率增加，降低黏合力，用量一般控制在5%～15%。

2）活性稀释剂

降低树脂黏度的同时，参与固化反应的稀释剂。改善工艺性能的同时也改善材料的性能。常用的活性稀释剂有环氧丙烷丙烯醚、环氧丙烷丁基醚、脂环族环氧树脂、甘油环氧树脂等。

4. 增韧剂

提高低温韧性，分活性（带有活性基团，参与固化反应，如低分子量聚酰胺和聚硫橡胶）和非活性增韧剂两种。

1）非活性增韧剂（增塑剂）

不带有活性基团，不参与固化反应。常用的有邻苯二甲酸二甲酯、邻苯二甲酸二乙酯、邻苯二甲酸二丁酯、磷酸三丁酯等，掺加量为5%～20%。

2）活性增韧剂

参与固化反应，其增韧作用又称“内增塑”。常用的为聚酰胺（650＃、651＃），是一种多元胺，黄褐色黏稠液体（同时又是固化剂），用量是树脂的45%～80%，不需要另加其他固化剂。固化条件是：65℃时3 h；室温时24 h。

5. 填料

降低成本，减小收缩率、内应力，导出固化时放出的热量，提高硬度和强度。常用的填料有陶土、滑石粉、石英粉、石墨、金属粉等。有时填料对制品的电性能、机械性能、耐磨性能也有影响。

6. 色料

为使制品美观，在树脂中加入色料。通常加入无机颜料糊，也有加有机颜料的，但是应保证有机颜料不参与反应，否则容易褪色。颜料糊制备的目的是使其在树脂中均匀分布，不产生颜料结团。

7. 其他改性剂

包括固化促进剂、防老剂、偶联剂等。

双酚A型EP塑料的性能见表2-24。

表2-24 双酚A型EP塑料的性能

性能参数	EP	玻璃纤维改性EP
密度/（$g\cdot cm^{-3}$）	1.15	1.8～2.0
拉伸强度/MPa	21.6	39.2
断裂伸长率/%	9.5	21.4

续表

性能参数	EP	玻璃纤维改性 EP
缺口冲击强度/（$kJ \cdot m^{-2}$）	4.9～10.7	7.8～14.7
介电强度/（$kV \cdot mm^{-1}$）	15.7～17.0	14.2
体积电阻率/（$\Omega \cdot cm$）	1.5×10^{13}	3.1×10^{15}
介电损耗角正切（50Hz）	0.002～0.010	—

（四）改性 EP

化学改性：合成多官能度 EP，在分子中引入萘环等来提高耐热性，用于宇航工业等制备先进材料。

增韧改性：常加入羧基丁腈橡胶、硅橡胶、聚丁二烯橡胶、聚硫橡胶、聚丙二醇等增韧。

阻燃改性：添加型，加入无机类、有机卤素类、有机或无机磷类阻燃剂；反应型，合成时加入四氯（溴）双酚 A 作为单体。

（五）主要用途

1. EP 玻璃钢

耐湿性优异、强度高，适宜在苛刻条件下使用，在航空、船舶、石油、化工、电气、国防等领域得到应用。

2. 浇注塑料

广泛用于电子电气工业零部件和大型绝缘设备的浇注，起到包装、绝缘、防水、防潮、防蚀、耐热、耐寒、耐冲击等作用。

3. 泡沫塑料

长期使用温度可达 200℃，可用作绝热材料、防震包装材料、漂浮材料以及飞机上的吸音材料。

4. 胶黏剂、涂料

EP 分子中有羟基、醚基、环氧基，对其他物质有很高的黏合力，制备的胶黏剂适宜粘接多种材料，俗称“万能胶”。

四、不饱和聚酯

（一）合成方法

不饱和聚酯（unsaturated polyester，UP）由不饱和二元酸或酸酐（如顺丁烯二酸酐、反丁烯二酸）混以一定量饱和二元酸（酐）（如邻苯二甲酸）与饱和二元醇（如丙二醇、丁二醇）缩聚得到线型初聚物，再在引发剂作用下，加入交联单体（如苯乙烯）固化交联形成体型结构。例如，顺丁烯二酸酐与饱和二元醇发生缩聚反应得到预聚物，然后加入引发剂和苯乙烯，生成交联结构的反应过程如下：

$$O{=}\underset{O}{\langle\rangle}{=}O + HO—R—OH \xrightarrow{-H_2O} \text{—}[\overset{O}{\overset{\|}{C}}CH{=}CH\overset{O}{\overset{\|}{C}}ORO]_n\text{—} \xrightarrow{C_6H_5—CH{=}CH_2}$$

$$\begin{array}{c} | \\ CH—C_6H_5 \\ | \\ \overset{O}{\overset{\|}{C}}\overset{CH_2}{\overset{|}{C}}HCH\overset{O}{\overset{\|}{C}}ORO \\ \text{—}[CCHCHCORO]_n\text{—} \\ | \\ C_6H_5—CH \\ | \\ \text{—}[\overset{O}{\overset{\|}{C}}\overset{H_2C}{\overset{|}{C}}HCH\overset{O}{\overset{\|}{C}}ORO]_n\text{—} \\ | \\ CH—C_6H_5 \\ | \\ CH_2 \\ | \end{array}$$

（二）主要特性

纯 UP 树脂透明性好，易着色，机械性能好，表面耐磨性高，刚度、硬度、电性能、耐热性、化学稳定性良好。但成型收缩率大，为 5%～8%，易燃，冲击强度不高，耐化学品性能不如 PF。

而以玻璃纤维增强的 UP 玻璃钢具有优良的力学性能，力学强度高于铝合金，有些指标接近钢材，密度仅为钢材的 1/5～1/4，因此，可代替金属作为结构材料。UP 塑料与金属材料的性能比较见表 2-25。

表 2-25　UP 塑料与金属材料的性能比较

性能参数	UP 树脂	UP 玻璃钢	结构钢	铝合金
密度/（$g·cm^{-3}$）	1.3	1.7～1.9	7.8	2.7
拉伸强度/MPa	42	180～350	700～840	70～250
压缩强度/MPa	150	210～250	350～420	70～170
弯曲强度/MPa	90	210～350	420～460	70～180
热导率/（$W·m^{-1}·K^{-1}$）	0.623	1.038	155.6	725.6
线膨胀系数/（$×10^{-5}K^{-1}$）	1	0.1	0.12	0.23

（三）改性 UP

1. 低收缩改性

UP 固化后收缩率高达 5%～8%，采用 PS、PMMA、聚乙酸乙烯酯（polyvinyl acetate,

PVAc）改性后可以降至 1%以下。

2. 增韧改性

合成时引入长碳链醇（一缩二乙二醇、二缩三乙二醇、聚乙二醇）和长碳链酸（己二酸等），或者添加饱和聚酯、丁苯橡胶、端羧基丁腈橡胶等。

3. 阻燃改性

添加卤素阻燃剂/Sb_2O_3、氢氧化铝、微胶囊化红磷等。或者合成时使用四溴苯酐、氯茵酸酐（HET 酸酐）。

4. 耐腐蚀改性

双酚 A 型 UP、间苯二甲酸型 UP、松香改性 UP 等，可制成耐 25% NaCl 水溶液的玻璃纤维复合材料。

（四）成型加工方法

UP 在固化过程中无小分子逸出，因此能在常温常压下成型，施工方便，可采用手糊成型法、模压、浇注、喷涂、常压缠绕、贴合、粘接成型等工艺生产玻璃钢制品。此外也发展了片状模塑料（sheet molding compound，SMC）和团状模塑料[bulk（dough）molding compound，BMC]成型方法。

1. 片状模塑料

片状模塑料是把树脂、填料、增稠剂、润滑剂、阻聚剂、过氧化物引发剂等配成糊状物，然后浸渍玻璃毡片，两面再覆以 PE 薄膜制成卷材。成型时，按规格要求裁剪和叠合后装入模具，用高压法成型。SMC 成型技术可以实现自动化、机械化、连续化生产，可压制大型制品，在汽车工业得到了广泛应用。

2. 团状模塑料

团状模塑料是把 12 mm 以下的短切纤维与树脂、引发剂等混合而成为料团，可采用注塑、挤出、模压成型，以及低压法、缠绕法等方法成型。产品收缩率小、无裂纹、表面质量好、尺寸稳定、力学强度高、电性能好。

（五）主要用途

制造玻璃钢制品（约占树脂用量的 80%），用于建筑业、交通运输业、电器、化工设备、运动器材等。例如，用 SMC 技术制造汽车外用部件，如引擎盖、车身、门板等；用 BMC 技术生产电子元器件；手糊和喷涂技术制造船体；缠绕法生成管材。也有浇注法制造手柄、标本、人造大理石、人造玛瑙；以及墙面、地面漆饰作业。

五、聚氨酯

聚氨酯（polyurethane，PU）是主链结构中含有—NH—COO—基团的聚合物的统称，其可制成泡沫塑料、弹性体、革制品、涂料、胶黏剂、纤维等多种产品。

（一）原料

1. 异氰酸酯

1）甲苯二异氰酸酯（TDI）

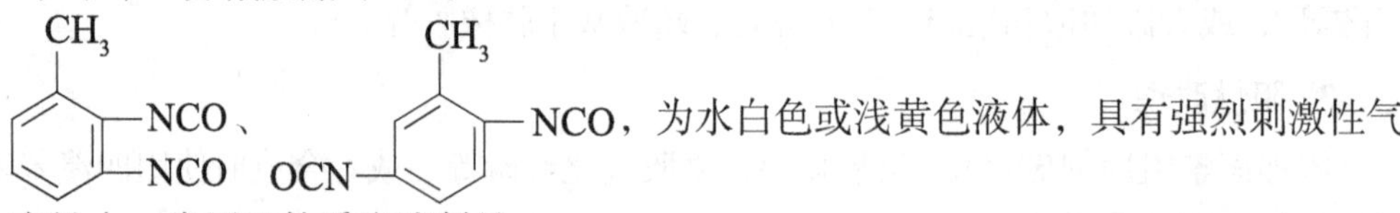

，为水白色或浅黄色液体，具有强烈刺激性气味，毒性大。常用于软质泡沫制品。

2）二苯基甲烷二异氰酸酯（MDI）

OCN—⟨苯环⟩—CH_2—⟨苯环⟩—NCO，毒性比 TDI 低，常用于半硬和硬质泡沫制品。

3）多亚甲基多苯基多异氰酸酯（PAPI）

常用于硬质及混炼、浇注制品。

2. 多元醇

1）聚醚多元醇

聚醚多元醇一般是以多元醇、多元胺或含有活泼氢的有机化合物与氧化烯烃开环聚合而成，如聚氧化丙烯醚二醇和聚四氢呋喃醚二醇。黏度低、成本低，制得的 PU 弹性大，适用于软质泡沫塑料制品。

2）聚酯多元醇

聚酯多元醇是由多元酸与多元醇经缩聚反应制得。由二元酸与二元醇反应生成的线型聚酯多元醇，主要用于软质制品；由二元酸与三元醇反应生成的支化聚酯多元醇及芳香聚酯多元醇，主要用于硬质制品。其制得的 PU 制品力学强度高、绝缘、耐油、耐热、尺寸稳定性好，但自身黏度大，与其他组分互混性差，施工较困难，成本高。

3. 添加剂

1）催化剂

作用是降低反应活化能，调节反应速率，缩短反应时间，加快反应混合物的流动性。常分为两类：一类为有机叔胺类，如三乙胺、三乙醇胺等，主要用于泡沫塑料的生产；二是金属有机化合物类，如辛酸亚锡、二月桂酸二丁基锡等。一般生产中常将二者协同使用。

2）扩链剂及交联剂

扩链剂用于改善软硬度，常用的有伯胺、仲胺、乙醇和 1,4-丁二醇；交联剂为产生交联点的反应物，常用的有甘油、三羟甲基丙烷、季戊四醇等。

3）发泡剂

用于生产泡沫塑料。一种为水或液态 CO_2，用于生产开孔软质泡沫塑料；另一种是一氟三氯甲烷，用于生产闭孔硬质泡沫塑料，因其分解物破坏大气臭氧层，目前常用代用品，如二氯甲烷、戊烷、环戊烷等。

4）泡沫稳定剂

降低体系的表面张力，控制泡孔大小和泡壁强度，常用水溶性聚醚硅氧烷。

5）其他助剂

根据制品性能和使用要求可加入抗氧剂、光稳定剂、阻燃剂、抗静电剂、填料等。

（二）PU 泡沫塑料的反应机理

异氰酸酯与多元醇反应生成 PU 泡沫塑料，基本化学反应如下。

1. PU 合成反应

异氰酸酯与多元醇反应生成聚氨基甲酸酯：

$$n\,\mathrm{OCN{-}R{-}NCO} + n\,\mathrm{HO{-}R'{-}OH} \longrightarrow \mathrm{-\!\!\!\left[\overset{O}{\overset{\|}{C}}NHRNH\overset{O}{\overset{\|}{C}}OR'O\right]_{n}\!\!\!-}$$

2. 发泡反应

异氰酸酯与水反应放出二氧化碳：

$$\sim\!\sim\mathrm{NCO} + \mathrm{H_2O} \longrightarrow \sim\!\sim\mathrm{NHCOOH} \longrightarrow \sim\!\sim\mathrm{NH_2} + \mathrm{CO_2}$$

3. 形成脲的衍生物的反应

上面发泡反应中生成的氨基与异氰酸酯形成脲的衍生物：

$$\sim\!\sim\mathrm{NCO} + \sim\!\sim\mathrm{NH_2} \longrightarrow \sim\!\sim\mathrm{NH{-}\overset{O}{\overset{\|}{C}}{-}NH}\sim\!\sim$$

4. 交联和支化反应

氨基甲酸酯基上的氢与异氰酸酯反应，生成脲基甲酸酯：

$$\sim\!\sim\mathrm{NCO} + \sim\!\sim\mathrm{NH{-}\overset{O}{\overset{\|}{C}}{-}O}\sim\!\sim \longrightarrow \begin{array}{c}\sim\!\sim\mathrm{N\overset{O}{\overset{\|}{C}}O}\sim\!\sim\\ |\\ \mathrm{C{=}O}\\ |\\ \sim\!\sim\mathrm{NH}\end{array}$$

5. 缩二脲的形成反应

上面形成脲的衍生物的反应中生成的脲的衍生物与异氰酸酯反应，生成缩二脲：

$$\sim\!\sim\mathrm{NCO} + \sim\!\sim\mathrm{NH{-}\overset{O}{\overset{\|}{C}}{-}NH}\sim\!\sim \longrightarrow \begin{array}{c}\sim\!\sim\mathrm{N\overset{O}{\overset{\|}{C}}NH}\sim\!\sim\\ |\\ \mathrm{C{=}O}\\ |\\ \sim\!\sim\mathrm{NH}\end{array}$$

6. 羧基与异氰酸酯反应

如果原料聚酯带有羧基，则它与异氰酸酯反应，生成二氧化碳：

$$\sim\sim\sim NCO + \sim\sim\sim COOH \longrightarrow \sim\sim\sim \overset{\overset{\displaystyle O}{\|}}{C}NH \sim\sim\sim + CO_2$$

上述 6 种化学反应，在制造泡沫塑料时，同时起到聚合与发泡两种作用，链增长反应使体系形成凝胶，并快速产生气体（包括外加发泡剂产生的气体）而发泡，随之进行交联和支化反应，最终形成高分子量和一定交联度的 PU 泡沫塑料。

（三）硬质 PU 泡沫塑料

1. 制备方法

硬质 PU 泡沫塑料采用 MDI 和 4～8 个官能团的聚醚多元醇反应合成。发泡方法是将 MDI、多元醇、水、催化剂及其他助剂一起混合后，在高速搅拌下使链增长、交联和发泡反应几乎同时完成而制得泡沫体，该方法称为一步法发泡工艺。具体成型方法主要有注塑发泡、反应注塑成型（RIM）、复合发泡等。

2. 性能

硬质 PU 泡沫塑料为高度交联结构，基本为闭孔结构，具有绝热效果好、质量轻、比强度大、化学稳定性好等优点。

3. 应用

应用于冷冻冷藏设备、工业保温隔热材料、建筑材料、灌装材料等方面。

（四）软质 PU 泡沫塑料

1. 制备方法

多采用聚醚或聚酯型多元醇、TDI 等原料。生产工艺一般采用块状发泡工艺和模塑工艺。

2. 性能

开孔泡沫塑料，密度低、回弹性好、减震、吸声、透气性好，俗称“海绵”。

3. 应用

应用于家具、座椅、织物复合、隔声材料等。

第五节　塑料添加剂

一、聚合物添加剂的种类及应用

添加剂（additive）来源于“addition”，意即一种或多种材料的相加。添加剂是一类可改善材料性能、辅助加工或赋予材料新的性能的配合料或辅助料，是高分子材料的重要功能性成分，也称助剂或配合剂。

（一）聚合物添加剂的品种和分类

1. 常见的聚合物添加剂

常见的聚合物添加剂有抗氧剂（antioxidant）、热稳定剂（thermal stabilizer）、光稳定剂（light stabilizer）、阻燃剂（flame retardant）、偶联剂（coupling agent）、增塑剂（plasticizer）、润滑剂（lubricant）、抗静电剂（antistatic agent）、着色剂（colorant）、成核剂（nucleator）、填料（filler）、增强剂（reinforcement）、固化剂（curing agent）、发泡剂（foaming agent）、抗冲改性剂（impact modifier）、防雾剂（antifogging agent）、抗菌剂（antimicrobial agent）、脱模剂（mold-release agent）、低收缩剂（low profile agent）、香料（odorant）、防腐剂（preservative）、增滑剂（slip agent）、辐射稳定剂（radiation stabilizer）、抗阻塞剂（antiblocking agent）、消泡剂（antifoaming agent）、增稠剂（viscosity modifier）等。

2. 聚合物添加剂的分类

聚合物添加剂的品种繁多，比较通行的分类方法是按照添加剂的功能和作用进行分类，在功能相同的类别中，往往还要根据作用机理或者化学结构类型进一步细分。

（1）改善加工性能：润滑剂、脱模剂、热稳定剂、抗阻塞剂、增塑剂、低收缩剂、增稠剂、消泡剂；

（2）改善力学性能：增塑剂、增强剂、抗冲改性剂、固化剂；

（3）改善光学性能：着色剂、成核剂；

（4）改善老化性能：抗氧剂、热稳定剂、光稳定剂、辐射稳定剂、抗菌剂、防腐剂；

（5）改善表面性能：抗静电剂、增滑剂、防雾剂；

（6）改善其他性能：发泡剂、阻燃剂、交联剂、偶联剂。

（二）聚合物添加剂的使用原则

1. 用途对添加剂的要求

添加剂的外观、气味、污染性、耐久性、电气性能、耐候性等都直接影响最终制品的用途。

2. 添加剂对加工条件的适应性

除了反应型功能的添加剂（如阻聚剂、抗氧剂、偶联剂等），添加剂在聚合物的加工过程中应保持化学性质上的惰性，不应与聚合物发生化学反应。

3. 添加剂的耐久性

添加剂随着材料使用时间的增加会逐渐流失，损失主要通过挥发、抽出和迁移 3 条途径，因此必须根据制品的使用环境和加工条件来选择适当的品种。

4. 添加剂与聚合物的配伍性

包括它们之间的可混性以及在稳定性方面的相互影响等问题。

5. 添加剂的毒性

食品和药物包装材料、饮用水管、医疗器械等高分子材料的制品，其卫生性主要取决于所使用的添加剂。

6. 添加剂之间的协同作用和相抗作用

若选配得当，则相互增效，且可减少添加剂的总用量；否则会产生有害性能。

二、抗氧剂

（一）高分子材料的老化与防老化措施

1. 高分子材料的老化现象

高分子材料在储存、加工、使用过程中，由于各种因素的影响而在结构上发生了化学变化，逐渐失去使用价值，这种现象称为高分子材料的老化。老化过程是不可逆的，如塑料薄膜的发脆破裂、橡胶制品逐渐失去弹性。具体表现如下：

（1）外观：表面的变色、出现斑点、发黏、变形、裂纹、脆化、发霉等；

（2）物理与化学性能：密度、溶解性、耐热性、耐寒性、流变性等发生变化；

（3）力学性能：拉伸强度、断裂伸长率、冲击强度、耐疲劳强度、硬度等发生变化；

（4）电性能：介电常数、击穿电压等发生变化。

2. 高分子材料老化的原因

1）外界因素

物理因素（光、热、应力、电场、射线）、化学因素（氧、臭氧、重金属离子、化学品）、生物因素（微生物、昆虫等）。

2）内部因素

包括高分子链的分子结构、添加剂。例如，PTFE 的耐热、耐化学稳定性远优于 PE，由于 C—F 键的键能远高于 C—C 键，PTFE 主链上的碳原子被氟原子所包裹，不致受到外界因素作用而破坏。PE 易老化，除了 C—H 键比 C—F 键弱外，PE 分子链上还有一些支链，从而形成一些活泼的叔碳原子，此外也存在 C═C 双键及氧化结构（羰基），这些都使得 PE 易受外因影响而老化。PP 由于含有更多的叔碳原子，耐老化性较 PE 更差。

另外，分子量、立构规整性、结晶性能等都对老化有一定的影响。

实际上，聚合物结构因素只是引起老化的前提，真正发生老化是在外界因素作用下进行的，即外界因素是引起塑料老化的重要条件。

3. 防老化措施

防止塑料老化的途径有两个方面：一是调控聚合物结构，以消除或尽量减少分子结构中的薄弱环节，或者施加物理防护，隔绝外界因素的影响；二是添加稳定化助剂，改善聚合物的老化性能。第二种方法具有操作方便、效果显著的特点，更具有现实的意义。

在化学工业中，稳定剂是抑制两种或更多种化学品之间发生反应的助剂，可以认为是催化剂的反义词。也包括抑制悬浮液、乳液和泡沫分相的助剂。

聚合物的稳定剂是用于防止由于光、热和机械应力等作用造成的大分子氧化、断链、交联等反应的助剂。一般有抗氧剂、光稳定剂、热稳定剂三类。

（二）抗氧剂的分类与作用机理

1. 抗氧剂的定义

氧化反应是生命运动和能量的来源，但是氧也使材料发生氧化降解，导致使用寿命缩短。抗氧剂是抑制或延缓聚合物自动氧化反应的物质。在塑料中添加少量抗氧剂，就能抑制或延缓聚合物在正常或较高温度下的氧化。在橡胶制品中，抗氧剂又称为防老剂。其也同样用于石油、食品、油脂、饲料等行业中。

2. 抗氧剂的分类

（1）按功能分类：链终止型抗氧剂和预防型抗氧剂；

（2）按分子量分类：低分子量抗氧剂和高分子量抗氧剂；

（3）按化学结构分类：胺类、酚类、含硫化合物、含磷化合物、有机金属盐等；

（4）按用途分类：塑料抗氧剂、橡胶防老剂、石油抗氧剂、食品抗氧剂等。

3. 抗氧剂的作用机理

塑料的氧化是指在氧气存在下，聚合物分子链发生的自动氧化反应，具有自由基反应机理，而热能显著加速这一过程。根据热氧老化机理，为了提高聚合物的抗氧化能力，必须阻止自动氧化链式反应的进行，即防止自由基的产生或阻止自由基的传递，这是塑料抗氧剂的基本作用原理。因此可将抗氧剂分为：能阻止自由基的传递和增长的链终止型抗氧剂，称为主抗氧剂；能够阻止或延缓自由基产生的预防型抗氧剂，称为辅助抗氧剂。

1）链终止剂

这类抗氧剂能与自动氧化反应中的链增长自由基（R·和 ROO·）反应，使链式反应中断，抑制氧化反应进行，又可称为自由基抑制剂。根据抑制方式不同，链终止剂分为：

（1）氢给予体：例如，具有反应性═NH 和—OH 基团的仲芳胺（Ar_2NH）和受阻酚类（Ar_2OH），通过给出 H 与聚合物争夺自动氧化形成的活性过氧自由基（ROO·），形成 ROOH 和稳定的自由基 N·或 O·，该自由基又能捕捉活性自由基，从而终止链式氧化反应继续进行。仲芳胺和受阻酚类捕获过氧自由基的反应式如下：

$$Ar_2NH + ROO\cdot \longrightarrow ROOH + Ar_2N\cdot \quad (\text{链转移})$$

$$Ar_2N\cdot + ROO\cdot \longrightarrow Ar_2NOOR \quad (\text{链终止})$$

$$Ar_2OH + ROO\cdot \longrightarrow ROOH + Ar_2O\cdot \quad (\text{链转移})$$

$$Ar_2O\cdot + ROO\cdot \longrightarrow Ar_2OOOR \quad (\text{链终止})$$

（2）自由基捕获剂：苯醌、多环芳烃、受阻胺，都能与自由基反应生成不能再引发氧化反应的稳定产物。苯醌捕获自由基的反应式如下：

$$O{=}C_6H_4{=}O + R\cdot \longrightarrow O{=}C_6H_4(R)\cdot{=}O \text{ 或 } O{=}C_6H_4(R){-}O\cdot$$

（3）电子给予体：某些胺类虽无═NH，但可给出电子，当与活性自由基如 ROO·相遇时，由于电子转移，活性自由基成为低活性负离子，从而中断链式氧化反应。

2）过氧化物分解剂

过氧化物分解剂能和氢过氧化物作用，使其分解成不活泼的产物，并能抑制其自动催化氧化。

例如，亚磷酸酯与氢过氧化物反应，使其还原为醇，自身被氧化为磷酸酯：

$$\text{ROOH} + \text{P(OR}')_3 \longrightarrow \text{ROH} + \text{O}{=}\text{P(OR}')_3$$

再如，有机硫化物能分解氢过氧化物，反应式如下：

$$\text{R}'{-}\text{S}{-}\text{R}' + \text{ROOH} \longrightarrow \text{ROH} + \text{R}'{-}\underset{}{\overset{\text{O}\uparrow}{\text{S}}}{-}\text{R}' \xrightarrow{\text{ROOH}} \text{R}'{-}\overset{\text{O}}{\underset{\text{O}}{\overset{\|}{\underset{\|}{\text{S}}}}}{-}\text{R}' + \text{ROH}$$

3）金属离子钝化剂

金属离子钝化剂能与变价金属离子络合，将其稳定于一个价态，从而消除这些金属离子对聚合物氧化的催化活性，也称金属螯合物或铜抑制剂。

聚合物中微量的重金属离子来源于聚合反应所采用的催化剂残留物或其他污染物，以及某些颜料、润滑剂等。例如，*N*, *N*′-二苯基草酰胺与金属离子（Me）的反应式如下：

$$\text{C}_6\text{H}_5{-}\text{NHCCNH}{-}\text{C}_6\text{H}_5 \text{ (C=O, C=O)} \xrightarrow{\text{Me}} \text{C}_6\text{H}_5{-}\text{NH}{-}\text{C}(\text{O}{\to}\text{Me}){=}\text{C}(\text{O}{\to}\text{Me}){-}\text{HN}{-}\text{C}_6\text{H}_5$$

4. 抗氧剂的选用原则

1）溶解性

抗氧剂应在聚合物中溶解性好，不喷霜；也不应在水或溶剂中被抽出，或发生向固体表面迁移的现象。如果出现这些现象，就会降低抗氧效率。

2）挥发性

抗氧剂的挥发性在很大程度上取决于其分子结构与分子量。温度高低、暴露表面大小和空气流动状况等对挥发性也有影响，在加工条件下，要求抗氧剂具有低挥发性。

3）稳定性

抗氧剂应对光、热、氧、水等外界因素很稳定，耐候性好。

4）变色和污染性

一般情况下，胺类抗氧剂有较强的变色性和污染性，而酚类抗氧剂则不发生污染。因而，酚类抗氧剂可用于无色和浅色的高分子材料中；而胺类抗氧剂的抗氧效率高，在橡胶工业、电线电缆和机械零件上用得较多。

（三）重要的抗氧剂品种

1. 主抗氧剂（链终止剂）

1）受阻酚类

对塑料颜色影响小，低毒，无污染，不变色，用途广泛。

（1）2,6-二叔丁基-4-甲基苯酚（抗氧剂 BHT，或称抗氧剂 264），抗氧效果好、价格便宜、稳定，被广泛用于食品、油品、塑料和橡胶中。缺点是分子量低、挥发性大，不适于高温加工的塑料。结构式为

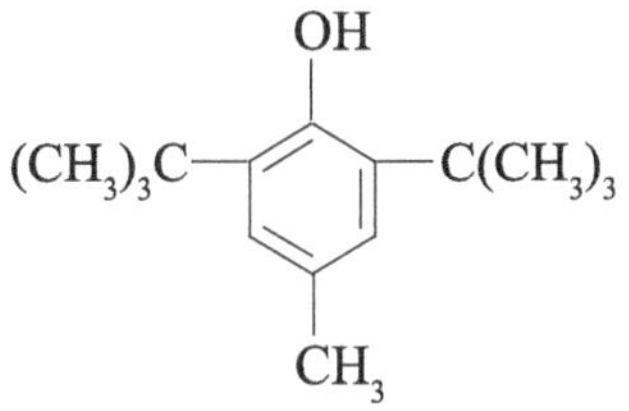

$$2,6\text{-}[(CH_3)_3C]_2\text{-}4\text{-}CH_3\text{-}C_6H_2OH$$

（2）抗氧剂 1010｛四[β-(3,5-二叔丁基-4-羟基苯基)丙酸]季戊四醇酯｝：因分子量高，与塑料相容性好，抗氧化效果优异，在塑料中消费量最大，是塑料抗氧剂中优秀的产品。

外观是白色结晶性粉末，无臭，低毒，熔点为 119～123℃，溶于苯、丙酮、氯仿等有机溶剂，不溶于水，微溶于甲醇和乙醇。结构式为

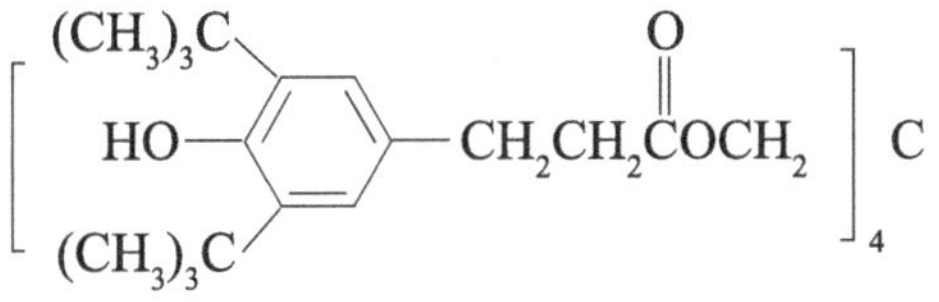

$$\left[HO\text{-}[(CH_3)_3C]_2C_6H_2\text{-}CH_2CH_2\overset{O}{\overset{\|}{C}}OCH_2 \right]_4 C$$

（3）抗氧剂 1076 [β-(3,5-二叔丁基-4-羟基苯基)丙酸十八醇酯]：外观是白色结晶性粉末，熔点 50～55℃，溶于苯、丙酮、酯类等有机溶剂，不溶于水，微溶于甲醇和矿物油等。结构式为

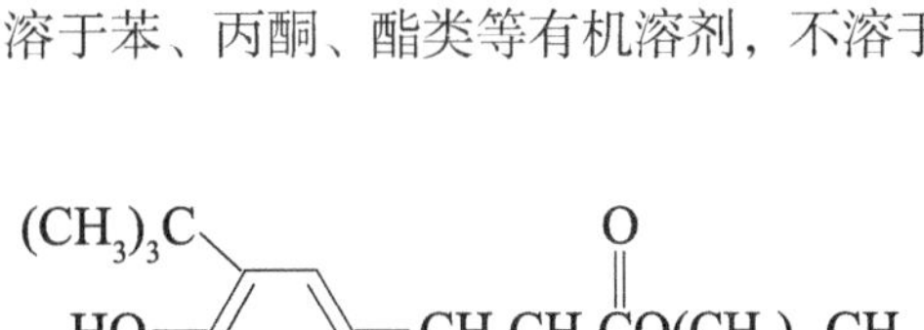

$$HO\text{-}[(CH_3)_3C]_2C_6H_2\text{-}CH_2CH_2\overset{O}{\overset{\|}{C}}O(CH_2)_{17}CH_3$$

其他还有抗氧剂 2246[2,2′-甲撑双（4-甲基-6-叔丁基苯酚）]、抗氧剂 CA[1,1,3-三（2-甲基-4-羟基-5-叔丁基苯基）丁烷]等。

2）受阻胺类

广泛用于橡胶工业，是发展最早、效果最好的抗氧剂，效果优于酚类。对氧、臭氧都

有很好的防护作用，也能防光、热、屈挠、铜害。但存在变色性、污染性、有毒的缺点。

早期广泛使用的有 *N*-苯基-1-萘胺、*N*-苯基-2-萘胺，但由于有较高毒性，目前逐渐被淘汰。目前常用的是对苯二胺型防老剂，对橡胶的氧老化、臭氧老化、屈曲疲劳、热老化都有良好的防护作用。其毒性中等，性能良好而全面。

例如防老剂 4010（*N*-环己基-*N'*-苯基对苯二胺），结构式为

$$C_6H_5-NH-C_6H_4-NH-C_6H_{11}$$

其他还有防老剂 DNP[*N,N'*-二（*β*-萘基）对苯二胺]、防老剂 H（*N,N'*-二苯基对苯二胺）等。

为了降低胺类防老剂的毒性，提高耐热性与抗氧效率，可向其分子中引入含硅基团等。无毒或低毒品种如二甲基双[对（2-萘胺基）苯氧基]硅烷，结构式为

$$C_{10}H_7-NH-C_6H_4-O-Si(CH_3)_2-O-C_6H_4-NH-C_{10}H_7$$

其他还有二甲基双（对苯胺基苯氧基）硅烷、2-羟基-1,3-双[对（2-萘胺基）苯氧基]丙烷等。

2. 辅助抗氧剂（过氧化物分解剂）

1）硫酯（醚）类

能清除聚合物中存在的过氧化氢，常与酚类并用，有协同作用。常用的此类抗氧剂如下：

（1）抗氧剂 DLTP（硫代二丙酸二月桂酯），外观是白色絮状结晶固体，相对密度为 0.915，熔点为 39～40℃，易溶于苯、甲苯、汽油等有机溶剂，不溶于水。结构式为

$$H_{25}C_{12}OOCCH_2CH_2—S—CH_2CH_2COOC_{12}H_{25}$$

（2）抗氧剂 DSTP（硫代二丙酸双十八酯），外观是白色结晶粉末，相对密度为 0.915，熔点为 65～68℃，易溶于苯、甲苯、汽油，微溶于乙醇，不溶于水。结构式为

$$H_{37}C_{18}OOCCH_2CH_2—S—CH_2CH_2COOC_{18}H_{37}$$

2）亚磷酸酯

与酚类并用，减少了发色体形成，抑制发黄。常用的为亚磷酸三（2,4-二叔丁基苯酯）（抗氧剂 168），结构式为

$$\left[(CH_3)_3C-C_6H_3(C(CH_3)_3)-O\right]_3P$$

作用：首先它能与过氧化物反应，生成氧化性稳定的磷酸酯，不仅阻止了氧化反应

的链增长，还能提高聚合物对光的稳定性；其次它还能与聚合物中残留的金属催化剂组分反应，使金属离子失去活性；另外，它还是醌类化合物的褪色剂，因添加的酚类抗氧剂与过氧化物反应，产生黄色的醌类化合物或甲醌类化合物，使聚合物变黄，加入抗氧剂 168 后，它能与这类着色物质反应，生成无色的芳基磷酸酯。

其他还有双（2,4-二叔丁基苯基）季戊四醇二亚磷酸酯（抗氧剂 626）、二亚磷酸季戊四醇二硬脂醇酯（抗氧剂 618）等。

3. 金属离子钝化剂

与变价金属反应，保护聚合物，常用于电线电缆中。常用的有抗氧剂 MD-1024[*N*,*N*'-双（3,5-二叔丁基-4-羟基苯基）丙酰肼]，结构式为

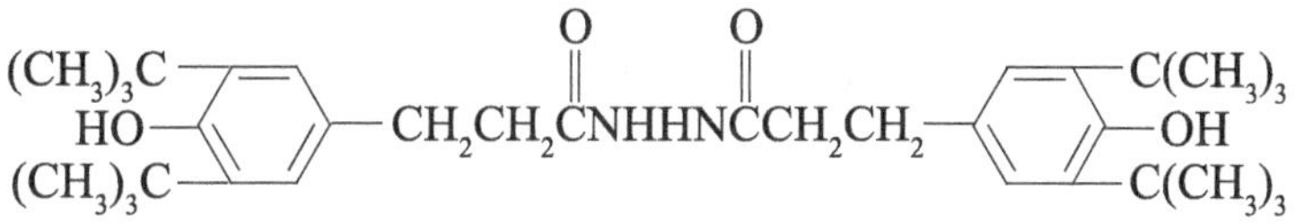

$$[(CH_3)_3C]_2(HO)C_6H_2-CH_2CH_2\overset{O}{\overset{\|}{C}}NHHN\overset{O}{\overset{\|}{C}}CH_2CH_2-C_6H_2(OH)[C(CH_3)_3]_2$$

外观为白色结晶粉末，熔点为 227℃，溶于部分有机溶剂，不溶于水。

其他还有 *N*-水杨叉-*N*'-水杨酰肼（SSH）、1,2-双（2-羟基苯甲酰）肼（BHH）等。

（四）抗氧剂的协同效应

协同效应是指两种或两种以上的助剂复合使用时，其效果大于每种助剂单独使用的效果的加和，即 1+1 > 2。利用抗氧剂复合、光稳定剂复合、抗氧剂与光稳定剂复合的协同效应，可大幅度增强抗氧剂、光稳定剂的防老化效果。

复合抗氧剂：不同类型的主、辅抗氧剂，或同一类型不同分子结构的抗氧剂，作用功能和应用效果存在差异，各有所长又各有所短。复合抗氧剂由两种或两种以上不同类型的或同类型不同品种的抗氧剂复配而成，在塑料中可取长补短，显示出协同效应，以最小加入量、最低成本来达到最佳的抗热氧老化效果。例如：抗氧剂 B215，抗氧剂 1010 和抗氧剂 168[1/2（质量比）]的复合物；抗氧剂 B225，抗氧剂 1010 和抗氧剂 168[1/1（质量比）]的复合物。

通过抗氧剂 1010 和抗氧剂 168 的协同作用，可有效地抑制塑料的热降解和氧化降解。此类产品为性能良好的复合抗氧化剂，广泛应用于 PE、PP、POM、ABS、PS、PVC、PC、黏合剂、橡胶及石油产品等，特别是对聚烯烃具有突出的加工稳定性和长效保护作用。

三、光稳定剂

（一）聚合物的光老化

1. 光老化机理

太阳光的波长为从 200 nm 以下到 1000 nm 以上，通过大气层过滤后，到达地球的太阳光波长为：290～3000 nm，其中紫外光区：290～400 nm，可见光区：400～800 nm，红外光区：800～3000 nm。因为能量与波长成反比，所以紫外光（又称紫外线）能量最大。

聚合物（A_0）吸收紫外线后，易形成电子激发态（A^*），引起一系列的光化学、光物理过程。

1）光物理过程

光物理过程是指将大部分入射光的能量转变为对聚合物无害的热能和波长较长的光而消耗掉，因此聚合物仍能保持稳定。或电子激发态（A^*）与另一种基态分子（B_0）作用，发生激发态转移，即激发态分子 B^*完全能进行化学反应，这就是所谓的光敏化过程：

$$A_0\text{（基态）} \longrightarrow A^*\text{（激发态）}$$

$$A^* \longrightarrow A_0 + \text{荧光、磷光}$$

$$A^* \longrightarrow A_0 + \text{热能（分子振动）}$$

$$A^* + B_0 \longrightarrow A_0 + B^*$$

2）光化学过程

经过链引发、链增长和链终止三步，反应方程式如下：

链引发：

$$RH \longrightarrow R\cdot + H\cdot$$

$$RH \longrightarrow RH^*$$

$$R\cdot + O_2 \longrightarrow ROO\cdot$$

$$RH^* + O_2 \longrightarrow ROOH \longrightarrow ROO\cdot + H\cdot \text{ 或 } RO\cdot + OH\cdot$$

链增长：

$$ROO\cdot + RH \longrightarrow ROOH + R\cdot$$

$$ROOH \longrightarrow R\cdot + \cdot OOH$$

$$RO\cdot + RH \longrightarrow ROH + R\cdot$$

$$OH\cdot + RH \longrightarrow H_2O + R\cdot$$

链终止：

$$R\cdot + R\cdot \longrightarrow RR$$

$$2ROO\cdot \longrightarrow ROOR + O_2$$

$$ROO\cdot + \cdot OR \longrightarrow ROR + O_2$$

2. 聚合物的光老化现象

各种高分子材料，特别是无色透明制品，在使用过程中由于日光照射（主要是紫外线）的影响，会引发自动氧化反应而导致聚合物的降解，使制品的外观和物理机械性能劣化，这一现象称为光老化或气候老化。

当聚合物吸收电磁波的能量刚好与其结构内某些化学键能量匹配时，就可能导致化学键的断裂。一般来说，与聚合物中化学键最为接近的电磁波为紫外线（波长 290～400nm）。长期暴露在含有紫外线的阳光或强荧光中，会导致聚合物降解。不同树脂对紫外线敏感的波长也不同，见表 2-26。

表 2-26 聚合物的紫外线敏感波长

名称	敏感波长/nm	名称	敏感波长/nm
PVC	310	POM	300～320
PE	300	PMMA	290～315
PP	310	PET	290～320
PS	318	UP	325
PC	295	EVA	322～364

（二）光稳定剂种类与作用机理

光稳定剂（抗紫外线剂）：能够抑制或延缓光氧老化作用的物质。

1. 光稳定剂种类

（1）可以屏蔽、反射紫外线的助剂称为紫外线屏蔽剂 （ultraviolet light screening agent）；

（2）可以吸收紫外线并将其转化为无害热能的助剂称为紫外线吸收剂 （ultraviolet absorbent）；

（3）可猝灭被紫外线激发的分子或基团的激发态，使其回复到基态，排除或减缓发生光反应可能性的助剂称为猝灭剂（quencher）；

（4）可捕获因光氧化产生的自由基，从而阻止导致制品老化的自由基反应，这一类光稳定剂称为自由基清除剂（radical scavenger）。

2. 作为光稳定剂应具备的条件

（1）能高效防护聚合物免遭紫外线的侵害；

（2）与聚合物及其助剂的相容性好，在加工和使用过程中不喷霜、不渗出、耐抽出、耐水解；

（3）具有良好的光、热和化学稳定性；

（4）无毒或低毒，价格低廉。

3. 光稳定剂作用机理

（1）紫外线的屏蔽和吸收；

（2）猝灭激发态分子；

（3）氢过氧化物的非自由基分解；

（4）钝化重金属离子；

（5）捕获自由基。

（1）～（4）阻止光引发，（5）切断链增长。

（三）光稳定剂品种

1. 光屏蔽剂

光屏蔽剂又称遮光剂，是一类能够吸收和反射紫外线的物质，就像在聚合物和光源之间建立了一道屏障，使光在达到聚合物表面时就被吸收或反射，阻碍紫外线深入聚合物内部，有效地抑制塑料的老化，如炭黑、TiO_2、ZnO。

炭黑：效能最高的光屏蔽剂，能抑制自由基反应。粒径以 15～25 nm 为佳，粒径越小，光稳定效果越好。添加量以 2%为宜，＞2%则耐寒性、电气性能均下降。分散性越好，则耐候性越好。与含硫抗氧剂有协同效应，与其他的胺类、酚类抗氧剂有对抗效应。

2. 紫外线吸收剂

能强烈地、选择性地吸收高能量的紫外线，并能以能量转换的形式，将吸收的能量以热能或无害的低能辐射释放出来或消耗掉。按化学结构可分为以下几类。

1）水杨酸酯类

此种类型为先驱型紫外线吸收剂，水杨酸酯可在分子内形成氢键，本身对紫外线的吸收能力很低，但在光能作用下发生分子重排，成为二苯甲酮结构，从而产生光稳定性。其应用最早，效率低，范围窄（小于 340 nm），制品会发黄。常用的有水杨酸对叔丁基苯酯（TBS）、水杨酸双酚 A 酯（BAD）。

由于光稳定剂的作用机理与皮肤的防晒原理相似，因此防晒霜用的添加剂如水杨酸苯酯等可作为聚合物的有效紫外线稳定剂。

水杨酸苯酯在紫外线照射下可发生重排生成 2,2′-二羟基苯甲酮，后者进一步分解为苯醌，并将能量在低能量区域释放出来，转变为无光降解活性的能量。其反应式如下：

OH　O　　　　　　　　OH　O　HO
(苯环)—CO—(苯环) ——$h\nu$——→ (苯环)—C—(苯环) ——→

OH····O····HO
(苯环)—C—(苯环) ——→ 苯醌 + $h\nu$

2）二苯甲酮类

结构中存在分子内氢键，由苯环上羟基氢与相邻的羰基氧之间形成分子内氢键构成一个螯合环，当吸收紫外线能量后，分子发生热振动，氢键被破坏，将有害的紫外线变成无害的热能而释放。此外羰基会被激发，产生互变异构现象，生成烯醇式结构，也消耗一部分能量。能吸收 290～400 nm 的紫外线，效果好，应用广。

影响光稳定效果的因素：氢键强度、烷基链的长度。有且仅 1 个邻位—OH，吸收 290～380 nm 波长的紫外线；2 个—OH，吸收 300～400 nm 波长的紫外线，并且吸收可见光，带有黄色；无—OH，则吸收紫外线而自身分解。

例如，紫外线吸收剂 UV-9（2-羟基-4-甲氧基二苯甲酮）在紫外线（$h\nu$）照射下的反应式如下：

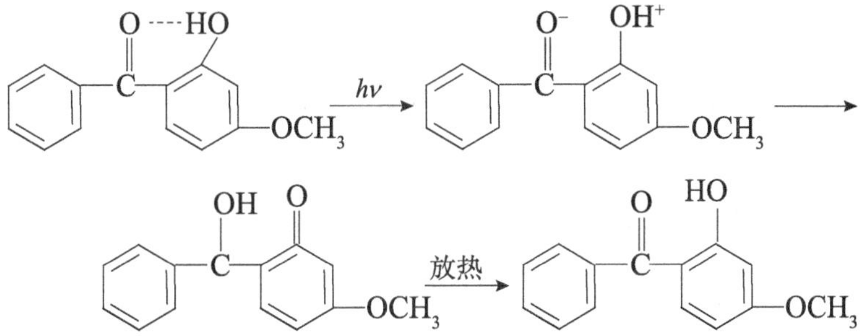

常用的二苯甲酮类紫外线吸收剂如下：

（1）UV-531（2-羟基-4-辛氧基二苯甲酮）：结构式为 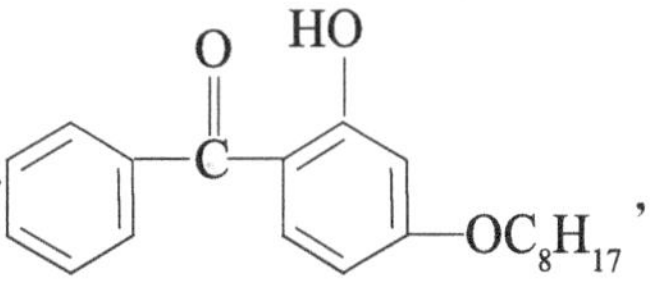 ，外观是白色至浅黄色结晶粉末，相对密度为 1.16，熔点为 49℃，溶于丙酮、苯、正己烷、乙醇、异丙醇等有机溶剂，微溶于二氯乙烷，不溶于水。对 270～330 nm 范围的紫外线有强吸收作用，对热、光有稳定性，挥发性小，单独使用不变色，低毒。

（2）UV-9：外观是白色至浅黄色结晶粉末，相对密度为 1.324，熔点为 62～66℃，沸点为 220℃。溶于丙酮、苯、甲醇、乙醇、乙酸乙酯等有机溶剂，不溶于水。最大吸收波长范围为 280～340 nm，几乎不吸收可见光，可用于浅色透明制品。其低毒，耐热性好，但升华损失较大。

3）苯并三唑类

稳定机理与二苯甲酮类相似，分子中也存在氢键螯合环，由羟基氢与三唑基上的氮所形成，当吸收紫外线后，氢键破坏或变为光互变异构体，把有害紫外线变成无害的热能。稳定效能高，吸收 300～400 nm 的紫外线，不吸收可见光，不着色。

大多数紫外线吸收剂的结构中含有吸收波长在 400 nm 以下的连接芳香族衍生物的发色团（C═N、N═N、N═O、C═O 等）和助色团（—NH_2、—CH、—SO_3H、—COCH）。

例如，紫外线吸收剂 UV-327 [2-(2′-羟基-3′,5′-二特丁基苯基)-5-氯苯并三唑]在紫外线（$h\nu$）照射下的反应式如下：

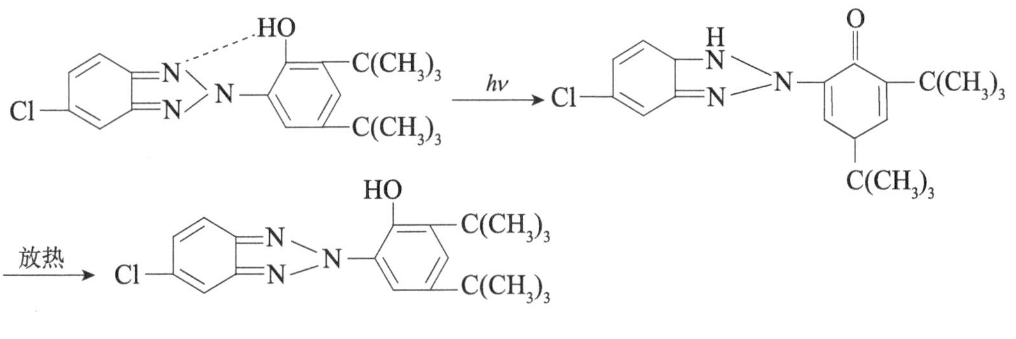

常用的苯并三唑类有 UV-327、UV-326 [2-(3′-特丁基-2′-羟基-5′-甲基苯基)-5-氯苯并三唑]、UV-328 [2-(2′-羟基-3′,5′-二叔戊基苯基)苯并三唑]。

UV-327：外观是白色至浅黄色粉末，相对密度为 1.20，熔点为 154～158℃，溶于苯、甲苯、苯乙烯等有机溶剂，不溶于水。最大吸收波长范围为 270～380 nm，化学性质稳定，挥发性极低，具有耐热、耐洗涤和耐气体褪色性，低毒。

3. 猝灭剂

猝灭剂又称减活剂或淬灭剂，本身对紫外线吸收能力很低，但能转移聚合物分子吸收紫外线后产生的激发能，使被激发的分子回到基态，防止产生自由基。猝灭剂有颜色，高温加工易变色，常用于薄膜和纤维。

作用机理：通过分子间作用迅速有效地消除（转移）激发能。转移的形式如下：

一是受激分子 A^*将能量转移给猝灭分子 D，使之成为一个非反应性激发态分子，如：

$$A^* + D \longrightarrow A + D^* \longrightarrow A + D + \text{光或热}$$

二是受激分子与猝灭剂形成激发态配合物，再通过其他光物理过程消散能量。

此类光稳定剂包括 Fe、Co、Ni 的有机配合物，常用的如下：

光稳定剂 2002 [双（3,5-二叔丁基-4-羟基苄基磷酸单乙酯）镍]：外观是淡黄或淡绿色粉末，熔点为 180～200℃，易溶于常规的有机溶剂，微溶于水。对光、热的稳定性高，与聚合物相容性好，耐抽出，着色性小，有猝灭激发态、捕获自由基的性能。多与酚类抗氧剂并用。但镍为毒性重金属，有被取代的趋势。

其他还有 *N,N′*-二正丁基二硫代氨基甲酸镍、2,2′-硫代双（4-叔辛基酚氧基）镍、二硫代氨基甲酸镍。

常与紫外线吸收剂（通过分子内结构变换消散能量）并用，以起协同作用。

4. 自由基清除剂

一类哌啶衍生物，称作受阻胺光稳定剂（HALS），几乎不吸收紫外线，但能捕获活性自由基，分解过氧化物，传递激发能量。自由基清除剂高效，是上述光稳定剂效能的几倍，发展极快，不污染树脂，也可用作高效抗氧剂。其作用机理如下：

首先在紫外线和氧气作用下生成 NO·，然后捕获 R·和 ROO·，最后再还原为 NO·，其也能分解过氧化物。反应方程式如下：

$$\text{R-(2,2,6,6-}(CH_3)_4\text{)NH} \xrightarrow[O_2]{h\nu} \text{R-(2,2,6,6-}(CH_3)_4\text{)NO}\cdot + HO\cdot$$

$$\text{NO}\cdot \xrightarrow{R\cdot} \text{NOR} \xrightarrow{ROO\cdot} \text{NO}\cdot + ROOR$$

$$\text{NO}\cdot \xrightarrow{ROO\cdot} \text{NOR} + O_2 \xrightarrow{ROO\cdot} \text{NO}\cdot + ROOR$$

$$=NH + 2\,ROOH \longrightarrow =NO\cdot + 2\,ROH + H_2O$$

目前，受阻胺光稳定剂的消费量已占光稳定剂消费总量的80%以上。常用的如下：

1）光稳定剂770[癸二酸双（2, 2, 6, 6-四甲基哌啶醇酯）]

其结构式为

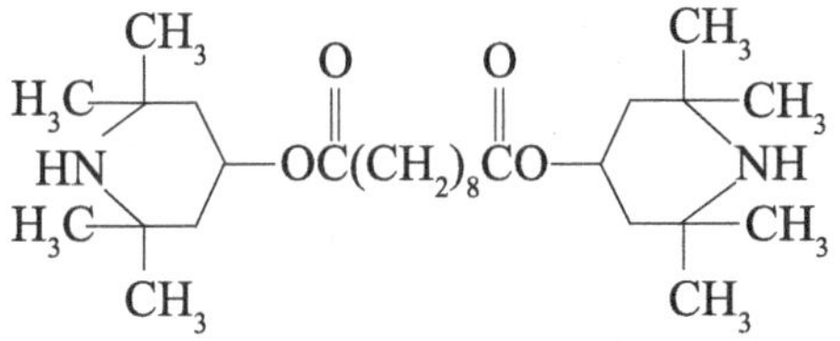

$$\text{(2,2,6,6-四甲基哌啶-4-基)}-OC(O)(CH_2)_8C(O)O-\text{(2,2,6,6-四甲基哌啶-4-基)}$$

外观是白色或微黄色的结晶粉末，熔点为81～86℃，溶于乙醇、乙酸乙酯、苯等有机溶剂，不溶于水。由于分子量低、挥发性大、耐溶剂萃取性差，多用于厚制品。受自身高碱性的限制，一般不宜在PVC、PMMA、PC等酸性树脂中使用，也与卤系阻燃剂、酸性颜料、硫酯类抗氧剂产生对抗效应。

2）光稳定剂GW-540[三（1,2,2,6,6-五甲基哌啶基）亚磷酸酯]

其结构式为

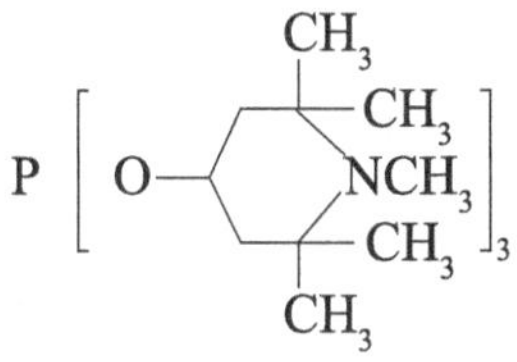

$$P\left[O-\text{(1,2,2,6,6-五甲基哌啶-4-基，}NCH_3\text{)}\right]_3$$

效果优于目前常用的光稳定剂，与抗氧剂并用，能提高耐热性能；与紫外线吸收剂并用，有协同作用，进一步提高耐光效果；与颜料配合使用，不会降低耐光效果。

3）光稳定剂944

聚{[6-[(1,1,3,3-四甲基丁基)-氨基]-1,3,5-三嗪-2,4-二基] [(2,2,6,6-四甲基哌啶基)-亚氨基]-1,6-己烷二基-[(2,2,6,6-四甲基哌啶基)-亚氨基]}，为受阻胺类高分子量光稳定剂，因其分子中有多种官能团，故光稳定性能高。由于分子量大（708），该产品具有很好的耐热性、耐抽提性、更低的挥发性和迁移性以及良好的树脂相容性。光稳定剂944主要用于LDPE薄膜、PP纤维、PP胶带、EVA薄膜、ABS、PS及食品包装等方面。

（四）光稳定剂的选用原则

（1）根据聚合物对紫外线的敏感波长，选用在此波长范围内吸收能力尽可能高的光稳定剂。

（2）光稳定剂与其他添加剂的相互配合作用。例如，紫外线吸收剂+抗氧剂+热稳定剂，协同起效；紫外线吸收剂+猝灭剂，协同作用。

（3）光稳定剂的用量与其本身的效能和制品的薄厚有关。薄制品和纤维的加入量较高，厚制品则较低。

（4）考虑光稳定剂的毒性。

四、热稳定剂

热稳定剂是塑料加工助剂中的重要类别之一，在一些应用场合下，如抑制材料发生热氧化降解，热稳定剂和抗氧剂常常可以视为同一种助剂。在热降解机理不是氧化降解或受热降解的情况下，二者存在一定的不同，热稳定剂涵盖了所有抑制或延缓聚合物材料在受热过程中氧化和非氧化降解的助剂；而抗氧剂则涵盖了延缓聚合物材料在受热和非受热过程中氧化反应的助剂。目前常说的热稳定剂特指 PVC 塑料加工中用到的一种助剂。

（一）PVC 的热降解

由于 PVC 分子链中含有一些不稳定的结构，如双键、支链、“头-头”或“尾-尾”结构等，以及聚合和加工中引入的重金属离子等，会使 PVC 容易在高温下发生降解。当 PVC 加热到 100℃以上时，树脂就发生降解而放出氯化氢，颜色逐渐变黄、棕，直到黑色，性能变脆，失去使用价值。

PVC 的热分解温度低于其加工温度，因此无法直接进行热塑性加工。PVC 在热降解过程中的一个主要环节是 HCl 脱除生成不饱和双键。PVC 热稳定剂必须能够捕捉 PVC 热分解时放出的具有自催化作用的 HCl，或是能够与 PVC 树脂产生的不稳定双键结构发生加成反应，以阻止或减缓 PVC 树脂的分解。

PVC 常用热稳定剂包括铅盐类热稳定剂、金属皂类热稳定剂、有机锡类热稳定剂、环氧化合物类和亚磷酸酯类热稳定剂（通常作为辅助热稳定剂），此外近年来还出现了稀土类热稳定剂和水滑石类热稳定剂。

（二）热稳定剂作用机理

热稳定剂的作用有：捕捉 PVC 降解时放出的 HCl，与自由基反应，与降解时产生的共轭双键起加成作用，防止氧化，钝化具有催化作用的金属氯化物，置换 PVC 中不稳定氯原子。不同热稳定剂的作用机理如下。

1. 盐基性铅盐

呈碱性，与 PVC 降解放出的 HCl 反应。例如，三碱式硫酸铅与 HCl 的反应式为

$$PbO \cdot PbSO_4 \cdot H_2O + 2HCl \longrightarrow PbCl_2 + PbSO_4 + 2H_2O$$

2. 有机锡类

PVC 分子中不稳定氯原子（Cl）与其形成配位化合物，然后 Cl 与有机锡中羧酸酯基进行置换反应，当有 HCl 存在时，配位键易发生断裂，将稳定的酯基留在 PVC 上，抑制进一步脱 HCl 反应；其也可以吸收 HCl。例如，有机锡（R_2SnY_2，R 是烷基，Y 是酯基）的作用机理如下：

$$
\begin{array}{ccccc}
-CH_2-\underset{\underset{Cl}{|}}{CH}- & -CH_2-\underset{\underset{Cl}{|}}{CH}- & -CH_2-\underset{\underset{Y}{|}}{CH}- & -CH_2-\underset{\underset{Y}{|}}{CH}- & -CH_2-\underset{\underset{Y}{|}}{CH}- \\
R_2Sn(+)Y_2(+) & \longrightarrow R_2SnY_2 & \longrightarrow R_2SnClY & \longrightarrow R_2SnCl_2 & \longrightarrow R_2Sn(+)Cl_2(+) \\
\overset{\overset{Cl}{|}}{-CH_2-CH-} & \overset{\overset{Cl}{|}}{-CH_2-CH-} & \overset{\overset{Cl}{|}}{-CH_2-CH-} & \overset{\overset{Y}{|}}{-CH_2-CH-} & \overset{\overset{Y}{|}}{-CH_2-CH-}
\end{array}
$$

$$R_2SnY_2 + 2HCl \longrightarrow R_2SnCl_2 + 2HY$$

3. 金属皂类

可与 PVC 中不稳定 Cl 发生反应，抑制脱 HCl 反应，如以稳定的化学基团置换烯丙基 Cl，增加大分子稳定性，抑制降解反应。也可与 HCl 反应，抑制其对 PVC 降解的催化作用。例如，硬脂酸锌（$ZnSt_2$）的作用机理如下：

$$-CH{=}CH-\underset{\underset{Cl}{|}}{CH}- + 1/2\ ZnSt_2 \longrightarrow -CH{=}CH-\underset{\underset{St}{|}}{CH}- + 1/2\ ZnCl_2$$

$$ZnSt_2 + 2HCl \longrightarrow ZnCl_2 + 2HSt$$

4. 环氧化合物

与 PVC 链上双键、烯丙基 Cl，以及降解产生的 HCl 等反应。环氧化合物稳定效力很高，但作为 HCl 接受体能力较差，需与强 HCl 接受体（重金属羧酸盐等）并用，效果才更显著。例如，环氧化合物吸收 HCl，其产物再与 $ZnSt_2$ 反应的方程式如下：

$$\underset{\setminus O /}{RCHCHR'} + HCl \longrightarrow \underset{Cl\ \ OH}{RCHCHR'} \xrightarrow{+1/2\ ZnSt_2} \underset{\setminus O /}{RCHCHR'} + 1/2\ ZnCl_2 + HSt$$

5. 亚磷酸酯

与 PVC 中的烯丙基 Cl 发生置换反应；HCl 去活化作用；与 PVC 双键加成，减慢脱 HCl 速度；螯合重金属离子，改善透明性。例如，亚磷酸酯[$(RO)_3P$]置换烯丙基 Cl，以及与 $ZnCl_2$ 反应（克服“锌灼烧”现象）的方程式如下：

$$-CH{=}CH-\underset{\underset{Cl}{|}}{CH}- + P(OR)_3 \longrightarrow -CH{=}CH-\underset{\underset{O=P(OR)_2}{|}}{CH}- + RCl$$

$$2(RO)_3P + ZnCl_2 \longrightarrow (RO)_2\overset{\overset{O}{\|}}{P}-Zn-\overset{\overset{O}{\|}}{P}(OR)_2 + 2RCl$$

（三）热稳定剂的种类

理想热稳定剂应具备的条件：热稳定效能高，并有良好的光稳定性；与 PVC 相容性好，挥发性小，不升华，不迁移，不起霜，不易被水、油或溶剂抽出；具有适当的润滑性；不与其他助剂反应，不被铜或硫污染；不降低制品电性能；不降低制品印刷性、焊接性和黏合性等二次加工性能；无毒、无臭、无污染，可制得透明制品；加工使用方便，价格低廉。当然，没有哪一种热稳定剂能同时满足以上所有的要求。实际生产时，要根据产品性能、成本等要求，恰当地选择热稳定剂。常用热稳定剂如下。

1. 碱式铅盐类

碱式铅盐类是带有未成盐的氧化铅（PbO，称为碱式）的无机酸或有机酸的铅盐。PbO有很强的吸收氯化氢的能力，是主稳定剂，但其色黄，因而用色白的碱式铅盐。常用的有：三碱式硫酸铅（$3PbO \cdot PbSO_4 \cdot H_2O$，简称三盐）和二碱式亚磷酸铅（$2PbO \cdot PbHPO_3 \cdot H_2O$，简称二盐）。

优点是稳定力强、价廉、吸水少、耐热性和耐候性好、电性能好，具有白色颜料功能，覆盖力大。缺点是有毒、密度大，与树脂相容性差，制品不透明，无润滑性，需与金属皂、硬脂酸等润滑剂并用，易产生硫化污染。尽管有这些缺点，碱式铅盐类仍大量用于各种不透明的软硬制品，如电线电缆料、薄膜、异型材、管材等。但由于铅盐的毒性，其应用逐渐受到限制。

2. 有机锡类

稳定效率高，制品透明性好，不污染着色，但价贵、有毒。常用有机锡化合物大多为羧酸、二羧酸单酯、硫醇、巯基酸酯等的二烷基锡盐，烷基主要是正丁基或正辛基。大多数无润滑性，要注意铅化合物与硫醇锡反应生成铅的硫化物，会造成污染。常用品种有马来酸二丁基锡、月桂酸二丁基锡、硫醇锡等。典型的品种如双（硫代甘醇酸异辛酯）二正辛基锡（DOTE），结构式如下：

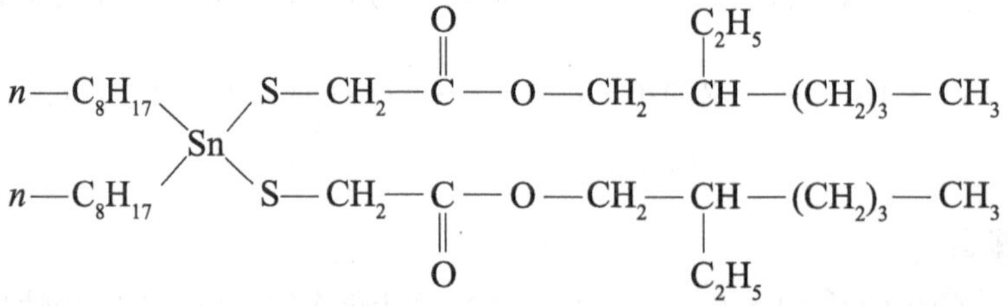

$$(n\text{-}C_8H_{17})_2Sn\left[S-CH_2-\overset{\overset{\displaystyle O}{\|}}{C}-O-CH_2-\underset{\underset{\displaystyle C_2H_5}{|}}{CH}-(CH_2)_3-CH_3\right]_2$$

3. 金属皂类

主要为 $C_8 \sim C_{18}$ 脂肪酸的钡、钙、镁、镉、锌盐等，常用硬脂酸的金属盐，其还有一定的润滑作用；这类化合物起着氯化氢接受体的作用，有机羧酸基与氯原子发生置换反应，由于酯化作用而使 PVC 稳定。

金属皂稳定剂中，铅、镉皂毒性大，有硫化污染；钙、锌皂可用于无毒配方中；钡、锌皂多用于耐硫化污染的配方中。金属皂不单独使用，常与其他热稳定剂配合使用；其性能随金属种类和酸根的不同而异，如耐热性：镉、锌皂的初期耐热性好，而钡、钙、镁、锶皂的长期耐热性好，铅皂介于中间；耐候性：镉、锌、铅、钡、锡皂较好；润滑性：铅、镉皂较好，钡、钙、镁、锶皂较差，脂肪族酸根较芳香族酸根好，且碳链越长，润滑性越好。

4. 稀土类热稳定剂

稀土元素包括原子序数为 57～71 的 15 个镧系元素及与其相近的钇、钍共 17 个元素。稀土类热稳定剂包括稀土的氧化物、氢氧化物及稀土的有机弱酸盐（如硬脂酸稀土、水杨酸稀土、酒石酸稀土等）。稀土类热稳定剂的效果优于铅盐和金属皂类，与 DOTE 相当。其无毒、透明、价廉，可以部分代替有机锡类热稳定剂。

5. 辅助稳定剂

如环氧化合物类和亚磷酸酯类，单独使用无效果，与其他稳定剂合用时，显著发挥作用。

亚磷酸酯是过氧化物分解剂，在 PE、PP、ABS、聚酯与合成橡胶中广泛用作辅助抗氧剂。其在 PVC 中的作用是螯合金属离子，置换烯丙基氯，捕捉氯化氢，分解过氧化物，与多烯加成。亚磷酸酯与金属皂配合使用，能提高制品的耐热性、透明性、耐压析性、耐候性等性能。

环氧化合物主要有环氧大豆油、环氧硬脂酸酯等增塑剂，需与其他热稳定剂（金属皂、铅盐、有机锡）配合使用，有协同效应。特别是与镉/钡/锌复合稳定剂并用时效果尤为突出。

（四）热稳定剂的协同效应

单独使用一种热稳定剂难以满足要求或热稳定效能低时，将两种或两种以上的热稳定剂配合使用，可大大提高热稳定效能，此即为热稳定剂的协同效应。

常见的协同效应是以金属皂为中心进行的，具体如下。

1. 金属皂之间的配合

对于锌皂、镉皂等高活性皂，单独使用时，对 β-氯原子有较强的置换能力，能很好地抑制树脂的前期着色，但生成的金属氯化物（如 $ZnCl_2$）能促进脱 HCl 反应，故后期树脂色相很差，甚至会造成后期急剧变黑，称为“锌灼烧”现象。而对于钙皂、钡皂等低活性皂，单独使用时，对 β-氯原子的置换能力弱，前期树脂色相差，但其金属氯化物对 PVC 脱 HCl 无催化作用，故后期色相好。若将二者配合使用（如锌皂/钙皂），则 PVC 的前期和后期色相均好，其可能发生的化学反应如下：

$$ZnCl_2 + CaSt \longrightarrow ZnSt + CaCl_2$$

2. 金属皂与环氧化合物的配合

一是环氧化合物首先能与 HCl 发生开环加成反应，生成的氯代醇再与金属皂反应，生成环氧化合物与金属氯化物；二是环氧化合物与锌皂配合时，环氧化合物能置换烯丙基氯，形成稳定的醚化合物。

3. 金属皂与亚磷酸酯的配合

亚磷酸酯能克服锌皂的“锌灼烧”问题。

（五）热稳定剂发展方向

2015 年 6 月 4 日，欧盟官方公报发布 RoHS2.0 修订指令（EU）2015/863，凡指令所含的产品进入欧盟都必须符合这个指令。

RoHS 产品范围：①大型家用电器；②小型家用电器；③信息与通信设备；④消费性设备；⑤照明设备；⑥电子与电气工具（大型的固定工业设备获得豁免）；⑦玩具、休闲娱乐设备与运动器材；⑧医疗装置（所有植入人体及受感染的产品获得豁免）；⑨监测与控制仪表；⑩自动售卖机；⑪不被①～⑩类产品涵盖的其他所有电子电气设备，包括线缆及其他零部件。RoHS 十项限用物质及限值要求见表 2-27。

表 2-27　RoHS 十项限用物质及限值要求

限用物质	限值要求/ppm
铅（Pb）	1000
汞（Hg）	1000
六价铬[Cr（Ⅵ）]	1000
镉（Cd）	100
多溴联苯（PBB）	1000
多溴二苯醚（PBDE）	1000
邻苯二甲酸二（2-乙基己基）酯（DEHP）	1000
邻苯二甲酸甲苯基丁酯（BBP）	1000
邻苯二甲酸二丁基酯（DBP）	1000
邻苯二甲酸二异丁酯（DIBP）	1000

注：1 ppm=10^{-6}。

PVC 热稳定剂的无毒化趋势：传统工艺的铅、镉盐类热稳定剂公害十分严重，造成环境污染等问题，PVC 热稳定剂的无毒化是大势所趋。应发展无毒、高效多功能、低成本、非重金属化、复合型等热稳定剂，如液体钡/钙/锌热稳定剂、稀土热稳定剂等。

稀土热稳定剂：具有无毒、价格适中、用量少、制品后期热稳定效果好等特点。已经得到应用的有：硬脂酸稀土（环保型，但制品有前期着色）、稀土盐和铅盐复合稳定剂（通用型，高效、低毒）。

钙锌复合热稳定剂：由钙皂、锌皂、多元醇、环氧大豆油、其他稳定性助剂等复配而成。一种满足 PVC 加工要求、PVC 制品性能要求的经济实用的高效无毒钙锌复合热稳定剂的有害物质指标如下：铅（Pb）≤0.010%，镉（Cd）≤0.002%，铬[Cr（Ⅵ）]≤0.002%，水银（汞，Hg）无，多溴联苯（PBB）无，多溴二苯醚（PBDE）无。

五、增塑剂

（一）基本概念

1. 定义及用途

增塑剂：添加到聚合物中，能够增加其塑性，改善成型时的流动性，赋予制品柔韧性的物质。

水被称为生命的增塑剂。在自然界中，水作为增塑剂应用非常广泛，它能够使物体具有自然的弹性。但由于水的沸点较低，常使用其他高沸点的多羟基化合物，如甘油（丙三醇）来代替水作为增塑剂。

一些聚合物具有较强的分子间作用力（如色散力、范德瓦耳斯力、氢键作用等），如 PVC、PVA、聚乳酸、淀粉等，强烈的分子间作用力使得这些聚合物的加工温度高于其热分解温度，因而难以加工。增塑剂的主要作用是削弱聚合物分子之间的次价键力，从而增加聚合物分子链的移动性，降低聚合物分子链的结晶性，即增加聚合物的塑性，表现为聚合物的硬度、模量、软化温度和脆化温度下降，而伸长率、屈挠性和柔韧性提高。

目前最经常用到增塑剂的塑料品种是聚氯乙烯（PVC），增塑剂是制备软质 PVC 塑料的必加助剂，常用的是在一定范围内能与 PVC 相溶而又不易挥发的液体。加入后能增大塑料的柔顺性、耐寒性，降低 T_g、黏流温度（T_f）使黏度减小，流动性增大，改善加工性能，提高冲击强度和伸长率，但降低了拉伸强度、硬度、模量。

2. 增塑机理

聚合物大分子链间常会以次价力形成许多聚合物-聚合物联结点，从而使聚合物具有刚性，在一定温度下，联结点数目相对稳定，这是一种动态平衡。加入增塑剂后，其分子因溶剂化及偶极力等作用而“插入”聚合物分子间并与聚合物分子的活性中心产生时解时缠的联结点，这也是一种动态平衡。但由于有了增塑剂-聚合物的联结点，聚合物之间原有的联结点减少，从而使聚合物分子间的作用力减弱，导致材料性能的变化。

（二）分类方法

1. 按化学结构分类

分为邻苯二甲酸酯类、脂肪族二元酸酯类、环氧酯类等。

2. 按增塑剂的使用和加工性能分类

分为通用型、耐寒型、耐热型、阻燃型等。

3. 按分子量大小分类

分为单体型（小分子化合物）和聚合物型。

4. 按与树脂相容性分类

1）主增塑剂

与树脂相容性好，添加量大，增塑剂与聚合物 1∶1（质量比）混合而不析出。

2）次增塑剂

也称为辅助增塑剂，与树脂相容性差，不能独用，只与主增塑剂共用，目的是代替部分主增塑剂降低成本，相容限量是 1∶3。

3）增量增塑剂

与树脂相容性极差，加入的目的为降低成本，相容限量低至 1∶20。

5. 按添加方式分类

1）外增塑剂

配料过程中加入；一般为低分子量的化合物或聚合物，通常是高沸点难挥发的液体或低熔点固体，不与聚合物发生化学反应。与聚合物的相互作用主要是在升温时的溶胀作用，与聚合物形成一种固体溶液。

2）内增塑剂

在树脂合成中以共聚单体形式加入，以化学键结合到分子链上，如氯乙烯-乙酸乙烯酯共聚物。

（三）性能评价

1. 聚合物与增塑剂之间的相容性

按不同比例将聚合物与增塑剂进行配料并模塑成一系列样条，而后在一定压应力下测出样条开始渗出增塑剂的时间。时间越长，聚合物与增塑剂之间的相容性越好。也可按溶度参数估计，两者的差值不大于 1，即具有良好的相容性。

2. 增塑剂的效率

增塑剂的效率指改变聚合物的一定量的物理性能（弹性模量、玻璃化转变温度、脆折温度、回弹量等）所需加入增塑剂的量。例如，将邻苯二甲酸二辛酯（DOP）的效率比值作为 1，则 DBP 为 0.85（增塑效率优于 DOP），DOS 为 0.93，DOA 为 0.94，M50 为 1.15～1.2，ESO 为 1.23，氯化石蜡（53%氯）为 1.40（增塑效率劣于 DOP）。常用增塑剂对 PVC 的相对塑化效率（效率比值）见表 2-28。

表 2-28 常用增塑剂对 PVC 的相对塑化效率

增塑剂	相对塑化效率	增塑剂	相对塑化效率
癸二酸二丁酯（DBS）	0.78	邻苯二甲酸二丁酯（DBP）	0.85
环氧脂肪酸丁酯	0.91	癸二酸二辛酯（DOS）	0.93
己二酸二辛酯（DOA）	0.94	邻苯二甲酸 C_7～C_9 醇酯	0.97
邻苯二甲酸二辛酯（DOP）	1.00	邻苯二甲酸二异辛酯（DIOP）	1.03
烷基磺酸苯酯（M50）	1.15～1.2	环氧大豆油（ESO）	1.23
磷酸三甲苯酯（TCP）	1.25	磷酸二甲酚酯（TXP）	1.31
己二酸丙烯酯	1.34	氯化石蜡（53%氯）	1.40

但是评定增塑剂的优劣，除增塑剂的效率外，还应考虑相容性、挥发性、抽取性、迁移性等。

3. 对增塑剂性能的基本要求

要求如下：①增塑剂与树脂有良好的相容性；②塑化效率高；③低挥发性；④耐寒性好；⑤耐老化性、耐久性好；耐老化性是指对光、热、氧、辐射等的耐受力，耐久性是指由增塑剂的挥发、抽出和迁移等的损失而引起的塑料的老化；⑥ 电绝缘性能好；⑦具有阻燃性；⑧无色、无臭、无味、无毒；⑨耐霉菌、耐化学品性和耐污染性好；⑩价格低廉。

一种增塑剂很难满足上述的全部要求，故配方中经常同时采用多种增塑剂来满足实际的需求。

（四）常用增塑剂的品种

按化学结构分类，常用增塑剂的品种如下。

1. 邻苯二甲酸酯类

结构式为（苯环邻位连接两个 —C(=O)—O—R 基团），R 是 C_1～C_{13} 的烷基、环烷基、苯基、苄基等。

此类大多数品种属于主增塑剂，与 PVC 相容性好，具有优异的加工性、低温柔性、低挥发性、光和热稳定性，成本低。常用的有以下品种：

1）邻苯二甲酸二（2-乙基）己酯（也称邻苯二甲酸二辛酯，DOP）

外观为无色透明有特殊气味的油状液体，相对密度为 0.986，折光率为 1.485，沸点为 386.9℃，凝固点为−55℃，闪点为 219℃，着火点为 241℃，不溶于水，微溶于乙二醇、甘油和某些胺，可溶于多数有机溶剂和烃类。

这是产量最大、综合性能最好的品种，体现了极好的性价比。它也是通用增塑剂的标准，其他增塑剂都是以它为基准来加以比较。

2）邻苯二甲酸二丁酯（DBP）

外观为无色透明油状液体，微具芳香气味，相对密度为 1.045，凝固点为−35℃，沸点为 340℃，闪点为 171℃，着火点为 202℃，折光率为 1.4895，不溶于水，溶于多数有机溶剂和烃类。

其他的邻苯二甲酸酯类有邻苯二甲酸二乙酯（DEP）、邻苯二甲酸丁苄酯（BBP）等。

2. 脂肪族二元酸酯类

结构式为 $ROOC—(CH_2)_n—COOR'$，$n = 0$～11，R、R′是 C_4～C_{11} 的烷基、环烷基。

此类增塑剂赋予树脂优良的低温柔曲性，有一定润滑性，但与树脂相容性差，较易迁移，仅作次增塑剂。常用的有癸二酸二辛酯（DOS）、己二酸二辛酯（DOA）、壬二酸二辛酯（DOZ）等。

3. 磷酸酯类

结构式为 $(RO)(R'—O)(R''—O)P=O$，R、R′、R″为烷基、卤代烷基、芳基。

此类增塑剂耐热、耐燃性好、耐化学品性好、抗菌、不挥发、渗透性小，但耐寒性略差、有毒、价贵，可作主增塑剂。常用的有磷酸三甲苯酯（TCP）、磷酸三辛酯（TOP）、磷酸二苯异辛酯（DPOP）等。

4. 环氧化合物

有环氧化油、环氧脂肪酸单酯和环氧四氢邻苯二甲酸酯三类。对 PVC 起光、热稳定作用，能与稳定剂发挥协同作用，但与树脂相容性差，属于次增塑剂。环氧增塑剂的毒性低，可用于与食品和医药品接触的包装材料。常用的有环氧大豆油（ESO）和环氧亚麻油（ELO）、环氧硬脂酸辛酯（OES）、环氧四氢邻苯二甲酸二辛酯（EPS）等。

5. 聚酯类

分子量为 800～8000，挥发性低、迁移性小、耐油、耐水、耐溶剂，有“永久性增塑剂”之称，一般无毒或低毒。缺点是黏度高，不易混溶、塑化，塑化效率低，耐低温性差，价贵，如已二酸丙二醇聚酯（G50）。聚酯类增塑剂用途广泛，如汽车内饰件、电线电缆、冰箱密封条等制品。

6. 含氯增塑剂

主要包括氯化石蜡和氯化脂肪酸酯。氯化石蜡为 C_{10}～C_{30} 正构烷烃的氯代物，含氯量为 40%～70%，有液体和固体两种形式。阻燃性是其最大特点，高含氯量（70%）的氯化石蜡可用作阻燃剂。含氯增塑剂还具有较好的电绝缘性和耐低温性能，但对光、热、氧的稳定性较差，仅作为次增塑剂。

7. 多元醇酯

多元醇酯是由多元醇和饱和的一元脂肪酸或苯甲酸反应而得。它属于耐寒增塑剂，主要品种有 C_5～C_9 酸乙二醇酯、C_7～C_9 酸二缩三乙二醇酯。

8. 烷基磺酸苯酯

通常以平均碳原子数为 15 的重液体石蜡为原料，与苯酚经氯磺酰化而得，由于氯磺酰化深度控制在 50%左右，故简称为 M50，是次增塑剂。其电性能较好，挥发性低，耐候性好，但耐寒性差。

9. 苯多元羧酸酯

典型品种有 1,2,4-偏苯三酸三（2-乙基）己酯（TOTM）和均苯四甲酸四（2-乙基）己酯（TOPM），耐热、耐老化、耐抽出性佳，有良好的电绝缘性，用于 105℃、125℃级耐热电缆等。

10. 柠檬酸酯

主要有柠檬酸三丁酯（TBC）和乙酰柠檬酸三丁酯（ATBC），为无毒增塑剂，可用于食品包装和医用器材。

根据增塑剂用量不同，可将 PVC 塑料分为三类：硬质塑料（不加或用量小于 5%）、软质塑料（用量为 30%～70%）、糊塑料（用量为 80%～100%）。

（五）增塑剂的无毒化

因常用的邻苯二甲酸酯类增塑剂（DOP、DBP 等）属于环境激素，经由食物链进入人体内，会造成内分泌失调，影响生殖和发育，具有致癌性，故其使用越来越受到限制（表 2-27）。目前柠檬酸酯类、环氧油类塑化剂则被视为无毒环保型塑化剂。苯多元羧酸酯和聚酯类增塑剂因其低毒性也得到了重视。其他的新品种有二甘醇二苯甲酸酯（DEDB）、对苯二甲酸二辛酯（DOTP）等。

六、阻燃剂

能够阻止或延缓高分子材料燃烧，增加其耐燃性的物质称为阻燃剂。

（一）燃烧过程及表征

1. 燃烧过程

维持材料燃烧的三要素是可燃物、氧气和热源。具备这三个要素的燃烧过程大致分为 4 个阶段：

1）加热阶段

由外部热源产生的热量传递给聚合物，使其温度逐渐升高。

2）降解和裂解阶段

当温度升高到一定程度时，大分子链断裂，发生降解和裂解，生成各种小分子物质，如可燃性气体 H_2、CH_4、C_2H_6、CH_2O、CO 等和不燃性气体 CO_2、HCl、HBr 等，以及不完全燃烧产生的烟尘粒子等。

3）点燃阶段

当分解产生的可燃性气体达到一定浓度，温度也达到其燃点或闪点，并有足够的氧或氧化剂存在时，开始出现火焰，燃烧开始。

4）燃烧阶段

燃烧释放的热量和活性自由基引起的连锁反应，不断提供可燃物质，使燃烧自动传播和扩展，火焰越来越大。碳氢聚合物（RH）燃烧反应示意式如下：

$$RH \longrightarrow R\cdot + H\cdot$$

$$H\cdot + O_2 \longrightarrow HO\cdot + O\cdot$$

$$R\cdot + O_2 \longrightarrow RCHO + HO\cdot$$

$$HO\cdot + RH \longrightarrow R\cdot + H_2O$$

燃烧过程是一个复杂的自由基连锁反应过程，燃烧速率与高活性羟基自由基密切相关。

燃烧产生烟气、热量和灰烬，燃烧产物的危害有窒息（烟气）、毒害（毒气）、妨碍逃生（浓烟）、烫伤（熔体）和烧伤（火焰）。

2. 氧指数

一种定量地表征材料的燃烧性能的方法是测试材料的氧指数。

氧指数：使试样像蜡烛状持续燃烧时，在氮氧混合气流中所必需的最低氧含量（体积分数），公式如下：

$$氧指数（OI）= [O_2]/（[O_2] + [N_2]）\times 100\% \quad （2-1）$$

聚合物的燃烧性与结构关系极大，结构不同，氧指数也不同。氧指数 22%以下为易燃；22%～27%为难燃，具有自熄性；27%以上为高难燃，有阻燃性。常用塑料的氧指数见表 2-29。

表 2-29　常用塑料的氧指数

品种	氧指数/%	品种	氧指数/%	品种	氧指数/%
POM	14.9	PVF	22.6	PPS	40
PMMA	17.3	PC	23	PVDF	44
发泡 PE	17.1	氯化聚醚	23	CPVC	45
PE	17.4	PA-66	24	PSU	50
PP	17.5	软质 PVC	26	硬质 PVC	50
PS	17.8	PA-6	26	PTFE	95
ABS	18.2	PPO	30	PF	30
UP	20	PI	36	MF	35

（二）聚合物阻燃机理

聚合物的阻燃性，常通过气相阻燃、凝聚相阻燃及中断热交换阻燃等机理实现。抑制促进燃烧反应链增长的自由基而发挥阻燃功能的属气相阻燃；在固相中延缓或阻止聚合物热分解而起阻燃作用的属凝聚相阻燃；将聚合物燃烧产生的部分热量带走而导致的阻燃，则属于中断热交换机理类的阻燃。

要控制燃烧，必须将燃烧 4 个阶段中的某一个或几个阶段的速率加以抑制，即截断某一阶段来源或中断连锁反应，停止自由基产生。为此要加入阻燃剂，不同阻燃剂有不同的阻燃作用。

1. 吸热效应

阻燃剂在高温下剧烈分解，吸收大量热能，降低了环境温度，从而阻止燃烧的继续进行。常见的此类阻燃剂有氢氧化铝和氢氧化镁等。例如，硼砂具有 10 分子的结晶水，由于释放出结晶水要夺取 141.8 $kJ\cdot mol^{-1}$ 热量，其吸热而使材料的温度上升受到了抑制，从而产生阻燃效果。另外，一些热塑性聚合物裂解时常产生的熔滴，因能离开燃烧区移走反应热，也能发挥一定的阻燃效果。

2. 覆盖效应

阻燃剂在较高温度下生成稳定的覆盖层，或分解生成泡沫状物质，覆盖于高聚物材料的表面，使燃烧产生的热量难以传入材料内部，使高聚物材料因热分解而生成的可燃性气体难以逸出，并对材料起隔绝空气的作用，从而抑制材料裂解，达到阻燃的效果。例如，磷酸酯类化合物和防火发泡涂料等可按此机理发挥作用。

3. 稀释效应

阻燃剂在受热分解时能够产生大量的不燃性气体，使高聚物材料所产生的可燃性气体和空气中氧气被稀释而达不到可燃的浓度范围，从而阻止高聚物材料的起火燃烧。能够作为稀释气体的有 CO_2、NH_3、HCl 和 H_2O 等。磷酸铵、氯化铵、碳酸铵等加热时就能产生不燃性气体。

4. 转移效应

其作用是改变高聚物材料热分解的模式，从而抑制可燃性气体的产生。例如，利用酸或碱使纤维素产生脱水反应而分解成为碳和水，因为不产生可燃性气体，也就不能着火燃烧。氯化铵、磷酸铵、磷酸酯等能分解产生这类物质，催化材料稠环碳化，达到阻燃目的。

5. 抑制效应（捕捉自由基）

阻燃剂可作用于气相燃烧区，捕捉燃烧反应中的自由基，从而阻止火焰的传播，使燃烧区的火焰密度下降，最终使燃烧反应速率下降直至终止。聚合物的燃烧主要是自由基连锁反应，有些物质能捕捉燃烧反应的活性中间体 HO·、H·、O·、HOO·等，抑制自由基连锁反应，使燃烧速率降低直至火焰熄灭。常用的溴类、氯类等有机卤素化合物就有这种抑制效应。

6. 协同效应

有些材料，若单独使用并无阻燃效果或阻燃效果不好，多种材料并用就可起到增强阻燃的效果。三氧化二锑与卤素化合物并用，就是最为典型的例子。其结果是，不但可以提高阻燃效率，而且阻燃剂的用量也可减小。

卤素阻燃剂（RX）及其与 Sb_2O_3 协同作用的反应式如下：

卤素阻燃剂首先分解为自由基，卤素自由基从聚合物 RH 夺取氢形成卤化氢。

$$RX \longrightarrow R\cdot + X\cdot$$

$$X\cdot + RH \longrightarrow R\cdot + HX$$

卤化氢通过与高能自由基 H·和 OH·反应，并以低能自由基 X·取代，即阻止了自由基连锁反应。

$$HX + H\cdot \longrightarrow H_2 + X\cdot$$

$$HX + OH\cdot \longrightarrow H_2O + X\cdot$$

单独加入 Sb_2O_3，阻燃效果不佳；但与卤化物并用，却有优良的阻燃效果，这主要是因为在高温下生成了卤化锑。

$$Sb_2O_3 + 4HX \longrightarrow SbOX + SbX_3 + 2H_2O$$

$$5SbOX \longrightarrow SbX_3 + Sb_4O_5X_2\ (136\sim280℃)$$

$$3Sb_4O_5X_2 \longrightarrow 2SbX_3 + 5Sb_2O_3\ (>320℃)$$

$SbCl_3$（沸点 223℃）和 $SbBr_3$（沸点 288℃）都是沸点较高的挥发性物质，能较长时间停留在燃烧区域，卤化锑在液、固相中能促进聚合物-阻燃剂体系脱卤化氢和聚合物表面碳化，同时在气相中又能捕获 OH· 自由基。所以氧化锑与含卤阻燃剂并用是广泛使用的阻燃配方。

（三）阻燃剂分类和要求

1. 按使用方法分类

1）添加型

最常用的阻燃剂，与聚合物采用物理方法混合均匀，不起化学反应。

2）反应型

作为原料组分之一，通过聚合反应成为聚合物分子链的一部分，对塑料的性能影响小，阻燃性持久，但品种较少。例如，四溴双酚 A 型聚碳酸酯和四溴双酚 A 型环氧树脂，所用的聚合原料之一为四溴双酚 A。

2. 按阻燃元素种类

可分为卤系、有机磷系、卤-磷系、磷-氮系、锑系、铝-镁系、无机磷系、硼系、钼系等。

3. 对阻燃剂的基本要求

（1）不过多损害聚合物的物理、力学、电学、耐热等性能。

（2）阻燃剂的分解温度必须与聚合物的热分解温度相适应，以发挥阻燃效果。但阻燃剂不能在成型加工时分解，以免污染环境，使塑料降解。

（3）阻燃性能具有持久性，不能在材料使用期间消失。

（4）具有耐候性。

（5）价格低廉。

（四）常用阻燃剂的品种

1. 溴系

作用机理是在一定温度下分解产生卤化氢，其是不燃性气体，既稀释了可燃性气体，又减小了燃烧区氧浓度，阻止继续燃烧，它极易与 HO·、H·、O·等活性自由基结合，降低其浓度，抑制燃烧发展。此外，含卤酸类促进固体碳形成，有利于阻燃。效率高，同时在气相及凝聚相阻燃，用量少，对制品性能影响小，应用广。但此类阻燃剂降低聚合物抗紫外线老化性能，燃烧时生烟多，有毒性。应用最广泛的多溴二苯醚及其阻燃的聚合物的热裂解和燃烧产物中含有高毒性产物多溴代二苯并二噁烷（PBDO）和多溴代二苯并呋喃（PBDF）。

阻燃效率：脂肪族 > 脂环族 > 芳香族，与 Sb_2O_3 有协同作用。常用的有以下品种：

1）十溴二苯醚（DBDPO）

结构式为Br— [Br₅C₆—O—C₆Br₅ 结构式] —Br，分子式：$C_{12}Br_{10}O$，外观为灰白色粉末，理

论溴含量为 83.3%，相对密度为 3.02，熔点为 304℃，分解温度为 425℃，不溶于水、乙醇、丙酮、苯等溶剂，微溶于氯代芳烃，稳定性好。特别是对高温加工的工程塑料非常有效，燃烧时会释放溴化苯并二噁唑、溴化苯并呋喃等致癌物，近年来有被取代的趋势。

2）十溴二苯乙烷（DBDPE）

Br Br Br Br

结构式为Br—　—CH_2CH_2—　—Br，分子式：$C_{14}H_4Br_{10}$，外观为白色粉末，

Br Br Br Br

溴含量大于 82.3%，熔点为 345℃，沸点为 676.2℃。十溴二苯乙烷热裂解或燃烧时不产生有毒的多溴代二苯并二噁烷及多溴代二苯并呋喃，对环境不造成危害。十溴二苯乙烷无任何毒性，也不会对生物产生任何致畸性，对水生物如鱼等无副作用，可以说符合环保的要求。

十溴二苯乙烷在使用的体系中相当稳定，用它阻燃的热塑性塑料可以循环使用。对阻燃材料性能的不利影响较传统阻燃剂十溴二苯醚小，其溴含量高，热稳定性好，抗紫外线性能佳，较其他溴系阻燃剂的渗出性低。特别适用于生产计算机、传真机、电话机、复印机、家电等的高档材料的阻燃。

3）八溴二苯醚（OBDPO）

Br Br

结构式为Br—　—O—　—Br，分子式：$C_{12}H_2Br_8O$，外观为白色粉末，溴

Br Br Br Br

含量大于 67%，熔点为 200℃，分解温度为 285℃，毒性较大。

4）四溴双酚 A（TBBPA）

Br CH_3 Br

结构式为HO—　—C—　—OH，外观是白色粉末，理论溴含量为 58.7%，

Br CH_3 Br

相对密度为 2.18，熔点为 181℃，分解温度为 243℃，可溶于丙酮、甲醇、乙醇、冰醋酸等有机溶剂，不溶于水。其是反应型和添加型兼用的阻燃剂品种，也是合成其他溴系阻燃剂和阻燃树脂的重要中间体。

其他的品种有 1,2-双（四溴邻苯二甲酰亚胺）乙烷（BTBPIE）、1,2-双（五溴苯基）乙烷（BPBPE）、双（三溴苯氧基）乙烷（BTBPOE）、聚丙烯酸五溴苄酯（PPBBA）、溴代聚苯乙烯（BPS）、溴代环氧树脂（BER）、六溴环十二烷（HBCD）等。

2. 氯系

氯系与溴系阻燃剂的阻燃机理相同，但其阻燃效率低于溴系。氯系的耐热性和耐光性优于溴系，对于暴露于阳光下的聚合物，即使添加光稳定剂，有时也选用氯系阻燃剂。常用的氯系阻燃剂有以下品种：

1）氯化石蜡

相对密度为 1.6～1.7，软化点为 95～105℃，当氯含量为 65%～70%时，外观为淡黄色粉末，为阻燃剂；氯含量低于 65%时为液体，是辅助增塑剂。在氯系阻燃剂中产量最大，用途广泛。

2）氯化聚乙烯

高氯含量（68%以上）时，可作阻燃剂；低氯含量（35%～40%）时，主要作为 PVC 的增韧剂。

其他的品种有四氯双酚 A 、得克隆（Dechlorane Plus, 1,2,3,4,7,8,9,10,13,13,14,14-十二氯-1,4,4a,5,6,6a,7,10,10a,11,12,12a-十二氢-1,4,7,10-二甲桥二苯环辛烷）等。某些氯代物的毒性比相应的溴代物更高，且氯系阻燃剂燃烧时会放出四氯化碳。

3. 有机磷系

在高温和氧作用下，有机磷系阻燃剂发生以下变化：

$$\text{有机磷化物} \longrightarrow \text{磷酸} \longrightarrow \text{偏磷酸} \longrightarrow \text{多聚磷酸}$$

磷酸、偏磷酸、多聚磷酸都是强脱水剂，使含氧聚合物脱水，对于不含氧聚合物，其产生的水蒸气，都促使碳质焦粒的形成，甚至促使生成玻璃状表面保护层，使塑料表面结焦而限制与氧接触，同时产热少，对燃烧有阻缓作用。在气相及凝聚相阻燃。（含卤）磷酸酯兼具阻燃及增塑功能。

较常用的为磷酸三（β-氯乙基）酯（TCEP），结构式为：$(ClCH_2CH_2O)_3P{=\!=}O$，外观为无色至浅黄色油状透明液体，相对密度为 1.421，折光率为 1.4745，凝固点为–64℃，沸点为 145℃，闪点为 252℃，着火点为 285℃。理论氯含量为 37.25%，理论磷含量为 10.85%，溶于醇、酮、酯、醚、苯等有机溶剂，不溶于脂肪烃，微溶于水。有毒，具有阻燃自协同效应，可改善制品的耐水性、耐酸性、耐寒性和抗静电性，也可作为 PVC 的辅助阻燃增塑剂。

其他有机磷系阻燃剂有磷酸三辛酯（TOP）、磷酸三苯酯（TPP）、甲基膦酸二甲酯（DMMP）等。

另外，利用磷-卤的协同效应（磷系主要在固相阻燃，卤系在气相阻燃），将二者并用，效果显著，可以降低阻燃剂用量，特别是含卤磷酸酯，如磷酸三（2,3-二溴丙酯），结构式为$(BrCH_2CHBrCH_2O)_3P{=\!=}O$。

4. 氮系

阻燃效率高，无卤、抑烟，对光、热稳定，价廉。但在聚合物中分散性较差。常用的有以下品种：

1）三聚氰胺

价廉，无腐蚀性，对皮肤和眼睛无刺激，也不是致变物。不可燃，加热易升华，急剧加热则分解。缺点是高温分解时产生有毒的氰化物。

阻燃机理：在 250～450℃发生分解反应，吸收大量的热，并放出氨而形成多种缩聚物；影响材料的熔化行为，并加速其碳化成焦，从而起到阻燃作用。

常用作膨胀型阻燃剂组分以及阻燃聚氨酯和三嗪类树脂。

2）三聚氰胺脲酸盐

三聚氰胺脲酸盐（MCA）由三聚氰胺和氰尿酸反应制得。结构式为

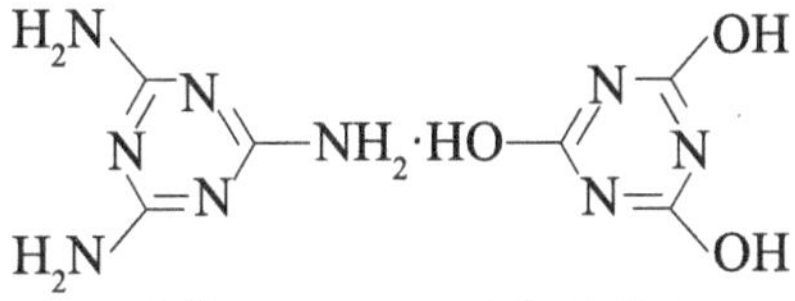

H_2N … N … $—NH_2·HO—$ … N … OH, H_2N, OH

，是一种润滑剂和阻燃剂，白色结晶粉末，无臭、无味。受热 300℃以下非常稳定，350℃开始升华，但不分解，分解温度为 440～450℃。MCA 含氮量高，极易吸潮，高温时脱水成碳，燃烧时放出氮气，冲淡了氧和聚合物分解产生的可燃气，而且气体的生成和热对流带走了一部分热量，因而具备阻燃功能。

具有使用经济、高效、热稳定性好，不变色、低烟、低毒、对使用者安全，阻燃材料的电性能和力学性能好，与环境相容性好的优点。

5. 无机磷系

阻燃效率高，热稳定性好，不挥发，常用的如下：

1）红磷

红棕色粉末，相对密度为 2.3，熔点为 590℃，升华点为 416℃，着火点为 260℃，无毒。不溶于水、稀酸和有机溶剂，微溶于无水乙醇，溶于三溴化磷和氢氧化钠水溶液。在潮湿空气中可吸水生成磷酸、亚磷酸、次亚磷酸和少量剧毒的磷化氢。

比其他磷系阻燃剂的阻燃效率高。对某些含氧聚合物，红磷的阻燃效率甚至比溴系还胜一筹。与卤-锑阻燃体系相比，红磷的发烟量较小，毒性较低。缺点是易吸湿，与树脂相容性差，使被阻燃制品染色。微胶囊化包覆红磷可以提高其耐水性、着火点和与树脂的相容性，有效防止遇热或受冲击引起的燃烧或爆炸，降低磷化氢的释放量，并降低着色性。

2）聚磷酸铵（APP）

膨胀型阻燃剂组分之一，APP 广泛应用于膨胀型防火涂料、聚乙烯、聚丙烯、聚氨酯、环氧树脂、橡胶制品、纤维板及干粉灭火剂等，是一种使用安全的高效磷系非卤消烟阻燃剂。

6. 氢氧化铝和氢氧化镁

阻燃填料，不产生毒气，价廉，缺点是加入量大，影响其他性能。

1）氢氧化铝[$Al(OH)_3$]

相对密度为 2.42，折光率为 1.57，在水中 pH 为 8，受热失水成为氧化铝，在 220～600℃之间失水量为 34.6%，而且在失水时吸热。

2）氢氧化镁[$Mg(OH)_2$]

相对密度为 2.36，折光率为 1.56，在水中的 pH 为 8，莫氏硬度为 2.5。

当塑料燃烧时，它们发生分解，吸收大量热量，生成水，水汽化需要吸收大量潜热，从而降低塑料温度，使放出的可燃性气体减少。另外，水蒸气稀释了可燃性气体，减缓和阻止了燃烧。

$$2Al(OH)_3 \longrightarrow Al_2O_3 + H_2O - 1967.2\ J \cdot g^{-1}$$

$$Mg(OH)_2 \longrightarrow MgO + H_2O - 783\ J \cdot g^{-1}$$

$Al(OH)_3$分解温度小于210℃，故常用于PE、PVC等低T_f通用塑料的阻燃，而$Mg(OH)_2$分解温度为340℃，故既可用于通用塑料，又可用于高T_f工程塑料的阻燃。

7. 其他

1）水合硼酸锌（$ZB \cdot xH_2O$）

水合硼酸锌的阻燃机理是：当温度高于300℃时，水合硼酸锌受热分解，释放出结晶水，起到吸热冷却作用和稀释空气中氧气的作用；另外，在高温下硼酸锌分解生成B_2O_3（若材料中含有氯或溴时还生成ZnX_2、ZnOX，X为Cl或Br），附着在聚合物的表面上形成一层覆盖层，此覆盖层可抑制可燃性气体产生，也可阻止氧化反应和热分解作用。此外，在含卤材料中，燃烧时还产生BX_3，BX_3与气相中的水作用生成HX，在火焰中有卤素原子自由基生成，该自由基能阻止羟基自由基的链反应，从而起到阻燃作用。

2）三氧化二锑（Sb_2O_3）

外观为白色粉末，相对密度为5.67，熔点为655℃，沸点为1456℃，折光率为2.087，不溶于水、稀硝酸和有机溶剂，溶于浓硫酸、浓盐酸、碱和酒石酸溶液。Sb_2O_3单独使用只在PVC中有效，一般需与卤系阻燃剂并用，起协同作用。其与卤系阻燃剂分解放出的卤化氢反应，生成产物能有效捕捉羟基自由基，从而具有显著阻燃作用。

3）三氧化钼（MoO_3）

常用阻燃抑烟剂多为三氧化钼、钼酸铵的混合物。

（五）阻燃剂的发展

现有阻燃剂中，阻燃效率高的绝大多数是含卤（如溴、氯）化合物。但含卤素阻燃剂存在致命的缺点：腐蚀性强，着火时烟雾大，分解产生大量有害的物质，在自然界中能长期存在，造成环境问题，在生物体内积累与残留。

为满足欧盟发布RoHS指令中的要求（表2-27），开发替代溴系的无卤阻燃剂，以促进我国家电塑料制品及相关绿色产业链的形成和解决溴系阻燃剂相关产品的出口受制约问题。因此需要开发高效、无卤、低烟、低毒，对材料其他性能影响小的环境友好阻燃剂。

1. PVC的抑烟剂

硬质PVC的含氯量达56%，其氧指数可大于45%，只有在极个别情况下才需进一步阻燃。软质PVC中含氯量降至约36%，氧指数最低可降至约22%，所以软质PVC的阻燃是必要的，但抑烟则是硬质和软质PVC所共同要求的。PVC的生烟量在常用塑料中是最大的。火灾中发生的死亡事故80%是由燃烧释放的烟和有毒气体窒息造成的，PVC塑料广泛应用于建材、装潢、电线电缆等领域，所以PVC的抑烟具有特别重要的意义，如加入硼酸锌、氢氧化铝、二茂铁、八钼酸铵、锡酸锌等。

2. 膨胀型阻燃剂

膨胀型阻燃剂（IFR）是指使聚合物燃烧或受热时发生膨胀或发泡现象的物质，其最早用于防火涂料中，随后用于阻燃聚丙烯等塑料，是一种聚合物阻燃技术中的新型阻燃剂。其具有高效、低烟、低毒、无熔滴等特点，因此越来越多地应用于各种材料中。

1）组成

膨胀型阻燃剂有三个基本要素，即酸源、碳源和气源。酸源又称脱水剂或碳化促进剂，一般是无机酸或燃烧中能原位生成酸的化合物，如磷酸、硼酸、硫酸和磷酸酯等；碳源也称成碳剂，它是形成泡沫碳化层的基础，主要是一些含碳量高的多羟基化合物，如淀粉、蔗糖、糊精、季戊四醇、乙二醇、酚醛树脂等；气源也称发泡源，是含氮化合物，如尿素、三聚氰胺、聚酰胺等。三组分中，酸源最为主要，比例最大，且阻燃元素含于酸源中，所以酸源是真正意义上的阻燃剂，碳源和发泡剂则是协效剂。

2）阻燃机理

IFR的阻燃作用主要是依靠在材料表面形成多孔泡沫碳层，它是一个多相系统，含有固体、液体和气体产物。碳层阻燃性质主要体现在：使热难以穿透凝聚相，阻止氧气进入燃烧区域，阻止降解生成的气态或液态产物溢出材料表面。多孔泡沫碳层形成过程为：在150℃左右，酸源产生能酯化多元醇和可作为脱水剂的酸，在稍高的温度下，酸与碳源进行酯化反应，而体系中的氨基则作为酯化反应的催化剂，加速反应。体系在酯化反应前和酯化过程中熔融，反应过程中产生的不燃性气体使已处于熔融状态的体系膨胀发泡，与此同时，多元醇和酯脱水碳化，形成无机化合物及碳残余物，体系进一步发泡。反应接近完成时，体系胶化和固化，最后形成多孔泡沫碳层。其过程见图2-6。

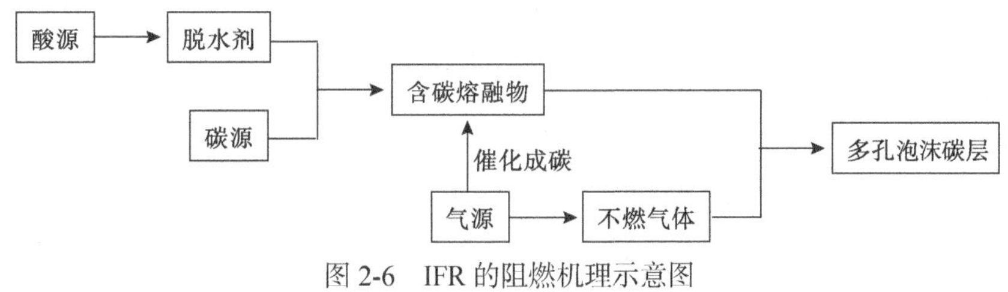

图2-6 IFR的阻燃机理示意图

3）阻燃剂应满足条件

加入聚合物中的膨胀型阻燃剂，应满足以下条件：

（1）热稳定性好，能经受聚合物加工过程中200℃以上的高温。

（2）由于聚合物热降解要释放大量挥发性物质并形成残渣，因而该过程不应对膨胀发泡过程产生不良影响。

（3）尽管该类阻燃剂是均匀分布在聚合物基体中，但在材料燃烧时要能形成一层完全覆盖于材料表面的膨胀碳层。

（4）阻燃剂要与聚合物有良好的相容性，不与聚合物和添加剂发生不良反应，不能过多恶化材料的物理、机械性能。

（5）阻燃剂必须与聚合物类型相匹配，才能有效发挥阻燃功效。这种匹配包括其热行为、受热条件下形成的物种及其他。

4）无卤膨胀型阻燃剂改性 PP

一种 IFR 阻燃 PP 的配方为：PP∶IFR = 70∶30（质量比），IFR 组成为：聚磷酸铵（酸源）63%，季戊四醇（碳源）7%，三聚氰胺脲酸盐（气源 1）10%，三聚氰胺（气源 2）20%。

其性能为：MFR 为 0.64 $g \cdot (10min)^{-1}$，拉伸强度为 29.7 MPa，冲击强度为 2.27$kJ \cdot m^{-2}$，氧指数为 35%。

七、偶联剂

增加无机化合物与有机化合物之间亲和力，具有两性结构的物质，称为偶联剂。其在无机化合物和聚合物之间，通过物理的缠绕或进行某种化学反应，形成牢固的化学键，从而使两种性质大不相同的材料紧密结合起来。

偶联剂在复合材料中的作用在于它既能与增强材料表面的某些基团反应，又能与基体树脂反应，在增强材料与树脂基体之间形成一个界面层，界面层能传递应力，从而增强了增强材料与树脂之间的黏合强度，提高了复合材料的性能，同时还可以防止其他介质向界面渗透，改善了界面状态，有利于制品的耐老化、耐应力及电绝缘性能。

（一）分类及品种

1. 硅烷偶联剂（silane coupling agent）

硅烷偶联剂一般写为 $YSiX_3$，偶联剂中的硅原子一头连接着能够水解的烷氧基 X，其能水解生成硅醇，易与无机化合物表面的羟基反应，另一头连接着能够与聚合物分子有亲和力或反应能力的活性官能团 Y。水解是偶联作用的基础，对含硅酸成分多的玻璃纤维、石英粉、白炭黑、陶土效果好，对碳酸钙等效果不好。

其有机基 Y 对聚合物反应有选择性，Y 中含有氨基时，可与含羧基、环氧基、异氰酸基等的聚合物（如 EP、PU）反应；含有环氧基时，可与含羟基、羧基、氨基等的聚合物（如 EP、UP、PF、PA、PU）反应；含有双键时，可与含双键的聚合物（如 UP）交联；含有过氧基、叠氮基时，几乎可与所用类型的聚合物（如 PE、PP、EPDM、SBS、NR）反应。

1）水解型有机硅烷偶联剂作用机理

当用于填料表面处理时，硅烷偶联剂分子中 X 部分首先在水中水解形成反应性活泼的多羟基硅醇，然后与填料表面的羟基缩合而牢固结合，偶联剂的另一端 Y 基团，则与高分子长链缠结或发生化学反应。

$$Y-Si(X)_2-X \xrightarrow{\text{水解}} Y-Si(OH)_2-OH \xrightarrow{\text{吸附}} Y-Si(OH)_2\cdots H-O- \xrightarrow{\text{缩合}} Y-Si(-O-)-O-Si(-O-)-Y$$

2）常用的品种

（1）γ-氨丙基三乙氧基硅烷（商品牌号 KH-550，A-1100），分子量为 221，外观为无色透明液体，相对密度为 0.939～0.943，折光率为 1.42，沸点为 222℃，闪点为 104℃，最小包覆面积为 354 $m^2 \cdot g^{-1}$。结构式：$NH_2(CH_2)_3Si(OC_2H_5)_3$。

（2）γ-(2,3-环氧丙氧基)丙基三甲氧基硅烷（商品牌号 KH-560，A-187），外观为无色透明液体，相对密度为 1.065～1.070，折光率为 1.427，沸点为 290℃，闪点为 135℃，最小包覆面积为 332 $m^2 \cdot g^{-1}$。结构式：$CH_2OCHCH_2O(CH_2)_3Si(OCH_3)_3$。

（3）γ-(甲基丙烯酰氧基)丙基三甲氧基硅烷（商品牌号 KH-570，A-174），外观为无色透明液体，相对密度为 1.04，折光率为 1.43，沸点为 255℃，闪点为 138℃，最小包覆面积为 316 $m^2 \cdot g^{-1}$。结构式：$CH_2{=\!=}C(CH_3)COOCH_2CH_2CH_2Si(OCH_3)_3$。

（4）乙烯基三乙氧基硅烷（商品牌号 A-151），外观为无色透明液体，相对密度为 0.89，折光率为 1.40，沸点为 161℃，闪点为 45℃，最小包覆面积为 411 $m^2 \cdot g^{-1}$。结构式：$CH_2{=\!=}CHSi(OCH_2CH_3)_3$。

（5）乙烯基三（β-甲氧基乙氧基）硅烷（商品牌号 A-172），相对密度为 1.04，折光率为 1.43，沸点为 285℃，闪点为 64℃，最小包覆面积为 279 $m^2 \cdot g^{-1}$。结构式：$CH_2{=\!=}CHSi(OCH_2CH_2OCH_3)_3$。

2. 钛酸酯偶联剂（titanate coupling agent）

1）基本结构

结构通式为$(RO)_m$—Ti—$(OX—R'—Y)_n$，其中，$1 \leqslant m \leqslant 4, m+n \leqslant 6$。可划分为以下 6 个功能区：

（1）RO：能与无机化合物表面羟基等起作用，形成能包围填料单分子层的基团；

（2）—Ti—（…）：在聚酯、环氧树脂等体系中发生酯基转移与交联；

（3）OX：Ti 中心连接基团，决定钛酸酯特性（如含磷可以兼有阻燃、粘接、耐腐蚀性能），可为烷氧基、羧基、亚磷酰氧基等；

（4）R′：长碳链部分，碳原子数为 11～17，保证与大分子的缠结与混溶作用；

（5）Y：普遍为氢原子，也可为不饱和双键、氨基、羟基等，通过它们与大分子反应发生化学偶联；

（6）m、n：官能团数，控制交联度。

2）主要类型

（1）单烷氧基型：分子中只有一个易水解的短链 RO，适于表面不含游离水，只含化学或物理键合水或表面有羟基、羧基的干燥填料，如干燥过的碳酸钙。缺点是易水解，不适用于含水量高的填料。常用品种有三异硬脂酰基钛酸异丙酯（商品牌号：TTS），为红棕色油状液体，分子量为 915，相对密度为 0.99，闪点为 179℃。

TTS 的偶联机理示意图如下：

$$\begin{matrix} \sim—OH \\ \sim—\underset{\underset{O}{\|}}{C}OH \end{matrix} \xrightarrow{TTS} \begin{matrix} \sim—O—Ti—[O\underset{}{\overset{\overset{OCH_3}{|}}{\overset{\|}{C}}}CH(CH_2)_{14}CH_3]_3 \\ \sim—\underset{\underset{O}{\|}}{C}O—Ti—[O\underset{\underset{OCH_3}{|}}{\underset{\|}{C}}CH(CH_2)_{14}CH_3]_3 \end{matrix} + (CH_3)_2CHOH$$

（2）单烷氧基焦磷酸酯基型：适于含湿量较高的填料，如陶土、滑石粉等。处理填料时，除单烷氧基与填料的羟基、羧基反应之外，游离水会使部分焦磷酸酯水解成磷酸酯，其偶联机理示意图如下：

$$\left\{\begin{array}{l}\cdots H_2O\\ —OH\\ —\underset{\|}{C}OH\ (=O)\end{array}\right. + R'O—Ti—[O\underset{O}{\overset{OH}{P}}O\underset{O}{P}(OR)_2]_3 \longrightarrow \begin{array}{l}—O—\overset{(OR)_2PO}{Ti}—[O\underset{O}{\overset{OH}{P}}O\underset{O}{P}(OR)_2]_2\\ —\overset{O}{\overset{\|}{C}}—\underset{(OR)_2PO}{Ti}—[O\underset{O}{\overset{OH}{P}}O\underset{O}{P}(OR)_2]_2\end{array} + (HO)_3P=O + R'OH$$

常用的为异丙基三（二辛基焦磷酸酰氧基）钛酸酯（商品牌号：TTOPP-38S、NDZ-201），为微黄色半透明黏稠液体，不溶于水，溶于石油醚、丙酮，不易水解，闪点为 150℃，分解温度为 210℃。

（3）螯合型：适于高湿填料和含水聚合物体系，如湿法二氧化硅。水解稳定性好，适用性强。

常用的为双（二辛氧基焦磷酸酰氧基）乙撑钛酸酯（商品牌号：ETDOPP-238S、NDZ-311），为淡黄色透明黏稠液体，不溶于水，溶于石油醚、丙酮，不易水解，分解温度为 210℃，闪点为 160℃。

其在填料表面的偶联机理如下：

$$\left\{\begin{array}{l}—OH\\ —\underset{\|}{C}OH\ (=O)\end{array}\right. + \begin{array}{l}CH_2—O\\ |\\ CH_2—O\end{array}\!\!>Ti—(OR)_2 \longrightarrow \begin{array}{l}—O—\overset{CH_2CH_2OH\text{—}O}{Ti}—(OR)_2\\ —\underset{\|}{C}O—\underset{O—CH_2CH_2OH}{Ti}—(OR)_2\ (=O)\end{array}$$

（4）配位体型：分子中心原子 Ti 为六配位和含有烷氧基，可避免含四价 Ti 的钛酸酯在 UP 和 EP 中发生酯交换等副反应。常用的是四异丙基二（二辛基亚磷酸酰氧基）钛酸酯（商品牌号：TTOPI-41B、NDZ-401），为黄色黏稠液体，不溶于水，溶于石油醚、丙酮，分解温度为 260℃，相对密度为 0.945。

3. 铝酸酯偶联剂（aluminate coupling agent）

铝酸酯偶联剂是福建师范大学在 20 世纪 80 年代末研制出来的偶联剂，由于它呈蜡状固体，颜色为浅白色，应用方便，价格低廉，受到广大用户的欢迎，目前是填充改性塑料中应用最广泛的偶联剂品种之一。

铝酸酯偶联剂的化学通式为$(RO)_x—Al(—D_n)—(OCOR')_m$，式中，$D_n$为配位基团，如 N、O 等；RO 为与无机粉体表面活泼质子或官能团作用的基团；COR′为与高聚物基料作用的基团。例如，DL-411，结构示意式为（C_3H_7O）$_x$Al（OCOR′）$_m$（OCOR″）$_n$（OAB），外观为白色或浅黄色蜡状固体，熔点为 75～80℃，热分解温度为 300℃，不溶于水，溶于异丙醇、苯、二甲苯、氯仿等有机溶剂。

铝酸酯偶联剂与无机粉体表面的作用机理与钛酸酯偶联剂类似。

铝酸酯偶联剂具有与无机粉体表面反应活性大、色浅、无毒、味小、热分解温度较高、使用时无须稀释以及包装运输和使用方便等特点。

研究发现，在 PVC 填充体系中铝酸酯偶联剂有很好的热稳定协同效应和一定的润湿增塑效果。因此铝酸酯偶联剂广泛应用于各种无机填料、颜料及阻燃剂，如重质碳酸钙、轻质碳酸钙、碳酸镁、磷酸钙、硫酸钡、硫酸钙、滑石粉、钛白粉、氧化锌、氧化铝、氧化镁、铁红、铬黄、炭黑、白炭黑、立德粉、云母粉、高岭石、膨润土、炼铝红泥、叶蜡石粉、海泡石粉、硅灰石粉、粉煤灰、玻璃粉、玻璃纤维、氢氧化镁、氢氧化铝、三氧化二锑、聚磷酸铵、偏硼酸锌等的表面改性处理。经改性后的填料、阻燃剂、颜料，可适用于塑料、橡胶、涂料、油墨、层压制品和黏合剂等复合制品。

4. 铝酸锆偶联剂（zircoaluminate coupling agent）

美国 Cavedon 化学公司于 1983 年开发成功，其是含铝酸锆的低分子量的无机聚合物，在分子主链上络合两种有机配位基，一种配位基赋予偶联剂良好的羟基稳定性和水解稳定性，另一种配位基赋予偶联剂良好的有机反应性。铝酸锆偶联剂与无机填料的反应主要是通过 Al-Zr 之间的配位来实现的。由于其对无机填料的表面改性不可逆，故不仅可以改善填料的分散性及降低体系的黏度，而且有机基团的作用，可大大提高填料和基体的结合力，增强复合体系的强度，故其又称表面改性剂。

铝酸锆偶联剂可显著降低填充体系黏度，提高分散性，增加填充量。它不仅可用于碳酸钙、高岭土、氢氧化铝、二氧化钛、白炭黑等，也可应用于涂料、黏合剂等。但其在我国的应用并不广泛。

5. 铬类偶联剂

如甲基丙烯酸氯化铬的络合物，使用较早，处理玻璃纤维效果好，其因具有毒性，目前已被淘汰。

6. 高分子偶联剂

常用的各类表面活性剂和偶联剂都是小分子物质，在处理填料时存在不足之处，如高含量填料下以及制品性能要求更高时，小分子偶联剂就无法解决制品性能劣化的问题，而用高分子偶联剂则显示了一定的优越性。其种类如下：

（1）液态或低熔点的低聚物或高聚物：如无规聚丙烯、聚乙烯蜡、羧化聚乙烯蜡、氧化聚乙烯、聚 α-甲基苯乙烯和各种聚醚等。

（2）液态或低熔点的线型缩合预聚物：如环氧树脂、酚醛树脂、不饱和树脂、聚酯。

（3）带有极性基接枝链或嵌段链的高分子增容剂：如顺丁烯二酸酐（马来酸酐，MAH）接枝改性的聚合物 PE-*g*-MAH、PP-*g*-MAH、SBS-*g*-MAH、EVA-*g*-MAH、POE-*g*-MAH 等。

常用的马来酸酐官能化聚烯烃，作为反应性加工助剂可使玻璃纤维增强聚烯烃材料的力学性能获得极大的提高，可显著改善聚烯烃材料与工程塑料的相容性和界面黏合性，提高材料的力学性能。例如，PP-*g*-MAH（MPP-50）改性玻璃纤维增强聚丙烯的性能见表 2-30。

表 2-30 MPP-50 改性玻璃纤维增强聚丙烯的性能

项目	PP/GF	PP/MPP-50/GF	PP/MPP-50/GF
原料配比（质量份）	70/30	75/5/20	63/7/30
拉伸强度/MPa	44	70	92
弯曲强度/MPa	65	98	118
弯曲模量/GPa	2.5	4.0	5.0
简支梁缺口冲击强度/（$kJ \cdot m^{-2}$）	6.7	9.0	14.0
热变形温度/℃	136	148	152

注：PP-*g*-MAH（MPP-50）由南京强韧塑胶有限责任公司提供。

（4）线型或梳型的高分子超分散剂。

（5）高熔体流动速率而低熔点的聚合物，如某些品种的 EVA、LDPE 等。

（6）聚合物溶液或乳液。

（二）使用方法

1. 硅烷类

1）无机化合物直接处理法

先将无机化合物经硅烷处理，然后加入树脂中。

（1）干法：喷雾法，边搅拌边将硅烷水溶液均匀地喷在无机化合物表面，利用率高，但不易均匀分布到每一个粒子表面上。

（2）湿法：浸渍法，在无机填料制造过程中用硅烷处理液浸渍，或将硅烷添加到填料浆料中。

2）多组分混合法

将偶联剂直接或通过混合料加到树脂中。

在实际应用中真正起偶联作用的是微量偶联剂形成的单分子层，过多使用既不必要又有害。为使偶联剂均匀分布，一般配成 0.5%～1%稀溶液（水、醇、丙酮等）。

硅烷理论用量的计算公式如下：

$$硅烷用量(g) = 填料用量(g) \times 填料比表面积(m^2 \cdot g^{-1})/硅烷最小包覆面积(m^2 \cdot g^{-1})$$

2. 钛酸酯类

常用无机化合物直接干法处理。其用量为填料量的 0.25%～2%，稀释剂（汽油、苯、乙醇、白油等）：偶联剂（1∶1）均匀喷在填料表面上。但注意硬脂酸、酯类增塑剂、有机醇类含—COOH、—OH 组分，应在偶联剂对填料处理 3～4min 后加入，以防偶联剂失效。

3. 铝酸酯类

1）预处理填料法

填料在高混机中（预热 110～130℃）搅拌烘干 10 min，分三次加入偶联剂，每次间隔 2 min，加入偶联剂至出料的总时间为 8～10 min。

2）直接加入法

填料含水量 $<0.3\%$，可直接在高速混合时加入偶联剂，方法同上。

但注意硬脂酸、酯类增塑剂、有机醇类含—COOH、—OH 组分，应在偶联剂对填料处理 3～4 min 后加入，以防偶联剂失效。也应注意在混合后期再加入含—COOH、—OH 助剂。

八、抗静电剂

抗静电剂是一种能防止产生静电荷，或能有效地消散静电荷的以表面活性剂为主体的化学添加剂。

（一）静电现象及其危害

1. 静电现象

当两种不同物质相互摩擦时，在它们之间会发生电子的转移，即产生了静电。聚合物的静电现象主要产生于聚合物与成型加工设备之间的摩擦、拉幅、拉丝等过程。由于大多数聚合物都有很好的绝缘性，故静电产生后就很难散失而不断积累起来，从而对塑料加工和使用造成不利的影响。

2. 静电的危害

静电妨碍正常的加工工艺，静电作用损坏产品质量，可能危及人身及设备安全。

静电现象有时也能加以利用，例如，静电复印、静电记录、静电印刷、静电涂覆、静电分离与混合、静电医疗等，都成功地利用了高分子材料的静电作用。

（二）解决方法

塑料在摩擦时易带上静电，消除方法有调节环境湿度法，增大空气湿度，以利于静电导走；或用机械除电器法，通过机械导体导走静电。这两种方法受工艺过程和设备条件限制，并且抗静电有效期短，只能在特定条件下使用。比较常用的方法是添加抗静电剂和表面涂覆导电法。

1. 将抗静电剂加到高分子材料中或涂布在表面

抗静电剂是一些表面活化剂，如阴离子型（烷基磺酸钠、芳基磺酸酯等）、阳离子型（季铵盐、胺盐等）以及非离子型（聚乙二醇等）。纤维纺丝工序中采取“上油”的方法，在纤维表面涂上一层吸湿性的油剂，以增加导电性。

2. 提高高聚物的体积电导率

最方便的方法是添加炭黑、金属细粉或导电纤维，制成防静电橡皮或防静电塑料。

（三）分类及品种

1. 对抗静电剂的要求

亲水性强；与高聚物的相容性好；容易分散混合；稳定性好；无毒、无味、无害；加入后不影响高聚物的其他性能。

2. 分类

1）按使用方法分类

（1）外表型：配成溶液涂布于制品表面，暂时性的；

（2）内部添加型：通过熔体、溶液混合等方法，加入聚合物内部。

2）按化学结构分类

（1）导电性填料型：炭黑、碳纤维、石墨、金属粉末和纤维等；

（2）阳离子型表面活性剂：胺盐、季铵盐、烷基咪唑啉等；

（3）阴离子型表面活性剂：烷基磷（硫、磺）酸酯（盐）；

（4）两性离子型表面活性剂：烷基甜菜碱等；

（5）非离子型表面活性剂：甘油脂肪酸酯等。

3. 常用的品种

1）单硬脂酸甘油酯（GMS）

外观为乳白色至浅黄色蜡状固体，熔点为56～58℃，相对密度为0.97，不溶于水，溶于乙醇、异丙醇、苯等有机溶剂。适用于PE、PP、PVC等制品，具有热稳定性高、抗静电性相对持久、成本效能平衡性好等特点。其与亚乙基双硬脂酰胺（EBS）配合时能显著提高抗静电性能。无毒、无腐蚀性，可用于食品包装。

2）抗静电剂LDN（*N,N'*-二乙醇基月桂酰胺）

是多种塑料的高效抗静电剂，特别适用于聚烯烃、PS和UPVC中，用量为0.1%～1%。

3）抗静电剂477 [*N*-(3-十二烷氧基-2-羟基丙基)乙醇胺]

白色粉末，具有良好的热稳定性，在挤出、注塑加工中不分解变色。对PE特别是HDPE的抗静电效果最为显著，也可用于PP、PS等。用量为0.15%左右。

（四）作用机理

本质是降低材料的表面电阻，提高表面对电荷的泄漏能力。目前使用的抗静电剂大多是表面活性剂，含有亲水和亲油基团，加入塑料中，在塑料-空气的界面，抗静电剂的亲水基都向着空气一侧排列，形成一个单分子导电层。当由于摩擦、洗涤等使表面抗静电剂单分子层缺损时，塑料内部抗静电剂分子不断向表面迁移，补充缺损的单分子层，继续发挥作用。但在相对湿度低、空气十分干燥的地区，表面活性剂型抗静电剂会失效。

九、润滑剂

为改善塑料熔体流动性能，减少或避免熔体对设备的摩擦和黏附以及改进制品表面光洁度等而加入的助剂称为润滑剂。

（一）润滑剂的要求与分类

1. 要求

分散性良好；与聚合物有适当的相容性；热稳定性良好；不损害最终产品的性能；不引起颜色漂移；无毒性；廉价。

2. 分类

1）按作用机理分类

（1）内润滑剂：能够降低聚合物分子间的摩擦（内摩擦）而加入的润滑剂。内润滑剂与聚合物有一定的相容性，能使大分子间的作用力略有降低，使分子链间能够相互滑移和旋转，从而使分子间的内摩擦减小，流动性增加。

（2）外润滑剂：主要是为降低聚合物与加工设备内表面之间的摩擦（外摩擦）而加入的润滑剂。与内润滑剂相比，外润滑剂与聚合物的相容性较小，加工时润滑剂分子易从聚合物内部迁移到表面，在熔融聚合物与加工设备的界面形成定向排列的隔离润滑层，减少了两者之间的摩擦。

有不少润滑剂兼具内润滑与外润滑两种作用，常用的有脂肪酸（C_{18}～C_{28}）的金属皂，如硬脂酸钙 $C_{17}H_{35}COOCaCOOC_{17}H_{35}$。

内、外润滑剂之分只是相对而言，并无严格划分标准。在极性不同的树脂中，内、外润滑剂的作用有可能发生变化。例如，硬脂醇、硬脂酰胺、硬脂酸丁酯及硬脂酸单甘油酯对于极性树脂如 PVC 及 PA 而言，起内润滑作用；但对于非极性树脂（如 PE 及 PP）而言，则显示外润滑剂作用。相反，高分子蜡、石蜡等与极性树脂的相容性差，如在极性 PVC 中用作外润滑剂，而在 PE 及 PP 等非极性树脂中则为内润滑剂。

在不同加工温度下，内、外润滑剂的作用会发生变化。例如，硬脂酸和硬脂醇用于 PVC 压延成型初期，由于加工温度低，与 PVC 相容性差，主要起外润滑作用；当温度升高后，与 PVC 相容性增大，则变为起内润滑作用。

2）按化学结构分类

（1）烃类：液体石蜡、天然石蜡、微晶石蜡、聚乙烯蜡、氯代烃、氟代烃等；

（2）脂肪酸类：高级脂肪酸、羟基脂肪酸等；

（3）酰胺类：脂肪酰胺、烷撑双脂肪酰胺等；

（4）酯类：脂肪酸低级醇酯和高级醇酯、脂肪酸多元醇酯、脂肪酸聚乙二醇酯等；

（5）醇类：高级脂肪醇、多元醇、聚乙二醇、聚丙二醇等；

（6）金属皂类：硬脂酸铅、钡、钙盐等；

（7）复合润滑剂：以上几种的混合物。

（二）常见品种

1. 饱和烃类

饱和烃类按极性可分为非极性烃（如聚乙烯蜡和聚丙烯蜡）、极性烃（如氯化石蜡及氧化聚乙烯蜡等）。主要用作 PVC 无毒外润滑剂。

（1）液体石蜡：俗称白油，为无色透明液体。

（2）固体石蜡：又称天然石蜡，为白色固体。

（3）微晶石蜡：又称高熔点石蜡，外观为白色或淡黄色固体，因结晶微细而称为微晶石蜡。润滑效果和热稳定性好于其他石蜡。

（4）低分子量聚乙烯：又称聚乙烯蜡，外观为白色或淡黄色固体，透明性差。

（5）氧化聚乙烯蜡：为聚乙烯蜡部分氧化的产物，外观为白色粉末；具有优良的内、外润滑作用，透明性好，价格低；用量为 0.1～1.0 份。

（6）氯化石蜡：同 PVC 相容性好，透明性差，与其他润滑剂并用效果好。

2. 金属皂类

金属皂类既是优良的热稳定剂，又是一种润滑剂，其兼有内、外润滑作用，不同品种的侧重稍有不同。常用的有 PbSt、LiSt、CaSt、ZnSt、BaSt。

3. 脂肪族酰胺

包括单脂肪酰胺和双脂肪酰胺两大类。单脂肪酰胺主要呈内润滑作用，具体品种有硬脂酸酰胺、芥酸酰胺及蓖麻油酸酰胺等；双脂肪酰胺主要呈外润滑作用，具体品种有 *N,N'*-亚乙基双硬脂酸酰胺及 *N,N'*-亚乙基双蓖麻醇酸酰胺等。

4. 脂肪酸类

（1）硬脂酸：是仅次于金属皂类而广泛应用的润滑剂，PVC 中用量少时，可起内润滑作用；用量大时，起外润滑作用。

（2）羟基硬脂酸：与 PVC 相容性好，显示内润滑作用，但热稳定性差。

5. 脂肪酸酯类

（1）硬脂酸丁酯：外观为无色或淡黄色油状液体，在 PVC 中以内润滑为主，兼有外润滑作用。

（2）单硬脂酸甘油酯：外观为白色蜡状固体，为 PVC 的优良内润滑剂。对透明性影响小，可与硬脂酸并用。

6. 脂肪醇类

（1）硬脂醇：外观为白色细珠状物，起内润滑作用，透明性好。可用于 PS 中。

（2）季戊四醇：PVC 高温润滑剂。

（三）润滑剂的选用原则

1. 依不同加工方法选择

1）压延成型

目的是防止黏辊、降低熔体黏度及提高流动性。润滑剂应以内润滑剂和外润滑剂配合使用，常用品种以金属皂为主，并适当配以硬脂酸。

2）挤出及注塑成型

目的是降低黏度、提高流动性及易于脱模。润滑剂一般以内润滑剂为主，主润滑剂一般以酯、蜡配合使用。

3）模压及层压成型

以外润滑剂为主，常用品种为蜡类润滑剂。

4）糊制品的成型

润滑剂用量较少，以内润滑剂为主，并以液体润滑剂为宜。

2. 依不同制品选用

1）软制品

软制品中因含有大量增塑剂，而增塑剂大多兼有优良的润滑性，所以润滑剂的用量较少。

（1）在透明膜配方中，选用金属皂类和液体复合稳定剂，配合使用硬脂酸（用量小于 0.5 份）。

（2）对于吹塑膜，为防止粘连，可选用硬脂酸单甘油酯。

（3）在电缆料配方中，如加入填料，可采用高熔点蜡 0.3～0.5 份为润滑剂。

2）硬制品

润滑剂的使用量大于软制品，对润滑性能要求较高。

（1）透明无毒制品如吹塑瓶及透明片材等，常用的有 OP 蜡、E 蜡（褐煤酸酯蜡）等，加入量为 0.3～0.5 份，也可与 0.5 份硬脂酸正丁酯或 0.5 份硬脂酸配合。

（2）不透明制品如板材及管材等，常以金属皂、石蜡及硬脂酸并用。金属皂加入量为 1～2 份，石蜡及硬脂酸加入量为 0.3～0.5 份。

3. 共混树脂的影响

（1）为改善 PVC 的抗冲击性能，常共混 ABS、CPE 及 MBS 等树脂；但由于这些共混树脂与润滑剂相容性大，故需相应增加润滑剂使用量。

（2）为改善 PVC 的表面光泽，常加入氯乙烯-乙酸乙烯酯共聚物，也需要相应增加润滑剂用量。

4. 润滑剂与其他助剂的关系

（1）PVC 中的热稳定剂有一定的润滑作用，不同热稳定剂的润滑性大小如下：

金属皂 > 液体复合金属皂类 > 铅盐 > 月桂酸锡 > 马来酸锡、有机硫醇锡

因此，对于润滑作用大的热稳定剂，在其配方中可相应减少润滑剂的用量。有机硫醇锡类热稳定剂缺乏外润滑性，配方中需适当加入外润滑剂；而二丁基锡羧酸酯热稳定剂的外润滑作用突出，配方中可适当减少外润滑剂的用量。

（2）加工助剂大多兼有外润滑功能，可相应减少润滑剂的加入量。

（3）配方中含有大量非润滑填料时，应相应增加内、外润滑剂的加入量。

5. 润滑剂的用量

在一个配方中，一般应选用内、外润滑剂并用。润滑剂的用量随加工方法不同而异。

（1）压延成型：内润滑剂 0.3～0.8 份，外润滑剂 0.2～0.8 份；

（2）挤出及注塑成型：内润滑剂 0.5～1.0 份，外润滑剂 0.2～0.4 份。

十、成核剂

成核剂在塑料工业上的应用有两类：一类是应用于泡沫塑料的生产中，泡沫塑料的成型过程一般包括三个阶段，即气泡核的形成、长大和泡沫体的固化定型。其中气泡核的形成阶段是关键，它决定泡孔的数量和分布。根据经典的成核机理，成核分为均相成核和异相成核两种类型，气泡核的形成是在亚稳态的情况下进行的，当聚合物基体连续相中产生了气体（或者溶剂）分散相的气泡时，此时是均相成核现象。而当两相界面的气泡成核时，就会出现非均相成核的现象，此时由于体系中含有不溶的固体颗粒，气泡成核会优先在这些颗粒的表面发生，即所谓的异相成核。异相成核由于可以显著降低成核自由能获得大量泡孔，有利于气泡成核。气泡核的形成方法很多，目前在化学和物理发泡成型中常采用加入成核剂的方法，这是利用成核剂与熔体间的界面形成大量低势能点作为成核点。例如，有些无机填料粉末（如二氧化钛、碳酸钙、滑石粉）可作为发泡材料的成核剂。另一类是促进不完全结晶塑料结晶，并使晶粒结构微细化的改性助剂。其有助于提高制品的刚性、硬度、表面光泽度、透明性；缩短成型周期，保证最终制品的尺寸稳定性。本部分主要介绍后一类成核剂。

（一）聚合物的结晶过程与成核剂

1. 聚合物的结晶过程

聚合物晶体是一类特殊的大分子晶体，由于聚合物分子量较大和其分布较宽，因此，聚合物晶体的结晶度一般较低。成核和生长是聚合物结晶的两个主要步骤。当熔体冷却时，熔融状态的无规聚合物分子链自身取向为适当的构型，并排列成分别称为纤丝或片晶的一维或二维构型，这个过程称为成核。在生长期，这些链互相吸引，进一步排列、沉积，长大为球晶。

聚合物熔体的冷却结晶过程非常复杂，关于结晶机理还没有定论。但聚烯烃结晶过程可以归结为下面几步：①一次成核；②聚烯烃分子链段运动到晶核附近；③聚烯烃分子链的解缠结；④聚烯烃分子链段吸附到晶核上；⑤在生长表面成核（二次成核）；⑥分子成核；⑦晶体生长；⑧晶体结构的完善。在成核阶段，高分子链段规则排列生成一个足够大的、热力学上稳定的晶核，随后晶核生长形成球晶。

成核方式根据结晶过程是否存在异相晶核而分为均相成核和异相成核。均相成核是指处于非晶态的熔体由于温度的变化自发形成晶核的过程，这种成核方式往往获得的晶核数量少，结晶速率慢，球晶尺寸大，结晶度低，制品的加工难、性能差。异相成核是指聚合物熔体中存在固相“杂质”（成核剂）或未被破坏的晶核，通过在其表面吸附聚合物分子形成晶核的过程。异相成核能够提供更多的晶核，加快结晶速率，降低球晶尺寸，提高制品的结晶度和结晶温度，并赋予聚合物许多新的性能。

2. 对成核剂的要求

常用的聚烯烃成核剂的要求如下：

（1）成核剂与聚合物材料有良好的相容性，能降低界面、表面自由能；

（2）能在聚合物材料中分散为微细的颗粒；

（3）在聚烯烃的熔点以下不熔融、降解，在聚合物结晶温度下能保持在固体表面；

（4）尽量与聚合物有相同或相近的结构；

（5）成核剂应该稳定、低毒或无毒。

（二）成核机理

1. 异相成核理论

成核剂作为异相杂质，通过在其表面吸附聚合物分子而形成晶核。聚烯烃羧酸盐型成核剂拥有共同的结构特征，由相互交替的极性和非极性部分组成夹层状结构。羧酸盐型成核剂中有碳氢烷烃部分，成核剂的非极性部分在表面形成凹痕，容纳聚烯烃的分子链并促使其排列整齐，促进成核。成核剂分子和聚烯烃分子的结构相似性有助于结晶成核作用。聚烯烃成核剂的另一组成部分为极性基团，能增加成核剂分子间极性相互作用，使成核剂不能溶解在聚烯烃中。聚烯烃成核剂有非特异性，同一系列羧酸盐对某种聚烯烃都有成核作用，某一特定成核剂对几种化学结构不同的聚合物都有成核作用。

2. 附生机理

附生机理指某一晶体（客相）在另一晶体（主相）上沿着一个或多个严格限制的结晶学方向生长。有效的成核剂与聚烯烃之间存在严格的晶格匹配，只允许±（10%～15%）的匹配误差，这种在接触面的结构匹配可以是沿二维晶面或一维方向。该理论可以很好地解释有机磷酸盐成核剂、滑石粉和高分子型成核剂在聚丙烯中的成核机理。例如，有机磷酸盐成核剂 NA-11 的成核机理为：聚丙烯晶体 c 轴的尺寸接近于 NA-11 晶体 b 轴的尺寸，NA-11 晶体的 a 轴尺寸约为聚丙烯 a 轴的四倍。当发生附生结晶时，NA-11 的（001）面与聚丙烯的（010）面相接触。当聚丙烯从熔体结晶时，NA-11 引发聚丙烯链段的附生结晶，聚丙烯链段主要沿着垂直于成核剂边缘的表面而非顶部生长，成核自由能减小，成核速率加快。

3. 三维网络成核机理

山梨醇类成核剂在加工温度下可以溶解在聚丙烯熔体中，在熔体降温过程中，成核剂分子通过氢键作用形成均一的螺旋状纤维结构，直径大约为 10 nm，这些纤维形成极细的网状结构，聚丙烯的链段附着于这些网点之上结晶。成核剂分子的两个自由羟基通过氢键作用形成具有 V 字形构造的二聚体，V 字形的空穴大小约 1 nm，结晶时聚丙烯螺旋链段进入这个孔穴，通过聚丙烯甲基与成核剂的范德瓦耳斯力作用而促进结晶，当苯环上有给电子取代基时可以促进这种作用，从而提高成核剂的成核效率。

4. 化学成核机理

以上三种成核方式，属于物理成核机理。而典型的化学成核机理是苯甲酸盐在 PET 熔体中发生的化学成核反应，如苯甲酸钠在高温下能溶于 PET 熔体中，并且与 PET 分子链段发生反应，这种反应会导致分子链断裂并且生成离子链端基，这种离子链端基因离子键的作用而聚集到一起形成离子簇，这些离子簇会在熔体中析出而形成异相成核剂。苯甲酸钠与 PET 的反应式为

$$\sim\sim\sim \text{PET} \sim\sim\sim \overset{\overset{\displaystyle O}{\|}}{C}O- + \text{C}_6\text{H}_5\text{—COONa} \longrightarrow$$

$$\sim\sim\sim \text{PET} \sim\sim\sim \overset{\overset{\displaystyle O}{\|}}{C}ONa + \text{C}_6\text{H}_5\text{—COO} \sim\sim\sim \text{PET}$$

苯甲酸钠与 PET 反应生成的产物 PET—COONa 能够在高温区聚集而成为异相成核的晶核中心，从而提高了成核温度与成核能力；另外，由于反应引起的分子链断裂，低分子量的 PET 分子链更具活动能力，在扩散进入晶格时比长链分子更容易，因此晶核的生长速度较快。

但是 PET-羧酸盐不稳定，它们之间会发生反应，进而生成小分子的对苯二甲酸钠，它的成核作用较小，随着热处理温度升高和时间延长，会有更多的对苯二甲酸钠生成，使成核效果随之下降。其反应式如下：

$$2\sim\sim\sim \text{PET} \sim\sim\sim \overset{\overset{\displaystyle O}{\|}}{C}ONa \longrightarrow \text{NaOOC—C}_6\text{H}_4\text{—COONa} + \sim\sim\sim \text{PET} \sim\sim\sim$$

（三）聚丙烯常用成核剂的种类

1. 聚丙烯成核剂的分类

（1）按照诱导生成聚丙烯的结晶形态：可将成核剂分为 α 晶型成核剂和 β 晶型成核剂。聚丙烯主要有 α、β、γ、δ 及拟六方态等五种晶型，其中 α 和 β 晶型在聚丙烯材料中最为常见，α 晶型成核剂能不同程度地提高聚丙烯的拉伸强度、刚性、热变形温度、透明性和表面光泽等；而 β 晶型成核剂主要提高聚丙烯的韧性（冲击强度和断裂伸长率）和热变形温度，但拉伸强度和刚性有所降低，所得产品发白，不透明。

（2）按照成核剂化学结构：可分为无机类、有机小分子类与大分子类。

（3）按其主要改性功能：可分为透明成核剂、增刚成核剂、增韧成核剂等。

（4）按照成核剂在加工温度下是否熔融：可将成核剂分为溶解型和分散型两大类。溶解型成核剂在加工温度下溶解在聚丙烯熔体中，冷却时析出作为成核点，如山梨醇类；分散型成核剂在加工温度下不会熔化，包括无机类、很多的有机羧酸盐和磷酸盐类。

2. 聚丙烯成核剂的品种

下面按照化学结构和诱发生成 PP 的晶型，对成核剂品种分别进行介绍。

1）无机成核剂

无机成核剂包括滑石粉、二氧化硅、蒙脱土、云母等，特点是来源广泛，价格低廉，但成核效果不佳，与树脂相容性差，对制品透明性有不利影响，对制品表面的光泽度改善效果不大，一般属于 α 晶型成核剂。

某些表面处理的碳酸钙、硅灰石等填料，如丙二酸和庚二酸处理的碳酸钙、硅灰石和金云母，丙二酸处理的硫酸钡，庚二酸处理的硫酸钙可以起到 β 晶型成核剂作用，诱发生成 β 晶型聚丙烯。庚二酸处理碳酸钙、硅灰石和金云母改性 iPP 的力学性能与 β 晶型相对含量见表 2-31。

表 2-31 庚二酸处理碳酸钙、硅灰石和金云母改性 iPP 的性能与 β 晶型相对含量

填料种类与用量	拉伸强度/MPa	断裂伸长率/%	弯曲模量/MPa	缺口冲击强度/（$kJ \cdot m^{-2}$）	β 晶型相对含量（WAXD 法）/%
1%未处理 $CaCO_3$	40.50	580	1317	5.45	9.8
1%庚二酸处理 $CaCO_3$	37.20	814	1239	19.79	68.5
2.5%未处理硅灰石	37.65	858	1223	3.79	36.8
2.5%庚二酸处理硅灰石	39.12	890	1166	17.33	75.2
5%未处理金云母	41.17	93	1527	4.22	7.3
5%庚二酸处理金云母	40.89	554	1759	32.43	82.5

从表 2-31 可见，未处理填料改性 iPP 的缺口冲击强度和 β 晶型相对含量较低，而加入庚二酸处理的填料后，改性 iPP 的缺口冲击强度和 β 晶型相对含量得到大幅度的提高。

2）有机成核剂

a. 羧酸及其金属盐类

羧酸及其盐类成核剂（包括丁二酸盐、己二酸盐、肉桂酸盐、苯甲酸盐等）是早期用于聚丙烯的成核剂，代表品种有苯甲酸钠和对叔丁基苯甲酸羟基铝（Al-PTBBA）。该类成核剂对提高聚烯烃制品的刚性和表面硬度等有一定的作用，但由于它们在树脂中的分散性较差，应用效果受到限制。近年来该类成核剂又重新得到了重视，如 Milliken 公司开发的六氢化邻苯二甲酸金属盐、二环[2. 2. 1]庚烷二羧酸盐和二环[2. 2. 2]庚烷-2, 3-二羧酸盐，典型品种二环[2. 2. 1]庚烷-2, 3-二羧酸钠盐（商品牌号 HPN-68L）加快了聚丙烯的结晶速率，改善了力学性能，提高了制品的各向同性收缩性，可大幅减少成型聚丙烯部件的翘曲。顺式六氢邻苯二甲酸钙（商品牌号 HPN-20E），用于 PE 和 PP 的透明成核改性。以上这些属于 α 晶型成核剂。而庚二酸/硬脂酸钙、辛二酸/硬脂酸钙、辛二酸/氢氧化钙，戊二酸/氢氧化镉和戊二酸/氢氧化钡的复合物，硬脂酸和硬脂酸镧复合物，辛二酸钙，庚二酸的钠、锌、钙、锶和钡盐，丙二酸的镁、钙、锶和钡盐，戊二酸的镁、钙、锶、钡和镉盐都是有效的 β 晶型成核剂。羧酸盐 β 晶型成核剂（NT 型）改性 iPP 的性能见表 2-32。

表 2-32 NT 型羧酸盐 β 晶型成核剂改性 iPP 的性能

性能	纯 iPP	0.1% NT-A/iPP	0.1% NT-C/iPP
拉伸强度/MPa	43.3±4.1	46.1±3.7	50.2±0.8
拉伸屈服强度/MPa	41.1±0.8	40.5±1.2	36.5±0.7
断裂伸长率/%	385±26	423±31	412±11
弯曲模量/MPa	1436±25	1382±28	1336±40
缺口冲击强度/（$kJ \cdot m^{-2}$）	2.82±0.10	6.72±0.68	9.00±0.61

续表

性能	纯 iPP	0.1% NT-A/iPP	0.1% NT-C/iPP
热变形温度/℃	78.8	96.5	97.6
β 晶型含量（DSC 法）/%	10	75	88

注：β 晶型成核剂 NT-A 和 NT-C 由南京诚宽贸易有限公司提供。

由表 2-32 可见，加入 NT 型羧酸盐 β 晶型成核剂后，PP 中 β 晶型含量明显提高，导致 PP 的拉伸强度、断裂伸长率、缺口冲击强度和热变形温度均得到显著改善，而拉伸屈服强度和弯曲模量有所下降。

b. 山梨醇类

山梨醇类成核剂是目前使用广泛的透明成核剂，至今已经开发了四代产品，其结构通式是（结构式：R₁、R₂取代的二苄叉山梨醇，含 OH、OH），R_1、R_2 可以是氢、烷基、烷氧基、羟基、卤素原子等。

第一代产品是无取代基的二苄叉山梨醇（DBS），如 Milliken 公司的 Millad 3905，其增透效果并不理想，易分解、有气味，已被淘汰；第二代产品是在 DBS 分子上引入取代基等，如 Milliken 公司的 Millad 3940 [二（对甲基苄叉）山梨醇，MDBS]，具有很好的成核性能，有明显增加透明度的效果，但是在加工时有分解物生成，容易释放出类似醛类的特殊气味，应用于食品包装膜、容器时受到限制；以 Milliken 公司 Millad 3988 [二（3,4-二甲基二苄叉）山梨醇，DMDBS]为代表的第三代山梨醇衍生物类成核剂克服了第二代产品的缺点，能用于注塑、吹塑和挤出等加工过程，赋予制品高透光性、高机械性能和优美的外观。近年来 Milliken 公司又推出了第四代产品 NX8000 {1,2,3-三脱氧-4,6:5,7-双-*O*- [（4-丙苯基）亚甲基]-壬醇}，其增透效果比 Millad 3988 更好。此类产品属于 α 晶型成核剂。

c. 芳基磷酸盐类

该类成核剂最早是由日本旭电化公司开发的，根据开发年代的不同可分为 3 代：第 1 代产品以 NA-10[双（2,4-二叔丁基苯基）磷酸钠] 为代表，问世于 20 世纪 80 年代初；第 2 代产品于 20 世纪 80 年代中期面世，以 NA-11[2,2′-亚甲基-二（4,6-二正丁基苯酚）磷酸钠]为代表；第 3 代产品的典型代表为 NA-21[亚甲基双（2,4-二叔丁基苯基）磷酸铝]，其熔点更低，在聚丙烯中分散性更好，成核效率更高。

使用 NA-11 的结果表明，其可以促进一次核的生成，形成均匀的微细结晶，提高 PP 的结晶温度，从而改善成型性，提高树脂的热变形温度、刚性、透明度。据称使用 NA-11 改善透明性的效果与山梨糖醇类相当，同时具有热稳定性好，使用温度上限可以达到 400℃，加工时无异味产生的特点。此类产品属于 α 晶型成核剂。

d. 松香酸及其盐类

1995 年日本荒川（Arakawa）公司开发了松香酸类成核剂。此类成核剂的原料来源于天然产物松香，无味、无毒、无刺激，具有高度的生物安全性，对环境无污染。最早的商业化产品是荒川公司的 Pinecrystal KM-1300、Pinecrystal KM-1500 和 Pinecrystal KM-1600。这类成核剂的加入可降低聚丙烯成核界面的自由能，增加体系中晶核数量，从而提高总的结晶速率，有效地减小聚丙烯的球晶尺寸，降低制品雾度，提高制品的透明度、热变形温度和结晶温度，缩短制品的成型周期，改善制品的机械性能，特别是弹性模量，并且制品的缺口冲击强度由于细晶强化效应而上升。此类产品属于 α 晶型成核剂。添加 0.3%去氢枞酸类成核剂对聚丙烯力学和光学性能的影响见表 2-33。

表 2-33 添加 0.3%去氢枞酸类成核剂对聚丙烯力学和光学性能的影响

成核剂	雾度/%	光泽度/%	成型收缩率/%	拉伸强度/MPa	弯曲模量/MPa	缺口冲击强度/（$kJ \cdot m^{-2}$）
无	50.4±1.3	97.2±0.9	1.5±0.1	35.94±0.65	1537±28	3.03±0.05
DHA-K	8.9±0.5	129.8±1.0	1.4±0.3	39.98±0.96	1765±32	2.44±0.05
DHA-Na	11.2±0.8	125.3±0.4	1.4±0.1	39.58±0.51	1809±42	2.13±0.05
DHA/DHA-K（1∶1，质量比，下同）	12.5±0.3	128.4±0.8	1.6±0.2	40.22±1.09	1588±49	2.31±0.04
DHA/DHA-Na （1∶1）	11.7±0.1	129.8±1.1	1.6±0.1	39.94±0.72	1567±39	2.40±0.07
DHA/DHA-K/DHA-Na（1∶1∶1）	7.2±0.3	134.1±0.1	1.5±0.3	41.73±0.63	1597±59	3.17±0.08

注：DHA：去氢枞酸；DHA-K：去氢枞酸钾；DHA-Na：去氢枞酸钠。

由表 2-33 可见，去氢枞酸型成核剂的加入可以极大地降低 PP 的雾度，提高光泽度，使 PP 的透明性得到改善。最有效的脱氢枞酸型成核剂是 DHA/DHA-K/DHA-Na（1∶1∶1）共晶体。

e. 酰胺类透明成核剂

近年来一种新型的支化酰胺类透明成核剂得到了充分的研究，其结构通式为

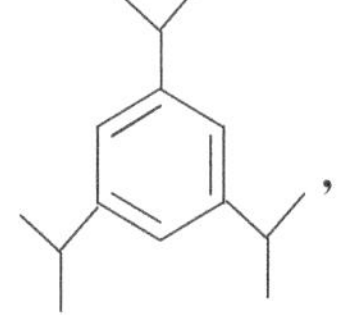

，其特点是中心为一种对称星型取代苯基酰胺，支链可以根据需要来调整。这类成核剂的透明改性效果非常显著。而且这类成核剂解决了传统成核剂在基体树脂中的分散差、引起制品黄变以及产生异味等难题，因而得到广泛的关注。此类产品属于 α 晶型成核剂。不同取代基的 1,3,5-苯三酰胺类成核剂改性聚丙烯的性能见表 2-34。

表 2-34 不同取代基的 1,3,5-苯三酰胺类成核剂改性聚丙烯的性能

成核剂	结晶温度/℃	雾度/%	透光率/%
无	110.0	64.0	79.0

续表

成核剂	结晶温度/℃	雾度/%	透光率/%
二（对甲基亚苄基）山梨醇	125.0	37.3	98.4
均苯三甲酸三（3-甲基丁基）酰胺	121.3	27.4	98.7
均苯三甲酸三环戊酰胺	121.0	28.8	97.8
均苯三甲酸三环己酰胺	124.8	34.5	97.6
均苯三甲酸三（2-甲基环己基）酰胺	125.0	37.2	97.6
均苯三甲酸三叔丁酰胺	121.3	36.2	97.9
5-特戊酰胺基-*N*,*N*′-二叔丁氨基间苯二甲酰胺	124.7	26.0	94.1
N-叔丁基-3,5-二叔丁氨基苯甲酰胺	123.1	23.7	94.8
1,3,5-三叔丁酰胺基苯	124.8	16.6	98.3

从表 2-34 可以看出，该类成核剂的透明改性效果优于 DMDBS[二（对甲基亚苄基）山梨醇]。成核剂的化学结构对成核效果影响很大，不同取代基的效果不同。当其他基团相同时，酰胺基的连接方式对成核效果有很大的影响，酰胺中的氮原子直接连接在苯环上时透明改性效果最佳，连接在苯环上的氮原子越多，透明改性效果越好，1,3,5-三叔丁酰胺基苯的透明改性效果最好。

以新日本理化公司的 NJ-Star NU100（*N*,*N*′-二环己基-2,6-萘二酰胺）为代表的酰胺型 β 成核剂也得到了广泛的应用。其结构式为

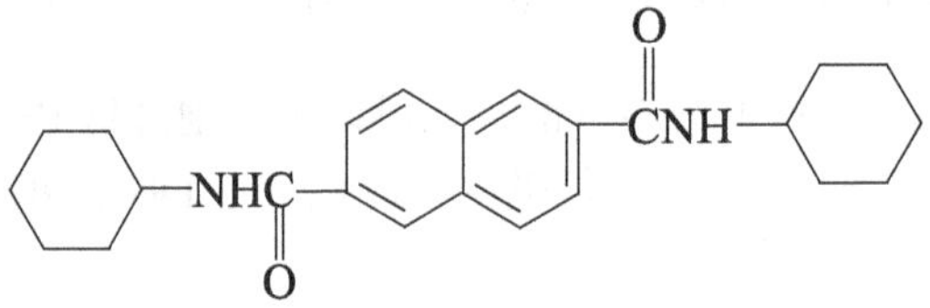

此外，*N*,*N*′-二环己基对苯二甲酰胺（DCHT）、*N*,*N*′-二苯基丁二酰胺（DPS）、*N*,*N*′-二苯基戊二酰胺（DPG）、*N*,*N*′-二苯基己二酰胺（DPA）和 *N*,*N*′-二环己基丁二酰胺（DCS）也有较好的 β 成核效果。DPG 含量对 iPP 的力学性能的影响见表 2-35。

表 2-35　DPG 含量对 iPP 的力学性能的影响

DPG 含量/%	拉伸强度/MPa	弯曲模量/MPa	缺口冲击强度/（$kJ\cdot m^{-2}$）
0	38.2±0.2	1161±21	3.98±0.40
0.05	39.4±0.9	1256±13	4.93±0.30
0.10	37.9±0.7	1266±10	7.54±0.41
0.15	38.3±0.5	1281±11	9.99±1.22
0.20	38.3±1.0	1275±13	10.03±0.53
0.30	38.5±0.8	1284±15	9.01±0.64

3）高分子成核剂

高分子成核剂是具有高熔点的聚合物，通常在聚丙烯树脂聚合时加入单体，在聚合过程中均匀分散在树脂基体中，在树脂熔融冷却过程中首先结晶，其特点是成核剂的添加与聚丙烯树脂的合成同时进行，能均匀分散在树脂中。常用的聚合物单体包括乙烯基环己烷和乙烯基环戊烷等。还可使用乙烯/丙烯酸共聚物、乙烯/不饱和羧酸酯共聚物、乙烯/不饱和羧酸盐的离子型共聚物以及苯乙烯衍生物/共轭二烯烃共聚物等，也可加入高熔点聚合物尼龙和聚甲醛等作为聚烯烃的成核剂。高分子成核剂应用较少，但是具有良好的开发前景。此类成核剂多属于 α 晶型成核剂。

也有研究发现，结晶聚苯乙烯能诱导生成 β 晶型（β 晶型相对含量为 26%），而非晶聚苯乙烯则诱导生成 α 晶型。苯乙烯-丙烯腈共聚物以及某些向列相液晶共聚物可以作为 β 晶型成核剂。

（四）聚丙烯成核剂的作用

1. 改善 PP 的结晶性能

正是由于成核剂促进结晶成核，基体 PP 的结晶速率加快，这归因于成核剂加快了对分子链段的吸附作用，同时增强了晶核的堆积和扩散速率。当成核剂的吸附作用越强时，分子链段越容易扩散到晶核的表面堆积生长，同时也使链段向晶核移动、扩散的速率越大，即表现为结晶速率快，结晶温度高。结晶温度通常作为衡量聚合物结晶成核能力的标准。

2. 提高 PP 的透明性和光泽度

结晶聚合物中存在晶相与非晶相，由于两相的折光率不一样，在两相界面处产生光的漫反射，且粒径比可见光波长大的球晶使聚合物材料的透明性降低，故在通常的加工条件下结晶性 PP 制品呈半透明状。为得到透明度高的材料，要从提高树脂的结晶度、晶粒尺寸细微化、减少材料内部的孔穴等因素考虑。特别是当晶粒尺寸比可见光波长小时，透明度则可以大幅度提高。加入透明成核剂是降低晶粒尺寸最有效、生产成本最低的方法。表面晶粒细化，利于光线的反射，提高了表面光泽度。

3. 对 PP 力学性能和耐热性的影响

成核剂不仅能够提高 PP 的结晶速率和结晶度等，同时还使得基体内部的取向皮层结构厚度增加，基体内部成核作用可使皮层结构厚度增加 3～7 倍。皮层结构厚度的增加与取向作用相类似，可使制品的刚性明显增强；同时，PP 微观球晶的细化使得结晶行为更完善，有利于 PP 制品拉伸强度的提高。总之，PP 力学性能的变化是通过结晶行为的改变而引起的，通常来说，添加 α 晶型成核剂，使 PP 制品具有较好的透明性、拉伸强度和刚性、较高的热变形温度及硬度等性能。添加 β 晶型成核剂，使聚丙烯中 β 晶型含量大幅度地提高，β 晶型独特的束状聚集结构在受力时产生裂纹带，从而使拉伸屈服强度下降，而韧性（断裂伸长率和冲击强度）大大增加。

4. 加工性能的变化

通常情况下，结晶速率越快，球晶尺寸越小，制品的加工性能越好。PP 的收缩率比较大是由冷却结晶过程中分子链段的紧密堆积而引起的，同时容易产生内应力，引起翘曲变形等现象。加入有机类成核剂使 PP 的注射成型时间缩短，成型周期缩短，可快速脱模。同时由于树脂的球晶尺寸减小，PP 分子链段没有充足的时间规整排列，从而降低 PP 的收缩率；在注射成型过程中，添加有机类成核剂使制品的结晶速率加快，同时自由体积减小，进而有效地控制了树脂后收缩现象。因此，添加有机类成核剂可以保证 PP 制品在长期使用、储存过程中的尺寸稳定性和力学性能，同时还可减少在 PP 产品制备过程中的毛边以及凹陷和空洞的形成等。

5. 用作致孔剂

与 α 晶型 PP 相比，β 晶型 PP 的密度更低，拉伸过程中 β 晶型 PP 会转变成 α 晶型 PP，使 PP 产生微孔，这一特性可用于制备 PP 微孔薄膜和微孔纤维。

十一、着色剂

着色剂：给予材料色彩或特殊光学性能或使之具有易于识别等功能的添加剂。

（一）材料着色的目的

（1）制品美观，美化环境，提高商品使用价值。

（2）产品便于识别，例如，塑料和橡胶包覆的电线电缆或由其制成的信号器具、工厂用容器和管道等，根据不同的用途做成不同的颜色，使之明显可辨，用起来既方便又安全。

（3）着色剂选配得当还可以改善制品的耐候性、力学强度、电性能、光学性能及润滑性能。例如，提高制品耐候性，改善耐光性能，可加入炭黑作为光稳定剂；改善制品抗静电性能，可加入导电炭黑作为抗静电剂。

（4）其他作用：军用塑料和橡胶制品经着色后可增加其隐蔽性；利用着色塑料薄膜的选择透光效果，可提高温室农作物和蔬菜的品质、产量；利用着色塑料制作的阳光热水槽，可提高太阳能的利用率等。

（二）分类

1. 按形态分类

有粉末、液体、色母料三种。

2. 按化学结构分类

（1）无机颜料，如钛白粉、氧化锌、铬黄、氧化铁；

（2）有机颜料，如塑料红 GR、耐晒黄 R、永固黄等；

（3）染料，如还原桃红 R、分散红 3B 等；

（4）特殊着色剂：荧光颜料、染料，珠光颜料，荧光增白剂，金属类颜料（金粉、银粉）。

常用三类着色剂的性能比较见表 2-36。

表 2-36　三类着色剂的性能比较

性能	无机颜料	有机颜料	染料
来源	天然或人工合成	人工合成	天然或人工合成
相对密度	3.5～5.0	1.3～2.0	1.3～2.0
色相	不鲜明	鲜明	鲜明
着色力	小	大	大
在透明塑料中遮盖力	大，不透明	中等，低浓度半透明	小，透明
在有机溶剂或聚合物中溶解性	不溶	难溶或不溶	溶
分散性	差	好	好
耐光性	好	中等	差
耐热性	多在 500℃以上分解	160～300℃分解	130～200℃分解
耐迁移性	好	中等	差
耐化学品性	好	中等	差

（三）塑料着色剂主要品种

考虑到塑料的加工特性及使用要求，常用的塑料着色剂主要是无机颜料和有机颜料。

1. 无机颜料

（1）金属氧化物：如二氧化钛、三氧化二铬、氧化锌、氧化铁、钴蓝（$CoO \cdot Al_2O_3$）；

（2）金属硫化物：如镉黄（CdS）、镉红（$CdS \cdot CdSe$）、硫化钡、硫化汞等；

（3）铬酸盐：如铬黄（铬酸铅）、锌黄（铬酸锌）等；

（4）亚铁氰化物：如华蓝；

（5）金属元素及其合金：如银粉（铝粉）、金粉（黄铜粉）等。

2. 有机颜料

由于其品种繁多、色彩鲜艳、着色力高及应用性能优良，是重要的塑料着色剂。按其结构类型，有以下种类：

1）不溶性偶氮颜料

尤其是结构比较复杂的单、双偶氮颜料，分子中含有多个有机取代基，如甲基、硝基、卤素、酰胺基等，或是杂环取代基（如苯并咪唑啉酮基团），另外还有偶氮缩合类颜料。色谱范围主要为黄色、橙色和红色，尤其是以 3,3′-二氯联苯胺为原料生产的一些有机颜料适用于多种塑料的着色，并具有良好的应用性能。

2）色淀类颜料

主要是少数萘酚磺酸（羧酸）类红色色淀颜料，由于分子极性较大，有较好的热稳定性和高的着色力，可以用于加工成型温度中等的树脂着色。

3）酞菁类颜料

其具有优异的耐热、耐光和耐候性能，高着色力及耐迁移性能，而且价格低廉，但其用于高密度聚乙烯大型制品会引起变形和变脆。主要有酞菁蓝和酞菁绿2种，色谱单调。

4）杂环与稠环酮类颜料

其具有优异的应用性能，不仅应用于塑料着色，还可用于涂料和油墨等着色。由于其分子结构复杂、成本较高、综合性能优良，可作为高档有机颜料。

5）喹吖啶酮类颜料

其具有优异的耐迁移性、耐晒性及耐热性能。目前已工业化的有 20 种左右，主要有红喹吖啶酮、紫红喹吖啶酮、黄光褐红喹吖啶酮和亮红喹吖啶酮等。

6）吡咯并吡咯二酮类颜料

简称DPP颜料，是汽巴公司的专利产品，主要原料为丁二酸二烷基酯、对氯苯甲腈和对苯基苯腈等。

7）二噁嗪颜料

其分子结构中含有三苯母体结构，多为紫色谱，主要用于丙烯酸树脂片材和挤出低密度聚乙烯制品。常用作二氧化钛的增白抑黄剂。

8）异吲哚啉酮颜料

主要品种为四氯异吲哚啉酮，该颜料的耐光、耐溶剂和耐热性能优异。由于其抗迁移性突出，特别适用于软质聚氯乙烯制品，主要是汽车用塑料制品中。

另外，还有一些如咔唑类、苝系、喹酞酮类、蒽醌类及苯并咪唑酮类等颜料。

3. 作为塑料着色剂的条件

条件如下：①耐热性好；②具有良好的光稳定性；③耐酸性良好；④具有鲜明色彩和高度的着色力；⑤具有良好的分散性；⑥耐溶剂性良好；⑦不应有黏附在加工机械表面的现象。

（四）常用的塑料着色方法

1. 干法着色

直接用色粉（颜料或染料）添加适量粉状助剂对塑料粒子进行着色的方法，又称干法着色。其优点是分散性好、成本低，可小批量操作。由于它节省了其他着色剂，如色母、色浆等加工过程中人力物力的消耗，因而成本低，买卖双方不受量的限制。制造色母不可能仅制造1～2 kg，但色粉可以根据需要任意指定质量，配制十分方便。使用色粉着色，与其他造粒着色相比，加工的树脂少经历一次降解过程，有利于减少塑料制品的老化，增加其使用寿命。但最大缺点是颜料在运输、仓储、称量、混合过程中会飞扬，产生污染，严重影响工作环境。

随着ISO 14000、ISO 9000系列标准的严格执行，色粉着色越来越受到限制，但对于特殊效果的着色，采用色粉直接混合着色具有一些色母着色达不到的效果。例如，一些耐热性差、怕剪切的颜料粉制成色母，由于其承受高温的时间长，在色母加工设备中受剪切作用的时间长，着色效果会明显减弱，如珠光色粉、荧光粉、夜光粉。

用珠光色粉制成色母再着色塑料，比直接用珠光粉混入塑料着色，其珠光效果要减弱10%左右，且注塑产品还容易产生流线状疤痕和接缝。在制造这类色母时，均采取相应措施，尽可能地减少色母在加工过程中受热的温度、时间及受剪切的程度（不用双螺杆造粒机，而用单螺杆造粒机等）。

2. 糊状着色剂着色

糊状着色法通常先把着色剂与液态的着色助剂（增塑剂或树脂）混合研磨成糊状物后，再将其与塑料均匀混合。优点：分散效果好，不会形成粉尘污染；缺点：着色剂用量不易计算，成本较高。

3. 色粒着色

色粒着色法通常先采用干法着色或糊状着色法制取塑料与着色剂的混合物，再将此混合物塑炼，制得着色粒子，然后供成型设备制取塑料制件。优点：分散性和分配性好，不会出现色点；缺点：着色工艺步骤较多，着色成本高。

4. 色母粒着色

所谓色母粒，即采用某种工艺与相应设备，在助剂的作用下，将颜料（或染料）混入载体，通过加热、塑化、搅拌、剪切作用，最终使颜料粉的分子与载体树脂的分子充分地结合起来，再制成与树脂颗粒相似大小的颗粒。我们将这种高浓度着色剂称为色母粒，其作用与糖精相似，使用时，只需在要着色的树脂中添加较小的比例（1%～4%），就能达到着色树脂的目的。

与色粉着色相比，色母粒着色有以下明显的优点：

（1）改善了由于色粉飞扬带来的环境污染问题，使用过程中换色容易，不必对挤出机料斗进行特别的清洗，倍感方便。

（2）针对性强，配色正确。由于色母制造工厂在制造色母的过程中已针对适用树脂的性能，合理地选择了颜料（染料）、助剂、加工设备、加工工艺，对生产过程中不同批号的色粉可能带来的色差及时进行修正、补色，出厂时再进行检验，因此，可以保证相同牌号的色母前后两批颜色保持相对稳定。

（3）与成批树脂干法染色造粒后再去制塑件相比，使用色母可以减少塑料制品经二次加工后所造成的树脂性能老化，有利于塑料制品使用寿命的提高。

十二、填料及增强剂

填料，也称为填充剂，主要功能是降低成本和收缩率，改善某些性能，如增加模量和硬度、降低蠕变等。为提高塑料制品的强度和刚性，可加入各种纤维状材料作增强剂，最常用的是玻璃纤维、碳纤维、芳纶纤维等。

增强剂和填料的增强效果取决于它们与聚合物界面分子间相互作用的状况。采用偶联剂处理填料及增强剂，可增加其与聚合物之间的作用力，通过化学键偶联起来，更好地发挥其增强效果。

（一）分类

1. 按化学成分

分为无机类、有机类。

2. 按来源

分为矿物填充剂、植物填充剂、合成填充剂。

3. 按外观形状

分为粉状、粒状、薄片状、纤维状、树脂状、中空微球等。

（二）常用的塑料填充剂

1. 碳酸钙

碳酸钙是一种常见矿物，可在岩石内找到，存在霰石、方解石、白垩、石灰岩、大理石、石灰华等形态，化学式是 $CaCO_3$，是目前塑料工业中应用最广泛的填料。碳酸钙作为填料的特点：价格低廉；无毒、无味、无刺激性；色白、易着色；硬度低，对设备的磨损轻；热分解温度在 800℃以上，但遇酸会分解。

根据碳酸钙生产方法的不同，可以将碳酸钙分为重质碳酸钙、轻质碳酸钙、胶体碳酸钙和晶体碳酸钙。

1）重质碳酸钙（简称“重钙”）

是用机械方法直接粉碎天然的方解石、石灰石、白垩、贝壳等制得。密度为 2.6～2.9 $g\cdot cm^{-3}$，莫氏硬度为 3，折光率为 1.59，吸油值为 32。

2）轻质碳酸钙（简称“轻钙”）

是将石灰石等原料煅烧生成石灰（CaO），然后加水消化石灰生成石灰乳[$Ca(OH)_2$]，再通入二氧化碳生成碳酸钙沉淀，最后经脱水、干燥和粉碎而制得。密度为 2.4～2.6 $g\cdot cm^{-3}$，莫氏硬度为 2.5，折光率为 1.49～1.66，吸油值为 63。

“重钙”和“轻钙”的区别并非按密度，而是根据视密度（$g\cdot mL^{-1}$）区分，即同等体积下质量的不同，工业上用沉降体积判断碳酸钙属于重质还是轻质：重钙为 1.2～1.9 $mL\cdot g^{-1}$，轻钙在 2.5 $mL\cdot g^{-1}$ 以上。同样体积下，轻钙的质量小而重钙的质量大。

3）胶体碳酸钙

用表面改性剂对轻质碳酸钙或重质碳酸钙进行表面改性而制得。白色细腻、轻质粉末，粒子表面吸附一层脂肪酸皂，使 $CaCO_3$ 具有胶体活化性能。

4）晶体碳酸钙

将氢氧化钙与盐酸反应生成氯化钙，氯化钙用二氧化碳碳化后即得碳酸钙，再经结晶、分离、洗涤、脱水、烘干、筛选后，得晶体碳酸钙成品。

将碳酸钙粉末直接填充改性塑料，步骤较多，现场粉尘污染严重，产品质量波动大。而预先将碳酸钙粉末与聚烯烃树脂、改性剂等混合造粒，得到碳酸钙填充母料，其使用方法简便，改性塑料的效果显著，受到了广大改性塑料企业的欢迎。南京工业大学张云灿教授开发的碳酸钙增韧母料是一种以微米或亚微米级的碳酸钙粒子为主要原料，经特殊表面处理和精密的制造工艺而制得的用于增韧改性聚烯烃塑料的添加材料。可使 HDPE、PP 的常温及低温缺口冲击强度提高至原材料的 2～5 倍，弯曲模量提高 30%～50%，并且材料的成型尺寸稳定性获得显著改善，产品耐环境应力开裂性能比未改性料提高 20 倍左右，可明显改善塑料制品的耐久性能。主要用于周转箱、托盘、管材、PP

集装袋扁丝等塑料制品之中，可使制品的冲击强度提高3～5倍，刚度提高30%～50%，降低塑料制品的生产成本。也可用于制备小汽车保险杠、门板、仪表台（用量10%～30%），提高冲击韧性和刚性，减少弹性体用量，降低产品成本。

碳酸钙增韧母料250B改性HDPE（5000S）的性能见表2-37。碳酸钙增韧母料改性PP（F401）的性能见表2-38。

表2-37　碳酸钙增韧母料250B用量对HDPE性能的影响

性能参数	0	30%	40%	50%
熔体流动速率/[g·(10min)$^{-1}$]	1.1	1.1	1.1	1.0
拉伸强度/MPa	28.1	34.0	36.8	42.3
弯曲强度/MPa	17.6	19.1	19.4	20.1
弯曲模量/GPa	0.75	0. 91	1.01	1.18
悬臂梁缺口冲击强度/（kJ·m^{-2}）	23.5	51.5	51.6	54.3

注：碳酸钙增韧母料250B由南京强韧塑胶有限责任公司提供。

表2-38　碳酸钙增韧母料改性PP的性能

性能参数	PP	PP 75%/250B 25%	PP 75%/500A 25%
熔体流动速率/[g·(10min)$^{-1}$]	2.5	3.1	3.2
拉伸强度/MPa	43.3	37.0	38.1
断裂伸长率/%	400	650	721
弯曲强度/MPa	37.7	39.5	39.7
弯曲模量/GPa	1.46	1.80	1.82
悬臂梁缺口冲击强度/（kJ·m^{-2}）	3.1	6.9	6.3

注：碳酸钙增韧母料250B和500A由南京强韧塑胶有限责任公司提供。

2. 硅酸盐类

硅酸盐是岩石中的主要成分之一，作为填料的硅酸盐主要有滑石粉、云母粉、高岭土、硅灰石粉等。

1）滑石（talc）

滑石是一种含水的具有层状结构的硅酸盐矿物，化学式为$Mg_3(Si_4O_{10})(OH)_2$，其化学组成为：MgO 31.8%，SiO_2 63.4%，H_2O 4.7%，常含少量的Fe、Al等元素。密度为2.7 g·cm^{-3}，莫氏硬度为1，有滑腻的手感，其颜色有白、灰绿、浅灰等颜色。在380～500℃失去缔合水，800℃以上则失去结晶水。在水中呈碱性，pH为9.0～9.5。滑石具有层状结构，在外力作用下，相邻的两层之间极易产生滑移或相互脱落，因此，滑石颗粒的基本形状是鳞片状。

滑石在聚合物中应用，具有价格低廉，提高制品刚性、尺寸稳定性、高温蠕变性、耐化学腐蚀性及降低摩擦系数、降低制品收缩率等效果。在结晶聚合物中可作为成核剂，加快结晶速率，提高结晶度，改善力学性能。

2）云母（mica）

主要成分是硅酸铝钾，按来源和品种不同，含有镁、铁、锂或氟。常见的白云母，化学式为 $KAl_2(AlSi_3O_{10})(OH)_2$，金云母的化学式为 $KMg_3(AlSi_3O_{10})(OH)_2$。此外还有红云母、黑云母、绢云母等。云母的莫氏硬度为 2～2.5，密度为 2.75～3.2 $g{\cdot}cm^{-3}$，折光率为 1.6，吸油值为 55，在水中 pH 为 7～8，大多数可耐强酸或强碱。

云母加工后仍有较大的径厚比，增强效果突出，提高制品耐热性、尺寸稳定性、介电性能。

3）高岭土（kaolin）

是一种水合硅酸铝矿物，化学式为 $Al_2O_3{\cdot}2SiO_2{\cdot}2H_2O$，含有 SiO_2 40%～50%，Al_2O_3 30%～40%，Fe_2O_3 1.2%～2.0%，烧失量为 11%～12%，还含有微量 Ti、Ca、Mg、K、Na 等金属的氧化物。密度为 2.6 $g{\cdot}cm^{-3}$，莫氏硬度为 1。在水中略呈酸性，其耐酸碱性依然良好。通过低温煅烧（500～1000℃），可获得较高的白度。

高岭土可提高改性塑料的绝缘强度，阻隔红外线；也可起到结晶成核剂作用，提高结晶聚合物的刚性与强度。

4）硅灰石（wollastonite）

天然硅灰石具有 β 型硅酸钙化学结构，理论上含 SiO_2 51.7%、CaO 48.3%。密度为 2.9 $g{\cdot}cm^{-3}$，莫氏硬度为 4.5，折光率为 1.63，吸油值为 23，pH 为 9。

硅灰石具有典型的针状填料的特征，在塑料中的主要作用是提高强度、刚性和耐热性，可以部分代替玻璃纤维，因为二者的差价显著。

3. 二氧化硅

1）白炭黑

白炭黑是白色粉末状、无定形硅酸和硅酸盐产品的总称，主要是指沉淀二氧化硅、气相二氧化硅、超细二氧化硅凝胶和气凝胶，也包括粉末状合成硅酸铝和硅酸钙等。白炭黑是多孔性物质，其组成可用 $SiO_2{\cdot}nH_2O$ 表示，其中 nH_2O 是以表面羟基的形式存在。白炭黑密度为 2.0～2.6 $g{\cdot}cm^{-3}$，吸油值为 170，pH 为 4～6，折光率为 1.5，比表面积为 20～350 $m^2{\cdot}g^{-1}$。沉淀二氧化硅粒径为 20～40 nm，含水率为 10%～14%；气相二氧化硅粒径为 10～25 nm，含水 $<2\%$。添加白炭黑可有效提高聚合物的综合力学性能，其常用作硅橡胶的补强剂，还可作树脂流动性调节剂。

2）硅藻土

主要由无定形的 SiO_2 组成，并含有少量 Fe_2O_3、CaO、MgO、Al_2O_3 及有机杂质，一般是由单细胞硅藻死亡以后的硅酸盐遗骸形成的。硅藻土质软，多孔而轻，显微镜下可观察到特殊多孔性构造。密度为 2.3 $g{\cdot}cm^{-3}$，莫氏硬度为 6，折光率为 1.48，吸油值为 81，pH 为 5。用作填料可起到防粘连、防结块、增加强度、增加耐磨性等作用，还可以改善聚合物的流变性能和结晶性能。

3）石英砂

是一种由二氧化硅组成的天然矿物，呈半透明或不透明的晶体，质地坚硬，物理性质和化学性质均十分稳定。除用作玻璃原料外，还可用作高分子材料的填料，增加材料的耐磨性、韧性等，但其会严重磨损加工设备，故作为塑料填料的应用受到了限制。

4. 硫酸盐

1）硫酸钡

天然硫酸钡矿称为重晶石，通过化学方法制成的称为沉淀硫酸钡，化学式为 $BaSO_4$。为白色或灰色，沉淀硫酸钡的白度可达到 90%以上。密度为 4.5 $g \cdot cm^{-3}$，莫氏硬度为 3，pH 为 6.5，折光率为 1.64。

硫酸钡能吸收 X 射线和 γ 射线，可用于防护辐射的材料。由于密度高，适用于高密度的填充塑料，如音响材料、渔网网坠。另外，由于硫酸钡粒子球形度高，填充塑料的表面光泽度高。

添加硫酸钡增韧母料 250Ba 的 HDPE（BL3）的性能见表 2-39。

表 2-39　250Ba 用量对吹塑级 HDPE 的性能的影响

性能参数	0	15%	20%	30%
熔体流动速率/[g·(10min)$^{-1}$]	0.35	0.30	0.30	0.40
拉伸强度/MPa	46.7	46.9	49.9	52.7
断裂伸长率/%	15.7	11.3	12.5	14.4
弯曲强度/MPa	24.7	25.3	25.5	25.0
弯曲模量/GPa	0.75	0.89	0.89	0.92
悬臂梁缺口冲击强度/（$kJ \cdot m^{-2}$）	28.4	29.2	36.6	48.8

注：硫酸钡增韧母料 250Ba 由南京强韧塑胶有限责任公司提供。

硫酸钡粒子具有耐强酸、强碱腐蚀的特点，可用于盛装化学品的 HDPE 包装容器，可提高 50～200 L 包装桶的抗跌落试验强度和刚度，并明显降低改性制品的材料成本。

2）硫酸钙（石膏）

一种是天然石膏（$CaSO_4 \cdot 2H_2O$），含硫酸钙 57%～79%；另一种是硬石膏，也称为沉淀硫酸钙，密度为 2.95 $g \cdot cm^{-3}$，pH 为 6，折光率为 1.55～1.59，莫氏硬度为 2，吸油值为 32。加入石膏可以降低材料成本，提高尺寸稳定性、耐磨性等。

5. 颜料型填料

1）炭黑

由天然气、石油等不完全燃烧或热裂解而得，根据制造方法有炉法炭黑、槽法炭黑、热裂法炭黑及乙炔炭黑等类型。兼具着色剂、光屏蔽剂作用，提高导热、导电性能。

炭黑是一种无定形碳，质轻、疏松而极细的黑色粉末，比表面积非常大。用作填料的炭黑按其性能区分为“补强炭黑”“导电炭黑”“耐磨炭黑”等，也可作黑色颜料。此外，炭黑填充制品还可起到提高耐热性、阻燃性等作用。

2）二氧化钛

白色固体或粉末状的两性氧化物，又称钛白粉。化学式为 TiO_2，相对密度为 3.84～4.30，折光率为 2.55～2.70。自然界存在的二氧化钛有三种变体：金红石为四方晶体，锐钛矿为四方晶体，板钛矿为正交晶体。

二氧化钛作为白色颜料和耐候性填料在许多高聚物中都已得到了应用。

6. 金属粉或纤维

有铝、古铜（铜锌合金）、铜、铅等粉末、不锈钢纤维等，由熔融金属喷雾或金属碎片机械粉碎制得。提供导电、传热、耐热、屏蔽射线和电磁波、提高力学性能等功能。

7. 二硫化钼、石墨

天然产物或人工合成。降低产品的摩擦系数、热膨胀系数，提高耐磨性。

8. 聚四氟乙烯

人工合成，提高产品耐磨性、润滑性。

9. 中空微球

由无机或有机材料经熔融喷射，挥发性成分气化、发泡、熔融分解等形成，或由粉煤灰中分离清洗而得中空玻璃微球。所填充制品具有低密度、耐热、耐腐蚀、隔热、隔音等性能。

10. 有机填料

木粉、淀粉、核桃壳粉、纤维素等，由天然产物加工而得，可提高材料的某些物理机械性能。

1）木粉

最早用于热固性塑料（如酚醛塑料），后来在热塑性塑料中也得到应用。通过粉碎和研磨，可从锯末、碎木片和刨花等制得木粉。木粉填充复合材料具有质量轻、强度高、成本低和环保效益明显的优点。

木塑复合材料（wood-plastic composite）是国内外近年蓬勃兴起的一类新型复合材料，是利用热塑性聚合物，与超过50%以上的木粉、稻壳、秸秆等废植物纤维混合制成新的木质材料，再经挤压、模压、注射成型等塑料加工工艺，生产出的板材或型材。主要用于建材、家具、物流包装等行业。

2）淀粉

用玉米、马铃薯等农产品制作淀粉，经变性处理后加入塑料中，可制造具有生物降解功能的淀粉塑料。

（三）增强剂

1. 增强作用与表面处理

增强剂在塑料中的最重要作用是提高塑料制品的力学强度。增强机理一般认为有以下四种：

1）桥联作用

增强材料能通过分子间力或化学键力与聚合物相结合，二者形成良好的结合，才能达到增强的目的。

2）传能作用

聚合物中某一分子链受到应力时，应力可通过增强材料与聚合物之间的桥联点向外传递扩散，从而避免材料破坏。

3）补强作用

若某一分子链发生了断裂，与增强材料紧密结合的其他链可起加固作用，而不致迅速危及整体。

4）增黏作用

加入增强材料，体系黏度增大，从而增大了内摩擦。当材料受到外力作用时，这种内摩擦吸收更多能量，从而增强抗撕裂、耐磨损等性能。

为了改善聚合物与增强剂等之间的结合性能，最好先用偶联剂或表面活性剂对增强剂进行处理，也有在增强剂表面化学接枝、改性，降低其表面能、增加亲油性、提高与聚合物的亲和性，从而提高复合材料的物理力学性能。

2. 主要品种

1）玻璃纤维

主要化学成分为二氧化硅（硅酸盐玻璃）、三氧化硼（硼酸盐玻璃）以及钠、钾、钙、铝的氧化物。分类方法如下：

（1）根据化学成分有：无碱玻璃纤维（碱金属氧化物含量 $<0.5\%$），电性能、强度、化学稳定性优良，是玻璃钢最重要的增强材料；低碱玻璃纤维（碱金属氧化物含量 $<2\%$），电性能、强度、化学稳定性较好；中碱玻璃纤维（碱金属氧化物含量 $\approx 12\%$），电性能差，化学稳定性和强度尚好；高碱玻璃纤维（碱金属氧化物含量 $>15\%$），只能用作低级玻璃钢增强材料。

（2）根据外观形状有：连续长纤维、短纤维、空心纤维、卷曲纤维等。

（3）根据特性分为：高强度纤维、高模量纤维、耐碱纤维、耐高温纤维等。

玻璃纤维具有很高的拉伸强度（1200～2400 MPa），超过一般钢材，但模量（75 GPa）不高，与纯铝接近。密度为 2.4～2.7 $g\cdot cm^{-3}$，耐热温度约为 300℃，有良好的电绝缘性。

2）碳纤维

由有机纤维（聚丙烯腈、沥青、黏胶纤维）在惰性气体中经高温碳化制得。分类方法如下：

（1）根据性能分为：普通纤维、高模量纤维、高强度纤维等；

（2）根据热处理温度分为：预氧化纤维（300～500℃）、碳纤维（500～1800℃碳化）、石墨纤维（2000℃以上碳化）。

碳纤维的特点是密度比玻璃纤维小（1.6～2.0 $g\cdot cm^{-3}$），在 2500℃无氧气氛中模量不降低，普通碳纤维的强度与玻璃纤维接近，而高模量碳纤维的模量是玻璃纤维的数倍。耐疲劳、耐蠕变、耐摩擦、耐腐蚀、热膨胀小、尺寸精度和稳定性高，具有抗静电和导电特性，但价格较高。

3）硼纤维及陶瓷纤维

硼纤维由还原硼的卤化物来生产，强度高、耐高温、弹性模量特别高，但价格昂贵。陶瓷纤维包括碳化硼纤维、氮化硼纤维、氧化锆纤维、碳化硅纤维等。

4）芳纶纤维

聚对苯酰胺、聚对苯二甲酰对苯二胺的纤维，特点是力学性能好、热稳定性高、耐化学腐蚀，模量介于玻璃纤维和硼纤维之间，有较高的断裂伸长率，在增强纤维中密度最小（$1.45\ g \cdot cm^{-3}$）。

5）其他

另外还有晶须、金属纤维；棉、麻、石棉等天然纤维；涤纶、尼龙等合成纤维。

思　考　题

（1）塑料如何分类？简述塑料的组成及其作用。

（2）PE 如何分类？简述 LDPE、HDPE、LLDPE 合成方法、结构、性能与用途的差异。

（3）PE 的共聚物有哪些？各有何特点？

（4）UHMWPE 为什么可以作为工程塑料？

（5）简述 PP-H、PP-B、PP-R 结构、性能与用途的差异。

（6）为什么 PP 的大球晶会对性能造成不利的影响？如何避免？

（7）GPPS 性能有何特点？常见用途是什么？如何改善其脆性？

（8）简述 ABS 结构与性能的关系。

（9）改性 PS 的品种有哪些？各有何特点？

（10）PVC 合成方法有哪些？其性能有何特点？用途有哪些？

（11）简述软质和硬质 PVC 塑料的组成及各组分作用。

（12）简述 PVDC 的特点和用途。

（13）简述 PMMA 的性能与用途。

（14）尼龙的命名（化学名称）：PA-6、PA-66、PA-1010、PA-610、PA-6T、PA-6/PA-66。

（15）说明 PA 中氢键与性能（熔点、吸水性、力学性能等）和用途的关系。

（16）比较 PC 和 PS 结构与性能的差异并分析原因。

（17）解释 POM 结构与性能的关系。

（18）PPO 性能有何优缺点？如何改善其缺点？

（19）常见的聚酯有哪些品种？

（20）比较 PBT 和 PET 的合成方法、结构与性能的差异。

（21）PPS 性能有何特点？其改性品种有哪些？

（22）简述 PTFE 结构与性能的关系。

（23）举出一些超级工程塑料的品种与用途。

（24）比较热塑性 PF 和热固性 PF 的差异。

(25) 改性 PF 有哪些？各有何特点？
(26) 氨基塑料有哪些品种？它们各有何特点？
(27) 环氧树脂有何特点和用途？
(28) 环氧塑料的组成及各组分的作用是什么？
(29) 简述不饱和聚酯塑料的组成与应用。
(30) 聚氨酯合成原料有哪些？应用在哪些方面？
(31) 填料如何分类？各举出一些例子。
(32) 增塑剂如何分类？对增塑剂性能有何要求？
(33) PVC 中最常用的增塑剂有哪些？解释增塑机理。
(34) 简述抗氧剂的分类、作用机理与选用原则。
(35) 举出主/辅抗氧剂协同应用的例子，并说明其机理。
(36) PVC 中常用热稳定剂有哪些？各举出一些例子。
(37) 热稳定剂的作用机理是什么？无毒热稳定剂有哪些？
(38) 光屏蔽剂种类有哪些？作用机理分别是什么？
(39) 润滑剂分类依据是什么？举出应用的例子。
(40) 说明表面活性剂型抗静电剂的作用机理。
(41) 阻燃剂如何分类？阻燃剂作用机理有哪些？各举出一些例子。
(42) 举出阻燃剂中利用协同效应的例子。
(43) 卤素阻燃剂的缺点及无卤阻燃剂的种类有哪些？
(44) 着色剂如何分类？常用塑料着色方法有哪些？
(45) 说明硅烷偶联剂处理玻璃纤维的作用机理。
(46) 钛酸酯偶联剂有哪些种类？使用中注意事项有哪些？
(47) 简述聚丙烯成核剂的种类和作用机理。
(48) 为什么使用色母粒和填充母粒？举出一些使用的例子。

第三章 橡 胶

第一节 概 述

橡胶是一种高分子弹性体，是重要的战略物资和经济物质。橡胶与国民经济及人民生活密切相关，对农业、工业、国防、科学技术、交通运输、人民生活都起着极为重要的作用，2016 年世界天然橡胶产量达到 1200 万 t 左右，合成橡胶产量达到 1700 万 t 左右。作为第二大类高分子材料，橡胶用途非常广泛，如日常生活中用的雨鞋、暖水袋、松紧带；医疗卫生行业所用的外科医生手套、输血管；交通运输上用的各种轮胎；工业上用的传送带、运输带、耐酸和耐碱手套；农业上用的排灌胶管、氨水袋；气象测量用的探空气球；科学试验用的密封、防震设备；国防上用的飞机、坦克、大炮、防毒面具；橡胶甚至成为火箭、人造地球卫星和宇宙飞船等高精尖科学技术产品不可或缺的原料。

一、橡胶材料的特征

世界上通用的橡胶的定义引自美国的标准 ASTM-D1566。定义如下：橡胶是一种材料，它在大的变形下能迅速而有力地恢复其变形，能够被改性（硫化）。改性的橡胶实质上不溶于（但能溶胀于）沸腾的苯、甲乙酮、乙醇-甲苯混合物等溶剂中。改性的橡胶室温下（18～29℃）被拉伸到原来长度的两倍并保持 1 min 后除掉外力，它能在 1 min 内恢复到原来长度的 1.5 倍以下。

橡胶材料具有以下特点：

（1）高弹性：弹性模量低，伸长变形大，有可恢复的变形，并能在很宽的温度范围内（–50～150℃）保持弹性。

（2）黏弹性：橡胶材料在产生形变和恢复形变时受温度和时间的影响，表现有明显的应力松弛和蠕变现象，在震动或交变应力作用下，产生滞后损失。

（3）电绝缘性：橡胶和塑料一样是电绝缘材料。

（4）有老化现象：如金属腐蚀、木材腐朽、岩石风化一样，橡胶也会因为环境条件的变化而产生老化现象，使性能变差，寿命下降。

（5）必须进行硫化才能使用，热塑性弹性体除外。

（6）必须加入配合剂。

此外，橡胶还具有密度小、硬度低、柔软性好、气密性好等特点。

二、橡胶的发展历史

（一）天然橡胶的发展历史

考古发现，人类在 11 世纪就开始使用橡胶——在南美洲制造橡胶球、橡胶鞋及橡胶瓶。1493～1496 年哥伦布发现美洲新大陆时，发现海地岛上土人玩的球能从地上弹起来，欧洲人才知道橡胶的这种性质。1735 年，法国科学家 Condamine 参加南美洲科考，带回了最早的橡胶制品。直到 1823 年，英国人马辛托希创办了世界上第一个橡胶厂，生产防水布，这是橡胶工业的开始。

1839 年，Goodyear 发明了硫化，1862 年，Hancock 发明了双辊机，这两项发明为橡胶工业的发展奠定了基础。1876 年，英国开始在东南亚殖民地国家种植橡胶树；1888 年，Dunlop 发明了充气轮胎；1904 年，发现硫化活化剂 ZnO，并发现炭黑可以补强；1906 年，发现促进剂苯胺；1921 年，发现促进剂 D，从此橡胶工业得到迅速发展。

（二）合成橡胶的发展历史

1. 对天然橡胶的剖析和仿制

1820 年，法拉第明确了橡胶由 C 和 H 组成；1860 年，威廉姆斯（Williams）发现橡胶经蒸馏可产生异戊二烯化合物，并认为它是橡胶的基本化学组成；1875 年，鲍查达（Bouchardat）认为异戊二烯能合成出类似橡胶的物质，这是最早的关于人工合成橡胶的报道。

2. 合成橡胶的诞生、建立与发展

1881 年霍夫曼用 1,3-戊二烯合成橡胶；1900 年，苏联孔达科夫用 2,3-二甲基-1,3-丁二烯合成橡胶；1929 年，美国齐柯尔（Thiokol）公司生产了聚硫系合成橡胶；1931 年，美国杜邦（DuPont）公司生产了氯丁橡胶（chloroprene rubber，CR）；1932 年苏联工业生产了丁钠橡胶后，相继生产的合成橡胶有 SBR（1935 年德国 Farben 公司）、NBR（1937 年德国 Farben 公司）；20 世纪 50 年代，Ziegler-Natta 发现了定向聚合，带来了橡胶工业的新飞跃，出现了 BR（1960 年美国 Phillips 公司）、EPDM（1960 年意大利 Montedison 公司）、IR 等新胶种，1965～1973 年出现了热塑性弹性体。

3. 国内橡胶工业的发展概况

我国从 1904 年开始在雷州半岛等地种植天然橡胶（NR），20 世纪 50 年代将橡胶树北移种植成功，并在云南、广西等地大面积种植，现在，我国 NR 产量居于世界前列。

1915 年，在广州建立第一个橡胶加工厂——广州兄弟创制树胶公司，生产鞋底；1919 年，在上海建立清和橡皮工厂；1927 年，在上海建立正泰橡胶厂，生产胶鞋；1928 年，建立大中华橡胶厂，生产胶鞋；1937 年，日本在青岛建立现在的青岛橡胶集团公司（原为青岛第二橡胶厂）。总体上，1949 年前橡胶工业发展速度很慢。

1949 年后橡胶工业发展速度较快。从 1958 年开始合成橡胶，国产第一块合成橡胶是四川长寿化工厂于 1958 年生产的 CR，1960 年兰州化工厂生产 SBR，1962 年兰州化工厂生产 NBR。目前国内几家石化企业如中国石化燕山石化公司、中国石油兰州石化公

司、中国石化齐鲁石化公司等均生产合成橡胶。

我国橡胶工业从 20 世纪 50 年代后开始飞速发展，逐渐形成了以上海的大中华正泰橡胶厂、青岛第二橡胶厂和黑龙江的桦林橡胶厂为中心的橡胶工业格局。其中大中华正泰橡胶厂生产胶鞋、胶带，青岛第二橡胶厂和黑龙江桦林橡胶厂生产轮胎。到 1990 年为止，全国县级以上的橡胶企业就有 1000 多家，产值达 180 亿元，约占国内工业总产值的 1.5%，约占化工工业总产值的 25%。20 世纪 90 年代以来，我国橡胶工业得到了蓬勃发展，个体、私营、外资、合资橡胶企业如雨后春笋般发展起来，主要集中在北京、上海、山东、江苏、重庆、广东等地，其产值在国内工业总产值、化工工业总产值中占有相当大的比重。

三、橡胶的分类

现在有许多种橡胶，按不同的分类方法，就有不同的类别。目前主要采用来源、用途和化学结构等分类方法，具体如下。

（一）按来源和用途分类

按来源和用途分类如下：

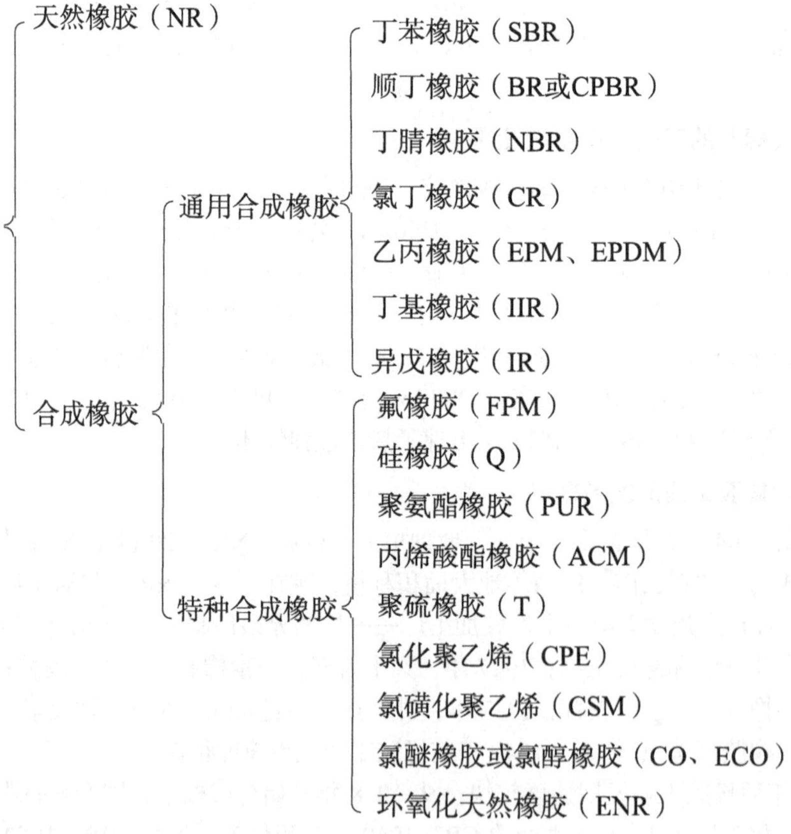

（二）按主链结构及极性分类

按主链结构及极性分类如下：

- 碳链橡胶
  - 饱和非极性：IIR、EPR、EPDM
  - 不饱和非极性：NR、IR、SBR、BR
  - 饱和极性：CPE、CSM、FPM、ACM
  - 不饱和极性：NBR、CR
- 杂链橡胶：T、CO、PU
- 元素有机橡胶：Q

（三）按形态分类

按形态分为固体橡胶（块状橡胶）、液体橡胶、粉末橡胶三种。

（四）按交联结构分类

按交联结构分为化学交联的传统橡胶、热塑性弹性体两种。

以上各种橡胶，NR 用量最大，其次是 SBR、BR、EPDM、IIR、CR、NBR，近年来，NR 的用量占全部橡胶用量的 30%～40%，SBR 占合成橡胶的 40%～50%。

四、橡胶的配合与加工工艺

任何一种橡胶只有通过配合和加工，才能满足不同的产品性能的要求。

（一）橡胶的配合

制造橡胶制品除使用的主要原材料橡胶之外，还必须配合其他的配合剂。配合操作以前多用手工，现在大型的密炼机多采用上辅机系统和微机控制实现了自动化。配合剂及其作用简介如下。

（1）生胶（或与其他高聚物并用）：母体材料或基体材料。

（2）硫化体系：与橡胶大分子起化学作用，使橡胶由线型大分子变为三维网状结构，提高橡胶性能、稳定形态的体系。

（3）补强填充体系：在橡胶中加入炭黑等补强剂或其他填充剂，或者提高其力学性能、改善工艺性能，或者降低制品成本。

（4）防护体系：加入防老剂，延缓橡胶的老化，延长制品的使用寿命。

（5）增塑体系：降低制品硬度和混炼胶的黏度，改善加工工艺性能。

（6）其他配合体系：主要作用是使橡胶制品具有特殊功能，如阻燃、导电、磁性、着色、发泡、香味等配合体系。

此外，很多橡胶制品必须用纤维材料或金属材料作骨架材料，以提高橡胶制品的力学强度，减少变形。骨架材料由纺织纤维（包括天然纤维和合成纤维）、钢丝、玻璃纤维等加工制成，主要有帘布、帆布、线绳及针织品等各种类型。金属材料除钢丝和钢丝帘布等作为骨架材料外，还可作结构配件，如内胎气门嘴、胶辊铁芯等。骨架材料的用量因品种而异，如雨衣用骨架材料占配方总质量的 80%～90%，输送带约占 65%，轮胎类占 10%～15%。

同一橡胶配方可以用四种形式表示，如表 3-1 所示（以 NR 为例）。

表 3-1　橡胶配方的表示形式

原材料名称	基本配方/份	质量分数配方/%	体积分数配方/%	生产配方/kg
天然橡胶	100	62.20	76.70	50
硫磺	3	1.86	1.03	1.5
促进剂 M	1	0.60	0.50	0.5
氧化锌	5	3.10	0.63	2.5
硬脂酸	2	1.24	1.54	1.0
炭黑	50	31.00	19.60	25.0
合计	161	100.00	100.00	80.5

（1）基本配方：又称质量份配方。以生胶的质量为 100 份，其他配合剂用量相应地以质量份数来表示。这是配方设计的原始配方，其他形式配方皆由此换算而得出，故又称基础配方。

（2）质量分数配方：以胶料总质量为 100%，生胶及各种配合剂用量均以质量分数来表示。

（3）体积分数配方：以胶料的总体积为 100%，生胶及各种配合剂的含量均以体积分数来表示。

（4）生产配方：又称实用配方。取胶料的总质量等于炼胶机的容量，生胶及配合剂的含量分别以 kg 来表示。

（二）橡胶的加工工艺

无论何种橡胶制品，都要经过混炼和硫化这两个过程。对于许多橡胶制品，如胶管、胶带、轮胎等，还需经过压延、压出这两个过程，对于穆尼黏度比较高的生胶，还要塑炼。因此，橡胶加工过程中一般包括塑炼、混炼、压延、压出、成型、硫化等加工工艺。

1. 塑炼

塑炼是指通过机械应力、热、氧或加入某些化学试剂等方式，使橡胶由强韧的高弹性状态转变为柔软的塑性状态的过程。高弹性是橡胶最宝贵的性能，但却给加工工艺带来极大的困难，这是因为在加工过程中施加的机械功会无效地消耗在橡胶的可逆变形上。为此，需将生胶经过机械加工、热处理或加入某些化学助剂，使其由强韧的弹性状态转变为柔软而便于加工的塑性状态。这种借助机械功或热能使橡胶软化为具有一定可塑性的均匀物的工艺过程称为塑炼。经塑炼而得到的具有一定可塑性的生胶称为塑炼胶。

由于各种橡胶制品（部件）使用性能不同，胶料种类很多，对生胶的可塑性要求也不一样。一般，供涂胶、浸胶、刮胶、擦胶和制造海绵等用的胶料要求有较高的可塑性；对要求物理机械性能高、半成品挺性好及模压用胶料，可塑性宜低；用于压出的胶料的可塑性应介于上述二者之间。制备各种混炼胶用的塑炼胶的相应可塑度如表 3-2 所示。

表 3-2　常用塑炼胶的可塑度

塑炼胶种类	威氏可塑度	塑炼胶种类	威氏可塑度
胎面胶用塑炼胶	0.22～0.24	缓冲层帘布胶用塑炼胶	0.50 左右
胎侧胶用塑炼胶	0.35 左右	海绵胶料用塑炼胶	0.50～0.60
内胎用塑炼胶	0.42 左右	胶管内层胶用塑炼胶	0.25～0.30
胶管外层胶用塑炼胶	0.30～0.35	三角带线绳浸胶用塑炼胶	0.50 左右
胶鞋大底胶（一次硫化）用塑炼胶	0.35～0.41	薄膜压延胶料用塑炼胶（膜厚 0.1mm 以上）	0.35～0.45
		薄膜压延胶料用塑炼胶（膜厚 0.1mm 以下）	0.47～0.56
胶鞋大底胶（模压）用塑炼胶	0.38～0.44	胶布胶浆用塑炼胶（含胶率 45%以上）	0.52～0.56
传动带布层擦胶用塑炼胶	0.49～0.55	胶布胶浆用塑炼胶（含胶率 45%以下）	0.56～0.60

目前，大多数合成橡胶和某些天然橡胶品种，如软丁苯橡胶、软丁腈橡胶、恒黏度天然橡胶和低黏度天然橡胶等，已在制造过程中控制了生胶的初始可塑度，一般穆尼黏度在 60 以下的均可不经过塑炼而直接混炼。若混炼胶可塑度要求较高时，也可进行塑炼，以进一步提高可塑度。

生胶塑炼方法有热塑炼和机械塑炼等多种方法，但目前广泛采用的是机械塑炼方法。按所用设备可分为开炼机塑炼、密炼机塑炼和螺杆塑炼机塑炼三种。

2. 混炼

在炼胶机上将各种配合剂均匀地加入具有一定塑性的生胶中的工艺过程称为混炼。经混炼制成的胶料称为混炼胶。

混炼对胶料的加工和制品的质量起着决定性的作用。混炼不好会出现配合剂分散不均、胶料可塑性过低或过高、焦烧、喷霜等现象，使压延、压出、滤胶、硫化等工序不能正常进行，并使制品物理机械性能不稳定或下降。因此，在混炼工艺中必须满足以下要求。

（1）保证配合剂的均匀分散，避免结团现象。

（2）使补强剂与生胶产生一定数量的结合橡胶，达到良好的补强效果，以利于制品性能的提高。

（3）使胶料具有一定的可塑性，保证各项工艺的顺利进行。

（4）在保证混炼胶质量的前提下，尽量缩短混炼时间，减少动力消耗，避免过炼现象。

混炼方法分间歇式和连续式两类。开炼机和密炼机混炼属于间歇式，此种方法应用最早，至今仍在广泛使用，并正在向着采用高压、高速密炼机进行快速混炼的方向发展。连续混炼是近年来国外刚刚发展起来的一种混炼方法，目前国内尚未使用。

混炼过程一般需要有适合的加料顺序。加料顺序不当，轻则影响分散均匀性，重则导致脱辊、过炼，甚至发生焦烧。一般原则是固体软化剂（如古马隆树脂）较难分散，所以先加；小料用量少、作用大，为提高分散效果，较先加入；液体软化剂一般待补强剂吃净以后再加，以免补强剂结团和胶料打滑；若补强剂和液体软化剂用量较多时，可分批（通常为两批）交替加入，以提高混炼速度；最后加入硫化剂、超促进剂，以防焦烧。

以天然橡胶为主的混炼加料顺序如下：塑炼胶（再生胶、合成胶）或母炼胶→固体软化剂→小料（促进剂、活性剂、防老剂）→大料（补强剂、填充剂）→液体软化剂→硫磺、超促进剂。

3. 压延

压延是胶料通过专用压延设备对转辊筒间隙的挤压，延展成具有一定规格、形状的胶片，或使纺织材料、金属材料表面实现挂胶的工艺过程。它包括压片、贴合、压型、贴胶和擦胶等作业。压延是一项精细的作业，直接影响着产品的质量和原材料的消耗，在橡胶制品加工中占有重要地位。

压延的主要设备是压延机。压延机按辊筒数目可分为二辊压延机、三辊压延机、四辊压延机及五辊压延机（其中三辊压延机、四辊压延机应用最多）；按工艺用途可分为压片压延机、擦胶压延机、通用压延机、压延压延机、贴合压延机、钢丝压延机等；按辊筒的排列方式可分为竖直型压延机、三角型压延机、Γ 型压延机、L 型压延机、Z 型压延机和 S 型压延机等。此外，还常配备用于预热胶料的开炼机，向压延机输送胶料的运输装置，纺织物的预热干燥装置及纺织物（胶片）压延后的冷却和卷取装置等。

压延工艺过程一般包括混炼胶的预热和供胶；纺织物的导开和干燥；胶料在压延机上压片、贴合、压型或在纺织物上挂胶；压延半成品的冷却、卷取、裁断、存放等工序。

4. 压出

压出是胶料在压出机螺杆的挤压下，通过一定形状的口型（中空制品则是口型加芯型）进行连续造型的工艺过程。它广泛地用于制造胎面、内胎、胶带以及各种复杂断面形状或空心的半成品，并可用于包胶操作（如电线、电缆外套等）、挤出薄片（如防水卷材、衬里用胶片等）及快速密炼机的压片（取代原有的开炼机压片）。此外，不同形式的压出机还可用于滤胶、造粒、塑炼、连续混炼等许多方面。

压出工艺，操作简单、经济；可起到补充混炼和热炼的作用，半成品质地均匀、致密；通过更换口型（芯型）可以制备各种规格或断面的半成品，一机多用；设备占地面积小，结构简单，维修方便，价格便宜；操作连续，生产能力大，易实现自动化、连续化。

压出机是压出工艺的主要设备。按喂料形式有热喂料压出机和冷喂料压出机；按螺杆数目分单螺杆压出机、双螺杆压出机和多螺杆压出机。表征压出机技术特征的有螺杆直径、长径比、压缩比、转速、生产能力、功率等。

压出机结构如图 3-1 所示。由螺杆机筒（又称机身）、机头（包括口型、芯型）、机架、加热冷却装置、传动装置等组成。

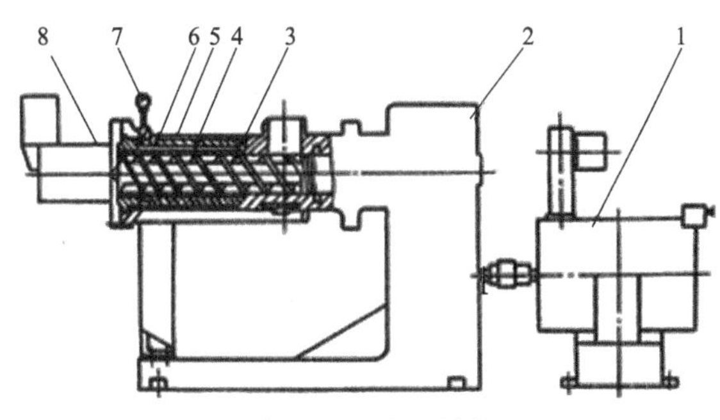

图 3-1　压出机结构

1.整流子电动机；2.减速箱；3.螺杆；4.衬套；5.加热冷却管；6.机筒；7.测温热电偶；8.机头

5. 成型

成型是把构成橡胶制品的各部件，通过粘贴、压合等方法组合成具有一定形状的整体的过程。

不同类型的橡胶制品，其成型工艺也不同。全胶类制品，如各种模塑制品，成型工艺较简单，即将压延或压出的胶片或胶条切割成一定形状，放入模具中经过硫化即可得到制品；含有纺织物或金属等骨架材料的制品，如胶管、胶带、轮胎、胶鞋等，则必须借助一定的模具，通过粘贴或压合方法将各零件组合而成型。粘贴通常是利用胶料的热黏性能，或使用溶剂、胶浆、胶乳等黏合剂粘接成型。

6. 硫化

硫化是橡胶制品生产的最后一个工艺过程。硫化是指将具有塑性的混炼胶经过适当加工（如压延、压出、成型等）而成的半成品，在一定外部条件下通过化学因素（如硫化体系）或物理因素（如 γ 射线）的作用，重新转化为弹性橡胶或硬质橡胶，从而获得使用性能的工艺过程。

硫化的实质是橡胶的微观结构发生了质的变化，即通过交联反应，使线型的橡胶分子转化为空间网状结构（软质硫化胶）或体型结构（硬质硫化胶）。促进这个转化作用的外部条件，就是硫化所必需的工艺条件：温度、时间和压力。因此，硫化工艺条件的合理确定和严格控制，是决定橡胶制品质量的关键一环。

橡胶的硫化过程是一个十分复杂的化学反应过程，它包含橡胶分子与硫化剂及其他配合剂之间发生的一系列化学反应及在形成网状结构的同时所伴随发生的各种副反应。从微观结构的变化看，其化学反应历程包括诱导阶段、交联反应阶段和网络结构形成阶段，最终得到网络结构稳定的硫化胶，如图 3-2 所示。

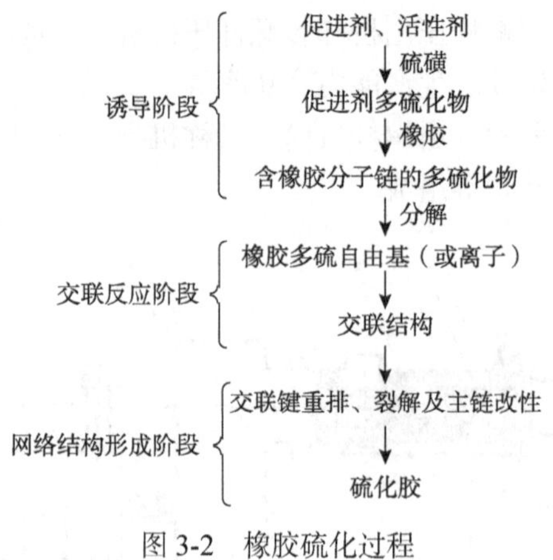

图 3-2　橡胶硫化过程

五、橡胶的主要性能指标

橡胶的性能指标可帮助人们根据橡胶制品的使用要求选择相应的橡胶品种和配合体系。

（1）拉伸强度：又称扯断强度、抗张强度，指试片拉伸至断裂时单位断面上所承受的负荷，单位为兆帕（MPa），以往为千克力 · 厘米$^{-2}$（kgf·cm^{-2}，1 kgf=9.80665 N）。虽然橡胶很少在纯拉伸条件下使用，但是橡胶的许多其他性能与该性能密切相关，如耐磨性、弹性、应力松弛、蠕变、耐疲劳性等。

（2）定伸应力：旧称定伸强度，指试样被拉伸到一定长度时单位面积所承受的负荷。计量单位同拉伸强度。常用的有 100%、300%和 500%定伸应力。它反映的是橡胶抵抗外力变形能力的高低。

（3）撕裂强度：将特殊试片（带有割口或直角形）撕裂时单位厚度所承受的负荷，表示材料的抗撕裂性，单位为 kN·m^{-1}。

（4）扯断伸长率：试片拉断时，伸长部分与原长度之比称为扯断伸长率，用百分数表示。

（5）永久变形：试样拉伸至断裂后，标距伸长变形不可恢复部分占原始长度的百分数。

（6）回弹性：又称冲击弹性，指橡胶受冲击之后恢复原状的能力，以%表示。

（7）硬度：表示橡胶抵抗外力压入的能力，常用邵尔硬度计测定。橡胶的硬度范围一般在 20～100（邵氏 A）之间。

另外还有许多其他性能指标，如磨耗、生热、低温特性、耐老化特性等，可参考相关文献。

第二节　通 用 橡 胶

一、天然橡胶

天然橡胶（natural rubber，NR）是从天然植物中采集来的一种弹性材料，在自然界中含橡胶成分的植物不少于2000种，如高大的乔木、灌木、草本植物和爬藤植物等，我们常见的橡胶树、橡胶草、蒲公英等都含有橡胶成分。目前世界天然橡胶总产量的98%以上来自巴西橡胶树，巴西橡胶树适于生长在热带和亚热带的高温地区。世界天然橡胶总产量的90%以上产自马来西亚、印度尼西亚、斯里兰卡和泰国；其次是印度、中国南部、新加坡、菲律宾和越南等。由于天然橡胶具有很好的综合性能，至今天然橡胶的消耗量仍占橡胶总消耗量的40%左右。

（一）天然橡胶的制备和分类

制备天然橡胶的主要原材料是天然胶乳。胶乳存在于橡胶树皮的乳管中，每日清晨在离地 50cm 的树干上按一定的倾斜角度割破树皮断其乳管，乳白色的胶乳就会流到割口下盛胶乳的杯子中。割胶制度为当割线长为树粗的1/3～1/2时隔日割，而全周则须隔三天再割一次。总之应本着这样的原则：不致使树木受损害，又要保持高的胶乳产量。

从树上采集的胶乳，仅含有35%左右的橡胶烃成分，其余大部分为水和其他一些非橡胶成分，天然胶乳的主要组成见表3-3。

表3-3 天然胶乳的主要组成

成分	质量分数/%	成分	质量分数/%
橡胶烃	27～40	丙酮抽出物	1.0～1.7
水分	52～70	糖类	0.5～1.5
蛋白质	1.5～1.8	无机盐类	0.2～0.9

从表3-3的数据可知，胶乳中除橡胶烃和水之外，大约有10%的非橡胶成分，这对胶乳及固体橡胶的性能均有很重要的影响。

天然胶乳是一种黏稠的乳白色液体，橡胶粒子在空气中由于氧和微生物的作用，胶乳酸度增加，2～12h即能自然凝固，为防止凝固，需加入一定量的氨溶液作为保存剂。

新鲜胶乳经过浓缩处理可得浓缩胶乳，含固体物为60%以上，用于乳胶制品的生产。新鲜胶乳经过加水稀释、除杂质、加酸凝固、除水分、干燥、分级、包装，可以得到干胶。根据制造方法和所用原料质量不同可分为不同的品种，根据外观质量和理化性能指标又可分为不同级别。

1. 通用固体天然橡胶

（1）烟片胶：是用烟熏方式进行干燥处理而得到的表面带有菱形花纹的棕黄色片状橡胶，是天然橡胶中有代表性的品种，产量和消耗量较大，因生产设备比较简单，适用于小胶园生产。

由于烟片胶是以新鲜胶乳为原料，并且在烟熏干燥时烟气中含有的一些有机酸和酚类物质，对橡胶具有防腐和防老化的作用，因此使烟片胶综合性能好、保存期较长，是天然橡胶中物理力学性能最好的品种，可用来制造轮胎及其他橡胶制品。但由于制造时耗用大量木材，生产周期长，因此成本较高。

国际上按照生胶制造方法及外观质量或按照理化性能指标将烟片胶分为 NO.1X、NO.1、NO.2、NO.3、NO.4、NO.5 及等外七个等级，其质量按顺序依次降低。我国烟片胶根据外观质量、化学成分和物理力学性能，分为一级、二级、三级、四级、五级及等外六个等级，其质量依次降低。

（2）绉片胶：其制造方法与烟片胶基本相同，只是干燥时用热空气而不用烟熏。根据制造时使用原料和加工方法的不同，绉片胶分为胶乳绉片胶和杂胶绉片胶两类。

胶乳绉片胶是以胶乳为原料制成的，有白绉片胶和浅色绉片胶，还有一种低级的乳黄绉片胶。白绉片胶和乳黄绉片胶是用分级凝固法制得的两个品级，浅色绉片胶是用全乳凝固法制得的。白绉片胶颜色洁白，浅色绉片胶颜色浅黄。与烟片胶相比，两者含杂质均少，但物理力学性能稍低，成本更高（尤其是白绉片胶），适用于制造色泽鲜艳的浅色及透明制品。乳黄绉片胶是在用分级凝固法制白绉片胶时所得到的低级绉片胶，因橡胶烃含量低，通常来作杂胶绉片胶的原料。

杂胶绉片胶共分为胶园褐绉片胶、混合绉片胶、薄褐绉片胶（再炼胶）、厚毡绉片胶（琥珀绉片胶）、平树皮绉片胶和纯烟绉片胶六个品种。杂胶绉片胶的各个品种之间质量相差很大。其中胶园褐绉片胶是使用胶园中新鲜胶杯凝胶和其他高级胶园杂胶制成，因此质量较好。而混合绉片胶、薄褐绉片胶、厚毡绉片胶等，因制造原料中掺有烟片胶裁下的边角料、湿胶或废屑胶，因此质量依次降低。平树皮绉片胶是用包括泥胶在内的低级杂胶制成，因此杂质最多，质量最差。总之，杂胶绉片胶一般色深，杂质多，性能低，但价格便宜，可用于制造深色的一般或较低级的制品。

绉片胶共分为十个等级，其中包括薄白绉片胶 NO.1X、NO.1；浅色绉片胶（薄、厚）分为两类，各有 NO.1X、NO.1、NO.2、NO.3 之分，号数越大，颜色（黄色）越深。

以杂胶为原料生产的胶园褐绉片胶（薄、厚）分为两类，各有 NO.1X、NO.2 X、NO.3X 等六个等级，号数越大，颜色（褐色）越深，质量越差。

（3）颗粒胶（标准橡胶）：是天然生胶中的一个新品种。它是由马来西亚于 20 世纪 60 年代首先生产的，所以被命名为“标准马来西亚橡胶”，并以 SMR 作为代号。标准马来西亚橡胶的生产是以提高天然橡胶与合成橡胶的竞争能力为目的，打破了传统的烟片胶和绉片胶的制造方法和分级方法，具有生产周期短，成本较低，有利于大型化、连续化生产，分级方法较少、质量均匀等一系列优点。为此，颗粒胶生产发展极快，目前其产量已超过传统产品烟片胶、风干片胶和绉片胶的总和。我国从 1970 年推广生产颗粒胶以来，目前产量占天然生胶总产量的 80%以上。

颗粒胶的原料有两种，一种是以鲜胶乳为原料，制成高质量的产品；另一种是以胶杯凝胶等杂胶为原料，生产中档和低档质量的产品。

颗粒胶的用途与烟片胶相同。比起烟片胶，颗粒胶胶质较软，更易加工，但耐老化性能稍差。

颗粒胶分级方法是以天然生胶的理化性能为分级依据，能较好地反映生胶的内在质量和使用性能，现已被采用为国际标准天然橡胶分级法。其中以机械杂质含量和塑性保持率（PRI）为分级的重要指标。塑性保持率是表示生胶的氧化性能和耐高温操作性能的一项指标，其数值等于生胶经过 140℃、30min 热处理后的平均塑性值与原塑性值的百分比，所以又称为抗氧指数。PRI 值大的生胶抗氧性能较好，但在塑炼时可塑度增加速度较慢，反之亦然。

标准马来西亚橡胶的主要品种规格及分级指标见表 3-4。

表 3-4 标准马来西亚橡胶的主要品种规格及分级指标

项目	SMR-EQ	SMR-5L	SMR-5	SMR-10	SMR-20	SMR-50
机械杂质/%	≤0.02	≤0.05	≤1.05	≤0.10	≤0.20	≤0.50
灰分/%	≤0.50	≤0.60	≤0.60	≤0.75	≤1.00	≤1.50
氮/%	≤0.65	≤0.65	165	≤0.65	≤0.65	≤0.65
挥发物/%	≤1.00	≤1.00	≤1.00	≤1.00	≤1.00	≤1.00
塑性保持率/%	≥60	≥60	≥60	≥50	≥40	≥30
华氏可塑度初值（P_0）	≥30	≥30	≥30	≥30	≥30	≥30
颜色限度	3.5	6.0	—	—	—	—

2. 特制固体天然橡胶

1）恒黏橡胶

恒黏橡胶是一种黏度恒定的天然生胶。它是在胶乳凝固前先加入了占干胶质量的0.4%的中性盐酸羟胺、中性硫酸羟胺或氨基脲等羟胺类化学药剂，使之与橡胶分子链上的醛基作用，使醛基钝化，从而抑制生胶在储存过程中的硬化作用，保持生胶的强度在一个稳定的范围。恒黏橡胶的主要特点是生胶穆尼黏度低且稳定。因此，制品厂加工时不必塑炼就可以直接加入配合剂进行混炼，不但可以减少炼胶过程中橡胶分子的断链，而且能缩短炼胶时间，可节省能量 35%，但其硫化速度会降低。恒黏橡胶的价格比通用固体天然橡胶高 2%～3%。

2）低黏橡胶

低黏橡胶是在恒黏橡胶制造的基础上加入占干胶量 4%的环烷油，从而使生胶的穆尼黏度进一步降低为 50±5。这也是一种储存稳定的天然橡胶。

3）充油天然橡胶

一般充环烷油或芳烃油，充油质量分数分 25%、30%、40%三种。充油天然橡胶操作性能好，抗滑性好，可减少花纹崩花。

4）易操作橡胶

易操作橡胶是用部分硫化胶乳与新鲜胶乳混合后再凝固制造的，压出、压延性能好。

5）纯化橡胶

纯化橡胶是将天然胶乳经过离心浓缩后制成的固体橡胶，橡胶中非橡胶烃组分少，纯度高，适用于制造电绝缘制品及高级医疗制品。

6）轮胎橡胶

轮胎橡胶是使用胶乳、未熏烟片、胶园杂胶各占 30%，加入 10%的芳烃油或环烷油制成的固体橡胶，成本低。

7）胶清橡胶

胶清橡胶是离心浓缩胶乳时分离出来的胶清，经凝固、压片或造粒、干燥而成。它的非橡胶成分约占 20%，含蛋白质多，铜、锰含量也较多。这种胶易硫化、易焦烧、耐老化性能差，是一种质量较低的橡胶。

8）难结晶橡胶

难结晶橡胶是在胶乳中加入硫代苯甲酸，使天然橡胶大分子产生少部分反式结构，从而结晶性下降，改善低温脆性。这种橡胶更适宜于在寒冷地区使用。

9）炭黑共沉橡胶

炭黑共沉橡胶是由新鲜胶乳与定量的炭黑/水分散体充分混合，再凝固、除水分、干燥而成。该胶性能除了定伸强度稍低以外，其他各项物理机械性能均较好，混炼时无炭黑飞扬、节省电力，但这种胶表观密度小，包装体积大，运输费用高。

10）黏土共沉胶

黏土共沉胶由黏土的水分散体与破乳共沉而成。该胶的压缩生热与滞后损失相比炭黑胶料明显降低，其他性能基本相同。

（二）天然橡胶的化学成分和分子结构

天然橡胶是由胶乳制造的，胶乳中除了橡胶烃外还有一些非橡胶成分，一般固体天然橡胶中橡胶烃成分占 92%～95%，非橡胶成分占 5%～8%。它们都会对天然橡胶的性能产生重要影响。

1. 天然橡胶中的橡胶烃

现代科学研究结果已经证明，普通天然橡胶中的橡胶烃，有 97%以上为异戊二烯的顺式 1,4-加成结构，少量为异戊二烯的 3,4-加成结构。其分子结构式为

$$\left[CH_2 - \underset{\displaystyle |}{\overset{CH_3}{C}} = CH - CH_2 \right]_n$$

天然橡胶平均分子量在 70 万左右，相当于平均聚合度为 1 万左右。平均分子量分布范围是较宽的，其绝大多数为 3 万～1000 万，分子量分布指数为 2.8～10。天然橡胶的平均分子量呈双峰分布，如图 3-3 所示。因此天然橡胶具有良好的物理力学性能和加工性能。

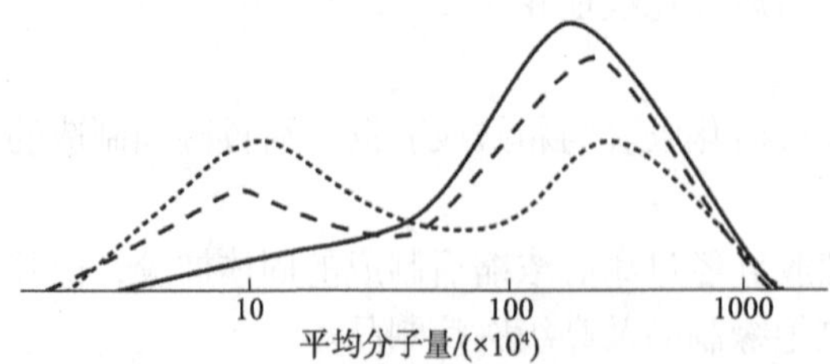

图 3-3 天然橡胶平均分子量分布曲线的三种类型

2. 天然橡胶中的非橡胶成分

天然橡胶中除了橡胶烃外还有一些量不大但对橡胶性能有重要影响的非橡胶成分。正是它们的作用使得天然橡胶具有比合成橡胶更优良的综合性能。

原料（胶乳）不同、制法不同，所得胶品非橡胶烃含量不同，常用天然橡胶的橡胶烃及非橡胶成分如表 3-5 所示。

表 3-5　天然橡胶的成分

组分	烟片胶	绉片胶	颗粒胶	组分	烟片胶	绉片胶	颗粒胶
橡胶烃/%	92.8	92.4	94	灰分/%	0.2	0.5	0.2
蛋白质/%	3.0	3.3	3.1	水溶物/%	0.2	0.2	0.2
丙酮抽出物/%	3.5	3.2	2.2	水分/%	0.3	0.4	0.3

主要非橡胶成分及其对固体天然橡胶的性能影响如下。

1）蛋白质

天然橡胶中的含氮化合物都属于蛋白质类。新鲜胶乳中含有两种蛋白质，一种是 α 球蛋白，它是由 17 种氨基酸组成，不溶于水，含硫和磷量极低；另一种是橡胶蛋白，由 14 种氨基酸组成，溶于水，含硫量较高。这些蛋白质的一部分会留在固体生胶中。它们的分解产物促进橡胶硫化，延缓老化。蛋白质有防老化的作用，如除去蛋白质，则生胶老化过程会加快。蛋白质中的碱性氮化物及醇溶性蛋白质有促进硫化的作用。但是，蛋白质在橡胶中易腐败变质而产生臭味，且由于蛋白质的吸水性，制品的电绝缘性下降。

蛋白质含量较高时，会导致硫化胶硬度较高，生热增多。

2）丙酮抽出物

它是一些树脂状物质，主要是一些高级脂肪酸酯和固醇类物质，如脂肪、蜡类、甾醇、甾醇酯和磷脂。这类物质均不溶于水，除磷脂外均溶于丙酮。甾醇是一类以环戊氢化菲为碳架的化合物，通常在 10、13 和 17 位置上有取代基，在橡胶中有防老化的作用。高级脂肪酸和蜡类物质混炼时起分散剂作用，脂肪酸在硫化时起硫化活性剂作用，可促进硫化，并能增加胶料的塑性。

3）水分

生胶水分过多，储存过程中容易发霉，而且还影响橡胶的加工性能。例如，混炼时配合剂结团不易分散，压延、压出、硫化过程中易产生气泡，并降低电绝缘性（在橡胶加工过程中可除去 1%以内的水分）。

4）灰分

在胶乳凝固过程中、大部分灰分留在乳清中而被除去，仅少部分转入干胶中。灰分是一些无机盐类物质，主要成分为钙、镁、钾、钠、铁、磷等，除了吸水性较大会降低制品的电绝缘性以外，还会因含微量的铜、锰等变价离子，使橡胶的老化速度大大加快。因此，必须严格控制其含量。

5）水溶物

主要是糖类及酸性物质，它们对生胶的可塑性及吸水性影响较大。因此，对于耐水制品和绝缘制品要注意水溶物的作用。

（三）天然橡胶的性能

1. 物理力学性能

天然橡胶具有一系列优良的物理力学性能，是综合性能最好的橡胶。天然橡胶的某些物理力学性能如表 3-6 所示。

表 3-6　天然橡胶的物理力学性能

性能参数	生胶	纯胶硫化胶
密度/（$g \cdot cm^{-3}$）	0.906～0.916	0.902～1.000
体积膨胀系数/K^{-1}	670×10^{-6}	660×10^{-6}
导热系数/（$W \cdot m^{-1} \cdot K^{-1}$）	0.134	0.153
玻璃化转变温度/K	201	210
熔融温度/K	301	—
燃烧热/（$kJ \cdot kg^{-1}$）	−45	−44.4
折射率（n）	1.5191	1.5264
介电常数（1 kHz）	2.37～2.45	2.5～3.0
电导率（60 s）/（$S \cdot m^{-1}$）	2～57	2～100
体积弹性模量/MPa	1.94	1.95
拉伸强度/MPa	—	17～25
扯断伸长率/%	75～77	750～850

天然橡胶生胶和交联密度不高的硫化胶在常温下具有很好的弹性，其弹性模量为 2.4 MPa，为钢铁的三万分之一，而扯断伸长率为钢铁的 300 倍，最大可达 1000%。在 0～100℃范围内，天然橡胶的回弹率可达到 50%～85%，弹性仅次于顺丁橡胶。其弹性好的第一个原因是天然橡胶大分子本身有较高的柔性，它的主链是不饱和的，双键本身不能旋转，但与它相邻的 σ 键内旋转更容易，例如，在聚丁二烯结构中的双键两侧 σ 键内旋转位垒值仅为 2.07 $kJ \cdot mol^{-1}$，在室温下近似地可以自由旋转；第二个原因是天然橡胶分子链上的侧甲基体积不大，而且每四个主链碳原子上有一个，不密集，因此对主链碳-碳键旋转没有大的影响；还有一个原因是天然橡胶为非极性物质，大分子间相互作用力较小，内聚能密度仅为 266.2 $MJ \cdot m^{-3}$，所以分子间作用力对大分子链内旋转的约束与阻碍不大，因此天然橡胶弹性很好。

在弹性材料中，天然橡胶的生胶、混炼胶和硫化胶的强度都比较高。未硫化橡胶的拉伸强度称为格林强度，适当的格林强度对橡胶加工是有利的。例如，轮胎成型中，上胎面胶毛坯必须受到较大的拉伸，若胎面胶格林强度低则易于拉断，无法顺利成型。一般天然橡胶的格林强度可达 1.4～2.5 MPa，纯天然橡胶硫化胶的拉伸强度为 17～25 MPa，经炭黑补强后可达 25～35 MPa，并且随着温度的升高而降低，在高温（93℃）下强度损失为 35%左右。天然橡胶的撕裂强度也较高，可达 98 $kN \cdot m^{-1}$，300%定伸应力可以达到 6～10 MPa，500%定伸应力为 12 MPa 以上，其耐磨耗性也较好。其强度高的原因在于，天然橡胶分子结构规整性好，外力作用下可以发生结晶，为结晶橡胶，具有自补强性。当拉伸时会使大分子链沿着应力方向形成结晶，晶粒分散在无定形大分子中起到补强作用。例如，拉伸到 650%时可能产生 35%的结晶。未硫化胶的格林强度高的原因除上述主要因素外，天然橡胶中微小的粒子紧密凝胶也有一定作用。

天然橡胶还具有很好的耐屈挠疲劳性能，纯胶硫化胶屈挠 20 万次以上才出现裂口。原因是滞后损失小，多次变形生热少。

2. 化学活性

天然橡胶是二烯类橡胶，是不饱和碳链结构，每一个链节都含有一个双键，能够进行加成反应。此外，受双键和甲基取代基的影响，双键附近的 α-亚甲基上的氢原子变得活泼，易发生取代反应。天然橡胶由于上述的结构特点，容易与硫化剂发生硫化反应（结构化反应），与氧、臭氧发生氧化、裂解反应，与卤素发生氯化、溴化反应，在催化剂和酸作用下发生环化反应等。

但由于天然橡胶是高分子化合物，所以它具有烯类有机化合物的反应特性，如反应速率慢，反应不完全、不均匀，同时具有多种化学反应并存的现象，如氧化裂解反应和结构化反应等。在天然橡胶的各类化学反应中，最重要的是氧化裂解反应和结构化反应。前者是生胶进行塑炼加工的理论基础，也是橡胶老化的原因所在；后者则是生胶进行硫化加工制得硫化胶的理论依据。而天然橡胶的氯化、环化、氢化等反应，则可应用于天然橡胶的改性方面。

3. 热性能

天然橡胶在常温下为高弹性体，玻璃化转变温度为−72℃，受热后缓慢软化，在 130～140℃开始流动，200℃左右开始分解，270℃剧烈分解。当天然橡胶硫化使线型大分子变成立体网状大分子时，其玻璃化转变温度上升，也不再发生黏流。

4. 耐介质性

天然橡胶为非极性物质，易溶于非极性溶剂和非极性油，因此天然橡胶不耐环己烷、汽油、苯等介质，不溶于极性的丙酮、乙醇等，不溶于水，耐质量分数为 10%的氢氟酸、质量分数为 20%的盐酸、质量分数为 30%的硫酸、质量分数为 50%的氢氧化钠等，不耐浓强酸和氧化性强的高锰酸钾、重铬酸钾等。

5. 电性能

天然橡胶是非极性物质，是一种较好的绝缘材料。天然橡胶生胶一般体积电阻率为 $10^{15}\ \Omega \cdot cm$，而纯化天然橡胶的体积电阻率为 $10^{17}\ \Omega \cdot cm$。天然橡胶硫化后，因引入极性成分，如硫磺、促进剂等，绝缘性略有下降。

6. 加工性能

天然橡胶由于平均分子量高、平均分子量分布宽，分子中 α-甲基活性大，分子链易于断裂，再加上生胶中存在一定数量的凝胶成分，因此很容易进行塑炼、混炼、压延、压出等成型，并且硫化时流动性好，容易充模。

7. 其他性能

除此之外，天然橡胶还具有耐磨性、耐寒性、良好的气密性、防水性等特性。天然橡胶的缺点是耐油性、耐臭氧老化性和耐热老化性差。在空气中易与氧进行自动催化氧化的连锁反应，使分子断链或过度交联，橡胶发黏或出现龟裂；与臭氧接触几秒内发生裂口。加入防老剂可以改善耐老化性能。

（四）天然橡胶的改性

天然橡胶经化学处理，可改变原来的化学结构和物理状态，获得不同于普通天然橡胶操作性能和用途的改性品种。天然橡胶主要有以下改性品种。

1. 接枝天然橡胶

它是天然橡胶与烯烃类单体接枝聚合物，目前主要是天然橡胶和甲基丙烯酸甲酯接枝共聚物，简称天甲橡胶。接枝天然橡胶具有很高的定伸应力和拉伸强度，主要用来制造要求具有良好冲击性能的坚硬制品，无内胎轮胎中的气密层，合成纤维与橡胶黏合的强力黏合剂等。

2. 热塑性天然橡胶

它是天然橡胶中加入刚性聚合物，如等规聚丙烯，在超过等规聚丙烯熔点的温度和少量交联剂存在下、以高剪切力使之掺混而成。热塑性天然橡胶在加工过程中受热时具有热塑性塑料的特性，但在常温下，则具有正常硫化胶的物理性能。热塑性天然橡胶具有高刚性和高冲击强度以及低密度的特点，可用作汽车的安全板、车体嵌板和仪表板等。

3. 环化天然橡胶

天然橡胶胶乳经过稳定剂处理后，加入浓度为 70%以上的硫酸，在 100℃下保持 2h 即可环化。环化使不饱和度下降，密度增加，软化点提高，折光率增大。环化天然橡胶一般用于制造鞋底、坚硬的模制品和机械衬里等，与金属、木材、PE 和 PP 有较好的粘接强度。

4. 环氧化天然橡胶

环氧化天然橡胶（ENR）是天然橡胶胶乳在一定条件下与过氧乙酸反应得到的产物。目前已商品化生产的有环氧化程度分别为 10%、25%、50%和 75%（摩尔分数）的 ENR10、ENR25、ENR50 和 ENR75 四种产品。这类橡胶的特点是抓着力强，特别是在混凝土路面上的防滑性好，可作为胎面胶使用，以增强在高速路上的防滑性能；当环氧化程度达 75%时，气密性能与丁基橡胶相同，可用于内胎或无内胎轮胎；耐油性能好，在非极性溶剂中的溶胀度显著降低，可用于耐油橡胶制品。

5. 液体天然橡胶

它是天然橡胶的降解产物，也称解聚橡胶。其分子量为 1 万～2 万，是黏稠液体，可浇注成型，现场硫化。已广泛用于火箭固体燃料、航空器密封、建筑物的黏结、防护涂层，还逐步发展用于其他橡胶制品，包括试制汽车轮胎。

6. 氯化橡胶

它是将塑炼过的天然橡胶溶于遇氯气不起反应的溶剂（如四氯化碳或二氯乙烷）中，加热至溶剂沸点的温度下，通入氯气进行氯化，制得乳化液，然后用水加热脱去溶剂而得半成品，经洗涤、干燥即得成品。氯化橡胶可与大量的增塑剂和树脂并用，用氯化橡胶制得的胶黏剂可用于橡胶与铁、钢、铝合金、镁、锌以及其他金属的黏合，也可用于服装、织物、木材、各种塑性物质、硬纸板以及其他物质的黏合，还可用于制作耐老化，耐酸、碱和海水腐蚀等的制品。

7. 氢氯化橡胶

它是天然橡胶与氯化氢作用，进行加成反应得到的饱和化合物，当氯的质量分数达到 33.3%时，性质变脆，不能应用，因此生产中必须控制氯的质量分数为 29%～30.5%，以保证制品具有良好的耐屈挠性。氢氯化橡胶具有耐燃性，能与氯化橡胶和树脂混合，但不能与天然橡胶混合。用氢氯化橡胶配制的胶黏剂可用来使橡胶与钢、紫铜、黄铜、铝以及其他材料黏合，并具有较大的附着力。

（五）天然橡胶的应用

天然橡胶具有良好的综合力学性能和加工工艺性能，可以单独用来制造各种橡胶制品，也可以与其他橡胶并用，以改善其他橡胶的性能。主要应用于轮胎、胶带、胶管、电线电缆和多数橡胶制品，是应用最广的橡胶。

二、异戊橡胶

异戊橡胶（isoprene rubber，IR）是顺式 1,4-聚异戊二烯橡胶的简称，它是异戊二烯单体定向、溶液聚合而成，因为其结构与天然橡胶相似，因此又称为“合成天然橡胶”。异戊橡胶于 1955 年合成。早期，由于异戊二烯单体的成本较丁二烯单体高，故发展较缓慢。但随着石油化学工业的发展，乙烯的生产规模增加迅速，其副产品 C_5 馏分中含有 15%～20%的异戊二烯，以及异戊烯和间戊二烯等，因此促进了异戊橡胶的发展。如今异戊橡胶已成为四大通用合成橡胶之一，可以大量地用于轮胎、医疗用品、食品、日用橡胶制品和运动器材等。

（一）异戊橡胶的制备及结构

异戊橡胶的聚合催化体系在工业生产中主要采用锂系和钛系催化剂。我国采用稀土作为催化剂，不同催化剂制备的异戊橡胶结构有所差异，不同催化体系对异戊橡胶结构的影响如表 3-7 所示。

表 3-7　异戊橡胶结构

品种	微观结构		宏观结构				
	顺式 1,4-结构比例/%	反式 1,4-结构比例/%	重均分子量/（$\times10^4$）	数均分子量/（$\times10^4$）	分子量分布指数	分子链结构类型	凝胶质量分数/%
天然橡胶	98	2	100～1000	—	0.89～2.54	支化	15～30
钛系 IR	96～97	2～3	71～135	19～41	0.4～3.9	支化	7～30
锂系 IR	93	7	122	62	0	线型	0
稀土系 IR	94～95	5～6	250	110	<2.8	支化	0～2

从表 3-7 看出，异戊橡胶与天然橡胶相比，杂质少，凝胶含量低，质地均匀，分子量分布窄，结构的规整性低于天然橡胶。异戊橡胶的结构式与天然橡胶相同，但是顺式 1,4-结构的含量少，并且锂系少于钛系和稀土系，所以锂系储存时具有冷流倾向。钛系催化剂制备的异戊橡胶顺式 1,4-结构含量高，支化多，凝胶含量高，冷流倾向小。而天然橡胶顺式 1,4-结构比例高达 98%，分子链规整度高，结晶能力高于低顺式和中顺式异戊橡胶。

（二）异戊橡胶的性能

异戊橡胶为白色或乳白色半透明弹性体，相对密度为 0.91，玻璃化转变温度为 −70℃，易溶于苯、甲苯等有机溶剂。与天然橡胶相比，其物理力学性能和加工性能具有如下差别。

（1）异戊橡胶因结构规整性低于天然橡胶，又缺少天然硫化助剂蛋白质、脂肪等非橡胶烃成分，在配方相同时，不仅硫化速度慢，而且拉伸屈服强度、拉伸强度、撕裂强度和硬度等均比天然橡胶低。天然橡胶与异戊橡胶混炼胶的应力-应变曲线如图 3-4 所示。

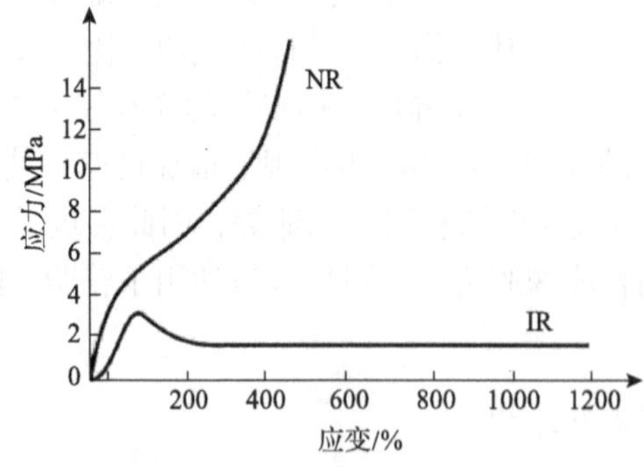

图 3-4　天然橡胶与异戊橡胶混炼胶的应力-应变曲线

（2）由于异戊橡胶中非橡胶成分少，所以耐水性、电绝缘性及耐老化性比天然橡胶好。

（3）因凝胶含量低，所以易塑炼，但是由于分子量分布窄，缺少低分子量级分的增塑作用，所以对填料的分散性及黏着性比天然橡胶差。

此外，当异戊橡胶的平均分子量较低时，生胶强度低，挺性差，半成品存放过程中容易变形，造成装模困难，给加工带来一定的困难。由于结构规整性低于天然橡胶，所以结晶倾向小，流动性好，在注压或传递模压成型过程中，异戊橡胶的流动性优于天然橡胶，特别是锂系胶表现出良好的流动性。

（三）异戊橡胶的应用

一切用天然橡胶的场合，几乎都能用异戊橡胶代替，用于轮胎、胶带、胶管、胶鞋和其他工业制品，尤其适于制造食品用制品、医药卫生制品及橡胶丝、橡胶筋等日用制品。

三、丁苯橡胶

丁苯橡胶（styrene-butadiene rubber，SBR）是最早工业化的合成橡胶。目前，丁苯橡胶（包括胶乳）的产量约占整个合成橡胶产量的55%，约占天然橡胶和合成橡胶总产量的34%，是产量和消耗量最大的合成橡胶胶种。

（一）丁苯橡胶的制备及品种

丁苯橡胶是由丁二烯和苯乙烯共聚得到的，聚合方法有溶液聚合和乳液聚合两种，根据聚合条件不同可得到不同品种，其主要品种如图 3-5 所示。

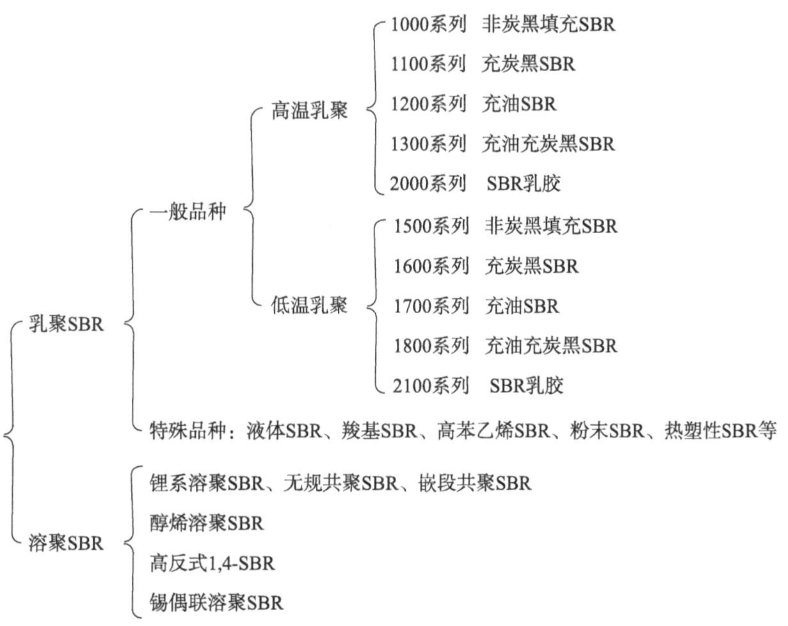

图 3-5　丁苯橡胶的主要品种

乳聚丁苯橡胶是通过自由基聚合得到的，在 20 世纪 50 年代以前都是高温丁苯橡胶，50 年代初才出现了低温丁苯橡胶。由于在低温下分子链不容易歧化，因此结构更规整，性能更优异。目前大量生产的低温乳聚丁苯橡胶采用氧化还原引发体系，还原剂是硫酸亚铁和甲醛次硫酸氢钠，氧化剂是烷基过氧化氢，聚合温度为 5～8℃，单体转化率约为 60%。凝聚前，填充油或炭黑所制得的橡胶，分别称充油丁苯橡胶、丁苯橡胶炭黑母炼胶（湿法者又称丁苯橡胶炭黑共沉胶）和充油丁苯橡胶炭黑母炼胶。

为了提高丁苯橡胶的生胶强度，以适应子午线轮胎工艺的需要，通过改性，研制了生胶强度高的丁苯橡胶。20 世纪 60 年代中期，随着阴离子聚合技术的发展，溶液聚合丁苯橡胶问世。它是采用阴离子型（丁基锂）催化剂，使丁二烯与苯乙烯进行溶液聚合的共聚物。根据聚合条件不同，可以分为无规型、嵌段型和并存型三大类。无规型为通用型溶聚丁苯橡胶，可用于轮胎、鞋类和工业橡胶制品；嵌段型属热塑性弹性体；无规与嵌段并存型是新型溶聚丁苯橡胶，乙烯基含量高，其特点是滚动阻力小，且抗湿滑性小。此外，还有充油、充炭黑溶聚丁苯橡胶，以及反式 1,4-丁苯橡胶和锡偶联溶聚丁苯橡胶等特殊品种。

无规型溶聚丁苯橡胶与低温乳聚丁苯橡胶相比，其橡胶烃含量较高，支链少，分子量分布较窄，而且在微观结构上丁二烯的顺式 1,4-结构、1,2-结构含量比例增多，反式 1,4-结构比例减少。因此这种无规型的溶聚丁苯橡胶，适于填充大量的炭黑，硫化胶的耐磨性好，弹性、耐寒性、永久变形等都介于高、低温乳聚丁苯橡胶之间，故适用于轮胎生产。随着汽车工业的发展，溶聚丁苯橡胶正日益受到重视，产量处在稳步增长阶段。

另外，根据结合苯乙烯含量不同，可以分为不同品种，如丁苯-10、丁苯-20、丁苯-30、丁苯-50 等，其中数字为苯乙烯聚合时的质量分数，最常用的是丁苯-30（实际占单体总质量的 23.5%）。

（二）丁苯橡胶的结构

丁苯橡胶由丁二烯和苯乙烯两种单体共聚而成。由于丁二烯聚合时既可进行 1,4-加成也可能进行 1,2-加成，所以丁苯橡胶分子链实际上由三种结构单元嵌段组成，分子结构式为

$$—\!\!\left[CH_2—CH{=}CH—CH_2\right]_x\!\!—\!\!\left[CH_2—\underset{\underset{\underset{CH_2}{\|}}{CH}}{\underset{|}{CH}}\right]_y\!\!—\!\!\left[CH_2—\underset{C_6H_5}{\underset{|}{CH}}\right]_z\!\!—$$

其中，丁二烯 1,4-加成所得链段还有顺式、反式之分，所以丁苯橡胶的分子结构不规整，其分子结构及各种链段含量随聚合条件的变化有很大不同。不同类型丁苯橡胶结构特征对比如表 3-8 所示。

表 3-8　不同类型丁苯橡胶的结构特征对比

SBR 类型	宏观结构				微观结构			
	歧化量	凝胶量	$\bar{M}_n$ /（×10⁴）	$\bar{M}_w$ / $\bar{M}_n$	苯乙烯含量/%	丁二烯（顺式）含量/%	丁二烯（反式）含量/%	乙烯基含量/%
高温乳聚 SBR	大量	多	10	7.5	23.4	16.6	46.3	13.7
低温乳聚 SBR	中等	少量	10	4～6	23.5	9.5	55	12
溶聚 SBR	较少	—	15	1.5～2	25	24	31	20

从表 3-8 可以看出，低温乳聚丁苯橡胶的主体结构为反式 1,4-加成结构，结构类型相对比较集中，因此其性能优于高温乳聚丁苯橡胶，得到大量应用。

低温乳聚丁苯橡胶有如下结构特点：

（1）因分子结构不规整，在拉伸和冷冻条件下不能结晶，为非晶橡胶。

（2）与天然橡胶一样也为不饱和碳链橡胶。但与天然橡胶相比，双键数目较少，且不存在甲基侧基及其推电子作用，双键的活性也较低。

（3）分子主链上引入了庞大苯基侧基，并存在丁二烯 1,2-结构的乙烯侧基，空间位阻大，分子链的柔性较差。

（4）平均分子量较低，分子量分布较窄。

（5）随着苯乙烯含量的增加，玻璃化转变温度升高。大多数乳聚丁苯橡胶的苯乙烯质量分数在 23.5%左右，此时性能最好。苯乙烯单体质量分数在 50%～80%的共聚物称为高苯乙烯丁苯橡胶，可作为鞋底材料。

（三）丁苯橡胶的性能

1. 物理性质

低温乳聚丁苯橡胶为浅褐色或白色（非污染型）弹性体，微有苯乙烯气味，杂质少，质量较稳定。其密度因生胶中苯乙烯含量不同而有所差异，如丁苯-10 的密度为 0.919 $g\cdot cm^{-3}$，丁苯-30 的密度为 0.944 $g\cdot cm^{-3}$。

2. 力学性能

由于分子结构较紧密，特别是庞大苯基侧基的引入，分子运动阻力加大，所以其硫化胶比天然橡胶有更好的耐磨性、耐透气性，但也导致弹性、耐寒性、耐撕裂性（尤其是耐热撕裂性）差，多次变形下生热多，滞后损失大，耐屈挠龟裂性差（指屈挠龟裂发生后的裂口增长速度快）。

由于丁苯橡胶是非晶橡胶，因此无自补强性，纯胶硫化胶的拉伸强度很低，只有 2～5 MPa，必须经高活性补强剂补强后才有使用价值，炭黑补强硫化胶的拉伸强度可达 25～28 MPa。

3. 耐介质性及其他性能

由于丁苯橡胶是二烯类橡胶，取代基属非极性基团范畴，因此是非极性橡胶，耐油性和耐非极性溶剂性差，能溶于汽油、苯、甲苯、氯仿等有机溶剂中。但由于结构较紧密，所以耐油性和耐非极性溶剂性、耐化学腐蚀性、耐水性均比天然橡胶好。又因含杂质少，所以电绝缘性也比天然橡胶稍好。

4. 加工工艺性能

由于丁苯橡胶是不饱和橡胶，因此可用硫磺硫化，丁苯橡胶与天然橡胶、顺丁橡胶等通用橡胶的并用性能好。但因不饱和程度比天然橡胶低，因此硫化速度较慢，而加工安全性提高，表现为不易焦烧、不易过硫、硫化平坦性好。由于聚合时控制了分子量在较低范围，大部分低温乳聚丁苯橡胶的初始穆尼黏度值较低，为 50～60，因此可不经塑炼，直接混炼。但由于分子链柔性较差，分子量分布较窄，缺少低分子量级分的增塑作用，因此加工性能较差。这表现在混炼时，对配合剂的湿润能力差，升温高，设备负荷大；压出操作较困难，半成品收缩率或膨胀率大；成型黏合时自黏性差等。

（四）丁苯橡胶的发展

为了节省能源，人们正努力开发既能降低滚动阻力，减少生热，又能提高抗湿滑阻力及耐磨性和制备轮胎行驶安全的新型丁苯橡胶，以满足新型"绿色环保"轮胎的需要。

1. 无规星型溶聚丁苯橡胶

这种橡胶是以溶聚丁苯橡胶为基础，通过分子设计方法进行化学改性制得的改性丁苯橡胶（S-SBR）。改性方法是采用无规星型聚合使分子量可调，并对分子链末端以锡化合物偶联或用二乙基羟胺（DEHA）作链终止剂进行改性。S-SBR 可使轮胎的滚动阻力降低 25%，抗湿滑性提高 5%，耐磨耗性提高 10%。

2. 苯乙烯-异戊二烯-丁二烯橡胶（SIBR）

SIBR 是由苯乙烯-异戊二烯-丁二烯三元共聚而成的高性能橡胶。它集中了 SBR、BR（顺丁橡胶）、NR 三种橡胶的特点，是一种集成橡胶。它的序列结构可以是完全无规型和嵌段-无规型两种，可以通过控制聚合过程中的投料顺序获得。其序列结构可以为两段排列和三段排列，如 PB-(SIB 无规共聚)、PI-(SB 无规共聚)、PB1，4-PB1，2-（BI 无规共聚）等。各种结构在各嵌段中的含量影响着产物的性能。为使均聚嵌段 PB 或 PI 能提供良好的低温性能，要求其中的 1,2-结构和 3,4-结构含量低，一般不超过 15%；为使无规共聚段提供优异的抓着性能，要求 1,2-结构和 3,4-结构含量比较高，一般在 70%～90%。

当偶联剂用量较少时，产物分子链结构主要为线型结构，穆尼黏度值为 40～90，分子量分布为 2～2.4，偶联剂用量较大时，产物主要为星型结构，穆尼黏度值为 55～65，分子量分布为 2～3.6。

集成橡胶 SIBR 既有顺丁橡胶（或天然橡胶）的链段，又有丁苯橡胶链段（或丁二烯、苯乙烯、异戊二烯三元共聚链段），与其他各种通用橡胶比较，玻璃化转变温度与顺丁橡胶相近（–100℃左右），因而低温性能优异，即使在严寒地带的冬季仍可正常使用；其 0～30℃的 $\tan\delta$ 值与丁苯橡胶相近，说明轮胎可以在湿路面行驶，具有较好的抗湿滑性；其 60℃的 $\tan\delta$ 值低于各种通用橡胶，制得的轮胎滚动阻力小，能量损耗少。集成橡胶综合了各种橡胶的优点而弥补了各种橡胶的缺点，同时满足了轮胎胎面胶低温性、抗湿滑性及安全性的要求。1990 年美国 Goodyear 橡胶轮胎公司开始研究集成橡胶 SIBR，并将其作为生产轮胎的新型橡胶，第二年投入生产。

（五）丁苯橡胶的应用

丁苯橡胶是合成橡胶的老产品，品种齐全，加工技术比较成熟，成本较低，其性能不足之处可以通过与天然橡胶并用或调整配方和工艺得到改善，因此至今仍是用量最大的合成橡胶，可部分或全部代替天然橡胶使用。大部分丁苯橡胶用于轮胎工业，其他产品有汽车零件、工业制品、电线和电缆包皮、胶管、胶带和鞋类等。

四、聚丁二烯橡胶

顺丁橡胶（butadiene rubber，BR 或 CPBR）是顺式 1,4-聚丁二烯橡胶的简称，它是由 1,3-丁二烯单体聚合制得的通用合成橡胶。1956 年美国首先合成了高顺式聚丁二烯橡胶，在世界合成橡胶中，顺丁橡胶的产量和消耗量仅次于丁苯橡胶，居第二位。

（一）顺丁橡胶的制备及类型

顺丁橡胶的聚合方法有乳液聚合和溶液聚合两种，以溶液聚合为主。

溶聚聚丁二烯橡胶是丁二烯单体在有机溶剂（如庚烷、加氢汽油、苯、甲苯等）中，利用齐格勒-纳塔催化剂、碱金属或其有机化合物催化聚合的产物。聚合反应中可能生成顺式 1,4-乙烯基、反式 1,4-乙烯基以及 1,2-乙烯基等三种结构。这三种结构的比例会因催化剂类型和反应条件的不同而有所区别。

表 3-9 概括了不同催化剂类型制得的典型聚丁二烯橡胶的结构。

表 3-9 聚丁二烯橡胶的结构

类型	催化体系	宏观结构			微观结构		
		歧化量	$\bar{M}_n$ /（×10^4）	分子量分布	顺式 1,4-乙烯基/%	反式 1,4-乙烯基/%	1,2-乙烯基/%
钴型	一氯烷基钴 二氯化钴	较少	37	较窄	98	1	1
镍型	三烷基镍 环烷酸镍 三氯化镍	较少	38	较窄	97	1	2
钛型	三烷基钛 四碘化钛 碘-氯化钛	少	39	窄	94	3	3
锂型	丁基锂	很少	28～35	很窄	35	57.5	7.5

从表 3-9 可知，采用钴型、镍型和钛型催化体系时所得的聚合物顺式 1,4-结构含量在 90%以上，称为有规立构橡胶，有较优异的性能。

聚丁二烯橡胶按照顺式 1,4-结构含量的不同，可分为高顺式（顺式含量为 96%～98%）、中顺式（顺式含量为 90%～95%）和低顺式（顺式含量为 40%以下）三种类型。高顺式聚丁二烯橡胶的物理力学性能接近于天然橡胶，某些性能还超过了天然橡胶。因此，目前各国都以生产高顺式聚丁二烯橡胶为主。低顺式聚丁二烯橡胶中，含有较多的乙烯基（即 1,2-结构），它具有较好的综合平衡性能，并克服了高顺式聚丁二烯橡胶的抗湿滑性差的缺点，最适宜制造轮胎，目前正在大力发展中。中顺式聚丁二烯橡胶，由于物理力学性能和加工性能都不及高顺式聚丁二烯橡胶，故趋于淘汰。

（二）顺丁橡胶的结构特点

顺丁橡胶有着与天然橡胶非常相似的分子构型，只是在丁二烯链节中双键一端的碳原子上少了甲基取代基。其分子链含有三种不同构型的丁二烯结构单元：

顺式 1,4-结构：$\diagdown CH_2 \diagup CH{=}CH \diagdown CH_2 \diagup$

反式 1,4-结构：$\diagdown CH_2 \diagup CH{=}CH \diagup CH_2 \diagdown$

1,2-结构：$—CH_2—\underset{\underset{\underset{CH_2}{\|}}{CH}}{|}{CH}—$

顺丁橡胶具有以下结构特点：

（1）结构比较规整，主链上无侧基，分子间作用力较小，分子中有大量的可旋转的 C—C 键，分子链柔顺性好，可以结晶，无极性。

（2）每个结构单元上存在一个双键，属不饱和橡胶，但是因为双键一端没有甲基的推电子性，双键活性没有天然橡胶的大。

（3）平均分子量比较低，分子量分布也比较窄。

（三）顺丁橡胶的性能

1. 顺丁橡胶的物理机械性能

由于分子链非常柔顺，分子量分布较窄，因此顺丁橡胶具有比天然橡胶还要高的回弹性，其弹性是目前橡胶中最好的；滞后损失小，动态生热低。此外，顺丁橡胶还具有极好的耐寒性（玻璃化转变温度为−105℃），是通用橡胶中耐低温性能最好的。

由于结构规整性好、无侧基、摩擦系数小，所以耐磨性特别好，非常适用于耐磨的橡胶制品，但是抗湿滑性差。由于分子链非常柔顺，且化学活性较天然橡胶低，因而耐屈挠性能优异，表现为制品的耐动态裂口生成性能好。

由于分子间作用力小，分子链非常柔顺，分子链段的运动性强，所以顺丁橡胶虽属结晶性橡胶，但在室温下仅稍有结晶性，只有拉伸到 300%～400%的状态下或冷却到−30℃以下，结晶才显著增加。因此，在通常的使用条件下，顺丁橡胶无自补强性。其纯胶硫化胶的拉伸强度低，仅有 1～10 MPa，通常需经炭黑补强后才有使用价值（炭黑补强硫化胶的拉伸强度可达 17～25 MPa）。此外，顺丁橡胶的撕裂强度也较低，特别是在使用过程中，胶料会因老化而变硬变脆，弹性和扯断伸长率下降，导致其出现裂口后的抗裂口展开性特别差。

2. 顺丁橡胶的化学及其他性能

由于是不饱和橡胶，易使用硫磺硫化，也易发生老化。但因所含双键的化学活性比天然橡胶稍低，故硫化反应速率较慢，介于天然橡胶和丁苯橡胶之间，而耐热氧老化性能比天然橡胶稍好。

由于是非极性橡胶，分子间作用力又较小，分子链因柔性好使分子间孔隙较多。因此，顺丁橡胶的耐油、耐溶剂性差。

顺丁橡胶的吸水性低于天然橡胶和丁苯橡胶，可用于电线电缆等需要耐水的橡胶制品。

3. 顺丁橡胶的加工工艺性能

由于顺丁橡胶的平均分子量较低，分子量分布较窄，分子链间的物理缠结点少，因此，胶料储存时具有冷流性，在生胶或未硫化胶储存时应注意保护，但硫化时的流动性好，特别适于注射成型。

由于分子链非常柔顺，在机械力作用下胶料的内应力易于重新分配，且分子量分布较窄，分子间作用力较小，因此加工工艺性能较差。具体表现在塑性不易获得；开炼机混炼时，辊温稍高就会产生脱辊现象（这是由于顺丁橡胶的拉伸结晶熔点为65℃左右，超过其熔点温度，结晶消失，片胶会因缺乏强韧性而脱辊）；密炼时胶料的自黏性和成团性差。由于分子链柔性好，湿润能力强，因此可比丁苯橡胶和天然橡胶填充更多的补强填料和操作油，从而有利于降低胶料成本。

（四）顺丁橡胶的发展

随着汽车行驶里程和速度的提高，近年来针对顺丁橡胶存在的弱点，通过分子设计对其结构进行改性，出现了一些聚丁二烯新品种。

1. 超高顺式聚丁二烯橡胶

超高顺式聚丁二烯橡胶是指顺式1,4-结构含量超过98%的顺丁橡胶。这种橡胶由于分子链规整性好，支化度低，拉伸时结晶速率快，分子量分布放宽，因此拉伸强度、弹性、生热性、耐磨耗性与耐疲劳性以及加工性能等均较高顺式聚丁二烯好。目前超高顺式聚丁二烯的工业化品种有两种，一种是采用铀系催化体系生产的超高顺式聚丁二烯，简称为U胶；另一种是采用稀土钕系催化剂生产的，简称Nd-BR。

超高顺式聚丁二烯由于抗湿滑性不太理想，可用作轮胎胎侧和胎体胶，在胎面胶不易单用，可与NR或SBR并用。

2. 高乙烯基聚丁二烯橡胶

在一定条件下，由钴、钛、钒、钼和钨等催化体系均可合成出高乙烯基聚丁二烯橡胶（HVBR）。目前工业化生产的高乙烯基聚丁二烯橡胶，乙烯基含量在70%左右。由于乙烯基含量高，主链中不饱和键少，橡胶的耐热氧化性能好，氧化诱导期长，但是耐低温性、回弹性、耐疲劳性和耐磨性都会有所下降。研究发现，随着乙烯基含量的提高，HVBR 的生热少、抗湿滑性好，而且高温回弹性降低很少。这种橡胶在物理力学性能，特别是抗湿滑性和低滚动阻力方面显示出良好的应用前景。

3. 中反式 1,4-聚丁二烯橡胶

反式 1,4-聚丁二烯橡胶弹性差，具有塑料性质。但反式 1,4-结构含量为 30%～50% 的中反式 1,4-聚丁二烯橡胶是一种易结晶、较高强度、耐磨性较好的弹性体。据报道，如果反式 1,4-结构能以嵌段共聚方式存在，性能是比较好的。此外，加工性和冷流性都有所改善。

（五）顺丁橡胶的应用

顺丁橡胶具有优异的弹性、耐磨性、耐寒性以及生热少等特性，但加工性能差，通常与天然橡胶、丁苯橡胶并用制造轮胎胎面，其中顺丁橡胶的用量为 25%～35%，超过 50%时，混炼和加工会发生困难。所制得的轮胎胎面在苛刻的行驶条件下，如高速、路面差、气温很低时，可以显著地改善耐磨耗性能，提高轮胎使用寿命。顺丁橡胶还可以用来制造其他耐磨制品，如胶鞋、胶管、胶带、胶辊等，以及各种耐寒性要求较高的制品。

五、乙丙橡胶

乙丙橡胶是在齐格勒-纳塔催化体系开发后发展起来的合成橡胶，其用途广泛，增长速度在合成橡胶中最快。市场需求旺盛，特别是汽车部件、聚烯烃热塑性弹性体及塑料改性、单层防水材料等的需求。其产量仅次于丁苯橡胶、顺丁橡胶和异戊橡胶，居第 4 位，为七大合成橡胶品种之一，占全部合成橡胶的 8.2%左右。

（一）乙丙橡胶的制备及分类

乙丙橡胶是以乙烯、丙烯为主要单体共聚而成的聚合物，依分子链中单体单元组成不同，有二元乙丙橡胶（ethylene-propylene monomer，EPM）和三元乙丙橡胶（ethylene-propylene-diene monomer，EPDM）之分，但统称为乙丙橡胶。前者为乙烯和丙烯的共聚物，后者为乙烯、丙烯和少量非共轭二烯烃（第三单体）的共聚物。

生产和使用较多的是三元乙丙橡胶。生产三元乙丙橡胶使用的第三单体主要有 1,4-己二烯（HD）、双环戊二烯（DCPD）、乙叉降冰片烯（ENB），三元乙丙橡胶中第三单体的摩尔分数仅占 2%～5%。其聚合方式为溶液聚合或悬浮聚合，催化体系通常由烷基铝化合物[如 $Al(C_2H_5)_2Cl$]与可溶于烃类溶剂的钒化合物（如 $VOCl_3$）组成。得到的乙丙橡胶为无规共聚弹性体，分子量分布较窄。依据第三单体种类的不同，三元乙丙橡胶又分为 H 型、D 型和 E 型。此外，二元乙丙橡胶和三元乙丙橡胶的各个类别又按乙烯、丙烯的组成比、穆尼黏度及第三单体引入量和是否充油等而分成若干牌号。

近年来又出现了一些改性乙丙橡胶品种，如充油乙丙橡胶、氯化乙丙橡胶、溴化乙丙橡胶、氯磺化乙丙橡胶、丙烯腈改性乙丙橡胶和热塑性乙丙橡胶等。

（二）乙丙橡胶的结构

乙丙橡胶可看作是在聚乙烯的主链上，引入了丙烯及第三单体的结构单元，典型乙丙橡胶的分子式如下。

1. 二元乙丙橡胶（EPM）

乙烯-丙烯共聚物：$-[(CH_2-CH_2)_x-(CH_2-\underset{CH_3}{\underset{|}{CH}})_y]_n-$

2. D型三元乙丙橡胶（DCPD-EPDM）

乙烯-丙烯-双环戊二烯共聚物：$-[(CH_2-CH_2)_x-(CH_2-\underset{CH_3}{\underset{|}{CH}})_y-(CH-CH)_z]_n-$

3. E型三元乙丙橡胶（ENB-EPDM）

乙烯-丙烯-降冰片烯共聚物：$-[(CH_2-CH_2)_x-(CH_2-\underset{CH_3}{\underset{|}{CH}})_y-(CH-CH)_z]_n-$

4. H型三元乙丙橡胶（HD-EPDM）

乙烯-丙烯-1,4-己二烯共聚物：$-[(CH_2-CH_2)_x-(CH_2-\underset{CH_3}{\underset{|}{CH}})_y-(CH_2-\underset{CH_2-CH=CH-CH_3}{\underset{|}{CH}})_z]_n-$

由于丙烯单体及第三单体的引入，引入量一般为25%～50%（摩尔分数）不等，从而破坏了原聚乙烯的结晶性，使之具有橡胶性能。因此，乙丙橡胶的性能直接受乙烯、丙烯组成配比的影响。一般规律是随乙烯含量的增大，生胶和硫化胶的力学强度提高，软化剂和填料的填充量增加，胶料可塑性高，压出性能好，半成品挺性和形状保持性好。但当乙烯摩尔分数超过70%时，由于乙烯链段出现结晶，耐寒性下降。因此，一般认为乙烯摩尔分数在60%左右时，乙丙橡胶的加工性能和硫化胶的物理力学性能均较好。

二元乙丙橡胶分子链中不含双键，所以不能用硫磺硫化，而必须采用过氧化物硫化。而三元乙丙橡胶则是在乙烯、丙烯共聚时，再引入一种非共轭双烯类物质作第三单体，使之在主链上引入含双键的侧基，以便能采用传统的硫磺硫化方法，因此是目前的主要开发对象。

以上三种类型的三元乙丙橡胶中D型价格较便宜。当用硫磺硫化时，E型硫化速度快，硫化效率高，D型硫化速度慢；当用过氧化物硫化时，D型硫化速度最快，E型硫化速度慢。

三元乙丙橡胶第三单体的引入量通常以碘值[g I_2·（100g EPDM）$^{-1}$]来表示。不同牌号的三元乙丙橡胶，其碘值一般在 6～30 之间。一般随碘值的增大，硫化速度提高，硫化胶的力学强度提高，耐热性稍有下降。碘值为 6～10 的三元乙丙橡胶硫化速度慢，可与丁基橡胶并用；碘值为 25～30 的三元乙丙橡胶，为超速硫化型，可以任意比例与高不饱和的二烯类橡胶并用。

乙丙橡胶分子主链上乙烯和丙烯单体单元呈无规则排列，为非晶橡胶。乙丙橡胶分子主链上无双键，三元乙丙橡胶虽然引入了少量双键，但却位于侧基上，活性较小，对主链性质没有多大影响，因此属饱和橡胶。乙丙橡胶的侧甲基空间阻碍小，且无极性，主链又呈饱和态，因此是典型的非极性橡胶，在较宽的温度范围内保持分子链的柔性和弹性。

（三）乙丙橡胶的性能

1. 乙丙橡胶的物理性质

乙丙橡胶为白色或浅黄色半透明弹性体，密度为 0.86～0.87g·cm^{-3}，是所用橡胶中最低的。

2. 乙丙橡胶的耐老化性

在现有通用型橡胶中乙丙橡胶的耐老化性是最好的。乙丙橡胶的抗臭氧性能特别好，当臭氧浓度为 100×10^{-6} 时，乙丙橡胶经 2430 h 仍不龟裂，而丁基橡胶经 534 h、氯丁橡胶经 46 h 即产生大裂口。在耐臭氧性方面，以 DCPD-EPDM 最好。乙丙橡胶的耐天候老化性能也非常好，能长期在阳光、潮湿、寒冷的自然环境中使用。含炭黑的乙丙橡胶硫化胶在阳光下暴晒 3 年后未发生龟裂，物理力学性能变化也很小。在耐候性方面，EPM 优于 DCPD-EPDM，更优于 ENB-EPDM，比天然橡胶、丁苯橡胶等通用橡胶都好。

3. 乙丙橡胶的热性能

乙丙橡胶在 150℃下可长期使用，间歇使用可耐 200℃高温。在耐热性方面，ENB-EPDM 优于 DCPD-EPDM。具有较好的耐热水和水蒸气性能。耐低温性也很好，由于具有非结晶性，其在低温下仍保持较好的弹性，冷冻到–57℃才变硬，到–77℃变脆。

4. 其他性能

乙丙橡胶的绝缘性能和耐电晕性能超过丁基橡胶。又因吸水性小，所以浸水后的电性能也很好。对各种极性化学药品和酸碱（浓强酸除外）的抗性好，长时间接触后性能变化不大。具有良好的弹性和抗压缩变形性。易容纳补强剂、软化剂，可进行高填充配合，并且由于密度小，可降低制品成本。但纯胶强度低，必须通过补强才有使用价值；不耐油；硫化速度慢，为一般合成橡胶的 1/4～1/3；与不饱和橡胶不能并用，共硫化性能差；自黏和互黏性都很差，给加工工艺带来困难。

（四）乙丙橡胶的发展

1. 丁丙交替共聚橡胶

丁二烯-丙烯橡胶（即丁丙橡胶）是一种新型的交替共聚橡胶。1969 年古川淳二等以钒-铝、钛-铝等为催化剂研究了乙烯、丙烯、丁烯等烯烃与丁二烯等共轭双烯的共聚，得到了交替共聚物。丁丙橡胶的生胶强度处于异戊橡胶和丁苯橡胶之间，加工性能与天然橡胶相近，并易于与其他橡胶并用，而且密度小、耐热、耐候性好，是一种可用于轮胎的胶种。由于丙烯来源广，价格低廉，丁丙橡胶又具有良好的综合性能，将成为一种较好的通用橡胶。

2. 改性乙丙橡胶

为了满足橡胶制品的特殊性能需要，已经生产出了高乙烯含量的乙丙橡胶、高不饱和度的三元乙丙橡胶、热塑性乙丙橡胶以及改性乙丙橡胶等。

改性乙丙橡胶是将乙丙橡胶进行溴化、氯化、氯磺化、接枝丙烯腈或丙烯酸酯而得。通过引入不同的极性基团，达到提高乙丙橡胶的黏着性、强度、耐溶剂性能以及提高硫化速度等目的。

（五）乙丙橡胶的应用

根据乙丙橡胶的性能特点，其主要应用于要求耐老化、耐水、耐腐蚀、电气绝缘几个领域，如用于耐热运输带、电缆、电线、防腐衬里、密封垫圈、门窗密封条、家用电器配件、塑料改性等；也极适用于码头缓冲器、桥梁减震垫、各种建筑用防水材料、道枕垫及各类橡胶板、保护套等；也是制造电线、电缆包皮胶的良好材料，特别适用于制造高压、中压电缆绝缘层；它还可以制造各种汽车零件，如垫片、玻璃密封条、散热器胶管等。由于它具有高动态性能和良好的耐温、耐天候、耐腐蚀及耐磨性，也可用于轮胎胎侧、水胎等的制造，但需解决好黏合问题。

六、氯丁橡胶

氯丁橡胶（chloroprene rubber，CR）是2-氯-1,3-丁二烯经过乳液聚合而得的均聚物，称为聚氯丁二烯橡胶，简称氯丁橡胶。氯丁橡胶是合成胶中最早研究开发的胶种之一，首先由美国于1931年开发成功。氯丁橡胶由于分子链中氯原子的存在而具有耐油性、耐候、阻燃、耐老化等优异性能，应用比较广泛。

（一）氯丁橡胶的制备及分类

氯丁橡胶的合成一般采用乳液法，以过硫酸钾为自由基引发剂，水为介质，松香酸皂为乳化剂，聚合温度为40～42℃，聚合时间为2～2.5h，聚合转化率为89%～90%。氯丁二烯聚合反应中易生成支链和交联结构，所以必须在反应时加入调节剂，控制平均分子量和结构，通常调节剂分为硫调节剂和非硫调节剂，所形成的氯丁橡胶分为硫磺调节型（G型）和非硫调节型（W型）。因此根据合成条件和用途将氯丁橡胶分为以下几种。

1. 硫磺调节型（G型）

这类氯丁橡胶是以硫磺作分子量调节剂，秋兰姆作稳定剂，平均分子量约为10万，分子量分布较宽。由于结构比较规整，可供一般橡胶制品使用，故属于通用型。商品牌号有 GN、GNA 等，国产氯丁橡胶 CR1212 型与 GNA 型相当。此类橡胶的分子主链上含有多硫键（80～110 个），由于多硫键的键能远低于 C—C 键键能，在一定条件下（如光、热、氧的作用）容易断裂，生成新的活性基团，导致发生歧化、交联而失去弹性，所以储存稳定性差。但此类橡胶塑炼时，易在多硫键处断裂，形成巯基（—SH，也称硫醇基）化合物，使平均分子量降低，故有一定的塑炼效果。此类橡胶的物理力学性能良好，尤其是回弹性、撕裂强度和耐屈挠龟裂性均比 W 型好，硫化速度快，用金属氧化物即可硫化，加工中弹性复原性较低，成型黏合性较好，但易焦烧，并有黏辊现象。

2. 非硫调节型（W 型）

氯丁橡胶在聚合时，用十二硫醇作平均分子量调节剂，故又称硫醇调节型氯丁橡胶。此类橡胶平均分子量为 20 万左右，分子量分布较窄，分子结构比 G 型更规整，1,2-结构含量较少。商品牌号有 W、WD、WRT、WHV 等，国产氯丁橡胶 CR2322 型则属于此类，相当于 W 型。由于该类分子主链中不含多硫链，故储存稳定性较好。与 G 型相比，该类橡胶的优点是加工过程中不易焦烧，不易黏辊，操作条件容易掌握，硫化胶有良好的耐热性和较低的压缩变形性。但结晶性较大，成型时黏性较差，硫化速度慢。

3. 粘接型氯丁橡胶

广泛地用作胶黏剂。此类与其他类型的主要区别是聚合温度低（5～7℃），因而提高了反式 1,4-结构的含量，使分子结构更加规整，结晶性强，内聚力大，所以有很高的粘接强度。

4. 其他特殊用途型氯丁橡胶

是指专用于耐油、耐寒或其他特殊场合的氯丁橡胶。例如，氯苯橡胶，是 2-氯-1,3-丁二烯和苯乙烯的共聚物，引入苯乙烯是为了使聚合物获得优异的抗结晶性，以改善耐寒性（但并不改善玻璃化转变温度），用于耐寒制品。又如，氯丙橡胶，是 2-氯-1,3-丁二烯和丙烯腈的非硫调节型共聚物，丙烯腈掺聚量有 5%、10%、20%、30%不等，引入丙烯腈以增加聚合物的极性，从而提高耐油性。

（二）氯丁橡胶的结构

氯丁橡胶相当于异戊二烯橡胶分子中的侧甲基被氯原子取代，其结构式为

硫磺调节型：$-\!\!\left(CH_2-\underset{}{\overset{Cl}{\overset{|}{C}}}=CH-CH_2\right)_n\!-S_x-$　　x=2～6，n=80～110

非硫调节型：$-\!\!\left(CH_2-\overset{Cl}{\overset{|}{C}}=CH-CH_2\right)_n\!-$

氯丁橡胶的分子链中大部分是反式 1,4-加成结构，占 88%～92%。除此之外，顺式 1,4-加成结构占 7%～12%，1,2-加成结构占 1%～5%，3,4-加成结构占 1%左右。氯丁橡胶分子中，反式 1,4-加成结构的生成量与聚合温度有关。聚合温度越低，反式 1,4-加成结构含量越高，聚合物分子链排列越规则，力学强度越高。而 1,2-加成结构和 3,4-加成结构使聚合物带有侧基，且侧基上还有双键，这些侧基能阻碍分子链的运动，对聚合物的弹性、强度、耐老化性等都有不利影响，并易引起歧化和生成凝胶。不过由于 1,2-加

成结构的化学活性较高，因此它是氯丁橡胶的交联中心。

氯丁橡胶的主链虽然由碳链所组成，但由于分子中含有电负性较大的氯原子而成为极性橡胶，从而增加了分子间作用力，使分子结构较紧凑，分子链柔性较差。又由于氯丁橡胶结构规整性较强，因而比天然橡胶更易结晶，结晶温度范围为–35～50℃。

由于氯丁橡胶分子链上 97.5%的氯原子直接连接在双键的碳原子上，氯原子中未耦合的 p 电子与双键形成 p-π 共轭，再加上氯原子的电负性在 σ 键上有诱导效应，使双键和氯原子的活性大大降低，不饱和程度大幅度下降，从而提高了氯丁橡胶的结构稳定性。通常已不把氯丁橡胶列入不饱和橡胶的范畴内。

（三）氯丁橡胶的性能

氯丁橡胶的结构特点，决定了其在具有良好的综合物理力学性能的前提下，还具有耐热、耐臭氧、耐天候老化、阻燃、耐油、黏合性好等特性，所以它被称为多功能橡胶。

1. 氯丁橡胶的物理力学性能

氯丁橡胶为浅黄色乃至褐色的弹性体，密度较大，为 $1.23g \cdot cm^{-3}$。

由于氯丁橡胶有较强的结晶性，自补强性大，分子间作用力大，在外力作用下分子间不易产生滑脱，因此氯丁橡胶有与天然橡胶相近的物理力学性能。其纯胶硫化胶的拉伸强度、扯断伸长率甚至还高于天然橡胶，炭黑补强硫化胶的拉伸强度、扯断伸长率则接近于天然橡胶。其他物理力学性能也很好，如回弹性、抗撕裂性仅次于天然橡胶，而优于一般合成橡胶，并有接近于天然橡胶的耐磨耗性。

2. 氯丁橡胶的化学性能

由于氯丁橡胶的结构稳定性强，其反应活性低于天然橡胶、丁苯橡胶等二烯类橡胶。因此有很好的耐热、耐臭氧、耐天候老化性能。其耐热性与丁腈橡胶相当，能在 150℃下短期使用，在 90～110℃下能使用 4 个月之久。耐臭氧、耐天候老化性仅次于乙丙橡胶和丁基橡胶，而大大优于其他通用橡胶。此外，氯丁橡胶的耐化学腐蚀性、耐水性优于天然橡胶和丁苯橡胶，但对氧化性物质的耐性差。而且不能用硫磺硫化体系硫化，一般用氧化锌和氧化镁配合体系进行硫化，对于非硫调节型的还要用促进剂，常用的促进剂为 NA-22。

3. 氯丁橡胶的耐介质性能

由于氯丁橡胶具有较强的极性，因此氯丁橡胶的耐油、耐非极性溶剂性好，仅次于丁腈橡胶，而优于其他通用橡胶。除芳香烃和卤代烃油类外，在其他非极性溶剂中都很稳定，其硫化胶只有微小溶胀。能溶于甲苯、氯代烃、丁酮等溶剂中，在某些酯类溶剂（如乙酸乙酯）中可溶，但溶解度较小，不溶于脂肪烃、乙醇和丙酮。

4. 氯丁橡胶的阻燃性

由于氯丁橡胶在燃烧时放出氯化氢，起阻燃作用，因此遇火时虽可燃烧，但切断火源即自行熄灭。氯丁橡胶的耐延燃性在通用橡胶中是最好的。

5. 氯丁橡胶的气密性

由于氯丁橡胶的结构紧密，因此气密性好，在通用橡胶中仅次于丁基橡胶，比天然橡胶的气密性好。

6. 氯丁橡胶的黏合性

氯丁橡胶的黏合性好，因而被广泛用作胶黏剂。氯丁橡胶系胶黏剂占合成橡胶类胶黏剂的 80%。其特点是黏合强度高，适用范围广，耐老化、耐油、耐化学腐蚀，具有弹性，使用简便。

7. 氯丁橡胶的耐寒性

由于氯丁橡胶分子结构的规整性和极性，内聚力较大，限制了分子的热运动，特别是在低温下热运动更困难。因低温结晶使橡胶拉伸变形后难以恢复原状而失去弹性，甚至发生脆折现象，因此，其耐寒性不好。氯丁橡胶的玻璃化转变温度为−40℃，使用温度一般不低于−30℃。

8. 氯丁橡胶的电绝缘性

氯丁橡胶因分子中含有极性氯原子，所以绝缘性较差，体积电阻率为 10^{10}～10^{12} Ω·cm，仅适于 600V 以内的较低电压下使用。

9. 氯丁橡胶的加工工艺性能

由于极性氯原子的存在，氯丁橡胶在加工时对温度的敏感性强，当塑炼、混炼温度超出高弹态温度范围（对于高弹态温度，G 型为常温至 71℃，W 型为常温至 79℃，而天然橡胶则为常温至 100℃），会产生黏辊现象，造成操作困难，G 型氯丁橡胶尤甚。

10. 氯丁橡胶的储存稳定性

氯丁橡胶储存变质是一个独特的问题，由于氯丁橡胶在室温下也具有从线型 α 型聚合体向交联的 μ 型聚合体转化的性质，生胶存放时间久后，就会自行交联。在 30℃的自然条件下，硫磺调节型氯丁橡胶可存放 10 个月，非硫调节型可存放 40 个月。随存放时间增长，生胶变硬、塑性下降、焦烧时间缩短、加工黏性下降、流动性下降、压出表面不光滑，逐渐失去加工性。严重时，导致胶料报废。其防止的办法是精制氯丁二烯并在惰性气体中储存及聚合，严格控制聚合转化率，加入防老剂，生胶储存温度低一些，尽量减少热历史。

（四）氯丁橡胶的改性

1. 易加工型氯丁橡胶

易加工型氯丁橡胶是由凝胶型氯丁橡胶与溶胶型氯丁橡胶乳液共聚而成。凝胶型氯丁橡胶是制造氯丁橡胶胶乳时加入一定量的交联剂，使氯丁橡胶产生交联，形成预凝胶体。易加工型氯丁橡胶具有胶料混炼快、生热少、不黏辊、挤出和压延速度快、挤出口模膨胀率低、挤出产品表面光滑、硫化时模内流动性好等优点。

2. 耐寒氯丁橡胶

耐寒氯丁橡胶是氯丁二烯与二氯丁二烯的共聚物。由于在聚氯丁二烯分子链上引入了2,3-二氯丁二烯、1,3-二氯丁二烯单元，破坏了聚氯丁二烯的规整性，从而显示优良的抗结晶性能，提高了耐寒性。

（五）氯丁橡胶的应用

由于氯丁橡胶不仅具有耐热、耐老化、耐油、耐腐蚀等特殊性能，并且综合物理力学性能良好，所以它是一种能满足高性能要求、用途极为广泛的橡胶材料。

氯丁橡胶可与其他橡胶并用。氯丁橡胶与天然橡胶并用可改进加工性能、提高粘接强度以及改善耐屈挠和耐撕裂性能；氯丁橡胶与丁苯橡胶并用可以降低成本，提高耐低温性能，但是耐臭氧性能、耐油性、耐候性随之降低，因此需要加入抗臭氧剂，硫化体系采用无硫和硫磺硫化体系；氯丁橡胶与丁腈橡胶并用，可以提高耐油性，改进黏辊性，便于压延和压出成型；氯丁橡胶与顺丁橡胶并用，可以改进氯丁橡胶的黏辊性能，提高压延、压出的工艺性能，同时弹性、耐磨性和压缩生热可以得到改善，但耐油性、抗臭氧性和强度降低；氯丁橡胶与乙丙橡胶并用，可以进一步地提高氯丁橡胶的抗臭氧性能，同时可以改善耐热性能。

氯丁橡胶可用来制造轮胎胎侧，耐热运输带，耐油及耐化学腐蚀的胶管、容器衬里、垫圈、胶辊、胶板，汽车和拖拉机配件，电线、电缆包皮胶，门窗密封胶条，橡胶水坝，公路填缝材料，建筑密封胶条，建筑防水片材，某些阻燃橡胶制品及胶黏剂。

七、丁腈橡胶

丁腈橡胶（nitrile butadiene rubber，NBR）是由丁二烯和丙烯腈两种单体经乳液或溶液聚合而制得的一种高分子弹性体，1937年由德国工业化生产。丁腈橡胶具有优良的耐油性和耐化学品性，应用范围不断扩大，为了进一步提高其性能，研究了一些改性品种，主要应用于耐油场合。

（一）丁腈橡胶的制备及分类

工业上所使用的丁腈橡胶大多是由乳液法制得的，由自由基引发聚合，聚合过程中采用氧化还原体系引发剂（如过氧化氢和二价铁盐组成的催化体系），以硫醇作为调节剂（链转移剂）控制平均分子量。聚合温度为5～30℃，一般转化率为70%～80%时，使聚合终止，转化率过高会产生支化结构。

乳聚丁腈橡胶种类繁多，通常依据丙烯腈含量、穆尼黏度、聚合温度等分为几十个品种。而根据用途不同又可分为通用型和特种型。特种型中又包括羧基丁腈橡胶、部分交联型丁腈橡胶、丁腈和聚氯乙烯共沉胶、液体丁腈橡胶以及氢化丁腈橡胶等。通常，丁腈橡胶依据丙烯腈含量可分成极高丙烯腈丁腈橡胶（丙烯腈质量分数为43%以上）、高丙烯腈丁腈橡胶（丙烯腈质量分数为36%～42%）、中高丙烯腈丁腈橡胶（丙烯腈质量分数为31%～35%）、中丙烯腈丁腈橡胶（丙烯腈质量分数为25%～30%）、低丙烯腈丁腈橡胶（丙烯腈质量分数为24%以下）。

国产丁腈橡胶的丙烯腈含量大致有三个等级，即相当于上述的高、中、低丙烯腈含量等级。对每个等级的丁腈橡胶，一般可根据穆尼黏度值的高低分成若干牌号。穆尼黏度值低的（45 左右），加工性能良好，可不经塑炼直接混炼，但物理力学性能，如强度、回弹性、压缩永久变形等则比同等级穆尼黏度值高的稍差；而穆尼黏度值高的，则必须先塑炼，方可混炼。

按聚合温度可将丁腈橡胶分为热聚丁腈橡胶（聚合温度为 25～50℃）和冷聚丁腈橡胶（聚合温度为 5～20℃）。热聚丁腈橡胶的加工性能较差，表现为可塑性获得较难，吃粉也较慢，而冷聚丁腈橡胶，由于聚合温度的降低，提高了反式 1,4-结构的含量，凝胶含量和歧化程度得到降低，从而使加工性能得到改善，表现为加工时动力消耗较低，吃粉较快，压延、压出半成品表面光滑、尺寸较稳定，在溶剂中的溶解性能较好，并且还提高了物理力学性能。

国产丁腈橡胶的牌号通常以四位数字表示。前两位数字表示丙烯腈含量，第三位数字表示聚合条件和污染性，第四位数字表示穆尼黏度。例如，NBR-2626，表示丙烯腈质量分数为 26%～30%，是软丁腈橡胶，穆尼黏度为 65～80；NBR3606，表示丙烯腈质量分数为 36%～40%，是硬丁腈橡胶，有污染性，穆尼黏度为 65～79。

（二）丁腈橡胶的结构

丁腈橡胶的分子结构中两种单体单元的键接是无规的，化学结构式为

$$-\!\!\left[\left(CH_2-CH=CH-CH_2\right)_x\left(\underset{\displaystyle CN}{\underset{|}{CH_2-CH}}\right)_y\right]_n\!\!-$$

其中，丁二烯有三种加成方式，以反式 1,4-结构加成为主，例如，在 28℃下聚合制得的含 28%丙烯腈的丁腈橡胶，反式 1,4-结构含量为 77.6%，顺式 1,4-结构含量为 12.4%，1,2-结构含量占 10.0%。不同加成方式对橡胶的性能也有一定的影响，顺式 1,4-结构增加有利于提高橡胶的弹性，降低玻璃化转变温度；反式 1,4-结构增加，拉伸强度提高，热塑性好，但弹性低；1,2-结构增加，导致支化度和交联度提高，凝胶含量较高，使加工性能不好，低温性能变差，并降低力学性能和弹性。

丁腈橡胶是不饱和的碳链橡胶，分子结构不规整，是非晶橡胶。由于其分子链上引入了强极性的氰基（—CN），而成为极性橡胶。丙烯腈含量越高，极性越强，分子间作用力越大，分子链柔性也越差。双键数目随丙烯腈含量的提高而减少，即不饱和程度随丙烯腈含量的提高而下降。

丁腈橡胶的平均分子量可由几千到几万，前者为液体丁腈橡胶，后者为固体丁腈橡胶。工业生产中常用穆尼黏度来表示分子量的大小，通用丁腈橡胶穆尼黏度一般为 30～130。

（三）丁腈橡胶的性能

丁腈橡胶为浅黄至棕褐色、略带腋臭味的弹性体，密度随丙烯腈含量的增加为 0.945～0.999 $g\cdot cm^{-3}$ 不等，能溶于苯、甲苯、酯类、氯仿等芳香烃和极性溶剂。

1. 丁腈橡胶性能与丙烯腈含量的关系

丙烯腈含量对丁腈橡胶的性能产生极大影响，如表 3-10 所示。

表 3-10　丙烯腈含量与丁腈橡胶性能的关系

基本性能	丙烯腈低含量→高含量	基本性能	丙烯腈低含量→高含量
拉伸性	低→高	耐热性	差→好
耐磨性	小→大	弹性	大→小
耐油性（非极性）	低→高	耐寒性	好→差
耐化学介质性	低→高	加工性能	差→好
透气性	好→差	硫化速度	慢→快

2. 丁腈橡胶的耐油性

在通用橡胶中，丁腈橡胶的耐油性最好，仅次于聚硫橡胶和氟橡胶等特种橡胶。由于氰基有较高的极性，因此丁腈橡胶对非极性和弱极性油类基本不溶胀，但对芳香烃、卤代烃、极性油类，以及极性溶剂（如乙醇）的抵抗能力差。

3. 丁腈橡胶的一般性能

丁腈橡胶因含有丙烯腈结构，不仅降低了分子的不饱和程度，而且由于氰基的较强吸电子能力，烯丙基位置上的氢比较稳定，故耐热性和耐老化性优于天然橡胶、丁苯橡胶等通用橡胶，且随丙烯腈含量的提高而提高。可在 120℃以下长期使用，在热油中短时使用温度可达 150℃高温。

丁腈橡胶的极性增大了分子间作用力，从而使耐磨性提高，其耐磨性比天然橡胶高 30%～45%。

丁腈橡胶的极性以及反式 1,4-结构，使其结构紧密，透气率较低，它和丁基橡胶同属于气密性良好的橡胶。

丁腈橡胶因丙烯腈的引入而提高了结构的稳定性，因此耐化学腐蚀性优于天然橡胶，对碱和弱酸具有较好的抗耐性，但对强氧化性酸的抵抗能力较差。

丁腈橡胶是非晶橡胶，无自补强性，纯胶硫化胶的拉伸强度为 3.0～4.5 MPa。因此，必须经补强后才有使用价值，炭黑补强硫化胶的拉伸强度可达 25～30 MPa，优于丁苯橡胶。

丁腈橡胶由于分子链柔性差和非结晶性，硫化胶的弹性、耐寒性、耐屈挠性、抗撕裂性差，变形生热多。丁腈橡胶的耐寒性比一般通用橡胶都差，脆化温度为 −10～20℃。

丁腈橡胶的极性导致其成为半导橡胶，不宜作电绝缘材料使用，其体积电阻率只有 10^{8}～10^{9} Ω·cm，介电系数为 7～12，为电绝缘性最差的橡胶。

丁腈橡胶因具有不饱和性而易受到臭氧的破坏，加之分子链柔性差，使臭氧龟裂扩展速度较快。尤其制品在使用中与油接触时，配合时加入的抗臭氧剂易被油抽出，造成防护臭氧破坏的能力下降。

4. 丁腈橡胶的加工性能

丁腈橡胶因分子量分布较窄，极性大，分子链柔性差，以及本身特定的化学结构，其加工性能较差。表现为塑炼效率低，混炼操作较困难，塑混炼加工中生热多，压延、压出的收缩率和膨胀率大，成型时自黏性较差，硫化速度较慢等。

（四）丁腈橡胶的发展

随着石油和汽车工业的发展，对丁腈橡胶的性能提出了更加苛刻的要求，一些高性能的丁腈橡胶新品种相继出现。

1. 氢化丁腈橡胶

氢化丁腈橡胶（HNBR）也称饱和丁腈橡胶，是将乳聚丁腈橡胶粉碎溶于适当溶剂，在贵重金属催化剂如钯存在下，高压氢化还原而得。氢化丁腈橡胶由于主链呈近饱和状态，因此除保持其优异耐油性外，其弹性、耐热性、耐老化性均有很大提高。少量C═C 双键的存在，使其仍可用硫磺硫化。丁腈橡胶为非晶性橡胶，但氢化后为拉伸结晶性橡胶。

氢化丁腈橡胶主要用于油气井、汽车工业、航空航天等领域。近年来，油气井深度越来越深，井下环境和温度条件日益苛刻。在高温和高压下，丁腈橡胶和氟橡胶受硫化氢、二氧化碳、甲烷、柴油、蒸汽和酸等的作用很快被破坏，而氢化丁腈橡胶在上述介质中的综合性能优于丁腈橡胶和氟橡胶。

2. 羧基丁腈橡胶

羧基丁腈橡胶由含羧基单体（丙烯酸或甲基丙烯酸）与丁二烯、丙烯腈三元共聚而成。丙烯腈单体结构单元摩尔分数一般为 31%～40%，羧基摩尔分数为 2%～3%。在分子链中 100～200 个碳原子中含有一个羧基，结构式如下：

$$-\!\!\left(\underset{}{CH_2}-\underset{\substack{|\\ CN}}{CH}\right)_m\!\!\left(CH_2-CH{=}CH-CH_2\right)_n\!\!-CH_2-\underset{\substack{|\\ COOH}}{CH}-$$

羧基的引入，增加了丁腈橡胶的极性，进一步提高了耐油性和强度，改善了黏着性和耐老化性，特别是热强度比丁腈橡胶有较大提高。由于羧基活性较高，故交联速度较快，易焦烧。

3. 丁腈交替共聚胶

它是单体丙烯腈和丁二烯在 AlR_3-$VOCl_3$ 催化体系下于 0℃下经聚合而成。分子链由丁二烯和丙烯腈单体单元交替排列而成。丙烯腈单体结构摩尔分数为 48%～49%，丙烯腈和丁二烯单体的交替度达 96%～98%，几乎全部丁二烯单体结构单元（97%～100%）呈反式 1,4-结构键合，是一种有规立构高聚物。由于分子链序列结构规整，丙烯腈单体结构单元均匀分布在分子链内，减弱了分子链间的相互作用力，提高了分子链的柔性，其玻璃化转变温度为−15℃。与相同丙烯腈含量的无规丁腈橡胶相比具有较大的拉伸强度、扯断伸长率和回弹性，抗裂口增长性接近天然橡胶，是一种耐油性优良、物理力学性能好的合成橡胶。

（五）丁腈橡胶的应用

由于丁腈橡胶既有良好的耐油性，又保持有较好的橡胶特性，因此广泛用于各种耐油制品。高丙烯腈含量的丁腈橡胶一般用于直接与油类接触、耐油性要求比较高的制品，如油封、输油胶管、化工容器衬里、垫圈等。中丙烯腈含量的丁腈橡胶一般用于普通耐油制品，如耐油胶管、油箱、印刷胶辊、耐油手套等。低丙烯腈含量的丁腈橡胶用于耐油性要求较低的制品，如低温耐油制品和耐油减震制品等。

另外，由于丁腈橡胶具有半导性，因此可用于需要导出静电以免引起火灾的场合，如纺织皮辊、皮圈、阻燃运输带等。

丁腈橡胶还可与其他橡胶或塑料并用以改善各方面的性能，最广泛的是与聚氯乙烯并用，以进一步提高它的耐油、耐臭氧老化性能。

八、丁基橡胶

丁基橡胶（isobutylene-isoprene rubber，IIR）于 1941 年开始工业化生产，是由异丁烯单体与少量异戊二烯共聚合而成。目前丁基橡胶的生产在世界各国发展较快。丁基橡胶最大的特点是气密性好，耐热、耐臭氧性好于天然橡胶和丁苯橡胶等通用橡胶。

（一）丁基橡胶的制备及分类

丁基橡胶是一种线型无凝胶的共聚物，是异丁烯和少量的异戊二烯（1.5～4.5 mol）单体通过阳离子聚合反应制备的，由于异丁烯分子中有两个供电子的甲基，其端基（$=CH_2$）的亲核性增加，在路易斯酸（如 $AlCl_3$ 或 BF_3）为主催化剂，水或醇等为助催化剂的条件下，聚合反应速率极快，可在 1 min 左右完成放热反应，因此反应必须在 −100℃左右且快速搅拌下进行。

丁基橡胶通常按不饱和度的大小分为五级，其不饱和度分别为 0.6%～1.0%、1.1%～1.5%、1.6%～2.0%、2.1%～2.5%、2.6%～3.3%。而每级又可依据穆尼黏度的高低和所用防老剂有无污染性分为若干牌号。

（二）丁基橡胶的结构

丁基橡胶的化学结构式为

$$-\!\!\left(\underset{\substack{|\\ CH_3}}{\overset{\substack{CH_3\\ |}}{C}}-CH_2\right)_x\!\!-CH_2-\overset{\substack{CH_3\\ |}}{C}=CH-CH_2-\!\!\left(\underset{\substack{|\\ CH_3}}{\overset{\substack{CH_3\\ |}}{C}}-CH_2\right)_y\!\!-$$

不饱和度对丁基橡胶的性能有着直接影响，随着橡胶不饱和度的增加，硫化速度加快，硫化度增加，耐热性提高，耐臭氧性、耐化学药品侵蚀性下降，电绝缘性下降，黏着性和兼容性好转，拉伸强度和扯断伸长率逐渐下降，定伸应力和硬度提高。

分子量影响生胶穆尼黏度值的高低，进而影响胶料可塑性及硫化胶的强度。弹性穆尼黏度值增大，分子量也大，硫化胶的拉伸强度提高，压缩变形减小，低温复原性更好，但工艺性能恶化，使压延、压出困难。

丁基橡胶中异戊二烯单体单元的分布是无规的，一般单个存在。实验表明，异戊二烯单体单元在分子链中以反式 1,4-结构键合，大约主链上平均每 100 个碳原子才有一个双键，而天然橡胶主链每四个碳原子有一个双键，所以丁基橡胶的不饱和度很低，通用丁基橡胶品级约有 1.5%（摩尔分数）的不饱和度。因此它基本属饱和橡胶，结构稳定性很强，并且是较典型的非极性橡胶。丁基橡胶是首尾结合的线型分子，结构规整，为结晶性橡胶。

在分子主链上，每隔一个次甲基就有两个甲基侧基围绕着主链呈螺旋形式排列，等同周期为 1.86 nm，空间阻碍大，分子链柔性差，结构紧密。因此，丁基橡胶具有优良的耐候性、耐热性、耐碱性，特别是具有气密性好、阻尼大、易吸收能量等性能。

（三）丁基橡胶的性能

丁基橡胶为白色或灰白色半透明弹性体，密度为 0.91～0.92 $g \cdot cm^{-3}$。

1. 丁基橡胶的气密性

丁基橡胶的气密性为橡胶之首（图 3-6）。气密性取决于气体在橡胶中的溶解度和扩散速率。丁基橡胶的气体溶解度与其他烃类橡胶相近，但它的气体扩散速率比其他橡胶低得多。这与丁基橡胶分子短的螺旋形构象使分子链柔性下降有关。在常温下丁基橡胶的透气速率约为天然橡胶的 1/20、顺丁橡胶的 1/45、丁苯橡胶的 1/8、乙丙橡胶的 1/13、丁腈橡胶的 1/2。

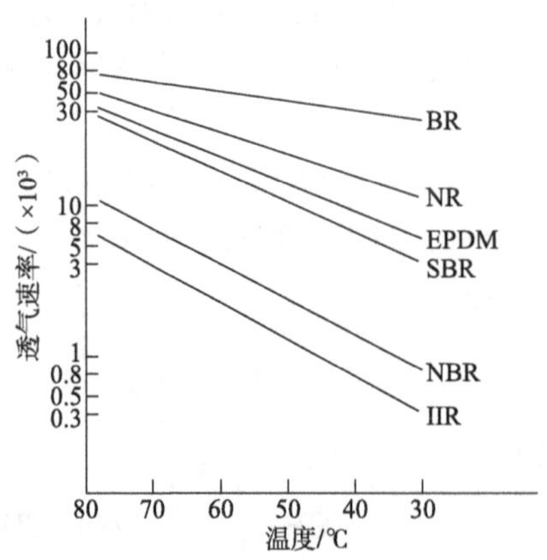

图 3-6　各种橡胶在不同温度下的气密性

2. 丁基橡胶的耐老化性能

丁基橡胶具有极好的耐热、耐天候、耐臭氧老化和耐化学药品腐蚀性能。经恰当配合的丁基硫化胶，在 150～170℃下能较长时间使用，耐热极限可达 200℃。丁基橡胶制品长时间暴露在日光和空气中，其性能变化很小，特别是抗臭氧老化性能比天然橡胶要好 10～20 倍。丁基橡胶对除了强氧化性浓酸以外的酸、碱及氧化-还原溶液均有极好的抗耐性，在醇、酮及酯类等极性溶剂中溶胀很小。以上特性是由丁基橡胶的不饱和程度极低、结构稳定性强和非极性所决定的，但其不耐非极性油类溶剂。

3. 丁基橡胶的电绝缘性

由于丁基橡胶典型的非极性和吸水性小（在常温下的吸水速率是其他橡胶的 1/15～1/10）的特点，其电绝缘性和耐电晕性均比一般合成橡胶好，其介电常数只有 2.1，而体积电阻率可达 $10^{16}\Omega\cdot cm$ 以上，比一般橡胶高 10～100 倍。

4. 丁基橡胶的热性能和阻尼性能

丁基橡胶分子链的柔性虽差，但由于等同周期长，低温下难以结晶，所以仍保持良好的耐寒性，其玻璃化转变温度仅高于顺丁橡胶、乙丙橡胶、异戊橡胶和天然橡胶，于−50℃低温下仍能保持柔软性。

丁基橡胶在交变应力下，因分子链内阻大，振幅衰减较快，所以吸收冲击或震动的效果良好，它在−30～50℃温度范围内能保持良好的减震性。

5. 丁基橡胶的机械性能

丁基橡胶纯胶硫化胶有较高的拉伸强度和扯断伸长率，这是由丁基橡胶在拉伸状态下具有结晶性所决定的。这意味着不加炭黑补强的丁基硫化胶已具有较好的强度，故可用来制造浅色制品。但常温下弹性低，永久变形大，滞后损失大，生热较高。

6. 丁基橡胶的加工性能

丁基橡胶加工性能较差，硫化速度很慢，需要采用超速促进剂和高温、长时间才能硫化；自黏和互黏性极差，常需借助胶黏剂或中间层才能保证相互间的黏合，但结合力也不高；与炭黑等补强剂的湿润性及相互作用差，故不易获得良好的补强效果，最好对炭黑混炼胶进行热处理，以进一步改善对炭黑的湿润性及补强性能；与天然橡胶和其他合成橡胶（三元乙丙橡胶除外）的兼容性差，其共硫化性差，难与其他不饱和橡胶并用。

（四）丁基橡胶的改性

丁基橡胶具有突出的特性，但存在硫化速度慢、黏着性差、与其他橡胶难以并用的缺点，可以在丁基橡胶分子结构中引入卤素原子来进行改性，这样便得到卤化（通常为氯化或溴化）丁基橡胶。

以 10 倍于丁基橡胶的 CCl_4 为溶剂，在 25℃加入质量分数为 5%～10%的溴，作用 2 h，可以得到溴的质量分数为 2.5%～3%的溴化丁基橡胶。

以 $CHCl_3$ 为溶剂，SO_2Cl_2 作氯化剂，相当于用质量分数为 2%～6%的氯，作用 16 h，可以得到氯的质量分数为 1%～2%的氯化丁基橡胶。

工业卤化丁基橡胶的卤化程度较低，典型的氯化丁基橡胶中氯的质量分数为 1.1%，溴化丁基橡胶中溴的质量分数为 1.8%～2.4%。

氯化丁基橡胶的分子结构式为

$$-CH_2-\underset{\displaystyle}{\overset{\displaystyle CH_2}{\overset{\|}{C}}}-\underset{\displaystyle Cl}{\underset{|}{CH}}-\!\!\left(CH_2-\underset{\displaystyle CH_3}{\underset{|}{\overset{\displaystyle CH_3}{\overset{|}{C}}}}\right)_n\!\!-CH_2-\overset{\displaystyle CH_2}{\overset{\|}{C}}-\underset{\displaystyle Cl}{\underset{|}{CH}}-CH_2-$$

卤化丁基橡胶主要利用烯丙基氯及双键活性点进行硫化。丁基橡胶的各种硫化系统均适于卤化丁基橡胶，但卤化丁基橡胶的硫化速度较快。此外，卤化丁基橡胶还可用硫化氯丁橡胶的金属氧化物，如氧化锌 3～5 份硫化，但硫化较慢。卤化丁基橡胶与各种橡胶的兼容性均较好。

（五）丁基橡胶的应用

因丁基橡胶具有突出的气密性和耐热性，所以其最大用途是制造充气轮胎的内胎和无内胎轮胎的气密层，其耗量占丁基橡胶总耗量的 70%以上。由于丁基橡胶的化学稳定性高，还用于制造水胎、风胎和胶囊。用丁基橡胶制造轮胎外胎时，吸收震动的效果好、行车平稳、无噪声，对路面抓着力大，牵引与制动性能好。

丁基橡胶可用于制造耐酸碱腐蚀制品及化工耐腐蚀容器衬里，并极适宜制作各种电绝缘材料，高、中、低压电缆的绝缘层及包皮胶。此外还用于制造各种耐热、耐水的密封垫片，蒸汽软管和防震缓冲器材及用于防水建材、道路填缝、蜡添加剂和聚烯烃改性剂等。

第三节 特种橡胶

一、硅橡胶

硅橡胶（silicone rubber，简称 Q）分子主链由硅原子和氧原子组成，是一种兼具无机和有机性质的高分子弹性体。1940 年工业化生产。硅橡胶以其独特的性能已成为国防尖端科学、交通运输、电子电气以及医疗卫生等领域不可缺少的材料。

（一）硅橡胶的分类及品种

硅橡胶的分类一般可按硫化方式和化学结构来划分。

通常是按硫化温度和使用特征分为高温硫化或热硫化（HTV）和室温硫化（RTV）两大类。前者是高分子量的固体胶，成型硫化的加工工艺和普通橡胶相似。后者是分子量较低的有活性端基或侧基的液体胶，在常温下即可硫化成型，也可分为双组分 RTV 硅橡胶（简称 RTV-2）和单组分 RTV 硅橡胶（简称 RTV-1）。

目前，常用热硫化型硅橡胶主要品种有甲基乙烯基硅橡胶（MVQ）、甲基乙烯基苯基硅橡胶（MPVQ）、氟硅橡胶（MFQ）、腈硅橡胶。

（二）硅橡胶的结构、性能及应用

硅橡胶又称聚有机硅氧烷（聚硅酮），是由各种二氯硅烷经过水解、缩聚而得，其

结构通式为

$$-\!\!\left[\begin{array}{c} R \\ | \\ Si \\ | \\ R \end{array}\!\!-O\right]_n\!\!-$$

式中，R 可以是相同或不同的烷基、苯基、乙烯基、氰基和含氟基等。

由于 Si—O 键能（370 $kJ{\cdot}mol^{-1}$）比 C—C 键能（240 $kJ{\cdot}mol^{-1}$）高得多，具有很高的热稳定性。硅橡胶柔顺性也很好，因而具有耐高低温性能，工作温度范围为–100～350℃。

硅橡胶和其他高分子材料相比，具有优异的耐臭氧性和耐候性，优良的电绝缘性，极为优越的透气性，室温下对氯气、氧气和空气的透过量比天然橡胶高 30～40 倍。它还具有对气体渗透的选择性能，即对不同气体（如氧气、氮气和二氧化碳等）的透过性差别较大，例如，对氧气的透过率是氮气的一倍左右，对二氧化碳的透过率为氧气的 5 倍左右。

硅橡胶的表面能比大多数有机材料低，因此，它具有低吸湿性，长期浸于水中的吸水率仅 1%左右，物理力学性能不下降，防霉性能良好；此外，它对许多材料不粘，可起隔离作用。硅橡胶无味、无毒，对人体无不良影响，具有优良的生理惰性和生理老化性。

但是由于硅橡胶分子链过于柔顺，在室温和拉伸条件下不能结晶，分子间作用力较小，纯胶硫化胶的强度极低，需用白炭黑进行补强，且强度不高，难硫化，需使用过氧化物作交联剂，硫化过程分两段进行。

硅橡胶具有独特的综合性能，使它能成功地用于其他橡胶用之无效的场合，解决了许多技术问题，满足现代工业和日常生活的各种需要。硅橡胶可以用于汽车配件、电子配件、宇航密封制品、建筑工业的粘接缝、家用电器密封圈、医用人造器官、导尿管等。

在纺织高温设备以及在碱、次氯酸钠和双氧水浓度较高的设备上作密封材料也取得良好的效益。可以预见，在以能源、电子、新材料和生命科学为技术革新先导和核心的 21 世纪，硅橡胶将以其可贵特性展示重要前景，造福于人类。

二、氟橡胶

氟橡胶（FPM）是指主链或侧链的碳原子上含有氟原子的一种合成高分子弹性体。这种橡胶具有耐高温、耐油、耐高真空以及耐多种化学药品侵蚀的特性，是现代航空、导弹、火箭、宇宙航行等尖端科学技术及其他工业方面不可缺少的材料。1948 年出现第一种氟橡胶，即聚-2-氟-1,3-丁二烯，以后陆续开发出品种繁多、性能各异的氟橡胶。

（一）氟橡胶的品种

目前氟橡胶的主要品种可分为三大类：含氟烯烃类、亚硝基类及其他类。用量最大的是含氟烯烃类氟橡胶，主要有以下几种。

1. 26 型氟橡胶

这是目前最常用的氟橡胶品种，是偏氟乙烯与六氟丙烯的乳液共聚物，其共聚摩尔

比为 4∶1（国产牌号为 26-41 氟橡胶）。其结构式为

$$-\!\!\left[CH_2-\underset{F}{\overset{F}{\underset{|}{\overset{|}{C}}}}\right]_x\!\!-\!\!\left[\underset{F}{\overset{F}{\underset{|}{\overset{|}{C}}}}-\underset{CF_3}{\overset{F}{\underset{|}{\overset{|}{C}}}}\right]_y\!\!-$$

2. 246 型氟橡胶

246 型氟橡胶是偏氟乙烯、四氟乙烯与六氟丙烯的共聚物，三种单体的比例（摩尔比）为偏氟乙烯 65%～70%，四氟乙烯 14%～20%，六氟丙烯 15%～16%。国产牌号 246G 型氟橡胶与美国 Viton B 型氟橡胶性能相当。

3. 23 型氟橡胶

23 型氟橡胶是由偏氟乙烯与三氟氯乙烯在常温及 3.2 MPa 左右压力下，用悬浮法聚合制得的一种橡胶状共聚物，为较早开始工业生产的氟橡胶品种。但由于加工困难，价格昂贵，发展受到限制。国外牌号为 Kel-F 型氟橡胶。

4. 四丙氟橡胶

四丙氟橡胶是偏氟乙烯和丙烯的共聚物，由于丙烯单体价格低廉，所以这种氟橡胶除具有氟橡胶的一般性能外，还具有加工性好、密度小、价格低的特点。国外牌号为 Aflas 型氟橡胶。

另外有一种 GH 型氟橡胶，是在 26 型或 246 型的基础上，在主链上再引入少量可提供活性点的另一种含氟单体，是一种能够采用有机过氧化物体系硫化的氟橡胶。

（二）氟橡胶的结构、性能及应用

氟橡胶是碳链饱和极性橡胶。由于大多数氟橡胶（磷腈氟橡胶除外）主链没有不饱和的 C═C 双键结构，减少了由于氧化和热解作用在主链上发生降解断链的可能。耐热氧化性优异，26 型氟橡胶可在 200～250℃下工作；具有极优越的耐腐蚀性能；具有优异的耐候性、耐臭氧老化性；由于存在高含量的卤族元素，耐燃性好，属于自熄型橡胶；具有耐高真空性能。

氟橡胶由于含有大量的 C—F 键，分子间作用力增强，一般具有较高的拉伸强度和硬度，但弹性较差。随着氟含量的增加，耐腐蚀性提高，弹性下降，电绝缘性较差，耐热水性和过热水性能较差。26 型氟橡胶的耐寒性能较差，它能保持橡胶弹性的极限温度为-15～20℃。温度降低会使它的收缩加剧，变形增大，所以当用作密封件时，往往会出现低温密封渗漏问题。但是氟橡胶硫化胶的拉伸强度却随温度降低而增大，即它在低温下是强韧的。

由于氟橡胶的特殊性能，所以应用于超高真空场合，是宇宙飞行器中的重要橡胶材料。

氟橡胶可以与丁腈橡胶、丙烯酸酯橡胶、乙丙橡胶、硅橡胶、氟硅橡胶等并用，以降低成本，改善物理力学性能和工艺性能。并且开发的亚硝基类氟橡胶、全氟醚橡胶和磷腈氟橡胶等改善了含氟烯烃类氟橡胶的耐低温性、电绝缘性、弹性差等缺点，扩大了氟橡胶的应用范围。

由于氟橡胶具有耐高温、耐油、耐高真空及耐酸碱、耐多种化学药品的特点，它在现代航空、导弹、火箭、宇宙航行、舰艇、原子能等尖端技术及汽车、造船、化学、石油、电信、仪表、机械等领域获得应用。

三、聚氨酯橡胶

聚氨酯橡胶（polyurethane rubber，PUR）是聚合物主链上含有较多的氨基甲酸酯基团的系列弹性体，是聚氨基甲酸酯橡胶的简称。聚合物链除含有氨基甲酸酯基团外，还含有酯基、醚基、脲基、芳基和脂肪链等。通常是由低聚多元醇、多异氰酸酯和扩链剂反应而成。聚氨酯橡胶随使用原料和配比、反应方式和条件等的不同，形成不同的结构和品种类型。

（一）聚氨酯橡胶的分类

聚氨酯橡胶传统的分类是按加工方法来划分的，分为浇注型聚氨酯（CPU）橡胶、混炼型聚氨酯（MPU）橡胶和热塑型聚氨酯（TPU）橡胶。由于使用的原料、合成和加工方法以及应用目的等不同，又出现了反应注射成型聚氨酯（RIMPU）橡胶和溶液分散型聚氨酯橡胶。按形成的形态则分为固体体系和液体体系。

聚氨酯可以制成橡胶、塑料、纤维及涂料等，它们的差别主要取决于链的刚性、结晶度、交联度及支化度等。混炼型聚氨酯橡胶的刚性和交联度都是较低的，浇注型聚氨酯橡胶的交联度比混炼型聚氨酯橡胶要高，但刚性和结晶度等都远比其他聚氨酯材料低，因而它们有橡胶的宝贵弹性。通过改变原料的组成和分子量以及原料配比来调节橡胶的弹性、耐寒性以及模量、硬度和力学强度等性能。聚氨酯橡胶和其他橡胶相比，其结晶度和刚性远高于其他橡胶。

（二）聚氨酯橡胶的结构、性能及应用

聚氨酯橡胶种类很多，具有不同的化学结构，其结构通式为

$$-\!\!\left[R_1-O-\overset{\overset{\displaystyle O}{\|}}{C}-NH-R_2-NH-\overset{\overset{\displaystyle O}{\|}}{C}-O\right]\!\!-_n$$

式中，R_1 为聚酯或聚醚链段，为柔性链段；R_2 为苯核、萘核、联苯核，为刚性链段；n 为正整数。

聚氨酯橡胶可以看作是柔性链段和刚性链段组成的嵌段聚合物，其中聚酯、聚醚或聚烯烃部分是柔性链段，而苯核、萘核、氨基甲酸酯基以及扩链后形成的脲基等是刚性链段。

另外，聚氨酯橡胶的交联结构与一般橡胶不同，它不仅含有由交联剂构成的一级交联结构（化学交联），而且由于结构中存在着许多内聚能较大的基团（如氨基甲酸酯基、脲基等），它们可通过氢键、偶极-偶极相互作用，在聚氨酯橡胶线型分子之间形成晶区的二级交联（物理交联）作用，即一级交联和二级交联并存。

聚氨酯橡胶的结构特性决定了它具有宝贵的综合物理力学性能，具有很高的拉伸强

度（一般为 28～42 MPa，甚至可高达 70 MPa 以上）和撕裂强度；弹性好，即使硬度高时，也富有较高的弹性；扯断伸长率大，一般可达 400%～600%，最大可达 1000%；硬度范围宽，最低为 10（邵氏 A），大多数制品具有 45～95（邵氏 A）的硬度，当硬度高于 70（邵氏 A）时，拉伸强度及定伸应力都高于天然橡胶，当硬度达 80～90（邵氏 A）时，拉伸强度、撕裂强度和定伸应力都相当高；耐油性良好、常温下耐多数油和溶剂的性能优于丁腈橡胶；耐磨性极好，其耐磨性比天然橡胶高 9 倍，比丁苯橡胶高 3 倍；气密性好，当硬度高时，气密性可接近于丁基橡胶；耐氧、臭氧及紫外线辐射作用性能佳；耐寒性能较好。

但是由于聚氨酯橡胶的二级交联作用在高温下被破坏，所以其拉伸强度、撕裂强度、耐油性等都随温度的升高而明显下降。聚氨酯橡胶长时间连续使用的温度界限一般只为 80～90℃，短时间使用的温度可达 120℃。此外，聚氨酯橡胶虽然富有弹性，但滞后损失较大，多次变形下生热量高。聚氨酯橡胶的耐水性差，也不耐酸碱，长时间与水作用会发生水解，聚醚型的耐水性优于聚酯型。

与其他橡胶相比，聚氨酯橡胶的物理力学性能是很优越的，所以一般都用于一些性能需求高的制品，如耐磨制品、高强度耐油制品和高硬度、高模量制品等。实心轮胎、胶辊、胶带、各种模制品、鞋底、后跟、耐油及缓冲作用密封垫圈、联轴节等都可用聚氨酯橡胶来制造。

此外，利用聚氨酯橡胶中的异氰酸酯基与水作用放出二氧化碳的特点，可制得密度为 0.03 $g \cdot cm^{-3}$ 左右的泡沫橡胶，其具有良好的力学性能，绝缘、隔热、隔音、防震效果良好。

四、丙烯酸酯橡胶

丙烯酸酯橡胶（ACM）是指以丙烯酸酯（CH_2═CHCOOR）通常是烷基酯为主要单体，与少量具有交联活性基团的单体共聚而成的一类弹性体。丙烯酸酯多采用丙烯酸乙酯和丙烯酸丁酯，聚合物主链是饱和型的，且含有极性的酯基，从而赋予丙烯酸酯橡胶以耐氧化性和耐臭氧性，并具有突出的耐烃类油溶胀性。丙烯酸酯橡胶的耐温性比丁腈橡胶高，是介于丁腈橡胶和氟橡胶之间的特种橡胶。

（一）丙烯酸酯橡胶的品种

丙烯酸酯橡胶的商品牌号很多，根据采用的丙烯酸酯种类和交联单体的种类不同可以有不同性能牌号的丙烯酸酯橡胶，加工时硫化体系也不相同，由此可将丙烯酸酯橡胶划分为含氯多胺交联型、不含氯多胺交联型、自交联型、羧酸铵盐交联型、皂交联型五类，此外，还有特种丙烯酸酯橡胶，如表 3-11 所示。

表 3-11 丙烯酸酯橡胶的品种及特性

类型	交联单体	主要特性
含氯多胺交联型	2-氯乙基乙烯基醚	耐高温老化、耐热油性最好，加工性及耐寒性差
不含氯多胺交联型	丙烯腈	耐寒、耐水性好，耐热、耐油及工艺性能差

续表

类型	交联单体	主要特性
自交联型	酰胺类化合物	加工性能好、腐蚀性小
羧酸铵盐交联型	烯烃环氧化合物	强度高、工艺性能好、硫化速度快，耐热性较含氯多胺交联型差
皂交联型	含活性氯原子的化合物	交联速度快、加工性能好、耐热性能差
特种丙烯酸酯橡胶	—	—
含氟型	—	耐热、耐油、耐溶剂性能良好
含锡聚合物	—	耐热、耐化学品性能良好
丙烯酸乙酯-乙烯共聚物	—	耐热、耐寒性能良好

（二）丙烯酸酯橡胶的结构、性能及应用

丙烯酸酯橡胶结构的饱和性以及带有极性酯基侧链决定了它的主要性能。丙烯酸酯橡胶主链由饱和烃组成，且有羧基，比主链上带有双键的二烯烃橡胶稳定，特别是耐热氧老化性能好，比丁腈橡胶使用温度可高出 30～60℃，最高使用温度为 180℃，间断或短时间使用温度可达 200℃左右，在 150℃热空气中老化数年无明显变化。

丙烯酸酯橡胶的极性酯基侧链，使其溶解度参数与多种油，特别是矿物油相差甚远，因而表现出良好的耐油性，这是丙烯酸酯橡胶的重要特性。室温下其耐油性能大体上与中高丙烯腈含量的丁腈橡胶相近，优于氯丁橡胶、氯磺化聚乙烯、硅橡胶。但在热油中，其性能远优于丁腈橡胶，丙烯酸酯橡胶长期浸渍在热油中，因臭氧、氧被遮蔽，其性能比在热空气中更为稳定。在更高温度的油中，其性能仅次于氟橡胶。此外，耐动植物油、合成润滑油、硅酸酯类液压油性能良好。

近年来，极压型润滑油应用范围不断扩大，即在润滑油中添加 5%～20%以氯、硫、磷化合物为主的极压剂，以便在苛刻工作条件下在金属件表面形成润滑膜，以防止油因受热等而引起烧结。随各类机械设备性能的不断提高及轻型化，极压剂也利用到蜗轮油及液压油中。带有双键的丁腈橡胶在含极压剂的油中，当温度超过 110℃时，即发生显著的硬化与变脆，此外，硫、氮、磷化合物还会引起橡胶解聚。丙烯酸酯橡胶对含极压剂的各种油十分稳定，使用温度可达 150℃，间断使用温度可更高些，这是丙烯酸酯橡胶最重要的特征。

应当指出，丙烯酸酯橡胶耐芳烃油性较差，也不适于在与磷酸酯型液压油、非石油基制动油接触的场合使用。

丙烯酸酯橡胶的酯基侧链损害了其低温性能，耐寒性差。由于酯基易于水解，丙烯酸酯橡胶在水中的膨胀程度大，耐热水、耐水蒸气性能差。它在芳香族溶剂、醇、酮、酯以及有机氯等极性较强的溶剂和无机盐类水溶液中膨胀显著，在酸碱中不稳定。

丙烯酸酯橡胶具有非结晶性，自身强度低，经补强后拉伸强度最高可达 12.8～17.3 MPa，低于一般通用橡胶，但高于硅橡胶等。

温度对丙烯酸酯橡胶的影响与一般合成橡胶相同，在高温下强度下降是不可避免的，但弹性显著上升，对于制作密封圈及在其他动态条件下使用的配件非常有利。丙烯酸酯橡胶的稳定性还表现在对臭氧有很好的抵抗能力，抗紫外线变色性也很好，可着色范围广，适于作浅色涂覆材料，此外还有优良的耐气候老化、耐屈挠和割口增长、耐透气性，但电性能较差。

丙烯酸酯橡胶广泛用于耐高温、耐热油的制品中。出于硅橡胶耐油性差，丁腈橡胶耐热性低，在耐热和耐油综合性能方面，丙烯酸酯橡胶仅次于氟橡胶，在生胶品种中占第二位，在 180℃高温下使用的橡胶油封、O 形圈、垫片和胶管中特别适用。在使用条件不十分苛刻，而用氟橡胶又不经济的情况下，丙烯酸酯橡胶可被选用。

丙烯酸酯橡胶作为适用于高温极压润滑油的材料，应用迅速扩大，成为汽车工业上不可缺少的材料之一。国际上，以丙烯酸酯橡胶作汽车各类密封配件占绝对优势，因此被人们称为车用橡胶。在美国每辆汽车平均耗用 1kg 丙烯酸酯橡胶，主要是作高温油封。除汽车工业外，丙烯酸酯橡胶所具有的耐臭氧、气密性、耐屈挠与耐日光老化等性能，使其具有很大的应用潜力，如用于海绵、耐油密封垫、隔膜、特种胶管及胶带、容器衬里、深井勘探用橡胶制品等。在电器工业中部分取代价格昂贵的硅橡胶，用于高温条件下与油接触的电线、电缆的护套，电器用垫圈、套管等。由于丙烯酸酯橡胶的透明性及与织物的黏着性良好，因而在贴胶及涂覆材料方面的应用也逐渐增加。此外，还用于输送特种液体的钢管衬里、减震器缓冲垫等，在航空、火箭、导弹等尖端领域也有应用，如用于制备固体燃料的胶黏剂等，而且还适于制备耐油的石棉-橡胶制品。

五、氯醚橡胶

常用的氯醚橡胶主要有均聚氯醚橡胶（CO）和共聚氯醚橡胶（ECO）两种，其结构式分别为

$$\text{CO:}\quad \left[\!-CH_2-\underset{\displaystyle CH_2Cl}{\underset{|}{CH}}-O-\right]_n$$

$$\text{ECO:}\quad \left[\!-CH_2-\underset{\displaystyle CH_2Cl}{\underset{|}{CH}}-O-CH_2-CH_2-O-\right]_n$$

它们是由含环氧基的环醚化合物（环氧氯丙烷、环氧乙烷）经开环聚合而制得的聚氯醚弹性体。氯醚橡胶在结构上与二烯类或碳氢化合物系列聚合物不同，其主链呈醚型结构、无双键存在，它的侧链一般含有极性基团或不饱和键，或二者都有。

从结构式可见，氯醚橡胶饱和的主链使之具有良好的耐热老化性和耐臭氧性，极性侧链氯甲基使之具有优异的耐油性和耐透气性。醚基的存在赋予聚合物以低温耐屈挠性，氯甲基的内聚力却起着损害低温性能的作用。因此以两者等量组成的均聚物的低温性能并不理想，仅相当于高丙烯腈含量的丁腈橡胶。而共聚物由于是与环氧乙烷共聚，醚基的数量约为氯甲基的两倍，因此具有较好的低温性能。

氯醚橡胶作为一种特种橡胶，由于其综合性能较好，故用途较广。可用于制作汽车、飞机及各种机械的配件，如垫圈、密封团、O 形圈、隔膜等，也可用于制作耐油胶管、

印刷胶辊、胶板、衬里、充气房屋及其他充气制品等。

六、聚硫橡胶

聚硫橡胶通常是由甲醛或有机二卤化物和碱金属的多硫化物经缩聚反应而制得的一类在分子主链上含有硫原子的饱和弹性体。聚硫橡胶是一种饱和橡胶，分液态、固态及胶乳 3 种，其中液态聚硫橡胶应用最广，大约占总量的 80%。

其化学结构通式为

$$+\!\!\!\left(R-S_x\right)\!\!\!+_n$$

式中，x=2～4；R 为亚乙基、亚丙基、二亚乙基缩甲醛、二亚丁基缩甲醛、二亚丁基醚等。

聚硫橡胶结构的特殊性使得它有良好的耐油性、耐溶剂性、耐老化性和低透气性，以及良好的低温耐屈挠性和对其他材料的黏合性。

固态聚硫橡胶的拉伸强度一般为 5～10 MPa，扯断伸长率为 300%～500%，此类橡胶压缩变形性较差，JLG-150、JLG-111、ST 等类型橡胶在制造时加入了一定量的化学交联剂，改善了抗压缩变形性能。

固态聚硫橡胶主要用于不干性密封腻子、大型汽油槽的衬里材料、耐油胶管及印刷油墨胶辊，又因其有低的水渗透率，也用于地下和水下电线的包覆层，还用于制作各种耐油密封圈、模压制品、薄膜制品和热喷漆输送导管的内衬等。液态聚硫橡胶主要用于火箭推进剂燃料的弹性胶黏剂、密封材料、防腐蚀材料和涂层。

七、聚磷腈橡胶

聚磷腈橡胶是一类主链含有 N═P 的功能基高分子化合物，因主链属于无机基团，俗称“无机橡胶”，侧链可以是不同的有机基团。其制备方法主要是六氯环三磷脂在一定条件下加热开环聚合，为阳离子聚合机理。多采用高温熔融本体聚合方式，生成高平均分子量（$M_w \approx 10^6$）的聚磷腈。

不同结构的聚磷腈的特性和用途如表 3-12 所示。

表 3-12 聚磷腈的特性和用途

聚磷腈	特性和用途
$[NP(OCH_3)_2]_n$	微晶高聚物，T_g=−76℃，低温弹性体
$[NP(OC_2H_5)_2]_n$	微晶高聚物，T_g=−84℃，低温弹性体
$[NP(OCH_2CF_3)_2]_n$	T_g=−66℃，阻燃，化学稳定性好，成膜物
$[NP(OCH_2CF_3)(OCH_2CF_2CF_2CF_3)]_n$	耐油和化学品，抗疲劳，T_g=−77℃，良好的低温弹性体
$[NP(OCH_2CF_3)(OCH_2CF_2CF_2CF_2H)]_n$	化学稳定性好，T_g=−68℃，低温弹性体
$[NP(OC_6H_5)(OC_6H_4—p\text{-}C_2H_5)]_n$	非卤阻燃剂（OI=44%），T_g=−27℃，低温弹性体
$[NP(NHCH_3)(OCH_2CF_3)]_n$	生物膜材料

聚磷腈是一种很有发展前途的聚合物，可以制成特种橡胶、低温弹性体材料、耐高温和耐低温涂料和黏合剂、阻燃电子材料、液晶材料、离子交换材料、气体分离膜、高分子药物和生物医学材料等，在高新技术方面具有重要的应用前景。

第四节 热塑性弹性体

一、热塑性弹性体的基本概念

热塑性弹性体是在高温下能塑化成型，而在常温下能显示硫化橡胶弹性的一类新型材料。这类材料兼有热塑性塑料的加工成型性和硫化橡胶的高弹性性能。

热塑性弹性体有类似于硫化橡胶的物理机械性能，如较高的弹性、类似于硫化橡胶的强力、形变特性等。在性能满足使用要求的条件下，热塑性弹性体可以代替一般硫化橡胶，制成各种具有实用价值的弹性体制品。另外，由于热塑性弹性体具有类似于热塑性塑料的加工特性，因而不需要使用传统的橡胶硫化加工的硫化设备，可以直接采用塑料加工工艺，如注射、挤出、吹塑等，从而设备投资少、工艺操作简单、成型速度快、周期短、生产效率高。此外，由于热塑性弹性体的弹性和塑性两种物理状态之间的相互转变取决于温度变化，而且是可逆的，因而在加工生产中的边角料、废次品以及用过的废旧制品等，可以方便地重新加以利用。热塑性弹性体优异的橡胶弹性和良好的热塑性相结合，使其得到了迅速发展。它的兴起，使塑料与橡胶的界限变得更加模糊。

目前，热塑性弹性体的种类日趋增多，根据其化学组成，常用的有以下四大类：

（1）热塑性聚氨酯弹性体（TPU）。按其合成所用的聚合物二醇又可分为聚醚型和聚酯型。

（2）苯乙烯类热塑性弹性体（TPS）。典型品种为热塑性 SBS（苯乙烯-丁二烯-苯乙烯三嵌段共聚物）弹性体和热塑性 SIS（苯乙烯-异戊二烯-苯乙烯三嵌段共聚物）弹性体。此外，还有苯乙烯-丁二烯的星型嵌段共聚物。

（3）热塑性聚酯弹性体（TPEE）。该类弹性体通常是由二元羧酸及其衍生物（如对苯二甲酸二甲酯）、聚醚二醇（分子量 600～6000）及低分子量二醇的混合物通过熔融酯交换反应而得到的均聚无规嵌段共聚物。

（4）热塑性聚烯烃弹性体（TPO）。该类弹性体通常是通过共混法来制备。例如，应用 EP(D)M（即具有部分结晶性质的 EPM 或 EPDM）与热塑性树脂（聚乙烯、聚丙烯等）共混，或在共混的同时采用动态硫化法使橡胶部分得到交联甚至在橡胶链上接枝聚乙烯或聚丙烯。此外，还有丁基橡胶接枝聚乙烯而得到的热塑性聚烯烃弹性体。

除了上述四大类热塑性弹性体外，人们还在探索热塑性弹性体的新品种，如聚硅烷类热塑性弹性体、热塑性氟弹性体以及聚氯乙烯类热塑性弹性体。

硫化橡胶的高弹性特点，与橡胶硫化时在橡胶大分子链间形成交联键的结构特征有密切的关系。这种交联键的多少直接影响了弹性的高低。热塑性弹性体显示硫化橡胶的弹性性质，同样存在着大分子链间的“交联”。这种“交联”可以是化学“交联”或是物理“交联”。但无论哪一种“交联”，均具有可逆性特征，即当温度升高至某个温度时，这种化学“交联”或者物理“交联”消失了；而当冷却到室温时，这种化学“交联”或物理“交联”又起到了与硫化橡胶交联键类似的作用。就热塑性弹性体来说，物理“交联”是主要的交联形式。

热塑性弹性体结构上的另一突出特点是：它同时串联或接枝一些化学结构不同的硬段和软段。硬段要求链段间的作用形成物理“交联”或“缔合”，或者具有在较高温度下能解离的化学键。软段则要求是自由旋转能力较大的高弹性链段。

因为热塑性弹性体分子链中同时存在着串联或接枝的硬段和软段，当热塑性弹性体从流动的熔融态或溶液到固态时，分子间作用力较大的硬段首先凝集成不连续相，也称分散相（塑料相），形成物理交联区，柔性链段（软段）构成连续相（橡胶相）。这种物理交联区的大小、形状随着硬段和软段的结构、数量比的变化而发生变化，从而形成不同的微相分离结构。

由于热塑性弹性体中的“交联”区域为物理“交联”，故当温度上升至超过物理“交联”区域的硬段的玻璃化转变温度或结晶熔点时，硬段将被软化或熔化，网状结构就被破坏，可以在力的作用下流动，因此可以像塑料那样自由地进行成型加工。这种网状结构也可以溶解于某些有机溶剂而消失。而当温度下降或溶剂挥发时，则网状结构建立。所以热塑性弹性体可以采用普通塑料工业用的注射机来注射成型，用塑料挤出机挤出成型，也可模压成型或用其他塑料成型加工方法进行加工。

二、苯乙烯类热塑性弹性体

（一）苯乙烯类热塑性弹性体的品种

苯乙烯类热塑性弹性体是苯乙烯和二烯烃（如丁二烯、异戊二烯）单体经聚合反应合成的嵌段共聚物，因此又称作苯乙烯类嵌段共聚物。从分子链结构看该类弹性体可分为线型苯乙烯类热塑性弹性体和星型苯乙烯类热塑性弹性体。从组成上看主要有两大类，即苯乙烯-丁二烯-苯乙烯（SBS）类和苯乙烯-异戊二烯-苯乙烯（SIS）类。

（二）苯乙烯类热塑性弹性体的结构特征

苯乙烯类热塑性弹性体是指聚苯乙烯链段和聚丁二烯（或者聚异戊二烯）链段组成的嵌段共聚物。聚苯乙烯链段作为硬段（塑料段），聚丁二烯（或者聚异戊二烯）链段作为软段（橡胶段）。在这种嵌段共聚物中，相应于两个组分，有两个分离相，并有各自的玻璃化转变温度。在室温下聚苯乙烯链段互相缔合或“交联”，形成物理交联区域，它们起到补强剂作用。这种由聚苯乙烯硬段和聚丁二烯（或聚异戊二烯）软段形成的交联网络结构，与硫化橡胶中的交联网络结构有相似之处，这是苯乙烯热塑性弹性体在常温显示硫化橡胶特性、高温下发生塑性流动的原因所在。

（三）苯乙烯类热塑性弹性体的性能

未经充油和未加填料的纯苯乙烯类热塑性弹性体具有很好的强度和弹性，其扯断永久变形比塑料要小得多，但比硫化橡胶稍高。当温度升高时，拉伸强度和硬度下降，塑性增加，有利于加工。

由于苯乙烯类热塑性弹性体中的丁二烯或异戊二烯橡胶链段含有不饱和的双键，双键的存在使材料抗热氧老化、耐臭氧、耐紫外线等耐老化性能受到影响。因而对于耐老化性能要求苛刻的制品，该材料的应用受到限制。采用氢化改性办法使双键饱和，耐老化性能会明显提高。

与丁苯橡胶类似，苯乙烯类热塑性弹性体可以与水、弱酸、碱等接触，但许多烃、酯、酮类化合物能使其溶解或溶胀。

苯乙烯类热塑性弹性体具有优良的绝缘性能，可用作电线、电缆及电器材料。

苯乙烯类热塑性弹性体在熔融黏度和熔融流动上也有其特点。与普通丁苯橡胶和天然橡胶相比，在固体含量相同时，该材料的熔融黏度比相应的丁苯橡胶、天然橡胶小得多。其熔融黏度高于相同分子量条件的均聚物或无规共聚物，且熔融黏度对剪切速率及分子量敏感。

（四）苯乙烯类热塑性弹性体的加工

为了改善苯乙烯类热塑性弹性体的加工性能，降低制品成本，苯乙烯类热塑性弹性体通常采用并用其他高聚物材料和填料的方法制备混合料。有下面四种并用途径：

（1）用与橡胶相相容的聚合物填充橡胶相；

（2）用与塑料相相容的聚合物填充塑料相；

（3）添加像聚烯烃一类的高定伸应力的聚合物形成另外的附加相；

（4）在橡胶连续相区内添加像无机填料那样的不连续相。

并用的方法分为溶液混合法、机械干混法及熔融混合法。溶液混合法采用一系列工业溶剂如环已烷、甲乙酮、甲苯或混合溶剂等。熔融混合法通常采用开炼机、密炼机和双螺杆挤出机。

多种油和脂可用作苯乙烯类热塑性弹性体的增塑剂。油和脂的作用是软化和塑化该共聚物中的橡胶相，以降低黏度，方便操作。环烷油、液体石蜡是最常用的增塑剂。芳烃油因为能熔化聚苯乙烯相，使得聚苯乙烯玻璃化转变温度明显下降，因此应避免作填充油使用。填充剂也是苯乙烯热塑性弹性体中常用的添加剂，可起到降低成本和改进性能的作用。加入填充剂通常会降低熔融流动性能和拉伸强度，但是对增加高温下的强度有利。补强性填充剂如炭黑、白炭黑（细粒子二氧化硅）及硬质陶土，可以提高定伸应力和硬度，提高耐疲劳寿命及耐磨性。

为了改善苯乙烯类热塑性弹性体的加工性能，可添加如硬脂酸、石蜡、低分子量聚乙烯等加工助剂。

苯乙烯类热塑性弹性体因兼有橡胶的高弹性和热塑性塑料的加工特性，因此，各种传统的塑料加工工艺技术，如开炼、挤出、注射、压延、吹塑及真空成型等均可利用。

三、热塑性聚氨酯弹性体

（一）热塑性聚氨酯弹性体的品种

热塑性聚氨酯弹性体（英文缩写 TPU）是一类由多异氰酸酯和多羟基化合物，借助扩链剂加聚反应生成的线型或轻度交联结构的聚合物。根据所用多异氰酸酯、多羟基化合物、扩链剂的不同，形成不同品种的热塑性聚氨酯弹性体。常用的多异氰酸酯有 4,4′-二苯基甲烷二异氰酸酯（MDI）和萘二异氰酸酯（NDI）。多羟基化合物一般是两端为羟基所终止的低分子量脂肪族聚醚、聚酯或聚酰胺三种，以前两种为主，其分子量一般为 800～3000。这两种二羟基化合物，主要作为合成热塑性聚氨酯弹性体的原料。扩链剂为某些低分子量的双官能团物质。扩链剂的主要作用是用来与带异氰酸端基的预聚物及二异氰酸酯的混合物反应，在高分子链中形成硬段，并使链扩展、延伸。重要的扩链剂有二元醇，如乙二醇、丁二醇、1,4-双（2-羟乙氧基苯）、1,4-双羟甲基环己烷；二元胺，如肼、3,3′-二氯-4,4′-二氨基二苯基甲烷等。

（二）热塑性聚氨酯弹性体的结构

热塑性聚氨酯弹性体之所以具有良好的弹性，是因为分子链结构中同时包含着交替结构的低玻璃化转变温度的软段和含高度极性基团的硬段。软段一般由脂肪族聚酯（如聚乙二醇己二酸酯、聚乙二醇-丙二醇-己二酸酯、聚丙二醇己二酸酯）或聚醚（如聚氧化丙二醇、聚氧化乙二醇、聚氧化丁二醇）所组成。软段主要影响弹性及其低温性能，同时对硬度、撕裂强度、模量等有很大贡献。聚氨酯弹性体中的硬段是由二异氰酸酯和二元醇或二胺相互作用形成的。硬段的性质决定弹性体中分子链间的相互作用有一宽广的范围，同时决定其网状结构。

热塑性聚氨酯弹性体之所以具有热塑性，乃是其分子间的氢键交联和偶极-偶极相互作用（即二级交联），或高分子链间的轻度交联（即一级交联）的缘故。而随着温度的升高或下降，热塑性聚氨酯弹性体的上述两种交联的形成也具有可逆性。

（三）热塑性聚氨酯弹性体的性能

热塑性聚氨酯弹性体的最大特点是在获得高硬度的同时而富有弹性，并具有良好的机械强度。热塑性聚氨酯弹性体的拉伸强度通常为 30～45 MPa，扯断伸长率一般为 400%～800%。其邵氏硬度随着组分的变化，跨越广泛的范围，从 65（邵氏 A）到 80（邵氏 D）。通常，纯聚氨酯随着硬度的增加，表现出拉伸强度和撕裂强度增加，扯断伸长率下降，耐油性提高，压缩强度增加，动态生热增多。

热塑性聚氨酯弹性体有极好的抗撕裂性，撕裂强度与拉伸强度有关（虽然不呈比例关系），并且随聚合物硬度的增加而增加。

热塑性聚氨酯弹性体的压缩永久变形性能与聚合物类型、交联度、后硫化或试样的状态调节有关。轻度交联的热塑性聚氨酯弹性体往往具有较低的压缩永久变形值，特别是在较高温度下。试样的后硫化能大幅度降低压缩变形，特别是高温下的永久变形。

热塑性聚氨酯弹性体具有极好的耐磨性，几乎超过所有其他材料，所以被用在苛刻磨耗条件下。在某些情况下，耐磨性还可用润滑剂（如硅酮、二硫化钼）加以改善。在苛刻条件下连续使用时（如在能引起生热的应用中），热塑性聚氨酯弹性体会随时间延长而软化，导致磨耗增加。

值得注意的是，热塑性聚氨酯弹性体的力学性能、耐热性等与其组成有极大的关系。

热塑性聚氨酯弹性体具有水解性质。聚醚型热塑性聚氨酯在潮湿环境中的水解稳定性大大超过聚酯型热塑性聚氨酯。聚酯型热塑性聚氨酯的稳定性可以通过加入聚碳化二亚胺稳定剂在一定程度上加以改进。

聚酯型和聚醚型热塑性聚氨酯都表现出极好的耐臭氧性。对化学品和溶剂有良好的抗耐性，如耐油、耐弱酸与弱碱溶液、耐脂肪族溶剂以及盐溶液。

热塑性聚氨酯弹性体由于具有优越的性能，被广泛应用于工业油管、坚韧而耐磨的同步齿形带、鞋底、鞋跟、缓冲器、减震垫、高速运转并受载荷的滚轮、滑雪靴、防滑链等。

（四）热塑性聚氨酯弹性体的成型加工

几乎所有的热塑性塑料的成型加工方法都适用于热塑性聚氨酯弹性体的成型加工。例如，可采用注塑成型制造各种模塑制品，只是要求塑化得更好一些；采用挤出成型生产电线、电缆护套、管材、棒材等；热塑性聚氨酯弹性体的压延成型、吹塑成型也与热塑性塑料一样；将热塑性聚氨酯弹性体溶在一定的溶剂中，并加入一定的配合剂，如色料等，用于干法或湿法制聚氨酯革；将热塑性聚氨酯弹性体加热混炼，加入一定助剂，通过压延贴胶或擦胶，加工成气密性好的聚氨酯革；将热塑性聚氨酯弹性体溶解在溶剂中，再浸渍织物，作涂层制品。

热塑性聚氨酯弹性体有较强的吸水性，暴露于空气中能迅速吸收大气水分。故成型加工中最重要的因素是其必须干燥。加工未经适当干燥的热塑性聚氨酯可能引起制品起泡、流痕、表面不光滑、粘模和损失物理性能。这些现象在水分含量超过 0.08%时就会发生。热塑性聚氨酯粒在相对湿度超过 50%的大气中暴露不足 1 h 即能吸收过量水分。即使材料已预先干燥过，若露置在空气中时间较长（尤其是空气中湿度较高的情况），则加工前仍需进行适当干燥处理。不然会使热塑性聚氨酯弹性体制品的物理性能大幅度地下降。热塑性聚氨酯弹性体粒料的干燥温度为 95～110℃，干燥时间 1～2 h。对较柔软材料应采用低温和长时间干燥，保证干燥均匀，以防热粘成团。温度低于 95℃则颗粒不能充分干燥，除非使用带吸湿剂的干燥系统。不过，也应避免颗粒在干燥温度下停留时间过长（超过 12 h），否则颗粒颜色会发黄。

热塑性聚氨酯弹性体的硬度和交联度是影响具体产品加工温度的重要因素。加工温度通常随硬度和交联度的增加而提高。一般地讲，热塑性聚氨酯弹性体中分子链间的物理交联和共价交联在 160～176℃时开始按可逆机理分解，从而能像热塑性塑料那样进行加工。当材料在高于 221℃的温度下加工或在比此温度稍低的温度下长时间停留（超过半小时）时，通常发生热降解。这时熔融聚合物会起泡，且黏度很低。

将成型后的热塑性聚氨酯弹性体制品在 60～80℃下后硫化 16～24 h，以促使聚合物的微相分离，这一过程称为后硫化加热处理。热塑性聚氨酯弹性体经后硫化加热处理，可明显提高其拉伸强度，改善压缩永久变形，并使制品的坚韧性明显增加。热塑性聚氨酯弹性体的后硫化也称陈化。只有经过后硫化，测得的热塑性聚氨酯弹性体试样的性能才是稳定的。同样，热塑性聚氨酯弹性体的各种制品也应该经过后硫化后才能使用。然而，由于后硫化处理需要花费时间、增加工作量，所以常常只被推荐用于改善压缩永久变形性能。对于一般的情况，是将成型加工后的热塑性聚氨酯弹性体制品在室温下放置7～10 d。

大多数热塑性聚氨酯弹性体配合料是按特定配方制成的，但在具体应用中常有改善加工性能的需求。在此情况下，可以和少量润滑剂混用，如双酰胺和脂肪酸酯蜡等。

热塑性聚氨酯弹性体的典型成型加工（挤出、注塑）工艺如下。

1. 挤出成型

热塑性聚氨酯弹性体挤出成型所用挤出机的螺杆长径比（*L*/*D*）可以低到20∶1，但较适宜的螺杆长径比范围是（24∶1）～（30∶1）。最好采用较高长径比，因为这样能在一定温度和高生产速率下有较长停留时间，并保证熔料均匀流动。热塑性聚氨酯弹性体挤出成型采用的最有效的螺杆压缩比为3∶1。热塑性聚氨酯弹性体挤出加工时的熔体温度范围为175～220℃，视聚合物类型、机器设计和线速度而定。一般地讲，硬度较高的品种加工温度应该稍高些。典型的热塑性聚氨酯弹性体挤出工艺条件如下：

料筒温度：一段，155℃；二段，160℃；三段，170℃。

挤出机头温度：175℃。

口模温度：180～210℃。

2. 注塑成型

热塑性聚氨酯弹性体采用往复式螺杆注塑机是最为理想的注射成型方法。因热塑性聚氨酯弹性体在剪切力作用下，摩擦生热大，而热塑性聚氨酯弹性体的热导性不良，所以采用中等注射速度和较大的进料口比较合适。推荐的螺杆结构为：长径比为（18∶1）～（24∶1）；压缩比为（2.5∶1）～（3.5∶1），通用型螺杆和渐变计量螺杆都可以使用。螺杆带止逆环，以保证产生最大压力。在热塑性聚氨酯弹性体的注塑成型时，控制喷嘴温度很重要，因为冷喷嘴可以产生“冷块”，而过热的喷嘴会使材料过热或造成“流涎”。热塑性聚氨酯弹性体注塑成型的典型工艺条件如下：

温度：一区，150～165℃；二区，165～180℃；三区，185～195℃；喷嘴，190～200℃；模具，20～40℃。

时间：高压时间5 s，保压时间10 s，冷却时间40 s。

螺杆转速：60～80 r/min。

四、热塑性聚烯烃弹性体

热塑性聚烯烃弹性体主要是指二元乙丙橡胶（EPM）或三元乙丙橡胶（EPDM）与聚烯烃树脂共混，不需硫化即可成型加工的一类热塑性弹性体材料。丁基橡胶接枝改性聚乙烯等也属此类。

（一）热塑性聚烯烃弹性体的品种

1. 热塑性乙丙弹性体

1）部分结晶型热塑性乙丙弹性体

部分结晶型热塑性乙丙弹性体是特种乙丙橡胶和聚烯烃的共混料，其主要特点是乙丙橡胶分子链中存在着部分结晶的链段，这种部分结晶链段由于分子间凝聚力很大，显示出硬段的性质，起到了物理“交联”作用。这种物理“交联”点，在加热时呈现塑性行为，具有流动性，因而可以用热塑性塑料加工工艺进行成型加工。而聚合物中的无定形弹性橡胶链段，借助于物理“交联”作用，表现出类似硫化橡胶的性能。

将部分结晶型热塑性乙丙橡胶与聚烯烃树脂共混，便得到部分结晶型热塑性乙丙弹性体。用来共混的树脂通常为聚乙烯或聚丙烯。在高密度、中密度、低密度聚乙烯中，以低密度效果为好。全同或间同结构的聚丙烯中，以全同结构为佳。理想的聚烯烃树脂为聚丙烯，共混比例随用途而异，理想的配比为 100 份乙丙橡胶中混入 25～100 份聚丙烯。混炼可以在密炼机或其他高效的连续混炼设备上实现。根据加工要求和制品的性能及应用要求，混炼过程中可以加入如防老剂、软化剂、填充剂等各种添加剂。

2）动态硫化热塑性乙丙弹性体

上述部分结晶型热塑性乙丙弹性体是采用简单的物理共混技术而制得的。由于体系中橡胶部分未经化学交联，其扯断强度和定伸强度都较低，永久变形大，尤其是在橡胶含量高时，冷流现象不易克服。目前大多数热塑性聚烯烃弹性体都采用 EPDM（三元乙丙橡胶）与 PE 或 PP 共混，与此同时，加入硫化剂和硫化促进剂，使橡胶 EPDM 在实现与聚烯烃树脂共混的同时达到部分硫化或完全硫化。由这类方法制得的热塑性聚烯烃弹性体称为动态硫化热塑性乙丙弹性体。在动态硫化法中，橡胶在硫化的同时被剪切成微细颗粒，均匀分散在塑料中（相当于微细的填充剂颗粒分散在塑料中，不过这里的颗粒是经硫化了的富有高弹性的橡胶颗粒）。塑料相赋予这类热塑性弹性体高强度、高模量和良好的加工性，而橡胶经硫化后，被赋予足够的高弹性，并可明显提高拉伸强度，改善永久变形和扯断伸长率。由动态硫化法制得的热塑性乙丙弹性体中，橡胶的含量越高，材料性能越接近于硫化橡胶；反之，则材料性能更接近于塑料。

2. 丁基橡胶和聚乙烯接枝的热塑性聚烯烃弹性体

丁基橡胶和聚乙烯接枝的热塑性聚烯烃弹性体，是将丁基橡胶用苯酚树脂接枝到聚乙烯链上。苯酚树脂可以采用溴化羟甲基苯酚。在这种热塑性聚烯烃弹性体中，丁基橡胶形成软段，聚乙烯链段成为硬段，利用聚乙烯的结晶性能从而形成物理“交联”。因此，这种热塑性聚烯烃弹性体兼有聚乙烯的塑性性能和丁基橡胶的橡胶弹性。

（二）热塑性聚烯烃弹性体的性能

热塑性聚烯烃弹性体的性能取决于共混所用的原料种类及其用量比，最终制品的性能还受加工方法的影响。

热塑性聚烯烃弹性体具有良好的综合机械性能。具体数值取决于产品类型与具体的生产厂家，变化范围较大。通常，随硬度的不同，产品性能可以从硫化橡胶特性变化到橡胶-塑料特性。随所并用的热塑性树脂的比例不同，热塑性聚烯烃弹性体的硬度（邵氏 A），可以在 55～95 范围内变化。热塑性聚烯烃弹性体具有弹性高、永久变形小、耐磨、耐撕裂等性能，拉伸强度一般介于 7.0～14.0MPa，模塑级材料的扯断伸长率一般是 200%～300%，挤出级甚至更高。在热塑性聚烯烃弹性体系列中，美国 Uniroyal 公司可提供的种类最多，有六个系列的商品牌号为 TPR 的热塑性弹性体。TPR1000 和 TPR2000 系列是最早的工业化产品。其中 TPR1600 弹性大，柔性好；TPR1900 弹性最小，硬度和强度最高；TPR1700、TPR1800 和 TPR2800 硬度和性能居中，兼有橡胶和塑料两者的固有特性。一般地，随着硬度的升高，热塑性聚烯烃弹性体的拉伸强度增大，永久变形也增加。此外，还有 TPR3000、TPR4000 和 TPR5000 系列，各种不同系列产品均具有特殊用途。例如，TPR3000 系列，具有耐油和阻燃的特点；TPR4000 系列和 TPR5000 系列可用于柔软低压电缆绝缘层和保护层。美国 Monsanto 公司提供的商品牌号为 Santoprene 的热塑性聚烯烃弹性体为乙丙橡胶完全硫化型，其中通用型按照硬度的不同分为六个品级。除通用型外，还有阻燃品级及其他一些特殊用途的品级。

热塑性聚烯烃弹性体表现出具有橡胶手感和外观、高弹性、良好的牵引性以及耐屈挠性。通常，它们在正常使用条件下具有弹性，摩擦系数高。其他机械性能，如泊松系数也都说明该类热塑性弹性体具有橡胶弹性本性。例如，TPR 系列的泊松系数视硬度不同在 0.45～0.49 之间，较柔软的产品接近理想橡胶的极限系数 0.5。

热塑性聚烯烃弹性体可以在−50～150℃很宽的温度范围内使用。短时间的间歇使用，温度范围更宽。在低温下，热塑性聚烯烃弹性体具有良好的耐屈挠性和耐冲击性；在高温下，具有较高的机械性能保持率。实际使用表明，TPR1000 和 TPR2000 系列的热塑性弹性体在较高温度下的性能保持率高于其他热塑性弹性体。热塑性聚烯烃弹性体的其他力学性能在高温下也都保持较好的水平，如硬度和弹性恢复等。

热塑性聚烯烃弹性体的空气热老化数据表明，它们具有优异的耐热老化性。美国 Monsanto 公司生产的以 Santoprene 作商品牌号的热塑性聚烯烃弹性体，其热老化后机械性能有很高的保持率。在 125℃老化 1000 h 后拉伸强度、扯断伸长率及 100%定伸应力的保持率仍然在 90%左右。特种稳定级的 TPR 系列的热塑性聚烯烃弹性体的长期热老化数据表明，它们在 104～107℃温度范围内使用寿命为五年，在 99℃温度下连续使用寿命可达十年，在 93℃下使用则寿命可达十八年。

热塑性聚烯烃弹性体具有良好的耐紫外线和耐户外天候老化性。TPR 系列热塑性聚烯烃弹性体经光老化试验、天候老化试验表明，它们耐户外环境老化性能比交联聚乙烯还要好。加速老化数据则表明，这些材料比较适合制作汽车外部配件。

热塑性聚烯烃弹性体是比较稳定的高分子材料，具有很好的耐无机酸和碱的能力。对水也很稳定。对大多数低分子有机溶剂，如醇、醚、酮、醛、酯和羧酸类，以及低分子量烃衍生物如胺及酰胺，化学稳定性相当好。但其不耐芳香烃和氯代烃，直接接触会产生明显的溶胀及表面腐蚀。通用型的热塑性聚烯烃弹性体的耐油性能欠佳，但可以采用特殊配合，以提高耐油性。

热塑性聚烯烃弹性体是一种具有优良介电性能的材料，其介电强度高于一般热塑性塑料，也比一般硫化橡胶高，且这种性能不受湿度的影响。热塑性聚烯烃弹性体的介电常数与介电损耗系数比较低，且受频率变化的影响较小。

热塑性聚烯烃弹性体优异的性能使其获得广泛的应用，尤其是在汽车行业和电线电缆行业。由于热塑性聚烯烃弹性体有极好的耐候性能，它是十分理想的汽车外部配件材料。例如，可以制作车体的外部配件，如保险杠罩、挡泥板部件、护板等，也可以制作汽车的内部配件，包括方向盘、密封件、轴衬等，还可用于制作装饰板。鉴于乙丙橡胶为基础的热塑性弹性体的优良的耐候性和高温使用性能，以及它在电性能方面的突出优点，电线电缆的绝缘层是热塑性聚烯烃弹性体的又一个重要的应用方面。此外，热塑性聚烯烃弹性体还可以用于文体用品、家用电器及生活用品，各种手柄、软管、垫圈等方面。它还可以用作聚乙烯和聚丙烯塑料的改性剂，以提高这些材料的抗冲击性能。

（三）热塑性聚烯烃弹性体的成型加工

与热塑性聚烯烃塑料相比，热塑性聚烯烃弹性体熔体黏度较高，流动性稍差些。与ABS树脂相比，温度变化对黏度的影响较小，说明黏度对温度不敏感。因而温度的微小波动，对热塑性聚烯烃弹性体的加工行为影响不大，采用提高温度来增加流动性、改善加工性能的办法也就受到一定程度的限制。

一般来说，用来加工热塑性塑料的注射机和橡胶用注射机都可以用来进行热塑性聚烯烃弹性体的注射成型。不过针对热塑性聚烯烃弹性体熔融黏度较高的特点，在加工条件上要做适当变更。例如，采用往复式螺杆注射机能够实现熔融均匀和较高压力，因而对加工热塑性聚烯烃弹性体更为适宜，由于热塑性聚烯烃弹性体熔融黏度高，故成型加工温度也比一般热塑性弹性体高。推荐的注射成型条件如下：

温度：一区，185～200℃；二区，200～215℃；三区，205～220℃；喷嘴，210～230℃；模具，20～60℃。

螺杆转速：20～70 r/min。

时间：高压 2～5 s，保压 10～30 s，冷却 15～45 s。

注射压力的选择取决于热塑性弹性体的类型以及模具和制品的要求。对于高黏度的热塑性聚烯烃弹性体，甚至可以采用高达 100 MPa 的注射压力，对于低黏度热塑性聚烯烃弹性体，可以采用 35 MPa 的注射压力。用提高注射温度的办法，可以适当降低注射压力。螺杆参数一般推荐为：压缩比为（2∶1）～（3∶1)、长径比为（16∶1）～（24∶1)。高黏度的热塑性聚烯烃弹性体的注射成型，不宜采用高压缩比和长径比螺杆，而长径比较小（低至 10∶1）和压缩比较小（低至 1.5）的橡胶用螺杆注射机也可以采用。

由于热塑性聚烯烃弹性体的熔融黏度对剪切速率十分敏感，因而可以利用高速注射成型，从而降低物料的表观黏度，改善流动性，提高制品性能。

根据热塑性聚烯烃弹性体的熔融黏度范围，热塑性聚烯烃弹性体与热塑性塑料一样，也可以采用挤出成型的办法加工成各种制品。由于热塑性聚烯烃弹性体熔融黏度高，因而和传统的挤出成型比较，挤出条件必须做相应的变更，推荐的热塑性聚烯烃弹性体挤出工艺条件如下：

温度：一区，160～185℃；二区，175～200℃；三区，185～215℃。

机头与口模温度：205～230℃。

螺杆转速：30～100 r/min。

热塑性聚烯烃弹性体所用的挤出成型加工条件也同样适用于吹塑成型。它可以在注射吹塑或挤出吹塑设备上进行吹塑成型。热塑性聚烯烃弹性体良好的挤出性能和热态下的延展性能，是进行吹塑成型的必要条件。严格控制坯料加工温度是保证加工精确度的重要一环。推荐吹塑成型的工艺条件是：机头温度为 210～220℃，口模温度为 210～230℃。

五、热塑性聚酯弹性体

（一）热塑性聚酯弹性体的品种

热塑性聚酯弹性体（英文缩写为 TPEE）是一类线型嵌段共聚物。热塑性聚酯弹性体通常是由二羧酸及其衍生物、长链二醇（分子量为 600～6000）及低分子量二醇混合物通过熔融酯交换反应制备的。随原料品种及其配比的不同，得到不同品种和牌号的热塑性聚酯弹性体，其硬度跨越宽广的范围。合成热塑性聚酯弹性体最常用的原料有对苯二甲酸二甲酯、1,4-丁二醇、聚四亚甲基乙二醇醚等。

（二）热塑性聚酯弹性体的结构特征

由对苯二甲酸二甲酯、聚四亚甲基乙二醇醚和 1,4-丁二醇通过酯交换反应得到的是长链的无规嵌段共聚物。对苯二甲酸和聚四亚甲基乙二醇醚反应生成较长的链段，它们为无定形的软段。对苯二甲酸和低分子二醇反应生成较短的链段，它们是硬段，并具有结晶性。其中软段的玻璃化转变温度约为−50℃，硬段的结晶相熔点达 215℃。在热塑性聚酯弹性体中受热可变的物理“交联”，就是短的结晶链段所起的作用。热塑性聚酯弹性体在低于结晶相熔点时，同样具有微相分离结构。连续相由软段以及因链长度不够或链缠结而不能结晶的其他聚酯嵌段构成，它赋予聚合物以弹性。改变结晶相与非晶相的相对比例，可以调整聚合物的硬度、模量、耐化学腐蚀性能和气密性能。显然，结晶链段的含量越高，聚合物的硬度就越高。

（三）热塑性聚酯弹性体的性能

热塑性聚酯弹性体具有一系列的优越性能，尤其是弹性好、耐屈挠性能优异、耐磨以及使用温度范围宽。此外，它还具有良好的耐化学介质、耐油、耐溶剂及耐大气老化等性能。

热塑性聚酯弹性体的密度为 1.17～1.25 $g \cdot cm^{-3}$，拉伸强度为 25～45 MPa，扯断伸长率为 300%～500%，弯曲模量为 50～500 MPa。热塑性聚酯弹性体在橡胶的弹性与塑料的刚性之间架起了一道宽阔的桥梁。它们之中比较软的品种很接近通常的硫化橡胶，比较硬的品种则接近通常的塑料。硬度为 40（邵氏 D）的热塑性聚酯弹性体的回弹率超过 60%，当热塑性聚酯弹性体的硬度接近塑料的硬度[63（邵氏 D）]时，其回弹率仍然在 40%以上。硬度为 72（邵氏 D）的热塑性聚酯弹性体既具有足够的坚韧性又有良好的弹性，抗冲击并能够弯曲而不破裂，既有高的模量，又有良好的耐屈挠性能。

与其他热塑性弹性体相比，在低应变条件下，热塑性聚酯弹性体的模量比相同硬度的其他热塑性弹性体高，其承载能力优于硬度相似的热塑性聚氨酯弹性体。这在以模量为重要设计因素时，对于缩小制品的横截面积，减少材料的用量是有利的。

热塑性聚酯弹性体的高温拉伸强度大，特别是在应变小的情况下，它们可以保持优异的拉伸性能，表现出在相当大的温度范围内有很高的使用价值。

当热塑性聚酯弹性体在屈服点以下受应力作用时，在动态用途中的滞后损失小，生热量低。动态滞后性能好也是热塑性聚酯弹性体的一大特点。这一特点与高弹性相结合，因此该材料成为多次循环使用条件下的理想材料，齿轮、胶辊、挠性联轴节、皮带均可采用。

热塑性聚酯弹性体的软相有着很低的玻璃化转变温度，而硬相有着较高的熔点，使得这类聚合物具有很宽的使用温度范围。维卡软化点为112～203℃。热塑性聚酯弹性体，尤其是较硬的聚合物，具有特别好的耐热性。在121℃以上时，其拉伸强度远远超过热塑性聚氨酯弹性体。例如，DuPont公司的Hytrel 55D在175℃的拉伸强度仍然接近于14 MPa。全部的Hytrel热塑性聚酯弹性体的脆化温度都在–34℃以下，而比较软的材料则具有更好的低温柔韧性。因此，在很宽的温度范围内都可作出适当的设计选择。

热塑性聚酯弹性体有良好的耐辐射性。在发电、军事、医疗和其他领域，核能的推广应用对聚合物材料提出了更新的要求，即具有良好的耐辐射性。多数弹性体都会因长期遭受辐射而发脆，有些聚合物（明显的是丁基橡胶）却与之相反，受辐射后降解成低分子量的焦油状物。虽然有控制的低剂量辐射可以提高弹性体质量(如辐射交联聚烯烃)，但在一般情况下，长时间受到辐射会使质量下降。但各种硬度的热塑性聚酯弹性体在空气中于23℃，10 Mrad辐射剂量引起的性能变化很小，受辐射后试样仍有光泽，有高弹性而且柔韧。

热塑性聚酯弹性体的耐油性能极好，即使在高温下也是如此。经热稳定的热塑性聚酯弹性体（如Hytrel 5555HS）有优良的热油老化寿命。热塑性聚酯弹性体于室温下也能耐大多数极性液体，但是在70℃以上其耐极性液体的能力大大下降。因此，它不能在高温下与这些液体连续接触使用。一般情况下，热塑性聚酯弹性体能够耐受的化学品和各种液体与热塑性聚氨酯弹性体相近。但是因为热塑性聚酯弹性体的高温性能比热塑性聚氨酯弹性体好，故可以在同样的液体中于较高的温度下放心地使用。

热塑性聚酯弹性体在70℃以下抗水解性能仍然较好，添加聚碳酰亚胺稳定剂可以明显改善其抗水解性能。

热塑性聚酯弹性体在工业领域有着广泛的应用。用热塑性聚酯弹性体做成的工业油管具有强度高、柔软、使用温度范围宽、耐屈挠疲劳和耐蠕变等特点，因而适于多种场合下使用。例如，用热塑性聚酯弹性体做成的软管，即使很薄，强度也较大，温度使用范围可为–40～120℃。由于可以不加增塑剂，因而无增塑剂喷出到制品表面，也由于不使用大量炭黑，胶料介电性能好，还可以连续挤出，无须硫化工序。利用热塑性聚酯弹性体的高模量、低蠕变特点，可以用该材料制造传动带以代替织物——橡胶层压传动带，这种传动带可以在机器上直接续接，长度易于控制和调节。热塑性聚酯弹性体还可以用于很多其他方面，如挠性联轴节、垫圈、防震制品、阀门衬里，以及高压开关、电线电缆护套、配电盘绝缘子和保护罩等电气零配件。

（四）成型加工

热塑性聚酯弹性体兼有熔融稳定性好和结晶速率快的特点，因而具有良好的加工性，适应多种加工工艺。热塑性聚酯弹性体长时间置于空气中则很容易吸收水分。如果空气中湿度比较大，材料水分含量达到 0.1%时，在使用前应进行干燥处理。

热塑性聚酯弹性体的剪切速率和表观黏度的关系与其他热塑性弹性体有所不同，不属于剪切敏感型。在剪切速率 100 s^{-1} 以下时，热塑性聚酯弹性体的熔体黏度在较宽的温度范围内与剪切速率的依赖性很小，表现为近似的牛顿流动。因此，在很宽的剪切速率和加工温度范围内有良好的熔体稳定性，这对加工是十分有利的。当然，在剪切速率很高时，如注射成型所出现的情况，剪切速率对熔融黏度的影响还是比较明显的。

热塑性聚酯弹性体的加工工艺条件常以其熔点为基础，例如，各种硬度的 Hytrel 热塑性聚酯弹性体的熔点如下：Hytrel 40D，168℃；Hytrel 63D，206℃；Hytrel 55D，211℃；Hytrel 72D，213℃。

热塑性聚酯弹性体的注射成型，宜选用往复式螺杆注射机，以便能得到温度均匀一致的熔体。而柱塞式注射机不适用于热塑性聚酯弹性体。推荐螺杆压缩比为（3.0∶1）～（3.5∶1）。压缩比过高，功率消耗大；压缩比过低，则不能使物料熔融均匀。螺杆的长径比在（18∶1）～（124∶1）之间。较高的长径比能保证得到混合均一的熔体。典型的注射成型条件为：螺杆转速 60 r/min；模具温度 25～50℃；注射时间 2～5 s；保压时间 8～10 s；冷却时间 30 s。

料筒温度及控制的熔料温度则视其硬度有较大差别，典型值如下：

硬度	一区	二区	三区	喷嘴
40（邵氏 D）	155～170℃	170～185℃	180～190℃	180～195℃
60（邵氏 D）	195～215℃	215～230℃	220～235℃	220～235℃
72（邵氏 D）	210～225℃	225～240℃	230～245℃	235～250℃

采用普通塑料挤出机可以将热塑性聚酯弹性体挤出成型为片材、管材、电线包皮和薄膜。挤出机长径比一般为（20∶1）～（24∶1）。通常用于聚乙烯挤出的各种螺杆挤出机都可用于挤出热塑性聚酯弹性体。压缩比在（2.7∶1）～（4∶1）为好。与注射成型的情况相似，热塑性聚酯弹性体挤出成型的温度参数视其硬度也有较大差别，其典型值如下：

硬度	一区	二区	三区	机头	口模
40（邵氏 D）	155～165℃	160～175℃	170～180℃	175～185℃	175～180℃
60（邵氏 D）	190～205℃	205～215℃	210～220℃	215～225℃	220～225℃
72（邵氏 D）	200～205℃	210～215℃	215～225℃	220～230℃	225～230℃

热塑性聚酯弹性体还可用旋转成型、吹塑成型和熔融浇注成型等工艺制造产品。例如，用旋转成型工艺加工球、小型充气无内胎轮胎等。旋转成型要求使用粉料，并在短时间内使物料加热到 370℃。采用吹塑成型工艺需要共聚物具有高的熔融黏度和熔融强度，相应熔融指数要低。美国 DuPont 公司的 Hytrel HTG-4275 是能满足吹塑成型的热塑性聚酯弹性体。采用熔融浇注成型工艺，加工费用低，能保证产品的尺寸稳定性。

热塑性聚酯弹性体在正常加工温度下降解很慢。在高温下或在加工温度下滞留时间太长时就可能发生降解，酸性物质则会促进其降解，降解时产生气体物质。热塑性聚酯弹性体降解时产生的气体主要是四氢呋喃，它对操作人员有害。

氯化石蜡、五氯硬脂酸甲酯、苯二甲酸酯类、磷酸酯类都可作为热塑性聚酯弹性体的增塑剂。100 份热塑性聚酯弹性体中加入 50 份增塑剂后得到的增塑物，仍保持了相似的物理性能。不过，为选好适宜的增塑剂，应根据成本、挥发性、颜色、阻燃性以及耐油抽出性和耐水抽出性等条件加以考虑。

将热塑性聚酯弹性体与加了增塑剂的聚氯乙烯并用具有某些很好的效果。并用时要使增塑剂与总树脂（聚氯乙烯加热塑性聚酯弹性体）之比保持合适的值。加入热塑性聚酯弹性体既能提高聚氯乙烯的室温柔韧性，又能提高其在室温以下的柔韧性。混合料的脆化温度随着热塑性聚酯弹性体含量的增加而降低。把热塑性聚酯弹性体加入软质聚氯乙烯塑料中，还可以减轻高温下的热变形，并增加耐磨性。但这种混合料的抗撕裂性能较差。

六、其他热塑性弹性体

（一）聚氯乙烯类热塑性弹性体

聚氯乙烯类热塑性弹性体（PVC-TPE）是以聚氯乙烯（PVC）为主体，通过增塑、共聚、共混等改性手段制成的具有类似于硫化橡胶特性而又可以采用通常热塑性塑料加工方法进行成型加工的一种新材料。通常的聚氯乙烯（聚合度为 600～1500）在加入大量增塑剂后，虽可制成柔软的薄膜、人造革、软管等软质制品，但这样的软质聚氯乙烯弹性不足，还不能作为弹性体使用。为制备聚氯乙烯类热塑性弹性体，发展了高聚合度聚氯乙烯（HPVC）、聚氯乙烯与橡胶的动态硫化共混。

高聚合度聚氯乙烯是指聚合度在 1600 以上的聚氯乙烯。它是通过低温聚合技术而得到的。由低温聚合得到的高聚合度聚氯乙烯，从其分子结构来看，随着聚合度的增加，分子链的规整性提高，间规立构度增加，从而导致结晶性增大。由于高聚合度聚氯乙烯树脂的结晶相比例增加，再加上高分子量的分子链间形成的物理缠结点增多，这些都会在大分子链间产生约束作用，防止其塑性形变，从而提高材料的弹性。

高聚合度聚氯乙烯树脂最大的特点是增塑剂吸收量大（一般可加入 50～80 份增塑剂，有时甚至更多）。其软制品除保持了通用型聚氯乙烯树脂的原有性能外，还具有压缩永久变形与热变形小、回弹性优异等橡胶的特性，可广泛应用于密封制品、鞋用料、电线电缆等领域。

由高聚合度聚氯乙烯制成的 PVC-TPE 较通常的软质聚氯乙烯有更高的拉伸强度和撕裂强度。此外，由于高聚合度聚氯乙烯树脂是由低温聚合而得，杂结构较少，不稳定氯原子的数量相对减少。因此，随着分子量的提高，聚氯乙烯的热稳定性提高，脱 HCl 的速率变小，热分解温度升高。实验结果都证明，高聚合度聚氯乙烯树脂的耐热老化性优于一般的聚氯乙烯树脂。因此，由高聚合度聚氯乙烯树脂制得的 PVC-TPE 尤其适合于制造耐温等级高（105℃、120℃）的电线电缆保护层。

由于高聚合度聚氯乙烯分子量高，所以与普通聚氯乙烯树脂相比具有熔融温度高、流动性差等不利于成型加工的缺点，因此在一般情况下，成型温度比普通聚氯乙烯要高 5～15℃，同时设备剪切力也要求相应提高。尽管如此，PVC-TPE 仍可在普通的聚氯乙烯设备中加工成型。目前成型方法的应用比例依次为：挤出 70%、注塑 21%、中空吹塑

7%、压延 2%。有利于 PVC-TPE 成型加工的三种措施是：①使用热稳定性好的具有良好协同效果的复合稳定体系，并相应提高成型加工温度；②通过加入塑化促进剂和采用高效剪切的方式来提高塑化均匀性；③与其他原料配合使用，如适量并用低聚合度聚氯乙烯，或少量并用 PP 或 PE 及作为增容剂的 CPE，以提高熔融流动性。

除了采用高聚合度 PVC 外，PVC-TPE 的制造尚有其他途径可寻。例如，采用动态硫化方法，直接将普通 PVC 与 NBR 进行共混。在混炼的同时，NBR 在硫磺、硫化活性剂、硫化促进剂的作用下，形成交联网络而获得良好的橡胶弹性。由于强力的剪切作用，交联的 NBR 形成微小的颗粒均匀分散在 PVC 基体中。在用动态硫化（用硫磺硫化）法制造 PVC-TPE 时，增塑剂、稳定剂、润滑剂、填充剂等仍是必需的原材料。不过，由于采用硫磺硫化体系，稳定剂不能选用铅类。

PVC-TPE 的应用已很广泛，主要是用来代替橡胶及普通软质 PVC。代替橡胶的主要着眼点是降低产品成本的总构成和改进加工方法、着色性、耐候性等性能。代替普通软质 PVC 的主要着眼点是提高物理机械性能，并改进制品的手感和外观等。PVC-TPE 的典型用途有车用的许多小零部件，如防尘罩、密封条、密封垫、导管、内衬、扶手等；建材行业应用的异型挤出制品，如门垫、门窗密封条、密封垫等；电线电缆及电气行业中耐热电缆、移动电缆、耐低温电缆护套及高级电气电线，电气元件的衬垫、配电箱的防护衬里、插座、软线接头、插头等；软管、体育用品中的耐磨耐寒登山靴、运动鞋等。

（二）动态硫化法热塑性弹性体

由橡胶和热塑性塑料通过动态硫化共混法制造热塑性弹性体（TPE）的技术越来越受到重视。动态硫化法 TPE 已经或者正在成为 TPE 的最大品种。它的应用将越来越广泛，并且由此制得的 TPE 是最有实用价值的材料之一，其价格便宜，生产简易。通过不同品种、不同比例的橡胶与塑料的动态硫化共混，可获得各种各样的优异性能。

动态硫化法广泛用于生产以三元乙丙橡胶或二烯类橡胶（如天然橡胶、顺丁橡胶、丁苯橡胶）与聚烯烃塑料（如 HDPE、LDPE、PP）共混，以及丁腈橡胶、氯丁橡胶、氯磺化聚乙烯与 PVC 或尼龙类塑料共混为主的 TPE。

从机械共混的方法看，橡胶与塑料的共混可大致分为简单掺混、部分动态硫化和完全动态硫化共混三类。过去我国用于工业生产的多为简单掺混。这种掺混不能获得良好的改性，因为其中的橡胶颗粒处于未交联状态而无弹性。因此，这种简单的掺混在国外已很少见。塑料与橡胶的共混方向是动态硫化共混。所谓动态硫化共混，是在混炼设备中进行混炼的同时加入硫化剂及硫化助剂，使其中的橡胶实现交联。根据其中橡胶硫化的程度，又可分为部分动态硫化和完全动态硫化。完全动态硫化法 TPE 简称为 TPV，又称为 TPR（即热塑性橡胶）。

从部分动态硫化到完全动态硫化是一个巨大的飞跃，它使塑料与橡胶的共混进入一个新的领域。部分动态硫化已经比简单掺混要好得多，随着交联密度的增加，其改性作用也越大。当塑料为连续相，橡胶为分散相时，所得共混物为热塑性弹性体，其可像塑料一样加工，不再需要硫化工序，但又具有已硫化交联的橡胶的弹性。因为在混炼设备内熔融共混时已发生动态硫化反应，并随着混炼的进行，已交联的橡胶粒子均匀分散于熔融的塑料连续相内，使此共混料仍具有塑料的热塑性和热流动性。不过，橡胶粒子（硫化胶）需经高温强剪切，以粉碎到 1 μm 以下，且应快速混匀，以确保共混物不降解或不解聚，否则，其物理机械性能将严重下降。

TPV 的独特之处是其独特的相态。在一定的配比范围内，无论橡胶相的含量如何变化，其充分交联的粒子必定是分散相，而熔融的塑料基质又必定是连续相，这就保证了共混物的热塑性和流动性，前提是硫化了的橡胶粒子必须被打碎到 1μm 以下，恰如分散在塑料基质中的填料一样。当然，硫化胶粒子还必须分散均匀，这样才能保证后续加工的稳定性和制品的物理机械性能。由于 TPV 中橡胶已经充分交联，这有利于提高其强度、弹性和耐热油性能以及改善压缩永久变形性能。因此可以认为，动态硫化特别是动态全硫化是一种聚合物改性的新技术，也是橡胶与塑料共混改性技术的一次革命。

动态硫化共混物能否实现预想的性能，取决于工艺和设备的双重影响，两者必须匹配，以共同保证优化的操作条件。例如，TPV 型 PP/EPDM 共混，按其工艺规定，首先必须注意添加剂的加料顺序。如先把 PP、EPDM、ZnO、硬脂酸等加入共混型密炼机中，于 180～190℃下熔融共混 2～3 min，再加入促进剂二硫化四甲基秋兰姆（TMTD）和二硫化二苯并噻唑（DM），混炼 0.5 min 后加入硫磺使之边混炼边动态硫化，从而得到热塑性的共混物。温度可影响共混物的黏度，为使塑料基质熔融，设备必须能提供可控制的最佳温度场，通常应高于软化点 10℃。温度升高时，黏度下降，当塑料和橡胶在黏度相近时共混，可使共混物的相态结构细密，性能也好。对于 TPV 型共混，欲使已充分交联的橡胶粒子成为分散相，并能均匀地分散于塑料连续相中，还要求温度场具有较高的均匀性。在共混过程中，设备的剪切场是温度场、黏度场的可靠保证（黏滞生热和剪切变稀），且形态也随着剪切速率的变化而改变。而分散相粒子的大小又主要取决于设备的剪切场。当剪切速率提高时，分散相粒径可以大大减小，共混体系的黏度也下降。另外，黏度变化还可引起相态的转变，低黏度组分容易形成连续相，而被包封的高黏度组分则为分散相。若剪切速率小，则共混物分散不均，且分散相的粒径大于 1μm，使共混物性能变差。因此，控制剪切速率和温度，是动态硫化共混工艺的重要因素。通常，为了确保共混物的优异性能，除应优选配方和最佳操作条件外，还要求共混设备能够高温强剪切和快速共混均匀。

在制备动态硫化共混型 TPE 时，使用增塑剂或充填油可增大橡胶相（软相）的容积，在熔融阶段又可以增大树脂相（硬相）的容积。如果硬相是结晶性材料，如 PP，则冷却时硬相的结晶性可以迫使增塑剂从硬相进入软相。因此，增塑剂和充填油在熔融温度下是加工助剂，而在使用温度下又是软化剂。选择和使用增塑剂或充填油是制造低硬度 TPV 的关键技术之一。但是，若增塑剂或充填油过多，则共混时间延长，并产生打滑现象。使用充油橡胶更有利于共混操作和更有效地降低硬度。

增容技术也是开发动态硫化共混法 TPE 的关键。添加或就地形成少量对橡胶和塑料都有相容性的增容剂作为桥梁，在动态硫化共混过程中使橡胶和塑料借助接枝形成具有工艺相容性的 TPV。例如，胺封端的 NBR 与 MAH（马来酸酐）改性 PP 作为增容剂，增加了本来不相容的 NBR 与 PP 的相容性；MAH 或丙烯酸接枝改性的 EPDM 作为 EPDM

与 PA 的增容剂，增加了本来不相容的 EPDM 与 PA 的相容性，从而分别获得性能优良的 TPV。

第五节 橡胶配合助剂

橡胶制品是生胶（天然橡胶和合成橡胶）与多种化合物经恰当配合，采用精心设计的生产工艺制成的多组分复合材料。对比而言，橡胶的配方体系与生产工艺比塑料制品复杂得多，橡胶的配方设计和工艺设计是专业性很强的技术工作。配方设计的目的不仅是研究原材料的最佳配比组合，更重要的是掌握材料中各组分间存在的复杂的物理与化学作用，研究配合体系对制品性能的影响，以及与生产工艺的关系，在谋求经济合理的同时，求得最佳的综合性能，制成物美价廉的产品。

通常的橡胶配合体系除生胶外，包括使橡胶分子链发生交联反应的硫化体系（硫化剂、促进剂、活性剂、防焦烧剂等）；提高制品力学强度的补强和填充体系（补强剂、填充剂）；保护橡胶制品、防止老化、延长使用寿命的防护体系（各种类型的防老剂）；提高橡胶加工性能的增塑体系（各种类型的增塑剂）。

一、硫化体系

硫化是橡胶制品生产过程中最重要的环节之一，生胶大分子只有经过硫化、交联，形成具有三维网状结构的体型大分子，才会获得优异的弹性和强度，成为有实际使用价值的材料。最早的天然橡胶是采用硫磺进行交联的，因而，橡胶交联过程通常称“硫化”。随着合成橡胶的大量出现，硫化交联剂的品种也不断增加。目前使用的硫化剂有硫磺、碲、硒、含硫化合物、过氧化物、醌类化合物、胺类化合物、树脂和金属化合物等。而硫磺由于资源丰富、价廉易得、硫化所得橡胶性能优异，仍然是最佳的硫化剂。

一个完整的硫化体系除硫化剂外，还必须有能加快硫化速度、缩短硫化时间的硫化促进剂，简称促进剂。使用促进剂可减少硫化剂用量，降低硫化温度，并可提高硫化橡胶的物理力学性能。此外，还应加有提高促进剂活性的硫化活性剂，简称活性剂，又称助促进剂。几乎所有的促进剂都必须在活性剂存在下才能充分发挥促进效能。硫化体系中有时还包括能防止胶料在加工过程中发生早期硫化（焦烧）的防焦剂，又称硫化延迟剂或稳定剂。

由此可见，硫化反应是一个多元组分参与的复杂化学反应，包含橡胶分子与硫化剂及其他配合剂之间的系列化学反应。整个硫化过程大致可分三个阶段。第一阶段称诱导阶段，此阶段中，先是硫磺、促进剂、活性剂（如氧化锌）之间相互作用，使活性剂溶入胶料，活化促进剂，使促进剂与硫磺发生反应，生成一种活性更大的中间产物；然后引发橡胶分子链，使之生成能够发生交联的橡胶大分子自由基（或离子）。第二阶段称交联反应阶段，此阶段中，可交联的自由基（或离子）与橡胶分子链产生反应，生成交联键。第三阶段称网络结构形成阶段，此阶段的前期，交联反应已趋完成，初始形成的交联键发生短化、重排和裂解反应，最后网络趋于稳定，获得网络相对稳定的硫化橡胶。

硫化促进剂可分为无机和有机两大类。无机促进剂有氧化镁、氧化铅等，促进效果小，所得硫化橡胶性能差，多数场合已被有机促进剂所取代。有机促进剂促进效果大，所得硫化橡胶物理力学性能优良，发展较快。有机促进剂品种繁多复杂，系统分类比较困难。目前通常按化学结构、促进效果（硫化速度）以及与硫化氢反应呈现的酸碱性（pH）进行分类。按化学结构，有机促进剂可以分为八大类，分别为噻唑类、秋兰姆类、次磺酰胺类、胍类、二硫代氨基甲酸盐类、醛胺类、黄原酸盐类和硫脲类。其中常用的有硫醇基苯并噻唑，商品名为促进剂 M；二硫化二苯并噻唑，商品名为促进剂 DM；二硫化四甲基秋兰姆，商品名为促进剂 TMTD 等。根据促进效果分类，国际上习惯于以促进剂 M 对天然橡胶的使用效果为标准，凡硫化速度快于 M 者属于超速级或超超速级，相当或接近于 M 的为准速级，低于 M 的为中速及慢速级。例如，促进剂 TMTD 属于超速级促进剂。促进剂的酸碱性对硫化速度的影响较大，特别在多种促进剂并用的硫化体系中，系统的协同效应会对工艺过程有重要影响。一般 $pH < 7$ 者为酸性促进剂，如促进剂 M；$pH > 7$ 者为碱性促进剂，如胍类促进剂 D；$pH = 7$ 者为中性促进剂，如硫脲类促进剂 NA-22、次磺酰胺类促进剂 CZ 等。

最常用的硫化活性剂（助促进剂）由氧化锌和硬脂酸组成。氧化锌在硬脂酸作用下形成锌皂，使之更易于溶解在胶料中，并与促进剂形成一种络合物，使促进剂更加活泼，催化活化硫磺，形成一种很强的硫化剂。硫化活性剂还有提高硫化橡胶交联密度及耐热老化性能的功效。

橡胶在生产加工过程中要经历塑炼、混炼、压延、硫化等多种工序，经历不同温度、不同时间剪切作用，有时可能出现早期硫化现象，称为焦烧。现代橡胶工业正朝着自动化、联动化方向发展，多采用较高温度的快速硫化法，使硫化诱导期缩短，为此，在硫化过程中，防止胶料焦烧、保证生产安全十分重要。加入防焦剂，目的就在于防止胶料在加工过程中发生早期硫化，保证后续生产安全可靠地进行。防焦剂又称硫化延迟剂或稳定剂。工业上常用的防焦剂有邻羟基苯甲酸、邻苯二甲酸酐、亚硝基二苯胺（NPPA）等。注意：加入防焦剂会影响胶料性能，如降低耐老化性等。

二、补强与填充剂

补强是橡胶工业的专有名词，指提高橡胶的拉伸强度、撕裂强度及耐磨耗性能。补强在橡胶制品加工中十分重要，许多生胶，特别是非自补强性合成橡胶，如果不通过填充炭黑、白炭黑等予以补强，便没有实用价值。

补强剂与填充剂并无明显界限。补强通过填充实现，凡能提高橡胶物理力学性能的填充剂称补强剂，又称活性填充剂。凡在胶料中主要起增加容积、降低成本作用的称填充剂或增容剂。填料在橡胶工业中用量很大，其中尤以炭黑为甚，炭黑是橡胶工业中最重要的补强性填充剂，炭黑耗量约占橡胶耗量的 50%。炭黑的补强效果极佳，表 3-13 给出了炭黑对几种重要橡胶材料拉伸强度的补强效果，可以看出，对于一些合成橡胶如 SBR、NBR、EPDM 等，炭黑的补强倍率达到 8～10 倍。另外，炭黑还具有优异耐磨性，特别适于制作轮胎胎面胶。

表 3-13　炭黑对几种橡胶拉伸强度的补强效果

橡胶种类	未补强的拉伸强度/MPa	炭黑补强的拉伸强度/MPa	补强倍率
丁苯橡胶	2.5～3.5	20.0～26.0	5.7～10.4
丁腈橡胶	2.0～3.0	20.0～27.0	6.6～13.5
三元乙丙橡胶	3.0～6.0	15.0～25.0	2.5～8.3
顺丁橡胶	8.0～10.0	18.0～25.0	1.8～3.1
天然橡胶	16.0～24.0	24.0～35.0	1.0～2.2

除炭黑外，常用的补强剂还有白炭黑[水合二氧化硅（$SiO_2 \cdot nH_2O$）、硅酸盐类]和某些超细无机填料。白炭黑的补强效果仅次于炭黑，故称白炭黑。由于其色泽浅，故广泛用于白色和浅色橡胶制品。橡胶制品中常用的填充剂有碳酸钙、陶土、滑石粉、硅铝炭黑等。

三、防老剂

橡胶在长期储存和加工、使用过程中，受氧、臭氧、光、热、高能辐射及应力作用，逐渐发黏、变硬、弹性降低、龟裂、发霉、粉化的现象称老化。老化过程中，橡胶分子结构可发生分子链降解，或分子链间产生交联，或主链或侧基改性等变化。老化使橡胶制品的物理力学性能下降，强度降低，弹性消失，电绝缘性变差，耐磨性变劣等。因此，防止老化是橡胶配方设计中必须考虑的问题。

凡能防止和延缓橡胶老化的化学物质称防老剂。由于橡胶老化的原因复杂，有热降解、热氧老化、臭氧老化、金属离子催化氧化、疲劳老化等，因此，防老剂品种很多。根据作用可分为抗氧剂、抗臭氧剂、有害金属离子作用抑制剂、抗疲劳老化剂、抗紫外线辐射剂等。

与塑料的氧化相似，橡胶的热氧化也是一种自由基链式自催化氧化反应，加入防老剂就是要终止自由基链式反应，或防止引发自由基产生，抑制或延缓橡胶氧化反应。根据这一原理，防老剂分为主防老剂和预防性防老剂两类。主防老剂又称链断裂型防老剂，它是通过截取链增长自由基 R·或 ROO·终止链式反应，抑制橡胶氧化反应；通常使用的胺类及受阻酚类防老剂、醌类化合物、硝基化合物属于这一类型。预防性防老剂是指能以某种方式延缓自由基引发的化合物，这些物质不直接参与自由基的链式循环过程，只是防止自由基的引发；预防性防老剂包括光吸收剂、金属离子钝化剂和氢过氧化物分解剂。最常用的橡胶防老剂有防老剂 D（*N*-苯基-*β*-萘胺，属胺类防老剂）、防老剂 4010（*N*-异丙基-*N'*-苯基对苯二胺，属胺类防老剂）、防老剂 264（2,6-二叔丁基-4-甲基苯酚，属酚类防老剂）。亚磷酸酯类防老剂属于氢过氧化物分解剂。另外，石蜡也具有防护橡胶老化的作用，石蜡能在橡胶表面形成一层薄膜而起屏障作用，这类防老剂称物理防老剂。

四、增塑剂

橡胶增塑剂通常是一类分子量较低的化合物。增塑剂加入橡胶后，能够降低橡胶分子链间的相互作用力，使粉末状配合剂与生胶很好地浸润，从而改善混炼工艺，使配合剂均匀分散，混炼时间缩短，耗能低，增加胶料的可塑性、流动性、黏着性，便于压延、压出和成型工艺操作。橡胶的增塑体系还能改善硫化橡胶的某些物理力学性能，如降低硫化橡胶的硬度和定伸应力，赋予其较高的弹性和较低的生热量，提高耐寒性，降低成本等。

橡胶增塑剂习惯上分软化剂和增塑剂两类。软化剂多来源于天然物质，如石油系的三线油、六线油、凡士林，植物系的松焦油、松香等，常用于非极性橡胶。增塑剂多为合成产品，如酯类增塑剂邻苯二甲酸二辛酯（DOP）、邻苯二甲酸二丁酯（DBP）等，主要应用于某些极性的合成橡胶和塑料中。

按产品来源，增塑剂有五大类：石油系增塑剂，主要为芳香烃类、环烷烃类、链烷烃类操作油，工业凡士林、石蜡和石油树脂；煤焦油系增塑剂，包括煤焦油、古马隆树脂、煤沥青等；松油系增塑剂，包括松焦油、松香、妥尔油等；脂肪油系增塑剂，包括由植物油和动物油制取的脂肪酸（硬脂酸、蓖麻酸）、甘油和黑、白油膏等；合成增塑剂，包括邻苯二甲酸酯类、脂肪二元酸酯类、脂肪酸酯类、磷酸酯类、聚酯类、环氧类、含氯类增塑剂及其他类型增塑剂。

近年来，为改善增塑效果，防止分子量低的增塑剂在使用过程中从橡胶基体中挥发、迁移、析出，又开发了分子量较大的新型反应型增塑剂，如端基含有乙酸酯基的丁二烯、分子量在 10000 以下的异戊二烯低聚物、分子量为 4000～6000 的液体丁腈橡胶等。此类增塑剂在加工过程中起增塑作用，而在硫化过程中可与橡胶分子相互反应，或自身聚合，一方面不易挥发、迁移，另一方面还能提高产品的物理力学性能。

五、发泡剂

含有微孔的交联海绵橡胶具有优异的隔热性、柔软性、缓冲性而被用于制作橡皮简易潜水服、壁纸背衬、沙发垫、衬垫、汽车门窗密封条等各种橡胶制品。海绵橡胶可以通过边发泡边交联制得，而用于发泡目的添加的化学药品称为发泡剂。

制造海绵橡胶时多数使用通过化学反应和热分解产生气体的化学发泡剂。发泡剂大致分为无机发泡剂和有机发泡剂两种，见表 3-14。

表 3-14　主要发泡剂

类别	化学名称	分解温度/℃	产生气体的成分	适用橡胶	标准用量/份
无机发泡剂	碳酸氢钠	60～150	CO_2、H_2O		
	碳酸氢铵	36～60	CO_2、H_2O、NH_3		
有机发泡剂	4,4′-氧代双苯磺酰肼（OBSH）	157～162	N_2、H_2O	CR、EPM、EPDM	2～7
	偶氮二甲酰胺（ADCA）	195～210	N_2、NH_3、CO	CR、EPM、EPDM	2～5
	N,N′-二亚硝基五亚甲基四胺（DPT）	200～205	N_2、HCHO	NR、SBR、CR、EPM、EPDM	2～5

有机发泡剂有*N*-亚硝基化合物、磺酰肼类、偶氮化合物等。有机发泡剂的特征是通过伴随放热的分解反应而产生气体，受汽化热的影响较小；在短时间内产生一定的气体量，因此可制得具有微孔结构的海绵橡胶。这些特征对发泡剂来说比较理想。因此，有机发泡剂是制造海绵橡胶不可缺少的配合剂。现在使用较多的是发泡剂 OBSH、发泡剂 ADCA、发泡剂 DPT。这些发泡剂的分解温度点各不相同，发泡剂 OBSH 为 160℃，发泡剂 ADCA 为 195℃，发泡剂 DPT 为 200℃。许多有机发泡剂可通过添加尿素对其分解温度点进行控制。控制发泡剂的分解温度点对于制造海绵橡胶来说极为重要，即发泡剂在配入各种添加剂的 80℃左右的混炼工序中不会分解，而在 100～160℃的交联工序中开始迅速分解而制得海绵橡胶。此外，应当注意的是，硫化促进剂以及其余的软化剂、活性剂、各种填充剂均作为分解的促进剂起作用，所以橡胶配合物中的发泡剂的分解温度比预想的要低。为了制得性能优异的海绵橡胶，最好是选择的分解温度接近交联温度，而且发泡剂的粒径要小，提高发泡剂的分散性，使交联略微提前一步。

六、偶联剂

偶联剂一般用作胶黏剂或玻璃纤维的表面处理剂，在此仅对偶联剂与橡胶补强有关的用途进行叙述。

白炭黑、陶土、碳酸钙等浅色填充剂的缺点是相对于橡胶而言其补强性比炭黑要差。因此，在需要使用高补强性填充剂的轮胎、胶管等橡胶制品中很少使用浅色填充剂。偶联剂是用于提高浅色填充剂补强性能的配合剂。此外，最近还开发了用于轮胎的炭黑用偶联剂。这些偶联剂应用的对象（浅色填充剂和炭黑）不同，但它们的作用机理却一模一样，都是通过偶联剂与填充剂的表面官能团进行反应，来提高填充剂和橡胶的相容性，以此体现偶联剂的功能。

（一）浅色填充剂用偶联剂

对于白炭黑等用的白色填充剂，采用硅烷偶联剂效果较好。硅烷偶联剂处理填充剂的基本原理是，首先硅烷水解得到硅醇，再与存在于白炭黑表面的羟基发生缩合反应，从而牢固结合在填料表面，硅烷偶联剂的另一端官能团（X）可与橡胶大分子发生作用，从而把填料与橡胶基体连接起来。在使用硅烷偶联剂时，根据橡胶种类和交联体系选择官能团（X），能灵活使用硅烷偶联剂，对获得表面处理的高效果十分重要。对于二烯类橡胶的硫磺交联来说，拟选择硫醇基和被多硫基官能团取代的衍生物，而对于二烯类橡胶的过氧化物交联，则可选择被乙烯基和甲基丙烯酰基取代的衍生物，对于 CR 等卤素橡胶选择氨基取代衍生物，可得到高补强效果。白炭黑类填充剂与硅烷偶联剂的反应机理可认为是，硅烷偶联剂通过各硅烷醇间的脱水缩合反应，被固定在白炭黑上，进而通过官能团（X）使橡胶与偶联剂进行反应，提高了白炭黑对橡胶的分散性，从而增强了白炭黑的补强性。

（二）炭黑用偶联剂

炭黑的粒径、特征等性能在制造时可进行调节，使其具有各种特征。但是，最近开发了一种供橡胶制品制造商使用的用于改善炭黑配合硫化胶回弹性、生热性的炭黑用偶联剂。据报道，作为炭黑用偶联剂，现在已开发了 *N*, *N*-双（2-甲基-2-硝基丙基）-1,6-二氨基已烷（BNAH）以及四（2-乙基己基）二硫化秋兰姆（TOTD）与助剂 DS 的并用体系，它们对改善 NR、SBR 的硫磺硫化胶生热性和降低动态倍率有相当的效果。

七、加工助剂

加工助剂是用于改善橡胶塑炼、混炼、压延、挤出、注射成型等工序的加工性能所使用的配合剂，主要有润滑剂和增黏剂。

润滑剂是在加工过程中液体化，使橡胶本身容易流动，同时可使作用于橡胶和加工机械界面上的摩擦阻力减小，从而提高橡胶的流动性，使之变得容易进行加工的一种配合剂。因此，润滑剂一般具有使橡胶软化后获得的非极性基，以及介于加工机械和橡胶之间发挥润滑剂作用的极性基。橡胶用主要润滑剂如表 3-15 所示。可供实际使用的润滑剂有硬脂酸、硬脂酸的金属盐、十八烷基胺、高熔点蜡和低分子量聚乙二醇等。此外，硬脂酸除具有润滑剂的功能外，还兼具使加工助剂和填充剂分散的功能。

表 3-15　橡胶用主要润滑剂

种类	具体名称
蜡类及烃树脂	石蜡、微晶蜡、聚乙烯蜡
脂肪酸	硬脂酸
脂肪酸酰胺	硬脂酸酰胺、油酸酰胺
脂肪酸酯	硬脂酸正丁酯
脂肪族醇	高级醇（硬脂醇）
脂肪酸与多元醇的部分酯	丙三醇脂肪酸酯
脂肪酸金属盐	硬脂酸锌

增黏剂是用于提高未硫化胶片间黏合性的配合剂。多数硫化橡胶制品是由几枚不同配方的未硫化胶片贴合后再进行成型、硫化后制成的。因此，未硫化胶间的黏合性便成为制造橡胶制品的重要因素。橡胶用主要增黏剂如表 3-16 所示。增黏剂大致分为天然树脂系和合成树脂系两大类。

表 3-16　橡胶用主要增黏剂

类别	具体名称	适用橡胶	标准用量/份
古马隆树脂	古马隆-茚树脂	NR、SBR、CR、NBR	2～5
苯酚及萜烯系树脂	酚醛树脂、萜烯-苯酚树脂、烷基取代酚醛树脂	NR、SBR、CR、NBR、IIR、EPDM、EPM	
石油系烃树脂	合成聚萜烯树脂、芳香族系烃树脂、脂肪族系烃树脂、聚丁烯	NR、SBR、IIR、EPDM、EPM	
松香衍生物	各种松脂、各种氢化松脂	NR、SBR、CR、NBR、EPDM、EPM	

天然树脂系增黏剂分为以下几种：①价格便宜、可用于除 IIR（丁基橡胶）之外的多种橡胶的古马隆-茚树脂；②多用于期待提高压敏黏合性、耐热性的胶黏剂配合用萜烯树脂；③以优异的压敏黏结力、内聚力为特征的萜烯-苯酚树脂；④压敏黏合性和低温下的黏性均优异的松香；⑤用于提高松香耐热氧化性的氢化松香衍生物。

另外，合成树脂系增黏剂主要有以下两种：①可用于 NBR 的酚醛树脂；②用于 NR 和 SBR 且与橡胶的相容性高的烷基取代酚醛树脂。此外，还有虽然黏性差但耐热氧化性和稳定性好，多用于 SBR 的芳香族系和脂肪族系石油树脂。

八、着色剂

着色剂是制造色泽鲜艳的橡胶制品时使用的配合剂，大致可分为无机着色剂和有机着色剂两类。无机着色剂的特征是耐晒坚牢度和耐久性优异，有机着色剂的特征是着色力强，且色泽鲜艳。表 3-17 为橡胶用主要着色剂。

表 3-17 橡胶用主要着色剂

大分类	小分类	具体名称
无机着色剂	白色颜料	二氧化钛（钛白）、氧化锌、石膏
	黑色颜料	炭黑
	红色颜料	氧化铁红、铅丹
	黄色颜料	铬黄、氧化铁黄
	蓝色颜料	群青、钴蓝
有机着色剂	偶氮颜料	颜料黄 93、颜料红 144、颜料棕 23 等
	酞菁颜料	酞菁蓝、酞菁绿

与有机着色剂相比，无机着色剂遮光性强，耐热、耐光性好，而且耐油性、耐溶剂性、耐化学品性也较好。无机着色剂有用作白色颜料的钛白和氧化锌，以及用作红色颜料的氧化铁红和黑色颜料的炭黑等。

另外，有机着色剂少量使用就可得到鲜艳的色彩，因此作为橡胶着色剂比无机着色剂使用范围更广。有机着色剂虽然具有这样优异的特性，但遇光易变质，而且溶于有机溶剂，因此使用时要注意。现在，商品化有机着色剂种类很多，有偶氮颜料、亚硝基颜料和酞菁颜料等。

九、胶乳用配合剂

胶乳的高分子是以胶束状态分散于水中的，所以胶乳用配合剂大致可分为有助于固体分散于水中的配合剂和作用于橡胶相的配合剂。

有助于固体分散于水中的胶乳配合剂几乎都是表面活性剂，其选用视被分散物质的不同而各异：①分散粉状物质，可使用萘磺酸盐的甲醛水溶液的缩合物；②分散油状物和树脂状物，可使用甘油皂与酪素并用体系；③对于容易使胶乳与纸、织物溶合在一起的湿润剂的分散，可使用烷基萘磺酸盐。

另外，作用于橡胶相的胶乳配合剂基本上和固体橡胶使用的配合剂相同，选择在水中易分散的配合剂可以说是其特点。该配合剂可按其用途选用，即：①作为交联剂可选用磨碎分散的环状硫磺；②作类硫化促进剂可选用亲水性高的二烷基二硫代氨基甲酸的碱金属盐、胺盐、氧化锌；③作为交联活性剂可选用分散于水中的氧化锌、高级脂肪酸和操作油等软化剂。此时的功能与用于固体橡胶时大致相同，但对于固体橡胶，有时可以观察到硫化促进能力弱的二丁基二硫代氨基甲酸锌表现出的活性高于 *N*-五亚甲基二硫代氨基甲酸锌（促进剂 ZnPDC）的这种胶乳特有的性质。

此外，硫化黏合时可使用烷基酚醛缩合物、环烷酸钴、三巯醇基均三嗪等硫化黏合用助剂。这些助剂具有增强橡胶与金属（黄铜等）结合的作用，是制造钢丝帘线轮胎等硫磺硫化制品中含金属复合体时不可缺少的物质。

十、配合剂的卫生性

近来，随着对环境卫生的关心，配合剂的卫生性被提到了议事日程。关于配合剂的卫生性，目前主要提出了急性毒性问题。急性毒性以一次投入大量药品时的死亡率作为参考，小动物（大鼠和小鼠）死亡 50%的投入量用 LD_{50}（$mg \cdot kg^{-1}$）表示。橡胶用有机配合剂的 LD_{50}（口服）在 300 $mg \cdot kg^{-1}$ 以上被分类为普通药品，相当于毒品（$LD_{50}<30\ mg \cdot kg^{-1}$）和剧毒品（$30\ mg \cdot kg^{-1} \leqslant LD_{50}<300\ mg \cdot kg^{-1}$）的强毒性化合物很少。

与急性毒性同时引人注目的是有机配合剂的卫生性中存在着致癌性问题，在生产中停止使用 *N*-苯基-*β*-萘胺（防老剂 D）的同时，国际癌症研究机关等已指定乙撑硫脲（促进剂 NA-22）为致癌可能性高的化合物。此外，最近硫化工序中产生的亚硝基胺引人注目。亚硝基胺主要是由促进剂产生的二级胺和大气中的 NO_x 气体进行反应生成的，因其致癌的可能性高，所以德国在 1992 年后将操作环境中的亚硝基胺的浓度规定在 1.0 $\mu g \cdot m^{-3}$ 以下，以欧洲为主的许多国家要求对亚硝基胺采取有效对策。这种社会情况对配合剂的变迁有很大影响。次磺酰胺类促进剂的发展趋势是从 *N*-氧二亚乙基-2-苯并噻唑次磺酰胺（促进剂 NOBS）向 *N*-叔丁基-2-苯并噻唑次磺酰胺（促进剂 BBS）和 *N*-环己基-2-苯并噻唑次磺酰胺（促进剂 CBS）过渡的同时，提出用四苄基二硫化秋兰姆和四（2-乙基己基）二硫化秋兰姆（促进剂 TOTD）代替促进剂 TMTD。

思　考　题

（1）天然橡胶包含哪些非橡胶成分，它们对橡胶性能会产生哪些影响？

（2）在 NR、IR、SBR、BR、EPR、IIR、CR 和 NBR 中，哪些属于结晶自补强橡胶?结晶是通过什么途径对橡胶起补强作用?

（3）在不考虑聚合反应的情况下，试说明为什么在 EPDM 中选用非共轭二烯为第三单体?

（4）哪些橡胶可用硫磺硫化？单用硫磺硫化有何缺点？

（5）什么是传统硫化体系、有效硫化体系和半有效硫化体系？

（6）用过氧化物硫化和树脂硫化各需注意哪些问题？

（7）CR 适用的硫化剂是什么？为什么不用硫磺硫化？

（8）硫化在制品生产中有何意义？

（9）橡胶的硫化过程可分为哪几个阶段?试以硫化历程来加以说明。

（10）为什么链终止型防老剂和破坏氢过氧化物型防老剂并用会产生协同效应？

（11）试分析比较 NR、CR、BR 的耐臭氧老化性能。

（12）试分析轮胎的胎侧在使用过程中发生的老化形式。根据所发生的老化形式，应选用何种防老剂？

（13）炭黑的粒径、结构度、表面活性及表面含氧基团对胶料的混炼、加工工艺性能和焦烧性有何影响？

（14）炭黑的基本性质对硫化胶的拉伸强度、定伸应力、扯断伸长率、耐磨性有何影响？

（15）白炭黑分为几类？各有何特点？白炭黑表面有什么基团？气相法白炭黑和沉淀法白炭黑结构上有什么不同？

（16）可用哪些方法来提高白色填料的补强性？

第四章　纤　　维

纤维是指长度比其直径大很多倍且比较柔韧的物质。典型的纺织纤维的直径为几微米至几十微米，而长度超过 25 mm。

第一节　概　　述

一、纤维的分类

纺织纤维按材料来源可分为两大类，一类是天然纤维，如棉花、羊毛、蚕丝、麻等；另一类是化学纤维，化学纤维又可分为再生纤维和合成纤维两大类。再生纤维是以天然高分子化合物为原料，经过化学处理和机械加工而制得的纤维，其中用纤维素为原料制得的纤维称为再生纤维素纤维，用蛋白质为原料制得的纤维为再生蛋白质纤维。合成纤维是由合成高分子化合物经过加工而制成的纤维。根据大分子的化学结构，合成纤维可分为杂链纤维和碳链纤维两类。杂链纤维的大分子主链中除碳原子外，还含有其他元素（如氮、氧等）。碳链纤维的大分子主链则纯由碳-碳键组成。具体的纺织纤维分类如图 4-1 所示。

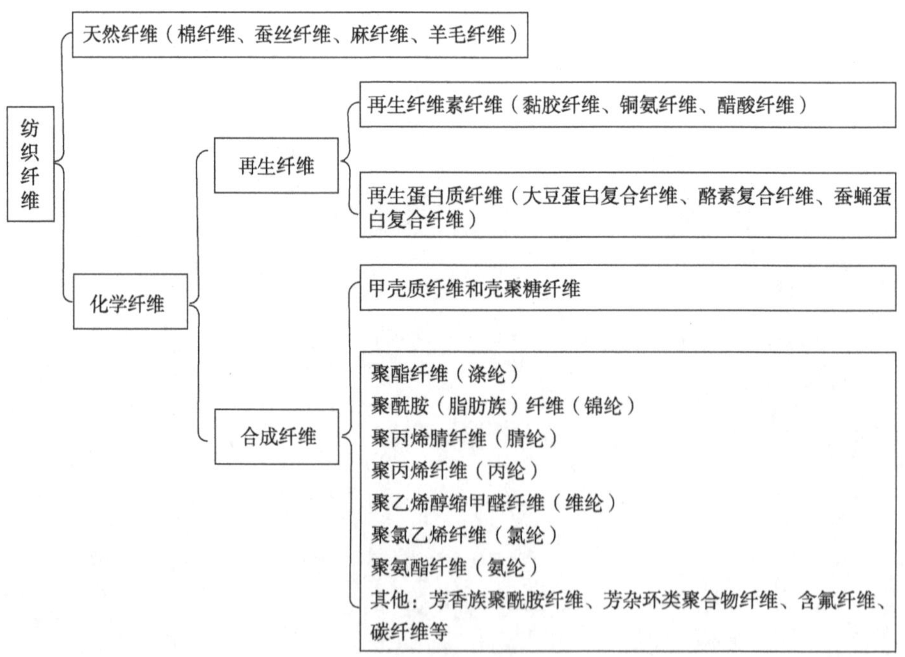

图 4-1　纺织纤维的分类

目前世界上生产的化学纤维品种多达几十种，但得到重点发展的只有几大品种，主要作为纺织纤维使用，如再生纤维中的黏胶纤维，合成纤维中的聚酯纤维、聚酰胺纤维、聚丙烯腈纤维、聚丙烯纤维以及聚乙烯醇缩甲醛纤维、聚氯乙烯纤维、聚氨基甲酸酯纤维等。随着工业的发展，需要发展一类新型纤维以满足许多新的、特殊的要求，这类纤维具有普通纺织纤维所不具备的性能或功能，其用途不同于一般服用、装饰用和产业用纤维，称之为特种纤维。特种纤维包括高性能纤维和功能性纤维两大类，它们在交通、国防、医疗卫生、航空航天、电子、电信等多个领域发挥着重要作用，产量虽然不大，但在国民经济中却占有相当重要的地位。

二、纤维的主要性能指标

（一）线密度

表示纤维的粗细程度的指标，线密度的单位名称是“特（克斯）”，符号为“tex”。1000 m 长纤维质量的克数称为特（tex），10000 m 长纤维的质量以分克（10^{-1} g）计，则称为分特（dtex）。

（二）断裂强度

纤维在连续增加负荷的作用下，直至断裂所能承受的最大负荷与纤维的线密度之比。单位为 $N \cdot tex^{-1}$。

（三）断裂伸长率

纤维的断裂伸长率是指纤维在伸长至断裂时的长度比原来增加的百分数。

$$Y(\%) = \frac{L - L_0}{L_0} \times 100\% \tag{4-1}$$

（四）初始模量

纤维的初始模量是指纤维受拉伸而伸长为原长的 1%时所需的应力，单位是 $N \cdot tex^{-1}$，初始模量大的纤维尺寸稳定性好，不易变形，制成的织物抗皱性好，反之，初始模量小的纤维制成的织物容易变形。

（五）吸湿性

纤维的吸湿性是指在标准温度和湿度（20℃，65%相对湿度）条件下纤维的吸水率，一般采用回潮率和含湿率两种指标表示。二者都是吸湿平衡后的含水百分数，回潮率的计算以纤维的干燥质量为基础，而含湿率则以含湿纤维质量为基础。

$$回潮率：R(\%) = \frac{试样所含水分的质量}{干燥试样质量} \times 100\% \tag{4-2}$$

$$含湿率：M(\%) = \frac{试样所含水分的质量}{未干燥试样质量} \times 100\% \tag{4-3}$$

吸湿性差的纤维容易产生静电，不但给加工带来困难，而且易使织物沾污。另外，吸湿性差的纤维织物，不易吸收人体排出的汗，使人有闷热和潮湿的感觉。

（六）沸水收缩率

将纤维放在沸水中煮沸 30min 后，其收缩的长度与原来长度之比称为沸水收缩率。沸水收缩率是反映纤维热定型程度和尺寸稳定性的指标。沸水收缩率越小，纤维的结构稳定性越好，纤维在加工和服用过程中遇到湿热处理（如染色、洗涤等）时尺寸越稳定且不易变形，同时物理机械性能和染色性能也越好。

第二节　纤维的加工过程

纤维加工过程包括纺丝熔体或纺丝溶液的制备、纺丝及初生纤维的后加工等过程。一般先将成纤聚合物熔融成熔体或溶解成浓溶液，然后用纺丝泵将其连续、定量且均匀地从喷丝头的毛细孔中挤出，形成的细流在空气、水或特定凝固浴中固化成初生纤维，最后根据不同的要求进行后加工。

一、化学纤维的纺丝

化学纤维的纺丝方法主要有两大类：熔体纺丝法和溶液纺丝法。熔体纺丝法中，从喷丝孔挤出的熔体细流在空气介质中冷却，为加速冷却固化过程，一般在熔体细流离开喷丝板后在与丝条垂直的方向进行冷却吹风，因为丝条在空气中运动所受阻力很小，所以熔体纺丝速度要比湿法溶液纺丝高得多（图 4-2）。

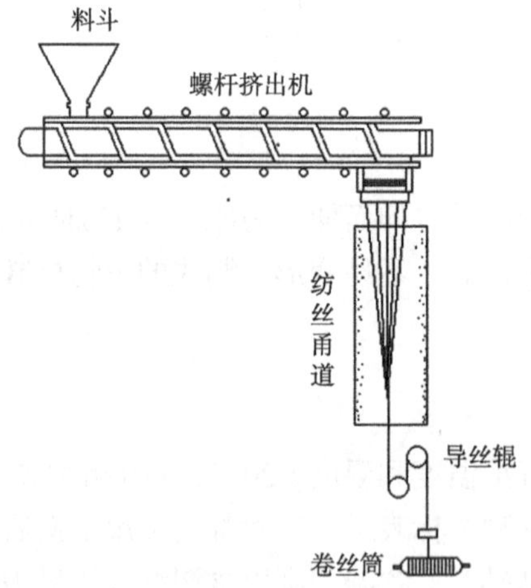

图 4-2　熔体纺丝示意图

溶液纺丝是将纺丝溶液经喷丝头的毛细孔喷成细流，通过凝固介质使之凝固而形成纤维。根据凝固方式的不同又可分为干法纺丝（图 4-3）和湿法纺丝（图 4-4）。湿法纺丝溶液细流中的溶剂向液体凝固浴扩散，而凝固浴中的凝固剂向细流内部扩散，于是聚合物在凝固浴中析出形成细丝。干法纺丝的凝固介质为干态的气相介质，从喷丝头毛细孔中压出的溶液细流被引入通有热空气流的甬道中，热空气使溶液细流中的溶剂快速挥发，挥发出的有机溶剂蒸气被热气流带走，而溶液细流脱去溶剂后很快转变成细丝。

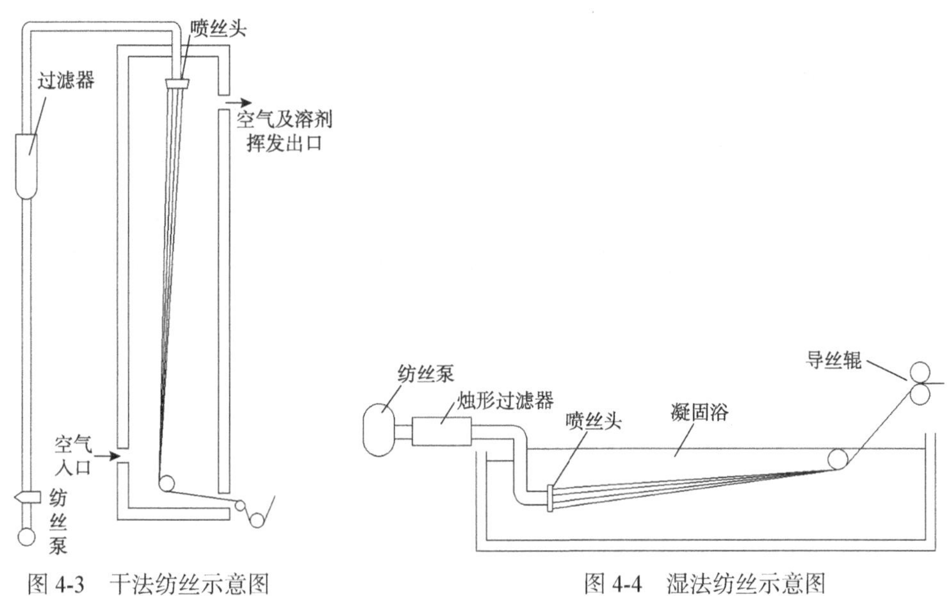

图 4-3　干法纺丝示意图

图 4-4　湿法纺丝示意图

化学纤维的生产绝大部分采用上述三种纺丝方法。此外，还有一些特殊的纺丝方法，如乳液纺丝、悬浮纺丝、干湿法纺丝、冻胶纺丝、液晶纺丝、相分离纺丝和反应纺丝等。

二、化学纤维的后加工

纺丝过程中得到的初生纤维结构还不完善，物理机械性能也差，还不能直接用于纺织加工制成各种织物，必须经过一系列后加工工序，才能得到结构稳定、性能优良、可以进行纺织加工的纤维。在后加工工序中，拉伸和热定型是生产任何化学纤维都不可缺少的，它们对成品纤维的结构和性能有十分重要的影响。

拉伸是使大分子沿纤维轴向取向排列，同时可能发生结晶或结晶度和晶格结构的改变，从而使分子间作用力大大提高，纤维的凝聚态结构进一步形成并趋于完善，以提高纤维的强度。

热定型是为了进一步调整已经牵伸纤维的内部结构，消除纤维的内应力，提高纤维的尺寸稳定性，降低纤维的沸水收缩率以改善纤维的使用性能。热定型可以在张力下进行，也可在无张力下进行，前者称为紧张热定型，后者称为松弛热定型。热定型的方式和工艺条件不同，所得纤维的结构和性能也不同。

在化学纤维生产中，无论是纺丝还是后加工都需要进行上油。上油是使纤维表面覆上一层油膜，赋予纤维平滑柔软的手感，并使其湿度增加，改善纤维的抗静电性能，并且上油可降低纤维之间及纤维与金属之间的摩擦，使加工过程得以顺利进行。不同品种和规格的纤维需采用不同的油剂。

除拉伸和热定型以外，后加工过程随所纺纤维的品种和纺织加工的具体要求而有所不同。按照最终形态，化学纤维基本可分为短纤维和长丝两大类，它们的后加工工艺有显著的不同。

（一）短纤维的后加工

短纤维的后加工通常是在一条相当长的流水线上完成，它包括集束、拉伸、水洗、上油、干燥、热定型、卷曲、切断、打包等一系列工序。

集束工序是将纺制出的若干丝束合并成规定线密度的大股丝束，以便进行后处理。短纤维大量用于与天然纤维混纺，因此需将连续的丝条切断成规定长度的短段，以使化学纤维的长度与用于混纺的棉、毛等天然纤维长度相适应，并且通过卷曲使化学纤维具有与天然纤维相似的皱褶表面，增加其与棉、毛混纺时的抱合力，最终得到与天然纤维相似的、具有一定长度和卷曲度的纤维，以适应纺织加工要求。

（二）长丝的后加工

长丝的后加工的一般过程包括拉伸、加捻、热定型、络筒、分级、包装等工序。加捻是长丝后加工的特有工序。加捻的目的是使复丝中各根单纤维紧密抱合，避免在纺织加工时发生断头或紊乱现象，并提高纤维的断裂强度。络筒是将丝筒或丝饼退绕至锥形纸管上，形成双斜面宝塔型筒装，以便运输和纺织加工。

第三节　纤维的结构

所谓纤维的结构，就是指构成纤维不同层次的结构单元，以及这些结构单元处于平衡态时所具有的空间排列特征。纤维的结构多种多样，主要包括高分子链的结构和高分子的凝聚态结构（又称聚集态结构、超分子结构）以及形态结构。

一、高分子结构

成纤聚合物应具备以下结构特征：

（1）具有线型的可伸展的高分子链，没有庞大的侧基。这种高分子链能够沿纤维轴向有序排列，因而使纤维具有较高的拉伸强度、延伸度及其他物理性能。

（2）分子中有极性基团存在，以增加高分子链间的相互作用力，可提高纤维的强度和熔点，并对纤维的吸湿性产生很大影响。

（3）高分子链应具有一定的立构规整性，以利于形成理想的凝聚态结构。成纤聚合物应具有形成半结晶结构的能力。聚合物中的非晶区决定了纤维的弹性、染色性、对各种物质的吸收性等重要性能。

（4）具有相当高的分子量和比较窄的分子量分布。一般来说，纤维的物理机械性能随分子量的增大而提高，但随着分子量的继续增大，纺丝黏度大大增加，对纺丝及后加工不利，所以成纤聚合物的分子量有一个上限。成纤聚合物的分子量分布对纤维性能的影响很大。对于缩聚型的成纤聚合物，通常分子量多分散系数为 1.5～3.0。

二、形态结构

纤维的形态结构，包括多重原纤结构和表面形态、横截面形状和皮芯结构以及纤维中的孔洞，它们对纤维的宏观性能都有很大影响。

1. 纤维的多重原纤结构和表面形态

（1）多重原纤结构：纤维是由线型高分子链排列、堆砌组合而成，其间有许多丝状结构，即为原纤结构，它们通过分子间的作用力相互结合而构成整根纤维单丝。原纤结构又由各级微结构组成，称多重原纤结构。化学纤维的多重原纤结构以及由其所决定的纤维性质，在很大程度上取决于纺丝工艺条件。

（2）表面形态：化学纤维的表面形态取决于纤维品种、成型方法和纺丝工艺条件。一般来说，与天然纤维相比，化学纤维具有连续光滑和较规整的表面形态，这种表面对光线的反射比较均匀，因而纤维表面具有明显的光泽。生产中为了获得消光或半消光纤维，往往通过改变成型条件或进行后处理来破坏纤维的光滑表面，以及在纺丝液中添加与成纤聚合物折光率不同的物质，以减弱纤维表面的光泽。

2. 纤维横截面形状和皮芯结构

（1）横截面形状：在熔体纺丝中，使用圆形喷丝孔形成的纤维（如聚酯纤维、聚酰胺纤维等）都具有圆形或接近圆形的横截面。湿法纺丝成型的纤维，其横截面形状与所用溶剂有关。通常有机溶剂的固化速率较快，并且皮层凝固程度高于芯层，当芯层收缩时，皮层收缩率较小，导致纤维的横截面呈肾形。而用无机溶剂湿纺时，纺丝细流固化慢，皮层与芯层一起均匀收缩，使纤维横截面保持圆形。

化学纤维通常具有圆形或近似圆形横截面，使纤维表面光滑、抱合力差、光泽性不好。近年来出现的异形纤维、空心纤维及复合纤维等新型化学纤维，具有类似天然纤维的形态结构，其性能有很大改善。

（2）皮芯结构：皮芯结构是湿纺纤维的结构特征之一。由于湿纺中凝固液在纺丝液细流内外分布不均匀，使细流内部和周边的聚合物以不同的机理进行相分离和固化，从而导致纤维沿径向有结构上的差异。表皮有一层极薄的皮膜，皮膜内部是纤维的皮层，纤维中心是芯层。皮层中一般含有较小的微晶，并具有较高的取向度。芯层结构较疏松，微晶尺寸也较大，皮层含量一般随凝固液的组分不同而改变。纤维的皮芯结构对吸附性能、染色性、强度及断裂伸长率等影响较大。

第四节　天然纤维和再生纤维

一、天然纤维

（一）棉纤维

棉纤维是天然纤维中最重要的纺织纤维。棉纤维的主要成分是纤维素，占 90%～94%，其次是半纤维素、可溶性糖类、蜡质、脂肪、灰分等物质。纤维素是天然高分子化合物，其化学结构是由许多 *β*-D-吡喃葡萄糖基以(1,4)-*β*-苷键连接的线型高分子。纤维素的化学式为$(C_6H_{10}O_5)_n$，其重复单元为纤维素双糖，棉纤维中纤维素的聚合度为 6000～15000，化学结构式为

棉纤维的截面由许多同心层组成，而纵向具有天然卷曲，这使棉纤维具有一定的抱合力，有利于纺纱工艺过程的正常进行和成纱质量的提高。棉纤维的弹性较差，干强度较低，但湿强度较高。

（二）麻纤维

麻纤维的品种主要有亚麻和苎麻，均为纤维素纤维，纤维素含量均在 75%左右。麻纤维截面多呈椭圆或多角形，径向呈层状结构，取向度和结晶度均高于棉纤维，因而麻纤维的强度高而伸长小。

麻单纤维无天然卷曲，一般 30～50 根单纤维由果胶质紧密黏合在一起形成纤维束，20～40 个纤维束在麻的径向呈完整的环状分布。亚麻纤维的散热性能极佳，这是因为亚麻是天然纤维中唯一的束纤维。因其没有更多留有空气的条件，亚麻织物的透气率高达 25%以上，能迅速而有效地降低皮肤表层温度 4～8℃。

（三）羊毛纤维

羊毛纤维的主要组成物质是角朊蛋白质，它由多种 *α*-氨基酸缩合而成，组成元素包括碳、氢、氧、氮和硫。羊毛纤维具有天然卷曲，截面近似圆形或椭圆形。羊毛纤维弹性好，吸水率高，耐酸性好，但强度低，耐日光照射和耐碱性较差。

（四）蚕丝纤维

蚕丝纤维是蚕吐丝而得到的天然蛋白质纤维，主要由丝素和丝胶两种蛋白质组成。未脱去丝胶的单根蚕丝由两根单丝平行黏合而成，各自中心是丝素，外围为丝胶。除去丝胶后的单根丝素，截面形状呈半椭圆形或略呈三角形。

蚕丝纤维有较好的强伸度，纤维细而柔软，平滑有光泽，富有弹性，吸湿性好，且散湿速度快，但耐碱性和耐光性较差。蚕丝纤维是高级的纺织原料。

二、再生纤维

再生纤维也称人造纤维，是指以天然高分子化合物为原料，经过化学处理和机械加工而再生制成的纤维。目前，可工业化生产的再生纤维主要是再生纤维素纤维，再生的甲壳素纤维和壳聚糖纤维目前已有少量的工业应用。

（一）再生纤维素纤维

再生纤维素纤维是以自然界中广泛存在的纤维素物质，如棉短绒、木材、竹、芦苇等提取纤维素制成浆粕为原料，通过适当的化学处理和加工而制成的。该类纤维由于原料来源广泛、成本低廉，在纺织纤维中占有相当重要的位置。

1. 黏胶纤维

黏胶纤维是再生纤维素纤维的主要品种，是最早工业化生产的化学纤维，主要的组成物质是纤维素。生产过程是从纤维素原料中提取纯净的纤维素，经碱化、老成、黄化等工序制成可溶性纤维素黄酸酯，再溶于稀碱液中制成纺丝溶液进行湿法纺丝，凝固浴由硫酸、硫酸盐等组成。纤维素黄酸酯与硫酸作用而分解，从而使纤维素再生而析出，所以黏胶纤维属于再生纤维素纤维。具体制备步骤如下：

$$\underset{\text{纤维素浆粕}}{(C_6H_{10}O_2)_n} \longrightarrow \underset{\text{碱纤维素}}{(C_6H_4O_4-ONa)_n} \xrightarrow{CS_2} \underset{\text{纤维素黄酸酯}}{\left[C\begin{matrix} \diagup OC_6H_9O_4 \\ =S \\ \diagdown SNa \end{matrix} \right]_n} \xrightarrow[\text{溶液}]{NaOH} \text{黏胶液}$$

$$\xrightarrow[\text{喷丝头}]{\text{湿法纺丝}} \text{喷出细流} \xrightarrow[\text{凝固浴}]{H_2SO_4,\ Na_2SO_4,\ ZnSO_4} \text{纤维素成型}$$

黏胶纤维中纤维素的聚合度低于棉纤维，一般为250～550，结晶结构为纤维素Ⅱ型晶胞。黏胶纤维的外层和内层在结晶度、取向度、晶粒大小及密度等方面具有差异，纤维的这种结构称为皮芯结构。拉伸成纤时，皮层中的分子可以受到较强的拉伸，不仅取向度高，形成的晶粒小，而且数量也多；而芯层中的分子受到的拉伸较弱，不仅取向度低，而且由于结晶的时间长，形成的晶粒比较大，因此黏胶纤维的皮层和芯层的结晶与取向差别很大。一般来说，皮层能提供高强低伸的性能特征；芯层不仅吸湿性稳定，而且湿强度损失也小，强度与模量均高。

黏胶纤维的吸湿性是化学纤维中最高的，标准环境条件下的平衡回潮率为12%～15%，在水中润湿后，截面积膨胀率可达50%以上，所以一般的黏胶纤维织物沾水会发硬。普通黏胶纤维的干态断裂强度低，一般为1.6～2.7 $cN\cdot dtex^{-1}$，断裂伸长率为16%～22%。润湿后黏胶纤维强度急剧下降，其湿干强度比为40%～50%。在剧烈的洗涤条件下，黏胶纤维织物易受损伤。此外，黏胶纤维的弹性、耐磨性、耐碱性较差，容易起皱，耐热性也不如棉纤维。

针对普通黏胶纤维的性能不足，开发出以下两种新型黏胶纤维：

（1）高湿模量黏胶纤维：又称富强纤维，是通过改变普通黏胶纤维的纺丝工艺条件而开发的，纤维中芯层部分比例提高，其截面近似圆形，干态断裂强度为3.0～3.5 $cN\cdot dtex^{-1}$，高于普通黏胶纤维，湿干强度比明显提高，为75%～80%。

（2）强力黏胶纤维：强力黏胶纤维多取长丝纤维形式，为全皮层结构，是一种高强度、耐疲劳性能良好的黏胶纤维，干态断裂强度为3.6～5.0 $cN\cdot dtex^{-1}$。其广泛用于工业生产，大量应用于轮胎帘子布，也可以制作运输带、胶管、帆布等。

2. 铜氨纤维

铜氨纤维是将纤维素浆粕溶解在氢氧化铜或碱性铜盐的浓氨溶液中制成纺丝液，在水或稀碱溶液的凝固浴中纺丝成型，再在硫酸溶液的第二浴内使铜氨纤维素分子分解生成纤维素，经后加工而制成的一种再生纤维素纤维。铜氨纤维在制造过程中，由于纤维素的破坏比黏胶纤维少得多，所以纤维的平均聚合度比黏胶纤维高，可达 450～550。

铜氨纤维的横截面和黏胶纤维不同，是结构均匀的圆形横截面，无皮芯结构，纵向表面光滑。纤维可承受高度拉伸，制得的单丝较细，其线密度为 0.44～1.44 dtex。所以铜氨纤维手感柔软，光泽柔和，有真丝感。

铜氨纤维的干强度与黏胶纤维相近，但湿强度高于黏胶纤维。其干态断裂强度为 2.6～3.0 $cN \cdot dtex^{-1}$，湿干强度比为 65%～70%，耐磨性和耐疲劳性也优于黏胶纤维。由于纤维细软，光泽适宜，常用于高档丝织或针织物，但工艺较复杂，产量较低。

3. Lyocell 纤维

Lyocell 纤维为采用专用溶剂季铵类氧化物 *N*-甲基吗啉-*N*-氧化物（NMMO）和水的混合物直接溶解纤维素后采用干喷湿法纺丝工艺纺制成的再生纤维素纤维。这种纤维在制造过程中，几乎没有污染物排放，溶剂几乎全部回收。与铜氨纤维类似，在制造 Lyocell 纤维过程中，纤维素的破坏比黏胶纤维少得多，纤维的平均聚合度可达 450～550。Lyocell 纤维截面形态接近圆形，有明显的巨原纤结构特征，并有尺寸 5～100nm 不等的孔隙与裂缝，同时它也是一种有皮芯层结构的纤维，但皮层比例比普通黏胶纤维小，在 5%以下。由于使用干喷湿法纺丝，拉伸主要在干态条件下进行，所以分子的取向度和结晶度比普通黏胶纤维高。

Lyocell 纤维强度高，大致相当于聚酯纤维的相对强度，远大于棉纤维和黏胶纤维，虽然吸湿以后其强度下降，但仍高于棉的湿强度，并且回潮率仍保持在 11%以上，保持了纤维素纤维在吸湿上的优势。

Lyocell 纤维在纤维轴向易分裂而产生原纤化，原纤化是指纤维和织物在加工使用过程中，在湿态条件及机械外力作用下，沿纤维轴向纵裂出微细原纤的现象。原纤化起球有损纤维制品外观，而且引起染色不均及整理剂的分布不均，但可利用这一特性生产具有桃皮绒感和柔软触感的纺织品。

常见纤维素纤维的性能比较见表 4-1。

表 4-1　常见纤维素纤维的性能比较

纤维	公定回潮率/%	线密度/dtex	干态断裂强度/($cN \cdot dtex^{-1}$)	湿态断裂强度/($cN \cdot dtex^{-1}$)	干断裂伸长率/%	湿断裂伸长率/%	5%伸长湿模量/($cN \cdot dtex^{-1}$)	吸水率/%	聚合度
铜氨短纤维	13	1.4	2.5～3.0	1.7～2.2	14～16	25～28	50～70	100～120	—
普通黏胶纤维	13	1.7	2.2～2.6	1.0～1.5	20～25	25～30	50	90～110	250～300
富强纤维	13	1.7	3.4～3.6	1.9～2.1	13～15	13～15	110	60～75	450～500
Lyocell 纤维	10	1.7	4.0～4.2	3.4～3.8	14～16	16～18	270	65～70	550～600
棉纤维	8.5	1.65～1.95	2.0～2.4	2.6～3.0	7～9	12～14	100	40～45	6000～11000

4. 醋酸纤维

醋酸纤维是天然纤维素通过与乙酸酐反应生成三醋酸纤维素或二醋酸纤维素而制成的纤维。

三醋酸纤维素溶解在二氯甲烷和少量乙醇中制成纺丝液，经干法纺丝制成三醋酸纤维。三醋酸纤维素在热水中发生皂化反应，生成二醋酸纤维素。将二醋酸纤维素溶解在丙酮溶剂中进行干法纺丝，可制得二醋酸纤维。三醋酸纤维的酯化度为93%～100%，聚合度为300～400，二醋酸纤维的酯化度一般为75%～80%，在皂化反应过程中除了发生部分纤维素酯的水解外，分子链的长度也下降，所以二醋酸纤维的聚合度要低一些，为200～300。醋酸纤维无皮芯结构，横截面形状为多瓣型叶状或耳形。

醋酸纤维由于纤维素分子上的羟基被乙酰基取代，因而吸湿性比黏胶纤维低得多，二醋酸纤维的回潮率为6%～7%，三醋酸纤维的回潮率3.0%～3.5%。醋酸纤维的断裂强度较低，容易变形，也易恢复，柔软而不易皱，具有蚕丝的风格。醋酸纤维的耐酸碱性较差，在碱作用下会逐渐皂化而成为再生纤维素，在稀酸溶液中比较稳定，而在浓酸溶液中会因皂化、水解而溶解。醋酸纤维表面平滑，适用于制作衬衣、领带、高级女装等，还用于制作卷烟过滤嘴。

（二）再生蛋白质纤维

蛋白质是由20种L-氨基酸通过不同的缩合顺序形成的天然高分子，这20种氨基酸构成了生物界所有的蛋白质。再生蛋白质纤维是指以酪素、大豆、花生、牛奶、胶原等天然蛋白质为原料经纺丝形成的纤维。其物理和化学性质与羊毛相近，染色性能很好，但一般干强度较低，湿强度更差。为了克服天然蛋白质本身性能上的弱点，通常将其与其他合成高聚物共混接枝或混抽成复合纤维。

1. 大豆蛋白复合纤维

大豆蛋白复合纤维是由大豆中提取的蛋白质混合并接枝一定的含羟基或氰基的高聚物配成纺丝液，用湿法纺制而成，是已经产业化生产的新型纤维。大豆蛋白复合纤维横截面呈扁平状不规则哑铃形或不规则三角形，纵向表面呈现不明显的沟槽，且具有一定的卷曲。大豆蛋白复合纤维兼有天然纤维和化学纤维的综合优点：强度适中、密度小、手感柔软，具有优良的吸湿、导湿、保暖性能。大豆蛋白复合纤维一般用于与其他纤维混纺、交织，多用于内衣、T恤及其他针织产品。

2. 酪素复合纤维

酪素复合纤维俗称牛奶蛋白复合纤维。酪素复合纤维以牛乳作为基本原料，经过脱水、脱油、脱脂、分离、提纯，使之成为一种具有线型高分子结构的乳酪蛋白，再与聚丙烯腈共混、交联、接枝，通过湿法纺丝成纤。

纤维截面呈腰圆形或近似哑铃形，纵向有沟槽。酪素复合纤维初始模量和断裂强度较高，抵抗变形能力较强，并具有良好的吸湿性和透气性。但酪素复合纤维具有较差的耐碱性，耐热性也较差。

酪素复合纤维制成的面料光泽柔和、质地轻柔、手感柔软丰满，具有良好的悬垂性，可以制作多种高档服装面料及床上用品。

3. 蚕蛹蛋白复合纤维

蚕蛹经烘干、脱脂、浸泡，在碱溶液中溶解后，再经脱色、水洗、脱水、烘干制得蚕蛹蛋白，将其溶解成蚕蛹蛋白溶液，并加入化学修饰剂修饰，与高聚物共混或接枝后纺丝得到蚕蛹蛋白复合纤维。

蚕蛹蛋白复合纤维是蚕蛹蛋白与其他高聚物复合而成，主要有两种：蚕蛹蛋白黏胶共混纤维和蚕蛹蛋白丙烯腈接枝共聚纤维。

蚕蛹蛋白黏胶共混纤维由纤维素和蛋白质构成，为皮芯结构，纤维素在纤维中间，蛋白质在外层，在很多情况下纤维表现为蛋白质的性质，其织物与人体直接接触时，对皮肤具有良好的相容性、保健性，并提供舒适性。蚕蛹蛋白丙烯腈接枝共聚纤维的干态断裂强度为 $1.41cN \cdot dtex^{-1}$，断裂伸长率为 10%～30%，具有蛋白纤维的吸湿、抗静电性等特点，同时具有聚丙烯腈手感柔软、保暖性好的优良特性。

第五节 合成纤维

合成纤维工业是 20 世纪 40 年代才发展起来的。由于合成纤维性能优异、用途广泛、原料丰富，生产不受自然条件限制，因此合成纤维工业发展十分迅速。

合成纤维具有优良的物理机械性能和化学性能，如强度高、密度小、弹性高、电绝缘性好以及不怕霉菌和虫蛀等。某些特种合成纤维还具有耐高温、耐辐射、高强度、高模量等特殊性能。合成纤维品种繁多，但其中最主要的是聚酰胺纤维、聚酯纤维和聚丙烯腈纤维三大类，三者的产量占合成纤维总产量的 90%以上，除此以外，还有聚丙烯纤维、聚乙烯醇纤维、聚氯乙烯纤维、聚氨酯纤维。本节将对这些纤维的化学结构、生产方法、性能特点以及主要用途进行介绍。

一、聚酰胺纤维

聚酰胺纤维是指分子主链中含有酰胺键的一类合成纤维，是最早实现工业化生产的合成纤维，在全球合成纤维中产量仅次于聚酯纤维而位居第二。聚酰胺纤维在我国的商品名为锦纶，国外商品名有尼龙、卡普隆等。聚酰胺纤维品种很多，但以聚酰胺 6 和聚酰胺 66 为主。

聚酰胺纤维一般分为两大类，一类是由二元胺和二元酸缩聚而得，通式为

$$\text{+NHRNHOCR'CO+}_n$$

根据二元胺和二元酸的碳原子数目，可得到不同品种的命名，若二元酸为对苯二甲酸，则用 T 表示。例如，聚酰胺 66 纤维是由己二胺和己二酸缩聚制得，聚酰胺 610 纤维是由己二胺和癸二酸缩聚制得；再如，聚酰胺 6T 纤维是由己二胺和对苯二甲酸缩聚制得。另一类是由 ω-氨基酸缩聚或由内酰胺开环聚合而得，其通式为

$$\text{+NHRCO+}_n$$

根据其单元结构所含碳原子数目，可得到不同品种的命名。例如，聚酰胺6纤维就是由含6个碳原子的己内酰胺开环聚合得到的。常见的聚酰胺纤维的主要品种见表4-2。

表4-2　聚酰胺纤维的主要品种

纤维名称	分子结构	命名
聚酰胺4	$-[NH(CH_2)_3CO]_n-$	聚吡咯烷酮纤维
聚酰胺6	$-[NH(CH_2)_5CO]_n-$	聚己内酰胺纤维
聚酰胺7	$-[NH(CH_2)_6CO]_n-$	聚ω-氨基庚酸纤维
聚酰胺8	$-[NH(CH_2)_7CO]_n-$	聚辛内酰胺纤维
聚酰胺9	$-[NH(CH_2)_8CO]_n-$	聚ω-氨基壬酸纤维
聚酰胺11	$-[NH(CH_2)_{10}CO]_n-$	聚ω-氨基十一酸纤维
聚酰胺12	$-[NH(CH_2)_{11}CO]_n-$	聚十二内酰胺纤维
聚酰胺66	$-[NH(CH_2)_6NHOC(CH_2)_4CO]_n-$	聚己二酸己二胺纤维
聚酰胺610	$-[NH(CH_2)_6NHOC(CH_2)_8CO]_n-$	聚癸二酸己二胺纤维
聚酰胺1010	$-[NH(CH_2)_{10}NHOC(CH_2)_8CO]_n-$	聚癸二酸癸二胺纤维
聚酰胺6T	$-[CO-C_6H_4-CONH(CH_2)_6NH]_n-$（对位苯环）	聚对苯二甲酸己二胺纤维
聚酰胺MXD6	$-[NHCH_2-C_6H_4-CH_2NHCO(CH_2)_4CO]_n-$（间位苯环）	聚己二酸间苯二甲胺纤维
奎安纳	$-[NH-C_6H_{10}-CH_2-C_6H_{10}-NH-CO(CH_2)_{10}CO]_n-$（环己基）	聚十二烷二酰双环己基甲烷二胺纤维

聚酰胺纤维分子中有酰胺基团，可以在分子间或分子内形成氢键，也可以与其他分子相结合，所以吸湿能力较好，并且容易结晶。由于冷却成型时内外温度不一致，一般皮层的取向度较高，结晶度较低，而芯层结晶度较高，取向度较低。

聚酰胺纤维是合成纤维中性能优良、用途广泛的品种之一，其性能具有如下特点。

（1）耐磨性好，聚酰胺纤维是所有纺织纤维中耐磨性最好的，为棉纤维的10倍，羊毛纤维的20倍，黏胶纤维的50倍。

（2）强度高，一般纺织用聚酰胺长丝的断裂强度为4.4～5.7 $cN\cdot dtex^{-1}$，是强度最高的合成纤维之一。

（3）密度小，在所有纤维中，其密度仅高于聚丙烯纤维和聚乙烯纤维两种聚烯烃纤维，相对密度为1.14左右。

（4）回弹性高，耐疲劳性好，耐疲劳性接近涤纶，而高于其他所有化学纤维和天然纤维。

（5）吸湿性高，在合成纤维中，除聚乙烯醇纤维外，它的吸湿性是最高的。

（6）染色性好，是合成纤维中较易染色的品种。

聚酰胺纤维的缺点是初始模量低，在使用过程中容易变形，耐光性、耐热性和抗静电性较差。

聚酰胺纤维是制作运动服、紧身衣和袜类的好材料，主要工业用途是制作轮胎帘子线、降落伞、绳索、渔网和工业滤布。

二、聚酯纤维

聚酯纤维的高分子主链中含有酯基，故称聚酯纤维。聚酯纤维的高分子主链由二元酸和二元醇经缩聚而制得。由对苯二甲酸或对苯二甲酸二甲酯和乙二醇缩聚的产物，经熔体纺丝和后加工制得的纤维是聚对苯二甲酸乙二酯纤维，是聚酯纤维的主要品种。在我国聚酯纤维的商品名称为“涤纶”。

聚酯纤维的纺丝成型可分为切片纺丝和直接纺丝两种方法。切片纺丝是将缩聚工序制得的聚酯熔体经铸带、切粒和干燥之后，采用螺杆挤出机将切片熔化成为熔体再进行纺丝。而直接纺丝则省去铸带、切片干燥和熔化过程，将聚合釜中的熔体直接送入纺丝机，这种方法不但可以提高过程的自动化程度，又能获得高度均匀的产品。聚酯短纤维大多采用熔体直接纺丝成型，而长丝则多采用切片纺丝法，以便对熔体质量进行调节。

聚酯纤维有如下优异性能：

（1）模量高，回弹性好，聚酯纤维的回弹性接近于羊毛，尺寸稳定性好，抗皱性超过其他合成纤维。

（2）强度高，干态断裂强度为4～7 $cN\cdot dtex^{-1}$，并且在湿态下断裂强度不下降。

（3）耐热性好，聚酯纤维的熔点为255～265℃，软化点高达230～240℃，是合成纤维中最高的。

（4）不易吸水，聚酯纤维的回潮率仅为0.4%～0.5%，电绝缘性好，织物易洗易干。

此外，聚酯纤维的耐磨性仅次于聚酰胺纤维，耐光性仅次于聚丙烯腈纤维，还具有较好的化学稳定性。

聚酯纤维的主要缺点是染色性能差，容易产生静电，以及吸汗性与透气性差等。为了克服聚酯纤维的上述缺点，可在聚酯合成、纺丝加工、纺纱、织造及染整加工的各个阶段进行聚酯纤维的改性。改性方法大致可分为两类：一是化学改性，包括共聚和表面处理等方法，用以改变原有聚酯高分子的化学结构；二是物理改性，在不改变原有聚酯高分子化学结构的情况下，通过改变纤维的形态结构达到改善纤维性能的目的，包括复合纺丝、共混纺丝、改变纤维加工条件以及混纤、交织等方法。

聚酯纤维于1953年实现工业化生产，由于性能优良、用途广泛，成为发展速度最快、产量最大的合成纤维品种。除聚对苯二甲酸乙二酯纤维外，目前已工业化生产的新型聚酯纤维还有聚对苯二甲酸丙二酯（PTT）纤维和聚萘二甲酸乙二酯（PEN）纤维。

PTT纤维是由对苯二甲酸和1, 3-丙二醇的缩聚物经熔体纺丝制备的纤维，由于PTT分子链比PET柔顺，结晶速率比PET大。PTT纤维具有比涤纶、聚酰胺纤维更优异的柔软性和弹性回复性，优良的抗折皱性和尺寸稳定性，耐候性、易染色性以及良好的屏障性能，并改进了抗水解稳定性，因而可用于开发高级服饰和功能性织物。

PEN纤维是用2, 6-萘二甲酸二甲酯与乙二醇的缩聚物聚萘二甲酸乙二酯熔体纺丝制备的纤维，PEN纤维的熔点（272℃）、玻璃化转变温度（124℃）和熔体黏度高于PET，并具有高模量、高强度、抗拉伸性能好、尺寸稳定性好、热稳定性好、化学稳定性和抗水解性能优异等特点。

聚酯纤维是理想的纺织材料，可纯纺或与其他纤维混纺制作各种服装面料和各种装饰织物。在工农业的应用也很广泛，如用于制作帘子线、输送带、绳索、电绝缘材料等。

三、聚丙烯腈纤维

聚丙烯腈纤维是指由聚丙烯腈或丙烯腈含量占85%以上和其他第二、第三单体的共聚物纺制而成的纤维。我国聚丙烯腈纤维的商品名为“腈纶”。聚丙烯腈纤维自1950年开始正式生产，经过半个多世纪的发展，目前已成为产量仅次于聚酯纤维和聚酰胺纤维的第三大合成纤维品种。

因为丙烯腈均聚物纺制的纤维染色困难，弹性较差，聚丙烯腈纤维大多由三元共聚物制得。加入第二单体的作用是降低聚丙烯腈的结晶性，提高纤维的机械强度、弹性和手感，常用的第二单体有丙烯酸甲酯、甲基丙烯酸甲酯、乙酸乙烯酯等，用量为4%～10%。为了改善染色性常加入0.3%～2%的甲叉丁二酸、丙烯磺酸钠等第三单体共聚。

由于丙烯腈共聚物加热只发生分解而不熔融，所以只能采用溶液纺丝法进行纺丝。一般是将单体以及其他助剂，在能溶解共聚物的溶剂中进行聚合，聚合结束后所得到的共聚物溶液直接进行纺丝。常用的溶剂有二甲基甲酰胺、二甲基乙酰胺、二甲基亚砜、硫氰酸钠的浓水溶液和浓硝酸水溶液等。聚丙烯腈纤维产品以短纤维为主。

聚丙烯腈纤维有“合成羊毛”之称，蓬松性和保暖性均较好。

聚丙烯腈纤维具有优良的耐光性与耐候性，除含氟纤维外，是天然纤维和化学纤维中最好的。聚丙烯腈纤维具有很高的化学稳定性，对酸和一些常用溶剂都比较稳定，此外还具有优良的耐霉菌和耐虫蛀性。但其强度并不高，耐磨性和耐疲劳性也较差。

聚丙烯腈纤维主要用于代替羊毛或与羊毛混纺，制成毛织物、棉织物等，也可用于制作帐篷、窗帘及室外覆盖物等。另外，聚丙烯腈纤维可作为制备石墨纤维和碳纤维的原丝。

四、聚丙烯纤维

聚丙烯纤维，在我国称为丙纶，是以丙烯聚合得到的等规聚丙烯为原料纺制而成的合成纤维，产量仅次于聚酯纤维、聚酰胺纤维、聚丙烯腈纤维而位居第四。

聚丙烯用熔体纺丝法制取纤维，纤维的后加工过程基本上与聚酯纤维相同。此外还可经膜裂纺丝法生产膜裂纤维，这种纤维可代替棉麻织物及其他化纤织物，用于生产编织袋和土工织物。膜裂纺丝法的基本工艺是将聚丙烯挤出或吹塑得到聚丙烯薄膜，通过具有一定间隔的刀具架切割成扁丝。

聚丙烯无纺布的制造主要采用熔喷纺丝法，即用压缩空气把熔体从喷丝孔喷出，使熔体变成长短粗细不一的超细短纤维，然后将短纤维聚集在多孔滚筒或帘网上形成纤维网，通过纤维的自我黏合或热黏合制成无纺布。

聚丙烯纤维具有很好的强度，能与高强力的聚酯纤维、聚酰胺纤维相媲美；具有较好的耐磨性和弹性。此外，聚丙烯纤维的相对密度为 0.91，是目前所有化学纤维中最轻的一种。聚丙烯纤维电阻率很高，导热系数小，因此与其他化学纤维相比，其电绝缘性和保暖性最好。聚丙烯纤维还具有非常好的耐腐蚀性，特别是它对无机酸、碱都具有很好的稳定性。聚丙烯纤维的主要缺点是耐光性和染色性差，耐热性也不够好，吸湿性及手感差。

由于聚丙烯纤维具有高强度、高韧度、良好的耐腐蚀性及价格低廉等特点，故其在产业应用领域具有广泛用途，如绳索和缆绳、安全带、工业缝纫线、过滤布等；在室内用途方面有地毯、沙发布和贴墙布等。聚丙烯纤维的服装用途主要为针织品和长毛绒产品，如鞋衬、大衣衬、儿童大衣等。

五、聚乙烯醇缩甲醛纤维

聚乙烯醇缩甲醛纤维是将聚乙烯醇纺制成纤维，再经甲醛进行缩醛化处理而制得的，在我国商品名为“维纶”。聚乙烯醇无明显熔点，不能被加热成熔融状态，所以采用溶液纺丝制取纤维，通常以水为溶剂，进行湿法纺丝，经拉伸和热处理等工序后，用甲醛进行缩醛化后制得聚乙烯醇缩甲醛纤维，缩醛反应只发生在纤维的非晶区，缩醛度控制在 30%～35%。

由于聚乙烯醇缩甲醛纤维原料易得、性能良好，用途广泛，性能接近棉花，因此有“合成棉花”之称，但比强度和耐磨性都优于棉纤维，是现有合成纤维中吸湿性最大的品种，在标准条件下的回潮率为 4.5%～5%，大量用于代替棉花进行纯纺或者与棉花混纺，做成各种维棉混纺织物，还可生产前面述及的各种蛋白/聚乙烯醇复合纤维，用于高档服装。但聚乙烯醇缩甲醛纤维的弹性不如聚酯纤维等其他合成纤维，其织物不够挺括，在服用过程中易产生折皱。由于它的耐腐蚀性好，不仅耐酸、碱，并能耐一般的酮、醇、酯及汽油等溶剂，而且耐日晒、不发霉、不腐烂，工业上还用于制作帆布、过滤布、绳缆包装材料及渔网等。

高模高强聚乙烯醇缩甲醛纤维是一种性能优异的产业用聚乙烯醇缩甲醛纤维，早期采用湿法纺丝和加硼工艺生产，此法的关键是通过在纺丝原液中添加硼酸与聚乙烯醇分子形成络合物来抑制聚乙烯醇在水溶液中的分子内或分子间氢键作用，减少分子间缠结和结晶，以提高初生纤维的可拉伸性。同样为了减少结晶的形成，纺丝凝固浴的组成应调节为碱性，使初生纤维中聚乙烯醇大分子与硼酸保持分子内络合，大分子呈伸展状态。同时，进一步提高湿拉伸和热拉伸的倍数。采用这种工艺，纤维的结晶区和非晶区的取向度可提高到最大程度，所得纤维强度高，延伸度低，弹性模量高。采用凝胶纺丝法可以获得力学性能更高的聚乙烯醇缩甲醛纤维。这种方法是将超高分子量的聚乙烯醇与有机溶剂配成纺丝原液，纺丝进入气体介质，经冷却浴冷却为凝胶体，所得初生纤维经萃取后进行高倍热拉伸，从而得到高模高强聚乙烯醇缩甲醛纤维。

高模高强聚乙烯醇缩甲醛纤维是聚乙烯醇缩甲醛纤维比较有市场潜力的发展方向，近年来被欧美发达国家用来大量代替对人体有毒有害的石棉，制造无石棉水泥板、瓦、管材等，由于其具有的独特横断面形状、与水泥黏着力好等特点，被誉为石棉最理想的“绿色环保”替代品。

六、聚氯乙烯纤维

聚氯乙烯纤维在我国称为“氯纶”，由聚氯乙烯或聚氯乙烯占 50%以上的共聚物经湿法纺丝或干法纺丝而制得。

聚氯乙烯纤维原料来源广泛、价格便宜，最突出的优点是难燃和对酸、碱的稳定性好。它的强度与棉纤维相近，其耐磨性比一般天然纤维好，且具有良好的保暖性，优于棉花甚至羊毛。缺点是耐热性差，对有机溶剂的稳定性和染色性差。

聚氯乙烯纤维的产品有长丝、短纤维及鬃丝等，以短纤维和鬃丝为主。聚氯乙烯纤维的主要用途是在民用方面，主要用于制作各种针织内衣、毛线、毯子和家用装饰织物等。由聚氯乙烯纤维制作的针织服装，不仅保暖性好，由于静电作用，对关节炎有一定的辅助疗效。在工业应用方面，聚氯乙烯纤维可用于制作各种在常温下使用的滤布、工作服、绝缘布、覆盖材料等。鬃丝主要用于编织窗纱、筛网、绳索等。

维氯纶和腈氯纶纤维是聚氯乙烯纤维两个主要的改性品种。维氯纶是由聚氯乙烯乳液和聚乙烯醇溶液共混，经乳液纺丝得到。维氯纶兼具聚乙烯醇缩甲醛纤维强度高、耐磨损、耐热及良好的吸湿性和氯纶热塑性好、阻燃性好、成本低等优点。腈氯纶是用氯乙烯或偏二氯乙烯与丙烯腈的共聚物经湿法或干法纺丝而制得的，具有腈纶质轻、高强、保暖等优良的纺织性能和含氯纤维的阻燃性，一般在阻燃产品中使用。

七、聚氨酯纤维

聚氨酯纤维在我国简称为“氨纶”，聚氨酯纤维的分子链由软链段和硬链段两部分组成，其中软链段由非结晶性含端羟基的脂肪族聚酯（分子量 1000～5000）或聚醚（分子量 1500～3500 的聚氧化乙烯、聚氧化丙烯或聚四氢呋喃）组成，其玻璃化转变温度为 −70～−50℃，常温下处于高弹态，硬链段由结晶性的芳香族二异氰酸酯[2,4-甲苯二异氰酸酯（2,4-TDI）或 4,4-亚甲基二苯二异氰酸酯（MDI）]组成，在应力作用下不变形。氨纶现多采用干法纺丝。

氨纶的最大特点是具有高伸长性、高弹性，其断裂伸长率可达 450%～800%，瞬时回弹率为 90%以上，其断裂强度为 0.53～1.06 $cN·dtex^{-1}$，比橡胶丝高 2～3 倍。氨纶具有如此高的弹力是因为它的高分子链是由低熔点、无定形的软链段为母体和嵌在其中的高熔点、结晶性的硬链段所组成。硬链段含有多种极性基团（如脲基、氨基甲酸酯基等），分子间的氢键和结晶性利于大分子链间的交联，一方面可为软链段的大幅度伸长和回弹提供结点，另一方面可赋予纤维一定的强度，这种软、硬链段交替共存的结构使氨纶兼具高弹性和强度，成为一种性能优良的弹性纤维。

氨纶具有良好的耐候性，在寒冷、风雪、日晒条件下均不失弹性，此外还具有较好的耐酸、耐碱性。

氨纶主要用于纺制有弹性的织物，制作紧身衣、袜子等。除了织造针织罗口外，很少直接使用氨纶裸丝，一般将氨纶丝与其他纤维的纱线制成包芯纱或加捻后使用。

第六节　高性能合成纤维

高性能合成纤维是近年来纤维高分子材料领域发展迅速的一类特种纤维。它是具有高强度（大于 17.6 cN·dtex^{-1}）、高模量（高于 440 cN·dtex^{-1}）、耐高温、耐腐蚀、耐燃中一种或几种优异性能的所谓高物性纤维的统称，是支撑高科技产业发展的重要基础材料，主要包括聚丙烯腈基碳纤维、对位芳纶、超高分子量聚乙烯纤维和聚对苯撑苯并二噁唑纤维（芳杂环类聚合物纤维）等。

一、超高分子量聚乙烯纤维

超高分子量聚乙烯（UHMWPE）纤维的重均分子量可达百万数量级，是 20 世纪 70 年代发展起来的一种高性能纤维，与碳纤维、芳香族聚酰胺纤维并称为世界三大高性能纤维。

UHMWPE 高模高强纤维生产采用凝胶纺丝-超拉伸技术，工业制备工艺分两大类，一类是以 DSM 公司和东洋纺公司为代表的干法纺丝，另一类是以 Honeywell 公司为代表的湿法纺丝。两者的主要区别是采用了不同的溶剂和后续工艺。DSM 工艺采用十氢萘为溶剂，十氢萘易挥发，可以采用干法纺丝，省去了其后的萃取工段；Honeywell 公司采用石蜡油为溶剂，需要用萃取剂将溶剂萃取出来（图 4-5）。

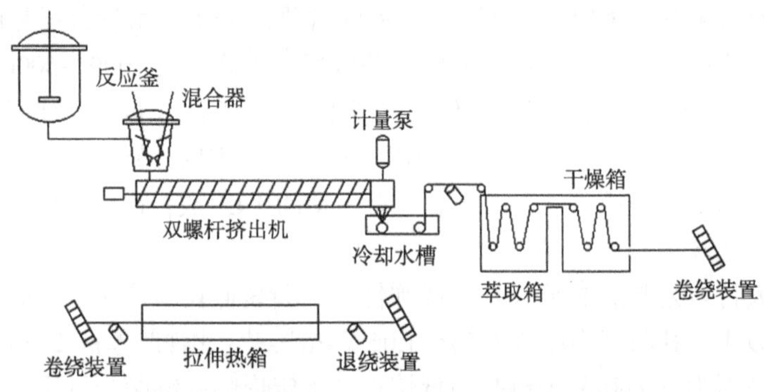

图 4-5　以石蜡油为溶剂的 UHMWPE 纤维凝胶纺丝工艺流程示意图

国内现有的厂家多采用湿法纺丝工艺，以石蜡油为溶剂将 UHMWPE 配制成浓度为 4%～12%的溶液，使高分子链处于解缠状态。然后经喷丝孔挤出后快速冷却成凝胶状纤维，其所具有的折叠链表层结构保持了低缠结的性质，萃取出溶剂后，通过超倍拉伸，纤维的结晶度和取向度提高，高分子折叠链转化成伸直链结构，并且非晶区均匀分散在连续伸直链结晶基质中，因此纤维具有高强度和高模量。

UHMWPE 纤维强度高，模量大，耐磨，耐切割，耐冲击性能好，同时具有良好的抗化学腐蚀性、电绝缘性和耐光性，特别适于制作绳索。由于密度小，自重断裂长度远大于其他纤维，达到 400 km 左右。同样质量的绳索，断裂强度是钢丝绳的 8 倍以上。在受到冲击作用时，UHMWPE 纤维能够迅速消耗冲击能量，是目前理想的防弹纤维材料之一，制成的轻型复合装甲，具有优良的防破甲和防穿甲性能，适用于装甲车、防弹运钞车、军用头盔、飞机、汽车等的复合装甲。在体育用品方面，UHMWPE 纤维可用于船体增强板、船帆、运动服装等。

超高分子量聚乙烯纤维在拥有优异性能的同时，也存在明显的缺点，主要有三个：①由于其熔点只有 136℃左右，所以制品不耐高温，限制了其在某些高温作业环境下的应用；②抗蠕变性能差，导致该纤维在持续受力环境下无法发挥其优势；③由于无极性基团，并且其表面能低，表面呈化学惰性，难与树脂基体结合。针对第三个缺点，主要的改性方法有等离子体处理法、氧化法、紫外光处理法、接枝法、压延法、涂层法、电晕放电法等。

二、碳纤维

碳纤维按原料划分主要有黏胶纤维基、聚丙烯腈基、沥青基及酚醛树脂基等几种；按功能分类，则有受力结构用碳纤维、活性碳纤维、导电碳纤维、耐磨碳纤维等。

聚丙烯腈基碳纤维具有高强度、高模量、耐高温、耐腐蚀等特点，并具有良好的导电性和导热性。世界总生产能力仅次于聚对苯二甲酰对苯二胺纤维，是高性能纤维的第二大品种。日本东丽公司生产的聚丙烯腈基碳纤维的质量与产量代表着当今世界水平，其产品 T1000 的抗张强度和抗张模量分别达到 7.06 GPa 和 294 GPa。

制备聚丙烯腈原丝用的聚丙烯腈共聚物中丙烯腈的含量不小于 90%，共聚单体一般不采用带苯环的化合物和磺酸盐，因其会阻碍环化，且其分子量应比一般服用聚丙烯腈纤维稍高，通常约 90000。原丝的强度与所得碳纤维的强度有密切关系，为了得到高强度的聚丙烯腈原丝，凝固条件应尽可能缓和，以减少纤维的皮芯差异。

将聚丙烯腈原丝制成高性能碳纤维的过程可分为三个阶段：

（1）预氧化。聚丙烯腈原丝在张力作用下于 200～300℃进行预氧化，使热塑性的聚丙烯腈转变为非塑性的环状或梯形聚合物。

（2）碳化。预氧化后纤维在惰性气体（常为氮气）保护下于 1300℃左右进行碳化处理，碳化过程中纤维处于不受张力或低张力状态，非碳元素不断从纤维中逸出，经碳化以后，纤维的含碳量被提高至 95%以上，构成一种由梯形六元环所连接的叠层状结构，具有较高的强度和模量。

（3）石墨化。在氩气流中进行，对所得纤维在 1500～3000℃内进一步处理，以改进沿纤维轴向结晶序态和取向态结构。将纤维适当拉伸进一步改善其晶粒的取向，从而使碳纤维的强度和模量都有提高。石墨化处理后，非碳原子几乎全部排除，可得到含碳量达 99%以上的石墨碳纤维。

碳纤维单独使用情况不多，主要是作为树脂、金属、橡胶的增强材料使用，聚丙烯腈基碳纤维在航空航天、交通运输、体育与休闲、机械电子、能源、军事等领域有广泛应用。

三、芳香族聚酰胺纤维

芳香族聚酰胺是指酰胺键直接与两个芳环连接而成的聚合物，这种聚合物制成的纤维即芳香族聚酰胺纤维，在我国称为“芳纶”。几种主要的芳香族聚酰胺纤维见表 4-3。主要品种有聚对苯二甲酰对苯二胺纤维和聚间苯二甲酰间苯二胺纤维。芳香族聚酰胺纤维具有超高强、超高模、耐高温和相对密度小等特性，其相对强度相当于钢丝的 6～7 倍，模量为钢丝和玻璃纤维的 2～3 倍，相对密度只有钢丝的 1/5 左右。

表 4-3　几种主要的芳香族聚酰胺纤维

纤维	分子结构	商品名
聚间苯二甲酰间苯二胺纤维	$\left[-\overset{O}{\overset{\|}{C}}-C_6H_4(m)-\overset{O}{\overset{\|}{C}}-NH-C_6H_4(m)-NH- \right]_n$	芳纶1313，Nomex
聚对苯二甲酰对苯二胺纤维	$\left[-\overset{O}{\overset{\|}{C}}-C_6H_4(p)-\overset{O}{\overset{\|}{C}}-NH-C_6H_4(p)-NH- \right]_n$	芳纶 1414，Kevlar
聚对氨基苯甲酰纤维	$\left[-NH-C_6H_4(p)-\overset{O}{\overset{\|}{C}}- \right]_n$	芳纶 14，PRD-49
聚对苯二甲酰对苯二胺-3,4′-氧化二苯胺共聚纤维	$\left[-NH-C_6H_4(p)-NH-\overset{O}{\overset{\|}{C}}-C_6H_4(p)-\overset{O}{\overset{\|}{C}}- \right]_n \left[-NH-C_6H_4(p)-O-C_6H_4(m)-NH-\overset{O}{\overset{\|}{C}}-C_6H_4(p)-\overset{O}{\overset{\|}{C}}- \right]_m$	Technora

（一）聚对苯二甲酰对苯二胺纤维（对位芳纶）

聚对苯二甲酰对苯二胺（PPTA）纤维是用 PPTA 经溶液纺丝制成的纤维。PPTA 的合成采用低温溶液聚合，以 *N*-甲基吡咯烷酮（NMP）与无机盐（氯化钙、氯化锂等）和酸吸收剂（吡啶等）组成混合溶剂，其化学反应为

$$H_2N-C_6H_4-NH_2+Cl-\overset{O}{\overset{\|}{C}}-C_6H_4-\overset{O}{\overset{\|}{C}}-Cl \longrightarrow \left[-\overset{O}{\overset{\|}{C}}-C_6H_4-\overset{O}{\overset{\|}{C}}-NH-C_6H_4-NH- \right]_n$$

PPTA 的分子量为 20000～25000。PPTA 分子链中苯环之间是 1,4 位连接，呈线型刚性伸直链结构并具有高结晶度，属溶致液晶聚合物。纺丝时，聚合物溶解于浓硫酸中，得到具有液晶结构的各向异性纺丝原液。从喷丝板的细孔中挤出时，由于细孔中的剪切作用，液晶分子链沿流动方向上取向，在空气间隔层，纺丝张力使丝条变细从而保持高取向分子结构被凝固，形成高结晶、高取向的纤维结构，使 PPTA 纤维具有优良的物理机械性能，而不需要对其进行后拉伸。

美国杜邦公司的 PPTA 纤维 Kevlar 主要有三个品种：Kevlar29 是高韧性纤维，Kevlar49 是高模量纤维，Kevlar149 是超高模量纤维，其性能见表 4-4。

表 4-4　Kevlar 纤维的性能

性能参数	Kevlar29	Kevlar49	Kevlar149
拉伸模量/GPa	78	113	138
拉伸强度/GPa	2.58	2.40	2.15
断裂伸长率/%	3.1	2.47	1.5

对位芳纶大分子的刚性很强，分子链几乎处于完全伸直状态，这种结构不仅使纤维具有很高的强度和模量，而且还使纤维表现出良好的热稳定性。PPTA 纤维的玻璃化转变温度约为 345℃，在高温下不熔，收缩也很少。将其在 160℃热空气中处理 400 h 后，纤维强度基本不变。日本帝人公司生产的共聚型对位芳纶 Technora 纤维是由对苯二胺、3,4′-氧化二苯胺及对苯二甲酰氯在 *N*-甲基吡咯烷酮等酰胺类溶剂中反应制成，结构式为

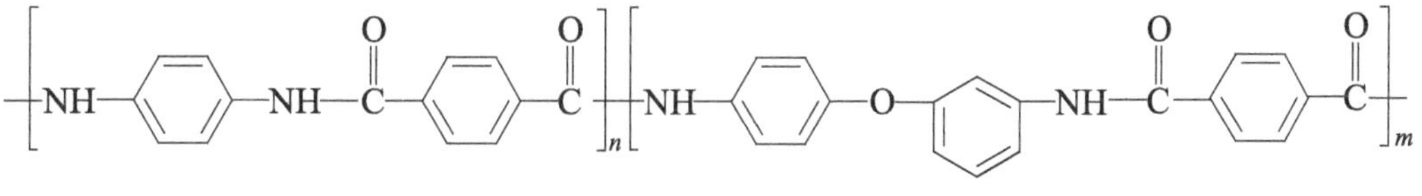

$$\left[NH-C_6H_4-NH-\overset{O}{\overset{\|}{C}}-C_6H_4-\overset{O}{\overset{\|}{C}} \right]_n \left[NH-C_6H_4-O-C_6H_4-NH-\overset{O}{\overset{\|}{C}}-C_6H_4-\overset{O}{\overset{\|}{C}} \right]_m$$

反应产物能溶于聚合溶剂中，聚合结束后聚合物溶液不需分离可直接作为纺丝溶液湿法成型（各向同性，高倍拉伸）。Technora 纤维的密度低于 PPTA 纤维，强度与 PPTA 相近，由于在分子中引入了含有醚基的二胺作为共聚成分，分子容易运动，所以抗疲劳性、弯曲性优于 PPTA 纤维。

对位芳纶作为高性能的有机纤维和先进复合材料的增强体，主要应用于航空航天领域如火箭发动机壳体和飞机零部件，运输领域因适应轻量化的要求，作为橡胶（轮胎、传动带、软管）补强的补强纤维，土木建筑领域如钢筋混凝土的代替钢筋材料。

（二）聚间苯二甲酰间苯二胺纤维（间位芳纶）

聚间苯二甲酰间苯二胺纤维的合成可采用溶液聚合或界面聚合，由间苯二胺和间苯二甲酰氯反应而成。

溶液聚合时常用的溶剂为二甲基乙酰胺或二甲基甲酰胺，反应在低温并添加适当助剂的条件下进行。反应结束后，在体系中加水使聚合产物沉淀、分离、洗涤、干燥，得到固体产物。采用界面聚合时，可将间苯二甲酰氯溶于四氢呋喃中，然后加入处于强烈搅动状态下的间苯二胺和碳酸钠的水溶液中，随即在接触面发生缩聚反应。

聚间苯二甲酰间苯二胺纤维有很好的耐焰性能，氧指数为 30%，在火焰中不会发生熔滴现象，离火自熄，聚间苯二甲酰间苯二胺纤维的力学性能与普通的服用纤维相似，十分便于纺织加工。

聚间苯二甲酰间苯二胺纤维采用溶液纺丝法纺丝，杜邦公司生产的商品名为

Nomex，是耐高温纤维中品质优秀、发展得最为成熟的纤维，可在 200℃的工作环境下长期使用。Nomex 在耐高温纺织材料，如耐高温防护服、消防服、耐热衬布、高温烟道过滤材料、阻燃纺织装饰材料等方面有广泛应用。

四、热致液晶聚酯纤维

热致液晶聚酯纤维都是芳香族聚酯纤维，与对位型芳香族聚酰胺相比，芳香族聚酯的分子极性较弱，可以熔融和形成热致性液晶，是一类重要的热致性液晶成纤聚合物。芳香族聚酯在刚性聚芳酯大分子主链中引入柔性基团、不对称或非线型组分等，适当降低主链的刚性和结晶程度，使合成共聚芳酯的熔点即由固体转变为液晶的温度降至400℃以下，进行纺丝成型。

将热致液晶聚芳酯加热熔融并使其处于各向异性的向列型液晶态，液晶态熔体在喷丝孔道中做剪切流动时刚性大分子沿流动方向高度取向，由于液晶分子呈棒状，刚性较大，熔体细流离开喷丝孔道后几乎不发生解取向，所以初生纤维具有稳定的取向态结构，无须后拉伸，经固相聚合后即可制得成品纤维。

目前工业规模生产的聚芳酯纤维品种主要为聚对羟基苯甲酸/6-羟基-2-萘甲酸纤维[P(HBA/HNA)]，商品名为维克特纶（Vectran），是美国塞拉尼斯公司开发的一种共聚芳酯纤维，其机械性能可与对位型芳香族聚酰胺纤维 Kevlar 媲美。聚对羟基苯甲酸/6-羟基-2-萘甲酸是由对乙酰氧基苯甲酸和 6-乙酰氧基-2-萘甲酸反应而成，结构式如下：

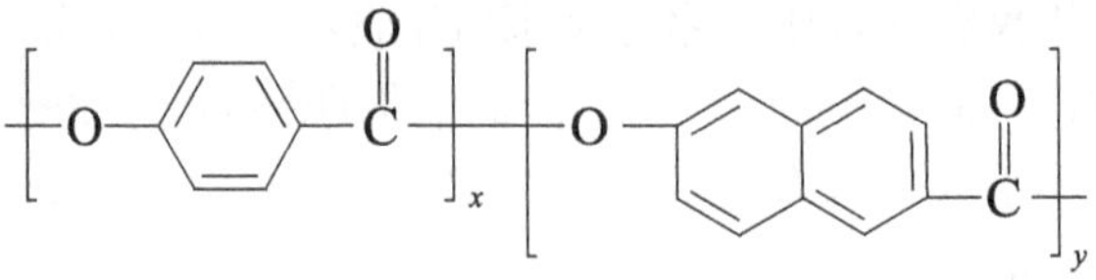

P(HBA/HNA)结构单元中，对羟基苯甲酸/6-羟基-2-萘甲酸约为 70/30（摩尔比），聚芳酯纤维的成型一般先采用聚合度不太高的聚芳酯纺丝，然后在接近聚芳酯流动温度的热环境下进行热处理，也就是固相聚合，提高纤维分子量，增强纤维强度。

全芳族聚酯纤维具有与 Kevlar 纤维相当的强度。后者吸湿性高、耐酸性差；而全芳族聚酯分子上存在酯基，因而吸湿性低，耐酸性好，但耐水解性能较差。尽管其为熔纺纤维，但遇热不产生熔滴，有自熄火性，分解温度在 400℃以上。

五、芳杂环类聚合物纤维

（一）聚对苯撑苯并二噁唑纤维

聚对苯撑苯并二噁唑（PBO）是由 2,4-二氨基间苯二酚盐酸盐与对苯二甲酸缩聚而得的含苯环和苯杂环的刚性棒状分子链，结构式如下：

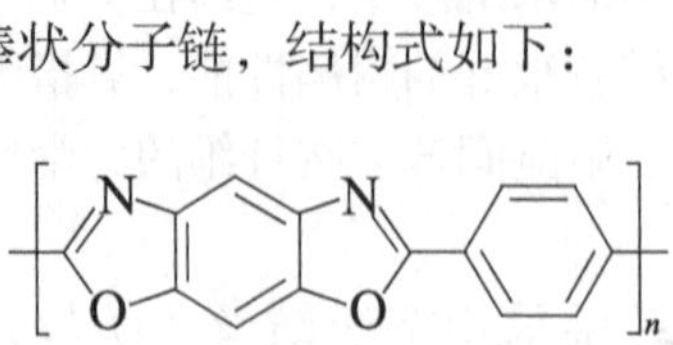

它具有溶致液晶性，将 PBO 溶于聚磷酸（PPA）中制成浓度为 15%～20%的液晶溶液，采用干喷湿纺，在纺丝挤出压力作用下溶液大分子沿流动方向高度取向并在水浴中凝固成型，随后纤维经中和、水洗、干燥和 430℃左右的热拉伸处理可获得高取向度、高强度、高模量、耐高温、耐水和化学稳定的纤维，商品名为 Zylon。PBO 纤维含许多类似毛细管状的细孔，在横截面上分子链沿径向取向，在纵截面上伸直的分子链沿纤维轴取向。高强度 PBO 纤维的强度超过碳纤维和芳纶，氧指数达 68%（表 4-5），在有机纤维中阻燃性最高，缺点是压缩性能差及耐酸性不高。

表 4-5 几种纤维的氧指数及耐热性能比较

纤维种类	氧指数/%	常用最高温度/℃	热分解温度/℃
间位芳纶	30	230	400
对位芳纶	28	250	550
PBI	41	232	450
PPS	34	190	450
P84	40	260	550
PBO	68	350	650
棉	18	95	150
毛	24	90	150
涤纶	21	130	260
锦纶	21	130	220～225

PBO 可进行各种后加工处理，如制成连续纤维、精纺细纱、布、缝合织物、短纤维，可制作高强绳索以及高性能帆布、高性能复合材料的增强材料、压力容器、防护材料，如防弹衣、头盔、安全手套、防火服和鞋类等。

（二）聚苯并咪唑纤维

聚苯并咪唑（PBI）是间苯二甲酸二苯酯和四氨基联苯胺的缩聚物。结构式如下：

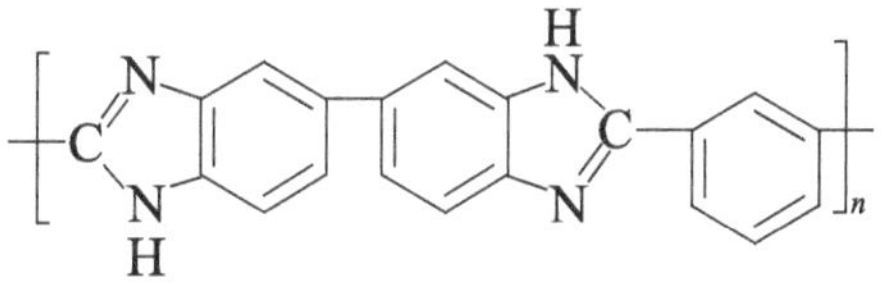

以二甲基乙酰胺为溶剂在氮气下进行干纺得到 PBI 纤维，初生纤维通过加热在高于 400℃的高温进行拉伸。PBI 纤维可经硫酸的水溶液处理，形成咪唑环结构的盐，受热后发生结构重排，提高尺寸稳定性。

PBI 纤维具有一系列特殊的性能，如耐高温、阻燃性、尺寸稳定性和耐化学腐蚀性，同时具有高的回潮率，在穿着舒适性方面和棉纤维一样，可应用于特殊纺织制品，如宇航服、飞行服等防护服装，太空飞船中的密封垫、救生衣等。在金属铸造、玻璃等行业用于手套、工作服等防护材料。

PBI 纤维在恶劣环境中的耐化学腐蚀性相当突出，在酸及碱溶液中浸泡 100 h 以上，强度保持率达到 90%，在 150℃左右水蒸气中，经过 70 h，纤维强度保持率为 96%，对各种有机液体几乎不受影响。因此，PBI 纤维也适合用作高温过滤材料，用其制作的过滤袋具有很长的使用寿命。

（三）聚酰亚胺纤维

聚酰亚胺（PI）是指主链上含有酰亚胺环的一类聚合物，工业上普遍使用两步法制造聚酰亚胺纤维。首先由二元酸酐和二胺单体在非质子极性溶剂中反应形成聚酰胺酸溶液，经湿法纺丝得到聚酰胺酸纤维，然后再经高温脱水环化得到聚酰亚胺纤维。

从表 4-6 可看出，聚酰亚胺纤维具有优越的力学性能，其断裂强度、初始模量均超过了 Kevlar 系列，与聚对苯撑苯并二噁唑（PBO）纤维相当。此外，聚酰亚胺纤维还具有耐高温、耐化学腐蚀、耐辐射等性能。聚酰亚胺纤维的耐低温性也非常好，在−269℃的液氦中仍不会脆裂，胜任外太空−100℃以下的温度环境。目前全球聚酰亚胺纤维的主要产品有美国杜邦公司的 PRD-14、俄罗斯 Arimid 系列、奥地利 Lenzing 的 P84。聚酰亚胺纤维主要应用于耐高温滤料领域和航空航天领域。

表 4-6　聚酰亚胺纤维与其他高性能合成纤维的力学性能比较

纤维	断裂强度/GPa	初始模量/GPa	断裂伸长率/%
联苯型聚酰亚胺纤维	3.1	174	2.0
Kevlar 29	2.8	63	4.0
Kevlar 49	2.7	124	2.4
芳纶 1313	0.6	10	20.0
PBO	5.8	180	3.5
T300	3.0	225	—
UHMWPE	3.2	99	3.7

虽然聚酰亚胺纤维表现出许多优良的性能，但聚酰亚胺典型的芳香族结构也导致其具有难溶解、难熔融等不利于加工的特点。在聚酰亚胺主链上引入一定数量的聚酯或聚醚得到聚醚酰亚胺（PEI）（结构如下），以增加分子链的柔性，既提高了聚酰亚胺的可加工性同时又不至于过多降低自身优异的热稳定性和机械强度，可以采用熔体纺丝来制备纤维。

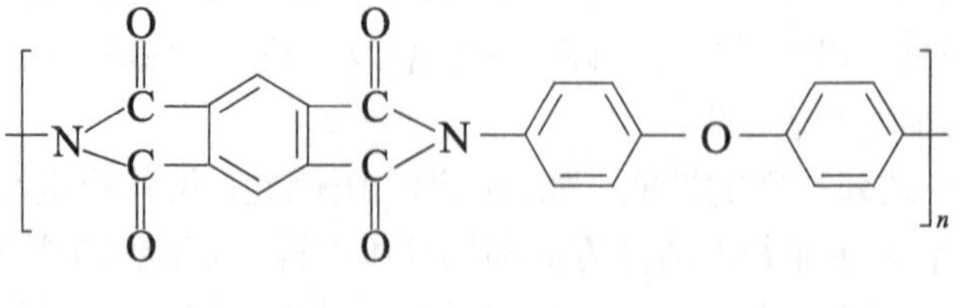

（四）聚亚苯基吡啶并咪唑纤维

聚 2,5-二羟基-1,4-苯撑吡啶并二咪唑（PIPD）纤维，又称 M5 纤维，是由 2,6-二羟基对苯二甲酸与 2,3,5,6-四氨基吡啶合成的刚性溶致液晶聚合物，经湿法或干-湿法纺丝成型、拉伸及热处理等制成的高性能纤维。结构如下：

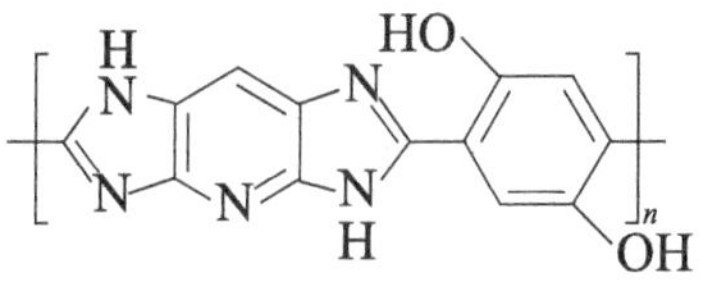

PIPD具有双向分子内和分子间氢键网络，提供的M5纤维不仅具有高强度和高模量，而且具有高压缩强度。

六、聚苯硫醚纤维

聚苯硫醚（PPS）是对二氯苯和硫化钠在极性溶剂 *N*-甲基吡咯烷酮中，以碱金属羧酸盐、碳酸钠为催化剂，高压下缩聚得到的结晶性高聚物，具有很高的热稳定性、耐化学腐蚀性、阻燃性。纤维级的 PPS 树脂是热塑性材料，加工性良好，通过熔体纺丝、热拉伸、定型获得 PPS 长丝和短纤维。结构如下：

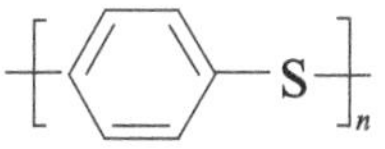

聚苯硫醚纤维具有较高的结晶度，力学性能较好，而且尺寸稳定，在使用过程中形变小。其主要理化性能见表 4-7。

表 4-7　PPS 纤维的主要理化性能

密度 /($g \cdot cm^{-3}$)	线密度 /dtex	断裂强度 /($cN \cdot dtex^{-1}$)	断裂伸长率/%	吸水率 /%	回潮率 /%	使用温度 /℃	熔点 /℃	热分解温度/℃	介电常数	介电强度 /($kV \cdot mm^{-1}$)	氧指数 /%
1.37	2.06	3～4	15～35	0	0.6	200～220	285	450	3.9～5.1	13～17	34～35

聚苯硫醚纤维具有良好的耐热性，在 200℃时的强度保持率为 60%，250℃时的强度保持率约为 40%。在 250℃以下时，其断裂伸长率基本保持不变，可在 200～220℃高温下长期使用。聚苯硫醚纤维能抵抗酸、碱、烃、酮、醇、酯、氯代烃等化学品的侵蚀，在 200℃下不溶于任何化学溶剂；只有强氧化剂（如浓硝酸、浓硫酸和铬酸）才能使纤维发生剧烈的降解。由聚苯硫醚纤维加工成的制品很难燃烧，其氧指数可达 34%～35%。

聚苯硫醚纤维相对于 PBI 纤维和 PI 纤维有高性价比的优势，在高温过滤材料领域具有广泛的应用，目前已是燃煤电厂烟道气除尘和城市垃圾焚烧厂尾气过滤等应用中的首选滤材。此外，聚苯硫醚纤维还可用于制造干燥机用帆布、缝纫线、各种防护布、耐热衣料、电解隔膜、刹车用摩擦片、复合材料、造纸机用布、特种包装材料等。

第七节 功 能 纤 维

一、耐腐蚀纤维

耐腐蚀纤维主要是聚四氟乙烯纤维，此外还有四氟乙烯-六氟丙烯共聚纤维、聚偏氟乙烯纤维等含氟共聚纤维。聚四氟乙烯纤维的商品名为“氟纶”。

聚四氟乙烯的制备采用乳液聚合法，凝聚后生成尺寸为 0.05～0.5 μm 的颗粒，平均分子量为 300 万左右。聚四氟乙烯纤维最成熟的制造方法是乳液纺丝法（载体纺丝法），即将粉末状的聚四氟乙烯分散在黏胶或聚乙烯醇水溶液中，按照维纶纺丝的工艺条件纺丝，然后在 380～400℃的高温下进行烧结，此时纤维素或是聚乙烯醇高温下被烧掉，聚四氟乙烯颗粒则被烧结成丝条，在 350℃拉伸得到氟纶。聚四氟乙烯由于突出的耐腐蚀性能而用于化工防腐设备的密封填料、衬垫、过滤材料；由于它能耐高温及难燃，可用于军用器材的防护用布及宇航服。

四氟乙烯-六氟丙烯共聚纤维于 1960 年首先由美国试生产。它具有与聚四氟乙烯纤维类似的性能，抗冲击性优良，但耐热性略低些，可通过熔体纺丝成型，产品以鬃丝为主。主要用作强腐蚀性气体、液体的滤材、滤网，分馏塔填料和电缆材料等。

聚偏氟乙烯纤维由于聚合物链节中比聚四氟乙烯少两个氟原子，耐溶剂性与耐热性略差些，可溶于丙酮中湿纺成型，纤维的机械强度和介电常数高，耐候性、耐化学药剂、耐油性、耐磨性和绝缘性好，折射率低，可用于钓鱼丝、滤材、防护服、填料和家庭防燃物等。

二、阻燃纤维

有机纤维按其燃烧性能的不同分为难燃纤维、可燃纤维和易燃纤维三种类型。可以采用氧指数（OI）值表征纤维及其制品的可燃性，将 OI 值低于 20%的称为易燃纤维，20%～26%之间的称为可燃纤维，26%以上的称为难燃纤维或阻燃纤维。化学纤维中，除了部分高性能纤维，如 PPS 纤维、PBI 纤维、PBO 纤维、PI 纤维、PPTA 纤维本身就具有阻燃性，称为本质型阻燃纤维，其他大部分都属于易燃或可燃纤维。各种纤维的 OI 值见表 4-8。

表 4-8 各种纤维的氧指数

纤维名称	氧指数/%	纤维名称	氧指数/%
醋酸纤维	18.6	聚酰胺纤维 66	20.1
腈氯纶	26.7	聚丙烯腈纤维	18.2
芳香族聚酰亚胺纤维	37～39	改性聚丙烯腈纤维	27.0
酚醛交联纤维	34	聚乙烯醇缩甲醛纤维	19.7
聚氯乙烯纤维	37.1	黏胶纤维	25.2

续表

纤维名称	氧指数/%	纤维名称	氧指数/%
三醋酸纤维	18.4	羊毛	19.7
聚丙烯纤维	19	涤/毛混纺	23.8
聚酯纤维	20.6	氯纶/毛混纺	28.9
芳纶 1313	28.2	棉纤维	18.4

阻燃改性的实施方法可分为共聚、共混、皮芯型复合纺丝以及采用接枝共聚、阻燃剂涂覆、吸收等阻燃后整理方法。

共聚阻燃改性法是将含阻燃元素，主要是磷、卤素、硫或同时含有这些元素的化合物作为共聚单体（称为结构型阻燃剂，见表 4-9），引入纤维高聚物分子链中以提高纤维的阻燃性能，这种方法主要适用于加聚型的聚丙烯腈和缩聚型的聚酯、聚酰胺类。该法使纤维具有持久的阻燃性，已工业化的阻燃聚酯纤维的品种主要是采用共聚阻燃改性的方法制备。

表 4-9　结构型阻燃剂的分类及应用

类别	阻燃原理	典型代表	应用纤维
卤素阻燃剂	捕捉火焰中高活性的 HO·和 H·，降低活性游离基浓度，减少燃烧热	四溴双酚 A-双羟乙基醚	聚酯纤维
		偏二氯乙烯、溴代丙烯	腈纶
磷系阻燃剂	固相阻燃，促进纤维熔滴或脱水分解碳化，减少可燃气体的生成	聚苯基膦酸二氰酸酯 苯基二羧苯基氧化膦	聚酯纤维
		二羧酸乙基甲基磷酸酯	聚酰胺纤维
		烯丙基膦酸烷基酯	腈纶

共混阻燃改性法是将阻燃剂加入纺丝熔体或溶液中纺制阻燃纤维，常用于制造聚丙烯纤维，其次是黏胶纤维、聚丙烯腈和聚酯阻燃纤维，所用阻燃剂有低分子和高分子化合物，包括有机化合物、无机化合物及其混合物等。常用的阻燃剂包括含磷化合物、含溴化合物、氯代化合物、金属氧化物等（表 4-10）。

表 4-10　四种纤维典型的添加型阻燃剂

应用纤维	典型代表
黏胶纤维	Sandoflam5060 焦磷酸酯类、THPC-酰胺缩合物、卤化烷基或芳基磷酸酯
聚丙烯纤维	六溴环十二烷、双砜（3,5-二溴-4-氢氧基金属苯酸）、Sandoflam5070（脂肪族-芳香族溴化物、亚磷酸酯和有机锡）
聚酯纤维	含溴三磷酸酯、聚苯基膦酸二苯砜酯
聚酰胺纤维	十四溴二苯氧基苯、溴代三甲基苯基氢化茚

皮芯型复合纺丝法是以共聚型或共混添加型阻燃纤维为芯、普通纤维为皮制成的皮芯型复合纤维，具有更为完善的阻燃改性效果。该法制得的阻燃聚酯纤维使阻燃剂位于纤维内部，既可以充分发挥阻燃作用，又能保持聚酯纤维的光稳定性、白度和染色性等。

阻燃后整理改性法是一种应用广泛，同时也是应用最早、研究比较彻底的改性方法，可应用于所有的纤维与纺织品，其中以棉纤维等纤维素纤维以及纤维素纤维与其他合成纤维组成的混纺织物为主。其中纤维的接枝共聚是一种有效而耐久的阻燃改性方法，接枝方法有高能辐射接枝和化学接枝，接枝单体为含磷、溴或氯的反应型化合物，用于聚酯、聚乙烯醇等纤维的阻燃改性。

三、导电纤维

导电纤维一般指体积电阻率在 $10^7\ \Omega\cdot cm$ 以下的纤维[20℃，65% RH（相对湿度）]。在此条件下，合成纤维的体积电阻率一般为 $10^{14}\sim10^{16}\ \Omega\cdot cm$。导电纤维具有许多潜在应用，可用于传感器、抗静电纤维织物、电磁屏蔽等功能织物。按照导电成分不同，导电纤维主要分为以下三种。

1. 炭黑系导电纤维

利用炭黑的导电性制造导电纤维的方法有三种：

（1）混合纺丝法：将炭黑与成纤聚合物混合后纺丝，炭黑在纤维中呈连续相结构，一般采用皮芯层纺丝法。

（2）涂层法：在普通纤维表面涂上炭黑，可以采用胶黏剂将炭黑黏合在纤维表面，或者直接将纤维表面快速软化并与炭黑黏合。

（3）纤维碳化处理：聚丙烯腈纤维、纤维素纤维、沥青系纤维，经碳化处理后，纤维主链主要为碳原子，而使纤维具有导电能力。

除了导电炭黑，碳纳米管、石墨烯、气相生长碳纤维等新型碳材料也被用作填料制备导电纤维。

2. 金属化合物型导电纤维

使用最多的是铜的硫化物和碘化物，CuS、Cu_2S 及 CuI 都是很好的导电性物质。利用这类化合物制备导电纤维有三种方法。

（1）混合纺丝法：这种方法与前述的炭黑方法一样，将导电性物质与成纤聚合物混合，再纺丝成型。

（2）吸附法：通过金属离子与纤维配合吸附，一般是含氮的纤维，如 PAN 纤维。被吸附的化合物有 CuS、CuI 等。例如，将 PAN 纤维在高压、110℃蒸气处理后，再涂上 CuS，得到纤维的体积电阻率达到 $10\Omega\cdot cm$。由于导电性物质与纤维之间以络合形式结合，故导电层的牢度较好。

（3）化学反应法：这种方法通过化学处理，即通过反应液的浸渍，在纤维表面产生吸附，然后通过化学反应使金属化合物覆盖在纤维表面。例如，先将腈纶在含铜离子溶液中处理，然后在还原剂中处理，纤维上的 Cu^{2+}变成 Cu^{+}与—CN 络合，进一步形成导电性物质，因而使纤维具有了良好的导电性。

3. 导电高分子型纤维

这种纤维是由结构型导电聚合物纺丝成型制得的一类导电纤维，目前的研究开发主要集中于聚苯胺导电纤维。聚苯胺与其他结构型导电聚合物相比，除具有原料易得、制备简便、稳定性好、电导率高等特点外，还具有独特的掺杂现象：经一般的质子酸处理后，电导率便提高 10 个数量级以上。聚苯胺导电纤维的制备方法有三种：

1）直接纺丝法

选择适当溶剂溶解聚苯胺，采用湿法纺丝制得聚苯胺导电纤维，这种方法的优点是所得纤维电导率高，但纺丝成型困难，且机械性能较差，只能通过与其他种类的纤维交织在一起形成织物，从而赋予织物一定的导电性能。

2）原位化学聚合法

将织物浸入含有质子酸的苯胺单体溶液中引发聚合，此法可以获得较厚的聚苯胺沉积层，目前已报道的采用此法制备的导电纤维有涤纶/聚苯胺、维纶/聚苯胺、氨纶/聚苯胺等复合导电纤维。

3）涂层法

涂层法是将含有导电聚合物颗粒的分散液直接涂布在纤维或织物的表面，形成导电涂层或薄膜的方法，提高聚苯胺的溶解性是该法需要解决的重要问题。

四、生物医用纤维

生物医用纤维是用于对生物体进行诊断、治疗、修复或替换其病损组织、器官或增进其功能的一类功能纤维。生物医用纤维在生物医用材料中具有重要的地位，其在修复和替代人体组织和器官等方面都得到了广泛的应用。生物医用纤维的种类很多，下面仅介绍主要用于医疗领域的生物可降解纤维材料。

（一）天然高分子生物医用纤维

1. 胶原纤维

胶原蛋白是哺乳动物体内含量最多的蛋白质，占体内蛋白质总量的 25%～30%。将胶原蛋白溶于水制成纺丝溶液，通过湿法纺丝工艺固化成纤维，是制备胶原纤维的主要方法。例如，将牛肌腱薄片用解元酶进行处理，除去骨胶原纤维中的弹性硬胶原，使之容易膨胀。在除掉了非骨胶原蛋白和多余的酶之后，将肌腱薄片浸在氰乙酸和甲醇-水的混合液（pH = 2～3）中使其溶胀。接着再将得到的混合物均匀化处理和过滤，然后压入适当的凝固浴中形成丝条。

胶原纤维生物相容性优良，具有良好的止血作用，能促使肉芽组织的生长，因此是理想的医用敷料材料，其他作为生物医用材料的用途还包括外科手术缝合线和组织工程支架。

2. 甲壳素纤维与壳聚糖纤维

甲壳素是指由虾、蟹、昆虫的外壳及从菌类、藻类细胞壁中提炼出来的天然高聚物，壳聚糖是甲壳素经浓碱处理后脱去乙酰基后的化学产物。由甲壳素和壳聚糖溶液再生改制形成的纤维分别称为甲壳素纤维和壳聚糖纤维，结构式如下。

甲壳素纤维：

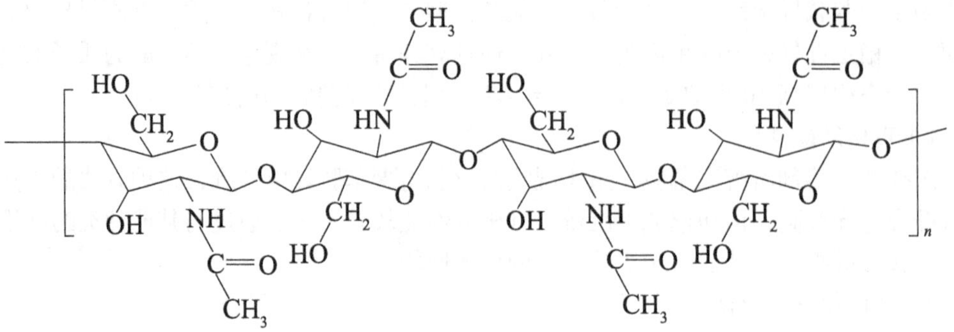

壳聚糖纤维：

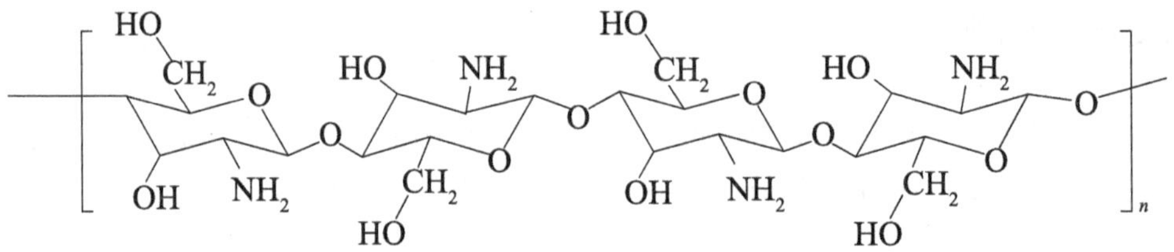

甲壳素又称甲壳质、壳质、几丁质，是一种带正电荷的天然多糖高聚物，它的化学名称是(1,4)-α-乙酰胺基-α-脱氧-β-D-葡萄糖，简称聚乙酰胺基葡萄糖。壳聚糖是甲壳素大分子脱去乙酰基的产物，又称为脱乙酰甲壳素、可溶性甲壳素、甲壳胺，它的化学名称是(1,4)-2-氨基-α-脱氧-β-D-葡萄糖，简称聚氨基葡萄糖，脱乙酰度在 20%以上的方称为壳聚糖。甲壳素、壳聚糖和纤维素有十分相似的结构，可将它们视为纤维素大分子中 C2 位上的羟基被乙酰胺基或氨基取代后的产物。

目前主要采用湿法纺丝纺制甲壳素纤维和壳聚糖纤维，三氯乙酸和二氯甲烷混合溶剂（1∶1，质量比）、含有氯化锂的二甲基乙酰胺混合溶液（1∶20，质量比）均可溶解甲壳素，由 5%乙酸溶液和 1%尿素组成的混合溶液可溶解壳聚糖。将制备的高黏度甲壳素或壳聚糖纺丝液过滤脱泡后，再用压力将纺丝原液从喷丝板喷出进入凝固浴中，经历多次凝固成为固态纤维，再经拉伸、洗涤、干燥成为甲壳素纤维或壳聚糖纤维。

由于甲壳素和壳聚糖与人体组织具有很好的相容性，制成的纤维可以被人体的溶解酶溶解并被人体吸收。除此以外，甲壳素和壳聚糖具有生物医药性能，所以它们再生得到的纤维还具有消炎、止血、镇痛、抑菌和促进伤口愈合的作用，用它制作的手术缝合线，缝在人体内后，10 天左右即可被降解并由人体排出。

3. 海藻酸盐纤维

海藻纤维的原料来自天然海藻中所提取的海藻多糖。其有机多糖部分由 β-D-甘露糖醛酸（M）和 α-L-古罗糖醛酸（G）两种组分构成，其结构分布如下。

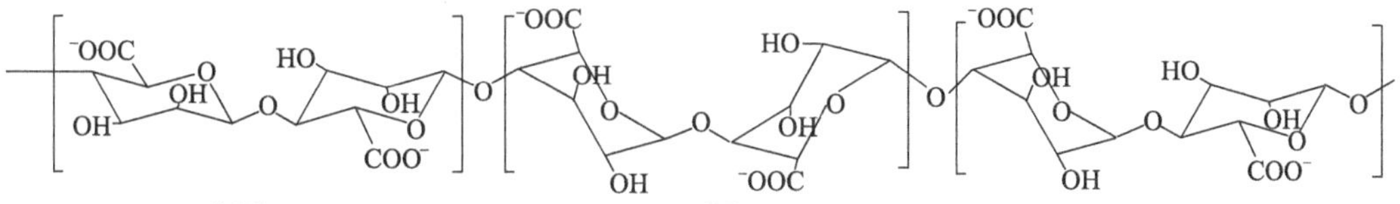

MM　　GG　　GM

制备海藻酸盐纤维的主要原料是海藻酸钠，它可以从海藻中提取。先用稀酸处理海藻，使不溶性海藻酸盐变成海藻酸，然后加碱加热提取可溶性的钠盐，过滤后加钙盐生成海藻酸钙沉淀，再经酸液处理转变为海藻酸，脱水后加碱转变成钠盐，烘干后即为海藻酸钠。

海藻酸盐纤维一般由湿法纺丝制备，将可溶性海藻酸盐（铵盐、钠盐、钾盐）配制成一定浓度的水溶液，过滤、脱泡后经过喷丝板挤出送入含有高价金属离子的凝固浴中，可溶性海藻酸盐与高价金属离子发生离子交换，即形成不溶于水的初生纤维，然后进行拉伸、水洗（将纤维表面多余的高价金属离子通过水洗去）、烘干、卷曲、切断等后处理。

当海藻酸盐纤维用于伤口接触层时，它与伤口之间相互作用，会产生凝胶。这种凝胶是亲水性的，可使氧气通过而细菌不能通过，并促进新组织的生成，因此是医用敷料、绷带、伤口填充物的理想原料。

（二）合成高分子生物医用纤维

1. 聚乳酸及其共聚物纤维

聚乳酸（polylactic acid，PLA）是以乳酸为基本原料制得的。乳酸是一种常见的结构简单的羟基羧酸，又称 α-羟基丙酸。采用微生物发酵法生产制得的乳酸纯度高，而且原料来源于农作物，成本低且可再生。聚乳酸的合成方法有两种，即丙交酯的开环聚合和乳酸的直接聚合。开环聚合即先用乳酸合成丙交酯，再在催化剂存在下开环聚合形成PLA，其反应式为

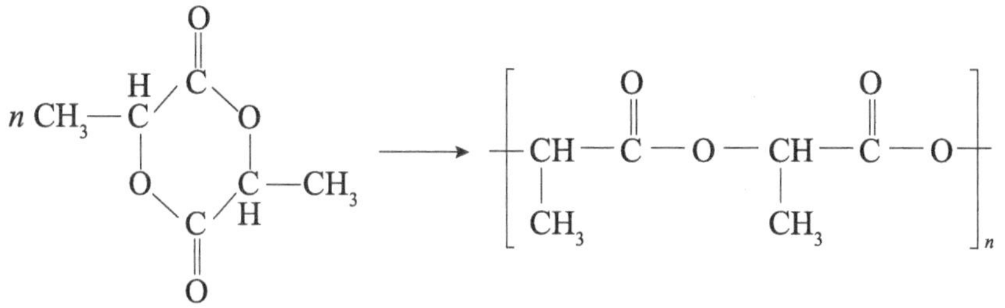

$$n\,\text{丙交酯} \longrightarrow \left[\underset{\displaystyle CH_3}{\underset{|}{CH}} - \overset{\displaystyle O}{\overset{\|}{C}} - O - \underset{\displaystyle CH_3}{\underset{|}{CH}} - \overset{\displaystyle O}{\overset{\|}{C}} - O \right]_n$$

这种方法可制得高分子量的 PLA，满足生物医用材料的需要。乳酸均聚物为疏水性物质，降解周期不易控制，乳酸共聚物有羟基乙酸/乳酸嵌段共聚物、丙交酯/乙交酯/己内酯嵌段共聚物，乙二醇/丙交酯共聚物等。它们可改变材料的亲疏水性、结晶性，并通过控制分子量大小可制得降解速率适宜的共聚物。

PLA 及其共聚物纤维是最重要的生物医用纤维之一，可以通过熔法、干法、湿法及干-湿法纺丝，制备单丝和复丝，不仅可制成生物可吸收缝合线，还可以方便地编织加工成组织工程支架，因此在组织工程中作为细胞生长载体，在骨组织再生、人造皮肤、周围神经修复等方面已经取得了较大的进展。

2. 聚对二氧六环酮纤维

聚对二氧六环酮又称聚对二氧杂环己烷酮，是 20 世纪 70 年代后期开始研究开发的一种可生物降解的化学合成高分子材料。由含有羟基的引发剂如水、醇、羟基酸及其酯，在催化剂金属氧化物或金属盐二乙基锌、辛酸亚锡或乙酰丙酮锆等作用下引发二氧六环酮进行开环聚合。

聚对二氧六环酮柔韧性比聚乳酸好，可制成各种尺寸的可吸收手术单丝缝线，单丝结构能使其流畅地通过组织，减少其表面与组织的摩擦，同时单丝结构可避免产生毛细作用，细菌生长机会较少，因而也消除了随缝合线引起的感染机会。聚对二氧六环酮纤维的另一个重要应用是外科内固定物材料。

3. 聚羟基脂肪酸酯纤维

聚羟基脂肪酸酯（PHA，也称聚羟基烷酸酯）是一类生物合成的聚酯的统称。目前已经发现有 150 多种不同的单体结构，但目前实现大规模生产的 PHA 只有三种，分别是聚 3-羟基丁酸酯（PHB）、3-羟基丁酸酯与 3-羟基戊酸酯的共聚物（PHBV）和 3-羟基丁酸酯与 3-羟基己酸酯的共聚物（PHBHHx）。

纯净的 PHB 是一种高度等规立构、硬而脆的物质，熔点约为 180℃，结晶度高达 70%～80%；相比 PHB，PHBV 的熔点和结晶度有所降低，硬性和脆性有所改善；而 PHBHHx 的这种变化更加明显，且其幅度可以通过调整 3HHx 的含量来控制。这样就使得其热加工窗口变宽，加工性能也得以改善。

PHA 具有生物降解性，主要发生酶降解反应，在其他条件下，降解速率很慢，在组织工程领域作为新的支架材料使用，具有很大的吸引力。PHB 纤维还被研究用于引导神经细胞再生，以治疗脊索损伤。

五、中空纤维膜

中空纤维膜是外形为纤维状，具有自支撑作用的膜，它是分离膜的一种重要形式，也是研究和应用最广泛的高分子分离膜材料，中空纤维膜按膜的功能可分成微滤膜、超滤膜、纳滤膜、反渗透膜、气体分离膜、渗透汽化膜、渗析膜等。相对于板式膜和管式膜，中空纤维膜有以下几点优势：①单位体积装填密度大，具有较高的单位体积分离膜组件产率；②中空纤维膜的膜器可以实现自支撑，密封结构简单；③设备小，结构简单。

中空纤维膜的高分子膜材料主要有聚砜类、纤维素类、聚酰胺类、芳杂环类、聚烯烃类、硅橡胶类和含氟聚合物类等。

目前已产业化的中空纤维膜主要制备技术如下：

1）干-湿溶液相转化法

干-湿溶液相转化法是比较成熟的中空纤维膜成型方法，高分子浓溶液以中空形式的液膜浸入非溶剂，溶剂与非溶剂发生双扩散，使聚合物溶液变为热力学不稳定状态，继而发生液-液或固-液相分离，聚合物富相固化构成膜结构的主体，而聚合物贫相则形成孔结构，得到的膜内外表面为致密皮层，内部有指状、海绵状结构作为支撑层。该法通过改变凝固浴与芯液的成分可控制中空纤维膜的对称/不对称结构或皮层的位置。

2）熔体纺丝-拉伸法

熔体纺丝-拉伸法主要适用于结晶性聚合物，加工时将聚合物在高应力下熔融挤出，受到拉伸后，聚合物在垂直于挤出方向平行排列的片晶结构被拉开形成微孔，然后通过热定型工艺使孔结构得以固定。熔体纺丝-拉伸法中空纤维膜主要含有结构孔，即片晶之间的非晶区发生应力集中形成微孔结构。该法工艺简单，中空纤维膜的机械强度高，断裂伸长率大，但膜孔径较难控制，孔径分布范围宽，抗污染能力差，易被堵塞。

3）热致相分离法

热致相分离（thermally induced phase separation，TIPS）的基本原理是热塑性的结晶性高分子与高沸点的小分子化合物（稀释剂）在升高温度[一般高于结晶高聚物的熔点（T_m）]下形成均相溶液，降低温度后发生固-液或液-液相分离；脱除稀释剂后形成高分子微孔材料。热致相分离法制备的高分子中空纤维膜微结构有两个特点：一是不同于相转化法得到的膜具有直孔结构，而是具有海绵状结构；二是不同于熔体纺丝-拉伸法得到的膜微孔为裂纹结构，而是呈现相对规则圆形对称。这种结构使纤维膜同时具有相转化法膜的小孔结构和熔体纺丝-拉伸膜的高强度。

中空纤维膜在环保工程、石化工业、海水淡化、食品工业、医疗卫生等领域均有重要应用。

六、智能纤维

智能纤维是具有对环境的感知能力并根据人们的需求作出反应的纤维的总称。目前形状记忆纤维、蓄热调温纤维、变色纤维、智能凝胶纤维和光导纤维等已经实现了产业化。

形状记忆纤维能在第一次热成型时记忆初始形状，冷却时可进行第二次成型，并在更低温度下将此形变固定下来，当再次加热时能恢复为初始形状。形状记忆纤维通常是借助热刺激产生形状记忆，形状记忆真丝是应用最早的形状记忆纤维之一。已报道的热致形状记忆聚合物纤维还包括通过亚甲基二异氰酸酯、1,4-丁二醇和己内酯共聚制备的形状记忆聚氨酯纤维和通过高能辐射使己内酯和丙烯酸酯单体交联而制备的形状记忆聚酯纤维等。通过光能、电能、声能、湿度等物理因素以及酸碱度、螯合反应和相变反应等化学因素刺激，也可使纤维产生记忆效应。例如，将亲水的聚乙二醇直接接枝于棉、麻等纤维的高分子链上，或者将交联的聚乙二醇吸附于聚丙烯、聚酯等纤维的表面，这些纤维湿态时会收缩，干态时回复到原始尺寸，是一种湿致形状记忆纤维。

蓄热调温纤维是一种具有双向温度调节作用的功能纤维，它是将相变材料包覆在纤维中，根据外界环境变化，纤维中的相变材料发生液-固可逆相变，或从环境中吸收热量储存于纤维内部，或放出纤维中储存的热量，在纤维周围形成温度相对恒定的微观气候，实现温度调节功能。在蓄热调温纤维生产加工过程中，将相变材料通过填充法、微胶囊法、浸轧法，处理到纤维或纤维织物中。较早用于纺织领域的相变材料为石蜡类烷烃，通过改变石蜡中不同烷烃的混合比例，可得纺织品所需的相变温度范围。聚乙二醇（PEG）和新戊二醇（NPG）也是用于研制蓄热调温纤维的相变材料。

变色纤维是指随外界环境条件的变化而显示不同色泽的纤维。其中最重要的是光敏变色纤维和热敏变色纤维。光敏变色纤维通过将光致变色材料与高聚物共混进行纺丝而制得。在光的作用下，其颜色可以发生可逆性变化。热敏变色纤维具有热致变色性能，即在特定环境温度下由于纤维内或纤维表面的热变色物质发生晶型或结构转变而导致颜色发生可逆性变化。

智能凝胶是一类能对外界微小刺激（如温度、pH、光、压力、化学物质、电场等）产生敏感响应，而与外界进行物质和能量的交换，具有吸收性和缓释性的材料。智能凝胶纤维具有自适应性、生物相容性的特点，近年来常被用于智能纺织品的开发设计中。智能凝胶纤维主要有 pH 响应型凝胶纤维、温敏纤维、光敏纤维和电敏纤维等，其中以 pH 响应型凝胶纤维最为常见，它主要为聚电解质凝胶，聚丙烯酸系、聚乙烯醇及其共聚物、氧化聚丙烯腈等的凝胶纤维均具有此功能。

光导纤维是一种可将光能封闭在纤维中并使其以波导方式进行传输的光学复合纤维，又称为智能光纤，由纤芯和包层两部分组成。它具有优异的传输性能，可随时提供描述系统状态的准确信息。光导纤维直径小、柔韧性好、易加工，同时兼具信息感知和传输的双重功能，被人们公认为首选的传感材料，近年来被广泛用于制作各类传感器，在智能服装、安全性服装中屡有应用，已实现对外界环境的温度、压力、位移等状况以及人体的体温、心跳、血压、呼吸等生理指标的监控。

七、纳米纤维

纳米纤维是一维纳米材料的典型代表之一，狭义的纳米纤维指直径在 1～100 nm 范围内的纤维，而广义上直径在 1 μm 以下的纤维均可称作纳米纤维。目前，纳米纤维的制备方法主要包括模板法、相分离法、自组装法、水热碳化法和静电纺丝法。其中，静电纺丝法（图 4-6）被视为一种能够直接、连续制备高分子纳米纤维的方法，近年来已成为有效制备纳米纤维材料的主要途径之一。

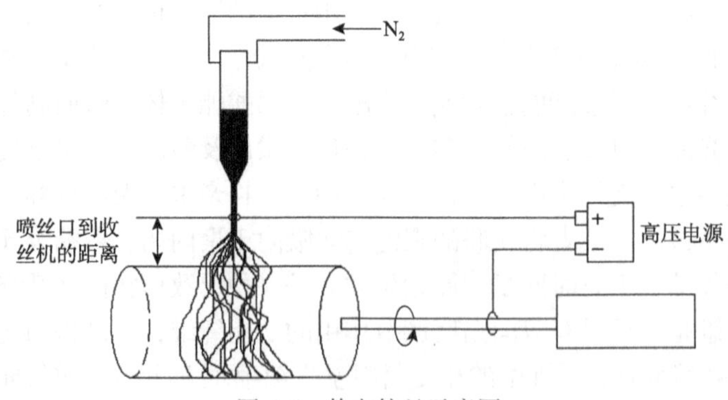

图 4-6　静电纺丝示意图

根据其组成，纳米纤维可分为高分子纳米纤维、无机纳米纤维及有机/无机复合纳米纤维。高分子纳米纤维具有聚合物分子量可调、质轻、密度小，以及优异的力学性能、绝热性能、隔热性能等特点，在组织工程、药物控释系统、创伤敷料、高效过滤材料、防护服装中得到广泛应用。例如，采用静电纺丝方式将生物可降解高分子直接喷纺于人体皮肤的损伤部位，形成纤维网状包扎层，可促进皮肤组织生长从而促进伤口愈合，同时可减轻或消除传统创伤处理方式造成的疤痕。创伤用非织造布高分子纳米纤维膜具有的孔隙尺寸通常为 500～1000 nm，足以防止细菌通过气溶胶颗粒的形式渗透。

无机纳米纤维一般由高分子纳米纤维及其复合材料前驱体经高温煅烧、高温还原等后处理工艺获得，包括碳纳米纤维、金属纳米纤维和氧化物纳米纤维等。碳纳米纤维在结构上与碳纳米管相似，其直径约为 100 nm、纤维长度从 100 μm 至数百微米，因而其具有可比拟于碳纳米管的机械和电子传输性能。目前，碳纳米纤维已被成功添加于增强复合材料中，并赋予产品一些新的物理与机械性能，如热传导性能、热膨胀性能、电磁辐射吸收与分散功能、电传导性能等。

纳米纤维比表面积高、长径比大等结构优势使其在新能源的开发利用、存储与转换等领域展示出巨大的应用前景。例如，将其置于太阳能电池中，纳米纤维可以最大化地暴露在太阳光下；作为燃料电池电极材料时，碳纳米纤维直径小、比表面积大、导电性好等特点使其 sp^2 杂化的碳纳米结构表面可以发生尽可能多的催化反应；作为新型二次电池或超级电容器电极材料使用时，一维碳纳米纤维材料可以提供高效的离子和电子传输路径，使更多的活性位点参与氧化还原反应。此外，纳米纤维自身的柔性、易编织等优点也将使之在柔性电子设备、柔性储能器件等热点研究领域发挥重要的作用。

思 考 题

（1）纺织用纤维包括哪些种类？它们主要的性能指标是什么？

（2）化学纤维生产主要采用哪些纺丝方法？纤维后加工中拉伸和热定型的作用是什么？

（3）再生纤维素纤维有哪些品种？比较它们生产工艺的差异。

（4）产量居前四位的合成纤维分别是哪些纤维品种？它们各自有什么性能上的特点？

（5）分别以超高分子量聚乙烯纤维和芳杂环类聚合物纤维为例，解释产生高性能的原因，并列举它们的典型用途。

（6）选择一类功能纤维，简述其制备方法和应用。

第五章　功能高分子材料

第一节　概　　述

《“十三五”国家科技创新规划》中明确提出，在新材料领域重点发展第三代半导体材料、纳米材料、新能源材料、膜分离材料、生物医用材料、生态环境材料等。其中功能高分子材料科学属于新材料领域的一个重要研究分支。功能高分子材料是指与常规高分子材料相比具有明显不同的物理化学性质,并往往具有某些特殊功能的聚合物材料。例如，很多研究人员将具有离子交换、吸附、渗透、导电、发光、对环境变化有响应等功能的高分子材料都归属于功能高分子材料。因此，这类材料的结构组成、构效关系、制备方法、开发应用等都属于功能高分子材料的研究领域。由此可见，功能高分子材料是与其他学科具有高度交叉的一个研究方向。近年来，国内外研究人员在功能高分子材料的设计、合成、结构与性能表征等方向取得了大量的研究成果，其已经成为新材料产业领域的重要一环。

第二节　导电高分子材料

一、导电高分子材料的发展历史

导电高分子材料的研究工作起始于 19 世纪，可以追溯到对苯胺进行氧化反应得到所谓的“苯胺黑”开始。其后，经过约 40 年的发展，人们发现尽管共价有机高分子主链的电导率比金属导体的电导率低,但是仍然比普通高分子链的电导率高几个数量级。1958 年，Natta 首先合成出了可导电的共轭高分子聚乙炔。并且，研究发现改变聚合工艺条件可以使得聚乙炔的电导率从在 10^{-11} S·cm^{-1} 提升到 10^{-3} S·cm^{-1}。1973 年，人们发现无机高分子材料聚氮化硫$(SN)_x$在室温下的电导率高达 10^3 S·cm^{-1}，已经接近金属铜的电导率（约 10^5 S·cm^{-1}）。当温度降低至 0.3 K 时，聚氮化硫具有良好的超导性能。

1971～1975 年，Shirakawa 等将炭黑粒子添加到以齐格勒-纳塔催化剂为催化剂制备得到的聚乙炔薄膜之后，薄膜材料的电导率提高了 3 个数量级。而在 1976～1977 年，将溴或者其他氧化剂掺杂到聚氮化硫中，也可以将聚氮化硫在室温下的电导率提高几个数量级。1977 年，Shirakawa、MacDiarmid 和 Heeger 将卤素类的 P 型导电剂掺杂到结晶态的聚乙炔中，有效地提升了聚乙炔的导电性能。Shirakawa 将碘掺杂进聚乙炔之后，其电导率由 10^{-9} S·cm^{-1} 提升到 10^3 S·cm^{-1}，与金属导体的导电性能相当。从外观上看，随着碘掺杂量的增加，聚乙炔的颜色也由银灰色转变为具有金属光泽的金黄色。1978 年，

Shirakawa 等发现 n 型导电剂也会产生类似的增加导电性能的效果。2000 年，Shirakawa、Heeger 和 MacDiarmid 因为在导电高分子材料领域作出了开创性的工作而获得了诺贝尔化学奖。

导电高分子自发现之日起就成为材料科学的研究热点。经过四十多年的研究，导电高分子无论在分子设计和材料合成、掺杂方法和掺杂机理、导电机理、加工性能、物理性能以及应用技术探索都已取得重要的研究进展，并且正在向实用化的方向迈进。由于导电高分子具有特殊的结构和优异的物理化学性能，使得它在能源、光电子器件、信息、传感器、分子导线和分子器件、电磁屏蔽、金属防腐和隐身技术方面有着广泛、诱人的应用前景。

二、导电高分子材料的类型及导电机理

（一）导电的基本概念

材料的导电性是由物质内部存在的带电粒子的移动引起的。这些带电粒子可以是正、负离子，也可以是电子或空穴，统称为载流子。载流子在外加电场作用下沿电场方向运动，就形成电流。从电性能角度对材料进行划分的话，材料可以分为导体、半导体、绝缘体和超导体。材料的能带由各个分子或者原子轨道重叠而成，分为价带和导带。当禁带宽度大于 10.0 eV 时，电子很难从价带激发到导带，材料在室温下为绝缘体。而禁带宽度在 1.0 eV 时，电子可以通过热、振动或者光激发等方式激发到导带，对应材料称为半导体。材料导电性的好坏，与物质所含的载流子数目及其运动速度有关。

根据欧姆定律，当对试样两端加上直流电压 V 时，若流经试样的电流为 I，则试样的电阻 R 为

$$R = \frac{V}{I} \tag{5-1}$$

电导为电阻的倒数，用 G 表示：

$$G = \frac{I}{V} \tag{5-2}$$

由于电流是由材料中的载流子的移动产生，所以材料的面积 S、厚度 d 等宏观上的参数也会影响材料的导电性能。材料的电阻与试样的面积 S、厚度 d 的关系为

$$R = \rho\frac{d}{S} \tag{5-3}$$

对于电导而言，则有

$$R = \sigma\frac{S}{d} \tag{5-4}$$

上两式中，ρ 为电阻率，单位为 $\Omega{\cdot}cm$；σ 为电导率，单位为 $S{\cdot}cm^{-1}$。

综合式（5-1）和式（5-4），可见电导率的计算公式为

$$\sigma = \frac{V}{I} \cdot \frac{d}{S} \tag{5-5}$$

从微观上看，假定在一截面积为 S、长为 l 的长方体中，载流子的浓度（单位体积中载流子数目）为 N，每个载流子所带的电荷量为 q。载流子在外加电场 E 作用下，沿电场方向的运动速度（迁移速度）为 v，则单位时间流过长方体的电流 I 为

$$I = NqlS \tag{5-6}$$

而载流子的迁移速度 v 通常与外加电场强度 E 成正比，则有

$$v = \mu E \tag{5-7}$$

式中，比例常数 μ 为载流子的迁移率，是单位场强下载流子的迁移速度，单位为 $cm^2 \cdot V^{-1} \cdot s^{-1}$。将式（5-2）、式（5-4）、式（5-5）、式（5-7）联立，可以得出电导率的计算公式：

$$\sigma = Nq\mu \tag{5-8}$$

当材料中存在 n 种载流子时，材料的电导率可以表示为

$$\sigma = \sum_{i=1}^{n} N_i q_i \mu_i \tag{5-9}$$

由此可见，电导率 σ 表示在电场作用下材料内电流密度响应的作用——响应函数，在欧姆定律成立的范围内，是材料本身的本征函数。一般而言，$\lg\sigma < -10$ 的材料称为绝缘体，$-10 \leqslant \lg\sigma < 2$ 称为半导体，$\lg\sigma \geqslant 2$ 称为导体，$\lg\sigma \geqslant 20$ 称为超导体。

（二）本征型导电高分子

在大部分高分子体系中，原子与原子之间通过共价键或者配位键键合连接，原子与原子之间共享价电子，即由定域的 σ 键相连接。价电子只能在分子内一定范围内迁移，因此很难在高分子主链上形成载流子。高分子间则是由范德瓦耳斯力或是晶格能所结合。在高温下处于非晶区的主链的微布朗运动很活跃，而处于晶区的分子链也有一定的活动能力，这使得高分子不具有无机晶态半导体或是有机分子晶体那样明确的能带结构，存在大量定域能级，造成高分子中少量的载流子也会被深定域能级或者陷阱所俘获而不能移动，迁移率大大降低。因此，大部分高分子为绝缘体。

而对于 π 共轭型的高分子体系而言，价电子可以在高分子主链内迁移，形成载流子。对共轭高分子进行掺杂后，其迁移价电子的能力会进一步得到提升。此外，在聚合过程中，聚合物中常含有离子性的催化剂、聚合物链的热分解产物以及聚合物侧链及链端的热解离产物或者各种填充粒子杂质等，它们均可在一定条件下成为载流子，对材料的导电能力有一定程度的贡献。当高分子材料发生热分解时，负离子被释放而高分子本身成

为正离子，也会增加材料的离子性导电能力。

一般认为，四类聚合物具有导电性：高分子电解质、共轭体系聚合物、电荷转移络合物和金属有机螯合物。而依据导电高分子材料的组成可以将其划分为本征型导电高分子（intrinsic conductive polymer）和复合型导电高分子（composite conductive polymer）。本征型导电高分子材料本身由于具有独特的化学结构（如共轭高分子主链），具备一定的导电能力。这种材料很容易被氧化，而且氧化还原过程是可逆的。这种可逆的变化过程中常常伴随材料组成、导电性以及颜色的变化。常见的本征型导电高分子材料有聚苯胺、聚乙炔、聚吡咯、聚噻吩以及聚（对亚苯基亚乙烯基）系列高分子等，其化学结构如图 5-1 所示。

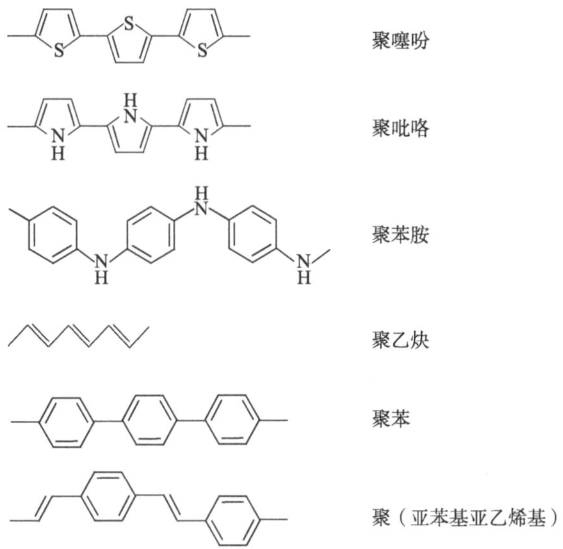

图 5-1　本征型导电高分子的化学结构

这一类导电高分子除了聚乙炔外，一般都含有共轭的芳杂环结构。π 共轭体系越大，电子离域性增强，载流子迁移能力增强。但是，仅具有共轭结构的芳杂环高分子的导电能力不强，只能称之为半导体材料。π 键分子轨道的导带和价带之间存在较大的能级差，电子在电场作用下必须越过这一能级差，才能使得材料本身具有较好的载流子迁移能力。因此，本征态的高分子的电导率一般都较低。例如，聚吡咯的电导率为 1×10^{-11} $S\cdot cm^{-1}$，聚对吩嗪的电导率为 1.4×10^{-8} $S\cdot cm^{-1}$，聚（2,6-吡啶）的电导率为 1.5×10^{-11} $S\cdot cm^{-1}$。

根据载流子的不同，本征型导电高分子有两种导电形式：电子导电和离子传导。对于不同的高分子，导电形式可能有所不同。但在许多情况下，高分子的导电是由这两种导电形式共同引起的。其中除高分子电解质是以离子传导为主外，共轭体系聚合物、电荷转移络合物和金属有机螯合物这三类聚合物都是以电子传导为主的。下面以具有共轭结构的高分子为例，说明本征型导电高分子材料的导电机理。

按量子力学的观点，具有本征导电性的共轭体系必须具备两个条件：第一，分子轨道能强烈离域；第二，分子轨道能互相重叠。对于满足这两个条件的共轭体系聚合物，载流子便能在一定的电场下定向移动形成电流。在共轭聚合物中，由于分子中双键的 π 电子的非定域性，这类聚合物大多表现出一定的导电性。共轭聚合物的分子链越长，π 电子数越多，则电子活化能越低，禁带宽度越小，电子越易离域，则其导电性越好。

聚乙炔是典型的具有碳-碳单键和双键交替排列的共轭聚合物，其重复单元结构如下所示：

$$\left[\!\!\begin{array}{c}\mathrm{C{=}C}\\ \mathrm{H\quad H}\end{array}\!\!\right]_n$$

组成主链的碳原子有四个价电子，其中三个为 σ 电子（sp^2 杂化轨道），两个与相邻的碳原子连接，一个与氢原子连接；余下的一个价电子为 π 电子（p_z 轨道），与聚合物链所构成的平面垂直。随 π 电子体系的扩大，出现被电子占据的 π 成键态和空的 π^*反键态。随分子链的增长，形成能带，其中 π 成键态形成价带，而 π^*反键态则形成导带。如果 π 电子在链上完全离域，并且相邻的碳原子间的链长相等，则 π-π^*能带间的带隙（或称禁带）消失，材料形成与金属相同的半满能带而变为导体。

可见，要使材料导电，π 电子必须具有越过禁带宽度的能量 E_G，即电子从其最高占据轨道（基态）向最低空轨道（激发态）跃迁的能量 ΔE（电子活化能）必须大于 E_G。研究表明，线型共轭体系的电子活化能 ΔE 与 π 电子数 N 的关系为

$$\Delta E = 19.08\frac{N+1}{N^2}(\mathrm{eV}) \tag{5-10}$$

反式聚乙炔的禁带宽度推测值为 1.35 eV，若用式（5-10）推算，$N = 16$，可见聚合度为 8 时即有自由电子电导。

聚合物的导电性除了受到分子链长度和 π 电子数影响外，也受到共轭键结构的影响，如分子间的势垒、链上的键长、侧链基团的位阻效应等。从结构上看，共轭链可分为受阻共轭和无阻共轭两类。受阻共轭是指共轭链分子轨道上存在“缺陷”。当共轭链中存在庞大的侧基或强极性基团时，往往会引起共轭链的扭曲、折叠等，从而使 π 电子离域受到限制。π 电子离域受阻程度越大，则分子链的导电性就越差。顺式聚乙炔分子链发生扭曲，π 电子离域受到一定阻碍，因此，其电导率低于反式聚乙炔。图 5-2 所示的聚烷基乙炔和脱氯化氢聚氯乙烯，都是受阻共轭聚合物的典型例子。

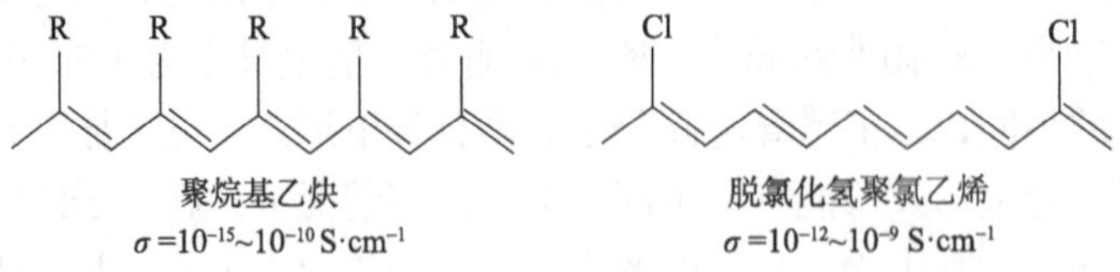

图 5-2　聚烷基乙炔和脱氯化氢聚氯乙烯的结构式与电导率

无阻共轭是指共轭链分子轨道上不存在“缺陷”，整个共轭链的 π 电子离域不受影响。这类聚合物是较好的导电材料或半导体材料，如反式聚乙炔、聚苯撑、聚并苯、热解聚丙烯腈等。

本征型导电高分子从分子结构上看由于具有可供载流子迁移的共轭结构，这种高分子具有较强的导电倾向。但是本征型导电高分子的带隙仅仅只有几电子伏，室温导电性能较差，一般情况下电导率不大于 10^{-8} S·cm^{-1}，因此只能称为半导体材料。

目前，对本征型导电高分子的导电机理、聚合物结构与导电性关系的理论研究十分活跃。应用性研究也取得很大进展，如用导电高分子制作的大功率聚合物蓄电池、高能量密度电容器、微波吸收材料、电致变色材料，都已获得成功。但是本征型导电高分子的实际应用尚不普遍，关键的技术问题在于大多数结构型导电高分子在空气中不稳定，导电性随时间明显衰减。此外，导电高分子的加工性往往不够好，也限制了它们的应用。采用共聚或共混的方法，将掺杂剂掺杂到导电高分子材料基体中是提高其导电性能的有效途径。

（三）复合型导电高分子

将高分子材料与导电材料共混所制备得到的复合材料称为复合型导电高分子材料。在早期对这类材料的研究中，常常将炭黑、短石墨纤维、玻璃纤维负载的金属以及颗粒或片层结构的金属均匀分散在高分子的树脂基体中，制备得到的复合材料具有较好的导电性能。而且非晶型高分子材料在掺杂进导电试剂后，材料的电导率明显增加。依据掺杂剂的不同，复合型导电高分子材料可以分为 p 型掺杂材料和 n 型掺杂材料。p 型掺杂材料的结构式为$[(P^+)_{1-y}(A^-)_y]_n$。其中，P^+为带正电的高聚物链，A^-为一价对阴离子。n 型掺杂材料的结构式为$[(P^-)_{1-y}(A^+)_y]_n$。其中，P^-为带负电的高聚物链，A^+为一价对阳离子。

在复合型导电高分子材料中，高分子材料可以是共轭导电高分子，也可以是非导电高分子。共轭聚合物的能隙很小，电子亲和能很大，这使得它容易与适当的电子受体或电子给体发生电荷转移。因此，可以将适当的电子受体或电子给体添加到高分子树脂中，以提升高分子材料的导电性能。

常见的电子受体有如下几类：

（1）卤素：Cl_2、Br_2、I_2、ICl、IBr、IF_5；

（2）路易斯酸：PF_5、AsF_5、SbF_5、BF_3、BCl_3、BBr_3、SO_3；

（3）质子酸：HF、HCl、HNO_3、H_2SO_4、$HClO_4$、FSO_3H、$ClSO_3H$、$CFSO_3H$；

（4）过渡金属等的卤化物：TaF_5、WF_5、BiF_5、$TiCl_4$、$ZrCl_4$、$MoCl_5$、$FeCl_3$、NbF_5、MoF_5、WF_5、RuF_5、$NbCl_5$、WCl_5、$TeCl_4$、$SnCl_4$、$FeBr_3$、$TeBr_5$、$TaBr_5$、TeI_4、TaI_5、SnI_4；

（5）过渡金属化合物：$AgClO_3$、$AgBF_4$、H_2IrCl_6、$La(NO_3)_3$、$Ce(NO_3)_3$、$Dy(NO_3)_3$、$Pr(NO_3)_3$、$Sm(NO_3)_3$、$Yb(NO_3)_3$；

（6）有机化合物：四氰基乙烯、四氰代二次甲基苯醌、四氯对苯醌、二氯二氰代苯醌等。

常见的电子给体有如下几类：

（1）碱金属：Li、Na、K、Rb、Cs；

（2）电化学掺杂剂：R_4N^+、R_4P^+（R=CH_3、C_6H_5等）。

掺杂之后，复合材料的导电性能有了明显的提升，其电导率可以达到 10^3 S·cm^{-1}数量级以上，而且掺杂浓度最高可达每个链节 0.1 个掺杂剂分子。例如，在聚乙炔中掺杂如 I_2、Br_2、AsF_5 等电子受体。当掺杂量为 1%时，材料的电导率可以达到 10^5 $S \cdot cm^{-1}$，出现半导体—金属转变。当掺杂量增加到 3%时，电导率趋于恒定，已经高于金属铜的导电能力。图 5-3 为部分金属和掺杂共轭高分子材料的电导率。

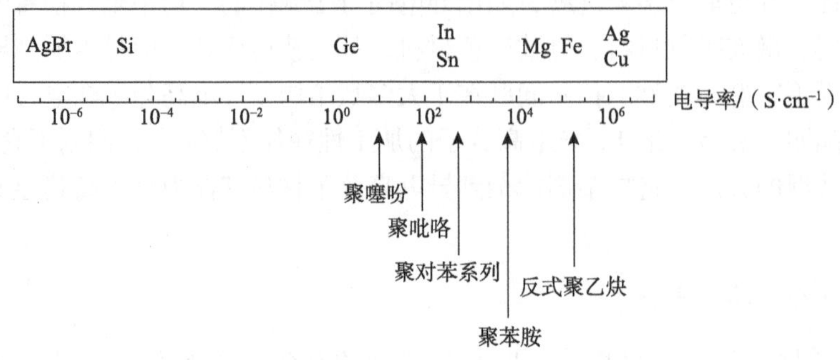

图 5-3　部分金属和掺杂共轭高分子材料的电导率

目前，可以用来解释复合型导电高分子导电的机理有三种：逾渗理论、场致发射理论和隧道电流理论。

一般而言，复合型导电高分子的掺杂过程是氧化还原过程，伴随着电子的得失，即其本质是电荷转移。用电子显微镜技术观察导电材料的结构发现，当掺杂剂浓度较低时，填料颗粒分散在聚合物中，互相接触很少，故导电性很低。随着填料浓度增加，填料颗粒相互接触的机会增多，电导率逐步上升。当填料浓度达到某一临界值时，体系内的填料颗粒相互接触形成无限网链。这个网链就像金属网贯穿于聚合物中，形成导电通道，故电导率急剧上升。若继续提高掺杂剂浓度，电导率变化趋于平缓。在此，电导率发生突变的掺杂剂浓度称为渗滤阈值。

例如，Ramasubramaniam 等将单壁碳纳米管添加到聚碳酸酯中（图 5-4），发现当单壁碳纳米管的含量（质量分数）超过 2%时，聚碳酸酯的电导率的增加非常明显；当单壁碳纳米管的含量超过 3%时，聚碳酸酯的电导率增加的幅度不大。

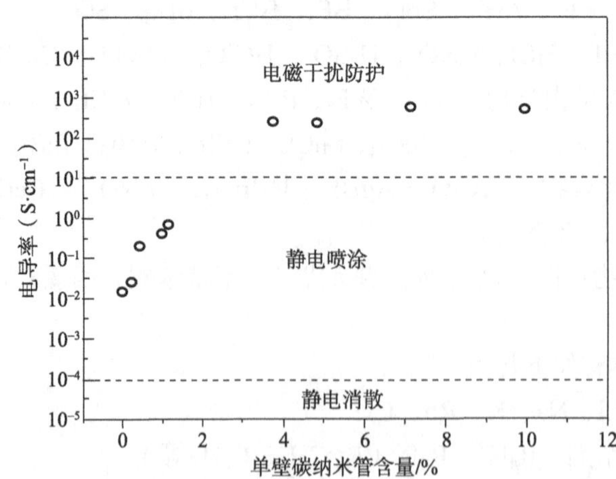

图 5-4　聚碳酸酯/单壁碳纳米管复合材料的电导率与单壁碳纳米管含量的关系

因此，当环境温度和测试电场恒定不变时，复合导电体系的电导率被认为仅仅是与填料含量有关的一元函数，表达式如下：

$$\sigma = \sigma_0(\Phi - \Phi_c)^t \tag{5-11}$$

式中，Φ_c 为导电渗滤阈值；σ_0 和 t 分别为与导电填料和体系的导电维数相关的常数。一般认为 t=1.1～1.3 时，复合型导电高分子材料中为二维导电网络；t=1.6～2.0 时，复合型导电高分子材料中为三维导电网络。

但是上述“逾渗理论”并不能解释所有导电现象。例如，Gkourmpis 和 Bauhofer 发现将炭黑或者碳纳米管进行处理后能够使得复合型导电高分子材料的 t 值达到 10。Shepherd 等用二芳基烯烃衍生物对纳米炭黑粒子表面改性后填充到聚丙烯中，发现当填充量为 10%（质量分数）时，改性炭黑粒子可以使得聚丙烯复合材料的电导率达到 1.19×10^{-4} $S\cdot cm^{-1}$，而未改性炭黑粒子在相同含量时仅能使聚丙烯复合材料的电导率达到 2.62×10^{-15} $S\cdot cm^{-1}$。Gurland 提出了平均接触数的概念。所谓平均接触数，是指一个导电颗粒与其他导电颗粒接触的数目。如果假定颗粒都是圆球，可得如下的公式：

$$\overline{m} = \frac{8}{\pi^2}\left(\frac{M_s}{N_s}\right)^2 \frac{N_{AB} + 2N_{BB}}{N_{BB}} \tag{5-12}$$

式中，$\overline{m}$ 为平均接触数；M_s 为单位面积中颗粒与颗粒的接触数；N_s 为单位面积中的颗粒数；N_{AB} 为任意单位长度的直线上颗粒与基质（高分子材料）的接触数；N_{BB} 为上述单位长度直线上颗粒与颗粒的接触数。

Gurland 研究了酚醛树脂-银粉体系电阻率与银粉（填料）体积分数的关系，并用式（5-12）计算了平均接触数 $\overline{m}$。结果表明，在 $\overline{m}$ = 1.3～1.5 之间，电阻率发生突变，在 $\overline{m}$ =2 以上时电阻率保持恒定（图 5-5）。从直观考虑，$\overline{m}$ = 2 是形成无限网链的条件，故似乎应该在 $\overline{m}$ = 2 时电阻率发生突变。然而实际上，$\overline{m}$ 小于 2 时就发生电阻率的突变，这表明导电填料颗粒并不需要完全接触就能形成导电通道。

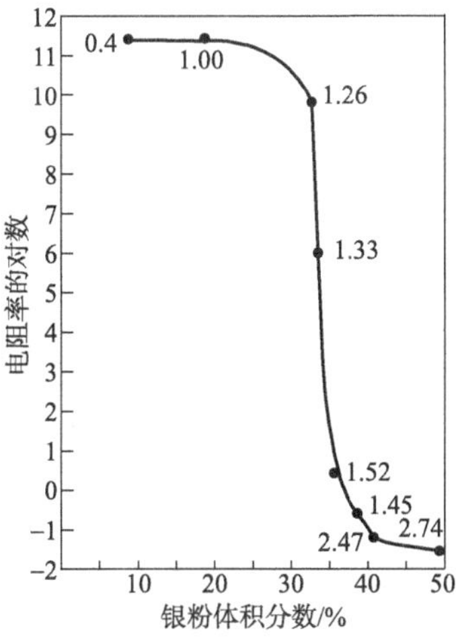

图 5-5　电阻率与银粉体积分数的关系（图中数据为 $\overline{m}$ 值）

这可能是因为当导电颗粒间不相互接触时，颗粒间存在聚合物隔离层，使导电颗粒中自由电子的定向运动受到阻碍，这种阻碍可看作一种具有一定势能的势垒。根据量子力学的概念可知，对于一种微观粒子来说，即使其能量小于势垒的能量，它除了有被反弹的可能性外，也有穿过势垒的可能性。微观粒子穿过势垒的现象称为贯穿效应，也称隧道效应。

电子是一种微观粒子。因此，它具有穿过导电颗粒之间隔离层阻碍的可能性。这种可能性的大小与隔离层的厚度 α 及隔离层势垒的能量 μ_0 与电子能量 E 的差值（μ_0–E）有关。α 值和 μ_0–E 值越小，电子穿过隔离层的可能性就越大。当隔离层的厚度小到一定值时，电子就能容易地穿过，使导电颗粒间的绝缘隔离层变为导电层。这种由隧道效应而产生的导电层可用一个电阻和一个电容并联来等效。

根据上述分析不难理解，复合导电高分子内部的结构有三种情况：①导电颗粒完全连续形成电流通路；②导电颗粒不完全连续接触，其中不相互接触的导电颗粒之间由于隧道效应而形成电通流路；③导电粒子完全不连续，导电颗粒间的聚合物隔离层较厚，是电的绝缘层。

在实际应用中，为了使导电填料用量接近理论值，必须使导电颗粒充分分散，避免掺杂剂团聚，否则即使达到临界值（渗滤阈值），无限网链也不会形成。而且在通常情况下，采用开炼、密炼和注塑成型等常规方法制备复合型导电高分子材料，往往需加入较高的导电填料量才能使其具有较好的导电性能，表明该种材料的渗滤阈值较高。而较高的渗滤阈值往往使得复合型导电高分子材料的加工流动性和机械性能大大降低，这极大地限制了复合型导电高分子材料的应用。

（四）导电高分子材料的制备方法

目前制备具有较低渗滤阈值的复合型导电高分子材料的方法主要有机械共混法、溶液共混法、乳液法等。目前用作复合型导电高分子基料的主要有聚乙烯、聚丙烯、聚氯乙烯、聚苯乙烯、ABS 树脂、环氧树脂、丙烯酸酯树脂、酚醛树脂、不饱和聚酯、聚氨酯、聚酰亚胺、有机硅树脂等。此外，丁基橡胶、丁苯橡胶、丁腈橡胶和天然橡胶也常用作导电橡胶的基质。

常用的导电填料有金粉、银粉、铜粉、镍粉、钯粉、钼粉、铝粉、钴粉、镀银二氧化硅粉、镀银玻璃微珠、炭黑、石墨、碳化钨、碳化镍等。部分导电填料的电导率列于表 5-1 中。从表中可见，银粉具有最好的导电性，故应用最广泛。炭黑虽电导率不高，但其价格便宜，来源丰富，因此也广为采用。根据使用要求和目的不同，导电填料还可制成箔片状、纤维状和多孔状等多种形式。将这些掺杂剂用烷硫醇、胺、核苷酸或者聚合物进行表面处理后，由于颗粒间的范德瓦耳斯力，可以有效避免其在树脂基体内的团聚。

表 5-1　常见导电填料的电导率

填料名称	电导率/($S \cdot cm^{-1}$)	相当于汞电导率的倍数
银	6.17×10^5	59
铜	5.92×10^5	56.9

续表

材料名称	电导率/(S·cm^{-1})	相当于汞电导率的倍数
金	4.17×10^5	40.1
铝	3.82×10^5	36.7
锌	1.69×10^5	16.3
镍	1.38×10^5	13.3
锡	8.77×10^4	8.4
铅	4.88×10^4	4.7
汞	1.04×10^4	1.0
铋	9.43×10^3	0.9
石墨	$1\sim10^3$	0.000095～0.095
炭黑	$1\sim10^2$	0.000095～0.0095

1. 机械共混法

机械共混法是利用挤出机、混炼机等加工设备将掺杂剂与高分子基体共混，使得掺杂剂均匀分散在高分子基体中。掺杂剂导电粒子在多相聚合物基体中的选择分布受导电粒子及高分子基体界面张力、聚合物黏度、导电粒子表面官能团、加工工艺等诸多因素影响。Sumita 等研究了炭黑/聚丙烯/高密度聚乙烯复合材料、炭黑/聚丙烯/聚甲基丙烯酸甲酯体系中的导电粒子的两种分布情况：一是炭黑粒子选择性地完全分布于不相容两相聚合物中的一相，如炭黑/聚丙烯/高密度聚乙烯体系中，炭黑粒子选择性分布于高密度聚乙烯中；二是炭黑粒子选择性地富集在不相容两相聚合物的界面。根据他们的实验结果，炭黑粒子选择性分布在两相聚合物界面对材料的渗滤阈值的降低更为显著，而分布在两相材料界面的结构正是一种将导电填料隔离的结构。Gubbels 等先将炭黑和与其结合力较弱的聚苯乙烯熔融共混，后再与结合力较强的聚乙烯基体共混，发现炭黑粒子在混合过程中由聚苯乙烯相向聚乙烯相逐渐迁移，最终炭黑选择性分布于聚乙烯和聚苯乙烯两相的界面。这种复合型导电高分子材料的导电渗滤阈值为 0.4wt%。

2. 溶液共混法

溶液共混法是指借助溶剂的作用，使导电填料与树脂基体进行共混。这种方法既可以采用不可溶解高分子基体的溶剂作为载体将高分子粉体及导电填料分散均匀，然后压制成型；也可以采用可溶解高分子基体的溶剂分散高分子与导电填料，然后成型。例如，将聚偏氟乙烯溶解在二甲基乙酰胺中，然后将多壁碳纳米管超声分散在二甲基乙酰胺溶液中，所制备的聚偏氟乙烯复合薄膜的渗滤阈值为 0.07wt%。这也是迄今为止复合型导电高分子材料中最低的导电渗滤阈值之一。

赵立群等以甲苯为溶剂，采用溶液共混与浇注法制备得到聚苯胺/顺丁橡胶复合导电膜。以十二烷基苯磺酸作为共混分散剂，将化学氧化法制备的本征态聚苯胺与该胶液共混 20 h 以上，用溶液浇注法可制得正反面电导率不同且最大可接近聚苯胺的复合膜。

3. 乳液法

乳液法是制备具有明显隔离结构的复合型导电高分子材料的主要方法。井新利等以 Triton X-100 为乳化剂、正己醇为助乳化剂，得到以苯胺盐酸盐为水相、正己烷为分散介质的反向微乳液。进一步以过硫酸铵为氧化剂，合成了导电高分子材料聚苯胺的纳米粒子。研究结果表明，聚苯胺的粒径与乳化剂的含量密切相关。例如，以聚乙烯醇与炭黑粒子为原料，采用乳液法制备得到的复合型导电高分子材料的渗滤阈值为 2.5 vol%（体积分数）。而用溶液法制备的复合型导电高分子材料的渗滤阈值为 15 vol%。

复合型导电高分子目前已得到广泛的应用。例如，酚醛树脂-炭黑导电塑料，在电子工业中用作有机实芯电位器的导电轨和碳刷；环氧树脂-银粉导电黏合剂，可用于集成电路、陶瓷发热元件等电子元件的黏结；用涤纶树脂与炭黑混合后纺丝得到的导电纤维，可用于制作工业防静电滤布和防电磁波服装。此外，导电涂料、导电橡胶等各类复合型导电高分子材料，都在各行各业发挥着重要作用。

第三节　医用高分子材料

一、生物医用材料的发展历程

生命科学是 21 世纪备受关注的新型学科，而与人类健康休戚相关的医学在生命科学中占有相当重要的地位。国际标准化组织（International Organization for Standardization，ISO）定义，生物材料（biomaterials）即生物医用材料（biomedical materials），是指“以医疗为目的，用于与组织接触以形成功能的无生命的材料”。而生物相容性的定义是指非活性材料进入后，生命体组织对其产生反应的情况。当生物材料被植入人体后，生物材料和特定的生物组织环境相互产生影响和作用，这种作用会一直持续，直到达到平衡或者植入物被去除。生物相容性包括组织相容性、细胞相容性和血液相容性。生物医用高分子材料是指在生理环境中使用的高分子材料，主要用于人工器官、外科修复、理疗康复、诊断检查、患疾治疗等医疗领域。

20 世纪 60 年代以前，医用高分子材料的选用主要是根据特定需求，从已有的材料中筛选出合适的加以应用。由于这些材料不是专门为生物医学目的设计和合成的，在应用中发现了许多问题，如凝血问题、炎症反应、组织病变问题、补体激活与免疫反应问题等。例如，20 世纪 30 年代，人们用丙烯酸甲酯制造义齿的牙床。20 世纪 50 年代，医用级有机硅橡胶、聚羟基乙酸酯缝合线以及聚（醚-氨）酯心血管材料开始被使用。近现代，生物医用材料发展到由活体组织和人工材料有机合成而成，可以提高相关生物组织细胞的分裂和生长速度。

医用高分子材料学科作为一门交叉学科，融合了高分子化学、高分子物理、生物化学、合成材料工艺学、病理学、药理学、解剖学和临床医学等多方面的知识，还涉及许多工程学问题，如各种医疗器械的设计、制造等。上述学科的相互交融、相互渗透，促使医用高分子材料的品种越来越丰富，性能越来越完善，功能越来越齐全。

生物医用材料消耗原材料少、节能环保、技术附加值高，是典型的战略新兴产业，在近 10 年来保持着超过 20%的年增长率。在我国逐步走向人口老龄化社会、创伤恢复需求增多的情况下，生物医用材料将会迎来新一轮的高速发展。有人预计，除了大脑之外，人体的所有部位和脏器都可用高分子材料来取代。尤其是随着 3D 打印技术的飞速发展和普及，可以依据患者的需求快速精确制备个性化的生物医用材料，为医用高分子材料的推广和应用提供了极大的便利条件。

二、医用高分子材料的分类

医用高分子材料是一类具有特殊用途的材料，它们在使用过程中需要植入体内，常需与生物肌体、血液、体液等接触。由于医用高分子与人们的健康密切相关，因此对进入临床使用阶段的医用高分子材料具有严格的要求。一般而言，医用高分子材料要具备以下五个方面的性能。

（1）具有较好的化学稳定性，不会因与体液接触而发生反应；

（2）具有较好的生物相容性，即有良好的血液相容性，对人体组织不会引起炎症或异物反应，不会致癌；

（3）具有较好的机械性能，即长期植入体内不会减小机械强度；

（4）能经受必要的清洁消毒措施而不产生变性；

（5）具有较好的可塑性，即可以加工成需要的复杂形状。

医用高分子材料按照来源的不同，可以分为天然医用高分子材料和合成医用高分子材料两大类。前者是自然界形成的高分子材料（如纤维素、甲壳素、透明质酸、胶原蛋白、明胶及海藻酸钠等），取自天然生物的某些器官和组织。例如，采用自身隐静脉作为冠状动脉搭桥术的血管替代物，利用他人角膜治疗患者的角膜疾病。或者来自其他动物的异种同类组织（如采用猪的心脏瓣膜代替人的心脏瓣膜治疗心脏病等），有时候也被称为天然医用高分子材料。而合成医用高分子材料主要通过化学合成的方法加以制备，常见的有聚氨酯、硅橡胶、聚酯纤维、聚乙烯基吡咯烷酮、聚醚醚酮、聚甲基丙烯酸甲酯、聚乙烯醇、聚乳酸、聚乙烯等。

按照材料的性质，生物医用材料可以分为生物医用金属材料、生物医用高分子材料、生物陶瓷材料和生物医学复合材料。其中，生物医用高分子材料可以分为非降解材料和降解材料。前者主要包括聚乙烯、聚丙烯等聚烯烃，芳香聚酯，聚硅氧烷等；后者包括聚乙烯亚胺-聚氨基酸共聚物、聚乙烯亚胺-聚乙二醇-聚（β-氨酯）共聚物、聚乙烯亚胺-聚碳酸酯共聚物等。

生物材料长期与人体接触时，必须要考虑到材料的生物相容性问题，而这又取决于材料表面与生物体环境的相互作用。传统的金属和合金、陶瓷及高分子三种性质的材料中，很少有能完全达到植入机体所要求的生物性能。如何控制和改善生物材料的表面性质，改善生物相容性，是生物材料学科最活跃、最引人注目的领域。目前已尝试的方法有化学修饰、离子注入、表面涂膜、自组装单分子层等，这些方法为以后的研究提供了新的思路。

（一）胶原蛋白

胶原蛋白（collagen）是一组高度特化的蛋白质，含量占人体蛋白质总量的 30%以上，是脊椎动物的主要结构蛋白，是支持组织和结构组织（皮肤、肌腱和骨骼的有机质）的主要组成成分。由超过 46 种不同聚多肽链组成了 28 种胶原蛋白，主要的仅五种（表 5-2）。胶原蛋白是不溶于水的纤维性蛋白，属于硬蛋白类。胶原蛋白由成纤维细胞、成骨细胞、软骨细胞、神经组织的施万细胞以及各种上皮细胞合成和分泌，分布于肌体的各个部位。但在不同器官、组织中胶原蛋白的含量差别很大，胶原蛋白的类型、排布方式很不相同。牛和猪的肌腱、生皮、骨骼是生产胶原蛋白的主要原料。

表 5-2　五种主要胶原蛋白的特征及分布

类型	存在形式	超微结构	化学特征	分布	来源
Ⅰ	300nm 三股螺旋原纤维	67nm 横纹纤维	低羟赖氨酸糖类	皮肤、肌腱、骨、韧带、眼角膜	成纤维细胞
Ⅱ	300nm 三股螺旋原纤维	67nm 横纹纤维	高羟赖氨酸糖类	软骨、椎间盘、脊索、眼玻璃体	成软骨细胞、成纤维细胞
Ⅲ	300nm 三股螺旋原纤维	67nm 横纹纤维	高羟脯氨酸、低羟赖氨酸低糖类	皮肤、血管、内部器官	网状细胞
Ⅳ	390nm N 末端球状	网状，不形成纤维束	高羟赖氨酸高糖类	基膜	上皮细胞、内皮细胞
Ⅴ	390nm N 末端球状	细纤维	—	多位于组织间隙与Ⅰ型胶原共分布	平滑肌细胞、成肌细胞

胶原蛋白分子的基本组成单位原胶原蛋白分子的长度为 280 nm，直径为 15 nm，分子量为 300000。其一级结构具有$(X\text{-}Y\text{-}Gly)_n$重复序列，其中 X 常为脯氨酸（Pro），Y 常为羟脯氨酸（Hyp）或羟赖氨酸（Hylys），甘氨酸含量占 1/3，脯氨酸占 1/4，胶原蛋白上的糖所占的量约为胶原蛋白的 10%。原胶原蛋白由三条多肽链盘绕成三股螺旋结构。胶原蛋白分子的两端存在两个小的短链肽，称为端肽，不参与三股螺旋结构。端肽是免疫原性识别点，可通过酶解将其除去。除去端肽的胶原称为不全胶原，可用作生物医用材料。在胶原蛋白中缺少色氨酸、酪氨酸和甲硫氨酸，其他必需氨基酸含量也很低。图 5-6（b）为胶原蛋白在磷酸钠水溶液中的扫描电子显微镜照片。

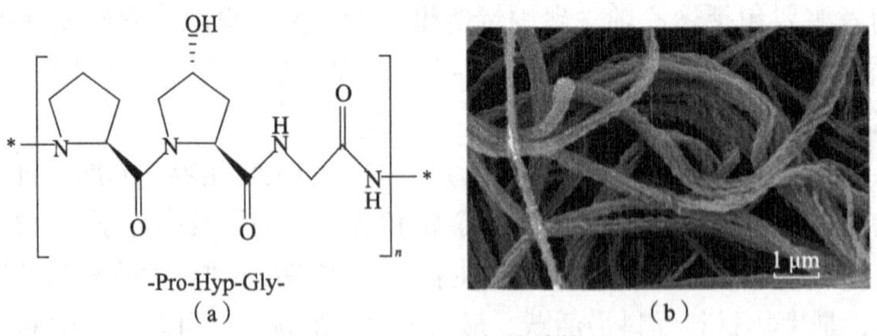

（a）　　（b）

图 5-6　胶原蛋白的结构

（a）胶原蛋白的基本多肽序列；（b）胶原蛋白 SEM 照片

目前，有两种不同的三股螺旋结构可以用来解释胶原蛋白的结构。一是 10/3 螺旋结构，即每 3 个螺旋中含有 10 个重复单元；二是 7/2 螺旋结构，即每 2 个螺旋中含有 7 个重复单元。两种模型都具有相同的单位长度，即每个三肽基元长度都是 2.86 Å。一般认为，螺旋结构中脯氨酸及其衍生物的含量决定了其螺旋结构。脯氨酸及其衍生物含量高的倾向于形成 7/2 螺旋结构，脯氨酸及其衍生物含量低的倾向于形成 10/3 螺旋结构。这种特征的三股螺旋结构只是胶原蛋白多级自组装的第一步，以 I 型胶原蛋白为例，5 根三股螺旋错位并排组装得到类六方晶系的胶原原纤维，然后继续组装得到纤维或水凝胶。在不同的体系中，胶原蛋白肽可以实现多样的多级自组装。

胶原蛋白具有特征的三股螺旋结构，这种结构在较低温度下是相对稳定的，当温度升高到特定温度时，三股螺旋将发生解旋，得到相对无规的单链，这个温度被称为胶原蛋白的熔点。人体中含量最丰富的 II 型胶原蛋白的熔点在生理温度附近。

在天然胶原蛋白中，甘氨酸（Gly）约占到了总量的三分之一，在三肽重复序列中，Gly 几乎是不可或缺的，其原因主要是 Gly 占据三股螺旋的中间才能保证三股螺旋的紧密结构，使多肽间具有足够的相互作用，从而有利于三股螺旋的稳定，同时 Gly 的 N—H 基团与 Xaa 位的 C═O 基团间会形成稳定的氢键 $N—H_{(Gly)}$ - - - $O═C_{(Xaa)}$（图 5-7），这对三股螺旋的稳定性有着至关重要的作用。

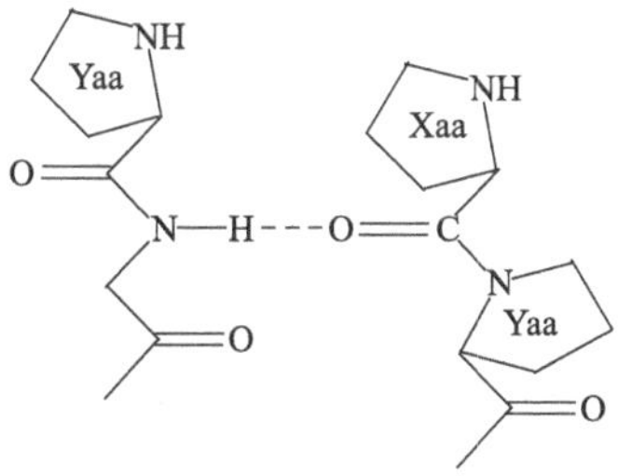

图 5-7　Gly 的 N—H 基团与 Xaa 位的 C═O 基团间形成稳定的氢键示意图

目前对于胶原蛋白肽的研究多集中在多级自组装领域。天然胶原蛋白肽就可以从多肽链到三股螺旋逐级组装，最后得到纤维和水凝胶等高级组装结构。胶原纤维中的原纤维相互交叉堆砌成带状结构，周期长度为 64～67 nm，称为 D 带。不同的组装结构可以实现不同的功能。而人工合成胶原蛋白肽模拟天然胶原蛋白的多级自组装一直是个难点。通过对胶原蛋白肽进行侧链或端基修饰，引入化学键或超分子作用基元，可以有效地调控多肽分子间作用，为多肽自组装提供额外的驱动力。目前的工作大多集中在短肽自组装领域，大分子胶原蛋白肽分子尺寸与天然胶原蛋白肽更接近，具有更强的组装驱动力、更高的材料稳定性和更好的机械性能，但基于此类分子的自组装鲜有报道。

胶原蛋白可以用于制造止血海绵、创伤敷料、人工皮肤、手术缝合线、组织工程基质等。胶原蛋白在应用时必须交联，以控制其物理性质和生物可吸收性。戊二醛和环氧化合物是常用的交联剂，残留的戊二醛会引起生理毒性反应，因此必须注意使交联反应完全。胶原蛋白交联以后，酶降解速率显著下降。

（二）甲壳素与壳聚糖

甲壳素在自然界中是仅次于纤维素的第二大多糖，也是除蛋白质外含量最丰富的含氮高分子，其年生物合成量约 100 亿 t。昆虫壳皮、虾蟹壳中均含有丰富的甲壳素

（图 5-8）。1811 年，法国科学家 Braconnot 教授在用温热的稀碱溶液处理蘑菇时得到纤维状白色残渣。1832 年，Odier 教授从甲壳类昆虫的翅鞘中分离出同样的物质，认为是一种新型的纤维素，命名为甲壳素。1843 年 Payen 教授发现甲壳素与纤维素性质不同。同年，Lassaigne 发现甲壳素中含氮元素，进而证明甲壳素不是纤维素。1878 年，Ledderhose 从甲壳素的水解反应液中检测出氨基葡萄糖和乙酸。1894 年，Gilson 进一步证明甲壳素中含氨基葡萄糖，并且证明甲壳素是由 *N*-乙酰氨基葡萄糖缩聚而成。此后的研究表明，甲壳素是由 β-(1,4)-2-乙酰氨基-2-脱氧-D-葡萄糖（*N*-乙酰-D-葡萄糖胺）组成的线型多糖。其化学结构与天然纤维素相似，分子中除存在羟基外，还含有乙酰氨基和氨基，可供结构修饰的基团多，具有比纤维素及其衍生物更加丰富的功能性质，不溶于水、乙醇、乙醚、盐类和稀酸、稀碱；能溶于乙酸，与浓烧碱溶液作用。

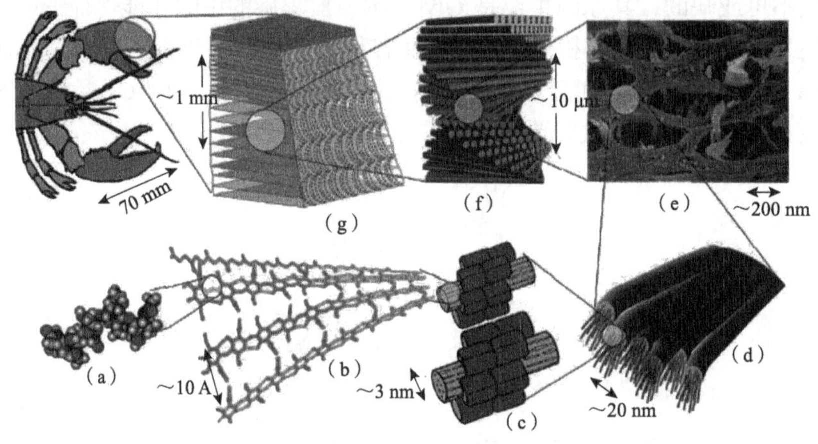

图 5-8 龙虾角质层的层级结构

（a）*N*-乙酰胺基葡萄糖分子；（b）甲壳素的反式平行分子链；（c）甲壳素-蛋白质纳米纤维；（d）矿物质-蛋白质基体中的甲壳素-蛋白质纤维；（e）表皮与孔管系统；（f）扭转的甲壳素-蛋白质板状结构；（g）多层角质层结构

甲壳素由于具有较高的分子量和较强的分子间氢键作用，其难以溶解于一般的溶剂中。近年来，我国武汉大学张丽娜教授课题组开发出了 NaOH/尿素低温溶剂体系。将甲壳素分散于 11wt% NaOH/4wt%尿素水溶液中，冷冻至−30℃，经冷冻-解冻数次循环后，甲壳素分子链由 NaOH 水合物直接通过氢键相连，尿素水合物作为壳层包围在包合物外侧，导致甲壳素溶解。该溶剂体系安全无毒，成本低廉，适合规模化生产。

甲壳素是一种半结晶性的天然高分子材料，其晶体形态主要有 α 晶体、β 晶体和 γ 晶体。三种晶体中，α 晶体甲壳素由反平行链组成，从热力学角度分析是最稳定的晶体结构。其分布最广，分子间氢键最强，结晶度最高。而 β 晶体甲壳素则由分子内氢键的平行链结构组成。通过溶解或晶体溶胀作用，β 晶体甲壳素可以转变为 α 晶体甲壳素，但是这一过程目前被认为是不可逆过程。

由于甲壳素分子链上含有丰富的化学活泼性较强的基团，可以在多个领域有较大的使用价值，特别是在纳米医用材料领域。制备纳米甲壳素基材料分为“自上而下”和“自下而上”两种方法。通过某些化学或力学的方法将自然状态下缠结在一起的甲壳素纤维分散为独立的纳米晶体或纳米纤维，即“自上而下”的方法。例如，酸水解、四甲基哌啶氮氧化物氧化、力化学改性、表面阳离子化等就是常见的“自上而下”的方法，可以破坏甲壳素分子间分布氢键、范德瓦耳斯力的作用，从而将缠绕在一起的甲壳素纤维分开。此外，还可通过甲壳素溶解再生过程中的自组装行为制备甲壳素纳米结构，即“自下而上”的方法。其中由氢键作用、范德瓦耳斯力等驱动的分子自组装法已成功应用于六氟异丙醇（HFIP）、LiCl/DMAc、离子液体、低共熔溶剂体系、NaOH/尿素等各种溶剂体系中甲壳素纳米纤维的制备。

壳聚糖是甲壳素在一定条件下脱乙酰化的产物。此外，依据甲壳素的*N*-脱乙酰度，可以把壳聚糖分为低脱乙酰度壳聚糖（55%～70%）、中脱乙酰度壳聚糖（70%～85%）、高脱乙酰度壳聚糖（85%～95%）、超高脱乙酰度壳聚糖（95%～100%，极难制备）。

1859 年，Rouget 将甲壳素浸泡在 40%～50%浓度的 KOH 溶液中，在 110～120℃下水解 2～4 h，产物被发现可以溶于有机酸。1894 年，Hoppe-Seiler 确认该种产物是脱掉了部分乙酰基的甲壳素[甲壳素结构见图 5-9(a)]，并命名为壳聚糖[结构式见图 5-9(b)]。甲壳素脱乙酰化制备壳聚糖的过程如图 5-10 所示。

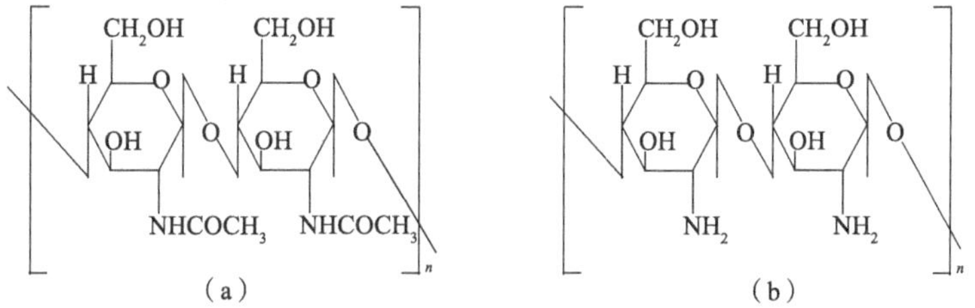

(a)　(b)

图 5-9　甲壳素（a）和壳聚糖（b）的化学结构式

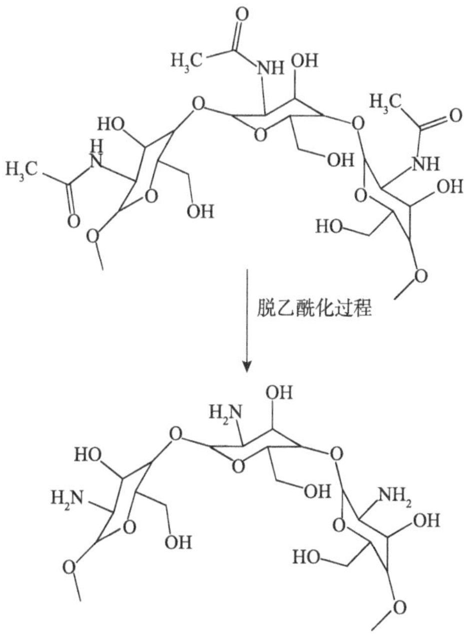

脱乙酰化过程

图 5-10　甲壳素脱乙酰化制备壳聚糖的过程

一般商业化的壳聚糖的制备过程包含三个步骤：①甲壳素在稀 NaOH 水溶液中脱蛋白；②产物在稀 HC1 水溶液中脱钙；③在 40%～50% NaOH 水溶液中热化学（90～120℃）处理 4～5 h 进行脱乙酰化。脱乙酰度和分子量是壳聚糖最为重要的两个结构参数。因原料和制备方法不同，壳聚糖分子量也从数十万至数百万不等，不溶于水和碱溶液，可溶于稀的盐酸、硝酸等无机酸和大多数有机酸，不溶于稀的硫酸、磷酸。在稀酸中，壳聚糖的主链会缓慢水解，溶液黏度会逐渐降低。

壳聚糖的脱乙酰度可通过多种方法进行定量和半定量表征，如滴定法、红外光谱法、裂解气相色谱法、凝胶渗透色谱法、紫外光谱法、核磁共振波谱法以及酸水解-高效液相色谱法等。其中，酸碱中和滴定法和 ^{1}H NMR（核磁共振）被认为是两种相对方便和可靠的表征手段。滴定法中，首先将壳聚糖溶解于稀 HC1 水溶液中，然后逐滴加入 NaOH 溶液，通过监测 pH 或电导率的突跃，从而定量计算得到氨基含量。在核磁共振波谱检测过程中，通过 1.95 ppm 处的乙酰基信号峰与 4.79 ppm 和 4.5 ppm 处的 D-葡萄糖胺和 *N*-乙酰-D-葡萄糖胺信号峰的比值可以得到壳聚糖的脱乙酰度。

由于氨基的存在，甲壳素和壳聚糖成为自然界中发现的两种阳离子碱性多糖。同时，氨基及羟基的存在也为甲壳素的衍生化及功能化改性提供了化学基础，使烷基化、季铵化、酯化、金属螯合等反应均可进行。同时由于其分子主链上带有大量正电荷，对重金属离子、有机染料、药物分子、阴离子聚合物、DNA、蛋白质和组织黏膜等具有较强的亲和力。而且材料无毒，且有抑菌、杀菌作用，是食品饮料工业和饮用水净化的理想吸附剂。

基于静电、疏水、氢键、p-π 共轭等弱相互作用，壳聚糖对废水中有机染料具有较强的吸附能为，是一种低成本、绿色环保的生物吸附剂，在污水处理领域具有广泛的应用。此外，壳聚糖可与大多数的阴离子聚合物如聚丙烯酸、羧甲基纤维素、黄原胶、卡拉胶、海藻酸钠、果胶、肝素、透明质酸等相互结合形成聚电解质复合物，可制得一系列具有不同功能的复合材料，如凝血材料、水处理材料、组织工程支架材料等。此外，壳聚糖可以与 DNA、RNA、蛋白质及大分子药物形成聚电解质复合材料。这类材料具有优良的生物相容性且可缓慢降解，可应用于基因传递、药物释放、固定化酶等领域。在体液环境下，壳聚糖带正电荷，人体黏膜带有负电荷。因此，壳聚糖基组织工程支架材料或伤口敷料可与人体黏膜紧密结合，从而促进组织再生和伤口愈合。由甲壳素和壳聚糖纤维制成的医用敷料有非织造布、纱布、绷带、止血棉等，主要用于治疗烧伤、烫伤患者，主要作用如下：

（1）给患者凉爽之敷感以减轻其伤口疼痛；

（2）具有极好的氧通透性以防止伤口缺氧；

（3）吸收水分并通过体内酶自然降解而不需要另外去除；

（4）降解产生可加速伤口愈合的 *N*-乙酰葡萄糖胺，大大提高了伤口愈合速度。

此外，壳聚糖在医药方面也有较多的应用。低聚壳聚糖具有非常爽口的甜味，在保温性、耐热性等方面优于砂糖，不易被体内消化液降解，故几乎不产生热量，是糖尿病患者、肥胖患者理想的功能性甜味剂。

正电性的壳聚糖能与负电性的胆汁酸相结合而排出体外，脂肪不被乳化，因此会影响脂肪的消化吸收，降低血清甘油三酯含量，促进肝脏将胆固醇转化成胆汁酸，血胆固醇进入肝脏，使血胆固醇降低。带正电荷的壳聚糖与食盐中的氯离子相吸引而被带出体外，体内缺少氯离子，从而可以降低人体血压。壳聚糖还可与胆汁结合使人体内 pH 偏碱性，创造了淋巴细胞攻击癌细胞的环境。壳聚糖能刺激巨噬细胞活化，促进其吞噬能力，增强抗原呈现能力，并增强其在其他免疫应答中的协同效应，从而实现机体对 T 细胞、NK 细胞和 B 细胞的调节，介导机体的细胞免疫应答和体液免疫应答，显示抗癌作用。

癌症患者放疗时，放射线对癌细胞、正常细胞均有杀伤作用，壳聚糖也能保护正常细胞恢复。壳聚糖在癌症的治疗中还可用于增强抗肿瘤药物的作用。将小分子抗肿瘤药载接到高分子载体壳聚糖上，通过水解或酶解药物与载体骨架间的化学键，使之断裂，释放出药物，具有缓释、长效、低毒等优良特性。

（三）聚乳酸与聚乙醇酸

聚乳酸和聚乙醇酸是两种重要的聚酯塑料。聚酯主链上的酯键在酸性或者碱性条件下均容易水解，产物为相应的单体或短链段，可参与生物组织的代谢。乙醇酸和乳酸是典型的 α-羟基酸，其缩聚产物即为聚 α-羟基酸酯，即聚乙醇酸（PGA）和聚乳酸（PLA）（图 5-11）。

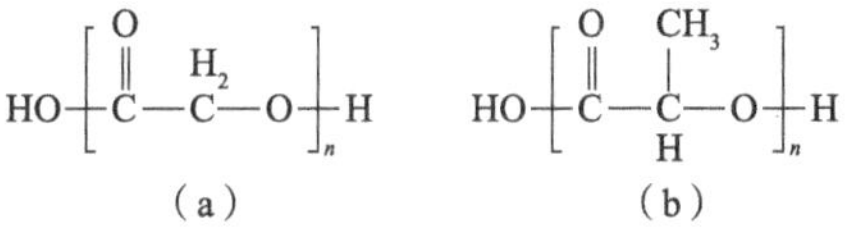

$$\mathrm{HO}\!\left[\overset{\displaystyle \mathrm{O}}{\overset{\|}{\mathrm{C}}}-\overset{\mathrm{H_2}}{\mathrm{C}}-\mathrm{O}\right]_n\!\mathrm{H} \qquad \mathrm{HO}\!\left[\overset{\displaystyle \mathrm{O}}{\overset{\|}{\mathrm{C}}}-\underset{\mathrm{H}}{\overset{\mathrm{CH_3}}{\overset{|}{\mathrm{C}}}}-\mathrm{O}\right]_n\!\mathrm{H}$$

（a）　　　　（b）

图 5-11　聚乙醇酸（a）和聚乳酸（b）的化学结构式

而乳酸中的 α 碳是不对称的，因此有两种旋光异构体，即右旋乳酸（D-乳酸）和左旋乳酸（L-乳酸）。L-乳酸和 D-乳酸的熔点均为 16.8℃，L-乳酸和 D-乳酸等量混合后得到的外消旋乳酸的熔点为 52.8℃。由单纯的 D-乳酸或 L-乳酸制备的聚乳酸具有光学活性，分别称为聚 D-乳酸（PDLA）和聚 L-乳酸（PLLA）。由两种异构体乳酸的混合物消旋乳酸制备的聚乳酸称为聚 D,L-乳酸（PDLLA），无光学活性。PDLA 和 PLLA 的物理化学性质基本上相同，而 PDLLA 的性质与两种光学活性聚乳酸有很大差别。在自然界存在的乳酸都是 L-乳酸，故用其制备的 PLLA 的生物相容性最好。

聚乳酸的生产原材料可以是自然界中任意含淀粉的植物，原材料范围广、可再生，整个生产全程无污染。研究表明，聚乳酸使用后埋在土壤中 6～12 个月即能被自然界中微生物完全降解，最终生成二氧化碳和水，不污染环境。液态非晶性和结晶性左旋聚乳酸的密度分别为 1.248 $\mathrm{g \cdot mL^{-1}}$、1.29 $\mathrm{g \cdot mL^{-1}}$。固态聚乳酸的密度依据组成的不同而有所差异。左旋丙交酯的密度为 1.36 $\mathrm{g \cdot cm^{-3}}$、内消旋丙交酯的密度为 1.33 $\mathrm{g \cdot cm^{-3}}$、结晶性聚乳酸的密度为 1.29 $\mathrm{g \cdot cm^{-3}}$、非晶聚乳酸的密度为 1.25 $\mathrm{g \cdot cm^{-3}}$。聚乳酸的良溶剂有 1,4-二氧六环、乙腈、氯仿、二氯乙烷、1,1,2-三氯乙烷、二氯乙酸甲酯。在室温环境下可以部分溶解而只有在升温至沸点下才能溶解聚乳酸的溶剂有乙苯、甲苯、丙酮和四氢呋喃等。乳酸基聚合物不溶解于水、甲醇、乙醇、丙二醇、正己烷和正庚烷。结晶性左旋聚乳酸不溶解于丙酮、四氢呋喃、乙酸乙酯。100%结晶的聚乳酸的熔融焓有两种估算结果：93 $J\cdot g^{-1}$、148 $J\cdot g^{-1}$。

1. 聚乳酸的制备

聚 α-羟基酸酯可通过如下两种直接方法合成：①羟基酸在脱水剂（如氧化锌）的存在下热缩合；②卤代酸脱卤化氢而聚合。但是用这两种方法合成的聚 α-羟基酸酯的分子量往往只有几千，很难超过 20000。而通常只有分子量大于 25000 的聚 α-羟基酸酯才具有较好的机械性能。因此，直接聚合得到的聚 α-羟基酸酯一般只能用于药物释放体系，而不能用于制备手术缝合线、骨夹板等需要较高机械性能的产品。

为了制备高分子量的聚 α-羟基酸酯，目前采用环状内酯开环反应的技术路线。对于乳酸而言，开环聚合法一般采用丙交酯为单体，丙交酯为乳酸的环状二聚体，由于乳酸具有光学活性，丙交酯具有三种不同的立体异构体：L-丙交酯、D-丙交酯和内消旋丙交酯，L-丙交酯与 D-丙交酯等量混合形成外消旋丙交酯（图 5-12）。由乙交酯或丙交酯开环聚合得到聚酯 PGA 或 PLA 的反应式如图 5-13 所示。

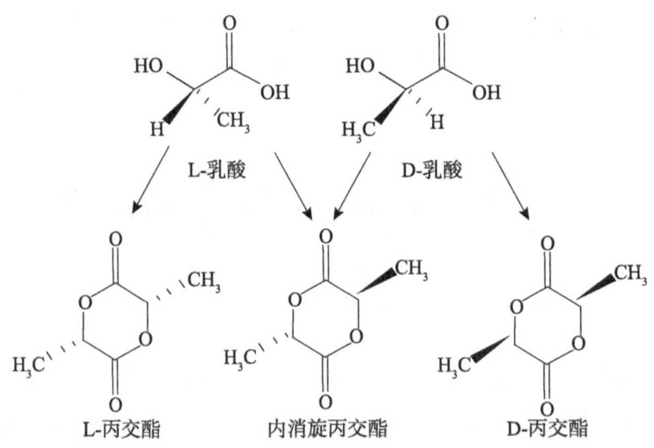

图 5-12　乳酸与丙交酯的立体异构体

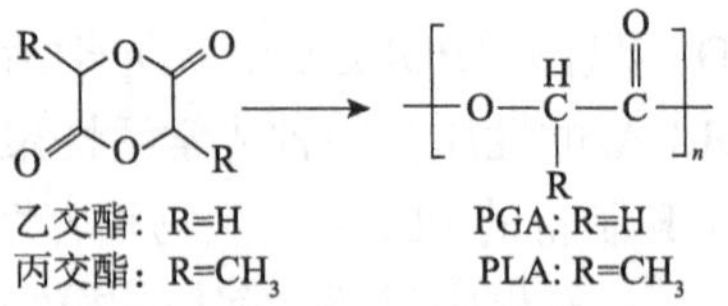

乙交酯：R=H
丙交酯：R=CH_3
PGA: R=H
PLA: R=CH_3

图 5-13　乙交酯或丙交酯开环聚合过程示意图

根据聚合机理，环状内酯的开环聚合有三种类型，即阴离子开环聚合、阳离子开环聚合和配位插入开环聚合。1954 年，杜邦公司开始用间接方法合成聚乳酸，首先由乳酸脱水缩合成丙交酯，再由丙交酯开环聚合制备聚乳酸，得到了高分子量的聚乳酸。主要过程如下：

$$H_3C-\underset{H}{\overset{OH}{C}}-\overset{O}{\overset{\|}{C}}-OH \xrightarrow[120\sim140℃]{\text{脱水缩合}} H\!\left[O-\underset{CH_3}{\overset{H}{C}}-\overset{O}{\overset{\|}{C}}\right]_n\!OH \xrightarrow[\text{高真空}]{\text{裂解环化}}$$

低分子量

$$\text{丙交酯（}H_3C, CH_3, O, O\text{ 六元环）} \xrightarrow[130\sim180℃]{\text{开环聚合}} H\!\left[O-\underset{CH_3}{\overset{H}{C}}-\overset{O}{\overset{\|}{C}}\right]_n\!OH$$

高分子量

该方法的主要缺点是工艺路线长且复杂、价格昂贵、收率较低（一般低于 22%）、丙交酯开环聚合制备聚乳酸条件苛刻，难与通用塑料竞争。

聚乳酸还可以通过直接缩聚法获得，通过乳酸分子间脱水、酯化、逐步缩合聚合得聚乳酸。要想获得高分子量的聚乳酸，水分的脱除及抑制聚合物的降解是直接法的关键。聚乳酸直接缩聚合成方法主要可分为溶液聚合、熔融聚合、直接扩链法和熔融-固相聚合法。日本 Mitsui Toatsu 化学公司将乳酸、催化剂和高沸点有机溶剂在反应器内充分混匀进行溶液聚合，制备得到的聚 D,L-乳酸（PDLLA）的分子量高达 300000。例如，在聚合反应过程中添加扩链剂制备得到的聚乳酸分子量较高。而且可以选择的扩链剂种类也比较多。Woo 等和 Gu 等利用六亚甲基二异氰酸酯为扩链剂，分别在 170℃和 180℃反应一定时间后，都获得了分子量为上百万的聚乳酸制品。

高分子量聚乳酸通常采用两步法制备，即丙交酯开环聚合的方法。开环聚合过程受到多种因素的影响，如乳酸单体的纯度、聚合反应体系的真空度、聚合反应体系的温度、聚合反应时间、聚合反应所需要的催化剂等。两步法制备高分子量聚乳酸主要有以下几种方式：

1）阳离子开环聚合

阳离子开环聚合的催化剂有很多种，经常用于实验的催化剂一般为质子酸类、路易斯酸类，还有烷基化试剂等。阳离子开环聚合的机理是利用催化剂进攻丙交酯，同时在丙交酯环外生成配位离子。采用此类催化剂聚合时，对聚合反应体系的温度要求比较高。

2）阴离子开环聚合

阴离子开环聚合的催化剂通常为中等强度的碱。但其引发的速度不如阳离子引发的开环聚合的速度快。阴离子在聚合过程中存在着两种链增长方式：一种方式是阴离子攻击丙交酯，另一种方式是阴离子直接进攻活性单体，从而实现大分子链的增长。

3）配位插入开环聚合

催化剂通常为过渡区等金属的有机物质或者是具有氧化能力的物质，在这些催化剂中辛酸亚锡是当前合成聚乳酸效果最好的，其安全性被证明是可靠的。由于其具有较高的活性，所以作为催化剂的用量并不是很大。此外，使用复合催化剂往往具有比使用单一催化剂更能获得高分子量的聚乳酸。例如，吴启凡等使用氯化亚锡-对甲苯磺酸复合催化剂对聚乳酸进行熔融-固相聚合，研究结果表明，当使用的氯化亚锡和对甲苯磺酸分别为 0.3wt%时，能获得较高分子量的聚乳酸低聚物。

共沸脱水是一种无须添加扩链剂可以合成高分子量聚乳酸的方式。在聚合过程中，在 130℃下减压蒸馏 2～3 h 就可以去掉大部分的冷凝水。当采用质量分数为 0.2%的 $SnCl_2·2H_2O$ 为催化剂时，以分子筛为干燥剂，间二甲苯为溶剂，就可以通过共沸脱水的方式在 138℃下反应 48～72 h，聚合得到黏均分子量高达 33000 的聚乳酸。

2. 聚乙醇酸的性质与制备

聚乙醇酸（PGA）是半结晶的聚合物，结晶度为 33%～55%。在 X 射线衍射谱图上，PGA 的特征衍射峰位置为 2θ=23°、29°。由于其结晶度高，分子链能够进行紧密的堆积排列，所以它有很多独特的化学、物理和力学性能。PGA 的密度可高达 1.5～1.7 $g·cm^{-3}$。PGA 只溶于高氟代的有机溶剂，如六氟异丙醇。PGA 纤维具有高的抗张强度和弹性模量。聚合物链上酯键的水解是 PGA 降解的根本原因，其端羧基对水解起自催化作用。其降解受结晶度、温度、样品分子量、样品形态、降解环境及缓冲溶液 pH 等的影响。

PGA 的力学性能也与分子量有关，分子量达 1 万以上时，其强度完全可以满足手术缝合线的使用要求；自增强后，力学强度大幅度提高，可为母体的 2～3 倍，使 PGA 能应用于骨折、肌腱等各类组织的修复或固定。PGA 在降解过程中，首先从非晶区开始，第二阶段为结晶区降解，其中间降解产物为乙醇酸（GA），最终产物是二氧化碳和水，在体内可以完全降解并被吸收。

长期以来，PGA 的合成采用两步法，即乙醇酸先环化二聚成乙交酯，乙交酯再开环聚合成 PGA。根据反应机理，开环聚合可分为阳离子聚合、阴离子聚合和配位聚合等三种。在聚合过程中存在分子间酯交换和分子内酯交换两种副反应，都会导致聚合物的分子量分布变宽。开环聚合中，常用的催化剂有辛酸亚锡($SnOct_2$)、异丙醇铝、乙酰丙酮钙、双金属氧桥烷氧化合物引发剂$[(n\text{-}C_4H_9O)_2AlO]_2Zn$ 等。美国食品药品监督管理局（FDA）允许 $SnOct_2$ 作为食品添加剂，是目前应用最多的引发剂体系。要获得高分子量的 PGA，必须要保证单体的高纯度和高真空封管聚合。国内肖敏等以辛酸亚锡为催化剂、十二醇为分子量调节剂，经乙交酯开环聚合合成了特性黏数达 3.848 $dL·g^{-1}$ 的聚乙交酯。Schmidt 等采用超临界二氧化碳技术，以辛酸亚锡为催化剂、十二醇为引发剂，在 120℃、530 bar (1 bar=10^5 Pa)下反应 5 h，获得数均分子量达 31200 的 PGA。Piotr Dobrzyñski 用乙酰丙酮钙为引发剂获得了高分子量 GA 的共聚物及均聚物。二步法虽可得到高分子量的 PGA，但合成路线冗长，工艺复杂，总得率低，导致 PGA 的成本较高。

相对而言，由乙醇酸（GA）出发直接聚合得到 PGA 的缩聚法，工艺路线较简单，一般只能得到分子量在几十至几千的低聚物，且聚合温度高，常导致产物带颜色。仅日本有分子量可达十几万的专利报道。以含锡或含锗的化合物为引发剂，惰性气体保护，减压，脱水缩聚，当达到中分子量（2000～6000）时，加入含磷的化合物或液体石蜡，阻止反应体系黏度升高，有效地提高水扩散速率，得高分子量聚合物，或者在某一步反应或在全部反应过程中使用膜式干燥器，聚合物的分子量可达到十几万。经大量实验研究，发现 $Zn(CH_3CO_2)_2·2H_2O$ 是羟基乙酸本体缩聚获得高分子量的理想催化剂，重均分子量可达 9 万以上。2000 年，日本学者公开报道了一种直接缩聚法，以水合乙酸锌为催化剂，将 GA 在 190℃下先进行熔融本体聚合，再将得到的分子量小于 1 万的 PGA 低聚物在 190℃下进行固相本体聚合，可以获得分子量高达 9.1 万的 PGA，该水平与传统的两步法相当。因此新方法为 PGA 的大规模制备提供了一个简捷的路线。

3. 聚乳酸与聚乙醇酸的应用

由乙交酯和丙交酯开环共聚得到的聚酯，称为聚乙丙交酯（PLGA）。当其组成（摩尔比）在（25：75）～（75：25）之间时，共聚产物为无定形玻璃态高分子，性能接近 PLA，玻璃化转变温度在 50～60℃。组成为 90：10 的聚乙丙交酯的性质接近 PGA，但柔顺性改善，可作为生物吸收材料在临床上应用。表 5-3 是 PGA、PLA 及其共聚物的物理性质。PGA 和 PLLA 结晶性很高，可以通过静电纺丝的方法将熔融态的 PLA 制备成纳米级纤维（图 5-14）。其纤维的强度和模量几乎可以和芳香族聚酰胺液晶纤维（如 Kevlar）及超高分子量聚乙烯纤维（如 Dynema）媲美。

表 5-3　PGA、PLA 及其共聚物的物理性质

名称	结晶度	T_m/℃	T_g/℃	T_{de}/℃	拉伸强度/MPa	模量/GPa	断裂伸长率/%
PGA	高	230	36	260	890	8.4	30
PLA	不结晶	—	56	—	—	—	—
PLLA	高	170	57	240	900	8.5	25
P-910*	高	200	40	250	850	8.6	24

* 乙交酯与丙交酯 90：10（摩尔比）的共聚产物。

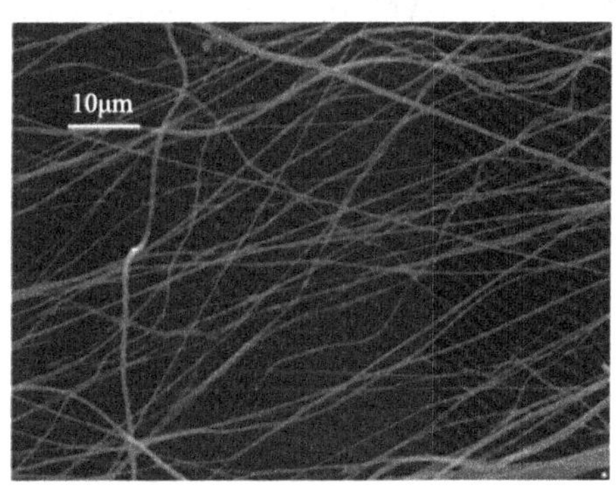

图 5-14　聚乳酸纤维的扫描电子显微镜照片

PLA 基本上不结晶，低聚合度时在室温下是黏稠液体，基本上没有应用价值。添加合适成核剂或者对聚乳酸进行改性，都能在一定程度上增强聚乳酸的结晶性能。华笋等采用熔融缩聚法制备出含有聚乳酸支链的纤维素接枝共聚物（OLA-*g*-C），然后将其与聚乳酸进行溶液共混，制备得到聚乳酸共混物（PLA/OLA-*g*-C），结晶性能明显提升。图 5-15（a）和（b）分别为纯聚乳酸和聚乳酸共混物（PLA/OLA-*g*-C）等温结晶 10 min 之后的偏光显微镜照片，可见共混改性后聚乳酸的球晶数量明显增多。

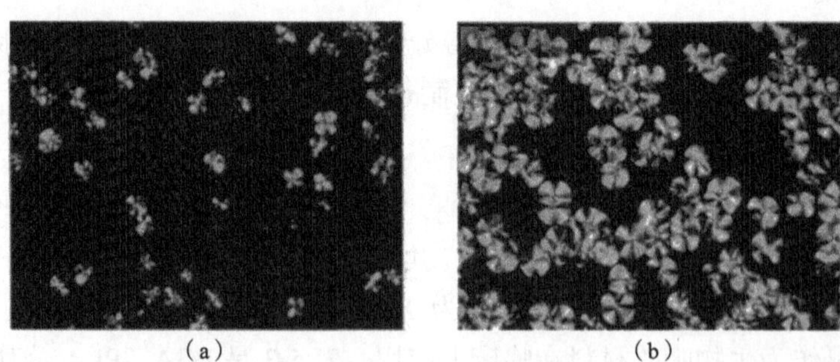

（a）　（b）

图 5-15　纯聚乳酸（a）与 PLA/OLA-g-C（b）等温结晶 10 min 的偏光显微镜照片

由于聚乳酸具有良好的生物相容性，可以生物降解且能被生物机体吸收，获得美国 FDA 授权用于生物医学领域。平均分子量接近 100 万的 PLA 可以用于高强度植入体（如骨夹板、体内手术缝合线等）。另外，聚乳酸对人体无毒且有高度安全性并可自发被组织吸收，以二氧化碳和水的形式随代谢排出体外。再加之其优良的物理机械性能，在生物医药领域应用广泛，如一次性医疗器具、免拆除自吸收型手术缝合线、药物缓控释包封材料、人造骨折固定件（骨钉、骨板等）、组织修复材料、人造皮肤等。

此外，通过改变结晶度和亲水性可改变或控制聚 α-羟基酸酯的降解性和生物吸收性。例如，将丙交酯与己内酯共聚，得到的共聚物比 PLLA 具有更好的柔顺性。将乙二醇与乳酸共聚制备得到具有一定亲水性能的嵌段共聚物。例如，通过甲氧基聚乙二醇与丙交酯开环共聚制备得到相应的嵌段共聚物。其制备过程如图 5-16 所示。PLA 也可以在载药领域有较大的应用。Liu 等合成了四臂的 PEG-PCL-PSt-PLLA-PAA，其所得微胶束具有良好的稳定性、优异的药物负载性和对 pH 敏感的可控释放性能。通过铸膜、微流体技术可以制备基于 PLA 共聚物的载药微胶囊。将从天然植物获得的抗癌药物，如紫杉醇、阿霉素、喜树碱等（结构见图 5-17）首先与乳酸分子上的羧基结合，然后通过开环共聚的方式制备得到载药聚乳酸纳米颗粒。这种纳米载药微胶囊最长可以在 14 d 时间内释放出所负载的药物。

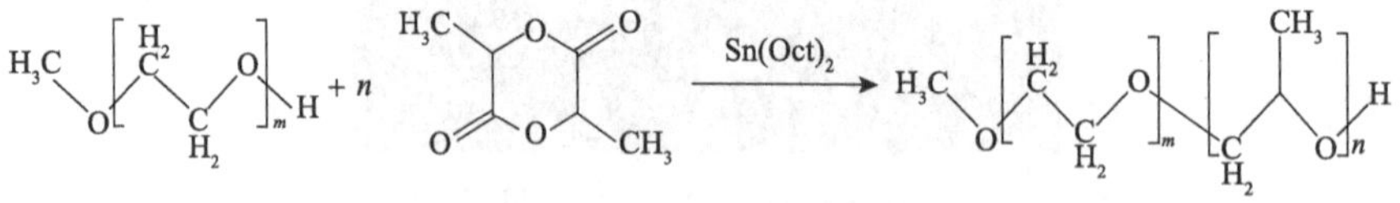

$Sn(Oct)_2$

图 5-16　甲氧基聚乙二醇与丙交酯开环共聚过程示意图

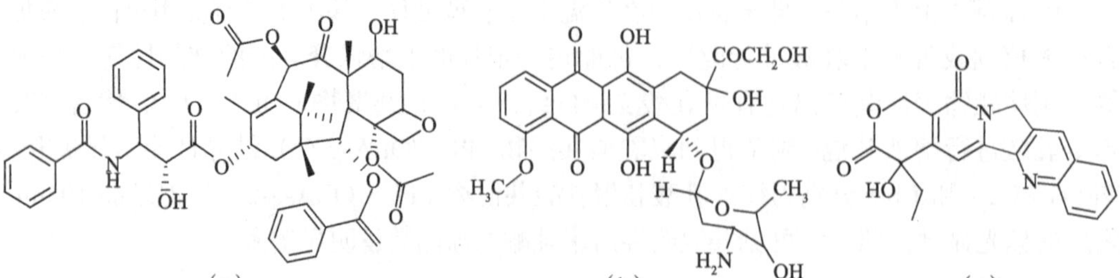

（a）　（b）　（c）

图 5-17　紫杉醇（a）、阿霉素（b）、喜树碱（c）的分子结构

第四节　高分子分离膜材料

一、分离膜与膜分离技术的概念

应对环境污染和环境破坏的最有效的办法就是在源头将污染物质分离回收，从而从根本上抑制其向环境中的排放。膜分离技术由于具有能耗低、效率高等显著优点，被认为是最有竞争力的分离回收技术。膜分离技术除了对固体废弃物的直接处理不大适用之外，对液相和气相等流体废弃物的处理均有广泛的应用。除渗透蒸发膜外，膜分离过程没有相的变化，常温下即可操作，对无机化合物、有机化合物及生物制品均可适用，并且不产生二次污染。

膜在生产和研究中的使用技术被称为膜技术。膜分离过程的主要特点是以具有选择透过性的膜作为分离的手段，可以实现分子尺寸层级上的分离。膜的形式可以是固态的，也可以是液态的。从流体流动的角度看，膜至少具有两个界面，膜通过这两个界面与被分割的两侧流体接触，并进行物质的传递。分离膜对流体可以是完全透过性的，也可以是半透过性的。膜分离技术是利用膜对混合物中各组分的选择渗透性能的差异来实现分离、提纯和浓缩的技术。膜分离过程的推动力有浓度差、压力差和电位差等。膜分离过程可概述为以下三种形式。

1. 渗析式膜分离

料液中的某些溶质或离子在浓度差、电位差的推动下，透过膜进入接受液中，从而被分离出去。属于渗析式膜分离的有渗析和电渗析等。

2. 过滤式膜分离

利用组分分子的大小和性质差别所表现出透过膜的速率差别，达到组分的分离。属于过滤式膜分离的有超滤、微滤、反渗透和气体渗透等。

3. 液膜分离

液膜与料液和接受液互不混溶，液液两相通过液膜实现渗透，类似于萃取和反萃取的组合。溶质从料液进入液膜相当于萃取，溶质再从液膜进入接受液相当于反萃取。

20 世纪 50 年代初，为从海水或苦咸水中获取淡水，开始了反渗透膜的研究。1961 年，Michaelis 等以水-丙酮-溴化钠为溶剂制成含酸性和碱性的高分子电解质混合物的薄膜，可以截留不同分子量的物质。美国 Amicon 公司首先将这种膜商品化。1967 年，杜邦（DuPont）公司研制成功了以尼龙-66 为主要组分的中空纤维反渗透膜组件。同一时期，丹麦 DDS 公司研制成功平板式反渗透膜组件。反渗透膜开始工业化。超滤膜（简称 UF 膜）、微滤膜（简称 MF 膜）和反渗透膜（简称 RO 膜）获得很大的发展。60 年代中期，美籍华人黎念之博士发现含有表面活性剂的水和油能形成界面膜，从而发明了不带有固体膜支撑的新型液膜，并于 1968 年获得纯粹液膜的第一项专利。70 年代初，卡斯勒（Cussler）又研制成功含流动载体的液膜，使液膜分离技术具有更高的选择性。80 年代气体分离膜的研制成功，使分离膜的地位又得到了进一步提高。

二、高分子分离膜的分类

（一）按膜的材料分类

按照膜的材料来分，可以将高分子分离膜分为如下几个种类，具体见表 5-4。

表 5-4 高分子分离膜分类

类别	膜材料	举例
纤维素酯类	纤维素衍生物类	醋酸纤维素、硝酸纤维素、乙基纤维素等
	聚砜类	聚砜、聚醚砜、聚芳醚砜、磺化聚砜等
	聚酰（亚）胺类	聚砜酰胺、芳香族聚酰胺、含氟聚酰亚胺等
非纤维素酯类	聚酯、聚烯烃类	涤纶、聚碳酸酯、聚乙烯、聚丙烯腈等
	含氟（硅）类	聚四氟乙烯、聚偏氟乙烯、聚二甲基硅氧烷等
	其他	壳聚糖、聚电解质等

（二）按膜的分离原理及适用范围分类

根据分离膜的分离原理和推动力的不同，可将其分为微滤膜、超滤膜、反渗透膜、纳滤膜、渗析膜、电渗析膜、渗透蒸发膜等。

1. 微滤膜

微孔过滤是以静压差为推动力，利用筛网状过滤介质膜的“筛分”作用进行分离的过程。实施微孔过滤的膜称为微滤膜。微滤膜的厚度在 90～150 μm 之间，过滤粒径在 0.025～10 μm 之间，操作压为 0.01～0.2 MPa。微滤膜的主要优点如下：

（1）能将液体中所有大于指定孔径的微粒全部截留。

（2）孔隙大，流速快。一般微滤膜的孔密度为 10^7 孔·cm^{-2}，微孔体积占膜总体积的 70%～80%。由于膜很薄，阻力小，其过滤速度较常规过滤介质快几十倍。

（3）无吸附或少吸附。微滤膜厚度一般在 90～150 μm 之间，吸附量很少。

（4）无介质脱落。微滤膜为均一的高分子材料，过滤时没有纤维或碎屑脱落，因此能得到高纯度的滤液。

微滤膜在使用过程中也存在一些缺点，主要缺点如下：

（1）颗粒容量较小，易被堵塞。

（2）使用时必须有前道过滤的配合，否则无法正常工作。

微孔过滤技术目前主要在以下方面得到应用：微粒和细菌的过滤、检测；气体、溶液和水的净化；食糖与酒类的精制；药物的除菌和除微粒。

2. 超滤膜

超滤膜过滤的粒径介于微滤膜和反渗透膜之间，为 5～10 nm，在 0.1～0.5 MPa 的静压差推动下截留各种可溶性大分子，如多糖、蛋白质、酶等分子量大于 500 的大分子及胶体，形成浓缩液。超滤技术的原理为筛分，小于孔径的微粒随溶剂一起透过膜上的微孔，而大于孔径的微粒则被截留。

超滤膜一般由三层结构组成。最上层的表面活性层，致密而光滑，厚度为 0.1～1.5 μm，其中细孔孔径一般小于 10 nm；中间的过渡层具有大于 10 nm 的细孔，厚度一般为 1～10 μm；最下面的支撑层的厚度为 50～250 μm，具有 50 nm 以上的孔。支撑层的作用为起支撑作用，提高膜的机械强度。膜的分离性能主要取决于表面活性层和过渡层。

制备超滤膜的材料主要有聚砜、聚酰胺、聚丙烯腈和醋酸纤维素等。超滤膜的工作条件取决于膜的材质，如醋酸纤维素超滤膜适用于 pH=3～8，三醋酸纤维素超滤膜适用于 pH = 2～9，芳香聚酰胺超滤膜适用于 pH = 5～9，温度 0～40℃，而聚醚砜超滤膜的使用温度则可超过 100℃。

超滤膜的应用也十分广泛，在反渗透预处理、饮用水制备、制药、色素提取、阳极电泳漆和阴极电泳漆的生产、电子工业高纯水的制备、工业废水的处理等众多领域都发挥着重要作用。超滤技术主要用于含分子量 500～500000 的微粒溶液的分离，是目前应用最广的膜分离过程之一，它的应用领域涉及化工、食品、医药、生化等。

3. 反渗透膜

如果在高浓度水溶液一侧加压，使高浓度水溶液侧与低浓度水溶液侧的压差大于渗透压，则高浓度水溶液中的水将通过半透膜流向低浓度水溶液侧，这一过程就称为反渗透。反渗透技术所分离的物质的分子量一般小于 500，操作压力为 2～100 MPa。用于实施反渗透操作的膜称为反渗透膜。反渗透膜的孔径一般小于 0.5 nm。

制备反渗透膜的材料主要有醋酸纤维素、芳香族聚酰胺、聚苯并咪唑、磺化聚苯醚、聚芳砜、聚醚酮、聚芳醚酮、聚四氟乙烯等。反渗透膜最早应用于海水淡化，随着膜技术的发展，反渗透技术已扩展到化工、电子及医药等领域。反渗透过程主要是从水溶液中分离出水，分离过程无相变化，不消耗化学药品。

4. 纳滤膜

纳滤膜是 20 世纪 80 年代在反渗透膜基础上开发出来的，是超低压反渗透技术的延续和发展分支，早期被称作低压反渗透膜或松散反渗透膜。目前，纳滤已从反渗透技术中分离出来，成为独立的分离技术。

纳滤膜主要用于截留粒径为 0.1～1 nm，分子量为 1000 左右的物质，可以使一价盐和小分子物质透过，具有较小的操作压力（0.5～1 MPa）。被分离物质的尺寸介于反渗透膜和超滤膜之间。

目前关于纳滤膜的研究多集中在应用方面，而有关纳滤膜的制备、性能表征、传质机理等的研究还不够系统、全面。进一步改进纳滤膜的制作工艺、研究膜材料改性，将可极大地提高纳滤膜的分离效果与清洗周期。

（三）高分子分离膜的基本功能

分离膜的基本功能是从物质群中有选择地透过或输送特定的物质，如颗粒、分子、离子等。或者说，物质的分离是通过膜的选择性透过实现的。分离膜的最重要指标为膜的透过性和选择性。透过性是指待分离组分在单位时间内透过单位面积分离膜的绝对量，选择性是指待分离组分的透过量与参考组分透过量的比值。前者反映了膜的分离速度，后者反映了膜的分离质量。

从传质分离过程角度考虑，反渗透分离、超滤分离和微孔膜分离过程很相似，主要的区别在于膜的孔径不同。

可以用 Poiseuille 方程简单描述上述膜分离过程，则流体流量 q 的计算公式为

$$q = \frac{\pi d^4}{128\mu l} \cdot \Delta p \tag{5-13}$$

式中，d 为圆柱形毛细管孔径；Δp 为孔两端压力差；μ 为流体黏度；l 为孔道长度。而单位膜面积上流体的流通量是该膜面积上所有孔道流量的加和，表示为

$$J = N \cdot \frac{\pi d^4}{128\mu l} \cdot \Delta p \tag{5-14}$$

式中，N 为单位面积上孔道数量。对于等孔面积和孔隙率（ε）的高分子膜，单位面积上孔道数量与孔径的平方成反比，则有

$$N = \varepsilon \cdot \frac{4}{\pi d^2} \tag{5-15}$$

将式（5-14）和式（5-15）联合，则有

$$J = \frac{\Delta p \varepsilon}{32\mu l} \cdot d^2 \tag{5-16}$$

目前对于高分子膜分离机理的探讨主要集中在过筛分离机理和溶解扩散机理。但是高分子膜的材料不同、制备方法的差异、使用领域的不同等因素都会影响分离过程，因此，大部分研究者认为高分子膜分离的过程实际上是一个综合作用的过程。

（四）过筛分离机理

高分子分离膜的过筛作用类似于物理过筛过程，区别在于高分子分离膜的孔径小得多，并且可控，其分离过程见图 5-18。被分离组分能否通过高分子分离膜取决于组分的粒径和膜的孔径。当被分离组分以分子状态分散在溶液中时，分子的大小决定了粒径的大小；而当被分离组分以聚集态存在时，聚集态的尺寸起主导作用。在膜分离过程中，往往还伴随有吸附、溶解、交换、反应等物理化学过程，高分子分离膜与被分离组分的亲水性、相容性、电负性等性质在特定的条件下也起到相当大的作用。

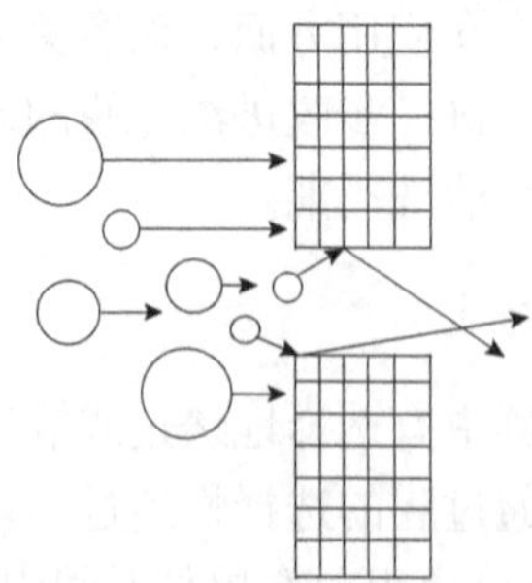

图 5-18 基于过筛分离机理的微孔膜分离过程示意图

当高分子分离膜对某些物质具有一定的溶解能力时，被分离组分会在外力作用下在膜中进行扩散运动，从膜的一侧扩散到另外一侧，然后离开分离膜。这种溶解扩散作用，对于反渗透膜的分离过程往往起到主要作用。在该过程中，被分离组分的极性、化学结构和组成、酸碱性等极大地影响高分子分离膜的溶解能力。此外，被分离组分的尺寸、形状，高分子分离膜的晶态结构和化学结构则主要影响扩散过程。溶解扩散过程中化学势能、压力、溶剂动能的变化过程见图 5-19。

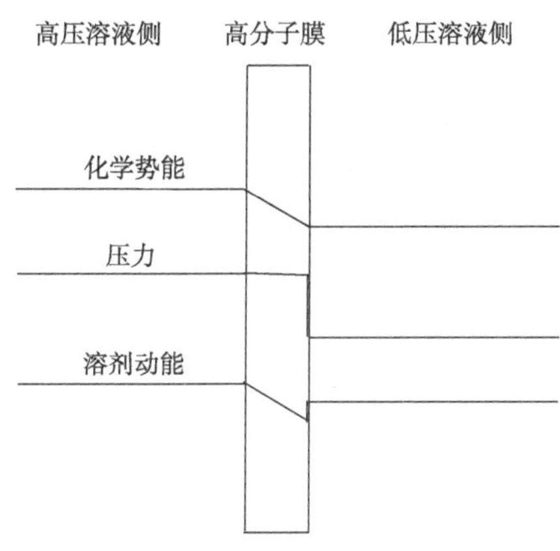

图 5-19 由压力驱动的单一组分溶液的溶解扩散膜分离过程示意图

几种主要的膜分离过程及传递机理如表 5-5 所示。

表 5-5 几种主要分离膜的分离过程及传递机理

膜过程	推动力	传递机理	透过物	截留物
微滤	压力差	孔径筛分	水、溶剂溶解物	悬浮物颗粒
超滤	压力差	孔径筛分	水、溶剂小分子	胶体和超过截留分子量的分子
纳滤	压力差	孔径筛分	水、离子	有机化合物
反渗透	压力差	溶解扩散	水、溶剂	溶质、盐
渗析	浓度差	孔径筛分	低分子量物质、离子	溶剂
电渗析	电位差	Donna 效应	电解质离子	非电解质、大分子物质
气体分离	压力差	溶解扩散	气体或蒸汽	难渗透性气体或蒸汽
渗透蒸发	压力差	溶解扩散	易渗透性溶质或溶剂	难渗透性溶质或溶剂
液膜分离	浓度差	溶解扩散	杂质	溶剂

三、高分子分离膜的基本材料

用作分离膜的材料包括广泛的天然的和人工合成的有机高分子材料和无机材料。目前，有机高分子膜材料有纤维素酯类、聚砜类、聚酰胺类及其他材料。从品种来说，已有上百种以上的膜被制备出来，其中约 40 种已被用于工业和实验室中。以日本为例，纤维素酯类膜占 53%，聚砜膜占 33.3%，聚酰胺膜约占 11.7%，其他材料的膜占 2%，可见纤维素酯类材料在膜材料中占主要地位。

（一）纤维素酯类膜材料

纤维素是由几千个椅式构型的葡萄糖基通过(1,4)-*β*-苷键连接起来的天然线型高分子化合物，其结构式如图 5-20 所示。

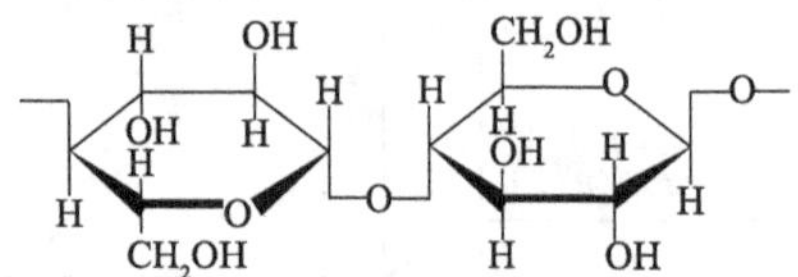

图 5-20　纤维素结构式

从结构上看，纤维素每个葡萄糖单元上有三个羟基，在催化剂（如硫酸、高氯酸或氧化锌）存在下，能与冰醋酸、乙酸酐进行酯化反应，得到二醋酸纤维素或三醋酸纤维素。醋酸纤维素是当今最重要的膜材料之一。由于其具有良好的耐氯离子和耐污染性能，醋酸纤维素中空膜被成功地应用于渗透与反渗透领域，尤其是在海水淡化领域。其作用过程如图 5-21 所示。

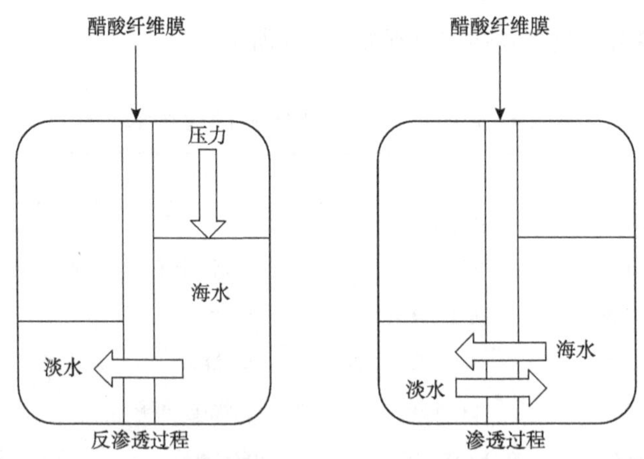

图 5-21　醋酸纤维素中空膜渗透与反渗透过程示意图

采用醋酸纤维素中空膜淡化海水具有能耗低、资金成本低、施工周期短、安装空间小、启动和关闭时间短的优点。在淡化海水过程的预处理阶段，海水经过消毒、混凝过滤、酸化处理，然后送至反渗透段。在反渗透段，一般的醋酸纤维素中空膜所能承受的压力小于 7 MPa。例如，采用红海的海水作为处理水，反渗透压力需要 3.2 MPa。因此，在海水盐度较高的中东等地区，一般将反渗透海水淡化的回收率设定在 35%。若将回收率提高到 50%，海水的反渗透压力需要增加到 6.1 MPa。

为了提高醋酸纤维素中空膜的透过率和选择性，一般可以对膜的几个参数进行优化，如膜中高分子组分的含量、凝固浴温度、溶剂的种类以及添加剂的含量。可以选择在醋酸纤维素中空膜中添加少量的聚乙烯吡咯烷酮，或者凝固浴温度设定在 0～25℃之间，可以提高孔径和水通量。如果将聚乙烯吡咯烷酮的含量增加到 6wt%，凝固浴温度升高到 50℃，由于膜的孔径减小、亲水性下降，反而会降低水通量。

醋酸纤维素性能稳定，但在高温和酸、碱存在下易发生水解。为了改进其性能，进一步提高分离效率和透过速率，可采用各种不同取代度的醋酸纤维素的混合物来制膜，也可采用醋酸纤维素与硝酸纤维素的混合物来制膜。或者在醋酸纤维素中空膜中添加无机填料，如银、TiO_2、碳纳米管、ZnO、硅钨酸等，制备成为有机-无机复合膜，可以有效改善膜的孔隙率、粗糙度和亲水性能。

对醋酸纤维素中空膜进行化学改性提高膜的综合性能也是一种较好的方式。图 5-22 展示了通过氧化、席夫（Schiff）碱、季铵化反应对醋酸纤维素进行改性制备两性醋酸纤维素超滤膜的过程。

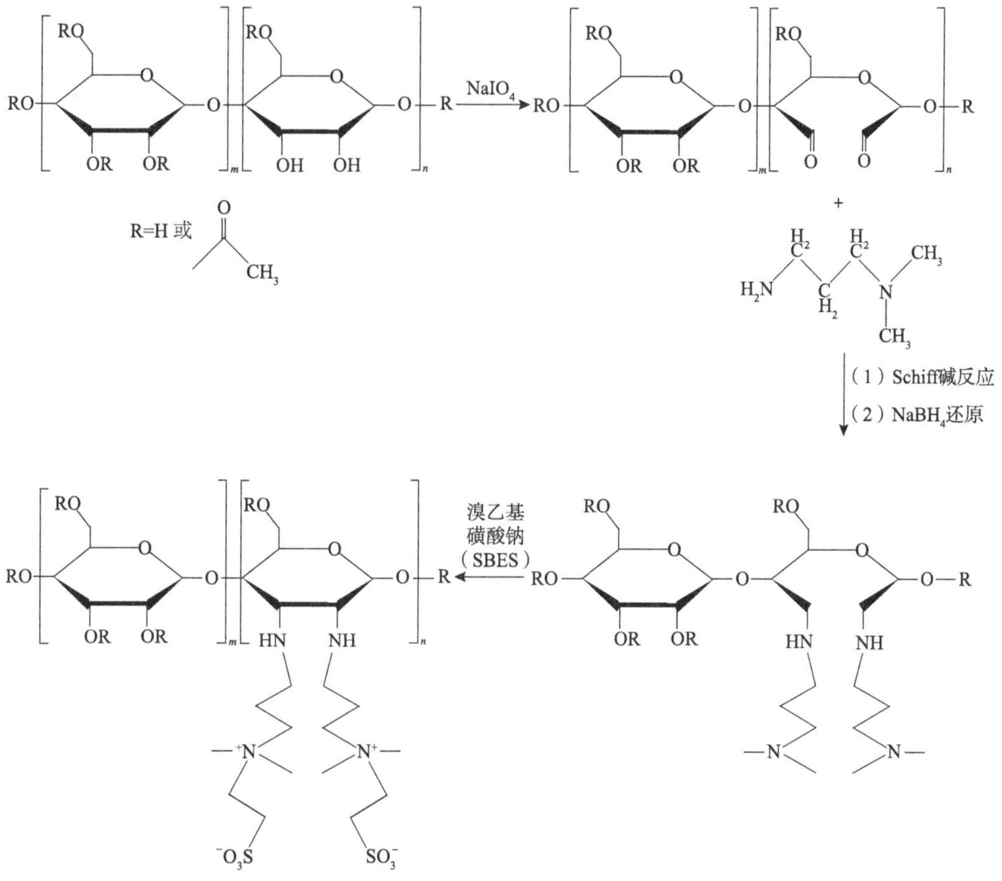

图 5-22　两性醋酸纤维素制备过程

（二）非纤维素酯类膜材料

非纤维素酯类膜材料的基本特性有：分子链中含有亲水性的极性基团；主链上应有苯环、杂环等刚性基团，使之有高的抗压密性和耐热性；化学稳定性好；具有可溶性。常用于制备分离膜的合成高分子材料有聚砜、聚酰胺、芳香杂环聚合物和离子聚合物等。

1. 聚砜类

聚砜膜是由分子主链中含有烃基、砜基、亚芳基链节的聚砜类高分子化合物制成的膜。其特征基团为—SO_2—，是一种疏水性材料，有着良好的渗透性、耐温性、耐溶剂性、高孔隙率以及较高的硬度和刚性，在超滤、微滤和反渗透中有着广泛的应用。聚砜的硫原子处于最高氧化态，亚芳基的存在使烃基、砜基、亚芳基链节高度共轭，因而这类材料获得了优异的抗氧化性和热稳定性。聚砜类树脂中，目前的代表品种有聚砜、聚芳砜、聚醚砜、聚芳醚砜等，其结构如图 5-23 所示。

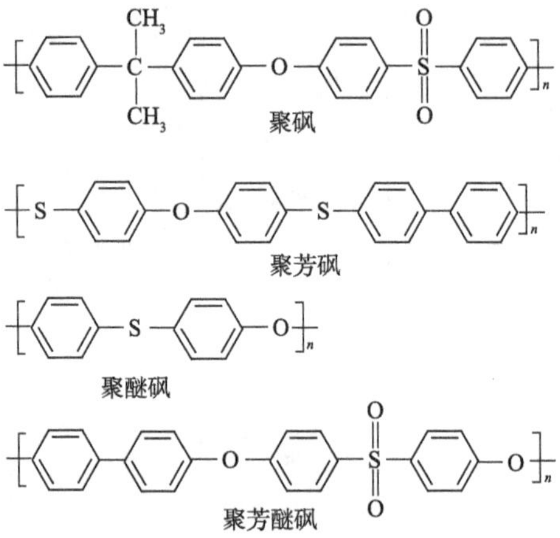

聚砜

聚芳砜

聚醚砜

聚芳醚砜

图 5-23　聚砜、聚芳砜、聚醚砜、聚芳醚砜的化学结构式

制备聚砜类膜的方法主要有相转化法、复合法两大类。相转化法就是通过一定的物理方法使均相聚合物溶液在周围环境中进行溶剂和非溶剂的传质交换，溶液的热力学状态改变，发生相分离，转变成三维大分子网络式的凝胶结构，最终固化成膜。将铸膜液处理成薄层之后浸入水或其他凝胶浴中（或使铸膜液在空气中短时间挥发后放入凝固液中），使溶剂与凝胶浴之间相互扩散，发生相分离，形成凝胶。待凝胶层中的剩余溶液和添加剂进一步被凝固浴中的液体交换出来后，形成多孔膜。用这种方法制备的多孔膜大多具有致密的皮层。而复合法通常包括高分子溶液涂覆、界面缩聚、原位聚合、等离子体聚合等几种。聚砜类膜材料一般被用作复合膜的支撑部分。复合法可以制得更薄的致密分离层，从而实现膜的高选择性和高渗透性。致密层的选择可以依据特殊要求选择具有特殊性能的材料。

对聚砜膜改性主要有共混改性、化学改性两大类。研究人员首先将磺化物如磺化聚砜与聚砜共混制备合金膜，可以制备得到孔径分布均匀、孔径较小的亲水合金超滤膜，并且膜的截留率明显提升。

英国 Kalsep 公司通过化学改性在聚醚砜中加入低表面能添加剂，使膜表面结构发生了永久性改变且亲水性增加，拥有较高的除菌率。荷兰开发出的 XIGA 工艺中将一种特殊的添加剂加入聚醚砜膜中，使其获得了永久亲水特性，该超滤膜可以适应 pH 在 1～14

之间的溶液，并且不受高浓度氧化剂（如过氧化物和次氯酸盐）的影响，每立方米滤过液耗电仅 0.2 kW；该超滤膜甚至可以将含有高浓度 $Fe(OH)_3$ 和 Mn_2O_5 悬浮物的砂滤池反冲水过滤为饮用水。

近年来，我国研究人员也在聚砜膜领域取得了较好的进展。例如，杨座国等采用过硫酸钾为氧化剂、γ-氨丙基三乙氧基硅烷（KH550）为偶联剂、氨基硅油乳液为接枝改性液，对聚砜膜进行疏水改性研究。发现随着偶联剂 KH550 含量的增加，聚砜膜的亲水性有了较好的改善。当 KH550 含量超过 8 wt%的时候，聚砜膜的接触角达到 115°。

对聚砜膜进行表面改性也是一种高效的方法。例如，将聚砜膜表面进行紫外光接枝、等离子体处理、臭氧处理、表面吸附等方法改性后，可以依据需要调节膜表面的亲疏水性和抗污染性能。此外，也常常在聚砜膜中引入亲水基团，以改善其亲水性能。例如，将粉状聚砜悬浮于有机溶剂中，用氯磺酸进行磺化。磺化聚砜中空纤维膜具有很好的亲水性而不降低其选择性，作为阳离子交换器，能有效去除水中微量 Na^+、Ca^{2+}等离子而达到纯化水质的目的。

采用锂化学法对聚砜膜进行化学改性也是常用的改性方法。将聚砜制成溶液后，加入丁基锂，降温至−30～−78℃，利用砜基的氧原子上的孤对电子能够与锂化试剂反应生成活性中间体，然后再加入亲电试剂就可以接上复杂的官能团，如生成亲水性的—COOH 和—CH_2OH 基团、高反应活性的—N═N═N 叠氮基团等。

2. 聚酰胺类

最早使用的聚酰胺类膜是由均苯三甲酰氯和间苯二胺为单体通过界面聚合制备得到的芳香聚酰胺反渗透膜。这种反渗透膜由起支撑作用的无纺布、化学稳定性好和机械强度高的聚砜支撑层界面聚合得到的超薄分离层组成。此后，脂肪族聚酰胺如尼龙-4、尼龙-66 等均被制成中空纤维膜。这类产品对盐水的分离率在 80%～90%之间，但透水速率很低，仅 0.076 $mL\cdot cm^{-2}\cdot h^{-1}$。芳香族聚酰胺分离膜的 pH 适用范围为 3～11，分离率可达 99.5%（对盐水），透水速率为 0.6 $mL\cdot cm^{-2}\cdot h^{-1}$，长期使用稳定性好。由于酰胺基团易与氯反应，故这种膜对水中的游离氯有较高要求。芳香聚酰胺反渗透膜易被污染或降解，会导致其分离性能的降低，影响产水水质，同时缩短了膜的使用寿命。杜邦公司生产的 DP-Ⅰ型膜即为由此类膜材料制成的，它的合成路线如图 5-24 所示。

$$H_2N-C_6H_4-\overset{O}{\overset{\|}{C}}-\overset{H}{N}-NH_2 + Cl-\overset{O}{\overset{\|}{C}}-C_6H_4-\overset{O}{\overset{\|}{C}}-Cl \longrightarrow \left[-\overset{H}{N}-C_6H_4-\overset{O}{\overset{\|}{C}}-\overset{H}{N}-\overset{H}{N}-\overset{O}{\overset{\|}{C}}-C_6H_4-\overset{O}{\overset{\|}{C}}-\right]_n$$

图 5-24　DP-I 型膜的反应合成路线

针对聚酰胺膜的缺点，工业上采用表面涂覆、交联、层层自组装、表面接枝、等离子体聚合与化学气相沉积等方式进行改性。例如，将亲水性的多巴胺涂覆在聚酰胺膜表面，可以有效改善膜的亲水性能。采用原位交联技术将天然亲水性高分子丝胶蛋白固定在芳香聚酰胺反渗透膜表面，改性复合膜表现出了优异的抗污染性能和亲水性能。芳香聚酰胺反渗透膜表面有大量的负电荷，将带有正电荷的聚乙烯亚胺通过自组装的方式沉积在反渗透膜表面。改性后的反渗透膜选择性能得到明显提升。聚苯乙烯磺酸钠和聚烯丙基胺盐酸盐聚电解质也可以作为层层自组装材料沉积在聚酰胺膜表面。但是随着沉积层厚度的增加，流体流动阻力增加，膜通量下降。

采用氧化还原体系将温敏性化合物 *N*-异丙基丙烯酰胺和丙烯酸混合单体接枝在聚酰胺反渗透膜表面。研究结果表明，接枝改性膜亲水性的增强，提高了其抗污染性能，同时接枝聚合物具有温敏性，经过高于临界温度的纯水清洗后，接枝链发生相转变，由直链状态转变成卷曲状，此过程中伴随着污染物的清除，从而有效地除去吸附的污染物，清洗后的通量恢复明显高于未改性膜。等离子体聚合法被认为是改性技术中对膜损害较小的技术之一。它是将改性单元电离子化得到活性单体片段，并在膜表面重组后形成交联结构的涂层或接枝层。而化学气相沉积法是在低温、低操作压力下的无水自由基聚合法，是一种新型的反渗透膜改性技术。荧光测试表明，未改性膜有明显的荧光反应，细菌吸附于未改性膜上并形成了一层细菌层，而改性膜上检测不到黏附于膜上的细菌层，展现了较好的抗细菌吸附能力。

2011 年，MF Folien GmbH 公司已运用帝斯曼生物基聚酰胺 EcoPaXX® PA410 材料制造出 30 μm 流延膜。该种生物基聚酰胺 EcoPaXX® PA410 薄膜具有高韧性、高透明度、抗穿刺等特性。与聚酰胺 PA-6 薄膜相比，该产品有较低的透湿气率以及同样出色的阻氧性能。特别是在高湿环境下，生物基聚酰胺 EcoPaXX® PA410 的阻氧性更高。

高分子量的芳香族聚酰亚胺，由于具有优异的耐高低温性能（长期使用温度为 300℃，短期可达 500℃）、机械性能好、耐辐照、热稳定性高和耐有机溶剂能力等综合性能，在航空航天工业、汽车、军工、太阳能电池等领域有极大的应用价值。聚酰亚胺薄膜在代替普通高分子膜后，产品的使用寿命和安全系数得到了明显的提高。例如，具有图 5-25 结构的聚酰亚胺薄膜对分离氢气有很高的效率，并有较高的透水速率。

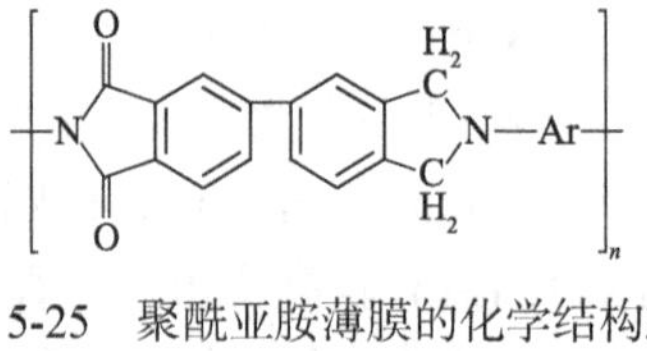

图 5-25　聚酰亚胺薄膜的化学结构式

图中 Ar 为芳基，薄膜对气体分离的难易次序为：易 $\xrightarrow{H_2O,\ He,\ H_2S,\ CO_2,\ O_2,\ CO,\ N_2(CH_4),\ C_2H_6,\ C_3H_8}$ 难

第五节　液晶高分子材料

一、液晶的基本概念

物质在自然界中通常以固态、液态和气态形式存在，即常说的三相态。三种相态之间可以在一定的条件下转换，即相变。大多数物质发生相变时直接从一种相态转变为另一种相态，中间没有过渡态生成。而液晶的物理性质是介于固态和液态之间。其外观呈液态物质的流动性，但可能仍然保留着晶态物质分子的有序排列，从而在物理性质上表现为各向异性。

液晶的黏度系数约为 1×10^{-2} Pa·s，比水的黏度系数（1×10^{-3} Pa·s）要高一些。液体往往是透明的，而液晶往往是比较浑浊的。液晶之所以浑浊，是因为液晶分子的取向的涨落而引起光的强烈散射，液晶的散射比各向同性液体要强，最高可达 100 万倍。

液晶现象是 1888 年奥地利植物学家 F. Reinitzer 在研究胆甾醇苯甲酸酯时首先观察到的现象。该化合物的化学结构如图 5-26 所示。他发现，当该化合物被加热时，在 145℃和 179℃时有两个敏锐的“熔点”。在 145℃时，晶体转变为浑浊的各向异性的液体，继续加热至 179℃时，体系又进一步转变为透明的各向同性的液体。研究发现，处于 145℃和 179℃之间的液体部分保留了晶体物质分子的有序排列，因此被称为“流动的晶体”、“结晶的液体”。1889 年，德国科学家 O. Lehmann 将处于这种状态的物质命名为“液晶”（liquid crystal，LC）。

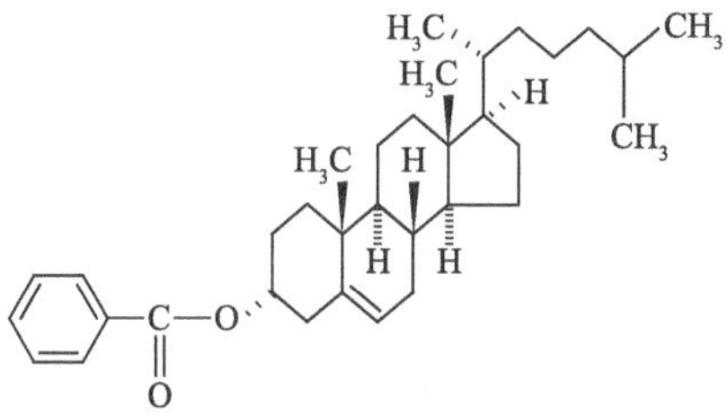

图 5-26　胆甾醇苯甲酸酯的化学结构

研究人员发现，形成液晶的物质通常具有刚性的分子结构。导致液晶形成的刚性结构部分称为致晶单元，呈棒状或近似棒状的构象。同时，还须具有在液态下维持分子的某种有序排列所必需的凝聚力。这种凝聚力通常是与结构中的强极性基团、高度可极化基团、氢键等相联系的。

按照液晶的形成条件不同，可将其主要分为热致性和溶致性两大类。热致性液晶是依靠温度的变化，在某一温度范围形成的液晶态物质。液晶态物质从浑浊的各向异性的液体转变为透明的各向同性的液体的过程是热力学一级转变过程，相应的转变温度称为清亮点（图 5-27）。不同的物质，其清亮点的高低和熔点至清亮点之间的温度范围是不同的。溶致性液晶则是依靠溶剂的溶解分散，在一定浓度范围形成的液晶态物质。

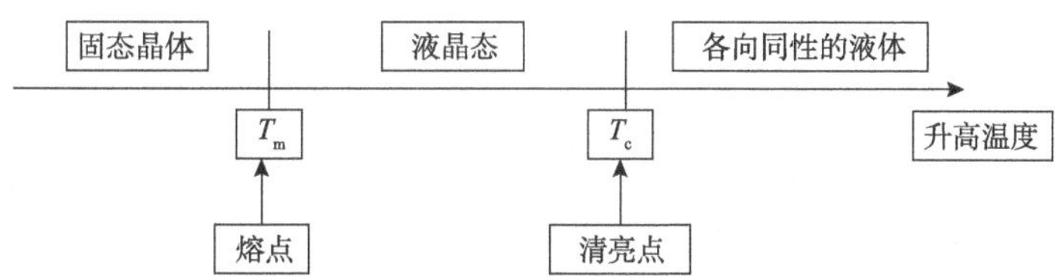

图 5-27　热致性液晶的转变温度

除了这两类液晶物质外，人们还发现了在外力场（压力、流动场、电场、磁场和光场等）作用下形成的液晶。例如，聚乙烯在某一压力下可出现液晶态，是一种压致型液晶。聚对苯二甲酰对氨基苯甲酰肼在施加流动场后可呈现液晶态，因此属于流致性液晶。

根据分子排列的形式和有序性的不同，液晶有三种结构类型：近晶型、向列型和胆甾型，如图 5-28 所示。

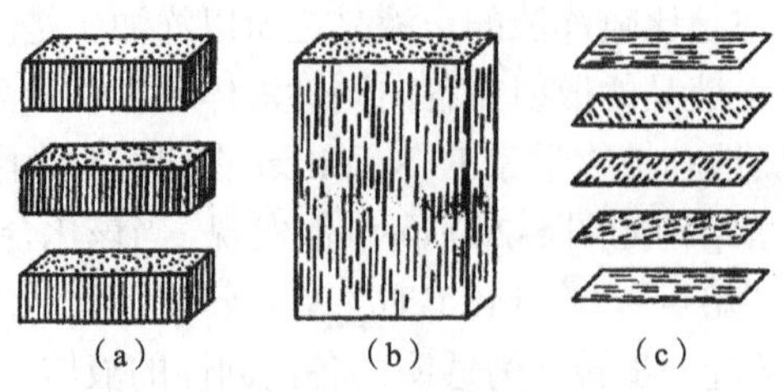

图 5-28　三种液晶结构

（a）近晶型；（b）向列型；（c）胆甾型

（一）近晶型液晶

近晶型液晶（smectic liquid crystal，S）是所有液晶中最接近结晶结构的一类，因此得名。在这类液晶中，棒状分子互相平行排列成层状结构。分子的长轴垂直于层状结构平面，层内分子排列具有二维有序性。但这些层状结构并不是严格刚性的，分子可在本层内运动，但不能来往于各层之间。因此，层状结构之间可以相互滑移，而垂直于层片方向的流动却很困难。

这种结构决定了近晶型液晶的黏度具有各向异性。但在通常情况下，层片的取向是无规的，因此，宏观上表现为在各个方向上都非常黏滞。近晶型液晶结构上的差别对于非线性光学特性有一定影响。

（二）向列型液晶

在向列型液晶（nematic liquid crystal，N）中，棒状分子只维持一维有序。它们互相平行排列，但重心排列则是无序的。在外力作用下，棒状分子容易沿流动方向取向，并可在取向方向互相穿越。因此，向列型液晶的宏观黏度一般都比较小，是三种结构类型的液晶中流动性最好的一种。

（三）胆甾型液晶

在属于胆甾型液晶（cholesteric liquid crystal，Ch）的物质中，有许多是胆甾醇的衍生物。在这类液晶中，分子是长而扁平的。它们依靠端基的作用，平行排列成层状结构，长轴与层片平面平行。

胆甾型液晶的层内分子排列与向列型类似，而相邻两层间分子长轴的取向依次规则地扭转一定的角度，层层累加而形成螺旋结构，分子长轴方向在扭转了 360°以后回到原来的方向。两个取向相同的分子层之间的距离称为螺距，是表征胆甾型液晶的重要参数。由于扭转分子层的作用，照射在其上的光将发生偏振旋转，使得胆甾型液晶通常具有彩虹般的漂亮颜色，并有极高的旋光能力。几种常见的近晶型、向列型、胆甾型液晶见图 5-29。

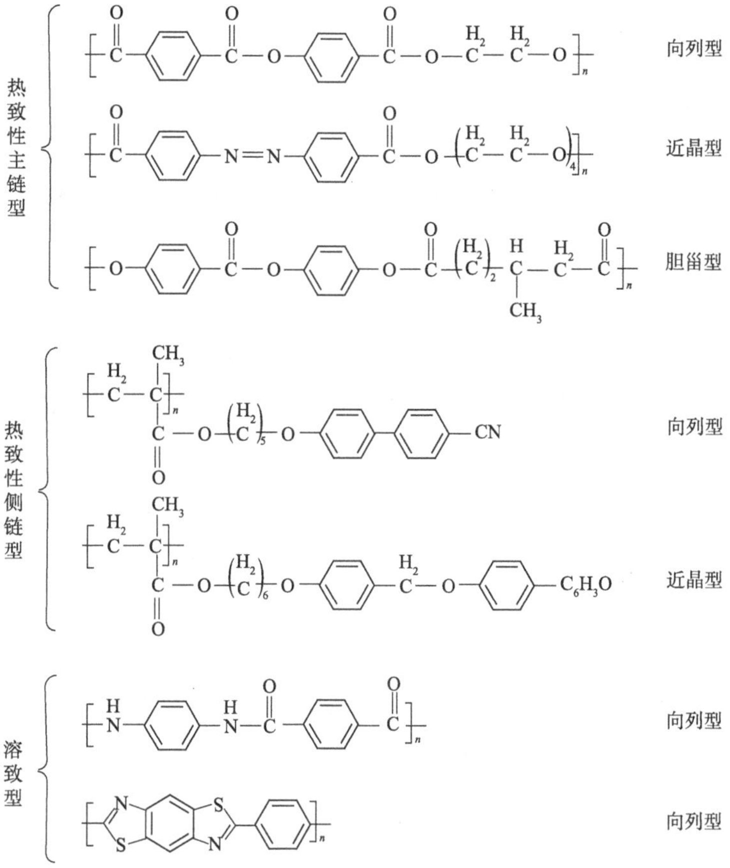

热致性主链型：向列型；近晶型；胆甾型

热致性侧链型：向列型；近晶型

溶致型：向列型；向列型

图 5-29　几种液晶高分子的化学结构

除了长棒型结构的液晶分子外，还有一类液晶是由刚性部分呈盘型的分子形成。在形成的液晶中多个盘型结构叠在一起，形成柱状结构。这些柱状结构再进行一定有序排列形成类似于近晶型液晶。

二、高分子液晶的分类

高分子液晶的结构比较复杂，常见的名称有高分子液晶（polymer liquid crystal）、液晶高分子（liquid crystal polymer）、液晶弹性体（liquid crystal elastomer）、液晶聚合物网络（liquid crystal polymer network）等。主链型液晶高分子通常未交联，可以通过分子间作用力（如氢键）、刚性棒状分子构象的调整形成液晶体。液晶聚合物网络具有适度交联结构，而这种交联结构可以通过带有双键的官能团来实现，如甲基丙烯酸类官能团。当受到外界刺激时，液晶高分子的有序性一般不发生变化，而液晶聚合物网络的有序性会降低，最多达 5%。液晶弹性体则是由侧链或主链液晶单元交联而成，聚合物骨架具有较好的链运动能力，交联度不高。液晶弹性体在受到外界环境如电场等的刺激下，会形成液晶凝胶。

按液晶的形成条件，高分子液晶可分为溶致性液晶、热致性液晶、压致性液晶、流致性液晶等。

按致晶单元与高分子的连接方式，可分为主链型液晶和侧链型液晶。主链型液晶和侧链型液晶中根据致晶单元的连接方式不同又有许多种类型。

根据高分子链中致晶单元排列形式和有序性的不同，高分子液晶可分为近晶型、向列型和胆甾型等。迄今为止，大部分高分子液晶属于向列型液晶。主链型液晶大多数为高强度、高模量的材料，侧链型液晶则大多数为功能性材料。

按形成高分子液晶的单体结构，可分为两亲型和非两亲型两类。两亲型单体是指兼具亲水和亲油（亲有机溶剂）作用的分子。非两亲型单体则是一些几何形状不对称的刚性或半刚性的棒状或盘状分子。实际上，由两亲型单体聚合而得的高分子液晶数量极少，绝大多数是由非两亲型单体聚合得到的，其中以盘状分子聚合的高分子液晶也极为少见。两亲型高分子液晶是溶致性液晶，非两亲型液晶大部分是热致性液晶。

三、高分子液晶的分子结构特征

高分子物质有两个经典的相态：固态和液态。固态为晶态，液态则包括流动态和玻璃态两种。取向有序、位置无序的高分子液晶态特征处于固态和液态之间。高分子液晶冷却至玻璃化转变温度以下时，未能形成三维有序晶体，而只保持了三维以下的有序性。对液晶取向程度的研究发现，用光学法测定的取向度为 80%～90%，而从熔融熵数据计算结果所得取向度仅为 5%～10%。这种差别的本质在于检测方法对取向的理解不同。前者反映了分子链排列的一致性，后者则反映了液晶和熔体间构象的相似性。这说明高分子液晶在分子链层面上保持了极大的取向，可是由高分子链所实现的构象已与熔体十分接近。

在高分子液晶中的致晶单元被柔性链以各种方式连接在一起。在常见的液晶中，致晶单元通常由苯环、脂肪环、芳香杂环等通过刚性连接单元连接组成。构成这个刚性连接单元常见的化学结构包括亚氨基（—C═N—）、反式偶氮基（—N═N—）、氧化偶氮（—NO═N—）、酯基（—COO—）和反式乙烯基（—C═C—）等。

在致晶单元的端部通常还有一个柔软、易弯曲的基团，这个端基单元是各种极性的或非极性的基团，对形成的液晶具有一定稳定作用，因此也是构成液晶分子不可缺少的结构因素。常见的基团包括—R′、—OR′、—COOR′、—CN、—OOCR′、—COR′、—NO_2、—CH═CH—COOR′、—Cl、—Br 等。

对于高分子液晶来讲，致晶单元如果处在高分子主链上，即称为主链型高分子液晶。而如果致晶单元是通过一段柔性链作为侧基与高分子主链相连，形成梳状结构，则称为侧链型高分子液晶。主链型高分子液晶和侧链型高分子液晶不仅在液晶形态上有差别，在物理化学性质方面往往表现出相当大的差异。一般而言，主链型高分子液晶为高强度、高模量的结构材料，而侧链型高分子液晶为具有特殊性能的功能高分子材料。

四、影响高分子液晶形态和性能的因素

影响高分子液晶形态与性能的因素包括外在因素和内在因素两部分。内在因素为分

子结构、分子组成和分子间作用力，外部因素则主要包括环境温度、溶剂等。

高分子液晶分子中必须含有刚性的致晶单元。刚性结构不仅有利于在固相中形成结晶，而且在转变成液相时也有利于保持晶体的有序度。分子中刚性部分的规整性越好，越容易使其排列整齐，使得分子间作用力增大，也更容易生成稳定的液晶相。

在热致性高分子液晶中，对相态和性能影响最大的因素是分子构型和分子间作用力。分子间作用力大和分子规整度高虽然有利于液晶形成，但是相转变温度也会因为分子间作用力的提高而提高，使液晶形成温度提高，不利于液晶的加工和使用。溶致性高分子液晶由于是在溶液中形成的，因此不存在上述问题。

致晶单元中刚性连接单元的结构和性质直接影响液晶的稳定性。含有双键、三键的二苯乙烯、二苯乙炔类的液晶的化学稳定性较差，会在紫外光作用下因聚合或裂解失去液晶的特性。刚性连接单元的结构对高分子液晶的热稳定性也起着重要的作用。

降低刚性连接单元的刚性，在高分子链段中引入饱和碳氢链使得分子易于弯曲可得到低温液晶态。在苯环共轭体系中，增加芳香环的数目可以增加液晶的热稳定性。用多环或稠环结构取代苯环也可以增加液晶的热稳定性。高分子链的形状、刚性大小都对液晶的热稳定性起到重要作用。

除了上述的内部因素外，液晶相的形成有赖于外部条件的作用。外在因素主要包括环境温度和溶剂等。对热致性高分子液晶来说，最重要的影响因素是温度。足够高的温度能够给高分子提供足够的热动能，是使相转变过程发生的必要条件。因此，控制温度是形成高分子液晶和确定晶相结构的主要手段。除此之外，施加一定电场或磁场力有时对液晶的形成也是必要的。

对于溶致性液晶，溶剂与高分子液晶分子之间的作用起非常重要的作用。溶剂的结构和极性决定了与液晶分子间的亲和力的大小，进而影响液晶分子在溶液中的构象，能直接影响液晶的形态和稳定性。高分子液晶溶液的浓度是影响溶致性高分子液晶相结构的主要参数。

五、高分子液晶的合成及相行为

（一）主链型高分子液晶的合成及相行为

主链型溶致性高分子液晶的结构特征是致晶单元位于高分子骨架的主链上。主链型溶致性高分子液晶分子一般并不具有两亲结构，在溶液中也不形成胶束结构。这类液晶在溶液中形成液晶态是刚性高分子主链相互作用，进行紧密有序堆积的结果。其中含有酯基的主链型高分子液晶由于具有密度低、化学稳定性高、尺寸稳定性好、透气性低以及较好的机械性能等特征，在要求具有高强度、高模量纤维和薄膜等方面有较大的应用价值。图 5-30 为近年来 Bridges 合成的一系列主链型高分子液晶的化学结构。通过对聚酯类液晶高分子的化学结构与液晶相行为的关系的大量研究，发现分子链中柔性链段的含量与分布、分子量、间隔基团的含量和分布、取代基的性质等因素均影响液晶的相行为。

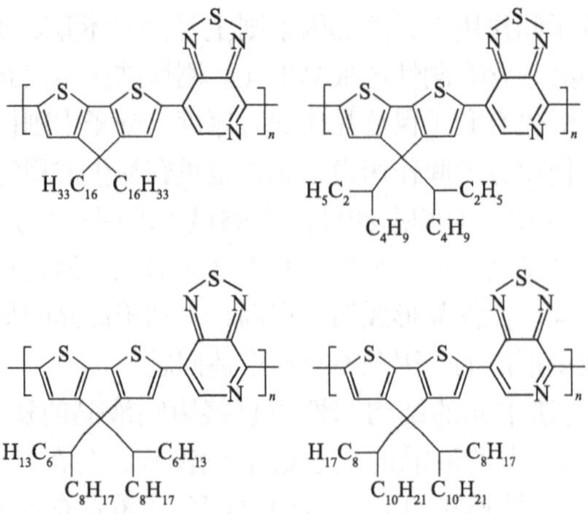

图 5-30　主链型高分子液晶的化学结构

1. 共聚酯中柔性链段含量与分布的影响

研究表明，完全由刚性基团连接的分子链由于熔融温度太高而无实用价值，必须引入柔性链段才能很好地呈现液晶性。以 PET/PHB 共聚酯为例，当 PET 和 PHB 的摩尔比为 40/60、50/50、60/40、70/30、80/20 时，均呈现液晶性，而以 40/60 的相区间温度最宽。柔性链段越长，液晶转化温度越低，相区间温度范围也越窄。柔性链段太长则失去液晶性。

研究还表明，柔性链段的分布显著影响共聚酯的液晶性。交替共聚酯无液晶性，而嵌段和无规分布的共聚酯均呈现液晶性。

2. 分子量的影响

研究表明，共聚酯液晶的清亮点随其分子量的增加而上升。当分子量增大至一定数值后，清亮点趋于恒定。

3. 连接单元的影响

主链型高分子液晶中致晶基团间的连接单元的结构明显影响其液晶相的形成。间隔基团的柔性越大，液晶清亮点就越低。例如，将连接单元—CH_2—与—O—相比，后者的柔性较大。其清亮点较低。又如，具有 $\text{+}(CH_2)_n\text{+}$ 连接单元的高分子液晶，随 n 增大，柔性增加，则清亮点降低。

4. 取代基的影响

非极性取代基的引入影响了分子链的长径比和减弱了分子间的作用力，往往使高分子液晶的清亮点降低。极性取代基使分子链间作用力增加。因此取代基极性越大，高分子液晶的清亮点越高。取代基的对称程度越高，清亮点也越高。

5. 结构单元连接方式的影响

分子链中结构单元可有头-头连接、头-尾连接、顺式连接、反式连接等连接方式。研究表明，头-头连接和顺式连接使分子链刚性增加，清亮点较高；头-尾连接和反式连接使分子链柔性增加，则清亮点较低。

目前开发的含芳香结构的聚酯液晶的溶解性能较差，在聚合物本体的降解温度范围内的相转变温度不高，是这类液晶材料的主要缺点。目前，针对这些缺点，往往从液晶高分子本体的化学结构和大分子聚集结构两方面进行改性。例如，常用的方法为将柔性的液晶单体添加到液晶高分子中。可以将与液晶高分子单体具有相近的热致相变温度的柔性液晶单体交替共聚，进而改善液晶高分子的相转变温度。

Martínez-Gómez 等将柔性链嵌段共聚改性的高分子液晶分成三类：SmA、SmCA、SmC。这些共聚改性的高分子液晶都显示低有序性的近晶相结构，其凝聚态结构可以简单描述为层状大分子横向无序排列。图 5-31 为 SmA、SmCA、SmC 三种共聚型高分子液晶的结构示意图。由图可见，SmA 型的高分子液晶为正交近晶结构，液晶单元和大分子的主轴都垂直于液晶相层面；SmCA 型的高分子液晶中大分子主轴都垂直于液晶相层面，但是液晶单元有一定的倾斜角度；而 SmC 型高分子液晶的结构具有一定的倾斜角度，大分子主轴与近晶面法线之间的倾斜角度具有一定的温度依赖性。

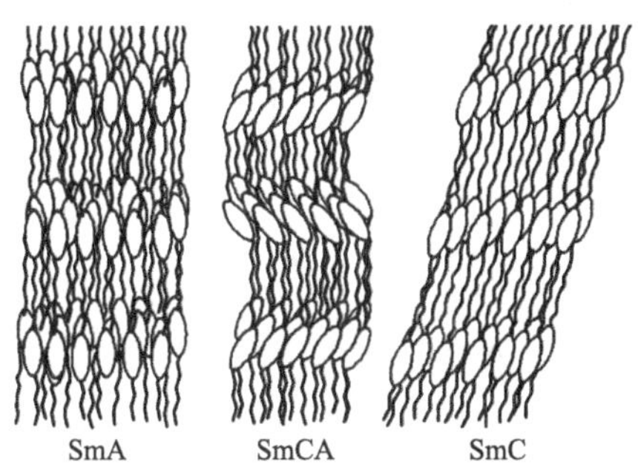

图 5-31　SmA、SmCA、SmC 三种共聚型高分子液晶的结构

（二）侧链型高分子液晶的合成和相行为

1. 侧链结构的影响

侧链高分子液晶通常包含聚合物主链、侧链致晶单元、末端基团和连接单元。若聚合物主链为柔性链，则主链倾向于形成无规卷曲构象，与侧链倾向于形成各向异性有序凝聚态结构成为一对结构上的矛盾。因此，为了实现液晶相，主链的结构与长度应当适度加以控制。当末端基团为柔性链时，随链长增加，液晶态由向列型向近晶型过渡。欲得到有序程度较高的近晶型液晶，末端基团必须达到一定的长度。

连接单元的作用主要在于消除或减少主链与侧链间链段运动的偶合作用。连接单元也可看作是致晶基团的另一末端，所以其影响作用也与末端基团相仿。随着连接单元的增长，液晶由向列型向近晶型转变。研究表明，当连接单元$\left(CH_2\right)_n$的 n 值大于 4 时，液晶就将成为近晶型。此外，间隔基团长度增加，液晶的清亮点向低温移动，甚至会抑制液晶相的产生。

致晶单元的结构最直接地影响液晶的相行为。刚性致晶单元间的体积效应，使其只能有规则地横挂在主链上。通常，近晶型和向列型的致晶单元连接到主链上后，仍然得到近晶型和向列型的高分子液晶。

目前所开发出来的侧链高分子液晶材料中，大部分的侧链结构为棒状结构，如侧链为联苯衍生物。这类侧链高分子液晶具有适度的刚性和尺寸，且合成过程易于实现。

图 5-32 为几种侧链型高分子液晶的侧链分子结构。侧链的基团中有吸电子基团、延长骨架的液晶单元、具有旋光性质的手性基团以及胆固醇衍生物等。若侧链基团为相对简单的分子结构，通常形成近晶相和向列相结构，若侧链基团为较长的线型烷烃或烷氧基团则倾向于形成近晶相结构。

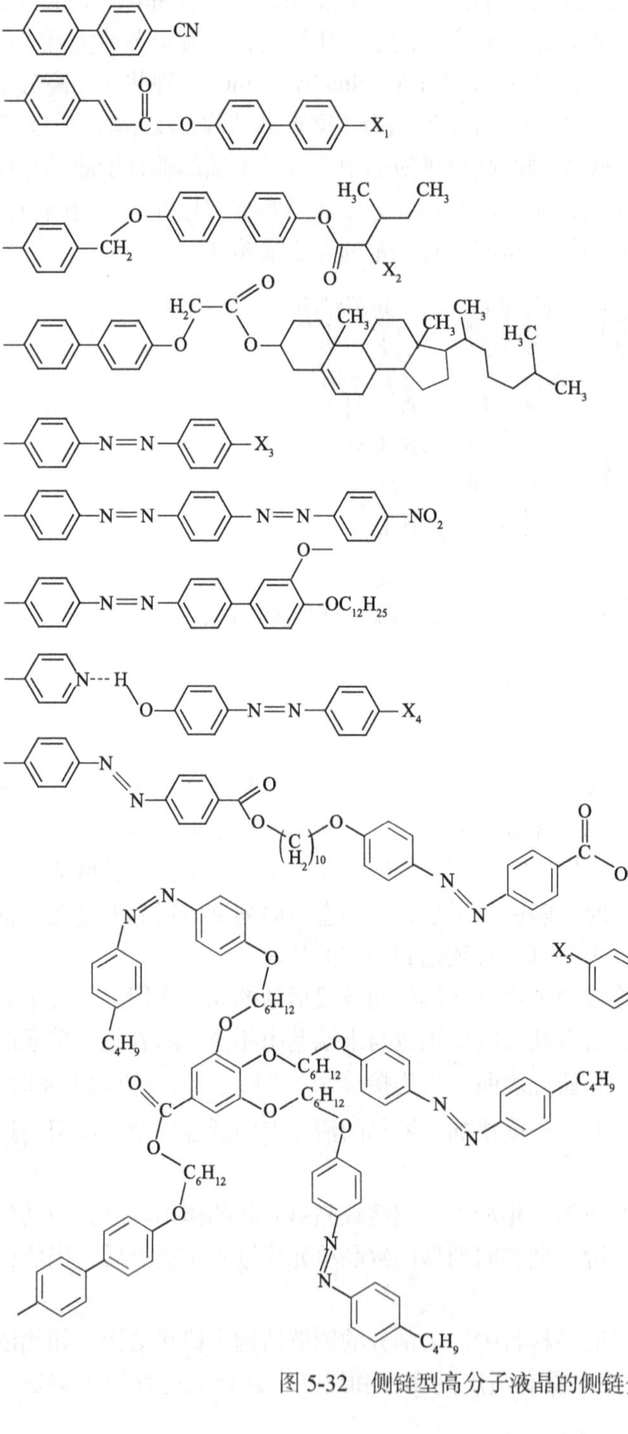

X_1= H, OCH_3, CN

X_2= F, Cl, Br

X_3= OC_8H_{17}, CN, NO_2

X_4= H, $N(CH_3)_2$, CN

X_5= —O—CH(C_5H_{11})(C_8H_{17})

图 5-32　侧链型高分子液晶的侧链分子结构

我国科学家俞燕蕾等设计了一种新型结构的侧链型液晶高分子材料，用以模拟人工血管通道，实现了精确光控微量液体运动。这种线型液晶高分子的主链具有类似橡胶类材料的柔顺结构，侧链中的偶氮苯既是液晶结构，又是光响应基团，较长的柔性间隔基有利于液晶有序结构的形成（图 5-33）。这种线型液晶高分子材料通过开环易位聚合法制备，分子量高达 $M_n = 3.6\times10^5$。这种线型液晶高分子无化学交联结构，因而兼具优良的溶液和熔融加工性能，断裂伸长率能高达传统交联液晶高分子的 100 倍。通过不对称光致形变诱导毛细作用力，实现了光控各种类型液体按照设计的速度和方向运动，有望在可控微流体传输、微反应系统、微机械系统、芯片实验室等领域展现出巨大的应用价值。

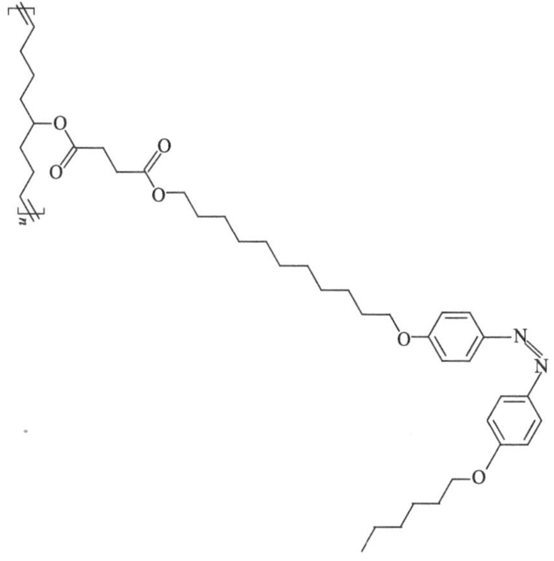

图 5-33　线型液晶高分子材料的化学结构

但胆甾型致晶基团连接到主链上后，往往得不到液晶相。这可能是由于主链和侧链运动的偶合作用限制了大基团的取向。可将一个向列型致晶单元与一个胆甾型致晶单元结合，然后接到主链上，就可获得胆甾型高分子液晶。

2. 主链结构的影响

主链结构的柔顺性增加，有利于侧链上致晶单元的取向。实验表明，对于一维有序的向列型液晶和二维有序的近晶型液晶而言，主链柔顺性增大，则液晶相区间增大，清亮点移向高温。

3. 分子量的影响

分子量对侧链型高分子液晶相行为的影响规律与对主链型液晶的影响基本相同。随分子量的增大，液晶相区间温度增大，清亮点也移向高温，最后趋于极值。

4. 化学交联的影响

化学交联使大分子运动受到限制。但当交联程度不高时，链段的微布朗运动可基本上不受限制。因此，对液晶行为基本无影响。但当交联程度较高时，致晶单元难以整齐地定向排列，则将抑制液晶的形成。

5. 共混的影响

液晶物质共混的研究工作近年来十分活跃，包括液晶物质之间的共混；液晶物质与非液晶物质的共混；非液晶物质之间共混后，获得液晶性质的共混等。这些共混研究工作不只限于侧链型，也包括主链型高分子液晶。共混液晶具有以下优点：

（1）共混体系的临界相分离温度与端基性质有关，随末端基的增长而显著上升。

（2）共混体系的临界相分离温度与致晶单元的刚性有关，刚性增大，临界相分离温度下降。

（3）侧链型高分子液晶物质共混时，随高分子液晶分子中侧链单元长度增加，临界相分离温度下降。

六、高分子液晶的发展和应用

从 1960 年人们对液晶的研究发展至今，高分子液晶材料的商业用途多达几百种，在电子电气、化学品加工、航空航天、运输与通信、高强聚合物纤维组件、热成像、全息和光学显示器件、光学计算、医学等领域均有大量的应用（表 5-6）。由于高分子液晶在性能上的卓越表现，可以与高性能热塑性塑料、陶瓷和金属等传统材料展开直接的竞争。

表 5-6 高分子液晶的应用领域

应用领域	高分子液晶的性能优势	应用示例
电气/电子/光电网卡/传感器	优良的热导性能、高的介电强度、耐溶剂、耐化学腐蚀、良好的电绝缘性能、较低的热膨胀系数、离子含量低	连接器、开关、继电器筒子、激光光束偏转器、电位器、电子封装、光放大器、传感器
信息技术	优良的光学和电性能，可以在光、电、磁场下形成分子局部有序性	数据存储设备、液晶显示器、电光学器件、平板显示器、光寻址空间光调制器
光纤	内在阻燃性好、防潮、良好的机械性能	耦合器、连接器、强度构件
医学	无毒、生物相容性好、韧性好、较低的渗透性能	艾滋病、癌症的诊断、前置胎盘在剖腹产术前的定位、高强度薄膜、滤光膜、药理实验、高灵敏温度计
交通运输	低热膨胀系数、优良的机械、热阻、化学和电性能、低黏度、流动性好、热收缩率低、耐化学溶剂	电子电气元件、燃油系统部件、汽车零部件
化学领域	耐化学溶剂和热阻性能好、韧性好、较低的可燃性、高强度、高模量、可以与高含量的填料混合	泵壳、泵轴、阀门、化学分析设备、光学滤波器
家电领域	耐高温、耐化学品腐蚀、微波穿透性好、韧性好	微波设备、炊具、光盘组件、薄膜
其他领域	上述所有优良性能	头盔用高强度纤维、防弹背心、运动和休闲设备等

（一）铁电性高分子液晶

目前大部分的高分子液晶的响应速度为毫秒级的水平，而显示材料要求的响应速度为微秒级。1975 年，Meyer 等从理论和实践上证明了手性近晶型液晶（Sc^*型）具有铁电性。这一发现的现实意义是将高分子液晶的响应速度由毫秒级提高到微秒级，基本上解决了高分子液晶作为图像显示材料的显示速度问题。1984 年，Shibaev 等首先报道了铁电性高分子液晶的研制成功。目前已发现有 9 种近晶型液晶具有铁电性，包含侧链型、主链型及主侧链混合型等多种类型的铁电性高分子液晶。

所谓铁电性高分子液晶，实际上是在普通高分子液晶分子中引入一个具有不对称碳原子的基团从而保证其具有扭曲 C 型近晶型液晶的性质。常用的含有不对称碳原子的原料是手性异戊醇。已经合成出席夫碱型、偶氮苯及氧化偶氮苯型、酯型、联苯型、杂环型及环已烷型等各类铁电性高分子液晶。

一般来说，形成铁电性高分子液晶要满足以下几个条件：

（1）分子中必须有不对称碳原子，而且不是外消旋体；

（2）必须是近晶型液晶，分子倾斜排列成周期性螺旋体，分子的倾斜角不等于零；

（3）分子必须存在偶极矩，特别是垂直于分子长轴的偶极矩分量不等于零；

（4）自发极化率值要大。

（二）树枝状高分子液晶

树枝状高分子的特点是从分子结构到宏观材料，其化学组成、分子尺寸、拓扑形状、分子量及分布、生长代数、柔顺性及表面化学性能等均可进行分子水平的设计和控制，可得到分子量和分子结构接近单一的最终产品。目前树枝状高分子已达到纳米尺寸，故可望进行功能性液晶高分子材料的“纳米级构筑”和“分子级设计”。 树枝状高分子液晶具有无链缠结、低黏度、高反应活性、高混合性、高溶解性、含有大量的末端基和较大的比表面积的特点，据此可开发很多功能性新产品。目前所合成的一、二、三代树枝状高分子液晶分别含有 12 个、36 个和 108 个致晶单元。树枝状高分子液晶的分子结构对称性强，可以改善主链型高分子液晶非取向方向上强度差的缺点。此外，树枝状高分子液晶既无缠结，又因活性点位于分子表面，呈发散状，无遮蔽，连接上的致晶单元数目多，功能性强且可调，可以避免侧链型液晶高分子存在链缠结导致的光电响应慢、功能性差的缺点。

（三）液晶 LB 膜

LB（Langmuir-Blodgett）技术是分子组装的一种重要手段。其原理是利用两亲性分子的亲水基团和疏水基团在水亚相上的亲水能力不同，在一定表面压力下，两亲性分子可以在水亚相上规整排列。利用不同的转移方式，将水亚相上的膜转移到固相基质上制得单层或多层 LB 膜。将 LB 技术引入高分子液晶体系，得到的高分子液晶 LB 膜具有不同于普通 LB 膜和普通液晶的特殊性能。

对两亲性侧链液晶聚合物 LB 膜内的分子排列特征进行的研究表明，如果某一两亲性高分子在 58～84℃可呈现近晶型液晶相，则经 LB 技术组装的该高分子可在 60～150℃呈现各向异性分子取向。这表明其液晶态的分子排列稳定性大大提高，它的清亮点温度提高 66℃。

高分子液晶 LB 膜的另一特性是它的取向记忆功能。对上述高分子液晶 LB 膜的小角 X 射线衍射研究表明,熔融冷却后的 LB 膜仍然能呈现出熔融前分子规整排布的特征,表明经过 LB 技术处理的高分子液晶具有记忆功能。因此高分子液晶 LB 膜由于其超薄性和功能性，在波导领域有应用的可能。

（四）分子间氢键作用液晶

传统的观点认为，高分子液晶中都必须含有几何形状各向异性的致晶单元。但后来发现糖类分子及某些不含致晶单元的柔性聚合物也可形成液晶态，它们的液晶性是由体系在熔融态时存在着由分子间氢键作用形成的有序分子聚集体所致。在这种体系熔融时，虽然靠范德瓦耳斯力维持的三维有序性被破坏，但是体系中仍然存在着由分子间氢键而形成的有序超分子聚集体。有人把这种靠分子间氢键形成液晶相的聚合物称为第三类高分子液晶，以区别于传统的主链型和侧链型高分子液晶。第三类高分子液晶的发现，加深了人们对液晶态结构本质的认识。

氢键是一种重要的分子间相互作用形式,日本科学家 T. Kato 有意识地将分子间氢键作用引入侧链型高分子液晶中，得到有较高热稳定性的高分子液晶。通常作为质子给体的高分子与质子受体的分子间氢键作用，形成了具有液晶自组装特性的高分子液晶复合体系。

（五）交联型高分子液晶

交联型高分子液晶包括热固型高分子液晶和高分子液晶弹性体两种，区别是前者深度交联，后者轻度交联，二者都有液晶性和有序性。热固型高分子液晶的代表为液晶环氧树脂，它与普通环氧树脂相比，其耐热性、耐水性和抗冲击性都大为改善，在取向方向上线膨胀系数小，介电强度高，介电消耗小，因此，可用于高性能复合材料和电子封装件。

液晶环氧树脂是由小分子环氧化合物（A）与固化剂（B）交联反应而得，它有三种类型：A 与 B 都含致晶单元；A 与 B 都不含致晶单元；A 或 B 之一含致晶单元。高分子液晶弹性体兼有弹性、有序性和流动性，是一种新型的超分子体系。它可通过官能团间的化学反应或利用 γ 射线辐照和光辐照的方法来制备，例如，在非交联型高分子液晶中引入交联剂，通过二者之间的化学反应得到交联型液晶弹性体。

第六节　吸附性高分子材料

一、离子交换树脂

（一）离子交换树脂的发展历史

离子交换树脂是典型的吸附分离功能高分子，是指利用离子交换树脂作为吸附剂对溶液中的有害物质进行吸附，从而达到净化、分离的目的。离子交换树脂吸附法能有效地对水溶液中的重金属离子进行分离与富集，具有吸附速度快、机械强度大、抗污染能力强、稳定性好以及可循环使用等诸多优点，因而受到广泛的关注，主要应用于水处理、环境保护等领域。

1935 年英国的 Adams 和 Holmes 发表了关于酚醛树脂和苯胺甲醛树脂的离子交换性能的工作报告，开创了离子交换树脂领域。因此根据 Adams 和 Holmes 的发明，带有磺酸基和氨基的酚醛树脂很快就实现了工业化生产并在水的脱盐中得到了应用。1944 年 D'Alelio 合成了具有优良物理和化学性能的磺化苯乙烯-二乙烯苯共聚物离子交换树脂及交联聚丙烯酸树脂，奠定了现代离子交换树脂的基础。此后，Dow 化学公司开发了苯乙烯系磺酸型强酸性离子交换树脂并实现了工业化；Rohm & Hass 公司开发了强碱性苯乙烯系阴离子交换树脂和弱酸性丙烯酸系阳离子交换树脂。

20 世纪 50 年代末，国内外包括我国的南开大学化学系在内的诸多单位几乎同时合成出大孔型离子交换树脂。与凝胶型离子交换树脂相比，大孔型离子交换树脂具有机械强度高、交换速度快和抗有机污染的优点，因此很快得到广泛的应用。

（二）离子交换树脂的结构与性能

离子交换树脂的外观为颗粒状，由不溶性的三维空间网状骨架和连接在骨架上的官能团组成，属于反应性聚合物。它不溶于水和一般的酸、碱，也不溶于普通的有机溶剂，如乙醇、丙酮和烃类溶剂。

较早开发的聚苯乙烯型阳离子交换树脂由三部分组成：三维空间结构的网络骨架；骨架上连接的可离子化的官能团；官能团上吸附的可交换的离子。强酸型阳离子交换树脂的官能团是—$SO_3^-H^+$，它可解离出 H^+，而 H^+可与周围的外来离子互相交换。官能团是固定在网络骨架上的，不能自由移动。由它解离出的离子却能自由移动，并与周围的其他离子互相交换。这种能自由移动的离子称为可交换离子。通过改变浓度差及利用亲和力差别等，使可交换离子与其他同类型离子进行反复的交换，达到浓缩、分离、提纯、净化等目的。

（三）离子交换树脂的分类

离子交换树脂的分类方法有很多种，最常用和最重要的分类方法有以下两种。

1. 按交换基团的性质分类

按交换基团性质的不同，可将离子交换树脂分为阳离子交换树脂和阴离子交换树脂两大类。阳离子交换树脂可进一步分为强酸型、中酸型和弱酸型三种。例如，R—SO_3H 为强酸型，R—$PO(OH)_2$ 为中酸型，R—COOH 为弱酸型。习惯上，一般将中酸型和弱酸型统称为弱酸型。

阴离子交换树脂又可分为强碱型和弱碱型两种。例如，R_3—NCl 为强碱型，R—NH_2、R—NR′H 和 R—NR''_2 为弱碱型。几种常见的离子交换树脂的化学结构如图 5-34 所示。

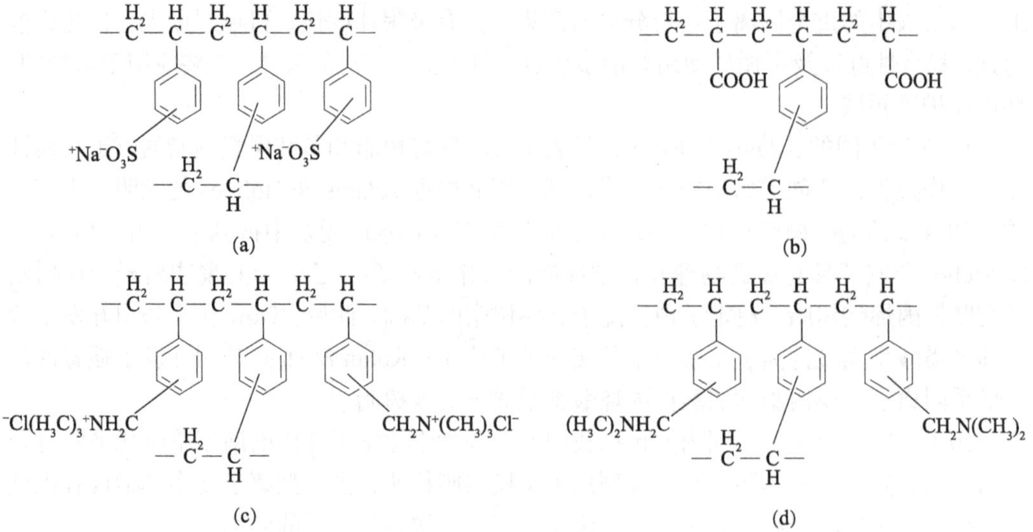

图 5-34 几种常见离子交换树脂的化学结构

（a）苯乙烯系列强酸性阳离子交换树脂；（b）丙烯酸系弱酸性阳离子交换树脂；（c）苯乙烯系强碱性Ⅱ型阴离子交换树脂；（d）苯乙烯系弱碱性阴离子交换树脂

2. 按树脂的物理结构分类

按其物理结构的不同，可将离子交换树脂分为凝胶型、大孔型和载体型三类。

凡外观透明、具有均相高分子凝胶结构的离子交换树脂统称为凝胶型离子交换树脂，一般由单体和交联剂聚合而成。这类树脂表面光滑，球粒内部没有大的毛细孔。在水中会溶胀成凝胶状，并呈现大分子链的间隙孔，孔径的大小依赖于树脂的交联度，孔径为 2～4 nm。一般无机小分子的半径在 1 nm 以下，因此可自由地通过离子交换树脂内大分子链的间隙。在无水状态下，凝胶型离子交换树脂的分子链紧缩，体积缩小，无机小分子无法通过。所以，这类离子交换树脂在干燥条件下或油类中将丧失离子交换功能。

大孔型离子交换树脂由单体、交联剂、致孔剂、分散剂等通过聚合反应制备。待聚合物骨架固定后将致孔剂抽走，内部便留下了永久性孔道，再在聚合物上导入官能团。大孔型离子交换树脂外观不透明，表面粗糙，为非均相凝胶结构。即使在干燥状态，内部也存在不同尺寸的毛细孔，因此可在非水体系中起离子交换和吸附作用。大孔型离子交换树脂的孔径一般为几纳米至几百纳米，比表面积可达每克树脂几百平方米，因此其吸附功能十分显著。

载体型离子交换树脂是一种特殊用途树脂，主要用作液相色谱的固定相。一般是将离子交换树脂包覆在硅胶或玻璃珠等表面上制成。它可经受液相色谱中流动介质的高压，又具有离子交换功能。

此外，为了特殊的需要，已研制成多种具有特殊功能的离子交换树脂，如螯合树脂、氧化还原树脂、两性树脂等。

（四）离子交换树脂的制备

凝胶型离子交换树脂的具体合成方法路径为，可先合成网状结构大分子，然后使之溶胀，通过化学反应将交换基团连接到大分子上。也可先将交换基团连接到单体上，或直接采用带有交换基团的单体聚合成网状结构大分子的方法。

强酸型阳离子交换树脂绝大多数为聚苯乙烯系骨架，通常采用苯乙烯和二乙烯基苯在水相中悬浮聚合法合成树脂，然后磺化接上交换基团。在悬浮聚合中自由基引发剂常用过氧化苯甲酰或是偶氮二异丁腈。常用的悬浮稳定剂有明胶、淀粉、甲基纤维素、聚乙烯醇、含羧基的聚合物，或是碳酸钙、磷酸钙、滑石粉等无机化合物。悬浮稳定剂的作用有两个，一是降低水相的表面张力，在搅拌作用下使得单体更易分散成为小液滴；二是避免液滴在水相中碰撞时合并。在共聚过程中，二乙烯基苯的自聚速率大于与苯乙烯共聚，因此在聚合初期，进入共聚物的二乙烯基苯单元比例较高，而聚合后期，二乙烯基苯单体已基本消耗完，反应主要为苯乙烯的自聚。结果，球状树脂内部的交联密度不同，外疏内密。由上述反应获得的球状共聚物称为“白球”。将白球洗净干燥后，即可进行连接交换基团的磺化反应。将干燥的白球用二氯乙烷或四氯乙烷、甲苯等有机溶剂溶胀，然后用浓硫酸或氯磺酸等磺化。通常称磺化后的球状共聚物为“黄球”。

弱酸型阳离子交换树脂大多为聚丙烯酸系骨架，因此可用带有官能团的单体直接聚合而成。丙烯酸的水溶性较大，聚合不易进行，故常采用其酯类单体进行聚合后再进行水解的方法来制备。

强碱型阴离子交换树脂主要以季铵基作为离子交换基团，以聚苯乙烯作骨架。制备方法是：将聚苯乙烯系白球进行氯甲基化，然后利用苯环对位上的氯甲基的活泼氯，定量地与各种胺进行氨基化反应。苯环可在路易斯酸如 $ZnCl_2$、$AlCl_3$、$SnCl_4$ 等催化下，与氯甲醚氯甲基化。所得的中间产品通常称为“氯球”。用氯球可十分容易地进行氨基化反应。

而对于弱碱型阴离子交换树脂，可以用氯球与伯胺、仲胺或叔胺类化合物进行氨基化反应制备得到。但由于制备氯球过程的毒性较大，现在生产中已较少采用这种方法。

利用羧酸类基团与胺类化合物进行酰胺化反应，可制得含酰胺基团的弱碱型阴离子交换树脂。例如，将交联的聚丙烯酸甲酯在二乙烯基苯或苯乙酮中溶胀，然后在 130～150℃下与多乙烯多胺反应，形成多胺树脂。再用甲醛或甲酸进行甲基化反应，可获得性能良好的叔胺树脂。

凝胶型离子交换树脂除了有在干态和非水系统中不能使用的缺点外，还存在一个严重的缺点，即使用中会产生“中毒”现象。所谓的中毒是指其在使用了一段时间后，体积较大的离子扩散进入树脂内部。而在再生时，由于外疏内密的结构，较大离子会卡在分子间隙中，不易与可移动离子发生交换，最终失去交换功能，造成树脂“中毒”现象。

在上述制备的苯乙烯-二乙烯基苯共聚体系中加入致孔剂可以有效克服“中毒”现象。在聚合完成后将致孔剂除去，形成大孔型的离子交换树脂。与凝胶型离子交换树脂相比，大孔型离子交换树脂中二乙烯基苯含量大大增加，一般达 85%以上。致孔剂可分为两大类：一类为聚合物的良溶剂，又称溶胀剂；另一类为聚合物的不良溶剂，即单体的溶剂，聚合物的沉淀剂。良溶剂如甲苯，共聚物的链节在甲苯中伸展。随交联程度提高，共聚物逐渐固化，聚合物和良溶剂开始出现相分离。聚合完成后，抽提去除溶剂，则在聚合物骨架上留下多孔结构。不良溶剂如脂肪醇，它们是单体的溶剂，聚合物的沉淀剂。共聚物分子随聚合的进行逐渐卷缩，形成细小的分子圆球，圆球之间通过分子链相互缠结。因此，这种大孔型离子交换树脂仿佛是由一簇葡萄状小球组成。一般来说，由不良溶剂致孔的大孔型离子交换树脂比良溶剂致孔的大孔型离子交换树脂有较大的孔径和较小的比表面积。

通过对两种致孔剂的选择和配合，可以获得各种规格的大孔型离子交换树脂。例如，将 100%己烷作致孔剂，产物的比表面积为 90 $m^2 \cdot g^{-1}$，孔径为 43 nm。而改为 15%甲苯和 85%己烷混合物作致孔剂，孔径降至 13.5 nm，而产物的比表面积提高到 171 $m^2 \cdot g^{-1}$。如果在上述树脂中连接上各种交换基团，就得到各种规格的大孔型离子交换树脂。

大孔型离子交换树脂的特点是在树脂内部存在大量的毛细孔。无论树脂处于干态或湿态、收缩或溶胀时，这种毛细孔都不会消失。大孔型离子交换树脂中的毛细孔直径可达几纳米至几千纳米，比表面积高达几千平方米每克。大孔型离子交换树脂不存在外疏内密的结构，从而克服了“中毒”现象。

（五）离子交换树脂的功能

离子交换树脂相当于多元酸和多元碱，它们可发生下列三种类型的离子交换反应。

中和反应：

$$R\text{—}SO_3H + NaOH \rightleftharpoons R\text{—}SO_3Na + H_2O$$

$$R\text{—}COOH + NaOH \rightleftharpoons R\text{—}COONa + H_2O$$

$$RN(CH_3)_3OH + HCl \rightleftharpoons RN(CH_3)_3Cl + H_2O$$

$$R{\equiv}NHOH + HCl \rightleftharpoons R{\equiv}NHCl + H_2O$$

复分解反应：

$$R\text{—}SO_3Na + KCl \rightleftharpoons R\text{—}SO_3K + NaCl$$

$$2R\text{—}COONa + CaCl_2 \rightleftharpoons (RCOO)_2Ca + 2NaCl$$

$$R\text{—}NCl + NaBr \rightleftharpoons R\text{—}NBr + NaCl$$

$$2R\text{—}NH_3Cl + Na_2SO_4 \rightleftharpoons (RNH_3)_2SO_4 + 2NaCl$$

中性盐反应：

$$R\text{—}SO_3H + NaCl \rightleftharpoons R\text{—}SO_3Na + HCl$$

$$R{\equiv}NHOH + NaCl \rightleftharpoons R{\equiv}NHCl + NaOH$$

从上面的反应可见，所有的阳离子交换树脂和阴离子交换树脂均可进行中和反应和复分解反应，仅由于交换基团的性质不同，交换能力有所不同。中性盐反应则仅在强酸型阳离子交换树脂和强碱型阴离子交换树脂的反应中发生。所有上述反应均是平衡可逆反应，这正是离子交换树脂可以再生的本质。只要控制溶液的 pH、离子浓度和温度等因素，就可使反应向逆向进行，达到再生的目的。

二、吸附树脂

（一）吸附树脂的结构

吸附树脂是一类多孔性的，高度交联的，对待分离组分具有浓缩、分离作用的高分子材料。这类材料具有较大的比表面积和适当的孔径，可以从气相、液相中吸附某些物质。在化学结构上有些带有不同极性的官能团，有些不带任何官能团。生物基多糖物质的大分子上常带有羧基、羟基、氨基等基团，这些基团在一定酸碱环境下具有较好的吸附性能。例如，图 5-35 和 5-36 分别为纤维素与淀粉的分子结构。

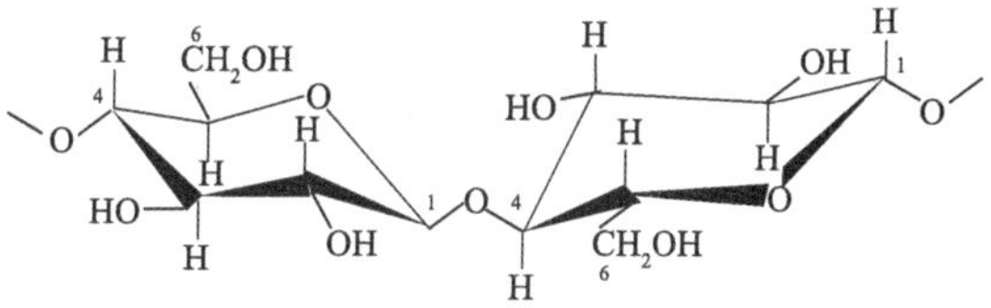

图 5-35　纤维素的分子结构

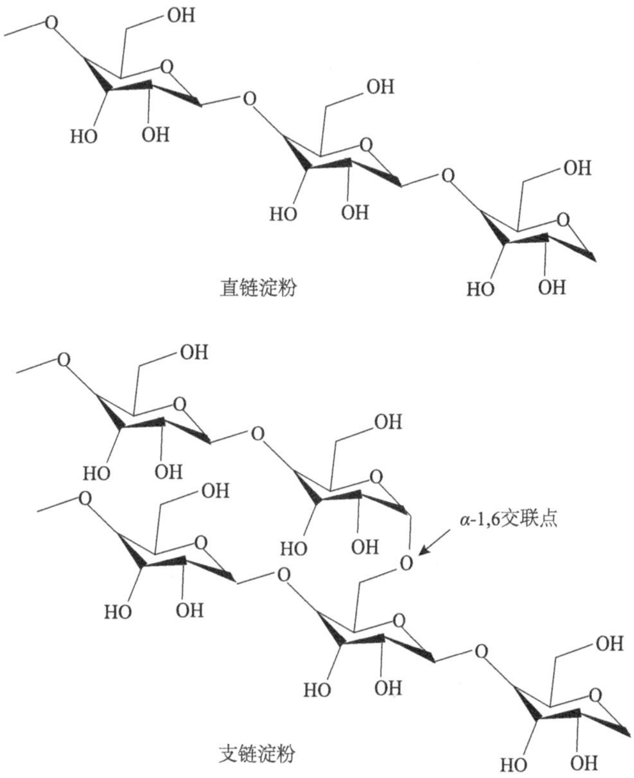

直链淀粉

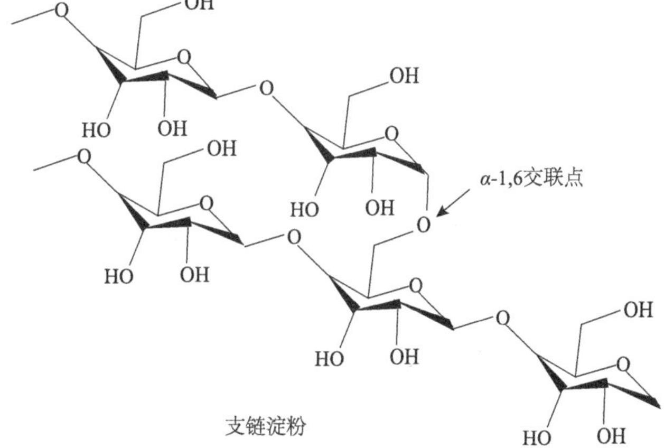

图 5-36　直链与支链淀粉的分子结构

吸附树脂内部结构很复杂。从扫描电子显微镜下可观察到，树脂内部像一堆葡萄珠，葡萄珠的大小在 0.06～0.5 μm 范围内，葡萄珠之间存在许多孔隙，这实际上就是树脂的孔。研究表明，葡萄球内部还有许多微孔。葡萄珠之间的相互粘连则形成宏观上球形的树脂。正是这种多孔结构赋予树脂优良的吸附性能，因此是吸附树脂制备和性能研究中的关键技术。粒径越小、越均匀，树脂的吸附性能越好，但是粒径太小，使用时对流体的阻力太大，过滤困难，并且容易流失。

（二）吸附树脂的分类

吸附树脂有许多品种，吸附能力和所吸附物质的种类也有区别。但其共同之处是具有多孔性，并具有较大的比表面积。按其化学结构分为以下几类。

1. 非极性吸附树脂

指树脂中电荷分布均匀，在分子水平上不存在正负电荷相对集中的极性基团的树脂。代表性产品为由苯乙烯和二乙烯苯聚合而成的吸附树脂。

2. 中极性吸附树脂

这类树脂的分子结构中存在酯基等极性基团，酯基中的羰基具有一定的极性，使得树脂具有一定的吸附性能。

3. 极性吸附树脂

分子结构中含有酰胺基、亚砜基、氰基等极性基团，这些基团的极性大于酯基。

4. 强极性吸附树脂

强极性吸附树脂含有极性很强的基团，如吡啶、氨基等。

（三）吸附树脂的制备

一般而言，吸附树脂都是高度交联的立体网状结构，这样可以使其存在稳定的多孔结构。吸附树脂在使用时无论遇到什么样的溶剂也不会溶解，在溶胀时体积不发生太大的变化。常用的吸附树脂是将二乙烯基苯通过悬浮聚合制备得到。将二乙烯基苯、甲苯以及溶剂按照一定的比例混合，采用过氧化苯甲酰为引发剂引发聚合。聚合完成后得到的微球用乙醇洗涤除去甲苯和溶剂，就得到多孔性的聚合物。能用作致孔剂的有汽油、煤油、石蜡、烷烃、甲苯、脂肪醇、脂肪酸等。这些溶剂单独或以不同比例混合使用可以在很大的范围内调节孔径结构。

此外，也可以用苯乙烯与少量的二乙烯基苯共聚制备得到低交联度的凝胶，再用氯甲醚进行氯甲基化反应，反应方程式如下：

$$\left[\underset{\displaystyle C_6H_5}{\overset{H}{C}}-\overset{H_2}{C}\right]_n + ClCH_2OCH_3 \xrightarrow[\text{或}AlCl_3]{ZnCl_2} \left[\underset{\displaystyle C_6H_4CH_2Cl}{\overset{H}{C}}-\overset{H_2}{C}\right]_n + CH_3OH$$

上述反应中引入的氯甲基在较高的温度下，可以与邻近的苯环进一步发生弗里德-克拉夫茨反应，形成类似于自交联结构，反应方程式如下：

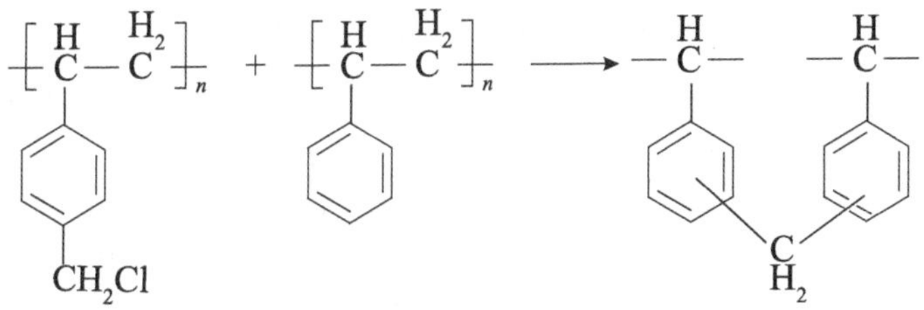

极性吸附树脂的合成可以借鉴上述悬浮聚合反应，将带有极性基团的聚合单体与二乙烯基苯共聚。例如，可以将丙烯腈与二乙烯基苯共聚，制备得到含氰基的吸附树脂。也可以进一步将含氰基的吸附树脂用乙二胺氨解，或将含仲胺基的交联聚苯乙烯用乙酸酐酰化，可以制备得到含酰胺基的吸附树脂。以低交联度的苯乙烯为单体，二氯亚砜为交联剂，也可以制备得到含砜基的吸附树脂。

目前，对生物质大分子吸附剂的研究也吸引了很多研究人员的注意，例如，采用淀粉、纤维素、壳聚糖等生物质作为吸附材料。这些生物质大分子主链上往往带有大量的官能团，如氨基、羧基等。壳聚糖分子链上的大量—NH_2，在酸性环境下形成—NH_3^+，大量的正电荷可以中和水中胶粒的负电荷，降低其 Zeta 电位，打破胶粒的稳定性，使其产生絮凝体，吸附水溶液中的物质。壳聚糖分子链上的—NH_2 和—OH 等活性较强基团，容易与 Cu^{2+}、Ag^+、Au^+等金属离子发生螯合作用，形成稳定的螯合物，进而降低水溶液中的重金属离子含量。

此外，对常用吸附树脂进行相应的改型，可以明显提高吸附性能。图 5-37 显示的是交联氯甲基苯乙烯树脂经不同氨基化过程后，可以连接上带有不同的正负电子的官能团，可以加强与待吸附组分分子之间的氢键等作用力，从而提升吸附效果。

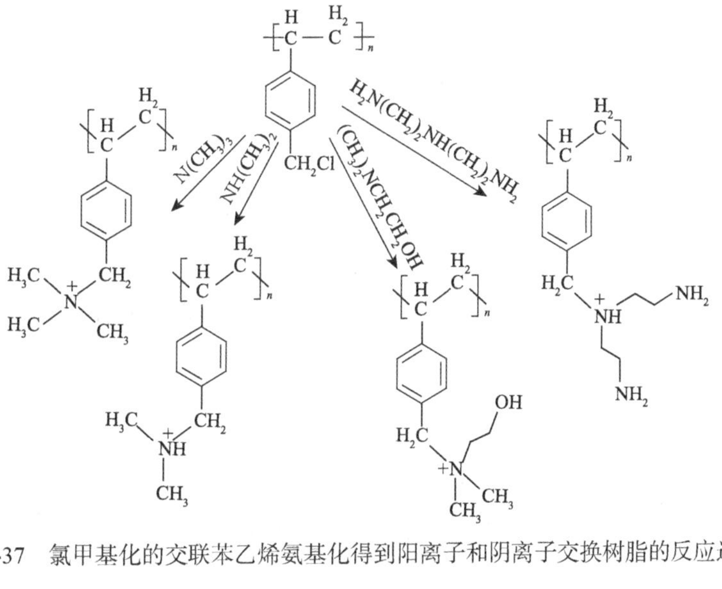

图 5-37 氯甲基化的交联苯乙烯氨基化得到阳离子和阴离子交换树脂的反应过程

对生物质大分子进行改性也成为近年来的研究热点。将壳聚糖和交联剂分子发生反应，使壳聚糖成为网络状结构的树脂型的高分子聚合物。交联后壳聚糖树脂中大分子的运动能力受到限制，但是可以把小分子牢牢地固定在网络状结构中，提升了吸附效果。常用的交联剂有环氧氯丙烷、戊二醇、β-环糊精、聚缩醛、苯二异氰酸酯和乙二醛缩水甘油醚等。Lu 等对食用淀粉用过硫酸钾引发产生活性中心，然后将丙烯酸接枝到淀粉分子主链上，再用 N,N'-亚甲基双丙烯酰胺作为交联剂进行交联反应，可以制备得到具有一定交联网络结构的水凝胶，其对水溶液中的 Cu^{2+}有明显的吸附效果。

三、离子交换树脂和吸附树脂的应用

（一）离子交换树脂的应用

水处理是离子交换树脂最基本的用途之一。水处理包括水质的软化、水的脱盐和高纯水的制备、水中离子的处理等。离子交换是冶金工业的重要单元操作之一。在铀、钍及超铀元素，稀土金属，重金属，轻金属，贵金属和过渡金属的分离、提纯和回收方面，离子交换树脂均起着十分重要的作用。离子交换树脂还可用于选矿。在矿浆中加入离子交换树脂可改变矿浆中水的离子组成，使浮选剂更有利于吸附所需要的金属，提高浮选剂的选择性和选矿效率。离子交换树脂在原子能工业上的应用包括核燃料的分离、提纯、精制、回收等。用离子交换树脂制备高纯水，是核动力用循环水、冷却水、补给水供应的唯一手段。离子交换树脂还是处理原子能工业废水，去除放射性污染物的主要方法。

离子交换树脂的功能基连接上作为试剂的基团后，可以当作有机合成的试剂，成为高分子试剂，用来制备许多新的化合物。这种方法具有控制及分离容易、副产物少、纯度高等特点。目前在有机化合物的酰化、过氧化、溴化二硫化物的还原、大环化合物的合成、肽链的增长、不对称碳化合物的合成、羟基的氧化等方面都已取得显著的效果。

离子交换树脂在制糖、酿酒、烟草、乳品、饮料、调味品等食品加工中都有广泛的应用。特别是在酒类生产中，利用离子交换树脂改进水质，进行酒的脱色、去浑，去除酒中的酒石酸、水杨酸等杂质，以提高酒的质量。酒类经过离子交换树脂去除铜、锰、铁等离子，可以增加储存稳定性。经离子交换树脂处理后的酒，香味纯，透明度好，稳定性可靠，该处理是各种酒类生产中不可缺少的一项工艺步骤。

离子交换树脂在医药卫生事业中被大量应用。例如，在药物生产中用于药剂的脱盐、吸附分离、提纯、脱色、中和及中草药有效成分的提取等。离子交换树脂本身可作为药剂内服，具有解毒、缓泻、去酸等功效，可用于治疗胃溃疡、促进食欲、去除肠道放射性物质等。离子交换树脂还是医疗诊断、药物分析检定的重要药剂，如血液成分分析、胃液检定、药物成分分析等，具有检测速度快、干扰少等优点。

（二）吸附树脂的应用

由于吸附树脂具有巨大的比表面积，不同的吸附树脂有不同的极性，所以可用来分离有机化合物，如含酚废水中酚的提取、有机溶液的脱色等。吸附树脂可作为血液的清洗剂，这方面的应用研究正在开展，已有抢救安眠药中毒患者的成功例子。在红霉素、丝裂霉素、头孢菌素等抗生素的提取中，已采用吸附树脂提取法。由于吸附树脂不受溶液 pH 的影响，不必调整抗生素发酵液的 pH，因此不会造成酸、碱对发酵液活性的破坏。

酒中的高级脂肪酸酯易溶于乙醇而不溶于水，因此当制备低度白酒时，需向高度酒中加水稀释。随着高级脂肪酸酯类溶解度的降低，其容易析出而呈浑浊现象，影响酒的外观。吸附树脂可选择性地吸附酒中分子较大或极性较强的物质，较小或极性较弱的分子不被吸附而存留。例如，棕榈酸乙酯、油酸乙酯和亚油酸乙酯等分子较大的物质被吸附，而己酸乙酯、乙酸乙酯、乳酸乙酯等分子量较小的香味物质不被吸附而存留，达到分离、纯化的目的。

思 考 题

（1）功能高分子的聚集态结构有哪些?

（2）为什么导电高分子在本征态时导电能力较低? 有哪些方法可以提高导电高分子的导电能力?

（3）医用高分子材料的要求有哪些?

（4）简述渗透和反渗透技术的区别。

（5）液晶高分子的典型结构有哪些?

（6）什么是吸附选择性和吸附性分离?

（7）影响吸附分离的因素有哪些?

第六章　高分子材料与环境保护

第一节　概　　述

一、高分子材料的优缺点

自 20 世纪初，第一种完全人工合成的酚醛树脂得到成功应用，随即合成高分子材料进入了快速发展时期，特别是在第二次世界大战后，各种高分子材料品种和制品层出不穷，高分子材料工业日益壮大，故有人把 20 世纪称为“塑料时代”。

高分子材料之所以能得到广泛的应用，一是在原料方面，即：高分子合成材料的原料来源丰富，有煤、石油和天然气等。二是在工艺方面，即：化学合成效率很高，一个年产 45000 t 合成橡胶厂，其产量相当于一个占地 45 万亩（1 亩=666.7 m^2）的橡胶园，且不受地理位置、气候、生长时间的限制。三是具有多种优良的性能，例如，通用塑料质地轻盈，可以制作各种日常生活用品；工程塑料具有低密度、高比强度和比刚度，对于要求减轻自重的车辆、船舶和飞行器的制造具有重要的意义。如果没有合成橡胶制作轮胎，就不会有现代的汽车工业。同样，合成纤维的广泛使用也丰富了我们的服装面料以及扩大了各种工业纤维和织物的应用范围。四是高分子材料具有良好的加工性能，其加工比金属和陶瓷的加工简单得多，生产率高、能耗低、成本低。

但是，随着高分子材料用量与日俱增，却又产生大量的废弃物。由于这些废弃物在自然条件下难以降解，普通塑料完全降解的时间为百年之久，造成了所谓的“白色污染”。目前这种“白色污染”已成为当前危害社会环境的世界性公害，严重阻碍了经济和环境的可持续性发展。据估计，大多数高分子材料制品在 10 年之内其 50%～60%将转化为废弃物，那么世界每年将产生 1 亿 t 的塑料废弃物，而我国也将产生少至 100 万 t 多至 500 万 t 的废弃物。如此严重的“白色污染”，不仅阻碍塑料工业的发展，而且造成资源的浪费和环境恶化，为此人们探索各种解决方法。

二、环境问题的由来

环境问题是随着污染物进入环境后造成的危害而产生的，可视其为现代工业革命的伴生物。欧美等国家在 20 世纪 50 年代公害迭起，60 年代公害初步得到控制。进入 70 年代后，广泛开展了对污染物产生的原因、变化过程及作用机制等的研究，主要以“圈层”（如大气圈、水圈、土壤岩石圈，直至生命即生物圈）为研究背景，探讨不同圈层中的主要污染以及它们的迁移转化规律。

随着工业化浪潮向全球的推动，发展中国家求生存、求发展的愿望迫切，很多国家和地区也出现了重蹈发达国家所走过的“先发展、后治理”，“高消耗、高投入、高消费来带动经济高增长”的老路；另外，某些发达国家和地区将污染严重的企业向发展中国家转移，更使发展中国家的环境问题雪上加霜。因此，生态平衡的维护与破坏、资源的开发与损坏、环境的保护与污染就成为摆在我们面前无法回避的矛盾。

三、中国环境污染的危害

随着经济的发展、科技的进步，人们的物质、文化、生活水平不断提高，塑料制品的用量与日俱增。我国是世界上十大塑料制品生产和消费国之一。包装用塑料的大部分以废旧薄膜、塑料袋和泡沫塑料餐具的形式被丢弃在环境中。这些废旧塑料物散落在市区、风景区、水体、道路上，不仅影响景观造成视觉污染，而且因其难以降解，对生态环境造成“潜在危害”。白色污染的主要危害在于“视觉污染”和“潜在危害”。

（一）视觉污染

由于很多人环保意识的淡漠，以及管理不善，随意将用过的垃圾弃之户外，造成大量的废塑料制品在大城市、旅游区、水体中、铁道旁等到处可见，沿途的地面、树木枝条飘挂成串，严重影响周围环境的美观，给人们的视觉带来了不良的刺激，严重破坏了市容、景观，造成了所谓的“白色污染”。

（二）潜在危害

“白色污染”的潜在危害则是多方面的，主要有以下几点。

1. 对农业生产的影响

废塑料遗弃在土壤中，由于难以降解，不仅会影响农作物吸收养分和水分，导致农作物减产，而且会污染土壤和地下水。

2. 污染水体，危及动物的安全

漂浮在陆地或水体上的废塑料制品，被动物当作食物吞入，会引起牲畜等动物的消化道疾病，甚至导致死亡。

3. 废塑料焚烧处理，造成严重的二次环境污染

塑料焚烧时，产生大量黑烟，而且产生毒性物质二噁英，它进入土壤中，至少 15 个月才能逐渐分解，会危害植物，对动物肝脏及脑也有严重损害作用。

4. 生活垃圾难以处置

大量塑料制品进入生活垃圾，导致生活垃圾难以处置。填埋作业仍是我国处理城市垃圾的一个主要方法。由于塑料制品密度小、体积大，它能很快填满场地，降低填埋场地处理垃圾的能力，而且填埋后的场地由于地基松软，垃圾中的细菌、病毒等有害物质很容易渗入地下，污染地下水，危及周围环境。

5. 对人类身体健康的影响

用一次性发泡塑料饭盒和塑料袋盛装食物，当温度达到 65℃时，餐具中的有害物质将渗入食物中，对人的肝脏、肾脏及中枢神经系统等都造成损害。而食物和饮用水中存在的超细塑料颗粒和有害添加剂等也严重危害我们的身体健康。

6. 火灾隐患

白色垃圾几乎都是可燃物，在天然堆放过程中会产生甲烷等可燃气，遇明火或自燃易引起火灾事故，时常造成重大损失。

7. 消耗大量不可再生的石化资源，加剧了全球变暖

传统高分子材料的生产消耗大量不可再生的石化资源，排放大量 CO_2 等温室气体，加剧了全球变暖。

随着汽车工业的迅猛发展，日益增多的废旧轮胎的再利用已成为国际上十分关注的重大课题。废橡胶属于热固性聚合物材料，是一种在自然条件下难以降解的高分子弹性材料。它不溶于水，难溶于有机溶剂，很难降解。若弃于地表或埋于地下，几十年都不会腐烂变质，被称为“黑色污染”。其回收和处理技术一直是世界性难题，也是关系到全球环境保护及资源再利用的难题。我国是世界上消耗橡胶的第一大国，每年橡胶消耗量的 45%左右需要进口，但每年有近百万吨废橡胶得不到合理利用。在自然资源日趋减少和能源相对紧缺的今天，如何应用现代科技手段解决废弃轮胎再利用和“黑色污染”问题在我国显得尤为紧迫，并且具有十分重大的意义。

四、环境污染的治理方法

从源头防治、减少能产生污染的物质的使用是减少白色污染的最根本措施。国内外减少或防止城市塑料废弃物对环境影响的主要对策是 3R1D，即 reduce（减量化、省资源化）、reuse（再利用、重复使用）、recycle（回收利用、再资源化）和 degradable plastics（可降解塑料）。高分子材料制品的生产应向低能耗、防污染、高功能方向发展，使产品减量化，节约能源和资源。通常高分子材料制品使用完毕被废弃后，有以下几种处理途径。

（一）填埋法

在过去几十年中，废弃高分子材料是城市固体废弃物中重要的一部分，因此它一直被作为城市固体废弃物来处理。城市垃圾处置多以填埋处理为主，约占全部处置总量的 70%以上。填埋法是利用土壤把垃圾掩埋其中、压实并依靠自然环境氧化分解。填埋法的主要优点是技术成熟，垃圾不需分选，所以目前仍然是占主导地位的一种方法。但废弃高分子材料填埋后短时间不会分解，故而会占较多的填埋地。另外，填埋法也是对资源的一种浪费，又会造成二次污染、土质下降，在厌氧条件下还会产生甲烷、硫化氢等气体，易引起爆炸；同时废弃高分子材料中的添加剂也对地下水造成不同程度的污染。

（二）焚烧法

能量回收型焚烧是指对废弃高分子材料进行焚化的同时，将其燃烧产生的热能回收并加以利用的一种方法，焚烧因为对废弃高分子材料回收无特殊要求，垃圾不需要分拣，也是较常用的一种方法。但焚烧会增加大气中二氧化碳、二氧化硫、氮氧化物等有害物质的含量。其结果是破坏地球外层空间臭氧层，造成紫外线直射，使地球变暖，还会形成酸雨，危及人类身体健康。另外一个最重要的问题就是焚烧塑料后会产生二噁英。二噁英被人们称为“地球上毒性最强的毒物”，主要包括两个系列化合物，即多氯代二苯并二噁英（PCDDs）和多氯代二苯并呋喃（PCDFs）。一般认为，有氯和金属存在下的有机化合物燃烧均会产生二噁英。统计发现，医院废弃物焚烧产生的二噁英最多，其次是城市生活垃圾等废弃物的焚烧过程。

城市生活垃圾中含有 20%～50%的有机化合物。这些有机化合物中大多含有碳、氢、氯三种元素。垃圾中氯元素的来源分为两类：一类是有机氯化物如聚氯乙烯、氯苯和氯酚等，主要分布在废塑料、废纸、废木料以及草木中；另一类是无机的金属氯化物如氯化钠、氯化镁等，主要分布在厨房垃圾、灰土等组分中。这些都是构成垃圾焚烧产生二噁英的重要来源。

（三）废弃高分子材料的回收再利用

高分子材料废弃物的再利用至少有两个基本意义，其一是解决环境污染，保护人类赖以生存的唯一的地球；其二是充分利用自然资源。高分子合成材料的单体主要来自石油，与其他自然资源一样，从长远看石油等资源不会“取之不尽，用之不竭”。人们必须采取积极手段，努力做到“变废为宝”。在技术及经济实力上还做不到高分子材料废弃后会较快自然分解之前，应当将废旧物回收、分类、处理和再利用。

回收再生的制品因高分子结构某种程度上的老化，其物理、力学性能变差，但仍然不失去其使用价值。这是因为，一是不同场合使用的制品对性能的要求条件不同，如小汽车的塑料保险杆回收后可制周转箱，回收的周转箱可再利用制作垃圾桶等；二是通过高聚物改性技术（如采取共混与复合工艺）可提高或改善回收料的机械性能，制备高一档次的制品。

1. 废弃塑料制品的回收再利用技术

由于塑料种类众多，而其制成制品后外观性状又极其相似，消费者很难直接区别制品到底由何种材料制成。而不管普通塑料或降解塑料，其回收都是必不可少的过程，因为只有回收后，才能将废弃塑料按各自不同的处理方式来进行最终处理，如填埋、焚烧、堆肥、降解等。那么对垃圾中的许多种类的塑料，如 PE、PP、PS、PVC、PA、PET、PBT 等如何识别、分类呢？如果垃圾中废弃塑料没有任何标识，要区分它们的办法就是燃烧和实验室成分分析，燃烧只能初步推测种类，要回收利用还需准确区分，那么只能采用实验室分析。实验室分析时间较长，这对回收利用工业化或产业化就非常不利，这也是目前许多致力于废弃塑料制品回收的环保公司最头疼的问题，也是塑料回收利用产业不能向前发展的主要原因。如果垃圾中的废弃塑料均有种类的标识，那么就可将各类塑料直接分类收集，从而加快回收进度。

1）塑胶制品的标识和标志

GB/T 16288—2008 规定了各类塑料制品的标识，促进各类塑料分类收集，加快回收进度，促进正确使用再生塑料，帮助塑料制品的处理、废弃物回收利用或垃圾处理。塑料制品的标志图形和名称分为五类，见图 6-1。

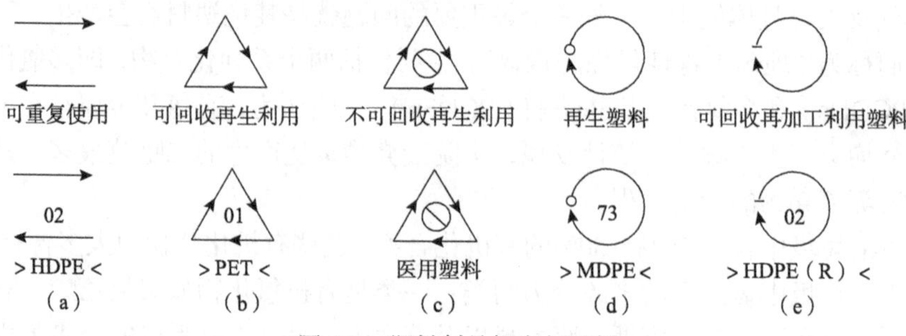

图 6-1　塑料制品标志与示例

图 6-1 中示例（a）代表可重复使用标志，如 HDPE 饮用水壶；示例（b）代表可回收再生利用标志，如 PET 饮料瓶；示例（c）代表不可回收再生利用标志，如 PP 一次性注射针筒；示例（d）代表再生塑料，例如，生产一次性 MDPE 杯子时产生的无污染边角料，被再加工成的一次性杯子；示例（e）代表可回收再加工利用塑料，如用回收的 HDPE 再加工制作的塑料盆。

经常能在塑料制品上看到的塑料材料的名称、英文缩写和代号见表 6-1。

表 6-1　常用塑料名称、英文缩写和代号

中文名称	英文缩写	代号	中文名称	英文缩写	代号
聚对苯二甲酸乙二酯	PET	01	聚对苯二甲酸丁二酯	PBT	57
高密度聚乙烯	HDPE	02	聚己内酯	PCL	60
聚氯乙烯	PVC	03	线型低密度聚乙烯	LLDPE	72
低密度聚乙烯	LDPE	04	中密度聚乙烯	MDPE	73
聚丙烯	PP	05	聚酯型聚氨酯	PESTUR	77
聚苯乙烯	PS	06	超高分子量聚乙烯	UHMWPE	79
丙烯腈-丁二烯-苯乙烯塑料	ABS	09	极低密度聚乙烯	VLDPE	81
乙烯-丙烯塑料	E/P	24	酚醛树脂	PF	82
乙烯-丙烯酸塑料	EAA	25	聚羟基酸酯	PHA	85
环氧树脂或塑料	EP	30	聚-3-羟基丁酸	PHB	86
乙烯-乙酸乙烯酯塑料	EVAC	32	聚（3-羟基丁酸酯-*co*-3-羟基戊酸酯）	PHBV	87
乙烯-乙烯醇塑料	EVOH	33	聚乳酸	PLA	92
三聚氰胺-甲醛树脂	MF	40	聚苯醚	PPE	101
聚酰胺	PA	43	聚苯硫醚	PPS	105
聚己二酸/对苯二甲酸丁二酯	PBAT	53	可发性聚苯乙烯	EPS	107
聚丁二酸丁二酯	PBS	56	高抗冲聚苯乙烯	HIPS	108

续表

中文名称	英文缩写	代号	中文名称	英文缩写	代号
聚砜	PSU	109	聚乙烯醇缩丁醛	PVB	116
聚四氟乙烯	PTFE	110	聚乙烯醇缩甲醛	PVFM	122
聚对苯二甲酸丙二酯	PTT	112	苯乙烯-丙烯腈塑料	SAN	125
聚氨酯	PU	113	脲-甲醛树脂	UF	130
聚乙烯醇	PVAL	115	不饱和聚酯树脂	UP	131

2）废旧塑料的直接利用

废旧塑料的直接利用是指不需进行各类改性，将废旧塑料经过清洗、破碎、塑化直接加工成型，或经过造粒后加工成型。其加工技术简单，成本低廉，但再生塑料制品的力学性能较低。它广泛应用于农业、渔业、建筑业、工业和日用品等领域，因此废旧塑料的直接再生利用具有广泛的用途。

3）废旧塑料的改性利用

为了改善再生塑料的基本力学性能，满足专用制品的质量要求，可采取各种改性方法加工废旧塑料。常用的改性方法有填充改性、增韧改性、增强改性、共混改性等。

4）废旧塑料分解产物的利用

（1）废塑料的热分解技术。塑料热分解的产物是燃料或化工原料（蜡、燃料油等）。在热分解过程中，将发生下述反应：①解聚，产生单体；②分子链断裂，产生低分子量的材料；③不饱和化合物产生，聚合物交联，炭形成。塑料的热分解工艺有油化和气化两种。全部以塑料为原料的处理工艺，基本上采用油化法。用粗选城市垃圾为原料的企业，多采用气化法。轮胎或 PVC、PAN 等废弃物，最好能回收碳化物质。油化装置以处理液体为主，多用槽式或管式设备；气化式碳化设备在分解过程中产生固体物，大多采用移动床或流化床。

（2）废塑料的化学分解技术。塑料的化学分解较热分解有许多优点：分解产物均匀且易于控制，一般情况下，产物几乎不需进行分离和纯化，基本投资费用较低。但其缺点是需要相当清洁和均匀的供料，并且不适用于混合废塑料。目前主要处理对象是 PU 类和热塑性聚酯类。

塑料废弃物的热分解和化学分解技术属于回收再生、综合利用的主要技术。它能从根本上解决其他方法不易处理的问题，尤其是由于质量关系不能再生的或已循环利用 1～2 次的废弃物，经过热分解气化成油，作为燃料回收利用，使塑料废弃物的资源价值得以体现，使对生态环境的污染和破坏降到最低程度，这种技术有着很大的发展潜力。

2. 废旧橡胶制品的回收再利用技术

目前，废旧橡胶的利用方法分直接利用和间接利用。直接利用包括轮胎翻修、水土保护材料、鱼礁、护舷、施工用泥桶、体育游戏器材、道路垫、轨道缓冲材、牧场栅栏等；间接利用则是将废旧橡胶通过物理或化学方法加工而制得系列产品，主要有生产再生胶、胶粉或胶粒、热分解、轮胎翻新和燃烧热利用等方式。总之，废旧橡胶制品的循环利用大致有四种途径：能量回收、燃油回收、单体回收、材料回收。显然，材料回收与再利用与其他方法相比较，经济效益高，对环境所排放的污染少，这对于节约石油资源和保护环境具有重要意义。

（四）环境友好高分子材料的开发与应用

环境友好材料是指在材料的整个寿命周期中，同时具有满意的使用性能和优良的环境协调性，或者能够改善环境的材料。环境友好材料是从原材料采集、加工、使用或者再生循环利用以及废料处理等环节乃至废弃的整个生命周期中，资源和能源消耗最少，对生态环境影响最小，再生循环利用率最高或可分解、安全处理的具有优异使用性能的材料，其对减少材料生产和使用过程中的废弃物排放量、减少资源和能源的浪费、保护环境起着至关重要的作用，也是实现材料可持续发展的唯一途径。

环境友好材料的应用从源头就间接减少了对自然资源的消耗和对环境的破坏，在末端直接减少垃圾和处理垃圾的能耗，并大大拓宽了废旧材料、循环材料等利用的方式。环境友好材料的应用不仅符合社会发展的趋势，更可为企业的发展带来新的商机。在这样一个倡导节能、节约、循环发展经济的社会中，环境友好材料的再利用日益体现出其巨大的潜在价值。

高分子材料的绿色化应体现在从材料的制造、使用和废弃后处理的全过程。制造所用原料应尽可能使用可再生资源，减少或避免石化资源的消耗，制造过程不产生“三废”污染。材料的使用应安全可靠，不产生新的污染。废弃后能回收利用或自然降解，避免“白色污染”。只有满足“全方位”的环境友好要求，才称得上是真正的“绿色环保”材料。

1. 高分子的环境无害化合成

对高分子的环境无害化合成的要求如下：

（1）合成中无毒副产物的产生或者有毒副产物无害化处理；

（2）采用高效无毒化的催化剂，提高催化效率，缩短聚合时间，降低反应所需的能量；

（3）溶剂实现无毒化，可循环利用并降低在产品中的残留率；

（4）聚合反应的工艺条件应对环境友好；

（5）反应原料应选择自然界中含量丰富的物质，而且对环境无害，避免使用自然中稀缺资源。

2. 可降解塑料的制备和应用

可降解塑料在一定使用期限内性能不会发生变化，在使用后可在自然环境下降解成无害物质。可降解塑料在一定的环境中降解一般要经历以下几个阶段：

$$\text{大分子量聚合物} \longrightarrow \text{小分子量聚合物} \longrightarrow \text{有机中间产物} \longrightarrow CO_2 + H_2O$$

最终回归于大自然，因此，废弃的可降解塑料制品不会变成“白色污染”，不会对环境造成破坏。另外，部分用于制备可降解塑料的原料也来源于可再生资源，而不依赖于日渐枯竭的石油，因此可降解塑料又被称为绿色塑料，它也势必成为解决“白色污染”和资源匮乏的重要手段之一。可降解塑料的分类如下：

1）按降解条件分类

按照引起降解的环境条件，可降解塑料可以分为如下几类：

（1）光降解塑料，这一类型的可降解塑料主要通过吸收光线并利用光化学反应使塑料分解；

（2）生物降解塑料，利用微生物及水解酵素等将塑料分解，回归自然；

（3）化学降解塑料，利用自然界中的水和氧将塑料分解，如氧化降解和水降解等；

（4）组合降解塑料，就是结合以上几种降解类型的可降解塑料。

2）按制备方法分类

根据制备方法，可降解塑料可分为微生物合成体系、化学合成体系和利用天然高分子体系三大类。

从实际应用的角度，目前研发的重点是生物降解塑料。

3. 生物降解塑料

1）部分生物降解塑料

该类制品是将淀粉、纤维素、微生物、聚酯等掺入聚乙烯、聚丙烯等制成塑料。这种塑料中的淀粉、纤维素等易在自然条件下分解，从而把聚合物瓦解成微小片段，使其结构完整性受到破坏，从而减轻环境污染。然而形成的微小片段极有可能造成二次污染。

2）完全生物降解塑料

（1）天然高分子生物降解塑料。天然高分子物质如淀粉、纤维素、半纤维素、木质素、果胶、甲壳素、蛋白质等来源丰富、价格低廉，特别是利用它们制备的生物高分子材料可完全降解，具有良好的生物相容性，且安全无毒，由此形成的产品兼具天然可再生资源的充分利用和环境治理的双重意义，因而受到普遍的重视。一般不能单独使用，需经过改性或者与合成可降解塑料共混制备复合材料后使用。

（2）合成高分子生物降解塑料。合成高分子生物降解塑料是指利用化学方法合成制造的生物降解塑料。这类产品具有较大的灵活性，可通过研究合成与天然高分子生物降解塑料结构相似的或具有敏感降解官能团的塑料。目前主要产品有聚乳酸（PLA）、聚丁二酸丁二酯（PBS）、聚己二酸/对苯二甲酸丁二酯（PBAT）、聚己内酯（PCL）和聚乙烯醇（PVA）等。

（3）微生物合成生物降解塑料。利用微生物发酵生产的生物可降解塑料可被多种微生物完全降解，具有广泛的开发应用前景。目前该类制品的研究重点主要是生物合成聚羟基烷酸酯（PHA）。PHA 是某些微生物处于逆境状态下（如缺氧、碳、镁等）细胞内合成的一种储藏类聚酯，如聚羟基丁酸酯（PHB）、聚羟基戊酸酯（PHV）以及聚（3-羟基丁酸酯-*co*-3-羟基戊酸酯）（PHBV）等都属于此类。

3）生物降解机理

目前，生物降解的机理尚未完全研究透彻。一般认为，高分子材料的生物降解是经过两个过程进行的。首先，微生物向体外分泌水解酶，和材料表面结合，通过水解切断高分子链，生成分子量小于 500 的小分子量的化合物（有机酸、糖等）；然后，降解的生成物被微生物摄入体内，经过种种的代谢路线，合成微生物基体或转化为微生物活动的能量，最终都转化为水和二氧化碳。这种降解具有生物物理、生物化学效应，同时还伴有其他物化作用，如水解、氧化等，是一个非常复杂的过程，它主要取决于高分子的大小和结构、微生物的种类及温度、湿度等环境因素。

4. 降解塑料研发中存在的问题

（1）降解塑料降解的理想最终产物是二氧化碳和水，目前使用的很多降解塑料都仅仅降解成碎片或粉末，存在对水质、大气、土壤的二次污染问题。

（2）在降解塑料制品中常加入稳定剂、增塑剂、着色剂、光敏剂等添加剂，这些添加剂随塑料降解而流失于环境中，所以还要开发高安全性的添加剂，或者不使用添加剂的降解塑料。

（3）经济性的问题。现有大多数的降解塑料价格高于通用塑料的价格，所以降解塑料必须降低成本，与现有普通塑料竞争。

（4）降解速率的稳定性问题。因为要面向不同应用领域，要求生物降解有不同的降解速率，精确地控制降解程度和降解时间，还是有相当的难度。

（5）降解高分子材料的使用会影响普通高分子材料的回收利用，对废弃的降解高分子材料需要建立进行处理的基础设施，如堆肥工厂等。

第二节　废塑料的回收与利用

处理废旧高分子材料的科学方法是循环再利用。循环是废旧高分子材料利用的有效途径，不仅使环境污染得到妥善的解决，而且让资源得到最有效的节省和利用。高分子材料的循环可分为三种：第一种称为材料循环（material recycling），又称物理循环（physical recycling）。第二种称为化学循环（chemical recycling）。物理循环是指废旧高分子材料经收集、分离、提纯、干燥等程序之后，加入稳定剂等助剂，重新造粒，并进行再次加工生产的过程。化学循环是利用光热、辐射、化学试剂等使聚合物降解成单体或聚合物链段的过程。降解产物用作油品或化工原料。化学循环的方法有水解、醇解、热裂解、加氢裂解、催化裂解等。第三种是通过焚烧等方式以能源形式进行循环利用。

本节主要介绍塑料废弃物的分选、分离和回收利用方法，以及部分常见热塑性塑料（废弃 PE 薄膜、废弃 PS 泡沫塑料和废弃 PET 塑料产品）和热固性塑料（PU 和 SMC）的回收和再利用方法。

针对城市固体废弃物组成之一的塑料废弃物，在循环再利用之前，通常需要进行前处理，即除去金属、陶瓷、混凝土、泥土、生活垃圾等各种杂质，这就涉及垃圾的分类回收、分选、分离等诸多领域。

一、塑料废弃物的分选、分离和回收利用

塑料废弃物的来源复杂，通常夹杂金属、橡胶、织物、玻璃、纸和泥沙等，并且存

在着不同种类塑料混合在一起的现象，不仅给回收利用带来困难，而且使采用废料生产的制品质量不佳。因此，塑料废弃物的回收利用需要除去杂质和进行塑料分类。

（一）城市垃圾中塑料废弃物的分选

为便于后续加工，大块或大片的塑料废弃物的尺寸需要减小到一定程度，通常在数毫米到数厘米大小。主要采用压碎机、磨碎机、剪切机、切碎机、粉碎机、搅拌机和锤磨机等，将塑料废弃物的尺寸减小，然后进行分选，一般按照物料性能的差异进行分选。

1. 密度法

按照不同材料密度不同的原理进行分选。适用于含有铝箔的塑料或密度差较大的废料。分选设备包括振动台、冲击分选器、倾斜式输送器和流化床分选器等。此方法易受粒径、形状、表面污染程度及填充改性等因素的影响。

2. 浮选法

利用塑料的密度差异，按需要调整液体介质的体积、密度来分选塑料。此法不受形状和大小的影响，尤其适用于分选粉碎不均匀的塑料。

浮选法适用于密度差较小的塑料，利用不同的密度，可将聚合物进行分选。例如，采用几种溶液介质分选聚烯烃(密度为0.90～0.96 $g·cm^{-3}$)、聚苯乙烯(密度为1.05 $g·cm^{-3}$)和聚氯乙烯（密度为1.22～1.38 $g·cm^{-3}$）混合物的示意图见图6-2。

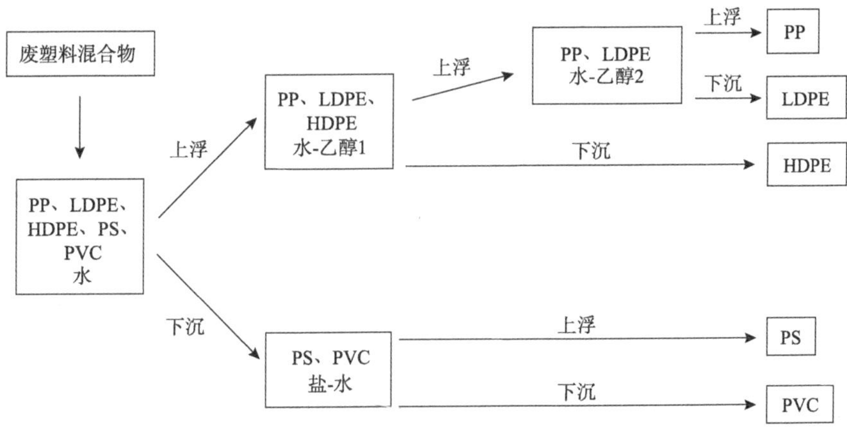

图6-2　浮选法分离塑料混合物示意图

溶液密度：水，1.0 $g·cm^{-3}$；水-乙醇1，0.93 $g·cm^{-3}$；水-乙醇2，0.91 $g·cm^{-3}$；盐-水，1.20 $g·cm^{-3}$

3. 空气分选法

流动空气作用于分选的物料，不同的材料按其密度的大小，分别降落在处于不同位置的装有锯齿形隔板的矩形箱内。其效果与混合物的形状大小是否均匀密切相关。

4. 磁分选法

用于除去金属铁，通常采用带有磁性的皮带轮或交叉形皮带进行分选。

5. 静电分选法

将粉碎的塑料废弃物加上高压电使之带电，再通过电极之间的电场进行分选。静电分选的关键是使不同种类的塑料携带极性相反的电荷。

6. 光学分选法

利用不同材料对近红外线的差别区分其类别。

7. 手工分选法

这是最古老的方法，在我国也是常用的方法，如根据外观和燃烧性进行鉴别常用塑料的种类，见表 6-2 和表 6-3。

表 6-2　废塑料外观鉴别法

种类	外观性状
PE	未染色前为乳白色半透明蜡状，手摸有滑腻感，柔而韧，能伸长。LDPE 较软，透明度高；HDPE 较硬，乳白色不透明。密度比水小
PP	未染色前为白色半透明蜡状，比 HDPE 硬。密度比水小
PS	未染色前为无色透明，有光泽，无延展性，似玻璃状，敲击有"叮当"清脆声，性脆易断裂
PVC	本色为微黄色透明状，透明度胜于 PE、PP，差于 PS，柔而韧；随助剂用量不同，分为软、硬 PVC，有光泽

表 6-3　废塑料简易燃烧鉴别法

种类	燃烧难易	离火是否熄灭	火焰特点	燃烧现象	气味
PE	容易	继续燃烧	底部蓝色，顶部黄色	无烟，熔化淌滴	类似燃烧蜡烛
PP	容易	继续燃烧	底部蓝色，顶部黄色	少量黑烟，熔化淌滴	石油味
PS	容易	继续燃烧	橙黄色，冒浓黑烟，有碳末飞扬	软化，起泡	芳香味（苯乙烯气味）
PVC	难	熄灭	顶部黄色，底部绿色，喷溅绿色和黄色火焰，冒白烟	软化，能拉丝	刺鼻辛辣味（氯化氢气味）
PA	中等	慢慢熄火	底部蓝色，顶部黄色	熔化淌滴，起泡沫	似羊毛、指甲（蛋白质）烧焦味

8. 低温分选法

利用各类塑料脆化温度不同的特点，分阶段改变温度，就可以有选择地粉碎，同时达到分选的目的。例如，分选软质 PVC（脆化温度−41℃）和 PE（脆化温度−100℃）的混合物，将其投入到−50℃的预冷却器中，PVC 即可在粉碎机内粉碎，而 PE 不能粉碎，因而可进行分选。

9. 旋液分选法

将粉碎后的塑料粉末倒入旋液分选器的蓄水池中，搅拌形成均匀的悬浮液，沿切线方向送入高速转动的旋液分选器中，在离心力作用下，较重的粒子移向分选器的内壁，较轻的粒子则移到中心，随后将它们分别排出。

（二）混合废塑料的回收与利用

当回收废塑料被混合，难以分离时，可以考虑采用以下方法，即混合废塑料回收利用的途径。

（1）回收一种或多种成分时，有目的地从混合料中分离价值较高的回用料或剔除不需要的成分。回收的材料不可避免地含有其他杂质，一般不能用于生产与原材料特性一致的高质量产品。一般要求杂质含量低于 2%，尤其是聚烯烃和聚苯乙烯中的聚氯乙烯含量更应限制。

（2）对混合材料进行热塑性加工，将不能塑化的成分用作填料、增强材料或者对使用性能有某种积极作用的综合促进剂。由于各组分间的热力学不相容性，以及熔融温度和熔体黏度存在的差异，力学性能低劣，大大限制了使用范围，此时可以考虑从以下三个方面改进混合废塑料的性能，具体措施见表 6-4。

表 6-4　改进混合废塑料的性能的方法

原理	方法	改善结构及形态
剪切分散	细磨	扩大相界面
	高度剪切	扩大分子渗透区，促进扩散，产生化学活性
改善相容性	形成自由基	各组分间形成共聚物、交联
	加入增容剂	改善分子间相互作用
形成多相复合结构	加入弹性体	提高韧性
	填充及增强	改善性能
	发泡	减小密度

使用混合废塑料成型型材或仿木材料已有比较成熟的技术和设备，引起了人们很大的关注。因为分选混合废塑料仍然比较困难，生成此类产品可使分选工作量减小到最低程度。

（3）热分解或者化学分解混合料中的有机成分，用于生产燃油、燃气或化学原材料。

（4）焚烧作为能源回收利用。

二、废弃农用薄膜的回收与利用

聚烯烃薄膜主要包括 PE 和 PP 薄膜，通常用于农业和包装领域。农用塑料薄膜在农业现代化进程中起了重要的作用，农用薄膜基本上以 PE 为主。大量使用后残留的农地膜会污染农田，造成土壤板结、透气状况恶化，给农作物的生长带来危害，造成不同程度的减产。

农用薄膜回收与利用有利的一面是塑料的种类比较单一，分类工作比较简单；困难在于收集和清洗。

（一）废弃薄膜的回收工艺

废弃薄膜的回收工艺过程如下：

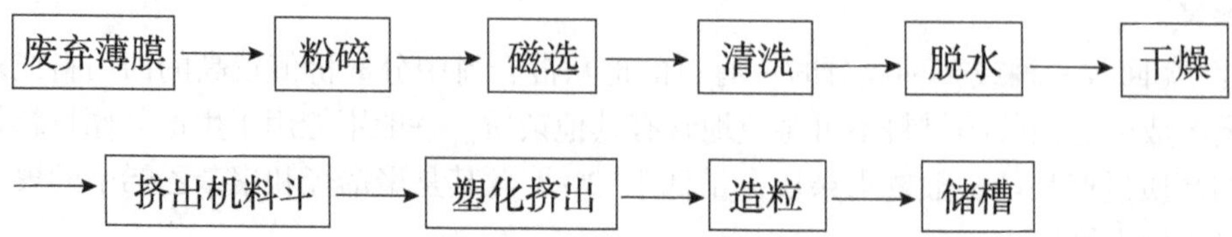

对于在生产过程中产生的边角料或试车时产生的废膜，因为不含杂质，可以直接粉碎、造粒，进行回收利用。包装薄膜和农用薄膜的回收，难点是分选和除去杂质及附着在薄膜表面的其他物质（灰尘、油渍、颜料等）。

1. 粉碎

收集到的大片或成捆的薄膜需要剪切或粉碎成易处理的碎片。粉碎设备有干式和湿式之分。干式粉碎机可直接对薄膜进行粉碎，结构简单，投资少，但刀具磨损大；湿式粉碎机需要对薄膜进行预清洗后再粉碎，刀具磨损小，噪声低。

2. 清洗

清洗的目的是除去附着在薄膜表面的其他物质，通常用清水清洗，用搅拌的方式使附着物脱落。对于附着力较强的油渍、油墨、颜料等，可用热水或使用洗涤剂清洗。

清洗设备按工作方式有连续式和间歇式，按结构分类有敞开式和封闭式。设备中拨轮或滚筒的高速转动，使薄膜碎片受到较强的离心力作用，而使附着物脱落，脱落物最终沉淀，而薄膜碎片浮于水面。为了取得更好的清洗效果，可继续进入摩擦清洗机，会受到较大的摩擦力而使附着物脱落。

3. 脱水

脱水方式有筛网脱水和离心过滤脱水。筛网脱水是将清洗后的薄膜碎片送到有一定目数要求的筛网上，使水与薄膜碎片分离。筛网的放置形式是既可平放，也可倾斜，带有振动器的筛网效果更好。离心脱水机是以高速旋转的甩干桶产生的强离心力使薄膜碎片脱水。

4. 干燥

为了使薄膜碎片含水率降低到0.5%以下，需要进行干燥处理。通常使用热风干燥器或加热器，为了节能，降低成本，热风应该循环使用。

5. 造粒

经过清洗烘干的薄膜碎片加入挤出造粒机中进行造粒。为防止轻质大容积的塑料碎片加料时出现“架桥”现象，需要使用喂料螺杆进行预压缩，使物料压实，喂料螺杆的速度应与挤出机主螺杆转速相匹配，防止机器过载。

造粒既可使用单螺杆挤出机，也可使用双螺杆挤出机，后者的产品质量与生产效率更好。熔融挤出过程中，应当采取适当的排气措施，排出水汽和分解气体，并在机头进行熔体过滤，滤除杂质。

（二）薄膜回收料的应用

PE 薄膜回收料可以适当添加到新的 PE 原料中，生产新的薄膜，产品可以作为透明包装薄膜、着色的包装薄膜、垃圾袋薄膜或其他包装薄膜。此外，适当地着色后，可以用来生产栅栏支柱、排水槽、电缆盘、污水管、树木支撑、货架和标牌等产品。

PE 薄膜回收料也可以与聚丙烯、弹性体、填料、添加剂等一起共混造粒，作为工程塑料，应用于汽车、摩托车、机械零件等。

三、废聚苯乙烯泡沫塑料的回收与利用

聚苯乙烯（PS）泡沫塑料因成本低廉、密度小、质轻、保温隔热性能好、安装便捷，被广泛用于各种建筑物及冷库的保温隔热层和一次性使用的包装材料，如各种家用电器、工业配件及产品等的运输包装，也用于一次性使用的快餐饭盒、食品包装盒等。这类制品由于用后即弃，所形成的垃圾不仅数量大而且不便回收，又不能自行分解，造成严重的“白色污染”。

当前对 PS 泡沫塑料的回收利用有以下几种方法：脱泡熔融挤出回收 PS 粒料；热分解回收苯乙烯和油类；制成涂料、黏合剂类产品；直接再利用废 PS 泡沫。

（一）脱泡熔融挤出回收 PS 粒料

将废 PS 泡沫块先加热使之缩小体积和脆化，再送入破碎机中破碎成小块，然后经挤出机熔融、排气、挤出造粒。对于 PS 泡沫片材，有的直接送入专门设计的回收机中，这种回收机进料口很大，内设转动的切刀，能将较软的泡沫板片切（撕）碎、压缩并加热，使之熔融再挤出具有一定密度的料条。有的则直接与排气式挤出机相连，直接挤出造粒，得到 PS 回收粒料。其一般工艺流程如下：

PS 的最大缺点是质脆，因而回收的废发泡 PS 所造粒子质更脆、色泽差、透明度低，一般无法单独重新使用。而将 SBS 弹性体与回收的 PS 混炼加工成相容性、分散性好的塑料合金，充分利用两者性能的优势互补，合金的抗冲击性及成型性能大为改善。

（二）热分解回收苯乙烯和油类

PS 受热达到分解温度时就会裂解成苯乙烯、苯、甲苯、乙苯，通常苯乙烯占 50%左右，因此可以使不便清洗或无法直接再生的废 PS 泡沫塑料通过裂解工艺来回收苯乙烯等物质，通过蒸馏、精馏即可得到纯度在 99%以上的苯乙烯。

如果将包括 PS 在内的废聚烯烃类塑料在更高的温度下热裂解和催化裂解，可变为汽油和柴油。近年来，废塑料热分解油化技术的研究相当活跃。

废塑料热分解油化工艺过程见图 6-3。

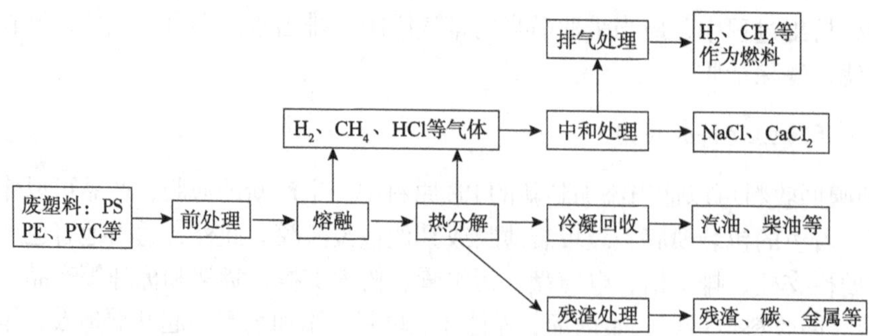

图 6-3　废塑料热分解油化工艺过程

1. 前处理工序

分离出废塑料中混入的异物（罐、瓶、金属类）后，将废塑料送入熔融滚筒中破碎成大块。

2. 熔融工序

将废塑料在 200～300℃下加热，使其熔融为煤油状液态。在此工序有少量热分解，特别是含有 PVC 的废塑料，会产生 HCl，其会被送至中和处理工序。

3. 热分解工序

将液态废塑料加热到 300～500℃，使之分解，使用催化剂不仅可以提高油的产率，特别是轻质油的产率，还可以提高油的质量。

4. 生成油回收工序

将热分解工序产生的高温气体冷却到常温成为液状，即得到了油。生成油的质量、性质、产率均随投入塑料的种类、反应温度、反应时间的不同以及是否使用催化剂等而有很大差异。

5. 残渣处理工序

在热分解工序中不能分离的少量异物（沙子、玻璃、木屑等），以及热分解生成的碳化物等都必须从炉子中除去。尽量减少残渣量，保持正常运转。

6. 中和处理工序

对于 PVC 而言，因热分解会产生 HCl，用烧碱、熟石灰等碱中和进行无害化处理。

7. 排气处理工序

这是处理热分解工序中难以凝集的可燃性气体（一氧化碳、甲烷、丙烷等）的工序。可采用明火烟囱直接烧掉或作为热分解用的燃料，也可作为电力蒸汽的能源在系统中再利用。

（三）制成涂料、黏合剂类产品

1. 快干漆

生产方法是将废 PS 泡沫和一些辅料（乙醇、乙酸乙酯、邻苯二甲酸二丁酯、环氧树脂、丁腈橡胶等）加入反应釜中，搅拌，使 PS 泡沫等溶解，经研磨过滤，再加入填料、颜料，在一定温度下搅拌，最后经研磨过滤得到产品。其工艺流程如下：

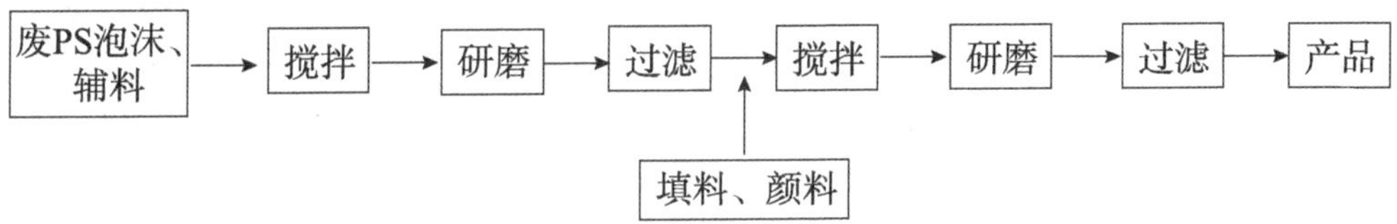

这种快干漆的成本低，所需生产设备少。产品的防水性、耐老化性和耐低温性均很好，耐磨，对金属、木材、水泥、纸张、玻璃等均有良好的黏结力，既可作为保护漆，又可作为黏合剂。用于金属的表面喷涂有很好的防腐作用。

2. 防潮涂料

将废 PS 泡沫塑料洗净、破碎、溶解，加入增塑剂、溶剂、水、表面活性剂、增稠剂和消泡剂等制成一种水乳涂料。其工艺流程如下：

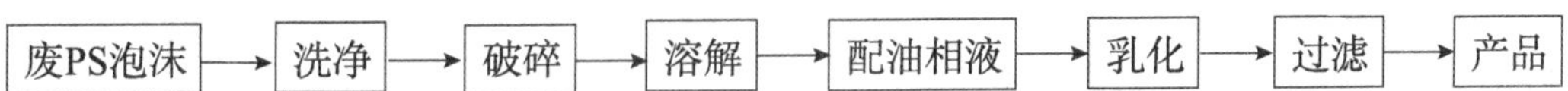

这种涂料主要用作瓦楞纸箱的表面防潮涂料。

3. 不干胶

将废 PS 泡沫塑料、SBS、松香、甲苯、汽油、松节油等溶解后制成黏合剂，可用于家具、装修等场合，粘贴木材、地板、瓷砖等，成本低、耐水性好。

（四）直接再利用废 PS 泡沫

1. 轻质建材

将废 PS 泡沫破碎成小块，与水泥、灰浆混合在一起，制成轻质板材，作为内墙的保温隔热层，既是废物利用又物美价廉。以 PS 泡沫作内芯，石膏作外壳，可生产泡沫夹心砖，不仅质轻，而且保温、隔热、隔音性好。

2. 防水材料

将废 PS 泡沫塑料与重苯、煤油按比例放入反应釜中，加热搅拌熔融后，稍加冷却，去除水分，制成 PS 改性材料，再加入适量的无机填料与惰性材料制成 PS 改性防水材料。调整配方可生产 PS 塑料油膏、冷胶料、嵌缝膏、防水片材。产品使用性能好，延伸率大，耐寒性好，不易龟裂老化，成本也低。

四、废 PET 塑料的回收与利用

废 PET 塑料的来源主要有工业废料和消费后塑料。工业废料主要是树脂生产中的废料、加工中的边角料、不合格品等。消费后塑料有 PET 工程塑料制品和民用消费品如饮料瓶、薄膜、包装材料等。工业废料相对集中且清洁、回收比较容易，一般在生产车间即可回收。而消费后 PET 废料的收集和回收要困难得多，也是人们关注的热点。

由于环境保护的要求，公众环境保护意识的增强，能源危机、资源利用的迫切要求和土地资源的减少，PET 的回收已成为其应用时必须解决的问题。

PET 回收技术主要有机械回收法和化学回收法，其中机械回收法有重力分选、清洗、干燥、造粒等工艺。化学回收法是在机械回收的基础上将干净的 PET 分解、醇解、水解等。

（一）机械回收法

除 PET 废料可与 PET 新料掺混使用外，也可以制备 PET 共混物与复合材料。

1. 与聚烯烃共混改性

在 PET 工业废料中加入 0.5%～50%的 PE，可以改善制品的抗冲击性能。聚烯烃的加入可大大改进由 PET 废料生产的薄膜对弯曲而形成裂纹的稳定性。由于聚烯烃是非极性聚合物，与 PET 的相容性差，可加入含有极性单体的聚合物作为增容剂，如 EVA，制备 PET/PE/EVA 共混物，其韧性好，抗裂纹，用于生产薄膜等产品。

对于瓶体为 PET、瓶底为 HDPE 的饮料瓶，可以生产 PET/HDPE/SEBS 共混物，用来生产各种仪表外壳、汽车零部件等。

2. 与聚碳酸酯共混改性

制备 PET/PC 共混物，其耐热性、韧性、耐化学品性能优异，可用于生产汽车保险杠、汽车轮盖、办公用品等。

3. 玻璃纤维增强改性

PET 工业废料用玻璃纤维增强后，热变形温度达 240℃，弯曲强度达 209 MPa，用作工程塑料。

（二）化学回收法

PET 的化学回收是利用机械法回收的 PET 碎片，特别要注意清理干净杂质（金属、其他树脂、热熔胶等），避免降解。

1. 水解/甲醇醇解工艺

将 PET 碎片加热到 150～250℃，在过量水中用乙酸钠作催化剂，在 4 h 内 PET 即可水解成对苯二甲酸和乙二醇，反应为 PET 缩聚的逆反应。酸（如硫酸）和碱（如氨水）也可作为水解的催化剂。

用甲醇醇解（PET：甲醇 =1：4，摩尔比）PET 可以得到对苯二甲酸二甲酯和乙二醇，反应式如下：

$$\left[\!\!-\overset{\displaystyle O}{\overset{\|}{C}}-C_6H_4-\overset{\displaystyle O}{\overset{\|}{C}}OCH_2CH_2O-\right]_n+2nCH_3OH \longrightarrow nCH_3O\overset{\displaystyle O}{\overset{\|}{C}}-C_6H_4-\overset{\displaystyle O}{\overset{\|}{C}}OCH_3+nHOCH_2CH_2OH$$

工艺过程如下：将 PET 和甲醇混合，在催化剂作用下，于 2.03～3.04MPa 下，将混合物加热至 160～240℃，保持 1h，得到的裂解产物为 99%的单体。单体再聚合，得到的食品级 PET，可生产各种新的 PET 瓶，从而实现 PET 瓶的闭环回收。

2. 二元醇醇解工艺

在过量二元醇（丙二醇、乙二醇）作用下，PET 会发生酯交换反应。在丙二醇中加热 PET，在催化剂作用下，长链 PET 变成短链组分，主要是双羟乙基对苯二甲酸酯和双羟丙基对苯二甲酸酯、混合的乙二醇/丙二醇、对苯二甲酸二酯等。反应过程如下：反应温度为 200℃，醇解时间为 8 h，丙二醇∶PET = 1.5∶1（摩尔比），反应过程中连续通入氮气，得到的多元醇的平均分子量为 480，羟基数为 480。得到的多元醇可以用于聚氨酯、不饱和聚酯的生产。

乙二醇醇解 PET 工艺条件如下：乙二醇∶PET = 1∶3，乙酸锰为催化剂，反应温度为 205～220℃，反应时间为 3.5h，氮气保护。反应所得多元醇的平均分子量为 556，羟基数为 202。可用于生产聚氨酯，提高其性能。

（三）PET 回收料的应用

1. 生产纤维

用 PET 回收料生产粗的短纤维，可以作枕头、睡袋、棉衣的隔热材料，垫肩等的纤维填料，还可用于地毯衬、无纺毯和一些铺地织物的生产。也有 PET 瓶回收料生产长丝纤维，用于服装面料等织物。

2. 生产板材、片材

片材热成型后可以作杯子、蛋托等各种包装物。发泡板材可作隔热材料，其性价比要优于 PS 发泡板，且燃烧时不产生黑烟。

3. 生产瓶和容器

PET 回收料生产非食品包装容器早在 20 世纪 80 年代初就已开始使用，如网球盒、洗涤剂瓶子等。PET 回收料也可作为多层食品包装容器的中间层，如三层共注塑容器的结构为：PET 新料/PET 回收料/PET 新料。

4. PET 分解产物——多元醇的应用

二甘醇醇解 PET 得到的多元醇广泛用于硬质聚氨酯泡沫塑料的生产，不仅成本低，而且泡沫的压缩强度、模量和阻燃性能等显著提高，燃烧产生的烟雾减少，泡沫的脆性减小。但是这种多元醇的官能团和羟基数较少，生产中一般与其他多元醇混合使用。得到的泡沫塑料可用作屋顶和墙体的隔热保温材料。这种多元醇也可用于软质 PU 泡沫生产中作为改性剂，提高泡沫体的剪切强度、压缩强度和断裂伸长率。

二甘醇和丙二醇醇解 PET 得到的多元醇与不饱和二元羧酸酐如马来酸酐（简称顺酐）反应，可得到不饱和聚酯。生产 PU 时，二元醇醇解和酯化反应可在一个反应器中进行。其工艺流程如下：

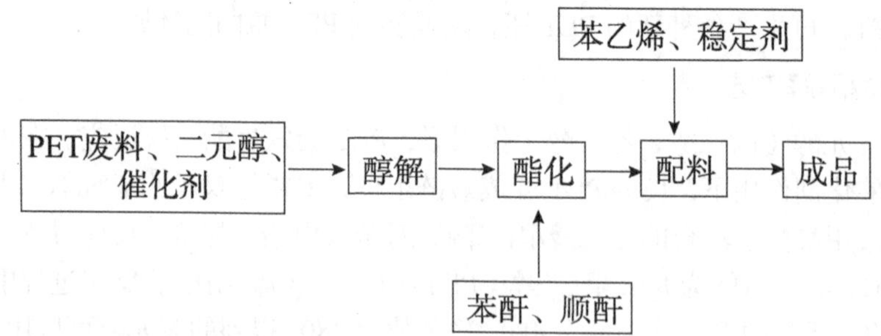

五、废热固性塑料的回收与利用

热固性塑料是指在加工过程中分子之间发生化学反应形成交联结构，制品具有不溶不熔特点的一类塑料。热固性塑料具有很多优点，如价格低、刚性好、压缩强度高、耐热、耐溶剂、尺寸稳定、抗蠕变、阻燃和绝热性好，广泛用于电子、电器、机械、汽车、日用品等领域。由于热固性塑料的交联结构，长期以来人们认为热固性塑料是不可回收的。但是经过研究发现，即使是热固性塑料也是可以回收再利用的。

热固性塑料的回收技术有机械回收（如将其粉碎后作为塑料填充剂）和化学回收（如水解、醇解以及热分解回收原材料）等。

（一）聚氨酯

聚氨酯（PU）废料包括 PU 软质和硬质泡沫塑料，软质泡沫塑料主要有床垫、汽车坐垫、防护材料等。硬质泡沫塑料主要来自于隔热材料，如建筑用板材、冰箱和冷库用隔热材料、包装材料；此外，还有汽车工业所用的 PU 弹性体以及含有 PU 的体育用品；工业废料，如 PU 生产中高达 10%左右的废品，泡沫二次加工产生的大量边角料，反应注塑成型（RIM）生产中的浇道料和飞边料等。

1. 软质 PU 泡沫废料

用软质 PU 泡沫塑料生产垫子时产生大量的废料（8%～10%），其回收有以下几种方法：

1）黏合剂黏合，再模塑技术

将回收的泡沫切成尺寸适宜的碎片，涂覆黏合剂（异氰酸酯预聚物），用量为泡沫质量的 10%～20%。物料充分混合后，放入模具中模压成型。所得产品密度为 40～100 $kg \cdot m^{-3}$。

2）用作填充剂

将软质泡沫在−150℃下粉碎，研磨成适宜的粉料，然后将其以 15～20 份比例加入 100 份多元醇中，混合成糊后，再添加异氰酸酯、催化剂等反应，生产含回收料的泡沫塑料。其性能接近不含填充剂的泡沫塑料，成本降低 3.5%。

2. RIM-PU 废料

1）用作填充剂

（1）作 RIM-PU 零件的填充剂：先用粉碎机将其粉碎，得到 6～9 mm 大小的颗粒，然后研磨成 180 μm 的微粒，按照 10%加入新料中，注塑成制品。其性能基本与不含填充剂的制品相同，成本降低 5%。

（2）用作 PP 填充剂：用氨基硅烷处理研磨微粒进行表面活化处理，加入马来酸酐或丙烯酸接枝聚烯烃作为增容剂，再加入 10%～20%硅烷处理的超细滑石粉，与 PP 一起共混改性，得到 PP 工程塑料。加入 RIM-PU 回收料不仅可以降低制品的成本，还可以改善性能，如耐热性、耐磨性、阻燃性、尺寸稳定性和耐蠕变性等。

（3）作热固性聚酯的填充剂：在团状模塑料（BMC）等热固性聚酯复合材料中加入 10%低密度的 RIM-PU 回收料，可降低密度，而力学性能等不受影响，但耐热性有所下降。

2）捏合机回收技术

其原理是通过热-力化学作用，把分子链变成中等长度链，在此过程中，硬质弹性的 PU 材料被转化为软质的塑性状态，但并不是熔融态。实现这一转变的关键是将捏合机温度升高到 150℃，对废料施以大的剪切力，摩擦生热，温度达到 200℃，造成热分解。工艺过程如下：废料加入捏合机，升温到 150℃，捏合 18 min，冷却到室温，在捏合机中粉碎，加入异氰酸酯，在 50～70℃混合 5 min，充入模具，热压模塑（150℃、20 MPa、10 min），脱模得到产品。得到的产品强度高、硬度大，但断裂伸长率低，可用作汽车工具箱等产品。

3. PU 的水解/醇解

PU 的水解反应产物是二元胺、多元醇和二氧化碳。PU 水解的优点是可以将所有材料转化为二元胺或多元胺和多元醇，但它们在再利用前需要分离。反应方程式如下：

$$\sim\sim R-NH-\overset{\overset{\displaystyle O}{\|}}{C}-O-R_1\sim\sim + H_2O \longrightarrow \sim\sim R-NH_2 + HO-R_1\sim\sim + CO_2$$

例如，软质 PU 泡沫塑料在 232～316℃的高压蒸汽作用下，迅速水解为二元胺和多元醇，从蒸汽中回收二元胺，从水解残留物中回收多元醇。回收的多元醇可用于软质泡沫塑料的生产。

各种 PU 泡沫塑料均可用二元醇醇解，得到多元醇。反应原理是：由短链二元醇对 PU 长分子链进行化学攻击，通过酯化作用将 PU 长分子链分裂，得到的多元醇可用于硬质泡沫塑料配方，代替 40%的原料多元醇。反应方程式如下：

$$\sim\sim R-NH-\overset{\overset{\displaystyle O}{\|}}{C}-O-R_1\sim\sim + HO-R_2-OH \longrightarrow$$

$$\sim\sim R-NH-\overset{\overset{\displaystyle O}{\|}}{C}-O-R_2-OH + HO-R_1\sim\sim$$

4. 热分解

PU 的热分解温度为 250～1200℃。在 200～300℃，硬质 PU 泡沫塑料产生异氰酸酯和多元醇，由甲苯二异氰酸酯生产的软质泡沫塑料可分解为聚脲，由二苯甲烷-4,4′-二异氰酸酯生产的硬质泡沫塑料分解得到聚碳二酰亚胺。当环境温度高于 600℃，聚脲和聚碳二酰亚胺可进一步分解为腈、烃和芳香族化合物。

（二）不饱和聚酯片状模塑料

1. 用作填充剂

不饱和聚酯片状模塑料（SMC）回收利用主要是作为填充剂，将回收 SMC 粉碎后，既可作为 SMC、BMC 的填充剂，也可作为热塑性塑料（PE、PP 等）的填充剂。含 SMC 回收料的 BMC 性能见表 6-5。

表 6-5　含 SMC 回收料的 BMC 性能

性能参数	BMC	BMC+粗 SMC 回收料		BMC+细 SMC 回收料	
SMC 回收料含量/%	0	10	20	10	20
拉伸强度/MPa	27.9	16.1	14.5	17.3	16.1
拉伸模量/GPa	13.1	9.9	9.2	12.7	10.2
弯曲模量/GPa	10.5	9.8	9.4	10.2	9.2
缺口冲击强度/（$kJ \cdot m^{-2}$）	27.0	27.0	15.8	20.9	22.1
无缺口冲击强度/（$kJ \cdot m^{-2}$）	36.1	27.8	18.3	27.6	30.1

由表 6-5 可见，添加细 SMC 回收料的 BMC 性能下降较小。

2. 醇解

SMC 醇解可以得到油，产率高达 18.3%，可作燃料油使用，也可用作环氧树脂的增韧剂。这些醇解油与 EP 的相容性好，在固化过程中和固化后都未出现相分离和油析出。残留物玻璃纤维和碳酸钙，可作为环氧树脂的填充剂。

3. 热分解

SMC 热分解产生的燃料气体足够维持热分解反应。热分解的固体副产物如碳、碳酸钙和玻璃纤维排出反应器，冷却、分离。实验表明，20%固体副产物可代替碳酸钙用于 SMC 中而不损害产品的性能和表面质量。

第三节　废橡胶的回收与利用

21 世纪，人类进入知识经济、循环经济时代。世界各国正把“发展循环经济”和“建立循环型社会”作为实现可持续发展的重要途径。所谓循环经济，是一种建立在物质不断循环利用基础上的经济发展模式，它要求把经济活动按照自然生态系统的模式组织成一个“资源—产品—再生资源”的物质反复循环流动的过程，使得整个经济系统及生产、消费过程中基本上不产生或者很少产生废弃物，它要求以废旧物资“减量化、无害化、资源化、再使用、再循环”为社会经济活动的行为准则。废旧橡胶是固体废弃物的一种，主要来源是一些橡胶制品，如各种车的轮胎、胶管和胶带、胶鞋等以及工厂生产边角料。

对于大量废弃的橡胶，回收利用的压力越来越大，被称为“黑色污染”。据统计，目前世界橡胶年产量已达 3100 万 t，并且正以 5%左右的年增长率在快速增长。由于产品使用寿命到期而报废，每年随产品报废而被废弃的橡胶材料的数量极其巨大，接近世界橡胶材料的年产量。我国是世界上消耗橡胶的第一大国，每年橡胶消耗量的 45%左右需要进口；而另一方面每年约有近百万吨废橡胶得不到合理利用。在自然资源日趋减少和能源相对紧缺的今天，如何应用现代科技手段解决废弃轮胎再利用和“黑色污染”问题在我国显得尤为紧迫，并且具有十分重要的意义。

由于橡胶材料具有三维网络状分子结构，耐老化，不易被细菌吞噬，被废弃在土壤里长期不能为自然界所消纳。若不进行适当处理或加以回收利用，对人类社会所造成的环境损害和资源浪费将极其巨大。因此，废弃橡胶材料的科学循环利用已经成为当今橡胶工业持续发展所亟待解决的关键课题。

常见废旧橡胶制品的主要组成材料见表 6-6，其中特别是废弃的汽车轮胎，占橡胶用量的 70%左右，它们含有天然橡胶（NR）、丁苯橡胶（SBR）、顺丁橡胶（BR）、异戊橡胶（IR）、丁基橡胶（IIR）等，由于具有三维网络状分子结构，不溶化、不熔融，难以重新成型、重复使用。将其脱硫化、解交联、线性化处理、重复使用，一直是人们努力追求的目标，也是目前废弃高分子材料循环利用的世界性难题。

表 6-6　常见废旧橡胶制品的主要组成材料

名称	主要组成材料
轮胎	天然橡胶、丁苯橡胶、顺丁橡胶、异戊橡胶等
胶带	天然橡胶、丁苯橡胶、顺丁橡胶、乙丙橡胶、氯丁橡胶、丁腈橡胶、聚氨酯橡胶等
胶管	天然橡胶、丁苯橡胶、顺丁橡胶、乙丙橡胶、氯丁橡胶、丁腈橡胶、丁基橡胶、硅橡胶、丙烯酸酯橡胶、氟橡胶等
胶鞋	天然橡胶、丁苯橡胶、氯丁橡胶、丁腈橡胶、聚氨酯橡胶等
工业橡胶制品（密封、减震、防水材料、胶辊等）	天然橡胶、丁苯橡胶、乙丙橡胶、氯丁橡胶、丁腈橡胶、聚氨酯橡胶等

自 180 多年前，Goodyear 发明了天然橡胶的硫化工艺以来，人们为解决硫化橡胶回收利用问题想出了各种各样的解决方法，甚至 Goodyear 本人都在 1853 年获得了一项发明专利，其工艺就是将各种废旧的硫化橡胶磨成胶粉然后回收利用，这种方法目前仍在广泛利用。现在人们已经发明了各种各样的方法用以解决废旧弹性体的回收利用问题，如轮胎翻新、磨成胶粉用作填充剂、脱硫制备再生胶、焚化燃烧作为燃料和掩埋等。本节将介绍废旧橡胶的回收和循环利用的主要方法。

一、废旧橡胶制品的翻新或直接利用

翻新或直接利用是将废旧橡胶制品以原有形状或近似原形加以利用，以废旧轮胎为例，轮胎翻修便是其直接利用中最有效、最直接而且经济的利用方式。在使用保养良好的情况下，一条轮胎可多次翻修，这样总的翻胎寿命往往可达新胎的 1～2 倍，而所耗原材料仅为新胎的 15%～30%，所以世界各国都普遍重视轮胎翻修工作。目前先进的翻胎技术为预硫化翻胎法，又称冷翻法，即把已经硫化成型的胎面胶黏合到经过打磨处理的胎体上，装上充气内胎和包封套，送入大型硫化罐，在较低温度和压力下硫化，一次可生产多条翻新轮胎。由于旧轮胎翻新保持了轮胎原始的物理性能和形状，耗用能源和人工都较少，被普遍认为是旧轮胎利用最有效的方法之一。但是近年来随着汽车和交通的现代化，轮胎高速安全性的要求日益严格，其用途不断受限，可供翻胎的轮胎正在不断减少，轮胎翻新在许多发达国家的比例明显下降。

除翻修外，直接利用是直接用废橡胶（轮胎）或通过捆绑、裁剪、冲切等方式，将废橡胶（轮胎）改造成有利用价值的物品。例如，用于码头作为船舶的缓冲防撞装置，用于构筑人工礁石或防波浪堤；用于公路防护栏或水土保护栏，用于建筑消音墙；用于航标灯的漂浮灯塔，切割裁成胶条编织成弹性防护网、防撞挡壁、防滑垫等。与其他综合利用途径相比，直接利用或原形改制利用是一种非常有价值的利用，它在耗费能源和人工较少的情况下使废橡胶物尽其用。但该方法消耗的废旧轮胎量并不大，所以只能当作再利用的一种辅助途径。

二、粉碎为胶粉后利用

通过机械方式将废旧轮胎粉碎后得到胶粒和胶粉的生产工艺包括常温粉碎法、低温冷冻粉碎法、水冲击法等。与再生胶相比，胶粉无须脱硫，所以生产过程耗费能源较少，工艺较再生胶简单得多，降低了环境污染，而且胶粉性能优异，用途极其广泛。通过生产胶粉来回收废旧轮胎是集环保与资源再利用于一体的、很有前景的方式，这也是发达国家摒弃再生胶生产，将废旧轮胎利用重点由再生胶转向胶粉或胶粒和开辟其利用领域的根源。

（一）生产方法的分类

1. 根据制备方法

可分为常温粉碎法、低温粉碎法、化学粉碎法等。

2. 根据加工状态

分为干法和湿法。

3. 根据粉碎设备

分为辊压法、磨盘法、螺杆挤出法、锤击法、切削法、打磨法等。

（二）废橡胶预加工

废旧橡胶制品中一般都会有纤维和金属等非橡胶骨架材料，加之橡胶制品种类繁多，所以在废旧橡胶粉碎前都要进行预先加工处理，其中包括分拣、去除杂物、切割、清洗等加工。对废旧橡胶还要进行检验、分类，对不同类别、不同来源的废橡胶及其制品按要求分类，最理想的是采用回收管理循环方法，根据废橡胶来源有目的地进行处理。对于废轮胎这类体积较大的制品，则要除去胎圈，也有采用胎面分离机将胎面与胎体分开。胶鞋主要回收鞋底，内胎则要除去气门嘴等。

经过分拣和除去非橡胶成分的废橡胶，由于长短不一，厚薄不均，不能直接进行粉碎，必须对废橡胶切割。采用整胎切块机切成 25 mm × 25 mm 大小的胶块。大的胶块则重新返回切割机上再次切割。

废橡胶特别是轮胎、胶鞋类制品，由于长期与地面接触，夹杂着很多泥沙等杂质，则应先采用转桶洗涤机进行清洗，以保证胶粉的质量。

（三）粉碎加工

1. 常温粉碎法

主要是利用剪切对废旧橡胶进行切断、压碎，一般分为粗碎和细碎两个工序。常温粉碎中以常温辊轧法和轮胎连续粉碎法最为常用。常温粉碎法是世界上胶粉生产的主要方法，具有较好的技术经济性。

废橡胶经过预加工后进行常温粉碎，一般分粗碎和细碎。中国的再生胶工厂中常采用两种粉碎方式，一种是粗碎和细碎在同一台设备上完成；另一种是粗碎和细碎在两台不同的设备上完成。前者适合于小型工厂的生产。

粗碎和细碎同时进行的方式：进行该操作的两个辊筒，其中一个表面带有沟槽，另一个表面无沟槽，即为沟光辊机。首先通过输送带将洗涤后的胶块送入两辊筒间进行破胶，然后将破碎后的胶块和胶粉落入设备底部的往复筛中过筛，达到粒径要求的从筛网落下，通过输送器入仓；未达到要求的胶块，通过翻料再进入沟光辊机中继续进行破碎。

粗碎和细碎在两台设备上进行的方式：粗碎在两只辊筒表面都带有沟槽的沟辊机上进行，粗碎过的胶块大小一般在 6～8 mm 之间。然后进入光辊细碎机上进行细碎，其粒径一般为 0.8～1.0 mm（26～32 目）。胶粉工厂粉碎设备与传统的再生胶粉碎设备不同，都是专用的废橡胶破碎机、中碎机、细碎机。

2. 低温粉碎法

根据所采用的冷冻介质不同可分为液氮低温粉碎法和空气膨胀制冷粉碎法。其都是利用低温作用，使橡胶达到玻璃化转变温度变脆，然后用机械力将其粉碎。液氮低温粉碎法的液氮消耗量大，成本高；空气膨胀制冷粉碎法，采用的制冷介质为空气，较液氮低温粉碎法节能、节水、效率高、成本较低。

冷冻粉碎工艺有两种：一种是低温冷冻粉碎工艺，另一种是低温和常温并用粉碎工艺。前者是利用液氮为制冷介质，使废橡胶深冷后用锤式粉碎机或辊筒粉碎机进行低温粉碎。微细橡胶粉生产线即是采用后一种方法进行生产的。利用液氮深冷技术把废旧轮胎加工成 80 目以上的微细橡胶粉，其生产过程中的温度、速度、过载均为闭环连锁微机控制，对环境无污染。该生产线的生产全过程均采用以压缩空气为动力的送料器和封闭式管道输送，除废旧轮胎投入和产品包装时与空气接触外，全线均为封闭状态。另外，由于采用冷冻法生产，无高温气体，所以不产生二次污染。并且通过微细胶粉和粗粉的热交换过程达到了充分利用能源、降低能耗即降低产品成本的目的。

3. 湿法或溶液法

选择合适的液体介质使橡胶变脆，然后在胶体磨上进行研磨。按其使用液体介质分为水悬浮粉碎和溶剂膨胀粉碎两种。水悬浮粉碎为表面处理的胶粉在水中研磨后进行干燥；溶剂膨胀粉碎则采用有机溶剂使胶粉溶胀后研磨，然后除去溶剂，干燥得胶粉。湿法或溶液法生产胶粉粒径小，应用性能好，但其生产要求高，需使用大量液体介质。

目前胶粉主要用冷冻粉碎法和常温粉碎法来生产，一般废旧轮胎制备胶粉的工艺流程如下：

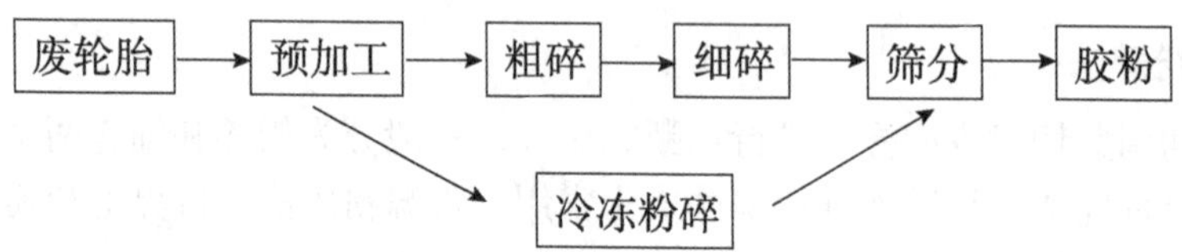

常温粉碎法和低温粉碎法对胶粉形态的影响见表 6-7。

表 6-7　生产方法对胶粉形态的影响

生产方法	主要作用方式	形状	表面状态
常温粉碎	剪切力	不规则	表面凹凸，毛刺状
低温粉碎	冲击力	规则	表面平滑，锐角状

（四）胶粉的分类及其应用

胶粉既可直接或经过表面活化掺入胶料以替代部分生胶制造轮胎和胶鞋等橡胶制品，又能制成橡胶地板或与沥青混合后用于铺路、装修、防震、密封和防水卷材，还可以用来改性塑料、改良土壤。精细胶粉还可用于涂料、油漆和胶黏剂改性。同时，还可大力开发橡胶粉在公路、铁路、建筑材料等其他方面的应用。

一般胶粉主要在低档制品中大量掺用，例如，鞋的中底掺 100 份甚至更多。在建材中应用，如铺设运动场地，铺设轨道床基，减震、减噪声等场合。在沥青产品中高温下加胶粉混匀，用于铺路面和作屋顶防水层效果均很好。在高档产品中有时可用少量超细胶粉，超细胶粉由于能提高抗撕裂、抗疲劳等性能，所以在某些制品中还特别要求掺用。例如，在胎面胶中掺入 10 质量份粒度 100 目以上的胶粉能提高轮胎的行驶里程，减小轮胎的动态生热寿命。

常见胶粉的分类及其应用见表 6-8。

表 6-8　胶粉的分类及其应用

名称	粒径/mm	生产方法	应用
粗胶粉	0.5～1.4	砂轮机、粗碎机或回转碎机	与聚氨酯混合：运动场、网球场、学校操场及健身房地面、隔音隔热材料；与沥青混合：铺路材料

续表

名称	粒径/mm	生产方法	应用
细胶粉	0.3～0.5	细碎机或回转破碎机	与生胶混合使用
精细胶粉	0.075～0.3	常温破碎装置或低温破碎装置	实心轮胎、减震橡胶制品
超细胶粉	<0.075	磨盘式胶体研磨机	轮胎面

为了提高胶粉掺用量，增加胶粉粒子的表面黏着性，降低接触表面张力，使胶粉均匀地分散在胶料中，可对胶粉进行活化和化学改性处理。例如，采用机械力化学法，是将化学反应原料添加到胶粉中，在一定条件下借机械作用使胶粉产生化学反应而改性胶粉的一种方法。其方法简单、实用效果好，应用广泛。

三、再生橡胶

再生橡胶是指废旧硫化橡胶经过粉碎、加热、机械处理等物理化学过程，从弹性状态变成的具有塑性和黏性的、能够再硫化的橡胶。再生过程的实质是在热、氧、机械作用和再生剂的化学与物理作用等的综合作用下，硫化网络破坏降解，断裂位置既有交联键，也有交联键之间的大分子键。

通过化学方法，使废旧轮胎橡胶脱硫而得到再生橡胶，是综合利用废旧轮胎最古老的方法。由于传统脱硫生产再生胶能耗高、工艺复杂，环境污染严重，且利润低、劳动强度大、生产流程长，再生橡胶的生产逐渐衰退。发达国家已停止再生胶的生产，而在中国，再生胶仍是废轮胎利用的主要深加工产品，不少企业还处于技术水平低、二次污染重的作坊式生产阶段，因此开发再生胶新工艺具有重要的意义。

目前脱硫、回收废旧轮胎胶的主要方法是通过物理、化学、微生物等途径使其脱硫化、解交联，将交联网络状结构转变成可塑性的线型结构。至今废旧橡胶脱硫再生方法的发展已经经历了 160 多年的历史，主要有传统脱硫法，包括加热脱硫法、低温力化学法、热-机械法；利用近代物理技术脱硫法，包括微波脱硫法、超声波脱硫法、远红外脱硫法、电子束辐射脱硫法；微生物脱硫法和具有较高力场强度的力化学脱硫法等。

（一）加热脱硫法

加热脱硫法就是通过热作用或热和脱硫促进剂的作用使废旧橡胶脱硫再生。加热脱硫法主要包括加热法或称盘式法、蒸汽法、皂化法、中性法、高压蒸汽法、恩格尔法、连续蒸馏法。

1. 加热法或称盘式法

加热法或称盘式法是橡胶回收领域中最古老、最简单的一种脱硫法。具体过程是将粉状废旧橡胶和脱硫促进剂搅拌均匀，放入托盘中，温度设定在 180℃，加热 5～10 h。其原理就是通过加热方法断开—C—S_x—C—键，但是通过该方法所得再生胶性能远远低于原胶力学性能，这是由于热作用不仅使交联键发生断裂，还使得大量主链被破坏。

2. 蒸汽法

蒸汽法就是将带有纤维的废旧轮胎胶材料混溶于含增塑剂、脱硫促进剂的水溶液中，然后将这些混合物转移到一个很大的带有搅拌装置的高压锅中，加热到180～210℃，反应时间5～24 h，将溶液蒸干后，锅内材料经干燥、混炼制得再生胶。

3. 皂化法

废旧轮胎胶中的纤维在较高浓度的氢氧化钠溶液（浓度高于7%）作用下发生水解，剩下的橡胶经水洗、干燥制得再生胶，但实验中发现皂化后的丁苯橡胶（SBR）会变硬，同时NaOH对丁苯橡胶也会造成一定程度的破坏。

4. 中性法

中性法克服了皂化法使橡胶变硬的缺陷，通过$ZnCl_2$、$CaCl_2$及松焦油使橡胶织物发生水解反应，获得再生胶。

5. 高压蒸汽法

高压作用下，将带有纤维织物的粗糙的废旧轮胎胶粉与脱硫促进剂相混合，然后将混合物转移到高压锅中，温度为280℃，反应时间为1～10 min。

6. 恩格尔法

恩格尔法就是将粗糙的废旧橡胶碎片和塑化剂、胶溶剂相混合，然后将混合物放入笼子中，将笼子转移到一个小型高压锅中，加热混合物15 min，最终混合物经精炼、过滤获得再生胶。

7. 连续蒸馏法

连续蒸馏法将温度设定在260℃左右，一定压力作用下，废橡胶沉在反应装置底部，水覆盖在橡胶之上，水可以隔绝氧气，避免燃烧，热、压力以及脱硫促进剂的共同作用使得废旧橡胶脱硫。

以上几种加热脱硫方法的优点是设备简单、投资少。缺点是有废水、废气产生，污染环境；产品精炼和滤胶工序的劳动强度大，操作环境差，炼胶工人受废气毒害严重；产品能耗高、质量差。此类方法目前在国外已禁止使用。

（二）低温力化学法

低温力化学法是指在室温条件下借助于二辊等的机械剪切力及催化剂、回收油、操作油、脱硫促进剂等共同作用实现橡胶粉的脱硫化。低温力化学法脱硫装置由切碎机、锤式破碎机、磁力分离器、辊式捏合机组成，需要在机械力作用下添加一些脱硫促进剂，这些脱硫促进剂都具有质子给予体的分子结构，这种质子给予体可选择性断开S—S键，抑制硫磺的再硫化，常用的脱硫促进剂有：有机类化合物，如二硫化物和硫醇；无机类的金属化合物，如氯化亚铁和氯化亚铜；新型脱硫促进剂，如De-link脱硫促进剂、RRM脱硫促进剂，这些成分可在大分子链上产生新键，为再硫化做准备，同时这种脱硫促进剂还具有润滑效果，通过该脱硫方法，70%左右的S—S键断开，10%～15%的C—C单键被破坏，不需要附加硫磺即可在一定温度下再硫化。这种方法的缺点是脱硫反应不完全、间歇式操作、工人劳动强度大、生产效率低。并由于较大量地使用软化剂和再生活化剂，影响了脱硫后再硫化橡胶的各项物理性能，再生胶产品在混炼胶中不宜大量掺混使用。

（三）热-机械法

通过机械剪切力剪切橡胶的三维网络结构，有一部分机械力会转变为热能，导致了脱硫体系温度的上升。热和机械力的共同作用会使得分子链发生接枝、重排或断裂。目前热-机械法被认为是一种简单方便、易操作的脱硫方法。一般情况下，还会加入一些化学脱硫促进剂或操作油之类的物质，有助于交联键的有效断裂，使用的脱硫促进剂有二硫化物、硫醇、胺以及不饱和化合物。热-机械法主要包括高速搅拌法、单螺杆连续挤出法、双螺杆连续挤出法。热-机械脱硫反应机理示意图见图 6-4。

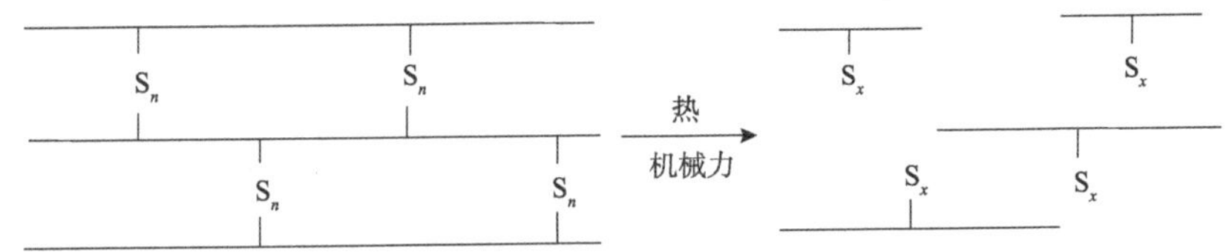

图 6-4　热-机械脱硫反应机理示意图（$x < n$）

（四）微波脱硫法

微波能和热能作用于交联键的原理相似，微波脱硫是通过微波发生器产生微波场，交联网络中的极性基团吸收微波的能量转化成分子热运动的动能，或者由于取向极化发生极性基团与周围网络的内摩擦，生成足够的热量促使化学键发生断裂。微波场是一个变化频率极高的交变电场，在这样的电场中，极性基团随电场变化的摆动受到阻力和干扰，从而在极性基团和分子之间产生巨大的能量，因此，微波脱硫要求废橡胶必须具有一定的极性，极性可以是橡胶本身固有的，如氯丁橡胶和丁腈橡胶，三元乙丙橡胶及丁苯橡胶也具有一定的极性。然而炭黑填充的非极性废橡胶，如 NR、SBR 等，同样可采用微波脱硫法，原因是废橡胶中的炭黑与界面碰撞，将微波能转换成热能传递给橡胶分子，从而使得交联键断裂，实现脱硫。为了解决微波辐射后的废旧橡胶产生大量粉末，发出烟气，并且辐射后的橡胶温度高（一般超过 250℃，有的超过 350℃）而很难进行后续处理等问题，可以在微波脱硫装置的末端接上挤出机，通过挤出机挤出的再生胶温度一般为 90～125℃，然后经水槽冷却成片。

（五）远红外脱硫法

远红外线是一种电磁波，当远红外线辐射废旧橡胶时，废旧橡胶会吸收远红外线的辐射能，将其转化为热能，废旧橡胶内外会同时升温，所以不存在温差或滞后等现象，可以实现交联键的有效断裂。远红外线脱硫从工艺及设备配置上有以下两种选择。

1. 远红外线直热式脱硫罐

保留传统的间隙式脱硫工艺，不同的是以红外线供热，节能率可达 40%以上。

2. 远红外高温连续脱硫

整个连续生产线，从已粉碎成规定粒度的胶粉开始，通过与脱硫促进剂混合，搅拌均匀，得到混合拌料，之后送入脱硫区，脱硫区边行进，边在远红外线和螺杆的共同作用下加热，在240～250℃高温下完成脱硫。

远红外高温连续脱硫法更适合于工业化生产，对橡胶工业具有较大的实用价值。

（六）电子束辐射脱硫法

对于在高温下电子束辐射交联橡胶，使之由线型结构转变为三维网络状分子结构，人们已经做了大量的研究。其原理就是高能射线粒子在橡胶基中激活橡胶分子产生自由基，使橡胶大分子交联形成三维网络状结构。但橡胶辐射效应是一种竞争机制，在胶料被辐射时，分子间交联反应和降解反应同时发生。电子束可以使橡胶交联，类似地，也可以通过控制辐射量来实现橡胶的降解或脱硫。大多数橡胶在射线作用下会发生交联反应，只有极少数含有季碳原子基团的橡胶（如丁基橡胶硫化胶）在高能辐射场中呈现降解反应。借助电子束高能射线的降解效应，使废丁基硫化橡胶获得再生，解决了目前废丁基橡胶再生产品质量不稳定、易产生放射源污染和不能大工业化生产等问题。但由于电子束辐射脱硫法只能适用于含季碳原子基团的丁基硫化橡胶等之类的胶种，所以推广应用面有限。

（七）微生物脱硫法

微生物特定的酶可以溶胀、溶解轮胎胶的三维网络结构，使之线性化，该脱硫方法是一种绿色环保的再生方法，微生物更容易再生天然橡胶。但如今随着工业的快速发展，合成的橡胶越来越多，如丁苯橡胶、三元乙丙橡胶等，通过微生物来再生各种橡胶一直是人们努力追求的梦想。但由于实验条件的严格性及微生物酶催化的专一性，微生物脱硫技术发展缓慢，适应范围小，难以达到工业化生产水平。

（八）具有较高力场强度的力化学脱硫法

力化学是研究各种凝聚状态下的物质因机械力影响而发生化学或物理变化的一门边缘和交叉学科。在应力作用下聚合物分子间和分子内力可被削弱，超分子结构可被破坏，化学键可能发生畸变或断裂。与光、热和高能辐射等影响聚合物的作用相类似，当作用于分子链的应力超过了其断裂的临界值，高分子链就会发生断裂反应，产生大分子自由基，引发聚合物降解或交联等化学行为的改变。此外，应力具有方向性，可引起垂直于剪切应力方向的化学键断裂，而平行于剪切应力方向的分子链不受影响。因此如果单纯采用较高强度的应力场作用，即可以直接断裂橡胶的交联键。

具有较高力场强度的力化学脱硫法主要包括：①基于挤压和环向剪切应力等多种作用的固态碾磨粉碎法，设备以磨盘型力化学反应器或球磨机为主；②基于较高超声场强作用的超声波熔融挤出脱硫法，设备以连续式超声波挤出反应器为主；③基于较高螺杆转速高剪切应力作用的热机械挤出脱硫法，设备主要以具有较高螺杆转速的双螺杆挤出机为主。

1. 固相力化学脱硫法

四川大学高分子研究所徐僖和王琪等运用聚合物在应力作用下会发生化学反应的基本原理，借鉴中国传统石磨的结构和构思，设计发明了一种固相力化学反应器——磨盘型力化学反应器。固相力化学反应器是磨盘形状，其运动路径是螺旋状，有利于加长反应时间，胶粉在反应器中受到剪切、拉伸、摩擦、变形等作用，碾磨过程中 S—S 键将首先破裂（由于 S—S 键的键能小于 C—S、C—C 键能），发生力化学脱硫，通过改变剪切、挤压力的大小可以寻找到一种最佳的脱硫工艺。固相力化学反应器在回收交联高分子材料方面已经取得了一定的成效，特别是在废旧橡胶、废旧交联聚乙烯电缆以及废旧聚氨酯发泡材料等方面。例如，对废旧轮胎胶进行常温粉碎力化学脱硫反应研究的结果表明，橡胶粉的交联密度和凝胶含量随着碾磨次数增加显著降低，碾磨 40 次后，交联密度和凝胶含量分别由 0.7 $kmol·m^{-3}$ 和 90%下降至 0.4 $kmol·m^{-3}$ 和 73%，再硫化橡胶的拉伸强度由 2.3 MPa 提高到 10.9 MPa，断裂伸长率由 69.6%提高到 290%。

2. 超声波脱硫法

超声波脱硫法是迄今为止最有效的脱硫方法之一，废橡胶中存在 C—C、C—S、S—S 单键和多键，然而在这些键当中，C—C 键能最高，因此控制超声波能量，可选择性断开交联键，使废橡胶再生。此方法的特点是脱硫反应速率快，可适用于多种硫化橡胶的脱硫反应，所得再生胶易于加工、成型和再硫化，并具有较好的力学性能。此方法的缺点是导致了部分分子主链的断裂和交联活性中心数的减少，影响了再生胶性能的进一步提高。此方法同时存在超声换能器的放大及大功率超声辐射屏蔽和防护等技术难题，不易进行较大规模的工业化实施。此方法被认为是目前最有希望的脱硫再生方法之一。

3. 高剪切应力诱导脱硫法

近年来，南京工业大学张云灿教授提出在熔融挤出过程中添加线型 HDPE 等热塑性高分子承载流体和提高双螺杆挤出机螺杆转速的高剪切应力诱导方法，应力诱导废旧轮胎胶粉脱硫反应，为废旧轮胎胶粉的脱硫再生利用提供了又一重要新途径。

双螺杆挤出机的特点是：生产过程可以连续化、大型化，且能量消耗低；物料所受剪切应力可以根据捏合元件的组合及螺杆转速的高低进行调节；可以将轮胎胶的脱硫过程与脱硫产物的炼胶过程结合为一体，集成化；挤出过程中的温度、压力可以控制；过程进行中所产生的有害气体也便于脱除和处理。

张云灿教授等采用在ϕ =35mm，长径比为 45 的双螺杆挤出机中加入废旧轮胎胶粉（GTR）、线型高分子材料和脱硫促进剂的混合物[混合质量比为 80：20：（1～2）]，在挤出温度为 160～260℃的范围内，研究了螺杆转速对脱硫产物的凝胶含量、溶胶红外光谱及共混丁苯橡胶再硫化材料力学性能的影响。结果显示：

（1）在挤出机螺杆转速为 1000～1200 $r·min^{-1}$ 的剪切应力条件下，脱硫反应物中的凝胶含量可以从 72%下降至脱硫产物（DGTR）中的 30%左右，用 30%轮胎胶脱硫产物替代丁苯橡胶，可使其再硫化材料的拉伸性能达到原丁苯橡胶硫化胶拉伸性能的 90%左右。

（2）采用该脱硫产物增韧聚丙烯，加入 30%，可以使 PP（J340）的缺口冲击强度由 10.5 kJ·m^{-2} 提高至 47.7 kJ·m^{-2}。

（3）采用此脱硫产物制备 HDPE/EPDM/DGTR（30∶20∶50，质量比）热塑性弹性体，可使此热塑性弹性体的拉伸强度和断裂伸长率分别达到接近原新胶材料所具有的数值。

（4）试样断面的 SEM 观察显示，脱硫产物中尚未熔融的凝胶粒子尺寸可下降至 1.0 μm 以下，实现了废旧轮胎胶的有效脱硫和解交联反应。

高剪切应力诱导脱硫法具有工艺连续、易于工业化实施等优点，因此很有发展前景，值得关注。但由于交联的 S—S 键或 S—C 键与 C—C 主链化学键键能相差不大，当单纯采用较高力场强度的力化学方法应力诱导硫化橡胶粉脱硫化、解交联反应时，存在反应体系黏度大、橡胶分子主链断裂严重、交联键断裂的选择性不高等问题。

4. 超/亚临界流体反应技术处理废弃橡胶

超/亚临界流体有着独特的物理化学性能，如优异的溶解能力、较低的黏度、较高的扩散系数和热传递系数。超/亚临界流体主要包括水、醇类化合物（甲醇、乙醇、丙醇）、CO_2 等，这些物质的超/亚临界状态已被报道用于处理有机废水、固体垃圾、废旧橡胶等，对于废旧轮胎胶的解交联反应也具有明显的优势与效果。然而单纯采用超/亚临界流体反应技术溶解、降解硫化橡胶粉时，存在需要过高的反应温度、压力以及过长的反应时间，釜式反应器密封性难控制，并且工艺过程不连续、不易工业化实施等技术难题。

张云灿教授等将较高剪切应力场作用条件下诱导解交联反应的作用与超/亚临界流体分解、降解的解交联反应作用相结合，采用双螺杆挤出机超/亚临界流体挤出法应力诱导脱硫化、解交联反应。其工艺流程见图 6-5。

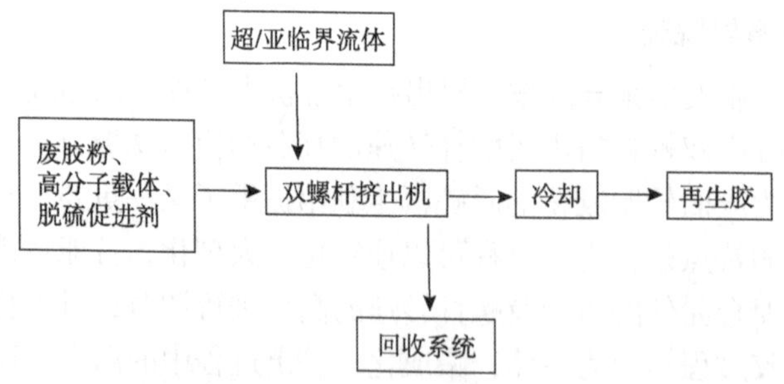

图 6-5　超/亚临界流体挤出法应力诱导硫化橡胶脱硫化反应流程图

废胶粉与高分子载体（质量比为 80∶20 或 70∶30）和脱硫促进剂按照一定比例混合均匀，放入挤出机加料斗，开始喂料，亚临界挤出过程中通过开启计量泵向螺杆中注入液体，保持不同流体的饱和温度和压力，使其形成相应流体的亚临界状态。应力诱导脱硫反应时通过开启冷却与抽真空系统，脱除反应中产生的挥发气体。调节螺杆转速与挤出温度，挤出物经水冷却后得到脱硫共混物。例如，采用亚临界水-挤出应力研究 SBR 基轮胎胶粉的脱硫化反应，亚临界水对轮胎胶网络交联中的 S—S 键具有明显的选择性，引起脱硫产物凝胶含量下降及穆尼黏度的明显上升，脱硫反应以烷基酚多硫化物 450 为促进剂，亚临界水挤出的最佳脱硫反应条件为 200℃、1.6 MPa 和 1000 r·min^{-1}，脱硫共混物（DSBR/EPDM）再硫化材料的拉伸强度和断裂伸长率分别达新胶相应值的 85.4%和 201%。

四、热分解

废旧轮胎的热分解主要包括热解和催化降解。已有的热解技术主要包括常压惰性气体热解、真空热解和熔融盐热解，但无论采用哪种方法，都存在处理温度高、加热时间长、产品杂质多等缺陷。催化降解则采用路易斯酸熔融盐作催化剂，反应速率快，产品质量较热解好。通过热分解可以得到和回收液体燃料和多种化学品。例如，将 NR 和 SBR 降解后产生的产物代替传统的橡胶混炼过程中的操作油或者增塑剂。结果表明，与添加传统的操作油相比，添加降解物后所得到的硫化胶具有更优异的力学性能以及更低的丙酮抽出率。不过总的来说，热分解工艺的设备投资较高，附加值低，更重要的是燃烧产生苯和二噁英类等致癌的毒害性气体，对大气环境造成严重的污染，对人类和生态环境构成严重威胁，目前在很多发达国家已经明令禁止。

五、燃料利用

废旧轮胎是一种高热值材料，其燃烧热约为 33 $MJ \cdot kg^{-1}$，与优质煤相当，可以代替煤作燃料使用。将废旧轮胎作为燃料，以前采取直接燃烧的方式，这样会造成大气污染。目前废旧轮胎的燃烧利用主要用于焙烧水泥、火力发电以及参与制成固体垃圾燃料。其中，焙烧水泥是对废旧轮胎利用率较高的回收方式：在水泥焙烧过程中，钢丝变成氧化铁，硫磺变成石膏，所有燃料残渣都成了水泥的组成原料，既不影响水泥质量，又不会产生黑烟、臭气，无二次公害。据报道，在日本有 50%的废旧轮胎作为燃料利用都是用于焙烧水泥。

但是，由于存在只追求热值利用而忽视资源再生，并造成二次污染和热辐射危害等问题，热能利用在某些国家进展缓慢，最终将会受到限制。另外，滚动阻力低的所谓“绿色轮胎”的不断开发和应用已是大势所趋，由于在其胶料中利用了大量不能燃烧的白炭黑代替炭黑，这样就会大大降低轮胎中的能量，所以焚烧废旧轮胎获取能源将逐渐被淡化。

第四节　降解塑料的开发与应用

一、降解塑料开发的必要性

相对以性能和便利为中心发展起来的 20 世纪塑料的开发，21 世纪为了实现可持续发展的低碳循环经济社会，被寄予厚望的环保型塑料的开发受到前所未有的关注。开发可自然降解的高分子材料来替代普遍使用的石化塑料，自 20 世纪 80 年代开始就不断被探索，目前已经取得了丰硕的成果，越来越多的研究成果获得了实际应用，取得了巨大的社会与经济效益。

目前大量使用的石化资源等是不可再生的，而利用可再生资源是可持续发展的循环经济，资源再生过程可以简单地用地球的碳平衡图（图 6-6）来描述。

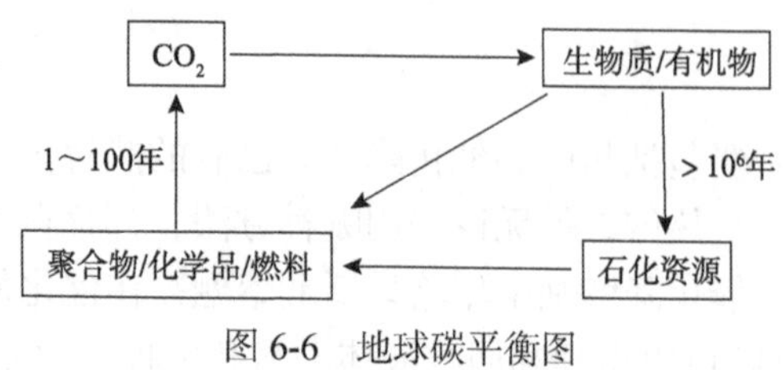

图 6-6　地球碳平衡图

从图 6-6 可看出，二氧化碳被生物处理器（如植物的光合作用）转化为生物质或有机物质，生物质或有机物质在一定条件下被转化成石化资源（石油、天然气、煤等），这一过程极其漫长（10^6 年以上）；石化资源经过化学提炼及合成又变为聚合物、化学品及燃料等，聚合物、化学品及燃料等使用后变为二氧化碳的周期需要 1～100 年。显然，由化学合成形成的产物生成二氧化碳的速度远远超过了二氧化碳通过生物处理器再转化为石化资源的速度，如此反复进行，地球上的二氧化碳将越来越多，最终石化资源将枯竭。目前不可持续发展的经济形态已经造成了严重的环境问题，如在发展中国家的严重的大气、水体和土壤污染，因此迫切需要全社会迅速行动起来，改变传统的经济形态，向循环经济转变。

发展生物基塑料和生物降解塑料是满足可持续发展要求的，目前，生物基塑料主要来源于以阳光和二氧化碳为能源和碳源的可再生资源，如淀粉和纤维素。不管是直接以淀粉为原料加工制品，还是通过生物技术将淀粉和纤维素转化成聚合物，整个过程都是生物催化的过程，不造成环境污染，生产出来的聚合物又可以被自然界的微生物完全分解。相对于普通塑料，生物基塑料可降低 30%～50%的石化资源的消耗，减少 50%～80%的二氧化碳排放量，减少人们对石化资源的依赖。同时在整个生产过程中消耗二氧化碳和水（植物光合作用将其变成淀粉），可以减少二氧化碳的排放；生物降解高分子制品可以和有机废弃物一起堆肥处理，与一般塑料垃圾相比省去了人工分拣的步骤，大大方便了垃圾收集和处理。所以，从可持续发展的意义上分析，“源于自然，归于自然”的生物基高分子完全可以满足可持续发展的要求。

二、相关概念

（一）生物基塑料

生物基塑料（bio-based plastics）是指由生物体（动物、植物和微生物）或其他可再生资源（如二氧化碳）直接合成的具有塑料特性的高分子材料，如聚羟基烷酸酯（PHA）；或从天然高分子或生物高分子（淀粉、纤维素、甲壳素、木质素、蛋白质、多肽、多糖、核酸等）出发，以及从它们的解构单元或衍生物出发，通过生物学或化学的途径而获得的具有塑料特性的高分子材料；或者以这些高分子材料为主要成分的共混物或复合物，如聚乳酸、聚氨基酸、淀粉基塑料、改性纤维素、生物基聚乙烯、生物基聚酰胺、二氧化碳共聚物等。

（二）石化基塑料

石化基塑料（petroleum-based plastics）：由石化资源（石油、天然气、煤等）得到的塑料。通常使用的塑料基本上均为石化基塑料，如常用的PE（如塑料袋）、PP（一次性餐具）、PET（饮料瓶）等。其废弃物采用填埋方式，可能需要百年以上才能完全分解。

（三）降解塑料

降解塑料（degradable plastics）：在一定条件下，具有降解性能的塑料。根据降解途径可分为光降解塑料、热氧降解塑料、生物降解塑料、可堆肥塑料和部分资源替代型降解塑料。

1. 光降解塑料

光降解塑料的降解过程是在太阳光作用下，经过一段时间和包含一个或更多的步骤，导致塑料化学结构的显著变化而损失某些性能（如分子量、力学强度）和/或发生破碎。受到充分的太阳光照射是光降解塑料降解的必要条件，而塑料废弃物很难保证充分的光照条件，在大多数情况下，无论是在垃圾处理系统中还是在自然环境中都不能全部降解。

一般光降解塑料的制备方法大致有两种：一种是在高分子材料中添加光敏剂，光敏剂吸收光能后所产生的自由基，促使高分子材料发生氧化作用而达到降解的目的。此种方法简单，但不能从根本上解决问题；另一种是利用共聚方式，将适当的光敏感基（如羰基、双键等）导入高分子结构内赋予材料光降解的特性，但合成过程复杂。

2. 热氧降解塑料

在热和/或氧化作用下，经过一段时间和包含一个或更多的步骤，导致塑料化学结构的显著变化而损失某些性能（如分子量、力学强度）和/或发生破碎。因为受条件限制，大多数情况下也很难彻底降解。

3. 生物降解塑料

生物降解塑料是指在自然界（如土壤、水体等）和/或特定条件下（如堆肥化），或厌氧消化条件下，或水性培养液中，由自然界存在的微生物作用引起降解，并最终完全降解变成二氧化碳和/或甲烷、水及其所含元素的矿物无机盐以及新的生物质的塑料。

生物降解塑料按其原料来源和合成方式可分为三大类：利用石化资源合成得到的石化基降解塑料、可再生材料衍生得到的生物降解塑料，以及以上两类材料共混加工得到的塑料。

1）石化基降解塑料

主要以石化产品为单体，通过化学合成的方法得到的一类聚合物，如聚己内酯（PCL）、聚丁二酸丁二酯（PBS）、聚乙烯醇（PVA）、聚己二酸/对苯二甲酸丁二酯（PBAT）等。

2）可再生材料衍生得到的生物降解塑料

（1）天然材料制得的生物降解塑料：以天然生物质资源如淀粉、植物秸秆纤维素、甲壳素等通过改性加工等方法，直接制得产品。

（2）微生物参与合成的生物降解塑料：利用可再生天然生物质资源如淀粉，通过微生物发酵直接合成的聚合物（如 PHA）；或通过微生物发酵产生乳酸等单体，再通过化学反应合成的聚合物（如 PLA）。

（3）二氧化碳共聚物：利用二氧化碳与环氧丙烷或环氧乙烷合成得到的聚合物。

生物降解塑料因为在一定条件下可以生物分解，不增加环境负荷，是解决“白色污染”的有效途径。生物降解塑料可以和有机废弃物（如厨余垃圾）一起堆肥处理，大大方便了垃圾收集和处理，从而使城市有机垃圾堆肥化和无害处理成为可能。

4. 可堆肥塑料

在可堆肥化条件下，由于生物反应过程，塑料被降解和崩解，最终完全分解成 CO_2、H_2O、矿化无机盐和新的生物质，最后形成的堆肥的重金属含量、毒性、残留碎片等必须符合相关标准的规定。典型代表是 PLA。

5. 部分资源替代型降解塑料

部分资源替代型降解塑料是指用可再生资源材料与塑料共混后制得的一类材料，目前主要以淀粉基塑料和塑木复合材料两类为主。如果基体塑料是可降解材料（如 PVA、PLA），其最终制品可以生物分解；如果基体塑料是不可降解材料（如 PE、PP），其虽具有一定的降解性能，但却不能完全生物分解，从某种意义上说，后者可以归类于生物基塑料。

生物基塑料、石化基塑料和生物降解塑料三者之间差别的示例见图 6-7。

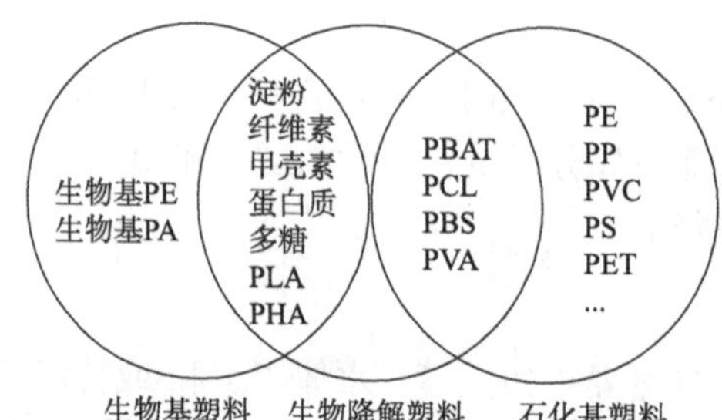

图 6-7　生物基塑料、石化基塑料和生物降解塑料之间的区别

（四）相关概念之间的区别

1. 降解塑料和生物降解塑料之间的区别

降解塑料包括生物降解塑料，生物降解塑料能在自然条件下被完全降解。

2. 生物降解塑料和可堆肥塑料之间的区别

生物降解塑料是指在自然环境、堆肥化条件、土壤条件或高固态等条件下可以生物分解的一类塑料。

可堆肥塑料是指在堆肥化条件下可以分解为二氧化碳和水的一类塑料。后者还要求在堆肥周期内，塑料能变成小于 2 cm 的小块，并要求堆肥产生的重金属含量满足相关标准的要求，同时与传统堆肥比较，不会对植物生长产生不良影响。

3. 生物基塑料、降解塑料和生物降解塑料之间的区别

降解塑料：在一定条件下具有降解性能的塑料都可以称为降解塑料。

生物基塑料：原材料来源主要为可再生资源如淀粉、纤维素等，大多数可以称为降解塑料；而某些涉及生物学途径而合成的塑料，如生物聚乙烯、生物聚丙烯，一般认为不是降解塑料。当然广义上从使用寿命角度而言，所有塑料制品在使用一段时间后（数月至数十年）都会发生明显的性能下降，宏观和微观结构发生破坏，都可以认为是降解塑料。

生物降解塑料：在一定条件下能被降解成 CO_2 或甲烷、水以及生物死体的一类降解塑料。生物基塑料不能简单地称作生物降解塑料，只有当其降解性能满足生物分解性能要求时或其所有组分均为生物降解塑料时，才可称为生物降解塑料。

4. 生物基和生物降解之间的区别

生物降解主要是从塑料废弃后对环境消纳性能出发提出的概念，而生物基则是从原材料来源角度出发提出的概念。生物降解塑料在废弃后，在一定条件下可以变成 CO_2 或甲烷、水等；而生物基塑料的原材料来源主要为可再生资源如淀粉、纤维素等。生物基塑料（如生物基 PE）不一定是生物降解塑料，而生物降解塑料（如 PBAT）也不一定是生物基塑料。

生物基塑料成分中应该有很大一部分是可再生资源材料，目的是突出其原材料来源的可再生性，重点要解决的是资源可持续发展问题。因此，有的生物基塑料是可生物降解的，有的生物基塑料是不可生物降解的。

生物降解塑料制品废弃后，能在自然条件或堆肥等环境下被分解为 CO_2、水等小分子物质，目的是突出其最终产物对环境无污染性，重点是解决原先塑料废弃后不当处理造成的“白色污染”问题。

三、常见生物降解塑料

生物降解高分子材料是指在特定的标准试验方法下，在所规定的时间内，通过细菌、真菌以及藻类等微生物的作用，达到规定的生物降解程度的高分子材料。

生物降解塑料的降解机理：生物降解塑料是指那些使用时具有与现有塑料相同的功能，但能够被存在于自然界的微生物分解成小分子化合物，最后分解成水和二氧化碳等无机物质的高分子材料。它可以用于农用地膜、包装袋，还可用于医药领域。生物降解塑料在细菌、真菌等作用下被消化吸收的过程，是生物物理和生物化学反应。

生物降解塑料根据其降解机理和破坏形式，可分为完全生物降解塑料和生物崩坏性（致劣性）塑料两种。

（一）完全生物降解塑料

完全生物降解塑料在细菌或其水解酶作用下，最终分解成 CO_2 及水等物质，回归环境，被称为“绿色塑料”。

完全生物降解塑料是对高分子的分子结构而言的，主要包括以下三种。

1. 天然高分子材料

天然高分子材料包括纤维素、淀粉、甲壳素、蛋白质等，多数具有优良的物性，同时也具有生物分解性，因此这样的材料有利于环境保护。例如，从甲壳素脱乙酰化得到壳聚糖，由壳聚糖开发一系列可降解制品，如外科缝线、人造皮肤、缓释药膜材料、固定酶载体、分离膜材料、絮凝剂等。但是这种材料的耐水性、耐热性、力学性能等仍存在问题，宜根据不同要求开拓用途。

1）纤维素

纤维素是地球上产量最大的天然高分子材料，在草本植物中含 10%～25%，在木材中含 40%～45%，在亚麻等韧皮纤维中含 60%～85%，在棉花中含 90%。总之，在任何植物的秸秆、叶子、根和果壳中都含有大量的纤维素，而且年年再生。通常获取纤维素的方法有两种：一是选择天然纤维素含量极高的植物，如棉籽绒，这也是目前工业上获得纤维素的主要原料；二是在木材和其他木化植物中提取。要获得高纯度的纤维素，必须完全脱去木质素和半纤维素，但目前还没有满意的分离纯纤维素的方法。

纤维素来源丰富，具有良好的生物降解性能和生物相容性，易制成衍生物，是生物质材料中仅次于淀粉的应用材料之一。

a. 纤维素的结构与性能

纤维素的分子式为$(C_6H_{10}O_5)_n$，其分子结构式如下：

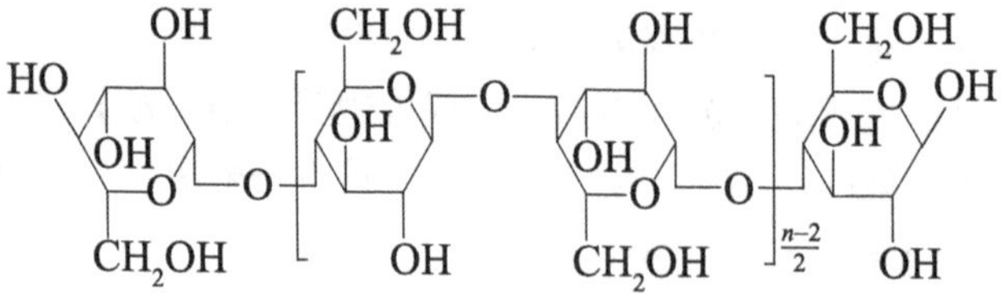

大分子链重复结构单元是纤维素二糖，天然纤维的聚合度 n 通常在 500～15000 之间，分子量在 8.1×10^4～2.4×10^6之间。

纤维素是结晶大分子，存在强烈的分子间氢键作用，无玻璃化转变温度和熔点，加热不熔融，超过 150℃脱水而逐渐焦化。其不具有热塑性，不能采用常规的热塑性塑料加工方法。

纤维素不溶于水、乙醇、乙醚和苯等溶剂，能溶于黏胶溶液（$NaOH/CS_2$）、氧化铜的氨溶液、氧化锌的浓溶液、*N*-甲基吗啉-*N*-氧化物（NMMO）、*N*, *N*-二甲基乙酰胺/LiCl、二甲基亚砜/多聚醛等溶液。

b. 纤维素的化学改性

由于纤维素具有很高的结晶度，在很多溶剂中都不溶解，通常将主链上的自由羟基进行酯化或醚化反应来提高其热塑性，如醋酸纤维素、乙基纤维素、羟乙基纤维素、羟丙基纤维素、羧甲基纤维素等。

c. 纤维素类生物塑料品种

纤维素类塑料是最早工业化生产的一类塑料品种，最早面世的是硝酸纤维素和醋酸纤维素，距今已有百年以上。在 20 世纪中叶，随着石化塑料的兴起，其应用受到很大限制。但近年来，因其属于低碳生物可降解塑料，又重新受到重视。

①硝酸纤维素（cellulose nitrate，CN）

CN是将纤维素用硝酸和硫酸组成的混合酸处理得到的含酯纤维素材料，于1872年工业化投产，俗称“赛璐珞”。

性质：外观为白色无味角质状固体，相对密度为1.38，折光指数为1.50，透光率为88%，吸水性小，尺寸稳定性高；长期使用温度为60℃，拉伸强度为48～55 MPa，介电常数为7.0～7.5，介电损耗为0.09～0.12；耐水、耐稀酸、弱碱和盐溶液，耐烃类、油脂腐蚀，不耐浓酸、强碱，能溶于许多有机溶剂。主要缺点是易燃，对光和热不稳定，易变色、脆化，在80～90℃软化。

CN在加工中需加入增塑剂、稳定剂、润滑剂等助剂，常用增塑剂为樟脑等。如需配成溶液，溶剂有乙醇和丙酮。常用加工方法有浇注、压延、压制、挤出成型等。

其应用有制作文教用品如乒乓球、尺子、笔杆、乐器外壳等，也可制作日用品如玩具、化妆品盒、眼镜框、伞柄、刀柄等。

②醋酸纤维素（cellulose acetate，CA）

CA是将纤维素用乙酸处理，再用乙酸和乙酸酐混合物以硫酸或过氯酸等为催化剂进行乙酰化反应而得，分为三醋酸纤维素和二醋酸纤维素两种，于1905年开始工业化生产。

性质：外观为白色粒状、粉状或棉花状固体，相对密度为1.26，折光指数为1.49，透光率为87%，拉伸强度为13～61 MPa，悬臂梁冲击强度为2.1～27.7 $kJ\cdot m^{-2}$，热变形温度为43～98℃，体积电阻率为10^{13} $\Omega\cdot cm$，介电常数（10^6 Hz）为3.2～7.0，介电损耗（10^6 Hz）为0.01～0.10；具有良好的尺寸稳定性、耐油性、耐折叠性，不易老化，韧性、硬度和强度均好。但吸水性较大，在潮湿气候下易膨胀变形。使用温度不宜超过70℃。

三醋酸纤维素较二醋酸纤维素强韧，拉伸强度高出一倍，耐热性高。二醋酸纤维素易溶于浓盐酸和丙酮，而三醋酸纤维素不溶；三醋酸纤维素可溶于二氯甲烷和氯仿，而二醋酸纤维素不溶。

CA的加工方法有两种：配成溶液生产薄膜、片材等；与增塑剂等配合后混炼，再进行挤出和注射成型。

三醋酸纤维素用于生产胶片、薄膜、磁带等制品；二醋酸纤维素用于制作香烟过滤嘴、汽车转向盘、电器外壳、手柄、笔杆、眼镜框等。

③醋酸丙酸纤维素（cellulose acetate propionate，CAP）

CAP由处理过的天然纤维素与酸性酯化剂混合而得。具有较长的支链，吸水性较CA低，物理和力学性能优良。其尺寸稳定性好、耐候性好、抗湿、耐寒、透明、表面光滑、光泽好、电绝缘性好。耐酯和油，但不耐无机酸、碱、醇、酮、烃、氯代烃等。

CAP与增塑剂等混合后，可以注射、挤出加工。

CAP可用于制备照明设备、眼罩、闪光灯、汽车零件、转向盘、笔杆、眼镜框、玩具等。

④再生纤维素薄膜

再生纤维素薄膜是以天然纤维为原料，用胶黏法制成的薄膜，又称玻璃纸，俗称“赛璐玢”。其生产方法是采用α-纤维素含量高的精制化学木浆或棉短绒溶解浆为原料，经碱化、压榨、粉碎等过程制得碱纤维素，再经老化后加入二硫化碳，得到纤维素黄原酸酯，用碱液溶解制成纤维素黏胶。经熟成、过滤和脱泡后，加入拉膜机中，由狭缝挤出，流入硫酸和硫酸钠混合液的凝固浴槽中，形成薄膜，再经水洗、脱硫、漂白、脱盐和塑化等处理，最后干燥得到。

玻璃纸具有高透明度、无色、无毒、无味、有光泽，柔软、光滑、不透油、不透水，有适当的挺度、较好的拉伸强度和印刷性。具有透气性，对商品保鲜和保存活性有利，可用作半透膜；对油性、碱性和有机溶剂有强劲的阻力；无静电，不自吸灰尘；不耐火但耐热，在 190℃下不变形，作为食品包装可与食品一起高温消毒。

玻璃纸可用作商品的内衬纸和装饰性包装纸，如药品、食品、香烟、纺织品、化妆品、精密仪器的包装。

2）淀粉

淀粉是一类典型的多糖类化合物，其来源广泛，存在于植物的种子、果实、块茎和根中，玉米、马铃薯、甘薯、木薯、甜菜等植物中含有大量淀粉。淀粉在各种环境中都具有完全生物降解能力，降解产物为二氧化碳和水，不对土壤和空气产生危害。淀粉原料可再生，资源丰富，在植物生产过程中吸收大量二氧化碳，具有碳中和的特性。因此以淀粉为主要原料的降解塑料受到高度重视。

淀粉有直链淀粉和支链淀粉两类，二者的结构与性能大不相同。

a. 直链淀粉

分子结构式为

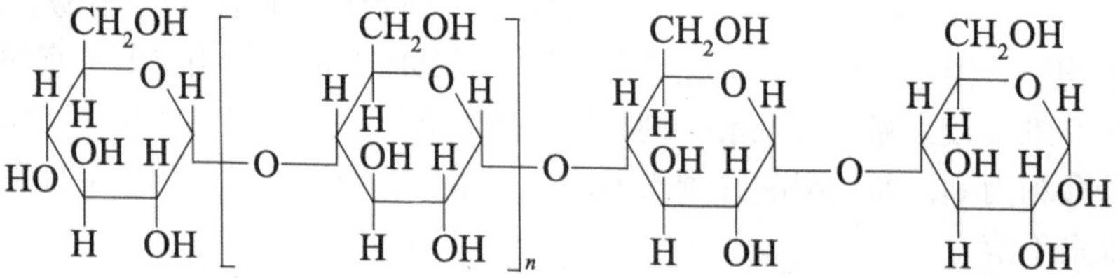

CH₂OH H O H H OH H HO H OH [CH₂OH H O H H OH H H OH]$_n$ O CH₂OH ...

直链淀粉又称可溶性淀粉，在热水中不溶解但可变成胶体溶液，易被人体消化。直链淀粉的 n 为 100～6000，分子量为 3 万～16 万。其结晶度高，加热可熔化，也称为热塑性淀粉，但由于其脆性大，需加入增塑剂（甘油、乙二醇、水等）改性。

b. 支链淀粉

结构式为

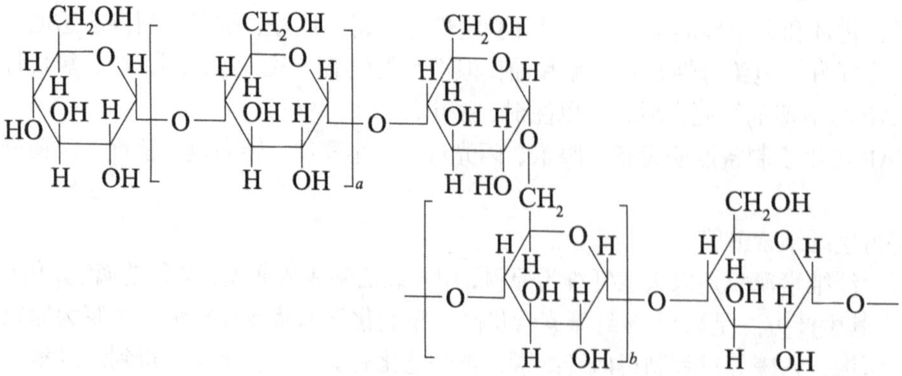

支链淀粉的分子量为 100 万～400 万，属于热固性高分子。

常用的天然淀粉为直链淀粉和支链淀粉的混合物，普通淀粉中直链淀粉含量为 22%～27%，高直链淀粉中直链淀粉含量为 55%～85%。

天然淀粉的优点是原料来源广泛、价廉易得、生物降解性好、无毒、生理相容性好，缺点是耐水性差、湿强度低、尺寸稳定性差，因此纯淀粉难以直接加工成塑料制品，需要进行改性处理，使之具有热塑性，并改善其强度。

目前，淀粉塑料有两大类：全淀粉塑料和淀粉复合塑料。

c. 全淀粉塑料

天然淀粉的分子结构中含有大量的羟基，在分子间形成很多氢键，从而形成微晶结构完整的颗粒，具有较高的结晶度。高结晶的淀粉熔点高于其分解温度，在熔融前已经分解，因而不具有热塑性。要使天然淀粉具有热塑性，必须破坏其结晶，降低氢键的作用力，进行塑化改性。将天然淀粉经过改性处理而具有热塑性的一类淀粉称为全淀粉塑料。

对天然淀粉改性的方法有很多，归纳起来有物理改性和化学改性两类。

①物理改性

物理改性的原理是在热、剪切力和适当的增塑剂作用下破坏淀粉原有的结晶结构，使之向非晶态转变，形成热塑性淀粉（thermoplastic starch， TPS）。常用的增塑剂为多元醇类，如乙二醇、丙三醇、山梨醇和聚乙烯醇等，加入的增塑剂可以渗透到淀粉分子内部，削弱氢键的作用力，降低淀粉的结晶度（可从 39%降低到 11%），软化淀粉，使之利于加工。

②化学改性

利用淀粉中含有的大量活性羟基，可以进行各类化学反应，使之具有可溶性。常见的品种如下：

（1）氧化淀粉。对淀粉中的活性羟基进行氧化处理，增加羧基和醛基含量，削弱分子间氢键，使其具有易糊化、黏度低、成膜性好、透明度高等优点。常用的氧化剂有次氯酸盐、高碘酸盐、高锰酸盐、过氧化氢、重铬酸盐、过硫酸盐、高铁酸盐等。

（2）酯化淀粉。淀粉中的羟基可与酸发生酯化反应，酯化产物分为单酯、双酯和三酯。主要有磷酸酯淀粉、黄原酸酯淀粉、乙酸酯淀粉等。经酯化处理后，透明性、热稳定性明显提高，黏度增大，分散性提高，糊化温度提高。

（3）醚化淀粉。淀粉中的羟基与活性物质反应生成淀粉取代基醚。醚化淀粉分为非离子型（如羟乙基淀粉、羟丙基淀粉）、阳离子型（如叔胺烷基醚化淀粉、季铵烷基醚化淀粉）和阴离子型（如羧甲基淀粉钠）三种。其黏度稳定性高，强碱性条件下不易水解。

（4）交联淀粉。淀粉中羟基与多官能团化合物反应生成醚键或二酯键，使两个或两个以上的淀粉分子连接在一起所得的淀粉衍生物。常用的交联剂有三氯氧磷、偏磷酸三钠、甲醛、丙烯醛、环氧氯丙烷等。交联是淀粉最有效的改性方法，可提高分子量，升高糊化温度，得到高凝胶强度的改性淀粉。

（5）接枝淀粉。在淀粉的活性支端接枝上某一聚合物，可用的接枝单体有丙烯腈、乙酸乙烯酯、丙烯酸酯、丙烯酰胺、丁二烯、苯乙烯及环氧化合物等。接枝淀粉具有热塑性，可直接加工成薄膜类制品，具有生物降解性能。

目前全淀粉塑料在价格上比 PLA 等具有竞争力，发展潜力巨大，但其存在的突出问题是易吸湿，耐潮湿性不好，材料的稳定性差，降解时间也难以精确控制。

d. 淀粉复合塑料

淀粉复合塑料是将原生淀粉或改性淀粉与树脂进行复合，使淀粉具有一定的可塑化性能和一定的强度的材料。所采用方法是目前最实用的淀粉塑化方法。按树脂是否具有生物降解性，可分为淀粉/降解树脂复合材料与淀粉/非降解树脂复合材料两类。其中，淀粉/降解树脂复合材料包括：

①淀粉与合成降解树脂复合材料

淀粉与 PVA、PLA、PBS、PPC、PCL、PBAT 等共混，产品为全降解类，性能基本满足市场需要，但价格较高，性能尚需进一步提高。

一种典型的淀粉/PVA 共混降解塑料配方如下：淀粉 60%，PVA 20%，甘油（增塑剂）14%，尿素（耐水剂）3%，增强剂 3%。

由该配方制成薄膜的主要性能指标为：28 天生物降解率≥66%，90～180 天完全降解，纵向拉伸强度≥30 MPa，断裂伸长率≥600%，撕裂强度≥86 $kN \cdot m^{-1}$，密度为 1.1 $g \cdot cm^{-3}$，雾度为 6.6%。防静电性良好，印刷性良好，热封性良好，使用温度范围为−18～100℃，市场价格为 PE 的 85%。

②淀粉与天然降解树脂复合材料

常用的天然降解树脂为纤维素、蛋白质、壳聚糖、木质素等。

3）蛋白质塑料

蛋白质是由天然氨基酸以酰胺键连接起来的大分子，在蛋白酶的作用下可以降解。蛋白质包括动物蛋白（如酪蛋白、乳蛋白、角蛋白、胶原蛋白和明胶等）和植物蛋白（如大豆蛋白、谷蛋白和薯蛋白等）。

a. 胶原蛋白和明胶

胶原蛋白和明胶是最常见的动物蛋白。明胶由胶原蛋白变性而得，溶于热水，主要应用在药物包装、食品等方面。可与 PVA 进行共混。

b. 酪蛋白

由脱脂乳蛋白中提取的一种天然大分子，分子量小，应用在工业水溶性胶黏剂和包装领域等。

c. 大豆蛋白

大豆含有 18%油脂、38%蛋白质、30%多糖及 14%水分和灰分。通过添加多磷酸盐提高耐水性，以甘油作为增塑剂，以硅烷作为偶联剂，与脂肪族聚酯共混等改性方法，可以制备多种生物降解材料。

4）木质素塑料

木质素是木材的组成成分，不溶于水，具有很好的稳定性。其主要是由三种不同的苯丙烷单元（对羟苯基丙烷、愈创木酚基丙烷、丁香酚基丙烷）所组成的一种三维生物聚合物，这些组成单元通常以脂肪、芳香碳键或酯键的形式连接。木质素常作为一种填料以提高生物降解聚合物的性能，还可通过添加亚麻或大麻以增强性能。

5）甲壳素和壳聚糖

甲壳素或其衍生物是由虾蟹壳或真菌发酵的废弃物等经氢氧化钠溶液抽取得到，甲壳素还可以进行乙酰化、磺化、三苯甲基化改性。壳聚糖是甲壳素经过部分或全部去乙酰化生成氨基而得到。甲壳素和壳聚糖的结构式如下：

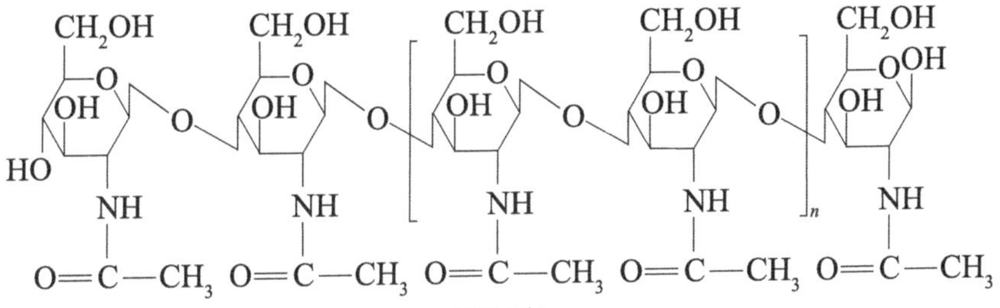

甲壳素

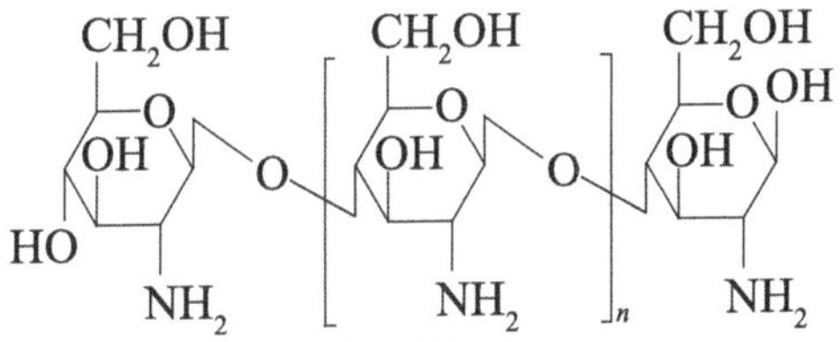

壳聚糖

甲壳素和壳聚糖具有生物相容性、抗血栓和止血作用，可以挤出成膜应用在包装领域，由于具有可食用性而用于农业和食品领域，还可用于污水处理、服装和化妆品，以及生物医药领域。

6）脂质

多数植物油（大豆油、棕榈油、亚麻油等）和动物脂肪都属于不饱和酸，植物油可以制备热固性树脂或作为涂料。蓖麻油可以合成聚氨酯或聚酯等聚合物。将脂质和天然纤维或木质素混合，可以制备廉价的物品，用于农业设备、汽车、铁路设施、房屋等方面。

2. 人工合成生物降解材料

人工合成生物降解材料即利用化学合成制造的生物降解塑料，具有类似于天然高分子的结构或含有容易生物降解的键结构。目前开发的产品主要有 PLA、PCL、PBS、PVA 等。

1）聚交酯类

聚交酯包括聚乙交酯[聚乙醇酸（PGA）]、聚丙交酯[聚乳酸（PLA）]、聚乙丙交酯（PLGA）三类。目前的研发以聚乳酸为主。

在众多已经开发的生物降解高分子材料中，PLA 被誉为最具发展潜力的品种之一。主要因为 PLA 具有可完全生物降解性和以可再生资源为原料的植物来源性，而且是一种维持自然界“碳循环平衡”的材料。因此，PLA 的开发应用能够减少废弃高分子材料对环境的“白色污染”，节省石油资源，抑制由二氧化碳净排放量增加而导致的地球温室效应的加剧。

1932 年，Carothers 及其同事合成了低分子量的聚乳酸。1954 年，美国杜邦公司开始将聚乳酸在医用手术缝合线、埋植器、药物载体上产业化。PLA 作为生物医药材料的应用早在 60 多年以前就已经开始，但是作为工业高分子材料的应用却是在 20 世纪 90 年代中期美国的 Cargill 公司向市场大规模提供了性能稳定且廉价的 PLA 树脂之后才全面展开的，随后许多国家在 PLA 的应用开发方面做了大量的工作。

a. 聚乳酸合成

PLA 的单体是乳酸，目前合成高分子量 PLA 的方法主要有乳酸直接缩聚法和丙交酯开环聚合法。

①乳酸直接缩聚法

利用乳酸直接缩聚是制备 PLA 的最简单方法，也是成本最低的方法，通常被称为一步法。通过加热使乳酸分子发挥活性，分子间发生脱水缩合反应直接合成 PLA。乳酸直接缩聚法的反应方程式如下：

$$n\,\mathrm{HO{-}CH(CH_3){-}C(=O){-}OH} \xrightarrow{\text{脱水聚合}} \mathrm{\left[O{-}CH(CH_3){-}C(=O)\right]}_n + n\mathrm{H_2O}$$

利用直接缩聚法不易得到高分子量的 PLA，另一个缺点就是在聚合过程中产物的立构规整度不能被控制，致使产物的力学性能明显下降。鉴于直接缩聚法只能得到低分子量的 PLA，研究人员提出了两种改进方法，即熔融-固相缩聚法和扩链法。利用改进直接缩聚法合成的 PLA 分子量得到大幅度提高，已与开环聚合的相差不大，如今已成为合成 PLA 的新热点。

②丙交酯开环聚合法

丙交酯开环聚合法是目前合成 PLA 最常用的方法，此方法是先将乳酸聚合成丙交酯，再将丙交酯开环聚合得到 PLA，通常被称为两步法。丙交酯开环聚合法的反应方程式如下：

$$n\,\mathrm{HO{-}CH(CH_3){-}C(=O){-}OH} \xrightarrow{\text{脱水缩合}} \mathrm{H\left[O{-}CH(CH_3){-}C(=O)\right]_n OH}$$

$$\xrightarrow{\text{高温裂解}} \text{丙交酯（环状二聚体）} \xrightarrow{\text{开环聚合}} \mathrm{\left[O{-}CH(CH_3){-}C(=O)\right]}_n$$

丙交酯有三种不同的构型：左旋丙交酯、右旋丙交酯、内消旋丙交酯。不同的异构体比例对聚乳酸材料的熔点、结晶速率、结晶度和力学性能都有着很大的影响。

b. PLA 的性质

PLA 为无色透明或略带黄色的固体颗粒，非晶 PLA 密度为 1.246 $g{\cdot}cm^{-3}$，结晶 PLA 的密度为 1.291 $g{\cdot}cm^{-3}$。典型 PLA 的玻璃化转变温度（T_g）为 55～80℃，熔点（T_m）为 135～180℃，起始热分解温度为 280℃。PLA 对高波紫外线（UV-A 和 UV-B）的阻隔作用较差，而对低波的紫外线（UV-C）有很好的阻隔作用。

依据 PLA 中立体构型的不同，可分为聚右旋乳酸（PDLA）、聚左旋乳酸（PLLA）和聚消旋乳酸（PDLLA）。当 PLLA 中的左旋含量超过 93%时其为半结晶高分子，当左旋含量为 50%～93%时其呈现为非晶态。

纯 PLA 的力学性能和 PS 相似，两者都是高模量、高强度的热塑性塑料，共同的缺点是韧性较差。室温下，PLA 呈玻璃态，高透明，在生物降解高分子中刚性最高，但其耐热性和韧性差，断裂伸长率仅为 5%，Izod 缺口冲击强度仅为 2～3 $kJ{\cdot}m^{-2}$。热变形温度（HDT）较低，非晶 PLA 与结晶 PLA 的 HDT 分别为 55℃和 66℃。

c. PLA 的改性

PLA 的抗冲击性能差，耐热性差，热变形温度较低，导致加工性能不稳定；其分子链内含有较多的酯键造成其水解性强，加之其原料乳酸比较贵，以及 PLA 的加工工艺决定了其成本较高，这些缺点限制了 PLA 的应用。因此，改善 PLA 的机械性能、加工性及降低成本是目前扩大 PLA 材料应用领域急需解决的问题。

①PLA 的增强改性

PLA 常用的增强剂有碳纤维和玻璃纤维，近年来天然纤维改性 PLA 已经受到越来越多的关注。天然植物纤维在自然界中十分丰富，并且可再生，常用的天然植物纤维大致可以分为三类：①秸秆纤维：玉米秸秆、麦秸、稻草等；②非木纤维：洋麻、亚麻、黄麻、大麻、剑麻等；③木纤维：软木、硬木。纤维素和木质素是天然纤维的主要成分，但这两种成分的含量根据植物种类的不同而存在差异，而在复合改性过程中，纤维素可以对材料起到增强作用，而木质素则起到填充作用。

与其他非天然纤维相比，天然植物纤维具有以下优点：①环境友好，生长周期短，对生长环境要求不高；②生长过程中能耗较少；③替代玻璃纤维等人造材料，节约资源。从节约资源和保护环境的角度考虑，用天然纤维增强生物降解高分子材料，从而制备生物复合材料的开发越来越受到重视。已经报道的改性 PLA 的天然植物纤维有剑麻、洋麻、亚麻、竹纤维、纸纤维、木粉等。

洋麻纤维增强 PLA 的制备与性能见图 6-8 和表 6-9。洋麻是自然界吸收二氧化碳能力最强的一种植物，其生长迅速，光合作用的速度是普通植物的 3～9 倍，具有卓越的固碳作用，1 t 洋麻可以吸收 1.5 t CO_2，因此被认为具有极高的防止地球温室效应的功能，目前受到广泛重视。

从图 6-8 和表 6-9 可见，洋麻纤维和增韧剂改性 PLA 复合材料，具有优异的刚性和韧性，是一类绿色环保新型材料。

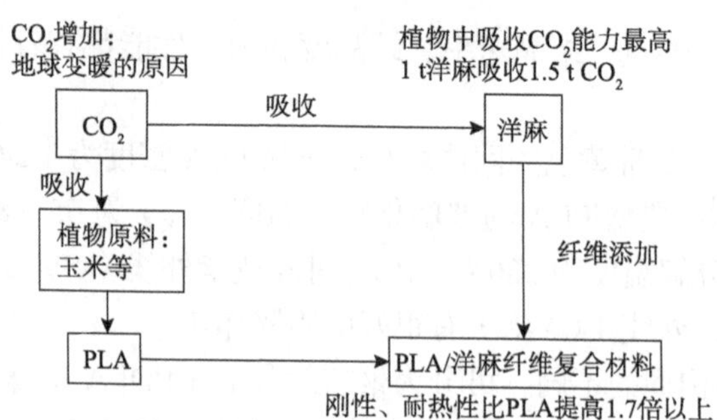

图 6-8　PLA/洋麻纤维复合材料的制备示意图

表 6-9　洋麻纤维和增韧剂改性 PLA 的性能

性能参数	PLA	PLA+洋麻	PLA+增韧剂	PLA+洋麻+增韧剂
纤维添加量/%	0	20	0	20
增韧剂添加量/%	0	0	20	20
缺口冲击强度/（$kJ\cdot m^{-2}$）	4.4	5.5	9.1	7.8
弯曲强度/MPa	132	115	106	72
弯曲模量/GPa	4.5	7.1	4.0	6.8
热变形温度/℃	66	109	66	104

注：因为同一种聚合物的生产厂家不同，产品牌号众多，故聚合物的性能指标不是一个固定值。因此，针对同一种聚合物的同一个性能指标，本章不同表格中数据存在差异。

而采用木粉等木质纤维改性PLA也是一种常见的制备低成本全降解复合材料的方法，例如，悬铃木树皮粉末/PLA 复合材料的力学性能见表 6-10，偏光显微镜照片见图 6-9。

表 6-10　PLA/PBAT/T-PF 复合材料的力学性能

性能参数	PLA	PLA/T-PF（70∶30，质量比，余同）	PLA/PBAT/T-PF（60∶10∶30）	PLA/PBAT/T-PF（50∶20∶30）
拉伸强度/MPa	55.1	44.1	43.4	40.2
断裂伸长率/%	4.0	2.1	2.8	3.5
弯曲模量/MPa	3680	4189	4089	3989
缺口冲击强度/（$kJ\cdot m^{-2}$）	3.01	2.56	3.11	3.82

注：T-PF 表示钛酸酯偶联剂处理的悬铃木树皮粉末（过 100 目筛）。

从表 6-10 可见，加入 T-PF 后，复合材料的拉伸强度和缺口冲击强度下降，而弯曲模量有了明显提高。再加入聚己二酸/对苯二甲酸丁二酯（PBAT）作为增韧剂，缺口冲击强度有所改善，而弯曲模量略有降低。

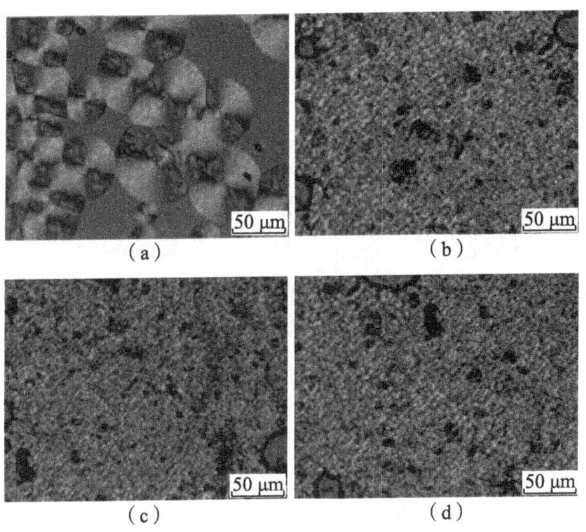

图 6-9　PLA/PBAT/T-PF 复合材料的偏光显微镜照片

（a）PLA；（b）PLA/T-PF（70：30）；（c）PLA/PBAT/T-PF（60：10：30）；（d）PLA/PBAT/T-PF（50：20：30）

由图 6-9 可见，纯 PLA 的球晶尺寸大于 100 μm，呈现典型的马耳他十字消光现象；而加入 T-PF 后，PLA 的球晶尺寸大大减小，而小球晶数目大大增加，因为 T-PF 起到了成核剂的作用。

②PLA 的增韧改性

共混改性是聚合物改性方法中最经济的一种，可以将 PLA 和其他柔性聚合物，如 PBAT、聚碳酸亚丙酯（PPC）、聚对二氧环己酮（PPD）、聚丁二酸丁二酯（PBS）、聚己内酯（PCL）等熔融共混来提高其韧性，制备完全可生物降解的材料。

也可以将 PLA 与增塑剂，如聚乙二醇（PEG）、聚丙二醇（PPG）、低聚乳酸（OLA）、甘油、乙酰柠檬酸三乙酯（ATC）和磷酸三苯酯（TPP）共混来改善 PLA 的柔韧性和耐冲击性。

③PLA 的填充改性

采用无机填料（如碳酸钙、蒙脱土、滑石粉等）和有机填料（如淀粉等）改进 PLA 的物理力学性能以及降低成本。

④PLA 的成核改性

PLA 的结晶速率较慢，在实际生产过程中因降温速率过快难以充分结晶，导致材料韧性差和热变形温度低等诸多缺点，严重制约了 PLA 的应用。因制品的 HDT 在 55～66℃，接近其 T_g，在注塑等成型加工过程中为了达到相对高的结晶度而增加模具温度、延长注射时间等，严重降低了生产效率和增加了成本。

目前提高聚乳酸结晶速率的最有效办法是对其进行成核改性，加入成核剂后可以提高聚乳酸的异相成核密度，减小聚乳酸球晶尺寸，提高聚乳酸结晶速率，从而使耐热性和力学性能大幅度提升。目前用于聚乳酸结晶改性的成核剂分为无机成核剂和有机成核剂两大类，常用的无机成核剂有滑石粉、蒙脱土、高岭土、TiO_2、SiO_2、Al_2O_3、硅酸盐和云母等，这些无机成核剂价格低廉，但是与聚乳酸相容性差，在使用过程中容易团聚，难以在聚乳酸中均匀分散。此外，无机成核剂存在用量大、成核效果差，对最终制品的力学性能和外观易产生不良影响，成型制品脆性大且不透明的缺点。

鉴于无机成核剂的种种缺点，有机成核剂正成为研究的热点，大量具有特定分子结构的有机成核剂被合成出来，这些有机成核剂与聚乳酸相容性好，成核效果显著，其中报道得最多的有脂肪族酰胺化合物、酰肼化合物、苯基磷酸及其金属盐类、杯芳烃类、苯甲酸盐、苯基多元羧酸盐等。苯基多元羧酸盐（NT-C 和 NT-20）改性 PLA（4032D）的示差扫描量热曲线见图 6-10，相关数据见表 6-11。

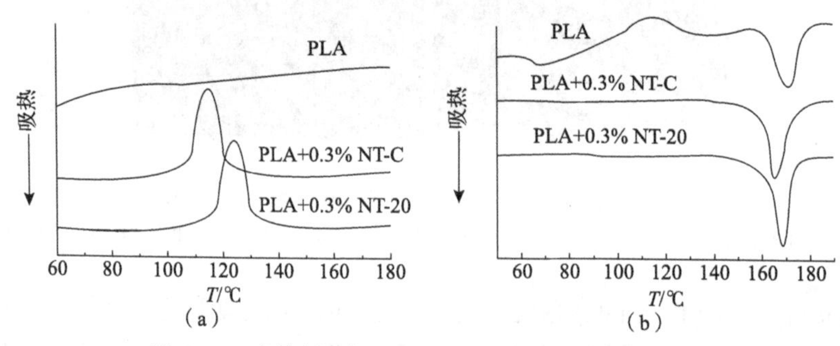

图 6-10 成核剂改性 PLA 试样的示差扫描量热曲线

（a）降温曲线；（b）第二次升温曲线

表 6-11 成核剂改性 PLA 试样的热分析数据

样品	降温		第二次升温		
	结晶温度/℃	结晶焓/（$J·g^{-1}$）	结晶温度/℃	熔点/℃	结晶度/%
纯 PLA	—	—	116.2	171.6	13.8
PLA+0.3% NT-C	119.7	36.2	—	165.7	40.2
PLA+0.3% NT-20	126.5	38.5	—	168.2	43.1

注：PLA 成核剂 NT-C 和 NT-20 由南京诚宽贸易有限公司提供。

从图 6-10 和表 6-11 可以看出，纯 PLA 的结晶能力较差，降温曲线中无明显结晶峰，第二次升温曲线中出现了冷结晶峰，结晶度仅为 13.8%，而添加 0.3%的成核剂 NT-C 和 NT-20 的样品的结晶温度、结晶焓大幅度提高，从而加快了结晶速率和提高了结晶度。这说明添加少量的高效成核剂，即可达到使聚乳酸快速结晶的目的。

d. 使用 PLA 的意义

聚乳酸绿色塑料的生物循环链见图 6-11。

①完全生物降解性

利用 PLA 的生物降解性能，可以加工成土工布、育苗钵等在土壤等自然环境中使用的制品。在自然环境中使用的高分子材料大多数情况下是与土壤、庄稼秸秆、植物根茎叶等混在一起，分离回收难度大，或者回收成本高。目前常用垃圾的处理方法是焚烧或填埋。填埋法占用大量土地，并造成土壤劣化；焚烧处理容易产生有害气体，造成环境

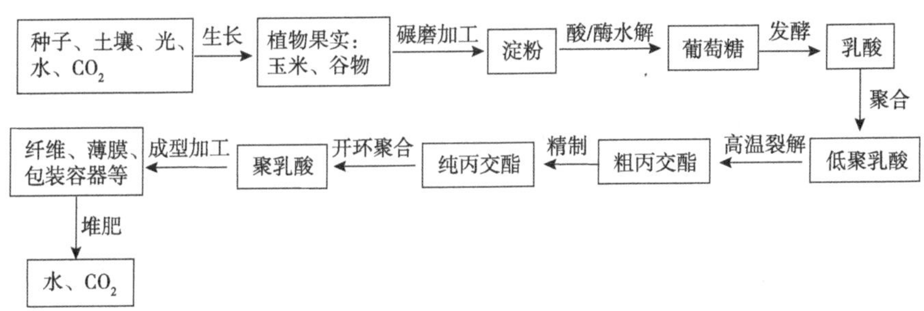

图 6-11 聚乳酸绿色塑料的生物循环链

污染。如果采用可生物降解高分子材料，就不需要专门回收，而在自然环境中自然降解。另外，即使回收后进行焚烧处理，PLA 具有燃烧时不会释放有毒有害气体且燃烧热值低的特点，所以也不会造成对焚烧设备及自然环境的危害。

PLA 具有良好的堆肥性，可以加工成一次性餐具、生鲜食品包装托盘等使用以后回收再利用困难的制品。PLA 一次性食品包装材料可以和残羹剩饭等一起直接送至堆肥工厂进行堆肥化，制造的堆肥可以用于土壤改良等用途。

对 PLA 可以进行物料回收再利用，PLA 成型时的边角料、不合格品等以及回收的 PLA 托盘等材料可以重新制造成育苗钵，令其在自然环境使用过程中降解消失。

②植物来源性

PLA 是以可再生的生物资源而非石油资源为原料的生物基高分子，摆脱了对石油资源的依赖，并且其生产制造过程能耗比石油基高分子低，是一种低环境负荷的高分子材料。对使用后的 PLA 制品的任何一种处理方式如燃烧、堆肥化、掩埋等手段，都是把 CO_2 返回自然界，这些 CO_2 会在随后植物的光合作用过程中得到重新利用，成为一个永恒的封闭的碳循环系统，不会造成大气中 CO_2 的净增长，从而减弱地球的温室效应。而使用后的石化高分子制品在处理过程中释放的 CO_2 是把数百万年前的 CO_2 释放到当今的环境中，造成大气中 CO_2 含量增加，加剧了地球的温室效应。因此，大量使用 PLA 材料，能够减少石化高分子材料的使用量，从而节省石化资源，减少向大气中排放过多的 CO_2，对资源环境的持续发展具有重大意义。

e. PLA 的应用

现在 PLA 材料的应用已经由最初的医用材料、包装材料等短使用周期商品和一次性使用商品发展到农林水产业、土木建筑业、日常生活用品等具有较长使用周期的商品，甚至用作汽车、电子电气等领域高性能的耐久性商品。开发的品种充分利用 PLA 的特性，生产出 PLA 纤维、塑料、涂料和黏合剂等。PLA 能够像普通高分子一样进行各种成型加工，如挤出、注塑、流延制膜、吹膜、吹瓶、纤维成型等。制备的各种薄膜、片材、纤维经过热成型、纺丝等二次加工后得到的产品可以广泛应用在服装、纺织、无纺布、包装、农业、林业、土木建筑、医疗卫生用品、日常生活用品等领域。

2）聚丁二酸丁二酯 [poly(butylene succinate)，PBS]

a. 合成方法

由丁二酸和 1, 4-丁二醇缩聚而成，反应方程式如下：

$$n\,HOOC—CH_2CH_2—COOH + n\,HO—(CH_2)_4—OH \longrightarrow [\!-OOC—CH_2CH_2—COO(CH_2)_4-\!]_n + 2nH_2O$$

再经异氰酸酯扩链，可得到分子量为 200000 的 PBS。与其他生物降解塑料相比，PBS 价格较低，如通过生物发酵生产丁二酸和丁二醇，价格还可以进一步降低。

b. 主要性能

PBS 具有很好的综合性能，其性能介于 PP 和 PE 之间，加工性能类似于 PE；耐化学品性能类似于 PET，不溶于水和通常的有机溶剂，仅溶于卤化碳氢化合物；热变形温度高，经改性后可超过 100℃，可用于灭菌包装。

PBS 具有高疏水结构，缺少活性位点，降解速率较低，大大限制了其应用，需要对其进行改性处理。其性能见表 6-12。

表 6-12　PBS、PBSA、PP、LDPE 性能比较

性能参数	PBS	PBSA	PP	LDPE
相对密度	1.26	1.23	0.89～0.91	0.91～0.93
熔点/℃	114	95	165～175	100～115
玻璃化转变温度/℃	−32	−45	−10	−102
结晶温度/℃	75	50	120	80～95
热变形温度/℃	97	50	120	80
拉伸强度/MPa	56.8	44.1	49.0	10～25
断裂伸长率/%	200	400	>200	100～600
弯曲模量/MPa	657	343	1370	196
结晶度/%	30～50	20～30	40～60	40～55

c. 改性品种

（1）共聚：共聚可改善生物相容性和反应活性，常见的品种如下：

聚丁二酸/己二酸丁二酯（PBSA）：PBSA 的生物降解性能优于 PBS，其性能见表 6-12。

聚丁二酸/对苯二甲酸丁二酯（PBST）：引入芳香环，既提高了耐热性，又保留了生物降解性。

PBS-*b*-聚乙二醇（PEG）嵌段共聚物：改善了亲水性，提高了降解速率。

（2）共混：PBS 与 PLA、PHB、PCL、淀粉等生物降解树脂共混改性。

（3）填充与增强：采用蒙脱土改性、剑麻纤维增强等。

d. 应用

应用于包装材料（包装薄膜、餐盒、化妆品瓶、药品瓶、电子产品包装等），一次性器具（如餐具、医疗用品等），农业领域（薄膜、药物缓释材料等）。

3）聚己二酸/对苯二甲酸丁二酯 [poly(butylene adipate-*co*-terephthalate)，PBAT]

a. 合成方法

BASF 公司开发了 PBAT（商标为 Ecoflex），是一种脂肪族/芳香族共聚酯，由丁二醇和己二酸、对苯二甲酸缩聚反应得到。

b. 基本性质

密度为 1.25～1.27 g·cm^{-3}，T_g为-30℃，T_m为 110～115℃。邵氏硬度为 32D，维卡软化点为 8℃。性能类似于 LDPE，有弹性，对氧气和水蒸气有良好的阻透性，印刷性良好，无毒无味。

具有良好的加工性能，可制成薄膜、餐盒，可涂覆发泡淀粉餐盒，提高撕裂强度和湿强度，并防水防油。

c. 应用

生产农膜、涂覆纸，或与纸复合等，也可与可再生原料，如淀粉等掺混使用。可用于食品包装，尤其是高级食品或绿色食品包装。也可作其他生物降解塑料（PLA、淀粉等）的改性剂。

4）聚己内酯（polycaprolactone，PCL）

a. 合成方法

聚己内酯是由 ε-己内酯在金属有机化合物（如四苯基锡）作催化剂，二羟基或三羟基化合物作引发剂条件下开环聚合而得，反应方程式如下：

(n+m) O=C(ring O) ——HO—R—OH / 催化剂——→ R(O[C(=O)CH₂CH₂CH₂CH₂CH₂O]$_n$H)(O[C(=O)CH₂CH₂CH₂CH₂CH₂O]$_m$H)

b. 基本性质

密度为 1.15 g·cm^{-3}，T_g约为-60℃，T_m约为 60℃，是一种半结晶聚合物。

c. 产品特点

生物相容性和可降解性：在体内与生物细胞相容性很好，细胞可在其基架上正常生长，并可降解成 CO_2 和 H_2O。在土壤和水环境中，6～12 个月可完全分解成 CO_2 和 H_2O。

良好相容性：可和 PE、PP、ABS、AS、PC、PVAc、PVB、PVE、PA、天然橡胶等很好地互容。

良好溶剂溶解性：在芳香化合物、酮类和极性溶剂中很好地溶解，不溶于正己烷。

柔性和易加工性：非常柔软，具有极大的伸展性；可在低温成型。

d. 应用

可控释药物载体；细胞、组织培养基架；完全可降解塑料，如手术缝合线；高强度的薄膜、丝状成型物；塑料低温冲击性能改性剂和增塑剂；医用造型材料、工业造型材料、美术造型材料、玩具、有机着色剂、热复写墨水附着剂、热熔胶合剂。

5）聚乙烯醇（polyvinyl alcohol，PVA）

a. 合成方法

聚乙酸乙烯酯（polyvinyl acetate，PVAc）水解而得，反应式如下：

$$
\underset{\text{PVAc}}{-\!\!\left[\mathrm{CH_2\underset{\displaystyle|\atop\displaystyle OCOCH_3}{CH}}\right]_n}\xrightarrow{\text{水解}}\underset{\text{PVA}}{-\!\!\left[\mathrm{CH_2\underset{\displaystyle|\atop\displaystyle OH}{CH}}\right]_n}+\mathrm{HCHO}\xrightarrow{\text{缩醛化}}\underset{\text{PVF}}{\mathrm{\sim CH_2CHCH_2CH\sim}}
$$

分子内缩醛：$\sim CH_2CHCH_2CH\sim$，两个 CH 上的 O 经 $O-CH_2-O$ 相连

+

分子间缩醛：$\sim CH_2CHCH_2CH\sim$（一个 CH 上为 OH），另一个 CH 上的 O 经 $O-CH_2-O$ 与另一分子链 $\sim CH_2CHCH_2CH\sim$（一个 CH 上为 OH）相连

b. 基本性质

白色片状、絮状或粉末状固体，无味。可结晶，T_g 为 85℃，T_m 为 220～240℃，吸湿性大，加热到 160℃开始脱水，发生分子内或分子间醚化反应而使水溶性下降。溶于水（95℃以上），微溶于二甲基亚砜，不溶于汽油、煤油、植物油、苯、甲苯、二氯乙烷、四氯化碳、丙酮、乙酸乙酯、甲醇、乙二醇等。PVA 膜或涂层对 O_2、CO_2、H_2、He、H_2S 等气体有很好的阻隔作用。PVA 能形成强韧、耐撕裂、耐磨的透明薄膜，对可见光透过率在 80%以上，对紫外光透过率在 70%以上，而不透过 6.6～15 μm 的红外线，适宜作为农用保湿膜。

c. 应用

PVA 可用浇注法和挤出法制成薄膜，用于食品等的包装。PVA 是重要的化工原料，用于制造聚乙烯醇缩醛和维纶合成纤维、耐汽油管道、织物处理剂、乳化剂、纸张涂层、黏合剂、胶水等。

d. 共混改性

PVA 共混改性：通过加入能与 PVA 中羟基生成氢键的聚合物，破坏 PVA 分子间作用力，降低熔点或提高热分解温度，如糖类衍生物、胶原水解物等。

增塑改性：该方法简单、高效，采用水、无机盐、甘油、多元醇及其低聚物、己内酰胺、醇胺等单一或复合增塑改性剂，降低 PVA 的熔点，改善加工流动性。

PVA/淀粉合金：由变性淀粉与改性 PVA 共混构成的互穿网络结构的高分子合金，具有优异的成型加工性、二次加工性、力学性能和生物降解性能。用于挤出成型片材、吹塑薄膜、流延薄膜、注塑制品、中空容器、玩具等产品。例如，通过流延法制成的薄膜，具有良好的力学性能，防雾滴，可降解，应用于蔬菜栽培，保温效果优于 PE 膜，促进植物生长，薄膜使用后埋入土内，4 个月后可完全降解。

e. 聚乙烯醇缩醛

PVA 与甲醛、乙醛、丁醛等醛类缩合的产物。

（1）聚乙烯醇缩甲醛（polyvinyl formal，PVF），制备反应方程式见前面。溶于二氯乙烷、二氧六环、醇/苯（30/70）、醇类、甲酸、乙酸、酚类、糠醛等溶剂中。具有良好的黏合性、耐水性、耐油性、耐酸碱性。强度、刚度和硬度都比较大，最高使用温度为 130～165℃。可燃，冒黑烟，熔融滴落并有特殊气味。

PVF 纤维称为“维纶”，广泛用于建材、橡胶制品、涂层布、塑料软管等需要高强力工业用线的行业，尤其是在水泥和建筑材料方面。高强高模维纶纤维被公认为代替石棉作为骨架材料的最理想“绿色环保型”材料。

（2）聚乙烯醇缩丁醛（polyvinyl butyral，PVB）：相对密度为 1.08～1.10，溶于醇、酯、酮、二氯甲烷等溶剂。透明度高，耐老化、耐冲击、耐水，对玻璃等的黏合性好，广泛用于汽车、飞机的安全玻璃中间层，也用于金属底层涂料、织物和纸张整理剂，还可以挤出成型制作管材。

3. 微生物合成降解塑料

自然界中存在一些可产生聚酯的微生物，这些微生物能够使某些物质在适当条件下发酵生成聚酯，这是制造生物降解塑料的一种重要方法。较有代表性的产品是聚羟基烷酸酯（PHA）。这类产品具有较高的生物分解性，但价格昂贵，推广应用有一定的困难。

早在 1927 年就发现，在适当条件下，微生物可以合成 PHA 类聚合物。目前，已开发的品种有聚-3-羟基丁酸酯（P3HB，简称 PHB），聚-3-羟基戊酸酯（P3HV，简称 PHV），聚-4-羟基丁酸酯（P4HB），聚（3-羟基丁酸酯-*co*-3-羟基戊酸酯）（P3HB/3HV，简称 PHBV），聚（3-羟基丁酸酯-*co*-3-羟基己酸酯）（P3HB/3HH，简称 PHBHHx），聚（3-羟基丁酸酯-*co*-4-羟基丁酸酯）（P3HB/4HB，简称 P34HB）等。

1）合成方法

都是采用生物发酵法合成的，是在具有微生物生长的适宜温度、pH、氧浓度等条件的生物反应器中，并在特定碳源存在下进行微生物发酵培养，经一定时间后将培养液放入萃取罐中，用有机溶剂萃取，再用各种方法分离除去微生物内的非 PHA 成分，进而得到产品聚酯的方法。其工艺流程见图 6-12。

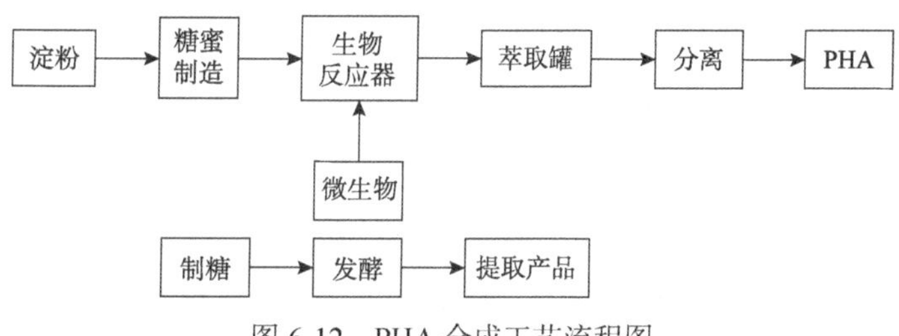

图 6-12　PHA 合成工艺流程图

2）聚-3-羟基丁酸酯（poly-3-hydroxybutyrate，PHB）

（1）结构与性能：早在 1926 年首次从巨大芽孢杆菌细胞中提取到 PHB，1990 年英国 ICI 公司推出了商品 PHB。PHB 是 PHA 的第一代产品，结构式为 $\left[\!\!-\mathrm{O-\underset{\underset{CH_3}{|}}{CH}-CH_2\overset{\overset{O}{\|}}{C}}-\!\!\right]_n$。

PHB 的性能特点是高熔点，高结晶度，较高的拉伸强度，密度大，透氧性低，抗紫外线辐射，具有良好的生物相容性和生物降解性，无论在富氧、厌氧的环境中，均可完全降解，分解产物为水、CO_2 及生物有机质，无环境污染。

PHB 的力学性能与石化塑料的比较见表 6-13。

表 6-13　PHB、PHBV 与石化塑料性能比较

性能参数	PHB	PHBV		PP	PET	HDPE
		10% HV	20% HV			
T_g/℃	5	0	−2	−10	80	−100
T_m/℃	175～180	150	135	165～175	265	125～135
结晶度/%	60～80	55	50	40～60	5～20	80～95
相对密度	1.24	1.23	1.22	0.89～0.91	1.40	0.94～0.97
拉伸强度/MPa	40	25	20	49.0	72.5	20～40
断裂伸长率/%	4～8	200	400	>200	20	20～100
弯曲模量/GPa	3.5～4.0	1.2	0.8	1.4	3.1	0.9
缺口冲击强度/（$kJ·m^{-2}$）	2～4	10	30	4～7	3.7	10～30

注：HV 为 3-羟基戊酸。

（2）成型加工性能：PHB 高温下稳定性差，在 205℃即开始分解，加工温度范围窄。熔体强度低，后结晶现象严重，成型周期长。可以采用注射、挤出和模压成型。

（3）应用：已在农业、包装、生物医学等领域获得应用，如农用薄膜、包装材料、一次性用品、包扎带、手术缝合线、骨科固定材料等。

3）聚（3-羟基丁酸酯-*co*-3-羟基戊酸酯）[poly(3-hydroxybutyrate-*co*-3- hydroxyvalerate), PHBV]

（1）结构与性能：因 PHB 结晶度高，材料性脆、易开裂，热稳定性差，故需对其进行改性。PHBV 是 PHB 的共聚改性品种，是 PHA 的第二代产品。PHBV 的分子结构为

$$\left[O - \underset{\underset{CH_3}{|}}{CH} - CH_2\overset{\overset{O}{\|}}{C} \right]_m \left[O - \underset{\underset{C_2H_5}{|}}{CH} - CH_2\overset{\overset{O}{\|}}{C} \right]_n$$

相比 PHB，PHBV 的结晶度降低，熔体黏度增加，显著改善了热塑加工性，冲击强度和韧性增加，硬度和模量降低。耐热性优良，可在热水中使用；耐水性、耐油性、耐化学品性和阻隔性都很好；耐候性良好，可不加抗氧剂和光稳定剂直接使用。具有很好的生物降解性，在有氧、无氧条件下都能自然降解，并具有良好的生理相容性。力学性能见表 6-13。

（2）成型加工性能：PHBV 的加工范围宽，通过调整 3-羟基丁酸（HB）和 HV 的比例，熔点可在 110～175℃之间改变。

（3）应用：制作降解包装材料、组织工程材料、缓释材料和电学材料等。

4）聚（3-羟基丁酸酯-*co*-4-羟基丁酸酯）[poly(3-hydroxybutyrate-*co*-4- hydroxybutyrate), P34HB]

（1）结构与性能。分子结构式为

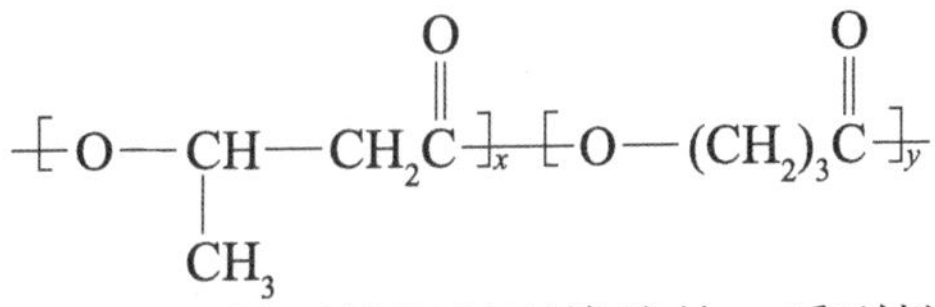

$$\left[\!-O-\underset{\displaystyle CH_3}{\underset{|}{CH}}-CH_2\overset{\displaystyle O}{\overset{\|}{C}}-\right]_x\left[\!-O-(CH_2)_3\overset{\displaystyle O}{\overset{\|}{C}}-\right]_y$$

通过调节共聚物的组成，可以得到从塑料到橡胶的一系列性能不同的产品，其中3HB脆性大，赋予材料刚性，4HB柔软，赋予材料韧性。P34HB为结晶性高分子，4HB含量大于18%，则无结晶性，变为弹性体。可以燃烧，有熔滴现象，并伴有麦芽糖烧焦气味。不溶于水，吸水率小于0.4%。

（2）成型加工性能：热稳定性不好，熔体强度低，加工温度范围窄，其分解温度为195℃，成型收缩率为1%～2.5%。结晶缓慢，制品定型时间长。可采用注射、挤出、吹塑等方法成型。

（3）应用：农业领域的长效缓释化肥、杀虫剂、除草剂、抗真菌剂等；医药及医疗方面的长效药物载体、医用手术缝合线、肘钉、敷料、血管和骨骼替代品、骨板、药棉、人体整形填充材料等；环保包装方面的食品包装、购物袋、垃圾袋、电子产品包装膜和工业产品包装、各种包装盒，吹制瓶可用于化妆品、洗浴液、洗涤剂、医药、饮品等的包装；也可用于制作外壳、玩具部件、办公文具、日用品、电子零件、汽车内饰等。

4. 完全生物降解复合材料

将化学合成和微生物合成可降解高分子，混入具有生物降解性的天然高分子（如淀粉、甲壳素、木质素、纤维素及动物胶等），制成复合材料，这是近年来开发的热点，主要品种有PHB/PCL、糊化淀粉/PCL、糊化淀粉/PHBV及天然橡胶/PCL共混制品。这类塑料可完全生物降解，通过共混可提高其耐热性，改善物性和耐水性，降低成本，可望成为通用生物降解塑料。

（二）生物崩坏性（致劣性）塑料

生物崩坏性塑料是指塑料的一部分受微生物侵蚀而失去原有强度及形状的一类塑料，属于不完全生物降解塑料。当前研究重点是在通用塑料中混入具有生物降解特性的物质，使此类材料使用后较快地丧失其性能与形状。主要有淀粉基塑料、纤维素基塑料、蛋白质基塑料等。

该类制品是将淀粉、纤维素等掺入聚乙烯、聚丙烯等制成塑料。这种塑料中的淀粉、纤维素等易在自然条件下分解，从而把聚合物瓦解成微小片段，使其结构完整性受到破坏，从而减轻环境污染。然而形成的微小片段极有可能造成二次污染。

1. 淀粉基塑料

淀粉基塑料泛指其组成中含有淀粉或其衍生物的塑料。淀粉添加型生物降解农用薄膜是将亲水性的玉米、大米、马铃薯、谷物等的淀粉进行憎水化表面处理，并与聚烯烃等进行接枝共聚或共混制成的产品，如农用薄膜，这种薄膜经一个农业生产周期后会在土壤中的微生物侵蚀下发生生物降解。淀粉基塑料中的淀粉虽然可以被分解，但其塑料部分的分解仍十分困难。

非降解树脂可以是 PE、PP、PVC、PS、EVA 等，在淀粉/非降解树脂复合材料的配方中，常需要加入增容剂，如 EAA 和 SBS。此类产品属于第一代淀粉基塑料，自 20 世纪 70 年代兴起，其缺点是产品不能完全降解，只能部分降解，最后有残片残留在土壤中。此产品曾属于淘汰产品，但因其含有大量生物质淀粉，具有碳中和特性，使用含有淀粉的塑料比单纯的通用塑料制品对环境的影响是积极的，近年来又重新受到市场的接受和青睐。

2. 木塑复合材料

经磨碎的木粉含有木质素、纤维素和半纤维素 3 种主要成分。用作填料的木粉粒度为 40～325 目，含湿率为 8%。针叶木粉的填充密度为 3.8～5.2 $mL\cdot g^{-1}$，阔叶木粉的填充密度稍低。木材在使用过程中所产生的端材、木屑、刨花等占木材的 25%～30%，只有一小部分得到利用，大部分作为废材处理，既造成资源浪费，又污染环境。此外，更有树叶、秸秆、杂草、果壳等天然植物纤维几乎未被有效利用。为有效解决这些废材问题，使之资源化，一种将木材与塑料复合而成的新材料应运而生。

1）木塑复合材料简介

木塑复合材料（wood plastics composite，WPC）是将塑料（PE、PP、PVC、ABS 等）、天然植物纤维和助剂有机复合在一起的新型环保复合材料。木塑复合材料可用的有机纤维种类很多，如木屑、糠壳、竹屑、豆类、亚麻、秸秆、果核、果壳等。

木塑复合材料很早就出现了，早在 1907 年酚醛树脂出现后，就在其中添加大量木粉制成酚醛塑料（俗称“电木”）。大规模木塑复合材料的生产始于 20 世纪 80 年代，随着大规模热塑性塑料（PE、PP、PVC 等）废弃物的出现，导致“白色污染”，同时，森林资源的破坏带来环境恶化问题。为了保护环境，将木粉等边角余料和废旧塑料综合利用起来。

2）木塑复合材料的特点

木塑复合材料兼有木材与塑料的双重特性，具有塑料与木材的优点，如具有防水、力学性能好、质轻、耐酸碱、易清洗、防蛀、不变形、不霉烂、不开裂、不传染病虫害、易加工、无毒、无味等优点。采用回收 PE 生产的木塑复合材料与其他材料性能的对比见表 6-14。

表 6-14　回收 PE 木塑复合材料与其他材料性能的对比

性能参数	木材	钢材	塑料	PE 木塑复合材料
密度/（$g\cdot cm^{-3}$）	0.8～1.1	7～8	0.9～1.4	0.7～1.2
刚性与承载力	较高	高	低	较高
加工性	容易	较难	较容易	容易
耐用性	有限（易腐蚀）	有限（易腐蚀）	较高	较高
吸水性	高	不吸水	不吸水	不吸水

续表

性能参数	木材	钢材	塑料	PE 木塑复合材料
耐老化性	好	好	好	好
耐酸碱性	差	差	好	好
耐环境污染性	较差	较好	好	好
维修频率	高	较低	较低	低
维修难易程度	容易	难	难	容易
可回收性	差	差	容易	容易
废弃物的处理	废弃	回收	废弃或回收	回收
使用安全性	差	较差	好	好
结构尺寸灵活性	高	低	较高	高
现有物流搬运设备适应性	高	难	难	高
自动化物流搬运设备适应性	难	高	难	高

木塑复合材料的生产工艺成熟，加工中不用黏合剂，不存在甲醛等有害化学成分，整个生产过程中“废水、废气、废渣”排放极少，最大限度地节约了能源和保证了清洁生产。这种材料也可以多次回收再利用，循环生产，充分节约资源。因此，采用木塑复合材料可大大提高废弃物的综合利用率，降低环境污染，具有优良的环保性能。

木塑复合材料在安装过程中，可钉、可刨、可钻，可用螺栓固定，可用木工机床加工，可以涂漆和染色，使用十分方便。制品的各项性能指标可与硬木媲美，具有刚性和韧性，既能承受静载、动载，又能承受冲击。其性价比明显优于纯塑料或纯木制品。

3）木塑复合材料的配方设计

WPC 的主要成分由树脂、木质材料和助剂三大部分组成。

a. 树脂

常用树脂有 PE、PP、PVC、ABS 等，在具体选用时，要考虑价格（如采用回收塑料）和用途等因素。例如，LDPE 木塑复合材料广泛用于室外板材和型材，如围栏；PP 木塑复合材料广泛用于汽车和日用消费品；PVC 木塑复合材料广泛用于门窗等型材。

b. 木质材料

①木质材料的特性

木质材料常用的树木种类有松木、枫木、橡木和竹等，也有利用麻类、果壳、稻草、秸秆、树皮等材料。

木质材料的形态可以是粉状、纤维、颗粒、刨花、碎料、单板。其中，纤维和刨花的增强效果最好。

常用木粉的粒度为 20～400 目，一般粒度越小，复合材料的强度和韧性都有所提高，但其幅度不大，而木粉的粒度越小，其成本越高。两者综合考虑，一般选用 20～100 目的木粉。

木粉的含水率很高，一般为8%～12%，会导致加工困难和复合材料性能的降低，并促进微生物的生长，故使用前需要干燥处理，使含水率降低到 3%以下。常用的干燥设备有电加热和微波干燥设备，另外加工时需要使用带排气功能的挤出机。

②表面处理

木质材料的化学成分复杂，但主要由纤维素、半纤维素和木质素构成，由于其极性很强，与热塑性塑料之间的相容性较差，极大地影响了复合材料的性能，因此需要对木质材料进行表面处理。目前常用的表面处理方法如下：

（1）蒸汽爆破法。木质材料的胞壁被破坏，降低了半纤维素和木质素的含量，增大了纤维素的含量，使木纤维的强度和比表面积均增加。

（2）放电处理法。包括低温等离子体处理法、离子溅射法和电晕处理法等，目的是改变木质材料的表面性质，提高与塑料的相容性。

（3）化学品处理法。碱液（如氢氧化钠等）、强氧化物（如过氧化物和高锰酸钾等）、酸酐（如马来酸酐等）、酰胺类（如油酸酰胺等）、有机酸（如硬脂酸、亚油酸和冰醋酸等）、环氧化合物、丙烯酸酯、苯磺酰胺等。

用碱溶液对木纤维进行处理是一种古老的方法，果胶、木质素和半纤维素等杂质被溶解，剩下的主要为纤维素。碱液可打开部分纤维素的羟基，降低纤维素的结晶度，使得木质材料的表面变得蓬松且存在大量孔隙，后续处理的偶联剂更易与纤维素的羟基反应，从而降低其亲水性，使其更易与塑料结合。

具体处理方法如下：在室温下用浓度17.5%的NaOH溶液浸泡木粉48 h，木粉加入量为NaOH溶液的50%，取出后水洗去掉残余的NaOH溶液，再于80℃烘箱内干燥24 h。

（4）偶联剂处理法。常用氨基硅烷偶联剂、钛酸酯偶联剂和聚异氰酸酯。其中聚异氰酸酯被认为是最合适的偶联剂。它能与木质材料表面的羟基形成共价键，导致氨酯结构的产生。偶联剂用量为木质材料质量的1%左右。

c. 助剂

木塑复合材料生产过程中，除了偶联剂外，还常加入增容剂、分散剂等助剂。

①增容剂

加入增容剂是提高木质材料和塑料相容性的最有效方法，所用的增容剂有马来酸酐（MAH）、丙烯酸（AA）、甲基丙烯酸缩水甘油酯（GMA）接枝PE、 PP、SBS、SEBS等接枝聚合物，聚氨酯预聚体、线型热固性树脂（如酚醛树脂、脲醛树脂）、聚乙烯醇缩甲醛、聚丙烯酸酯、EAA等。其中直接加入官能化聚烯烃（如MAH-*g*-PP等）是最有效和方便的方法。

②润滑剂和分散剂

常用的品种是硬脂酸锌、石蜡、氧化聚乙烯蜡、亚乙基双硬脂酰胺（EBS）、硬脂酸等。

③填料

添加碳酸钙、滑石粉、石英粉等填料可提高强度和耐热性，降低蠕变性。

④增塑剂

添加增塑剂的目的是改善加工性能以及材料的柔性和延伸性。常用的增塑剂品种有

DOP、DBP、DOS 等。

⑤其他助剂

如阻燃剂（氢氧化铝、硼酸锌等）、抗氧剂（酚类化合物、亚磷酸酯等）、光稳定剂、着色剂、发泡剂、消味剂（合成沸石等）、抗菌剂（噻唑酮异构物等）等。

一种典型的 PP/木粉复合材料的配方如下：PP 50 份，木粉 50 份，PP-*g*-MAH 6 份，偶联剂 1.5 份，硬脂酸 0.5 份，石蜡 1 份。

配方中采用不同的偶联剂处理木粉对 PP 木塑复合材料性能的影响见表 6-15。

表 6-15　不同的偶联剂处理木粉对 PP 木塑复合材料性能的影响

偶联剂	弯曲强度/MPa	弯曲模量/MPa	拉伸强度/MPa	冲击强度/（$kJ \cdot m^{-2}$）
无	36.4	1882	26.5	6.50
硅烷 A172	36.3	1761	27.4	7.73
硅烷 A174	37.9	1619	26.9	7.34
钛酸酯 NDZ201	37.0	1893	24.9	6.66

4）木塑复合材料的生产与加工

木塑复合材料通常有两种生产方法：

（1）单体浸渍-聚合法或热固性树脂浸渍-交联法。在实体木材中浸注塑料单体（苯乙烯、丙烯腈、甲基丙烯酸甲酯等）或酚醛树脂、脲醛树脂、聚酯树脂等，在引发剂/交联剂和热或电子射线等作用下，在木材中聚合或交联，形成热塑性或热固性塑料，填充于木材管胞或纤维的胞腔中，这种方法制备的复合材料称为“塑合木”。其提高了木材的尺寸稳定性、耐腐蚀性，以及木材的物理、力学性能等。

（2）熔体混炼加工法。将木纤维、助剂和热塑性塑料一起混合均匀，然后加入熔体混炼设备中（单螺杆挤出机、平行双螺杆挤出机、锥形双螺杆挤出机等），混炼均匀，得到木塑复合材料。木塑复合材料的成型方法有混炼热压法、模压成型法、挤出成型（包括复合共挤出）法、注射成型法等。

5）木塑复合材料的应用

（1）家具：主要有桌椅板凳、沙发、床柜、书架、茶几、屏风、盆架、报纸架等，木塑复合材料家具具有防水、防潮、防腐蚀、寿命长、价格低的特点。

（2）建材：主要用于活动房屋、窗框、门板、门槛、混凝土模板、楼梯扶手、墙壁、天棚、地板、护栏、装饰等各种异型材等。

（3）汽车：汽车的内饰材料，如车门板、仪表盘框架、座椅配件、车后窗台板、行李箱衬垫、顶棚等。例如，用木粉填充的 PP 模塑成型的车顶内装饰板外形美观、价格低廉、质地刚柔适中，其是理想的车用内饰材料。

（4）包装和仓储：在包装行业中主要用于托盘、包装箱和集装器具等。

木塑托盘的特点如下：原料来源广泛，综合成本低，具有市场竞争力；基本性能与木材相当，可锯、刨、钉等；组装灵活；重复使用率高，可回收利用；不怕微生物腐蚀，防潮、抗酸碱、防老化；出口不用经过动植物检疫。

木塑托盘除了比木质托盘更耐用外，价格也比较便宜，还克服了塑料托盘不能用于仓库的货架存储的缺点（刚性不足、易蠕变）。在仓储行业中主要作为货架铺板、枕木、铺梁和地板等。

（5）其他产品：如用于耐腐工棚、装饰板、地板、通道、台架，以及铸造模型、机器罩、水泵壳、教学用品、电器用材等。

思　考　题

（1）什么是“白色污染”和“黑色污染”？解决环境问题的基本原则是什么？

（2）可回收再生利用的标志是什么？举出在生活日用品上应用的例子。

（3）废弃塑料制品的回收再利用技术有哪些？

（4）可降解塑料如何分类？降解塑料研发中存在的问题有哪些？

（5）废聚苯乙烯泡沫塑料有哪些回收利用的途径？

（6）如何回收废弃 PET 塑料？它有哪些用途？

（7）废旧橡胶制品如何回收利用？如何有效地制备胶粉？胶粉有哪些用途？

（8）解释降解塑料开发的必要性。开发聚乳酸/植物纤维复合材料有何意义？

（9）辨析生物基塑料、石化基塑料、降解塑料、可堆肥塑料、生物降解塑料之间的差异。

（10）生物降解塑料如何分类？常见的人工合成生物降解塑料有哪些？

（11）木塑复合材料由哪些组分构成？如何制备？这种材料有何优点？有哪些用途？

主要参考文献

埃伦斯坦. 2007. 聚合物材料—结构・性能・应用. 张萍, 赵树高, 译. 北京: 化学工业出版社.

柏志飞. 2017. 聚丙烯/聚乳酸共混物微观结构、结晶行为与力学性能研究. 南京: 南京工业大学硕士学位论文.

蔡杰, 吕昂, 周金平, 等. 2015. 纤维素科学与材料. 北京: 化学工业出版社.

蔡君. 2014. 天然纤维改性聚乳酸材料研究. 南京: 南京工业大学硕士学位论文.

蔡晓良, 邵斌姣, 汪家铭. 2008. 高强高模聚乙烯纤维发展概况与应用前景. 高科技纤维与应用, 33(4): 36-41.

陈国强, 魏岱旭. 2014. 微生物聚羟基脂肪酸酯. 北京: 化学工业出版社.

陈立新, 顾军渭, 孔杰, 等. 2013. 高分子材料的环境影响评价和可持续发展. 西安: 西北工业大学出版社.

陈平, 廖明义. 2017. 高分子合成材料学. 北京: 化学工业出版社.

陈寿. 2010. 低碳生物塑料. 北京: 机械工业出版社.

村濑浩贵. 2011. PBO 纤维的结构和性能. 国外化纤技术, 40(11): 43-46.

丁会利, 袁金凤, 钟国伦, 等. 2012. 高分子材料及应用. 北京: 化学工业出版社.

窦国睿. 2016. β 晶型聚丙烯结晶行为与力学性能研究. 南京: 南京工业大学硕士学位论文.

窦强, 蔡君, 石楠. 2015-02-18. 一种全降解生物质复合材料及其制备方法: CN201310106223.1.

窦强, 李成浪. 2016-08-31. 一种聚乳酸成核剂及其制备方法和应用: CN201410147213.7.

段佳巍. 2013. β 晶型聚丙烯复合材料的研究. 南京: 南京工业大学硕士学位论文.

段予忠, 张明连. 1999. 塑料母料生产及应用技术. 北京: 中国轻工业出版社.

樊新民, 车剑飞. 2016. 工程塑料及其应用. 北京: 机械工业出版社.

方海林, 张良, 邓育新. 2015. 高分子材料合成与加工用助剂. 北京: 化学工业出版社.

房鑫卿, 肖敏, 王拴紧, 等. 2012. 高分子量聚乙交酯的合成及表征. 高分子材料科学与工程, 28(1): 1-4.

冯奇, 马放, 冯玉杰. 2010. 环境材料概论. 北京: 化学工业出版社.

冯孝中, 李亚东. 2010. 高分子材料. 哈尔滨: 哈尔滨工业大学出版社.

福建师范大学环境材料开发研究所. 2010. 环境友好材料. 北京: 科学出版社.

戈进杰. 2002. 生物降解高分子材料及其应用. 北京: 化学工业出版社.

贺超良, 汤朝晖, 田华雨, 等. 2013. 3D 打印技术制备生物医用高分子材料的研究进展. 高分子学报, (6): 722-732.

华笋, 陈风, 王捍卿, 等. 2016. 纤维素接枝共聚物对聚乳酸结晶性能和拉伸流变性能的影响. 高分子学报, (8): 1136-1144.

黄进, 付时雨. 2014. 木质素化学及改性材料. 北京: 化学工业出版社.

黄丽. 2010. 高分子材料. 2 版. 北京: 化学工业出版社.

霍书浩, 庞可, 郑学晶. 2011. 生物高分子材料及应用. 北京: 化学工业出版社.

贾润礼, 梁丽华. 2016. 通用塑料工程化改性及其应用. 北京: 化学工业出版社.

姜怀. 2009. 纺织材料学. 上海: 东华大学出版社.

井新利, 郑茂盛, 蓝立文. 2000. 反向微乳液法合成导电聚苯胺纳米粒子. 高分子材料科学与工程, 16(2): 23-25.

孔维荣. 2015. 亚临界流体挤出废胶粉脱硫反应及热塑性弹性体制备研究. 南京: 南京工业大学硕士学位论文.
李成浪. 2015. 新型羧酸盐成核剂的合成及其在聚乳酸中的应用. 南京: 南京工业大学硕士学位论文.
李栋高. 2006. 纤维材料学. 北京: 中国纺织出版社.
李继新. 2016. 高分子材料应用基础. 北京: 中国石化出版社.
李莉莉. 2013. 聚合物基纳米复合功能纤维材料研究进展. 高分子通报, (10): 12.
李琳. 2010. 二元羧酸处理填料填充改性聚丙烯研究. 南京: 南京工业大学硕士学位论文.
李明星. 2003. 高强高模聚乙烯醇(PVA)纤维的研究进展. 合成纤维, (1): 21.
刘均科. 2000. 塑料废弃物的回收与利用技术. 北京: 中国石化出版社.
刘明华. 2013. 废旧橡胶再生利用技术. 北京: 化学工业出版社.
刘明华. 2015. 废旧高分子材料再生利用技术. 北京: 化学工业出版社.
刘天西. 2019. 高分子纳米纤维及其衍生物: 制备、结构与新能源应用. 北京: 科学出版社.
刘晓巧. 2016. UHMWPE 纤维的表面处理技术进展. 合成纤维工业, 39(6): 50-54.
刘英俊, 刘伯元. 1998. 塑料填充改性. 北京: 中国轻工业出版社.
刘志坚. 2012. 聚合物成核剂. 北京: 中国石化出版社.
陆瞿亮. 2009. 聚丙烯用酰胺类 β 成核剂的制备、表征及其应用. 南京: 南京工业大学硕士学位论文.
孟继宗. 2013. 塑料回收高效利用新技术. 北京: 机械工业出版社.
孟明锐. 2008. 庚二酸表面处理填料填充改性聚丙烯的结构与性能研究. 南京: 南京工业大学硕士学位论文.
聂祚仁, 王志宏. 2008. 生态环境材料学. 北京: 机械工业出版社.
欧阳平凯, 姜岷, 李振江, 等. 2012. 生物基高分子材料. 北京: 化学工业出版社.
欧玉春. 2016. 废旧高分子材料回收与利用. 北京: 化学工业出版社.
潘祖仁, 贾红兵, 朱绪飞. 2009. 高分子材料. 南京: 南京大学出版社.
齐贵亮, 付兴中, 杜素果. 2015. 塑料改性实用技术. 北京: 机械工业出版社.
任杰. 2011. 生物可降解聚乳酸材料的制备、改性、加工与应用. 北京: 清华大学出版社.
任杰, 李建波. 2014. 聚乳酸. 北京: 化学工业出版社.
桑永. 2009. 塑料材料与配方. 2 版. 北京: 化学工业出版社.
沈新元. 2000. 高分子材料加工原理. 北京: 中国纺织出版社.
沈新元. 2006. 先进高分子材料. 北京: 中国纺织出版社.
沈新元. 2009. 生物医学纤维及其应用. 北京: 中国纺织出版社.
石楠. 2014. 改性聚乳酸结晶行为与力学性能研究. 南京: 南京工业大学硕士学位论文.
时钧, 袁权, 高从堦. 2001. 膜技术手册. 北京: 化学工业出版社.
史袁红. 2012. β 晶型聚丙烯结构与性能关系研究. 南京: 南京工业大学硕士学位论文.
王静波. 2008. 透明聚丙烯的制备、结构表征与性能研究. 南京: 南京工业大学硕士学位论文.
王龙. 2011. 等规聚丙烯/二元羧酸处理硫酸盐复合材料的研究. 南京: 南京工业大学硕士学位论文.
王钰, 杨明山. 2014. 塑料改性实用技术与应用. 北京: 印刷工业出版社.
王作龄. 2004. 最新橡胶工艺原理(十三). 世界橡胶工业, (4): 49-56.
魏新浩, 杨座国. 2017. 聚砜膜的表面疏水改性. 功能高分子学报, 28(4): 417-422.
翁云宣. 2010. 生物分解塑料与生物基塑料. 北京: 化学工业出版社.
吴立峰. 1998. 塑料着色和色母粒实用手册. 北京: 化学工业出版社.
吴其晔, 冯莺. 2004. 高分子材料概论. 北京: 机械工业出版社.
吴启凡, 杨友斌, 孙正谦, 等. 2016. 复合催化剂对聚乳酸熔融/固相聚合的影响. 高分子通报, (3): 69-76.
西鹏, 高晶, 李文刚, 等. 2004. 高技术纤维. 北京: 化学工业出版社.
西鹏, 张宇峰, 安树林. 2012. 高技术纤维概论. 北京: 中国纺织出版社.

肖长发, 尹翠玉, 张华, 等. 1997. 化学纤维概论. 北京: 中国纺织出版社.

薛建峰. 2011. 双组分二元羧酸盐β成核剂改性聚丙烯研究. 南京: 南京工业大学硕士学位论文.

杨斌. 2007. 绿色塑料聚乳酸. 北京: 化学工业出版社.

杨清芝. 2005. 实用橡胶工艺学. 北京: 化学工业出版社.

杨座国. 2009. 膜科学技术过程与原理. 上海: 华东理工大学出版社.

姚穆. 2015. 纺织材料学. 北京: 中国纺织出版社.

叶晓. 2010. 合成高分子材料应用. 北京: 化学工业出版社.

尹根雄, 颜丽平. 2014. 塑料配色实用新技术. 北京: 化学工业出版社.

于守武, 肖淑娟, 赵晋津. 2015. 高分子材料改性: 原理及技术. 北京: 知识产权出版社.

于文杰, 李杰, 郑德. 2010. 塑料助剂与配方设计技术. 3 版. 北京: 化学工业出版社.

曾汉民. 2005. 功能纤维. 北京: 化学工业出版社.

张洪斌. 2014. 多糖及其改性材料. 北京: 化学工业出版社.

张继红, 徐晓冬, 刘立佳. 2016. 高分子材料. 北京: 北京航空航天大学出版社.

张剑波. 2008. 环境材料导论. 北京: 北京大学出版社.

张丽珍, 周殿明. 2017. 塑料工程师手册. 北京: 中国石化出版社.

张俐娜. 2006. 天然高分子改性材料及应用. 北京: 化学工业出版社.

张留成, 瞿雄伟, 丁会利. 2012. 高分子材料基础. 3 版. 北京: 化学工业出版社.

张希. 2016. 液晶高分子材料的新功能: 微管执行器及其光控微量液体运动. 高分子学报, (10): 1281-1283.

张玉龙, 李萍. 2014. 塑料粒料配方与制备. 北京: 机械工业出版社.

张玉龙, 张文栋, 严晓峰. 2012. 实用工程塑料手册. 北京: 机械工业出版社.

张跃飞, 戴益民. 2013. 聚丙烯成核剂. 北京: 化学工业出版社.

赵立群, 李刚, 牛继辉, 等. 2005. 聚苯胺/顺丁橡胶复合导电膜的制备与性能. 分子科学学报, 21(5): 29-34.

赵明. 2014. 废旧塑料回收利用技术与配方实例. 北京: 印刷工业出版社.

郑学晶, 霍书浩. 2010. 天然高分子材料. 北京: 化学工业出版社.

周其凤, 王新久. 1999. 液晶高分子. 北京: 科学出版社.

Smith R. 2010. 生物降解聚合物及其在工农业中的应用. 戈进杰, 王国伟, 译. 北京: 机械工业出版社.

Auras R, Harte B, Selke S. 2004. An overview of polylactides as packaging materials. Macromolecular Bioscience, 4(9): 835-864.

Babinec S J, Mussell R D, Lundgard R L, et al. 2000. Electroactive thermoplastics. Advanced Materials, 12(23): 1823-1834.

Bauhofer W,Kovacs J Z. 2009. A review and analysis of electrical percolation in carbon nanotube polymer composites. Composites Science and Technology, 69(10): 1486-1498.

Bridges C R, Ford M J, Popere B C, et al. 2016. Formation and structure of lyotropic liquid crystalline mesophases in donor-acceptor semiconducting polymers. Macromolecules, 49(19): 7220-7229.

Cheng Y, Deng S, Chen P, et al. 2009. Polylactic acid (PLA) synthesis and modifications: a review. Frontiers of Chemistry in China, 4(3): 259-264.

Chiang C K, Gau S C, Fincher C R, et al. 1978. Polyacetylene, $(CH)_x$: n-type and p-type doping and compensation. Applied Physics Letters, 33(1): 18-20.

Chiang C K, Liu Z X, Moses D. 1977. Electrical conductivity in doped polyacetylene. Physical Review Letters, 39(17): 1098-1101.

Dobrzyński P, Kasperczyk J, Bero M. 1999. Application of calcium acetylacetonate to the polymerization of glycolide and copolymerization of glycolide with ε-caprolactone and L-lactide. Macromolecules, 32(14):

4735-4737.

Encinar M, Martínez-Gómez A, Rubio R G, et al. 2012. X-ray diffraction, calorimetric, and dielectric relaxation study of the amorphous and smectic states of a main chain liquid crystalline polymer. The Journal of Physical Chemistry B, 116(32): 9846-9859.

Garlotta D. 2001. A literature review of poly(lactic acid). Journal of Polymers and the Environment, 9(2): 63-84.

Gill W D, Bludau W, Geiss R H, et al. 1977. Structure and electronic properties of polymeric sulfur nitride $(SN)_x$ modified by bromine. Physical Review Letters, 38(22): 1305-1308.

Gkourmpis T. 2013. Carbon-based high aspect ratio polymer nanocomposites//Mercader A G, Castro E A, Haghi A K. Nanoscience and Computational Chemistry Research Progress. Pittsburgh: Apple Academic Press.

Greene R L, Street G B, Suter L J. 1975. Superconductivity in polysulfur nitride $(SN)_x$. Physical Review Letters, 34(10): 577-579.

Grunlan J C, Gerberich W W, Francis L F. 2001. Lowering the percolation threshold of conductive composites using particulate polymer microstructure. Journal of Applied Polymer Science, 80(4): 692-705.

Gu S, Yang M, Yu T, et al. 2008. Synthesis and characterization of biodegradable lactic acid-based polymers by chain extension. Polymer International, 57(8): 982-986.

Gubbels F, Blacher S, Vanlathem E, et al. 1995. Design of electrical composites: determining the role of the morphology on the electrical properties of carbon black filled polymer blends. Macromolecules, 28(5): 1559-1566.

Gubbels F, Jerome R, Teyssie P, et al. 1994. Selective localization of carbon black in immiscible polymer blends: a useful tool to design electrical conductive composites. Macromolecules, 27(7): 1972-1974.

Guiver M D, Robertson G P, Yoshikawa M, et al. 1999. Functionalized Polysulfones: Methods for Chemical Modification and Membrane Applications. Washington: American Chemical Society.

Gurland J. 1958. The Measurement of Grain Contiguity in Two-Phase Alloys. Technical Report No. 2.

Hamaide T, Deterre R, Feller J F. 2014. Environmental Impact of Polymers. New York: John Wiley & Sons, Inc.

Han J, Liu Y, Guo R. 2009. Reactive template method to synthesize gold nanoparticles with controllable size and morphology supported on shells of polymer hollow microspheres and their application for aerobic alcohol oxidation in water. Advanced Functional Materials,19(7): 1112-1117.

Hatano M, Kambara S, Okamoto S. 1961. Paramagnetic and electric properties of polyacetylene. Journal of Polymer Science, 51(156): S26-S29.

Kim K W,Woo S I. 2002. Synthesis of high-molecular-weight poly(L-lactic acid) by direct polycondensation. Macromolecular Chemistry and Physics, 203(15): 2245-2250.

Kim S C, Kim D W, Shim Y H, et al. 2001. *In vivo* evaluation of polymeric micellar paclitaxel formulation: toxicity and efficacy. Journal of Controlled Release, 72(1/3): 191-202.

Kirkpatrick S. 1973. Percolation and conduction. Reviews of Modern Physics, 45(4): 574-588.

Kwolek S L, Morgan P W, Schaefgen J R, et al. 1977. Synthesis, anisotropic solutions, and fibers of poly(1,4-benzamide) . Macromolecules, 10(6): 1390-1396.

Letheby H. 1862. XXIX. —On the production of a blue substance by the electrolysis of sulphate of aniline. Journal of the Chemical Society, 15(0): 161-163.

Liu H, Miao K, Zhao G, et al. 2014. Synthesis of an amphiphilic PEG-PCL-PSt-PLLA-PAA star quintopolymer and its self-assembly for pH-sensitive drug delivery. Polymer Chemistry, 5(8): 3071-3080.

Liu Y, Huang H, Huo P, et al. 2017. Exploration of zwitterionic cellulose acetate antifouling ultrafiltration membrane for bovine serum albumin (BSA) separation. Carbohydrate Polymers, 165: 266-275.

Lu Q L, Gao P, Zhi H, et al. 2013. Preparation of Cu(Ⅱ) ions adsorbent from acrylic acid-grafted corn starch in aqueous solutions. Starch Stärke, 65(5/6): 417-424.

Lv J A, Liu Y, Wei J, et al. 2016. Photocontrol of fluid slugs in liquid crystal polymer microactuators. Nature, 537 (7619): 179-184.

Martínez-Gómez A, Encinar M, Fernández-Blázquez J P, et al. 2016. Relationship Between Composition, Structure and Dynamics of Main-Chain Liquid Crystalline Polymers with Biphenyl Mesogens. Berlin: Springer International Publishing.

Martínez-Gómez A, Pérez E, Bello A. 2010. Polymesomorphism and orientation in liquid crystalline poly(triethylene glycol *p,p'*-bibenzoate). Colloid and Polymer Science, 288(8): 859-867.

Mehta R, Kumar V, Bhunia H, et al. 2005. Synthesis of poly(lactic acid): a review. Journal of Macromolecular Science, Part C, 45(4): 325-349.

Menefee E, Pao Y H. 1962. Electron conduction in charge-transfer molecular crystals. The Journal of Chemical Physics, 36(12): 3472-3481.

Mucha M. 2003. Polymer as an important component of blends and composites with liquid crystals. Progress in Polymer Science, 28(5): 837-873.

Natta G, Mazzanti G, Corradini P. 1967. 81-Stereospecific polymerization of acetylene. Stereoregular Polymers and Stereospecific Polymerizations: 463-465.

Nikolov S, Petrov M, Lymperakis L, et al. 2010. Revealing the design principles of high-performance biological composites using *ab initio* and multiscale simulations: the example of lobster cuticle. Advanced Materials, 22(4): 519-526.

Pearce G, Allam J, Cross J. 1998. Using membranes to treat potable water. Filtration & Separation, 35(1): 30-32.

Ramasubramaniam R, Chen J, Liu H. 2003. Homogeneous carbon nanotube/polymer composites for electrical applications. Applied Physics Letters, 83(14): 2928-2930.

Raspanti M, Viola M, Sonaggere M, et al. 2007. Collagen fibril structure is affected by collagen concentration and decorin. Biomacromolecules, 8(7): 2087-2091.

Rinaudo M, Le Dung P, Gey C, et al. 1992. Substituent distribution on *O*, *N*-carboxymethylchitosans by ^{1}H and ^{13}C n. m. r. International Journal of Biological Macromolecules, 14(3): 122-128.

Rose J D,Statham F S. 1950. Acetylene reactions. PartⅥ. Trimerisation of ethynyl compounds. Journal of the Chemical Society (Resumed), (0): 69-70.

Rusu-Balaita L, Desbrières J,Rinaudo M. 2003. Formation of a biocompatible polyelectrolyte complex: chitosan-hyaluronan complex stability. Polymer Bulletin, 50(1): 91-98.

Schmidt C, Behl M, Lendlein A, et al. 2014. Synthesis of high molecular weight polyglycolide in supercritical carbon dioxide. RSC Advances, 4(66): 35099-35105.

Shepherd C, Hadzifejzovic E, Shkal F, et al. 2016. New routes to functionalize carbon black for polypropylene nanocomposites. Langmuir, 32(31): 7917-7928.

Shirakawa H, Louis E J, MacDiarmid A G, et al. 1977. Synthesis of electrically conducting organic polymers: halogen derivatives of polyacetylene, $(CH)_x$. Journal of the Chemical Society, Chemical Communications, (16): 578-580.

Shum H C, Kim J W,Weitz D A. 2008. Microfluidic fabrication of monodisperse biocompatible and biodegradable polymersomes with controlled permeability. Journal of the American Chemical Society, 130(29): 9543-9549.

Södergård A, Stolt M. 2002. Properties of lactic acid based polymers and their correlation with composition.

Progress in Polymer Science, 27(6): 1123-1163.

Sumita M, Sakata K, Asai S, et al. 1991. Dispersion of fillers and the electrical conductivity of polymer blends filled with carbon black. Polymer Bulletin, 25(2): 265-271.

Tong R, Cheng J. 2008. Paclitaxel-initiated, controlled polymerization of lactide for the formulation of polymeric nanoparticulate delivery vehicles. Angewandte Chemie International Edition, 47(26): 4830-4834.

Tong R,Cheng J. 2009. Ring-opening polymerization-mediated controlled formulation of polylactide-drug nanoparticles. Journal of the American Chemical Society, 131(13): 4744-4754.

Tong R,Cheng J. 2010. Controlled synthesis of camptothecin-polylactide conjugates and nanoconjugates. Bioconjugate Chemistry, 21(1): 111-121.

Walatka V V, Labes M M,Perlstein J H. 1973. Polysulfur nitride, a one-dimensional chain with a metallic ground state. Physical Review Letters, 31(18): 1139-1142.

White T J,Broer D J. 2015. Programmable and adaptive mechanics with liquid crystal polymer networks and elastomers. Nature Materials, 14(11): 1087-1098.

Woo S I, Kim B O, Jun H S, et al. 1995. Polymerization of aqueous lactic acid to prepare high molecular weight poly(lactic acid)by chain-extending with hexamethylene diisocyanate. Polymer Bulletin, 35(4): 415-421.

X-Flow B V. 1997. Reuse of sand filter backwash water using membranes. Filtration & Separation, 34(1): 28-29.

Zhou H, Green T B, Joo Y L. 2006. The thermal effects on electrospinning of polylactic acid melts. Polymer, 47(21): 7497-7505.